本书第一版荣获2011年国家科学技术学术著作出版基金资助

太阳能光伏发电系统工程

Engineering of Solar Photovoltaic Power Generation Systems

李安定　吕全亚　编著

Third Edition 3

第三版

化学工业出版社

·北京·

内容简介

本书是一部全面系统、深入介绍光伏发电技术及其应用新成果的技术专著。本书第一版还曾荣获2011年度国家科学技术学术著作出版基金资助。

全书共分为上、下两篇。上篇为基础篇，系统阐明了太阳辐射能的特点、测量和计算方法，光伏发电系统的工作原理、构成及其分类，以及光伏发电系统的设计原理和方法。同时，还介绍了地面大型集中式并网光伏电站、屋顶并网光伏发电系统与独立光伏发电系统的设计应用。此外，还详细阐述了光伏发电系统构成的主要和关键部件，如太阳电池、逆变器、控制器、储能装置等，以及直流汇流和交流配电系统、监控测试系统、辅助电源、整流充电设备、升压变压器等辅助设备的必备知识。下篇为应用篇，详细介绍了太阳能光伏发电系统工程的具体应用内容，并重点分析了大量典型案例，以飨读者。

本次再次修订改版，对太阳能光伏发电新技术进行了更加全面、系统的介绍，可操作性更强。本书可供广大太阳能光伏发电设计与科研人员、生产人员、管理人员及施工建设人员参考，也可作为高等院校相关专业师生的教学参考书。

图书在版编目（CIP）数据

太阳能光伏发电系统工程 / 李安定等编著. -- 3版. 北京：化学工业出版社，2025. 10. -- ISBN 978-7-122-48909-8

Ⅰ. TM615

中国国家版本馆CIP数据核字第2025ST6776号

责任编辑：朱　彤
责任校对：王　静　　　　装帧设计：刘丽华

出版发行：化学工业出版社
（北京市东城区青年湖南街13号　邮政编码100011）
印　　装：北京天宇星印刷厂
787mm×1092mm　1/16　印张23¼　字数635千字
2026年1月北京第3版第1次印刷

购书咨询：010-64518888　　　售后服务：010-64518899
网　　址：http：//www.cip.com.cn
凡购买本书，如有缺损质量问题，本社销售中心负责调换。

定　　价：198.00元

序　一

为保证人类稳定、持久的能源供应，保护人类赖以生存的生态环境，必须采取措施减少化石能源的耗用，大力开发利用清洁、干净的新能源和可再生能源，走与生态环境相和谐的能源之路。

太阳能堪称无限的能源。太阳辐射能完全可以转换成人类所需要的能源，其中，光能转换为电能是重要的一种转化过程，它可以方便地转换成热能、动力能、化学能等各种形式的能源，以满足人类生活、生产的需要。通过太阳电池将资源无限、清洁干净的太阳辐射能转换为电能的太阳能光伏发电技术，是新能源和重要的可再生能源技术之一。专家们预言，到21世纪中叶，太阳能光伏发电将发展成为重要的发电方式，在世界可持续发展的能源结构中占有相当的比例。

由中国科学院电工研究所李安定研究员等撰写的《太阳能光伏发电系统工程》一书是一部全面系统、深入介绍光伏发电技术及其应用最新成果的技术专著。该书主笔李安定研究员，长期从事太阳能发电技术研发工作，具有深厚的学术功底和丰富的实践经验，在我国光伏领域享有盛名。全书可读性和实用性俱佳，是一部重要的行业参考书。该书的及时出版将对提高我国光伏发电技术水平及广泛应用具有重要的推动作用。

本书的出版将对同行和相关领域专家、技术人员以很大的帮助和启迪。

中国工程院院士
顾国彪

2012 年 6 月

序　二

近两百年来，人类在不断地以爆炸式增长的方式向地球索取能源，使得化石能源行将消耗殆尽并导致环境日益恶化。为此，世界各国政府、科技界和产业界已经共同认识到，大力开发和利用太阳能是建立起清洁和可持续发展的能源体系的必由之路。

太阳能光伏发电是开发和利用太阳能的最灵活最方便的方式。近年来得到了飞速的发展。2011 年，全球新增并网光伏装机容量已经达到了 29.685GW，累计并网光伏装机容量则达到了 69.684GW。预计到 2016 年，全球新增并网光伏装机容量将达到 75GW，累计并网光伏装机容量将达到 300GW。近些年来，因能源需求旺盛和国家政策支持，我国的光伏发电产业发展十分迅速。2008 年，我国并网光伏装机增量仅为 45MW，而到 2011 年，这一数字增加到 2200MW，足见光伏发电产业在我国的强大生命力和广阔的发展前景。

本书作者之一李安定研究员不仅是我国太阳能光伏发电工程领域的先驱者和开拓者，也是我国光伏产业早期发展的主要推动者。早在 20 世纪 70 年代，他就开展了太阳能光伏发电技术的研究。几十年来，李安定研究员辛勤耕耘于光伏发电工程领域，取得了一系列重大科技成就，他不仅具有深厚的学术功底，而且具有丰富的实践经验。例如，1994 年，他就负责建成了世界海拔最高、我国当时容量最大的西藏双湖镇 25kW 光伏发电站工程，1999 年，他又领导建成了西藏安多 100kW 光伏电站，解决了当地的无电问题。

由李安定研究员和吕全亚先生所著的《太阳能光伏发电系统工程》一书涵盖了光伏发电技术的基本原理、系统设计原理和方法、关键装备及系统并网技术等全面内容，并介绍了一系列光伏发电工程应用实例，是当前光伏发电领域不可多得的著作。

值此机会，很荣幸为本书作序，相信本书的出版将对我国该领域的人才培养和产业发展起到有力的推动作用，对于提高我国光伏发电技术水平和建设环境友好型社会也将做出重大贡献。

中国科学院电工研究所所长、研究员

肖立业

2012 年 6 月

第三版前言

在碳中和、碳达峰的“双碳”目标下，大力发展可再生能源等低碳或零碳能源体系，构建以新能源为主体的新型电力系统，成为能源领域技术变革的战略方向。其中，光伏发电在节约常规能源、保护环境以及促进经济发展方面具有极其重要的现实意义和深远的历史意义。

目前，我国光伏产业取得了令人瞩目的成就，保持了多项世界第一，不断创新，应用市场快速增长，产业规模持续扩大，光伏产品和技术的创新日益活跃，光伏发电的中标电价及成本持续下降。回顾中国光伏事业的发展历程，不禁让人深感振奋与感慨。笔者作为光伏人，所撰写的本书第一版、第二版曾于2012年、2016年由化学工业出版社正式出版。本书第一版还有幸入选“2011年度国家科学技术学术著作出版基金资助项目”，受到了广大读者和同行的认可和欢迎。

为了促进我国太阳能与光伏产业的发展，在此次第三版的编写中，笔者在第二版基础上进一步补充和完善了内容，以满足广大太阳能光伏发电设计与科研人员、生产人员、管理人员及施工建设人员的实际需求。此外，希望本书能为大专院校相关专业的师生，以及关注新能源领域的各界人士提供更多支持和帮助。

在本次编写中，全书仍分为上、下两篇：上篇为基础篇，下篇为应用篇，重点展示了国内外太阳能光伏发电领域的更新技术进展及大量工程实际应用案例。此外，在并网光伏发电系统（包括大型集中式并网光伏电站和屋顶并网光伏发电系统）的工程设计、并网逆变器及光伏电站智能化信息管理平台等方面进行了更深入、更系统的阐述，并对太阳电池及其高效化技术进展进行了详细论述。书中还新增了光伏发电在乡村振兴中的应用等新内容。全书依然保持了前两版脉络清晰、层层递进的特点，从基础和应用角度出发，全面、系统地分析和论述了太阳能光伏发电系统，以及分布式发电与智能微电网的新技术和新成就。此次再版要特别感谢李晓、陈莉娜等同事的热情帮助和支持，同时还要感谢化学工业出版社提供的鼎力支持。

由于笔者时间和精力有限，书中难免存在疏漏和不当之处，恳请读者不吝指正。

编著者

2025年2月

目 录

上篇 基础篇

下篇 应用篇

上篇　基础篇

第1章 太阳辐射能

物质在分子运动中，将以电磁波的形式向四周辐射能量。太阳是一个巨大的炽热球体，其表面的平均热力学温度高达6000K，这一热体以电磁波的形式向四周辐射能量，即太阳辐射能。

1.1 太阳辐射能的源泉

太阳是太阳能取之不尽的源泉，其直径约为1.39×10^{6}km，大约是地球直径的109倍。太阳不停地向四周空间放射出巨大的能量，其总量平均每秒达3.865×10^{26}J，而地球所接收到的能量仅是太阳总辐射量的22亿分之一，尽管如此，每秒也有1.765×10^{17}J之多，折合燃烧标准煤6×10^{6}t。图1-1所示为太阳能与地球保有的能量之间的关系。

太阳辐射起源于太阳在高温、高压下进行的热核聚变反应。根据这一原理，目前有以下两种主要热核反应过程。

① 碳氮循环。碳氮循环的反应过程为

$$^{12}C+^{1}H\longrightarrow{}^{13}N+\upsilon$$
$$^{13}N\longrightarrow{}^{13}C+e^{+}+\upsilon$$
$$^{13}C+^{1}H\longrightarrow{}^{14}N+\upsilon$$
$$^{14}N+^{1}H\longrightarrow{}^{15}O+\upsilon$$
$$^{15}O\longrightarrow{}^{15}N+e^{+}+\upsilon$$
$$^{15}N+^{1}H\longrightarrow{}^{12}C+^{4}He$$

② 氢-氢链式反应。氢-氢链式反应的反应过程为

$$^{1}H+^{1}H\longrightarrow{}^{2}H+e^{+}+\upsilon$$
$$^{2}H+^{1}H\longrightarrow{}^{3}He+\upsilon$$
$$^{3}He+^{3}He\longrightarrow{}^{4}He+2^{1}H$$

以上两种热核反应的结果都是将4个氢核聚变成1个氦核，同时释放出大量的能量，如下式所示

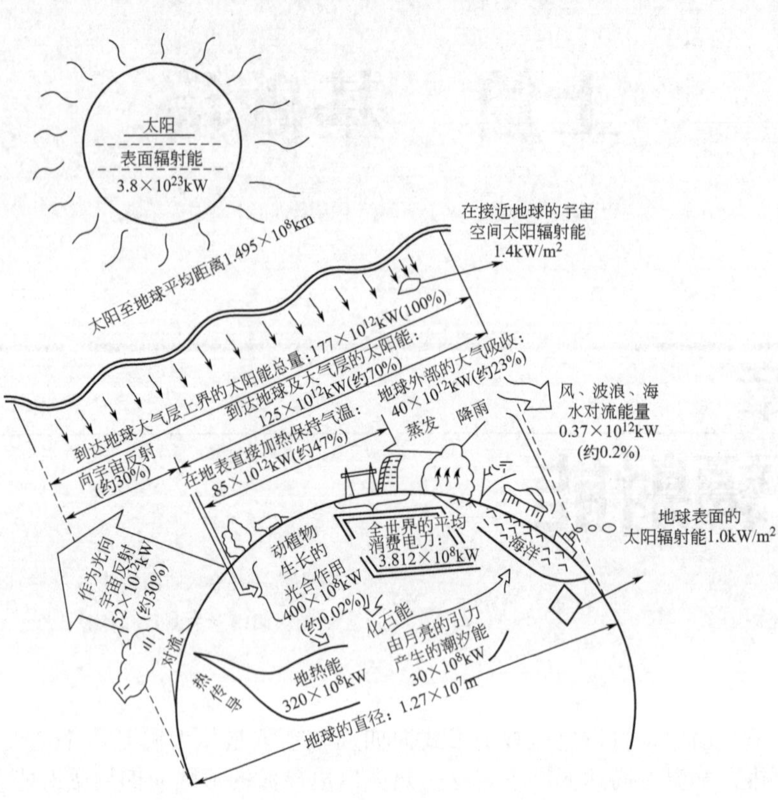

图 1-1　太阳能与地球保有的能量之间的关系

$$4\,{}^1\mathrm{H} \xrightarrow[\Delta m]{} {}^4\mathrm{He} + 2\mathrm{e}^+ + \underset{(约26.7\mathrm{MeV})}{\Delta E}$$

式中，Δm 表示反应中的质量亏损。

当 4 个氢核聚成 1 个氦核时，就发生了质量亏损，即 1 个氦核的质量（6.6477×10^{-27}kg）比 4 个氢核的质量之和（$4\times1.672648\times10^{-27}\text{kg}=6.690592\times10^{-27}$kg）小 4.29×10^{-29}kg。这部分亏损掉的质量，根据以下爱因斯坦的质能关系式转化为能量

$$E=mc^2$$

式中，E 为能量；m 为质量；c 为光速（3×10^8m/s）。由此可知，每 1kg 质量可转化成 9×10^{16}J 的能量。对于 4.29×10^{-29}kg 的质量亏损，相应的能量释放量为

$$E=4.29\times10^{-29}\text{kg}\times(3\times10^8\text{m/s})^2=3.86\times10^{-12}\text{J}$$

太阳每秒释放能量约为 3.865×10^{26}J，按现有的热核反应速率计算，太阳的寿命仍有 5×10^9 年。太阳能可谓“取之不尽，用之不竭”。

1.2　地球上的太阳能

在太阳能利用中，人们关注地球上某处采光面所能截获的太阳辐照度。太阳辐照度的大小取决于以下四个方面：

① 日-地距离；

② 太阳对地球上某处某时刻的相对位置；

③ 太阳辐射进入大气层的衰减情况；

④ 太阳能接收表面的方位和倾角。

1.2.1 地球大气层上界的太阳能

1.2.1.1 太阳常数

地球的平均直径相对于日-地平均距离（约为 1.50×10^{8}km）来说，几乎可视为一个点，它与直径约为 1.39×10^{6}km 的太阳形成 32′的平面张角（见图 1-2），其立体角 Ω_s 为：

$$\Omega_s=\frac{\pi R_s^2}{D_{s-e}^2}$$

式中，R_s 为太阳半径；D_{s-e} 为日-地距离。

地球大气层上界表面上单位立体角中的太阳辐照度为

$$I_s=\sigma T_s^4 \quad (\text{W/m}^2)$$

式中，σ 为斯蒂芬-玻尔兹曼常数，$5.6697\times10^{-8}\text{W/(m}^2\cdot\text{K}^4)$；$T_s$ 为太阳表面的平均温度，K。

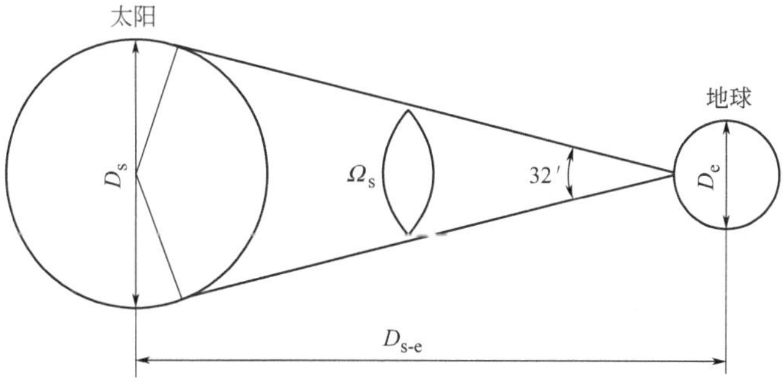

图 1-2 日-地平均距离时的几何关系

D_s—太阳直径，1.39×10^{6}km；D_e—地球直径，1.27×10^{4}km；

D_{s-e}—日-地距离，1.50×10^{8}km

故在大气层上界立体角 Ω_s 中，与太阳光线垂直的单位表面积上的太阳辐照度 I_{sc} 为：

$$I_{sc}=\sigma T_s^4\times\frac{R_s^2}{D_{s-e}^2} \quad (\text{W/m}^2) \tag{1-1}$$

由式(1-1) 可知，σ、R_s、T_s 都是常数，故 I_{sc} 仅是 D_{s-e} 的函数。因地球绕太阳运行的椭圆形轨道的长短轴偏心率仅为 3%，即 D_{s-e} 一年中也只是略有变化，所引起的 I_{sc} 的变化仅为年平均值的±3.5%，故可以将 I_{sc} 视为常数来定义，即定义在日-地平均距离处地球大气层上界垂直于太阳光线的表面上，单位面积、单位时间内所接收到的太阳辐射能量为太阳常数。1981 年，世界气象组织（WMO）公布的太阳常数值为

$$I_{sc}=1368\text{W/m}^2=8.208\text{J/(cm}^2\cdot\text{min)}$$

当然，太阳本身的活动也会引起太阳辐射能的波动。但多年来，世界各地观察结果表明，太阳活动峰值年的辐射量与太阳活动宁静年相比只有 2.5%左右的增大而已。所以，可以认为太阳常数就是地球上所接收到的太阳辐照度的最大极限值。

1.2.1.2 太阳辐射光谱分布

太阳辐射是一种电磁波辐射，既有波动性，也有粒子性。其光谱的主要波长范围为 0.15～4μm，而地面和大气辐射的主要波长范围则为 3～120μm。在气象学中，根据波长的不同，通常把太阳辐射称为短波辐射，而把地面和大气辐射称为长波辐射。

太阳辐射的光谱依波长划分波段：波长小于 0.4μm 的为紫外波段；波长 0.4～0.75μm 的为可见光波段；波长大于 0.75μm 的则为红外波段。在可见光谱的波长范围内，不同波长的电磁辐射对人眼产生不同的颜色感觉。表 1-1 列出了各种颜色的波长及其光谱范围。

表 1-1　各种颜色的波长及其光谱范围

颜色	波长/nm	光谱范围/nm	颜色	波长/nm	光谱范围/nm
红色	700	640～750	绿色	510	480～550
橙色	620	600～640	蓝～靛色	470	450～480
黄色	580	550～600	紫色	420	400～450

以辐射能量为纵坐标，波长为横坐标所绘制的太阳光谱能量分布曲线如图 1-3 所示。由图可知，尽管太阳辐射的波长范围较宽，但绝大部分的能量却集中在 0.22～4.0μm 的波段内，占总能量的 99%。其中，可见光波段约占 43%，红外波段约占 48.3%，紫外波段约占 8.7%。能量分布最大值所对应的波长则是 0.475μm，属于蓝绿光。

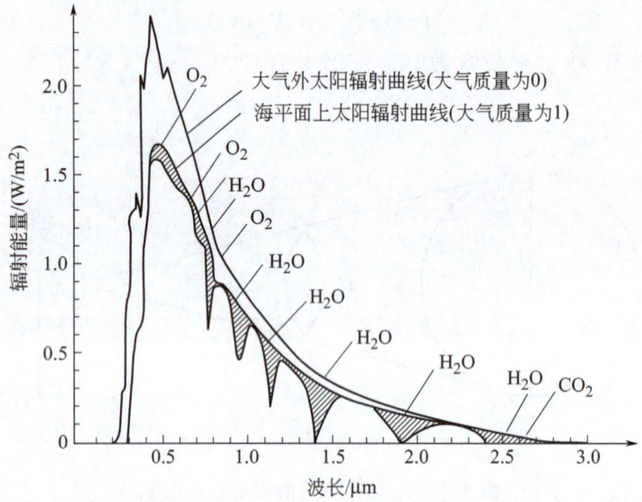

图 1-3　太阳光谱能量分布曲线

1.2.2　地球表面上的太阳能

1.2.2.1　太阳辐射在大气层中的衰减

太阳辐射发射至地球，不但要经过遥远的旅程，并且还要遇到各种阻拦，受到多种因素影响。地球表面被对流层、平流层和电离层大气紧紧地包围，其总厚度在 1200km 以上。当太阳从约 1.5×10^8km 的远方将其光热和微粒流以 3×10^5km/s 的速度向地球辐射时，将受到地球大气层的干扰和阻挡。

地球是个大磁体，在其周围形成了一个很大的磁场。磁场控制的 1000km 以上直至几万千米，甚至高达几十万千米的广大区域，称为地球的磁层。当太阳微粒辐射射向地球时，其受磁层阻挡而不能到达地面。即使有少数微粒闯入，往往也被磁层内部的磁场俘获。这是地球对太阳辐射所设置的“第一道防线”。

在地球磁层下面的地球大气层中，对流层、平流层和电离层都对太阳辐射有吸收、反射和散射作用。其中，电离层不仅可以将太阳辐射中的无线电波吸收掉或反射出去，而且会阻止有害的紫外线和 X 射线部分进入地球。这就是“第二道防线”。

在距地球水平面 24km 左右的大气平流层中，有一个臭氧特别丰富的层次，称为臭氧层。臭氧层的作用很大，可以将进入这里的绝大部分紫外线吸收掉。因此，臭氧层又构成了“第三道防线”。由于地球设置了以上“三道防线”，因此可以把太阳辐射中的有害部分消除，从而使得人类和各种生物得以生存。

由于大气层的存在和影响，到达地球表面的太阳辐射可分成两个部分：一部分为直接辐射，这是不改变方向的太阳辐射；另一部分则为散射辐射，这是被大气层或云层反射和散射后改变了方向的太阳辐射。两者之和称为总辐射。一般来说，晴朗的白天直接辐射占总辐射的比例较大，而阴雨天散射辐射占总辐射的比例较大。利用太阳能，实际上是在利用太阳总辐射。但是，对于多数太阳能利用设备来说，特别是聚光集热装置，则是利用直接辐射部分。

总之，根据观测和计算，到达地球大气层上界的太阳辐射功率为 1.77×10^{17} W，经过大气层后受到衰减。其中，被大气分子和尘埃反射回宇宙空间的太阳辐射功率为 5.2×10^{16} W，约占 30%；被大气所吸收的部分为 4.0×10^{16} W，约占 23%。因此，穿过大气层到达地球表面的太阳辐射功率则为 8.1×10^{16} W，约占 47%。也就是说，能够穿过大气到达地球表面的太阳能还不及到达地球大气层上界的一半。此外，由于地球表面的海洋面积占 79%，因此到达陆地表面的太阳辐射功率仅占到达整个地球表面的太阳辐射功率的 21%，大约为 1.785×10^{16} W。

1.2.2.2 影响地面太阳辐照度的因素

影响地面太阳辐照度的因素很多，某一具体地点的太阳辐照度大小由下述因素的综合结果决定。

(1) 太阳高度角

对于地球上的某一点，太阳高度角是指太阳光的入射方向和地平面之间的交角，即某地太阳光线与该地作垂直于地心的地表切线的夹角。

由于地球大气层对太阳辐射有吸收、反射和散射作用，因此红外线、可见光和紫外线在光谱中所占的比例也随着太阳高度角的变化而变化。当太阳高度角为 90°时，在太阳光谱中，红外线占 50%，可见光占 46%，紫外线占 4%；当太阳高度角为 5°时，红外线占 72%，可见光占 28%，紫外线则接近于 0。

一天中，太阳高度角是不断变化的；同时，在一年中也是不断变化的。对于某处地平面来说，太阳高度角较低时，光线穿过大气的路径较长，导致辐射能衰减得较多。同时，又因为光线以较小的角度投射到地平面上，所以到达地平面的能量较少。反之，则较多。

(2) 大气质量

太阳辐射能受到衰减作用的程度，与太阳辐射穿过大气路径的长短有关。路径越长，能量损失的就越多；路径越短，能量损失的越少。大气质量是衡量太阳辐射通过大气层路径的无量纲参数，将其定义为太阳光通过大气层的实际路径与太阳光在天顶方向时射向地面的路径之比。令海平面上太阳光垂直入射的路径为 1，即无量纲距为 $m=1$。大气质量示意见图 1-4。由图可知，当太阳高度角大于或等于 30°时，无量纲距的计算公式为

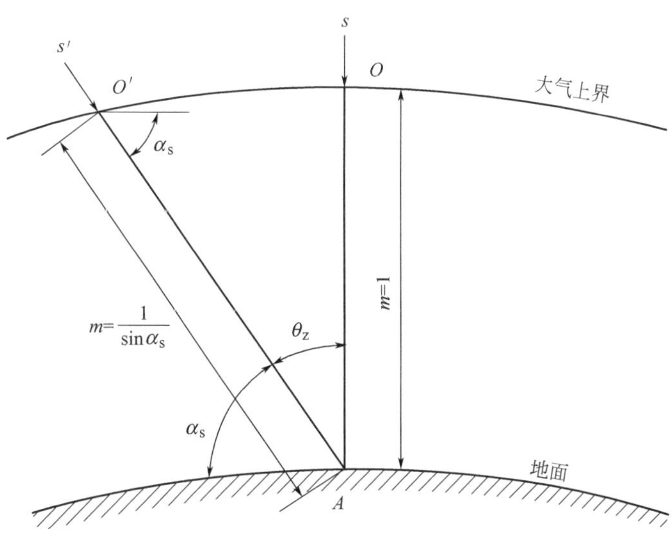

图 1-4 大气质量示意

θ_z—太阳天顶角

$$m = O'A/OA = \sec\alpha_s = \frac{1}{\sin\alpha_s} \tag{1-2}$$

式中，α_s 为太阳高度角。

太阳高度角与大气质量的关系见表 1-2。

表 1-2 太阳高度角与大气质量的关系

太阳高度角 α_s	90°	60°	45°	30°	10°	5°
大气质量($1/\sin\alpha_s$)	1.000	1.155	1.414	2.000	5.758	11.480

(3) 大气透明度

在大气层上界与光线垂直的平面上，太阳辐照度基本上是一个常数。但是，在地球表面上，太阳辐照度却是经常变化的。这主要是由于大气透明程度的不同所引起的。大气透明度是表征大气对于太阳光线透过程度的一个参数。在晴朗无云的天气中，大气透明度高，到达地面的太阳辐射能就多。天空云雾很多或风沙灰尘很大时，大气透明度很低，到达地面的太阳辐射能则较少。可见，大气透明度是与天空中云量的多少以及大气中所含灰尘等杂质的多少密切相关的。为了考虑大气透明度对太阳辐射的影响，经过烦琐的公式推导后，将其制成表 1-3。从表 1-3 中可查出不同太阳高度角和大气透明度下的太阳直接辐照度。

表 1-3 各种大气透明度下太阳直接辐照度与太阳高度角的关系（日地平均距离）

单位：W/m^2

透明度 P_2	太阳高度角 α_s/(°)										
	7	10	15	20	25	30	40	50	60	75	90
很混浊 0.60	0.17	0.26	0.41	0.54	0.63	0.70	0.83	0.94	1.00	1.04	1.06
混　浊 0.65	0.25	0.38	0.55	0.67	0.76	0.84	0.98	1.08	1.13	1.16	1.17
偏　低 0.70	0.35	0.49	0.67	0.79	0.88	0.96	1.08	1.16	1.21	1.25	1.27
正　常 0.75	0.48	0.63	0.81	0.93	1.02	1.10	1.21	1.27	1.32	1.35	1.37
偏　高 0.80	0.61	0.76	0.93	1.06	1.15	1.22	1.32	1.37	1.41	1.44	1.46
很透明 0.85	0.77	0.90	1.08	1.20	1.29	1.35	1.42	1.47	1.51	1.53	1.54

(4) 地理纬度

太阳辐射能量是由低纬度向高纬度逐渐减弱的。假定不同纬度地区的大气透明度相同，在这样的条件下进行比较，如图 1-5 所示，春分中午时刻的太阳垂直照射到地球赤道 F 点上。设同一经度上有另外两点 B、D，且 B 点纬度比 D 点纬度高。由图 1-5 可知，阳光射到 B 点所需经过大气层的路径 AB 比阳光射到 D 点所经过大气层的路径 CD 长。所以，B 点的垂直辐射通量将比 D 点的小。在赤道上 F 点垂直辐射通量最大，因为阳光在大气层中经过的路径 EF 最短。例如，地处高纬度的俄罗斯的圣彼得堡（北纬 60°），每年 $1cm^2$ 的面积上，只能获得 335kJ 的热量。而在我国首都北京，地处中纬度（北纬 39°67′），则可得到 586kJ 的热量，在低纬度的撒哈拉沙漠地区则可得到 921kJ 的热量。

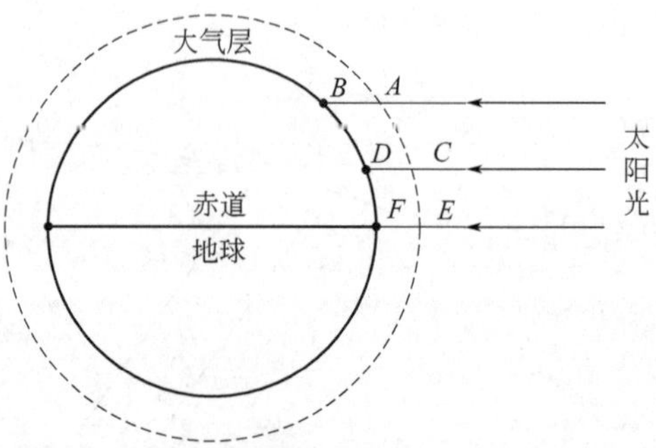

图 1-5 太阳垂直辐射通量与地理纬度的关系

(5) 日照时间

日照时间也是影响地面太阳辐照度的一个重要因素。如果某地区某日白天有 14h，若其中阴天时间≥6h，而出太阳的时间小于或等于 8h，那么就可称该地区那一天的日照时间为 8h。日照时间越长，地面所获得的太阳总辐射量则越多。

(6) 海拔高度

海拔越高，大气透明度越好，从而太阳的直接辐射量也就越高。中国西藏高原地区，由于平均海拔高达 4000m 以上，且大气洁净、空气干燥、纬度又低，因此太阳总辐射量多介于 6000～8000MJ/m^2，直接辐射占比高。

此外，日-地距离、地形、地势等对太阳辐照度也有一定的影响。在同一纬度上，盆地气温通常要比平原高，阳坡气温要比阴坡高等。

1.3 斜面上的太阳辐射能

太阳辐照度通常由气象台提供。然而，这些数据通常是水平面上的直射辐射和散射辐射的总和。在工程设计中，往往需要斜面上的数据。

1.3.1 斜面上的太阳总辐照度

斜面上的太阳总辐照度 I_θ 由三部分组成，即斜面上的直射辐照度 $I_{D\theta}$、斜面上的散射辐照度 $I_{d\theta}$ 和斜面上的反射辐照度 $I_{R\theta}$，用公式表达为

$$I_\theta - I_{D\theta} + I_{d\theta} + I_{R\theta} (\mathrm{W/m^2})$$

1.3.1.1 斜面上的直射辐照度 $I_{D\theta}$

根据图 1-6 可知，太阳辐射总能量不变时，有

$$I_{DN} AC = I_{D\theta} AB = I_{DH} AB'$$

$$I_{D\theta} = \frac{AC}{AB} \times I_{DN} = I_{DN} \cos\theta_T$$

$$I_{DN} = I_{DH} \times \frac{AB'}{AC} = \frac{I_{DH}}{\sin\alpha_s}$$

故

$$I_{D\theta} = I_{DH} \times \frac{\cos\theta_T}{\sin\alpha_s} = I_{DH} \times \frac{\cos\theta_T}{\cos\theta_z}$$

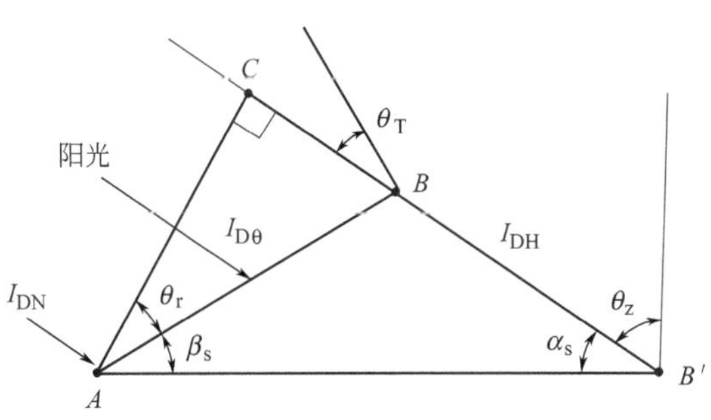

图 1-6 斜面上直射辐射与入射角的关系

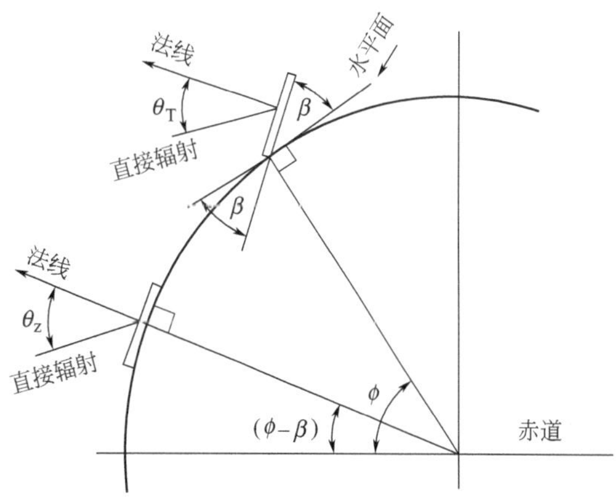

图 1-7 纬度 ϕ 和 ϕ-β 处入射角 θ_T 与天顶角 θ_z 的关系

ϕ—地理纬度；θ_T—太阳辐射入射角；β—斜面与水平面间的夹角

由图 1-7 可知，斜面上的直射辐照度可用太阳光线在垂直平面上的太阳直射辐照度 I_{DN} 与入射角 θ_T 求得，也可用水平面上的太阳直射辐照度 I_{DH} 与入射角 θ_T、高度角 α_s 或天顶角 θ_z 求得。

由图 1-7 可知，纬度 ϕ 处面向赤道，倾角 β 的斜面的太阳入射角相当于纬度中 ϕ-β 处水平面上的天顶角。

对于水平面，$\beta=0$，则

$$I_{D\theta}=I_{DN}\cos\theta_z$$

太阳辐射入射角 θ_T 的余弦为

$$\cos\theta_T=(\sin\phi\cos\beta-\cos\phi\sin\beta\cos\gamma_s)\sin\delta+(\cos\phi\cos\beta+\sin\phi\sin\beta\cos\gamma_s)\cos\delta\cos\omega+\sin\beta\sin\gamma_s\cos\delta\sin\omega$$

式中，γ_s 为斜面方位角，即斜面法线在水平面上投影线与南北方向线之间的夹角；δ 为赤纬角；ω 为时角。

故斜面上太阳直射辐射与斜面方位和倾角的关系式为：

$$I_{D\theta}=I_{DN}[(\sin\phi\cos\beta-\cos\phi\sin\beta\cos\gamma_s)\sin\delta+(\cos\phi\cos\beta+\sin\phi\sin\beta\cos\gamma_s)\cos\delta\cos\omega+\sin\beta\sin\gamma_s\cos\delta\sin\omega] \tag{1-3}$$

对于朝正南（南半球是朝正北）的太阳能收集装置，$\gamma_s=0$，则有

$$I_{D\theta}=I_{DN}[\sin(\phi-\beta)\sin\delta+\cos(\phi-\beta)\cos\delta\cos\omega] \tag{1-4}$$

1.3.1.2 水平面上的散射辐照度 I_{dH} 与斜面上的散射辐照度 $I_{d\theta}$

（1）水平面上的散射辐照度 I_{dH}

晴天时，经理论推导得到 Berlage 公式：

$$I_{dH}=\frac{1}{2}I_0\sin\alpha_s\frac{1-P^m}{1-1.4\ln P} \tag{1-5}$$

式中，I_0 为大气层外的太阳辐照度，W/m^2；α_s 为太阳高度角；P 为大气透明系数；m 为大气质量。水平面上散射辐射的入射方向与直射辐射相同。

（2）斜面上的散射辐照度 $I_{d\theta}$

若天空为各向同性的散射辐照时，可利用角系数互换定律

$$A_{sky}F_{sky\text{-}c}=A_cF_{c\text{-}sky}$$

从而，到达斜面上单位面积的散射辐射为

$$I_{d\theta}=I_{dH}A_{sky}F_{sky\text{-}c}=I_{dH}F_{c\text{-}sky} \tag{1-6}$$

式中，$I_{d\theta}$ 为斜面上单位面积的散射辐照度；I_{dH} 为水平面上的散射辐射度；A_{sky} 为半球天空的面积；A_c 为斜面面积，这里 $A_c=1$；$F_{sky\text{-}c}$、$F_{c\text{-}sky}$ 为角系数，或称为形状系数。

倾角为 β 的平面，对于天空的角系数是斜面看得见天空的面积（投影），占整个天空半球面积（投影）的百分数为

$$F_{c\text{-}sky}=\left(\frac{\pi r^2}{2}+\frac{\pi r^2}{2}\cos\beta\right)/\pi r^2=(1+\cos\beta)/2$$
$$=\cos^2(\beta/2)$$

式中，r 为半球天空的半径（见图 1-8）。

上式代入式(1-6) 得

$$I_{d\theta}=I_{dH}\cos^2(\beta/2)$$

斜面上散射辐射方向与水平面上各向同性散射辐射的平均入射角为 60°。

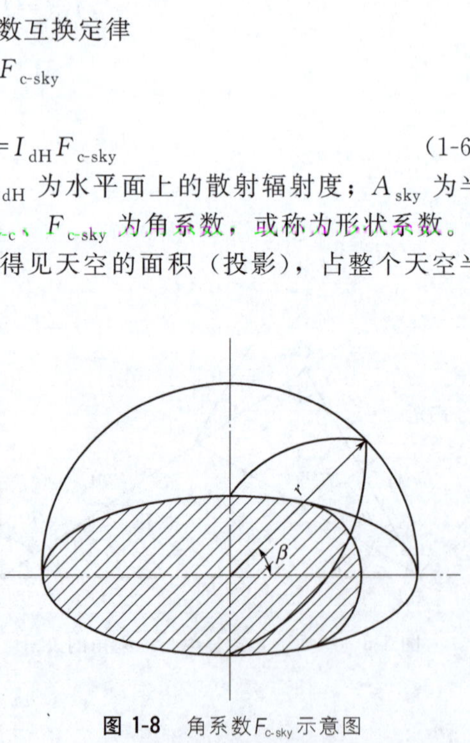

图 1-8 角系数 $F_{c\text{-}sky}$ 示意图

1.3.1.3 斜面上的反射辐照度 $I_{R\theta}$

斜面上的反射辐照度是各向同性的，根据角系数互换定律，有

$$A_g F_{g\text{-}c}=A_c F_{c\text{-}g}$$

$$A_c I_{R\theta}=\rho(I_{DH}+I_{dH})A_g F_{g\text{-}c}$$

式中，A_g 为地面面积；$F_{g\text{-}c}$、$F_{c\text{-}g}$ 为角系数；ρ 为地面反射率；$I_{R\theta}$ 为斜面上的反射辐照度。

而在封闭空间中

$$F_{c\text{-}g}+F_{c\text{-}sky}=1$$

又

$$F_{c\text{-}sky}=\cos^2\frac{\beta}{2}$$

所以

$$I_{R\theta}=\rho(I_{DH}+I_{dH})\left(1-\cos^2\frac{\beta}{2}\right)=\rho(I_{DH}+I_{dH})\frac{1-\cos\beta}{2} \tag{1-7}$$

1.3.2 水平面上太阳辐射转化成斜面上的太阳辐射

1.3.2.1 直散分离

要将水平面上太阳辐射转化成斜面上的太阳辐射，首先必须将太阳总辐射进行直接辐射和间接辐射间的分离。根据太阳辐射观察分析，散射日总量月平均值与太阳总辐射的日总量月平均值之比和地平面上总辐射与大气上界太阳辐射日总量月平均值之比具有很好的相关性。Liu 和 Jordan 求得的散射辐射回归方程为

$$\overline{K}_d=\frac{\overline{I}_{dH}}{\overline{I}_H}=1.390-4.027\overline{K}_T+5.531\overline{K}_T^2-3.108\overline{K}_T^{-3} \tag{1-8}$$

式中，$\overline{K}_d$ 为水平面上散射和总辐射的日总量月平均值之比；$\overline{K}_T$ 为水平面上总辐射与大气层上界总辐射的日总量月平均值之比；$\overline{I}_{dH}$ 为水平面上散射的日总量月平均值（气象台提供）；$\overline{I}_H$ 为水平面上太阳总辐射的日总量月平均值（气象台提供）；由 $\overline{I}_H$ 和 $\overline{I}_0$ ［$\overline{I}_0$ 为大气层上界水平面上总辐射的日总量月平均值（可查表，见表 1-4）］可得到 $\overline{K}_T$，代入式（1-8）得到 $\overline{K}_d$，这样可得到 $\overline{I}_{dH}$。从而可知水平面上直接辐射的日总量月平均值为

$$\overline{I}_{DH}=\overline{I}_H\quad\overline{I}_{dH}$$

表 1-4 北纬 20°～65°大气层上界水平面上太阳总辐射日总量月平均值（$\overline{I}_0$）

单位：Btu/(ft^2 · d)

月份	纬度									
	20°	25°	30°	35°	40°	45°	50°	55°	60°	65°
1	2346	2105	1854	1594	1329	1061	797	541	305	106
2	2656	2458	2242	2012	1769	1515	1255	991	727	472
3	3021	2896	2748	2579	2391	2185	1963	1727	1478	1219
4	3297	3262	3204	3122	3018	2893	2748	2585	2407	2217
5	3417	3460	3480	3478	3455	3412	3351	3277	3194	3116
6	3438	3517	3576	3613	3631	3631	3616	3591	3567	2568
7	3414	3476	3516	3534	3532	3511	3474	3424	3371	3331
8	3321	3316	3288	3237	3164	3070	2957	2826	2683	2531
9	3097	3003	2887	2748	2589	2410	2214	2001	1773	1533

续表

月份	纬度									
	20°	25°	30°	35°	40°	45°	50°	55°	60°	65°
10	2748	2571	2377	2165	1939	1700	1450	1192	931	670
11	2404	2173	1931	1678	1418	1154	890	632	338	172
12	2238	1988	1728	1462	1193	925	664	417	197	31

注：1Btu/（ft^2・d）≈11.36kJ/（m^2・d）。

1.3.2.2 水平面上直射辐射转化成斜面上直射辐射

引入斜面系数 R_b，有

$$R_b=\frac{\text{斜面上的直射辐照度}}{\text{水平面上的直射辐照度}}=\frac{I_{D\theta}}{I_{DH}}$$

则斜面上的直射辐照度

$$I_{D\theta}=R_b I_{DH} \tag{1-9}$$

将已知纬度 ϕ、倾角 β、赤纬角 δ 和时角 ω 代入下式计算出 R_b 即可得 $I_{D\theta}$。

$$R_b=\frac{\sin(\phi-\beta)\sin\delta+\cos(\phi-\beta)\cos\delta\cos\omega}{\sin\phi\sin\delta+\cos\phi\cos\delta\cos\omega}$$

斜面上的散射辐照度由式 $I_{d\theta}=I_{dH}\cos^2(\beta/2)$ 求出，斜面上的直射辐照度由式(1-9) 求得。所以，斜面上与水平面上太阳总辐射的平均比值为

$$\overline{R}=\frac{\overline{I}_\theta}{\overline{I}_H}=\frac{\overline{I}_D}{\overline{I}_H}\times R_b+\frac{\overline{I}_d}{\overline{I}_H}\times\frac{1+\cos\beta}{2}+\left(\frac{1-\cos\beta}{2}\right)\rho$$

斜面上的太阳总辐射即为

$$\overline{I}_\theta=\overline{I}_{DH}\overline{R}_b+\overline{I}_d\,\frac{1+\cos\beta}{2}+(\overline{I}_{DH}+\overline{I}_d)\left(\frac{1-\cos\beta}{2}\right)\rho$$

式中，ρ 为地面反射率，工程计算中取平均值 0.2，有雪覆盖地面时取 0.7。表 1-5 给出了北京地区用上述方法计算得出的结果。

表 1-5　北京地区斜面上太阳总辐射的计算结果

月份	$\overline{I}_H$	$\overline{I}_0$	$\overline{K}_T$	$\overline{I}_d/\overline{I}_H$	$\overline{R}_b$	$\overline{R}_b\left(1-\frac{\overline{I}_d}{\overline{I}_H}\right)$	$\frac{1+\cos\beta}{2}\left(\frac{\overline{I}_d}{\overline{I}_H}\right)$	$\rho\ \frac{1-\cos\beta}{2}$	$\overline{R}$	$\overline{I}_\theta$
4	4569	8186	0.56	0.32	1.05	0.714	0.283		1.02	4660
5	5409	9372	0.58	0.31	0.85	0.586	0.274		0.88	4760
6	5357	9849	0.54	0.34	0.80	0.528	0.30		0.85	4553
7	4522	9581	0.47	0.38	0.80	0.496	0.335	0.0234	0.85	3844
8	4222	8583	0.49	0.38	0.90	0.558	0.335		0.92	3844
9	3937	7023	0.56	0.32	1.20	0.816	0.283		1.12	4409
10	3089	5260	0.58	0.31	1.60	1.104	0.274		1.40	4329

注：单位为 kJ/(m^2・d)。

1.4 太阳辐射的测量和资源计算

1.4.1 太阳辐射测量仪器

太阳辐射测量仪器可按不同的标准进行分类，诸如被测变量的种类、视场的大小、光谱响应范围和主要用途等，其主要分类见表 1-6。

表 1-6　太阳辐射测量仪器分类

仪器分类	被测参数	主要用途	视场角(球面度)/sr
绝对直接日射表	直接日射	标准仪器	5×10^{-3}
直接日射表	直接日射	①二等标准仪器 ②工作仪器	$5\times10^{-3}\sim2.5\times10^{-2}$
分光直接辐射表	宽波段的直接日射 (采用 OG530 等滤光片)	工作仪器	$5\times10^{-3}\sim2.5\times10^{-2}$
太阳光度计	窄波段的直接日射	①标准仪器 ②工作仪器	$1\times10^{-3}\sim1\times10^{-2}$
总日射表	①总日射 ②散射日射 ③反射日射	①标准仪器 ②工作仪器	2π
分光总日射表	宽波段的直接日射 (采用 OG530 等滤光罩)	工作仪器	2π
净总日射表	净总日射	①标准仪器 ②工作仪器	4π
地球辐射表	①向上的长波辐射 ②向下的长波辐射	①标准仪器 ②工作仪器	2π
全辐射表	全辐射	工作仪器	2π
净全辐射表	净全辐射	工作仪器	2π

根据世界气象组织的有关规定，辐射测量仪器的质量以下列 8 项特性进行检验。

① 分辨率：仪器能够探测到的最小辐射变化量。

② 稳定度：灵敏度的长期变化，如 1 年内的最大可能变化量。

③ 温度稳定性：随温度变化所引起灵敏度的变化。

④ 非线性响应：灵敏度随入射辐照度水平不同而产生的变化。

⑤ 光谱响应偏离理想响应（指感应面黑度）的程度。

⑥ 方位响应偏离理想响应的程度，如余弦响应、方位响应等。

⑦ 仪器的时间常数。

⑧ 辅助装置的不确定度。

世界气象组织根据前述 8 项特性可将直接日射表分成一级和二级两类，同时将总日射表分成二等标准、一级工作表和二级工作表三类。对于地球辐射表和净全辐射表的分类标准，并未单独给出，而是以全辐射表的名义进行分类，如总日射表一样，分成二等标准、一级工作表和二级工作表三类。

1.4.2　太阳能资源计算与分区

1.4.2.1　资源计算

对于太阳能利用来说，了解国内各地的太阳能资源状况是十分必要的。但是，由于太阳辐射测量站点分布稀疏，仅靠实测数据远远不能满足各方面的需求。国际上通行的解决办法是借助现有的日射站点的实测数据，与一些同日射有关且广泛观测的其他气象要素建立统计关系，然后再将这些定量关系应用到无日射观测的地区，计算出相应的日射数据来。

应当指出，影响日射的气象要素有很多，重要的有云量、云状、大气透明度等。此外，海拔、地理纬度、季节、时刻等因素的影响也不容忽视。云量、云状和大气透明度可以说是变化多样，难以精确计量。因此，大多数计算方法也都是限定于晴天，实用价值受到了限制。下面所讨论的方法仅限于多年平均状况，即气候学意义上的年或月平均曝辐量 H。

计算总日射曝辐量的方法种类繁多，若用通式可表达为

$$H=H_0 f(s_1, n) \tag{1-10}$$

式中，H_0 为基础总日射曝辐量值；$f(s_1, n)$ 为表征天空遮蔽程度的函数；s_1 为日照百分率；n 为云量。

式(1-10) 中，s_1 和 n 可任选一，也可兼用。H_0 的选择则可分为三种。

① 天文辐射　天文辐射是指大气上界的日射。由于大气上界已不存在空气，因此没有散射，实际上只剩下直接日射，且只随纬度和时间的不同而有所变化。由于天文辐射不反映海拔高度，因此不利于用来解决像中国这样幅员辽阔、地势起伏明显的情况。

② 晴天辐射　为了获得此值，需要将各日射站点的多年实测资料逐日地点绘到以日期为横坐标的图上，最后绘出全部点的外廓线，再求出响应时段（月）内，外廓线下的面积，即月内的晴天曝辐量。这样做不仅工作量大，且外廓线所代表的往往是大气处于极端透明情况下的曝辐量，其值偏高。另外，由于实测站点稀少且分布不均，因此这样得出的结果往往无法兼顾到不同海拔和纬度的情况。

③ 理想大气中的总日射曝辐量　该曝辐量具有如下优点：a. 可以通过计算精确求出，不必整理有限站点的大量原始实测数据；b. 可以得到不同海拔和纬度的分布值。所谓理想大气，又称干洁大气，顾名思义，就其成分而言，除了不含水汽和气溶胶外，与一般大气无异。这样就可以把大气中的不确定因素排除，从而可以准确计算出大气固定成分对日射的散射和吸收。

至于 $f(s_1, n)$ 的具体表达式，国内外的大量研究现已明确，用日照百分率的效果优于使用云量。这也不难理解，因为日照百分率毕竟是连续记录的结果，而云量靠的是目测，且一日内仅有 4 次观测，其中还包括一次夜间的记录（其对日射而言，毫无意义）。目前公认的最佳表达式的形式为

$$H=H_0(a+bs_1) \tag{1-11}$$

式中，a 与 b 为回归系数，可根据实测数据用最小二乘法求出。

王炳忠等计算得出了全国太阳能资源的分布情况，但所提供的只是中国太阳能资源分布的总体趋势。由于该工作着眼于全国，因此对个别地区的特点可能考虑欠周。若需要了解某一特定地区的详细情况，也没有必要从整理原始观测数据、选择计算公式做起，一般可通过查阅各省气象部门有关档案找到所需信息。

不过要指出的是，太阳能资源工作并不是一项一劳永逸的工作。近年来的研究发现，随着空气污染的加重，各地太阳辐射普遍呈现下降趋势。而王炳忠等所绘制的资源分布主要依据的是 20 世纪 80 年代以前的数据，因此其代表性有所降低。另外，近年来国外普遍使用气象卫星提供的资料开展太阳能资源的研究，这是今后我们应当关注的方向。

1.4.2.2　我国太阳能资源及分区

我国国土跨度，从南到北，由西至东，距离都在 5000km 以上，总面积达 $960\times10^4 km^2$ 以上，约占全球陆地总面积的 7%，位居世界第三位。在这广阔富饶的土地上，有着十分丰富的太阳能资源。全国各地太阳能总辐射量为 3340～8400MJ/(m^2·a)，中值约为 5852MJ/(m^2·a)。

从全国太阳能年总辐射量的分布来看，西藏、青海、新疆、甘肃、内蒙古南部、山西、陕西北部、河北、山东、辽宁、吉林西部、云南中部和西南部，广东东南部、福建东南部、海南岛东部和西部以及台湾省的西南部等广大地区的太阳能总辐射量很大。尤其是青藏高原地区为最大，这里平均海拔高度在 4000m 以上，大气层薄而清洁，透明度好，纬度低，日照时间长。例如，被人们称为"日光城"的拉萨市，1961～1970 年的太阳年平均日照时间为 3005.7h，相对日照为 68%，年平均晴天为 108.5d，阴天为 98.8d，年平均云量为 4.8，太阳能总辐射量为 8160MJ/(m^2·a)，比全国其他省区和同纬度的地区都高。相比之下，全国以四川和贵州两省及重庆市的太阳能年总辐射量最低，尤其是四川盆地，那里雨多雾多、晴天较少。例如，素有"雾都"之称的重庆，年平均日照时数仅为 1152.2h，相对日照率为 26%，年平均晴天为 24.7d，阴天达 244.6d，年平均云

量高达 8.4。其他地区的太阳能年总辐射量居中。

中国太阳能资源分布的主要特点有：太阳能的高值中心和低值中心都处在北纬 22°～35°之间，青藏高原是高值中心，四川盆地是低值中心。此外，太阳能年总辐射量，西部地区高于东部地区，而且除西藏和新疆两个自治区外，基本上南部低于北部。由于南方多数地区云多、雨多，在北纬 30°～40°之间，太阳能的分布情况与一般的太阳能随纬度变化的趋势相反，太阳能资源不是随纬度的增加而减少，而是随纬度的增加而上升。

很显然，太阳能资源分布具有明显的地域性。这种分布特点反映了太阳能资源受到气候、地理等条件的制约。根据太阳能年曝辐量的大小，可将我国划分成四个太阳能资源带，四个资源带的划分指标见表 1-7。

表 1-7 四个资源带的划分指标

资源带符号	资源带名称	指标(每年)
Ⅰ	资源丰富带	≥6.7GJ/m^2
Ⅱ	资源较富带	5.4～6.7GJ/m^2
Ⅲ	资源一般带	4.2～5.4GJ/m^2
Ⅳ	资源缺乏带	<4.2GJ/m^2

中国的太阳能资源与同纬度的其他国家相比，除四川盆地和与其毗邻的地区外，绝大多数地区的太阳能资源相当丰富；和美国类似，比日本、欧洲条件优越得多，特别是青藏高原中南部的太阳能资源尤为丰富，接近世界上著名的撒哈拉大沙漠。西藏与国内外部分站点太阳能年总辐射量的比较如表 1-8 所示。表中数据表明，中国太阳能资源 2/3 地区的利用价值很高或较高，其余 1/3 地区绝大多数具备可利用价值。为了与世界其他地区有一个相同的判别标准，业内都采用如表 1-7 所示的四个资源带划分指标。

表 1-8 西藏与国内外部分站点太阳能年总辐射量比较

地名	年总辐射量/(MJ/m^2)	地名	年总辐射量/(MJ/m^2)	地名	年总辐射量/(MJ/m^2)
拉萨	7784.2	哈尔滨	4622.2	赫尔辛基	3307.6
那曲	6557.2	乌鲁木齐	5304.7	斯德哥尔摩	3558.8
昌都	6137.1	格尔木	7004.5	莫斯科	3726.3
狮泉河	7807.6	兰州	5442.8	汉堡	3433.2
绒布寺	8369.4	呼和浩特	6108.5	华沙	3516.9
		银川	6102.2	伦敦	3642.5
		北京	5564.3	巴黎	4019.3
		上海	4672.5	维也纳	3893.7
		成都	3805.8	威尼斯	4814.8
		昆明	5271.2	里斯本	6908.2
		贵阳	3805.8	东京	4228.7
		武汉	4672.5	纽约	4731.1
		广州	4479.9	新加坡	5735.9
				非洲中部撒哈拉大沙漠	>8373.6

为了方便使用，列出表 1-9 30 个省（市、自治区）太阳能资源数据，表 1-10 列出了全国不同地区平均发电系统的年利用时间，供参考。

表 1-9　30 个省（市、自治区）太阳能资源数据

区域	行政区划	全省年最高总辐射量/(MJ/m²)	全省年最低总辐射量/(MJ/m²)	省会水平面总辐射量/(MJ/m²)	省会水平面年利用小时数/h	方阵倾角/(°)	省会斜面年总辐射量/(MJ/m²)	省会斜面年利用小时数/h
西北九省（自治区）	西藏	7910.65	6088.59	7885.99	2190.55	30	8832.31	2453.418
	青海	6951.76	6142.93	6142.93	1706.37	40	7064.37	1962.324
	甘肃	6458.52	5442.78	5442.78	1511.88	40	6259.19	1738.665
	新疆	6342.31	5304.84	5304.84	1473.57	45	6100.56	1694.601
	内蒙古	6195.18	5658.47	6041.35	1678.15	45	6947.56	1929.877
	云南	6156.72	4848.38	5182.78	1439.66	28	5597.4	1554.835
	宁夏	5944.8	5944.8	5944.8	1651.33	42	6658.17	1849.492
	山西	5868.3	5513.84	5513.84	1531.62	40	6340.91	1761.365
	陕西	4730.51	4730.51	4730.51	1314.03	40	5440.08	1511.134
	平均	6284.31	5519.46	5798.87	1610.80		6582.28	1828.41
东南部十七省（市、自治区）	黑龙江	4683.69	4442.92	4683.69	1301.03	50	5386.24	1496.179
	河北	5008.89	5008.89	5008.89	1391.36	42	5609.96	1558.323
	广西	4595.91	4294.11	4595.91	1276.64	25	4963.58	1378.773
	吉林	5034.39	4640.64	5034.39	1398.44	45	5789.55	1608.209
	广东	5161.46	4478.03	4478.03	1243.90	25	4836.28	1343.41
	湖北	4312.92	4047.91	4312.92	1198.03	35	4959.86	1377.74
	山东	5123.01	4761.44	5123.01	1423.06	40	5891.46	1636.516
	河南	5095	4764.36	4764.36	1323.43	40	5479.02	1521.95
	辽宁	5068.67	4903.14	5067.41	1407.61	45	5827.53	1618.757
	江西	5045.26	4630.6	4832.08	1342.24	30	5218.65	1449.624
	江苏	4855.49	4855.49	4855.49	1348.75	35	5341.04	1483.621
	福建	4410.74	4410.74	4410.74	1225.21	30	4763.59	1323.221
	浙江	4751.82	4314.6	4314.6	1198.50	35	4746.06	1318.349
	海南	5125.1	5125.1	5125.1	1423.64	25	5381.35	1494.82
	北京	5620.01	5620.01	5620.01	1561.11	42	6294.41	1748.448
	天津	5260.11	5260.11	5260.11	1461.14	42	5891.33	1636.479
	上海	4729.25	4729.25	4729.25	1313.68	35	5202.18	1445.049
	平均	4985.16	4872.12	4912.75	1364.65		5407.35	1502.04
其他四省	湖南	4212.60	4212.60	4212.60	1170.17	30	4633.86	1287.19
	安徽	3792.51	3792.51	3792.51	1053.48	35	4361.39	1211.50
	四川	4229.74	3486.96	3792.51	1053.48	35	4247.62	1179.89
	贵州	4672.40	3471.07	3797.95	1054.99	30	4101.78	1139.38
	平均	4226.81	3740.79	3898.89	1083.03		4336.16	1204.49

注：数据源自中国科学院电工研究所光伏发电培训班讲义。

表 1-10 全国不同地区平均发电系统的年利用时间

不同地区	水平面年太阳辐射/(kW·h/m²)	斜面年太阳辐射/(kW·h/m²)	独立光伏电站有效利用时间/h	建筑并网系统有效利用时间/h	开阔地并网系统有效利用时间/h
西北地区	1610.80	1828.41	1250	1450	1540
东南沿海	1364.65	1502.04	1000	1200	1250
全国平均	1487.73	1665.23	1100	1250	1350

注：独立光伏发电效率 60%～65%；建筑并网光伏发电效率 75%～80%；大型并网光伏发电效率 80%～85%。

第2章 太阳能光伏发电系统集成技术及应用

2.1 太阳能光伏发电系统工程

2.1.1 光伏系统工程研究的宗旨及内容

何谓系统呢？一般认为，"系统"一词是"群"与"集合"之意。长期以来，它存在于自然界、人类社会以及人类思维描述的各个领域，频繁出现在学术讨论和社会生活中，早被赋予不同的含义。究竟什么是系统呢？著名科学家钱学森曾给出一个定义：系统是由相互作用和依赖的若干组成部分结合而成的具有特定功能的有机整体。这个定义指出了作为系统的三个基本特征：

（1）系统是由若干元素组成；

（2）这些元素相互作用、相互依赖；

（3）由于元素间的相互作用，使系统作为一个整体，具有特定的功能。

太阳能发电技术分为太阳能光发电和太阳能热发电两大类。

太阳能光发电是指不必通过热过程直接将太阳光能转变成电能的发电方式，它包括光伏发电、光化学发电、光感应发电和光生物发电。其中，光伏发电是利用太阳电池这种半导体电子器件有效地吸收太阳光辐射能，并使之转变成电能的直接发电方式，是当今太阳能光发电的主流，人们通常所说的太阳能光发电就是太阳能光伏发电。

为了有效利用太阳能光伏发电，必须构建优化系统。太阳电池仅是系统中的主要"元素"之一，使其具有特定功能还应有直流汇流、直流/交流逆变、储能、监控、功率调节等系统平衡部件或组件。针对不同功能应有不同的系统配置，不同的配置又必须合理。光伏发电系统工程项目的实施，其寿命要求长达 25～30 年，可以说是半永久性的发电设备，还必须做到与常规电站一样进行精心施工安装，加之持久的运行维护保障才能达到设计的预期目标。

太阳能光伏发电系统工程致力于研究开发光伏发电系统集成技术及其应用，运用系统工程学的原理及方法，进行光伏系统建模、系统分析、系统设计、系统仿真、系统构建、系统运行维护管理、系统预测、系统评价和系统决策等，追求更优化的技术方案、更佳的性价比、更可靠的运行维护管理，以获得最佳的投资效益和环保效益。其主要研究内容有如下四个方面：

（1）系统如何优化设计，包括设计原理和方法、各类系统具体设计、设计软件工具及实用案例；

（2）系统如何合理配置，包括必备的太阳能资源、太阳电池及其应用系统平衡部件，系统各部件性能特点及其之间的关联、制约与选配，以及系统集成技术的一体化装置等知识；

（3）对于光伏系统工程项目如何精心施工，包括规范达标的安装施工及检测调试、部件安装注意事项、屋顶和地面安装防雷、接地、抗风、抗雹、防锈蚀、防火及安全保障等；

（4）对于光伏系统，如何进行长期运行维护，包括诸如集中监控系统及巡检诊断，太阳电池（或太阳能电池）板清洁、倾角调整，以及运维管理规则等一系列软、硬件措施等。

2.1.2 系统分类及配置

2.1.2.1 光伏系统的特点与分类

光伏发电系统发电过程由于无温室气体排放，因而被视为“绿色”能源。它具备以下主要优点：

① 不需要化石燃料，太阳能资源遍布全球，取用不竭；

② 无移动、转动部件，无污染、无噪声，寿命可长达 30 年以上；

③ 建设周期短，即便是大型光伏电站，从设计到施工安装可在 3～6 个月内完成；

④ 运行维护费用很低，仅为常规发电站的 1/10 左右；

⑤ 可因地制宜，就近设置，应用十分方便；

⑥ 采用模块化结构，规模可调节，大到 GW 级集中型光伏电站，小到分布式户用屋顶光伏系统，乃至太阳能电子产品等。

光伏发电系统的缺点是波动、不连续，如同风力发电等其他可再生能源。对于这类间断性能源利用有如下三种技术途径加以应对：

① 系统配置储能装置；

② 并网发电，将所发电能“储存”到电网上进行存用调节；

③ 多能互补发电，以及构建微电网。

光伏系统（又称为 PV 系统）通常按照其与公共电网的关系分为独立型与并网型两大类。其中，独立型又按负载类型分为专用负载和一般负载，或者按系统构成分为混合型、无储能蓄电池型、蓄电池并用型。并网型系统又分为可逆流和不可逆流两种。PV 系统分类如图 2-1 所示。

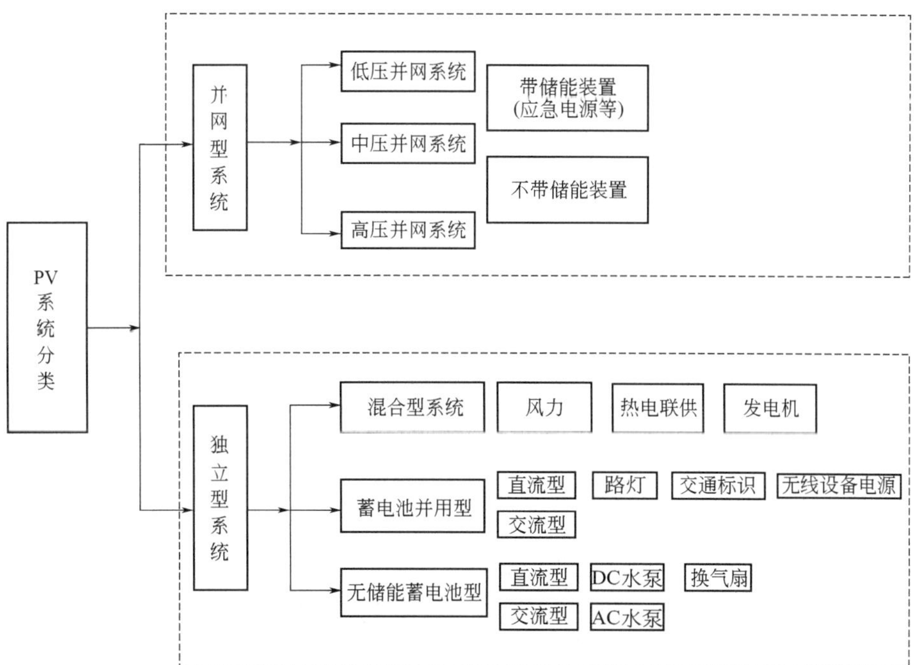

图 2-1 PV 系统分类

所谓独立型光伏发电系统，是指与电力系统不发生任何关系的闭合系统。它通常用于便携式设备的电源，向远离现有电网的地区或设备供电，以及用于任何不想与电网发生联系的供电场合。

（1）带专用负载的光伏发电系统

带专用负载的光伏发电系统可能是仅仅按照其负载的要求来进行构建和设计的。因此，输出功率为直流或者为任意频率的交流，是较为适用的。这种系统，使用变频调速运行在技术上可行。如在光伏水泵系统中电机负载的情况下，通过变频启动可以抑制冲击电流，同时可使变频器小型化。

（2）带一般负载的光伏发电系统

带一般负载的光伏发电系统是以某个范围内不特定的负载作为对象的供电系统。作为负载，通常是电器产品，以工频运行比较方便。如是直流负载，可以省掉逆变器。当然，实际情况可能是交流、直流负载都有。一般要配有蓄电池储能装置，以便把太阳电池板白天产生的电储存在蓄电池里，供夜间或阴雨天时使用。如果负载仅为农用机械也可以不设置蓄电池。一般负载用光伏发电系统，还可以分为就地负载系统和分散负载系统。前者作为边远地区的家庭或某些设备的电源，是一种在使用场地就地发电和用电的系统。而后者则需要设置小规模的配电线路，以便对于光伏电站所在地以外较远的负载也能供电。

并网型系统分为可逆流系统和不可逆流系统两种（见图 2-2）。在 PV 系统中，若产生剩余电力，可逆流系统则可采用由电力公司购买剩余电力的制度。现在，住宅用的 PV 系统几乎都采用可逆流系统。

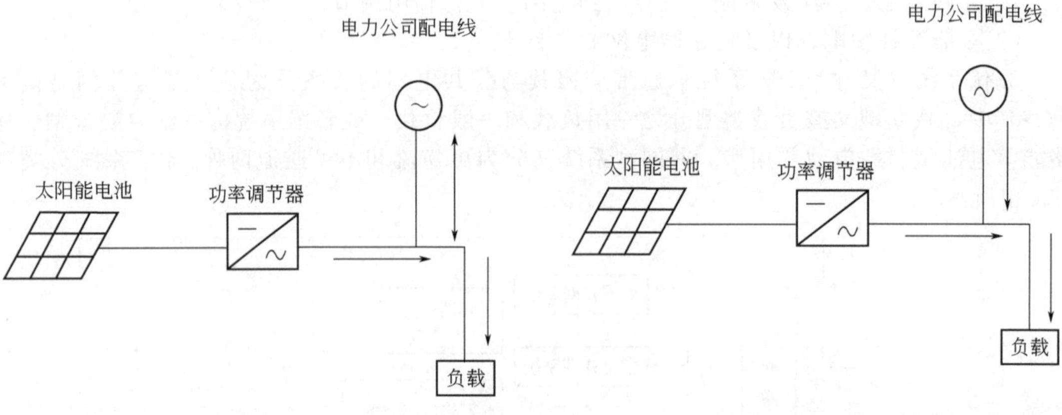

图 2-2 并网型系统

不可逆流系统，在区域内的电力需求通常比 PV 系统的输出电力大，因此在不会产生逆流电力的情况下被采用。在这类光伏系统中，无法确认其剩余电力不逆向流入电网，因此即使产生很小的电流，系统也应具备自动降低 PV 系统的输出电力或暂停 PV 系统运行的功能，即要安装防逆流装置。

2.1.2.2 光伏系统的配置

（1）光伏系统的组成

对于独立型光伏系统，其组成如图 2-3 所示。并网型光伏系统组成如图 2-4 所示。

① 太阳电池方阵　太阳电池方阵是光伏系统的主要部件，由其将接收到的太阳光能直接转换成直流电。为满足高电压、大功率的发电要求，方阵由若干太阳电池组件（光伏组件），防反和旁路二极管，防雷直流汇流箱及缆线等串、并联连接后，通过一定的机械方式固定组合而成。方阵的支架要有足够的刚度、强度以抗风、抗雪等，并能牢固地安装在适当的

基础之上。

在地面安装更大功率的光伏电站，往往需要许多方阵，按照恰当的间距进一步串、并联连接汇流至逆变器的输入端。光伏方阵有序排布的总体称为光伏阵列。

在建筑物并网光伏系统中，如果在住宅或建筑物设计时就考虑方阵的安装朝向和倾斜角等要求，并预先埋好地脚螺栓等固定元件，则在太阳电池方阵安装时就便捷得多，且可减少电力损失。

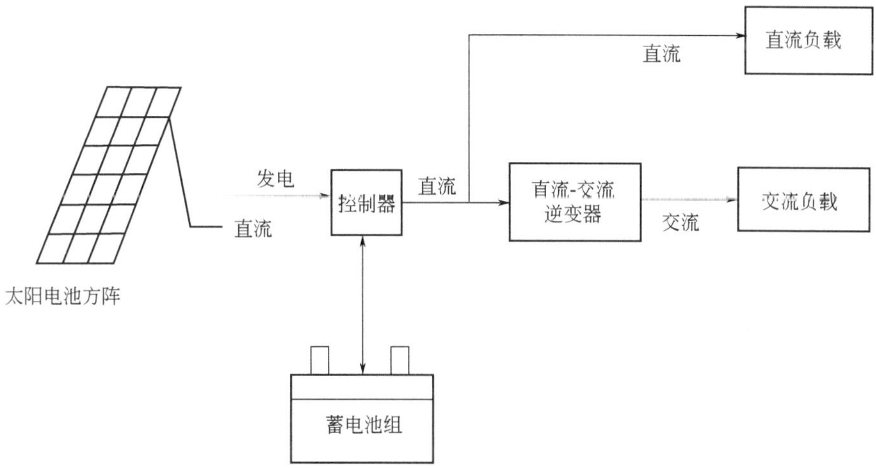

图 2-3 独立型光伏系统组成框图

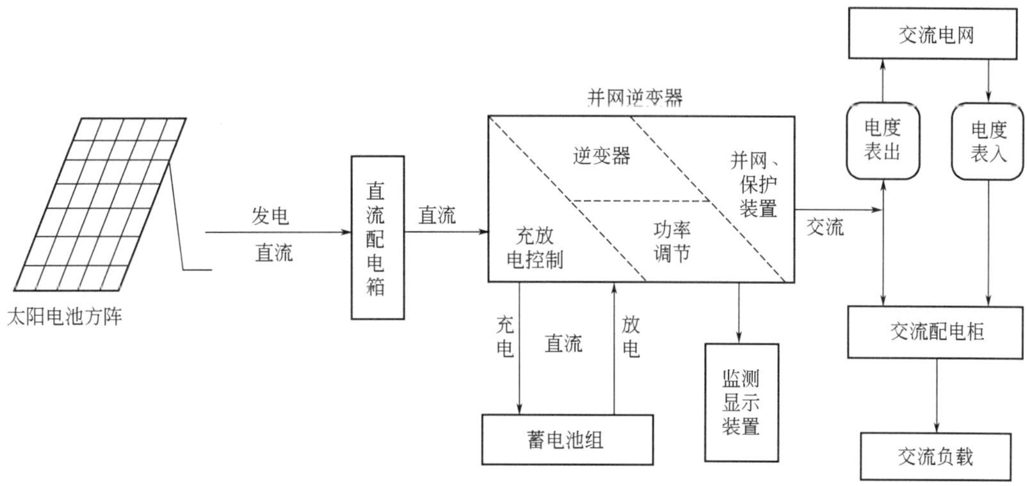

图 2-4 并网型光伏系统组成

建筑物并网光伏系统的突出特点是与建筑相结合，目前主要有如下两种形式。

建筑与光伏系统相结合是两者结合的初步，即将现成的平板式太阳电池组件安装在建筑物的屋顶等处，引出端经由逆变和控制装置与电网连接，光伏系统和电网并联向住宅（用户）供电，多余电力向电网反馈，不足电力由电网取用。

建筑与光伏组件相结合是两者结合的进一步发展，即将光伏器件与建筑材料集成化。建筑物的外墙一般采用涂料等材料，为了美观，有的甚至采用价格昂贵的玻璃幕墙等，其功能是起到保护内部及装饰的作用。如果把屋顶、向阳外墙、遮阳板，甚至窗户等材料采用光伏器件来代替，则可一举两得，既可作为建筑材料与装饰材料，又能发电。

光伏建筑一体化系统，要设计良好的冷却通风，因为太阳电池组件的发电效率随其表面工作温度的上升而下降。良好的通风冷却，可使组件的表面温度降低 15℃左右，电力输出提高

8%以上。

② 逆变器　逆变器作为光伏系统的关键部件，是向负载或电网提供优质电力的根本保障。为了实现光伏系统可靠运行、高效输出，逆变器必须达到如下要求。

a. 能输出电压稳定的交流电。无论是输入电压出现波动，还是负载发生变化，它都要达到一定的电压稳定精度，静态时一般为±2%。

b. 能输出频率稳定的交流电。要求该交流电能达到一定的频率稳定精度，静态时一般为±0.5%。

c. 输出的电压及其频率在一定范围内可以调节。一般输出电压可调范围为±5%，输出频率可调范围为±2Hz。

d. 具有一定的过载能力，一般能过载125%～150%。当过载150%时，应能持续30s；当过载125%时，应能持续1min及以上。

e. 输出电压波形含谐波成分应尽量小。一般输出波形的失真率应控制在7%以内，以利于缩小滤波器的体积。

f. 具有短路、过载、过热、过电压、欠电压等保护功能和报警功能。

g. 启动平稳，启动电流小，运行稳定可靠。

h. 换流损失小，逆变效率高，一般在85%～95%。

i. 具有快速的动态响应。

逆变器按运行方式，可分为独立运行逆变器和并网逆变器。独立运行逆变器用于独立运行的太阳能光伏发电系统，为独立负载供电。并网逆变器用于并网运行的太阳能光伏发电系统，将发出的电能馈入电网。逆变器按输出波形又可分为方波逆变器和正弦波逆变器。方波逆变器，电路简单，造价低，但谐波分量大，一般用于几百瓦以下和对谐波要求不高的系统。正弦波逆变器，成本高一些，但可以适用于各种负载。事实上，正弦波逆变器早已成为主流。

并网逆变器主要由逆变器和并网保护器两大部分构成，如图2-5所示。

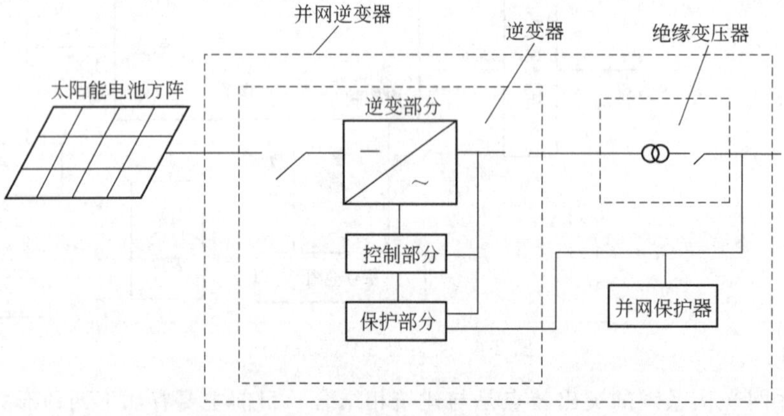

图2-5　并网逆变器构成（绝缘变压器方式）

逆变器包括3个部分：a. 逆变部分，其功能是采用大功率晶体管将直流高速切割，并转换为交流；b. 控制部分，由电子回路构成，其功能是控制逆变部分；c. 保护部分，也由电子回路构成，其功能是在逆变器内部发生故障时起安全保护作用。

并网保护器是一种安全装置，主要用于频率上下波动、过欠电压和电网停电等情况的监测。通过监测如发现问题，应及时停止逆变器运转，把光伏系统与电网断开，以确保安全。它一般装在逆变器中，但也有单独设置的。

并网光伏逆变器往往还包含有最大功率点跟踪（MPPT，或简称为最大功率跟踪）功能。太阳电池方阵的输出随太阳辐照度和太阳电池方阵表面温度而变动，因此需要跟踪太阳电池方阵的工作点并进行控制，使方阵始终处于最大输出，以获得最大的功率输出。这就要采用 MPPT 技术。每隔一定时间让并网逆变器的直流工作电压变动一次，测定此时太阳电池输出功率，并同上次进行比较，使并网逆变器的直流电压始终沿功率变大的方向变化。

目前应用于并网逆变器回路的方式主要有电网频率变压器绝缘方式、高频变压器绝缘方式和无变压器方式 3 种。

a. 电网频率变压器绝缘方式，采用脉宽调制（PWM）逆变器产生电网频率的交流，并采用电网频率变压器进行绝缘和变压。它具有良好的抗雷击和消除尖波的性能。但由于采用电网频率变压器，因而较为笨重。

b. 高频变压器绝缘方式，体积小，重量轻，但回路较为复杂。

c. 无变压器方式，体积小，重量轻，成本低，可靠性能高，但与电网之间没有绝缘。

除第一种方式外，后两种方式均具有检测直流电流输出的功能，进一步提高了安全性。无变压器方式，由于在成本、尺寸、重量及效率等方面具有优势，因而目前应用广泛。该回路由升压器把太阳电池方阵的直流电压提升到无变压器逆变器所需要的电压，逆变器则把直流转换为交流。控制器具有联网保护继电器的功能，并设有联网所需手动开关，以便在发生异常时将逆变器同电网进行隔离（见图 2-6）。

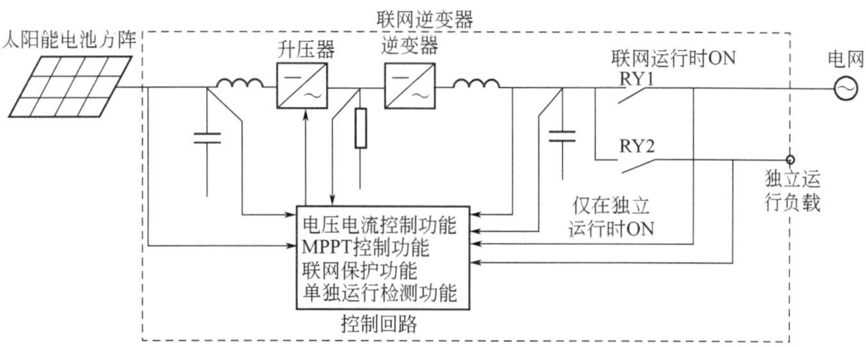

图 2-6 无变压器方式并网逆变器回路构成

③ 其他系统平衡相关部件　包括储能装置、控制器、交流配电柜、监控设备、变压器等，本书相关章节有详细阐述，因而不一一赘述。

（2）光伏系统配置

光伏系统配置是指光伏系统各个部件的容量设计及其对性能参数适配的考量，以达到最佳的匹配。此为光伏发电系统工程项目实施中一项不可忽视的重要事项。光伏系统各部件适配的考量，不仅应追求系统效率最大，发电量最多，还要考虑最佳性价比，并且应从光伏系统长达 25～30 年的全寿命周期来考量系统工程的技术经济性。

例如，在并网光伏系统中，逆变器的功率容量选定，除了考虑许多性能参数的适配，还要注意到逆变器在低功率下运行效率降低这一现象。理想逆变器容量的选择应根据太阳电池板输出功率来考量，这又和安装地点的纬度相关。我们知道，逆变器额定功率（P_1）与太阳电池板标称功率（P_0）之比（P_1/P_0），通常小于 1。在欧洲，专业人士推荐该比值时，对北欧国家为 0.65～0.8；对中欧国家为 0.75～0.9；而对南欧国家，则宜选 0.85～1.0。在中国，该比值多选为 0.9～1.0 之间，具体比值应据安装地点等酌情确定。

但是，在独立光伏发电系统中，首要应考虑电能生产以满足负载需求，同时供电可靠性和经济性也很重要。因而逆变器容量的考量，主要是从逆变器输出满足负载要求出发的。作为一个典型的独立光伏电站示范工程，现将正常运行供电已超过 25 年的中国西藏双湖

25kW 光伏电站的配置介绍如下。

双湖光伏电站的地理坐标为东经 89°，北纬 33.5°，海拔高度 5100m。当地气候具有明显的高原特性，年日照时数高达 3000h，太阳能年总辐射在 7000MJ/m^2 以上，且全年分布较均衡，季节差值小。建设光伏电站主要用于解决照明、看电视等居民生活用电，同时兼顾公共事业（学校、医院、车站、银行、政府办公等）用电，负荷总功率为 29.2kW。

根据双湖的特殊情况以及当地用电负荷预测，双湖光伏电站宜建成独立运行的光伏发电系统，配以适当容量的柴油发电机组作为后备电源，以在应急情况下启用。电站由太阳电池阵列、储能蓄电池组、直流控制系统、逆变器、整流充电系统、柴油发电机组、供电用电线路及相关的房屋土建设施组成。按照给定的要求及条件，根据电站设计的基本原则和指导思想，经优化设计和计算，电站各部分的主要性能参数如下。

太阳电池标称功率	25kW_p
储能蓄电池组	300V/1600A·h
逆变器	30kV·A，380V，50Hz 三相正弦波输出
直流控制系统	容量 60kW，300V 分路输入控制
交流配电系统	180kV·A，220V/380V 三相四线两路输出
整流充电系统	75kW，直流 300～500V 可调
柴油发电机组	50kW（或 120kW）

双湖光伏电站总体配置见图 2-7。

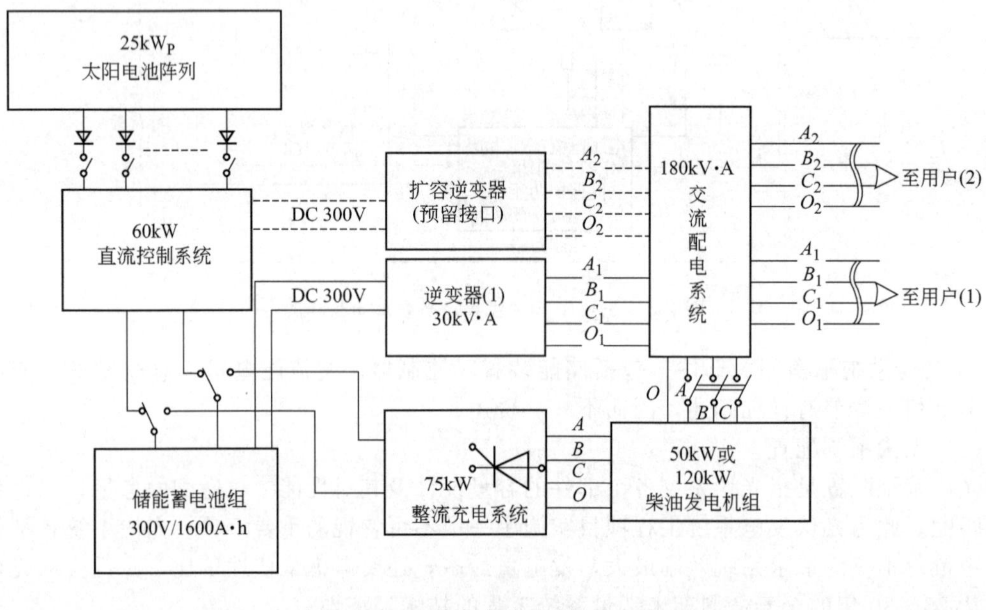

图 2-7 双湖光伏电站系统构成方框图

光伏电站在晴好天气条件下，太阳光照射到太阳电池阵列上，由太阳电池把太阳光的能量转变为电能，通过直流控制系统给蓄电池组充电。需要用电时，蓄电池组通过直流控制系统向逆变器送电。逆变器将直流电转换成通常频率和电压的交流电，再经交流配电系统和输电线路，将交流电送到用户家中给负载供电。当蓄电池组放电过度或因其他原因而导致电压过低时，可启动后备柴油发电机组，经整流充电设备给蓄电池组充电，保证系统经由逆变器正常供电。在系统无法用逆变器供电的情况下，如出现逆变器损坏、线路及设备的故障和进行检修等，柴油发电机组作为应急电源可以通过交流配电系统和输送电线路直接给用户供电。

在总体技术方案设计中，充分考虑到将来扩容的需要和供电可靠性的要求，各部分的性能参数都留有余量。直流控制系统、交流配电系统及配电线路都是两路工作设计，留有输出/输入接口，以便接入第2台逆变器。值得注意的是系统配置，P_1/P_0 值选定为1.2，与并网光伏系统考量有所不同。

2.2 光伏发电系统评价指标

2.2.1 峰值日照时数与发电量计算

2.2.1.1 峰值日照时数与资源分区

首先要区分日照时间与日照时数概念的差异。

日照时间是指太阳光一大之中从日出到日落的照射时间。日照时数是指某地一天之中太阳光达到一定的辐照度（通常以气象台站测定的 $120W/m^2$ 为标准）时直到小于此值所经过的时间。显然，日照时数小于日照时间。

峰值日照时数是将当地的太阳辐射量，折算成标准测试条件（辐照度 $G=1000W/m^2$）下的时数。即一段时间内（逐月或年）太阳总辐射量 H 与地表水平面上标准辐照度 G 之比 H/G，有时也称之为等效利用时数。国际上，通常将太阳能资源分为三类地区：

① 高辐照度地区（每年 $2200kW \cdot h/m^2$），如美国西南部及非洲撒哈拉沙漠；

② 中辐照度地区（每年 $1700kW \cdot h/m^2$），如美国大部分地区及欧洲南部地区等；

③ 低辐照度地区（每年 $1100kW \cdot h/m^2$），如中欧地区、德国等。

中国太阳能资源年峰值日照时数如表2-1所列。

表 2-1 中国太阳能资源带年峰值日照时数

等级	资源带号	年总辐射量 /(MJ/m^2)	年总辐射量 /($kW \cdot h/m^2$)	平均日辐射量 /($kW \cdot h/m^2$)	年峰值日照时数/h
最丰富带	Ⅰ	≥6300	≥1750	≥4.8	≥1750
很丰富带	Ⅱ	5040～6300	1400～1750	3.8～4.8	1400～1750
较丰富带	Ⅲ	3780～5040	1050～1400	2.9～3.8	1050～1400
一般	Ⅳ	<3780	<1050	<2.9	<1050

我们可以从气象部门获得水平面太阳能总辐射量，继而利用本书1.3节介绍的方法或直接利用如 Retscreen 之类软件计算固定倾角方阵斜面上的太阳总辐射量，结果应比水平面上的高出10%～15%。

2.2.1.2 发电量估算

在光伏发电系统（电站）正式立项前，必须对光伏阵列发电量进行预测。这是预可行性或可行性研究报告中不可或缺的。因为投资者考虑在某地投资建设光伏发电项目时就迫切想知道其发电量，以了解项目执行后可预期的利润水平和减排 CO_2 量的潜力等经济社会效益。当然影响发电成本或上网电价的因素包括当地太阳能资源、光伏系统效率和发电量、系统可靠性以及电网质量、初始投资规模、运行维护费用、贷款比例和税收等一系列因素，但发电量是更为重要的指标之一。如一段时间设为年，则光伏发电系统（电站）的年发电量估算公式为：

$$E_{AC}=K \cdot P_0 \cdot Y_r \tag{2-1}$$

式中 E_{AC}——光伏系统年发电量（交流），$kW \cdot h$；

P_0——光伏阵列额定直流功率，kW；

Y_r——太阳能年峰值日照时数，h；

K——综合系统效率。

关于 K 值，影响因素很多，包括光伏组件串、并联匹配损失、温升损失、组件性能衰减、线路损失、遮蔽和尘埃污渍损失等综合影响。可参见本书第 3 章太阳能光伏发电系统的设计原理和方法的 3.1 节参数分析法中的详细分析。为一目了然，给出列表 2-2。由表可知，最佳的 K 值为 0.84。工程设计中，K 值的把握与实际经验有关。目前针对国内估算光伏系统发电量，K 值对于独立型光伏电站取 60%～70%；对于集中式并网光伏电站取 80%～85%；对于分布式并网光伏系统取 75%～80%。

表 2-2　影响综合系统效率的各种因素

影响性能比的参数	描述和影响因素	最优指标	计算值
入射阳光			
遮挡损失	光伏方阵之间和周边物体的遮挡	2.0%	0.980
反射衰减	由于入射角不同造成的	0.2%	0.998
灰尘和污渍	当地条件和维护水平	1.0%	0.990
光谱偏差	偏离 AM1.5 光谱的功率偏差	0.9%	0.991
测量误差	总辐射表的误差±0.5%	0	1.000
直流侧			
光伏组件温升损失	晶体硅 0.44%/℃，非晶硅 0.22%/℃	NOCT 45℃	0.956
光伏组件性能衰降	晶体硅 0.5%/a，非晶硅 1%/a	0.50%	0.995
直流电路损失	<3%（包括直流设备和电缆）	2.00%	0.980
串并联损失	组件电性能不一致（木桶效应）	1.00%	0.990
非线性度损失	光强-功率变化是非线性的	0.20%	0.998
MPPT 跟踪误差	跟踪方法，电网/天气条件	0.50%	0.995
测量误差	电参数测量误差±0.5%	0	1.000
交流侧			
逆变器效率	逆变器的设计、器件和制造	98%	0.980
变压器效率	变压器的材料、设计和制造	99%	0.990
交流线损	包括其他交流设备和电缆	0.5%	0.995
测量误差	电参数测量误差±0.5%	0	1.000
故障和检修，本身/电网	取决于电站设备、设计和安装	1.0%	0.990
最佳 K 值（至少一年周期）			0.840

2.2.2　光伏发电系统性能比

在评价光伏电站系统性能中，性能比（performance ratio，PR）是主要指标之一。它定义为光伏发电量与太阳能资源量的比值，即

性能比＝满功率发电小时数/峰值日照时数＝实际交流发电量/理想状态直流发电量

$$PR=\frac{E_{\mathrm{AC}}}{P_0Y_{\mathrm{r}}} \tag{2-2}$$

对照前面发电量计算公式(2-1)，性能比 PR 就等同于综合系统效率 K。由于所反映的因素包括：系统的电器效率（组件串并联损失、逆变器效率、变压器效率及其他设备效率、温升

损失、线路损失等)、组件衰退、遮挡情况、光反射损失 MPPT 误差、测量误差、故障情况和运行维护水平，无疑性能比是光伏系统最重要的评价指标。这个指标排除了地域和太阳能资源差异，比较客观地反映了光伏系统自身的性能和质量。

另外，在进行温度和光谱校正后，排除这两方面的差异，就可获得所谓标准性能比。将该标准性能比除以占地面积就可得到单位占地性能比，不仅性能好，且占地设计也优。

2.3 光伏系统的能量偿还时间及 CO_2 减排潜力

2.3.1 能量偿还时间

光伏发电作为可再生能源，之所以受到广泛重视，被认为是更有前景的“绿色”能源，主要为因其着眼于解决地球上的环境问题。判断可再生能源的指标，一是可接受的成本，二是减排温室气体的潜力。前者已无争议，世界上不少发达国家光伏发电已实现平价上网。这里要首先介绍一下能量偿还时间（EPBT）概念，然后阐明其减排 CO_2 的潜力。

光伏发电系统，包括太阳电池组件及系统平衡部件，在制造过程中也要消耗能量，也会产生温室气体，而这部分能量是通过自身发电再回收。其回收所需的时间被称为能量偿还时间（energy payback time，EPBT）。假定某个装置每年产生的能量与其寿命周期相乘，则得到该装置在寿命期内能够产生的能量。若此能量小于制造该装置的能耗，则该装置就不能作为能源使用。

光伏系统 EPBT 取决于一系列复杂因素。输入的能量与很多因素相关，如太阳电池类型（单晶硅、多晶硅、非晶硅或其他薄膜电池等）、工艺过程、封装材料和方式等，方阵的框架与支撑结构，系统平衡部件（BOS）的材料和制造工艺。系统若有储能装置，就要考虑蓄电池。另外，还要考虑安装、运行以及寿命期结束后拆除和废物处理等所耗能量。

光伏系统输出的能量也与很多因素相关，如系统设计是否优化，设备配置是否合理，施工安装有无不当，运行维护可否到位，太阳电池组件及配套部件的使用寿命及其性能和效率，当地的地理及气象条件等。此外，还有一些并不与发电系统本身相关的间接因素。

尽管影响 EPBT 的因素错综复杂，依然可以通过理论研究和实际调查来进行梳理，把握主要因素，进行综合分析。自 20 世纪 90 年代以来，许多欧美学者作出过相关的详细研究分析，表 2-3 列出了部分研究结果。

表 2-3 关于光伏能量回收时间的部分研究结果

作者	低估计/a	低估计关键条件	高估计/a	高估计关键条件
Alsema	2.5	屋顶安装薄膜组件	3.2	屋顶安装多晶硅组件
Alsema & Nieuwlaar	2.6	薄膜组件	3.2	多晶硅组件
Battisti & Corrado	1.7	热光伏混合组件	3.8	倾斜屋顶多晶硅组件
Jester	3.2	150W 多晶硅组件	5.2	55W 多晶硅组件
Jungbluth, N.	4	不考虑散热的多晶硅组件	25.5	考虑散热的单晶硅组件
Kato, Hibino, Komoto, Ihara, Yamamoto & Fujihara	1.1	年产量 100MW 的非晶硅组件（包括配套部件）	2.4	年产量 10MW 的多晶硅组件（包括配套部件）
Kato, Murata & Sakuta	4	不采用微电子工业生产工艺的单晶硅组件	15.5	采用微电子工业生产工艺的单晶硅组件
Kato, Murata & Sakuta	1.1	不采用微电子工业生产工艺的非晶硅组件	11.8	采用微电子工业生产工艺的单晶硅组件
Knapp & Jester	2.2	薄膜组件产品	12.1	中试前的薄膜组件

续表

作者	低估计/a	低估计关键条件	高估计/a	高估计关键条件
Lewis & Keoleian	1.4	安装在科罗拉多州波尔多的36.7kW·h无边框a·Si组件(一年周期)	13	安装在密歇根州底特律的22.3kW·h有边框a·Si组件(一年周期)
Meijer, Huijbregts, Schermer & Reijnders	3.5	多晶硅组件	6.3	薄膜组件
Pearce & Lau	1.6	非晶硅组件	2.8	单晶硅组件
Peharz & Dimroth	0.7	全玻璃菲涅耳透镜前后聚光电池辐照条件 1900kW·h/(m^2·a)	1.3	全玻璃菲涅耳透镜前后聚光电池辐照条件 1000kW·h/(m^2·a)
Raugei, Bargigli & Ulgiati	1.9	CdTe组件(包括配套部件)	5.1	多晶硅组件(包括配套部件)
Schaefer & Hagedorn	2.6	2.5MW非晶硅组件	7.25	2.5MW单晶硅组件
Tripanagnostopoulos, Souliotis, Battisti & Corrado	1	热光伏混合玻璃组件	4.1	热光伏混合非玻璃组件

目前，中国政府更加重视光伏能源的国内应用，制定了一系列政策措施，并网光伏发电系统得到飞速发展，尤其是使用多晶硅组件的建筑物屋顶分布式并网光伏发电系统已十分普遍。有关这方面的能量偿还时间的问题引人关注，因此这里要特别提到国际能源署（IEA-PVPS）联合报告。

国际能源署（IEA-PVPS）、欧洲光伏技术讲坛（EPTP）和欧洲光伏工业协会（EPIA）在2006年5月联合发表报告 *Compared Assessment of Selected Environmental Indicators of Photovoltaic Electri-city in OECD Cities*，基于在世界范围内调查现有关于光伏系统能量输入的研究，报告提供了全部光伏系统（不但有组件，还包括配套部件、连接电缆和电子器件等）的能量偿还时间取决于当地的太阳辐照情况，对于当时26个经合组织（OECD）国家的41个主要城市进行了分析与计算。结论是：对于屋顶安装并网光伏系统的能量回收时间为1.6～3.3年，如朝向赤道垂直安装则为2.7～4.7年。

Gaiddon B. 等随后指出上述结论主要是针对城市中采用标准多晶硅组件和逆变器的并网光伏系统的情况。

由于光伏方阵的朝向及倾角对于并网光伏系统的发电量有着显著影响，考虑到城市中光伏与建筑一体化应用的具体情况，应注意以下两种常见情况。

(1) 朝向赤道，方阵安装倾角为30°的屋顶并网光伏系统。

(2) 光伏方阵朝向赤道垂直安装，即倾角为90°，如作为幕墙使用。

再根据当地的太阳辐照资料，计算单位功率（1kW）多晶硅并网光伏系统每年的发电量。

在整个光伏系统的加工、制造以及安装过程中，都要消耗能量，根据欧美9家现代光伏制造厂统计，并网多晶硅光伏系统所消耗的电能见表2-4。

最后，分别计算出41个城市的并网光伏系统能量偿还时间，得出OECD国家光伏系统能量偿还时间范围，见表2-5。

表2-4 并网多晶硅光伏系统所消耗的电能

部件	消耗电能/(kW·h/kW)	部件	消耗电能/(kW·h/kW)
组件	2205	配套部件	229
框架	91	系统总计	2525

表 2-5 OECD 国家光伏系统能量偿还时间范围

项目	最大值/a	最小值/a
屋顶安装的光伏系统	1.6	3.3
垂直安装的光伏系统	2.7	4.7

在生产过程中，对于不同类型的太阳电池组件，单位功率所消耗的电能也不相同，而且不同工艺、生产规模等也有影响。对于多晶硅并网光伏系统，平均单位功率所消耗的电能如表 2-4 所示，即每千瓦多晶硅并网光伏系统消耗的电能是 2525kW·h。

为了评估并网光伏系统的环境效益，对于中国 28 个主要城市，杨金焕教授等按照上述技术指标进行了分析计算。其中，当地水平面上的太阳辐照量是根据国家气象中心发表的中国气象辐射资料年册的测量数据取其平均值，并且依照 Klein. S. A 和 Theilacker. J. C 提出的计算方法，算出不同斜面上的月平均太阳辐照量并进行比较，得出当地全年能接收到的最大太阳辐照量 H_1；以其相应的倾角作为并网光伏方阵最佳倾角，同样可以确定朝向赤道垂直安装时方阵面上全年接收到的太阳辐照量，由此得出的中国部分城市并网光伏系统的能量偿还时间见表 2-6。表中 H_r 为单位面积每天接收到的太阳辐照量。

表 2-6 中国部分城市并网光伏系统的能量偿还时间

城市	纬度/(°)	最佳倾角/(°)	H_r/[kW·h/(m^2·d)]		能量偿还时间/a	
			最佳倾角安装	垂直安装	最佳倾角安装	垂直安装
海口	20.02	10	3.8915	2.0771	2.37	4.46
广州	23.10	18	3.1061	1.8398	2.97	5.02
昆明	25.01	25	4.4239	2.6973	2.09	3.42
福州	26.05	16	3.3771	1.8991	2.73	4.86
贵阳	26.35	12	2.6526	1.4715	3.48	6.28
长沙	28.13	15	3.0682	1.7156	3.01	5.38
南昌	28.36	18	3.2762	1.8775	2.82	4.91
重庆	29.35	10	2.4519	1.3345	3.76	6.92
拉萨	29.40	30	5.8634	3.6935	1.57	2.50
杭州	30.14	20	3.183	1.8853	2.90	4.90
武汉	30.37	19	3.1454	1.8536	2.04	4.98
成都	30.40	11	2.4536	1.3863	3.76	6.66
上海	31.17	22	3.5999	2.1761	2.56	4.24
合肥	31.52	22	3.3439	2.0351	2.76	4.53
南京	32.00	23	3.3768	2.0804	2.73	4.44
西安	34.18	21	3.3184	2.0009	2.78	4.61
郑州	34.43	25	3.8807	2.4450	2.38	3.78
兰州	36.03	25	4.0771	2.5495	2.26	3.62
济南	36.36	28	3.8241	2.4754	2.41	3.73
西宁	36.43	31	4.558	3.0242	2.03	3.05
太原	37.47	30	4.1961	2.7699	2.20	3.33
银川	38.29	33	5.0982	3.4324	1.81	2.69
天津	39.06	31	4.0736	2.7473	2.27	3.36
北京	39.56	33	4.2277	2.9121	2.18	3.17
沈阳	41.44	35	4.0826	2.8643	2.26	3.22
乌鲁木齐	43.47	31	4.2081	2.7818	2.19	3.32
长春	43.54	38	4.4700	3.2617	2.07	2.83
哈尔滨	45.45	38	4.2309	3.0740	2.18	3.00

在中国部分主要城市中，朝向赤道，按照方阵最佳倾角安装和垂直安装的并网光伏系统，能量偿还时间最短的是拉萨，分别只有1.57年和2.50年。在计算中没有计入运输、安装、运行以及最后寿命周期的结束，拆除系统和处理废物所需要的外部输入能量。根据分析，这些能量分摊到太阳电池的单位功率（W）对于能量回收的影响很小。当然对于单晶硅电池，能量偿还时间稍有增加，而薄膜电池则有所减少。

总之，光伏系统在整个寿命周期（目前为25～30年，以后有望增加到35年）内，所产生的能量，远大于其制造、运输、安装、运行等阶段全部输入的能量；而且，随着技术的发展，在光伏系统的制造、安装过程中消耗的能量还将不断减少，能量偿还时间将进一步缩短，光伏发电确实是值得大力推广的清洁能源。

2.3.2 光伏系统 CO_2 减排量

评估光伏系统减少 CO_2 排放量包括两个层面工作：一是 CO_2 排放指数，表示光伏系统在某地每发1kW·h，相当于减少 CO_2 的排放量。由于不同的国家电厂的燃料结构差别很大，这个指数并不相同，应经调查研究、分析计算得出；二是光伏系统减排 CO_2 潜力，指单位功率光伏系统输出的电能相当于减少 CO_2 的排放量，这也需要分析与计算。

2.3.2.1 CO_2 排放指数

化石燃料燃烧时要排放温室气体，通常包含 CO_2、SO_2、NO_x 等多种成分。

根据美国能源部能源信息管理综合分析及预测办公室（EIA）发表的 *Energy Outlook 2008* DOE/EIA-0383（2008）的附表A18和A8，整理得到全球2005～2030年发电排放温室气体数量的统计和预测结果，见表2-7。

表 2-7 全球2005～2030年发电排放温室气体数量的统计和预测结果

年度	2005	2006	2010	2015	2020	2025	2030	年增长率/%
CO_2/百万吨	2397	2344	2413	2519	2627	2771	2948	1.0
SO_2/百万吨	10.22	9.39	6.43	4.67	3.77	3.66	3.71	−3.8
NO_x/百万吨	3.64	3.41	2.33	2.11	2.11	2.14	2.16	−1.9
Hg/t	51.72	50.37	37.24	24.75	19.23	16.88	14.95	−4.9

可见，温室气体中主要是 CO_2，为了量化，通常用减少的 CO_2 排放量来作为衡量降低温室气体的效果。

常规电厂在燃烧化石燃料发电时会产生温室气体，造成环境污染，而光伏发电是没有任何废弃物产生的清洁能源，因此当光伏发电系统输出电能时，可以避免因当地电厂产生相同电能所导致的温室气体排放。通过评估光伏发电系统减少 CO_2 排放量的情况，通常以 CO_2 排放指数（emission index，EI）来衡量。定义是当地（指一个国家范围内）混合（使用多种燃料）发电厂每产生1kW·h电能，平均排放 CO_2 的数量，单位是kg/(kW·h)。即光伏系统在当地每发电1kW·h，相当于减少 CO_2 的数量。

CO_2 排放指数主要与发电厂所使用的燃料有关，不同燃料在燃烧时排放 CO_2 的数量不同，对于水能、太阳能、风能、地热能等清洁能源，发电时的 CO_2 排放量为零；核能发电排放量极少，也可以认为排放量为零；对于其他种类的燃料，产生温室气体的数量并不相同。某种燃料单位发电量所排放 CO_2 的数量称为温室气体排放因子（单位是 tCO_2/(MW·h)）。根据IEA-PVPS联合报告，电力生产中不同种类燃料的温室气体排放因子见表2-8。

表 2-8 电力生产中不同种类燃料的温室气体排放因子

能源	$tCO_2/(MW \cdot h)$	能源	$tCO_2/(MW \cdot h)$
核能	0	石油	0.942
水电	0	天然气	0.439
煤炭	0.999	太阳能、地热、潮汐、波浪、海洋、风能等	0

由于使用的燃料成分不同，各个国家的 CO_2 排放指数相差很大，世界平均 CO_2 减排指数可取 0.6kg/(kW・h)。确定 CO_2 排放指数可以有以下两种方法。

(1) 根据不同种类燃料产生电能计算

只要将发电时消耗各种燃料的数量与相应的燃料排放因子相乘，就可以得到各种燃料的 CO_2 排放量，相加后除以当年各种燃料总发电量，就可得出 CO_2 排放指数。

根据 *Energy Outlook 2007* 附表 H7～H11 综合整理得出中国 2004～2030 年各种燃料发电量，见表 2-9。

表 2-9 中国 2004～2030 年各类燃料发电量　　单位：$\times 10^{10}$ kW・h

年度	2004	2010	2015	2020	2025	2030	年平均变化/%
石油	33	37	43	48	48	37	0.5
天然气	11	22	35	53	82	126	9.7
煤炭	1658	2423	3122	3835	4554	5317	4.6
核能	48	64	135	217	283	329	7.7
水电及可再生能源	330	348	393	434	479	529	1.8
总发电量	2080	2894	3728	4587	5446	6339	4.4

(2) 根据发电平均耗煤量估算

据当时的中国电力部门统计，2005 年全国发电为 24975.26 亿千瓦・时，6000kW 以上电厂发电标准煤耗为 343g/(kW・h)，供电标准煤耗为 370g/(kW・h)。供电标准煤耗比发电标准煤耗高的原因是在末端用户处，由于经过电网输送，电能有所损失。

以供电标准煤耗 370g/(kW・h) 来计算，如果发电标准煤的含碳量是 60%，则相当于每发 1kW・h 电能，要消耗 0.222kg 碳，转化成 CO_2 为

$$0.222\text{kg}\times 44/12=0.814\text{kg}$$

因此，CO_2 排放指数为 0.814kg/(kW・h)。

中国的 CO_2 排放指数较高，主要原因是发电燃料结构中，燃烧煤炭的占比偏高。

2.3.2.2 光伏系统 CO_2 减排潜力

光伏系统 CO_2 减排潜力 (potential mitigation，PM) 的定义是：由给定的单位功率光伏系统输出的电能从而减少温室气体的排放量，也即安装单位功率（如 1kW）的光伏系统，在其寿命周期内，所输出的电能相当于减少排放 CO_2 的数量，单位是 tCO_2/kW。

显然，光伏减排 CO_2 潜力除了与 CO_2 排放指数有关以外，还取决于光伏系统在当地的发电量。其计算方法是单位功率 (1kW) 的光伏系统在其寿命周期内所输出的电能 (kW・h) 乘以 CO_2 排放指数[$tCO_2/(kW \cdot h)$]。结合式(2-1)，得到光伏减排 CO_2 潜力的公式为

$$PM=KP_0Y_r \cdot N \cdot EI \tag{2-3}$$

式中　N——寿命周期年数；

EI——CO_2 排放指数

对于中国 28 个主要城市，参照 IEA-PVPS 联合报告的技术条件，同样做了以下两项修正。

(1) 考虑到光伏系统在制造过程中要消耗能量，也要产生温室气体，所以应该扣除能量偿还时间内的 CO_2 排放量。根据表 2-4，对于 1kW 并网多晶硅光伏系统，在制造过程中要消耗电量 2525kW・h。因此，光伏减排 CO_2 潜力的计算公式应改为

$$PM=(KP_0Y_rN-2525)EI$$

(2) 分别依据朝向赤道按最佳倾角安装和朝向赤道垂直安装两种并网光伏系统的情况，进行分析计算。系统综合效率以 $PR=75\%$ 来计算，光伏系统的寿命周期为 30 年，得到的结果见表 2-10。

表 2-10 中国部分城市并网光伏系统的减排 CO_2 潜力　　单位：tCO_2/kW

地区	最佳倾角安装	垂直安装	地区	最佳倾角安装	垂直安装
海口	23.96	11.84	南京	20.52	11.86
广州	18.71	10.25	西安	20.13	11.33
昆明	27.52	15.98	郑州	23.89	16.34
福州	20.53	10.65	兰州	25.21	14.99
贵阳	15.68	7.79	济南	23.21	14.50
长沙	20.51	11.47	西宁	28.42	18.17
南昌	18.46	10.50	太原	26.00	16.47
重庆	14.34	6.87	银川	32.03	20.90
拉萨	37.15	22.64	天津	25.18	16.32
杭州	19.23	10.55	北京	26.21	17.42
武汉	18.98	10.34	沈阳	25.24	17.10
成都	14.35	7.22	乌鲁木齐	26.08	16.55
上海	22.02	12.50	长春	27.83	19.75
合肥	20.30	11.55	哈尔滨	26.23	18.50

2.4 光伏能源发展线路图

2.4.1 光伏发电系统的应用分类

太阳能光伏发电系统的应用领域极为广泛。太阳电池是太阳能光伏发电系统的主要部件，但就其应用来说往往并非关键部件。无论从技术、产业，还是从市场来讲，太阳电池与光伏发电系统既为紧密相连又是有所区别的两个概念。如图 2-8 所示，表明太阳电池开发及制造与光伏发电系统及其应用之间的关联。也即，光伏产业不等于太阳电池产业。目前提到的光伏产业，往往是指太阳电池开发及制造方面，其实光伏发电系统及其应用体量并不比前者小。

太阳能光伏发电系统的应用，如图 2-9 所示，可分为独立型和并网型两大类。

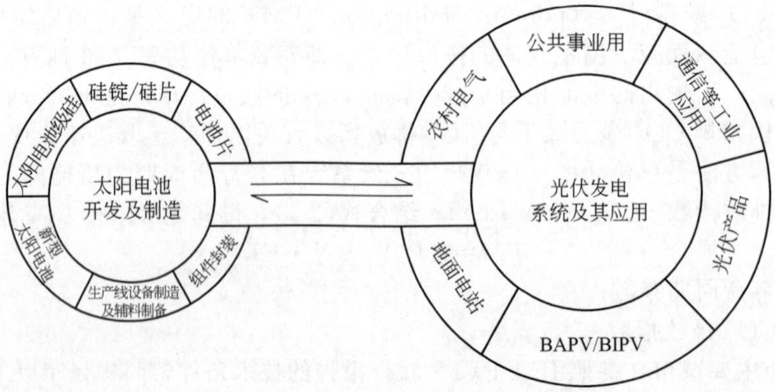

图 2-8　太阳电池及其应用产业示意图

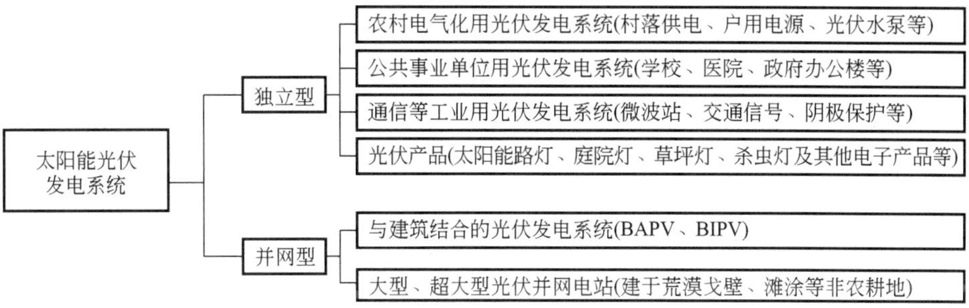

图 2-9 太阳能光伏发电系统应用分类

独立型主要包括以下方面：①农村电气化用光伏发电系统，包括独立光伏电站（村落供电系统）、太阳能户用系统、太阳能照明、太阳能水泵等；②社区、学校、医院、饭店、旅社、商场及政府办公楼等用光伏系统；③通信及其他工业应用光伏系统，包括微波中继站、光缆通信系统等；卫星通信和卫星电视接收系统；程控电话系统；铁路和公路信号系统；灯塔和航标灯电源；气象、地震、天文台站水文观测系统等光伏电源；水闸和石油管道等阴极保护电源以及部队通信、边防哨所电源等；④光伏产品，诸如太阳能路灯、庭院灯、草坪灯；太阳能杀虫灯、太阳能水泵；太阳能城乡景观亮化工程、太阳能信号标识、太阳能广告灯箱、科普灯箱等；太阳能充电器、太阳能计算器、手表、玩具等；太阳帽、太阳能服饰；太阳能自行车、电动汽车、游艇、飞机等。

并网型光伏发电系统，主要用于城乡与建筑结合的太阳能光伏系统与建筑一体化，即光伏发电系统与建筑物功能及外观协调、有机结合的光伏并网系统。这类应用已然成为光伏应用市场的主流。目前在欧美等发达国家已占到光伏发电市场的90%以上。而在中国，除了分布式并网光伏发电系统外，荒漠地区、大型、超大型集中式光伏电站的兴建也在快速发展。

2.4.2 光伏应用发展线路图

光伏发电要大规模利用并发展成为主要的替代能源，还要进一步降低系统造价，提高效率。目前国内已达到每峰瓦系统造价 4 元以下，度电成本为 0.3～0.4 元，制造太阳电池的能量回收周期为 1～2 年，接近平价上网的目标。

严格地说，影响上网电价的因素包括当地太阳能资源、系统效率和发电量、可靠性以及电网质量、初始投资规模、运行维护费用、贷款利率、税收和利润水平等在内的其他条件。其中，当地太阳能资源、系统效率和初始投资规模是影响上网电价的主要因素。

对于光伏并网发电系统而言，可分为发电侧上网和用户侧上网两种情况。要实现发电侧上网，即对发电企业来说，就要与常规上网电价接近，即接近目前的电价 0.33～0.36 元/(kW·h)；而要实现用户侧上网，发电企业只要达到 0.5～1.4 元/(kW·h) 即可。对我国而言，2015 年光伏电价已经下降到 1 元/(kW·h) 以下，率先实现了光伏发电用户侧的“平价上网”。

总之，中国光伏产业在过去的 10 余年里一直飞速发展，取得了举世瞩目的成就。从光伏产业规模看，我国自 2007 年起连续多年位居世界第一，中国太阳电池产量的全球占比已经超过 70%。从技术水平看，我国光伏产业化技术基本处于全球领先水平，多家企业屡次在光伏组件效率方面打破世界纪录。此外，包括多种高效太阳能电池技术，如 PERC（钝化发射极和背面接触）、N-PERT（N 型钝化发射极背面全扩散）、HIT（异质结）和 IBC（叉指背接触）等，均已在我国实现规模化生产。同时，制造这些电池的设备国产化水平也显著提升。从成本下降趋势来看，过去十余年里，我国光伏组件成本、光伏系统成本及光伏上网电价均大幅下降，平均降幅超过 90%。例如，2020 年的光伏发电投标价已接近 0.23 元/(kW·h)。中国光伏产业 2012～2020 年历年装机组件价格、系统价格和光伏上网参考电价见表 2-11。

表 2-11 中国光伏产业 2012～2020 年历年装机组件价格、系统价格和光伏上网参考电价

年份	2012	2013	2014	2015	2016	2017	2018	2019	2020
组件价格/(元/W_P)	4.50	4.00	3.80	3.60	3.20	3.00	2.00	1.75	1.55
系统价格/(元/W)	10.00	9.00	8.00	7.50	7.20	7.00	4.50	4.00	3.50
光伏上网电价/[元/(kW·h)]	1.00	1.00	0.90～1.00	0.90～1.00	0.80～0.98	0.65～0.85	0.50～0.70	0.4～0.55	0.35～0.49

随着光伏发电行业的快速发展，一些地方也出现了较为严重的弃光问题。根据国家能源局的数据，在 2015 年至 2018 年期间，新疆和甘肃的弃光率最高时突破了 30%。然而，在 2019 年至 2023 年期间，新疆和甘肃的弃光率开始大幅下降。到 2023 年，全国弃光率降至 2%，其中新疆的弃光率为 3.1%，甘肃为 5.0%。弃光率的大幅下降主要是由于光伏发电并网技术的进步和电网调度的优化，促进了太阳能资源的有效利用。

另外，根据中国光伏行业协会的数据，2022 年光伏行业实现了稳步增长，多晶硅、硅片、电池片、组件的产量或装机量分别达到 82.7 万吨、357GW（吉瓦）、318GW、288.7GW，同比分别增长 63.4%、57.5%、60.7%、58.8%。这四个环节的产值突破了 1.4 万亿元。与此同时，产业集中度也有不同程度的变化，头部企业规模优势明显。预计到 2030 年，中国非化石能源占一次能源消费比重将达到 25%左右。为实现这一目标，在“十四五”期间，我国光伏年均新增装机量预计将为 70～110GW。为达成 2030 年前碳达峰和 2060 年前实现碳中和的目标，光伏行业将成为长期高速发展的新能源行业之一，预计到 2029 年，我国光伏发电行业的累计装机量可能达到 1250～1380GW。

如今，我国光伏产业正朝着国家能源转型的目标继续奋进，并将为实现碳达峰与碳中和的宏伟目标作出更大的贡献。

第3章
太阳能光伏发电系统的设计原理和方法

太阳能光伏发电系统的输入能量是不规则变化的太阳能。由于太阳能时时刻刻变化，导致其累计值也因此不稳定；同时，太阳电池的性能也并非固定不变。因此，太阳能光伏发电系统的设计是相当复杂的。本章中，试就太阳能光伏发电系统的几种设计方法阐明其原理。其中，特别值得推荐的一种方法为不是直接处理不规则的能量波动，而是采用标准化的经验公式，也就是参数分析法。

一般而言，太阳能光伏发电系统设计所用的方法，大致可分为解析（方）法和模拟（方）法两类，如图 3-1 所示。

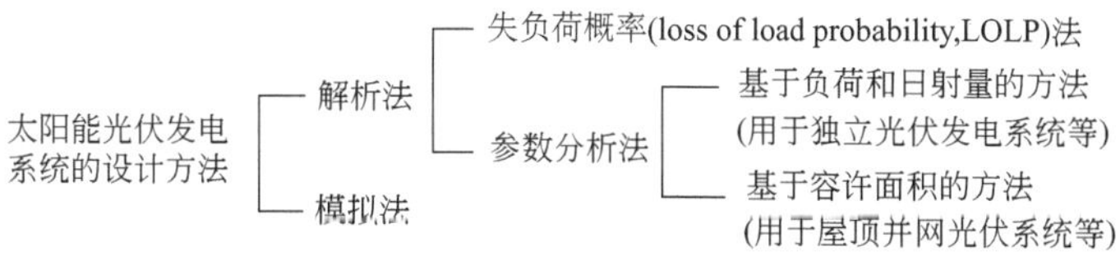

图 3-1 太阳能光伏发电系统的设计方法分类

对于解析方法而言，首先要组建表示系统动态的代数式，之后使用计算机或设计方案，按照公式依次顺序求解，旨在求得设计中所必需的未知数。然而，由于各种状态量和系数的不规则变动，直接处理相当困难，其中的一种处理方法是将系统以概率变数记述。此法作为理论上的处理是灵活的，但在使用时可以说缺乏实用性。具有代表性的此类方法，是 LOLP 法，用这一方法可在设计上反映独立系统的停电概率。

解析方法的第二种近似法，是参数分析法。这种方法是将复杂的非线性太阳能光伏发电系统的工作简化为线性系统。首先，作为前提，表现在以某一期间的能量平均值代替所有的参数。当然这么做会在某些部分产生矛盾，但可以导入修正参量。按照此种方法，设计中可直接利用所列公式，于是设计就变得极为简单。

参数分析法，即使对于系统设计的入门者来说，也是易于理解的。特别是在系统的初步计划阶段可迅速地反复进行研究，是一种实用价值较高的方法。这便是本书中着重要推荐参数分析法的理由。

模拟方法通过建立系统状态的动态模型，来表现太阳辐射与负荷等因素的影响，从而再现系统的工作状态。它是一种适合于计算机的方法。一般而言，就像太阳电池和蓄电池等特性所表示的理论公式那样，通过计算系统每 30min 的状态量，就可以模拟一年内的系统运行。作为特别重要的数据，有必要用 30min 的辐照度和负荷用电量甚至用更长时间的量值来进行计算。

采用此法，由于可以正确地表示日射模型和负荷模型的偏离，所以对比参数分析法来说，可以较为精确地对系统作出事先评价。对于已运用参数分析法的基本设计而言，往往可用模拟法作进一步确认。此外，也可以反过来先研究模拟结果，再用于参数分析法中的参数确定。

本章先就有关的参数分析法进行理论展开，然后就其他两种方法进行介绍。对于参数分析法，又分基于负荷和日射量的方法（独立光伏发电系统等设计）及基于容许面积的方法（屋顶并网光伏发电系统等设计）。原则上则是将本章后各种光伏应用系统的设计方法进行提前介绍，避免重复。

3.1 参数分析法

太阳电池板接受的太阳光能通过光电器件转换成电能供给负荷，而在这一过程中，存在种种使效率和输出功率衰减的因素，其中的主要因素如图 3-2 所示。将它们定义为设计参数，并将各个设计参数以乘积的形式表示，可以建立如图 3-2 所示的模式。以此来推定供给负荷的能量，并实施系统装置的容量设计计算。

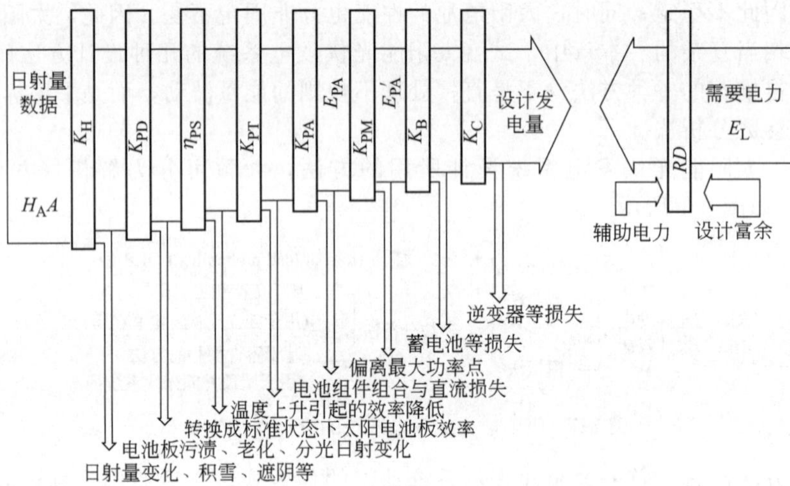

图 3-2 主要设计参数的关系示意图

3.1.1 基本公式

在设计太阳能光伏发电系统时，为了确定太阳电池组件等系统构成部件的容量，以供给预定负荷所需的电力，可以使用以下计算公式。

3.1.1.1 太阳电池板容量的计算

（1）负荷一定的情况

在所供给电力的负荷及其使用的电力量和负荷类型确定的情况下，若将图 3-2 表示的能流公式化，则给出式(3-1)。展开此式，得出满足负荷要求的太阳电池板容量 P_{AS} 的计算公式(3-3)。

$$H_A A \eta_{PS} K = E_L DR \tag{3-1}$$

$$\eta_{PS} = P_{AS}/(G_S A) \tag{3-2}$$

$$P_{AS} = \frac{E_L DR}{(H_A/G_S)K} \tag{3-3}$$

式中　H_A——某期间太阳电池板面得到的太阳辐射量，kW·h/m^2；

A——太阳电池板面积，m^2；

η_{PS}——标准状态下太阳电池板的转换效率；

K——综合设计系数（综合系统效率）；

E_L——某期间负荷需要的电力量，kW·h；

D——太阳能发电对负荷的供电保证率；

R——设计富余系数（安全系数）；

P_{AS}——标准状态下太阳电池板的出力（容量），kW；

G_S——标准状态下太阳辐照度，kW/m²。

此外，还有

$$D=E_P/(E_P+E_U) \tag{3-4}$$

$$E_U=E_{UF}-E_{UT} \tag{3-5}$$

式中 E_P——某期间太阳能光伏发电系统的发电量，kW·h；

E_U——（辅助）电能，kW·h；

E_{UF}——来自系统的电能，kW·h；

E_{UT}——输向系统的电能，kW·h。

$$R=R_S R_L \tag{3-6}$$

式中 R_S——设计安全系数（弥补系统设计中的全体不确定性）；

R_L——设计富余系数（包括负荷能量所需要的富余）。

（2）太阳电池板面积一定的场合

与住宅用光伏发电系统类似，在用地面积需要充分设置时，若将组件的转换效率暂且撇开，在这种情况下可按下式计算光伏发电系统向负荷或系统输送的发电量。

$$E_P=P_{AS}(H_A/G_S)K \tag{3-7}$$

$$P_{AS}=\eta_{PS}AG_S \tag{3-8}$$

式中，E_P 为太阳能光伏发电系统的发电量，kW·h。

在计算光伏发电系统相关参数时，除这里叙述的参数以外，还存在几个参数。它们的表示与式(3-7)完全相同。

$$E_P=P_{AS}Y_P=P_{AS}\times 8760F_C \tag{3-9}$$

$$Y_P=(H_A/G_S)K=Y_I K=8760F_C \tag{3-10}$$

$$F_C=Y_P/8760, Y_I=H_A/G_S \tag{3-11}$$

式中 Y_P——等价系统运行时间，h；

F_C——某期间系统利用率；

Y_I——等价日照时间，h。

这些参数，在评价太阳能光伏发电系统的实际运行特性时也很适用，通常将 K 称为系统出力系数。现将这些关系的概括表达一并汇总于表 3-1 中。

表 3-1 太阳电池板发电量的计算公式

容量的计算公式	$H_A A\eta_{PS}K=E_L DR$ $\eta_{PS}=P_{AS}/(G_S A)$ $P_{AS}=\dfrac{E_L DR}{(H_A/G_S)K}$
发电量的计算公式	$E_P=P_{AS}(H_A/G_S)K=P_{AS}Y_P=P_{AS}\times 8760F_C$ $Y_P=(H_A/G_S)K=Y_I K=8760F_C$ $F_C=Y_P/8760$
符号说明	H_A——某期间太阳电池板得到的太阳辐射量，kW·h/m² A——太阳电池板面积，m² η_{PS}——标准状态（日射强度为 1kW/m²，电池温度为 25℃，AM 为 1.5）下太阳电池板的转换效率 K——综合设计系数（系统输出功率系数）

符号说明	E_L——某期间负荷所需电力量，kW·h D——太阳能发电对负荷的供电保证率 R——设计富余余数(安全系数) P_{AS}——标准状态下太阳电池板的出力，kW G_S——标准状态下太阳辐照度，kW/m^2 E_P——某期间太阳能光伏发电系统的发电量，kW·h Y_P——等价系统运行时间，h Y_I——等价日照时间($Y_I=H_A/G_S$)，h F_C——某期间系统利用率

3.1.1.2 蓄电池容量的计算

(1) 稳定负荷系统

在负荷的用电量比较均衡时，如像负荷在特定时间使用电力集中那样，可用式(3-12)计算。

$$B_{kW\cdot h}=(E_{LBd}N_dR_B)/(C_{BD}U_B\delta_{BD}) \tag{3-12}$$

式中 $B_{kW\cdot h}$——蓄电池容量，kW·h；
E_{LBd}——蓄电池每天为负荷提供的电量，kW·h/d；
N_d——无日照连续天数，d；
R_B——蓄电池设计余量；
C_{BD}——容量降低系数（若以规定的放电时间率给出，则取 $C_{BD}=1$）；
U_B——蓄电池可以利用的放电范围；
δ_{BD}——蓄电池放电时的电压下降率。

这里因为 E_{LBd} 是以蓄电池输出端定义的，所以有必要计算功率调节回路修正系数。

$$E_{LBd}=\frac{\eta_{BA}\gamma_{BA}/K_C}{1+\eta_{BA}\gamma_{BA}-\gamma_{BA}}E_{Pd}$$

式中，E_{Pd} 为系统发电量，kW·h/d。

(2) 按照辐照度控制负荷容量的系统

雨天或夜间的用电量最低，往往设计为不停电的运行方式。此时，上述无日照连续天数期间，蓄电池容量仅向负荷供给最低的电力。

$$B_{kW\cdot h}=[E_{LE}-P_{AS}(H_{AI}/G_S)K](N_dR_B)/(C_{BD}U_B\delta_{BD}) \tag{3-13}$$

式中 E_{LE}——负荷需要的最低电力量，kW·h；
H_{AI}——无日照连续天数期间所得到的平均电池板面的太阳辐射量，kW·h/(m^2·d)。

蓄电池的容量，因放电时间率的不同而异。也就是说，放电时间率越小，放电电流越大，则蓄电池的容量就越小。因此，要根据负荷大小及系统运行时间长短决定蓄电池的放电时间率，再决定蓄电池的容量。

(3) 混合系统

混合系统是指设置有辅助发电机的光伏发电系统。根据系统的要求可以即刻启动。对于配有功率大的柴油发电机组的混合系统来说，式(3-12) 通常选定 $N_d=2$(d) 来计算。为了更精确，还有必要按照模拟等方法进行专门研究，因为涉及的推算比较复杂，因此这里省略。

3.1.1.3 逆变器容量的计算

(1) 独立运行系统

$$P_{IN}=P_{LAmax}R_{RUSH}R_{IN} \tag{3-14}$$

式中 P_{IN}——逆变器容量，kV·A；

P_{LAmax}——预计增设的负荷最大功率容量（最大视在功率），kV·A；

R_{RUSH}——冲击电流率；

R_{IN}——设计富余系数（也称为安全系数，通常选用值为1.5～2.0）。

冲击电流率应考虑启动电机等对负荷带来的最大冲击电流，是以在电机依次启动的条件下，最后启动的最大容量的电机来进行计算。即，若设最大容量时的稳定电流为 I_a，最大容量的电机定常电流为 I_b，最大容量的电机的冲击电流为 I_m，则

$$R_{RUSH}=(I_a-I_b+I_m)/I_a \tag{3-15}$$

（2）混合运行系统

逆变器要有最大的电力跟踪控制功能，以便尽可能多地将太阳电池板所发的电能输送到系统中去：一方面因逆变器负荷率低而使效率降低；另一方面又因价格随容量上升。考虑到这些因素，理应避免使设备容量过大。稍加粗略地思考便可知道，当日射强度接近最大值时，太阳电池温度上升，太阳电池板出力下降，逆变器效率也就随之下降，故逆变器容量可以小于太阳电池板的容量。

$$P_{IN}=P_{AS}C_A \tag{3-16}$$

式中，C_A 为太阳电池板容量的衰减系数，通常取0.8～0.9。

3.1.2 设计参数的定义

在太阳电池板容量的设计计算中，所定义的综合系数，要分解成多个阶层构成的设计参数。这些参数在设计中最终可以用乘积的形式加以利用。

设计的基本公式是以发电量表示的，有关设计参数当然也是以发电量给出的。必须算出所计测的日射强度和发电量等在某一期间的累计值。该期间至少要有1年。

$$K=K_HK_PK_BK_C,\text{又 } K=K_H^*K_PK_BK_C \tag{3-17}$$

式中 K_H——入射量修正系数（以太阳电池板面日射量为基准）；

K_H^*——入射量修正系数（以水平全天日射量为基准），$K_H^*=K_{HB}K_H$；

K_{HB}——由水平面日射量向太阳电池板面日射量的换算系数；

K_P——太阳电池转换效率修正系数；

K_B 蓄电池回路修正系数；

K_C——功率调节器回路修正系数。

$$K_H=K_{HD}K_{HS}K_{HC},\text{又 } K_H^*=K_{HG}K_{HD}K_{HS}K_{HC} \tag{3-18}$$

式中 K_{HD}——日射量年变化修正系数；

K_{HS}——遮阴修正系数；

K_{HC}——入射有效系数；

K_{HG}——太阳电池板日射量增加的主要因素，通常要大于1。

$$K_{HC}=K_{HCD}K_{HCT} \tag{3-19}$$

式中 K_{HCD}——法面直射日射系数；

K_{HCT}——平板跟踪增益系数。

$$K_P=K_{PD}K_{PT}K_{PA}K_{PM} \tag{3-20}$$

式中 K_{PD}——经时变化修正系数；

K_{PT}——温度修正系数；

K_{PA}——电池板回路修正系数；

K_{PM}——负荷整合修正系数。

$$K_{PD}=K_{PDS}K_{PDD}K_{PDR} \tag{3-21}$$

式中　K_{PDS}——污渍修正系数；

K_{PDD}——老化修正系数；

K_{PDR}——光发电响应变化修正系数。

$$K_{PDR}=K_{PDRS}K_{PDRN} \tag{3-22}$$

式中　K_{PDRS}——分光响应变化修正系数；

K_{PDRN}——非线性响应变化修正系数。

$$K_{PA}=K_{PAU}K_{PAL} \tag{3-23}$$

式中　K_{PAU}——电池板回路组合修正系数；

K_{PAL}——电池板回路损失修正系数。

$$K_{B}=(1-\gamma_{BA})\eta_{BD}+\gamma_{BA}\eta_{BA} \tag{3-24}$$

式中　γ_{BA}——蓄电池容许放电率；

η_{BD}——旁路能量效率；

η_{BA}——蓄电池端部能量储存效率。

$$\eta_{BA}=K_{B,OP}\eta_{BTS} \tag{3-25}$$

$$K_{B,OP}=K_{B,Sd}K_{B,ur}K_{B,au}\eta_{BC} \tag{3-26}$$

式中　$K_{B,OP}$——蓄电池运行综合效率修正系数；

η_{BTS}——蓄电池组合试验效率；

$K_{B,OP}$——自放电系数；

$K_{B,ur}$——非平衡充电系数；

$K_{B,au}$——辅机动力降低系数；

η_{BC}——充放电控制装置的效率。

$$K_{C}=\gamma_{DC}K_{DD}+(1-\gamma_{DC})K_{IN} \tag{3-27}$$

式中　γ_{DC}——直流放电率；

K_{DD}——DC-DC 变换器回路修正系数；

K_{IN}——逆变器回路修正系数。

$$K_{DD}=\eta_{DDO}K_{DDC} \tag{3-28}$$

式中　η_{DDO}——变换器效率；

K_{DDC}——DC-DC 变换器输出回路修正系数。

$$K_{IN}=\eta_{INO}K_{ACC} \tag{3-29}$$

式中　η_{INO}——逆变器效率；

K_{ACC}——逆变器 AC 回路修正系数。

$$K_{ACC}=K_{INAU}K_{ACTR}K_{ACFT}K_{ACLN}K_{ACSA} \tag{3-30}$$

式中　K_{INAU}——逆变器输出辅助回路的效率；

K_{ACTR}——变压器效率；

K_{ACFT}——滤波器效率；

K_{ACLN}——逆变器输出到负荷的交流线路效率；

K_{ACSA}——逆变器输出系统辅助电源的能效。

入射量修正系数 K_{H}，是考虑到由气象观察数据算出的太阳电池板面日射量减少的主要因素。而 K_{HG} 则是太阳电池板日射量增加的主要因素，通常要大于 1。太阳电池转换效率修正系数 K_{P}，是考虑到在标准状态下测定的太阳电池板输出功率，在现场条件下会有各种因素使其数值有所降低。

蓄电池回路修正系数 K_B，是考虑到蓄电池自身能量储存效率和充、放电控制回路等的效率，以某一定时间内的能量效率来定义的。

一般而言，各个设计参数的定义，如图 3-2 所示的原理，并不是通常电器中所使用的输出功率、输入功率之比，而是某期间（τ_p）的能量之比，即 E_{out}/E_{in}，这一点要特别留意。

$$\frac{E_{in}}{P_{in}} \rightarrow K_x \frac{E_{out}}{P_{out}} \qquad K_x = \frac{\int_{\tau_p} P_{out} \mathrm{d}\tau}{\int_{\tau_p} P_{in} \mathrm{d}\tau}$$

式中 K_x——表示各个设计参数；

P_{in}——输入功率，kW；

E_{in}——输入能量，kW·h；

P_{out}——输出功率，kW；

E_{out}——输出能量，kW·h。

3.2 LOLP 法

3.2.1 LOLP 法的思路和特点

太阳电池板发出的电力是到达入射板的日射强度与其面积和效率的乘积。电池板发电量不仅随每日循环、季节循环等气候条件的变化而变化，同时由于负荷所要求的电力和日射模型并不一致，所以必须要有蓄电池作为缓冲。系统设计者应预料日射的变化，对太阳电池板与蓄电池容量进行优化组合，以满足向用户供电的可靠性。这种可靠性的水平就称为失负荷概率（loss of load probability，LOLP）。LOLP 表示系统满足负荷要求的水平，可在 0 至 1 之间设定。当 LOLP=0 时，则意味系统能完全满足负荷的要求；而当 LOLP=1 时，则表示系统完全不能满足负荷的要求。

可选择世界上有代表性的 20 个日射情况，采用 LOLP 模拟的模型，由计算出的蓄电池容量导出计算图表。太阳电池板大小以 5 种设置的倾斜角绘制成图表，以各自的纬度为参数作为平均水平面日射量的函数给出。设计者可以根据这一图表决定受光面日射量的最大倾斜角。采用这样的计算图表，可分别选择 4 组进行计算，通过对于充足的太阳电池板容量读取满足 LOLP 的蓄电池容量。而设计者可以从这 4 组中的太阳电池板和蓄电池的容量中选择一组经济性最佳的组合。这些技术对于有固定倾角设置并带有蓄电池的系统，按平均值时的负荷电力供给量是有效的。

3.2.2 LOLP 法的基本公式

$$A = E_L / (POA_0 \eta_{in} \eta_{out})$$

$$B = (E_L s) / \eta_{out}$$

式中 A——电池板面积，m^2；

B——蓄电池容量，kW·h；

E_L——平均日间负荷电力量，kW·h/d；

POA_0——设计对象的月平均水平面日射量的设计值，kW·h/(m^2·d)；

η_{in}——从日射量到蓄电池的效率；

η_{out}——从蓄电池到负荷的效率（包括蓄电池放电、直流控制、逆变器）；

s——蓄电天数。

但是，POA_0 与地点的纬度和台架的倾角相关；可通过与月平均水平面日射量有关的图表上读取。蓄电的天数作为 LOLP 的函数也可由图表读出。

3.2.3 LOLP 法参数的确定方法

纬度为太阳电池板设置地点的纬度。

月平均水平面日射量为北半球 12 月、南半球 6 月的值。

负荷电力量为相应于月平均水平面日射量的月负荷电力量（每月变化在 10%以内）。

LOLP 可通过模拟计算，基于大致的值推定其可靠性。

η_{in} 为从日射量到蓄电池的效率（太阳电池板、最大电力跟踪装置、充电控制、蓄电池充电）。

但是，为了计算太阳电池板效率，必须知道太阳电池组件效率、温度修正系数、组件温度、组件基准温度。

3.2.4 LOLP 法的计算流程

图 3-3 所示为 LOLP 法的计算流程。

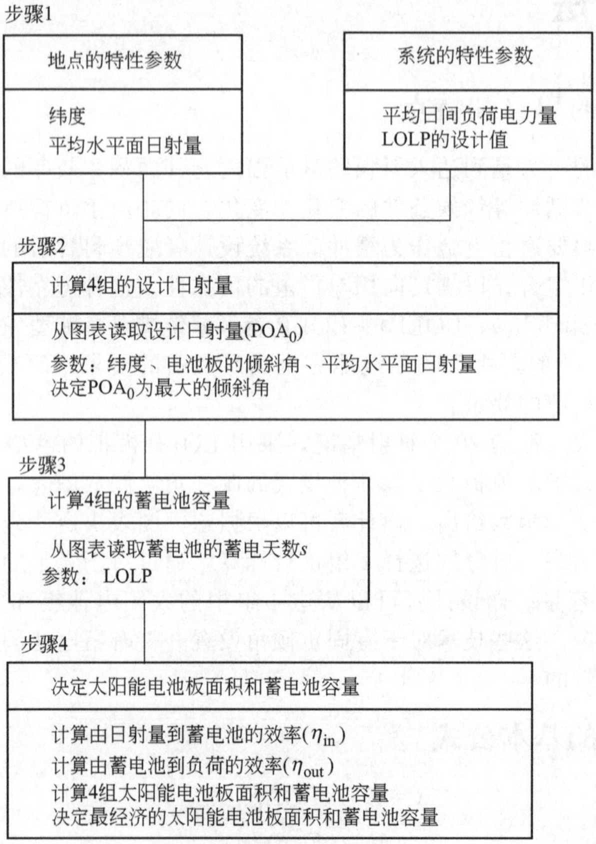

图 3-3 LOLP 法的计算流程

3.3 模拟法

太阳能光伏发电系统的模拟法可以用于系统的优化设计和运行状态的确定等，特别是对于能流的确定。

3.3.1 模拟法的思路

为了优化系统的规模和运行状态，有必要对光伏发电系统进行模拟。通常，模拟是以某一期间（往往选定一年间）的时间变化为对象。设计程序大致如图 3-4 所示，逐次决定光伏发电系统组成部分的太阳电池板、蓄电池和负荷的非线性电压、电流等的特性工作点。另外，也有用概率论方法进行处理，读者可参考有关资料，这里仅介绍逐次逼近法。

3.3.1.1 无蓄电池系统

① 太阳电池板直接连接 DC 负荷　由太阳电池板和负荷的电压-电流特性确定工作点。

② 通过 DC-DC 变换器连接 DC 负荷　如在 DC-DC 变换器的工作范围内工作，则太阳电池板以最大出力工作，DC-DC 变换器与负荷特性匹配运行。

③ 通过逆变器连接 AC 负荷　在逆变器的控制范围内，太阳电池板以最大出力工作，逆变器与负荷特性匹配运行。

3.3.1.2 有蓄电池系统

① 通过蓄电池连接太阳电池板输出与 DC 负荷　由太阳电池板、蓄电池和负荷的电流-电压特性确定工作点，而且蓄电池的工作电压成为重要的决定因素。

② 通过 DC-DC 变换器连接蓄电池与 DC 负荷　太阳电池板以最大出力工作，DC-DC 变换器与负荷特性匹配运行。因此，负荷侧的工作电压，即蓄电池的工作电压，成为重要的决定因素。

③ 通过逆变器连接 AC 负荷　太阳电池板以由蓄电池端部电压决定的电压工作，逆变器与负荷特性匹配运行。

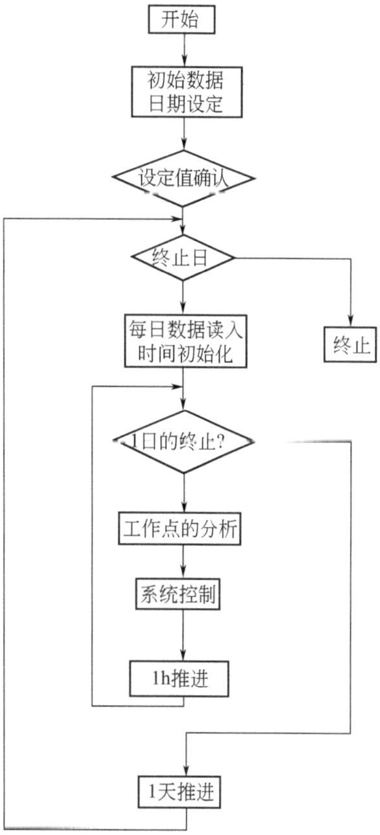

图 3-4　模拟法的设计程序

太阳电池的决定，通常采用 Newton-Raphson 方法。它是一种求解非线性方程的方法，其概要介绍如下。

在知道解的第一次近似值的情况下，可通过线性近似来求解。首先讲的是一元情况，在所研究的对象系统中，电压和电流的关系记为 $V=g(I)$，或 $I=g(V)$，将方程式 $f(x)=0$ 在 $x=x_i$ 进行泰勒（Taylor）展开，并忽略二次以上项，则有

$$f(x)=f(x_i)+(x-x_i)\cdot f'(x_i)=0 \tag{3-31}$$

若 $f'(x_i)\neq 0$，则得到如下的 Newton-Raphson 反复公式：

$$x_{i+1}=F(x_i)=x_i-f(x_i)/f'(x_i) \tag{3-32}$$

这一反复公式的解并非在任何情况下都会收敛，对此这里暂且不加论述。

对于二元的情况，即如 $G(V,I)=0$ 形式的方程式，可采用二元 Newton-Raphson 方法求解。假定方程 $G(x,y)=0$，$H(x,y)=0$ 的近似解为 $x=x_i$，$y=y_i$。若设 x_0，y_0 为一组根，$x_1+h=x_0$，$y_1+k=y_0$，则有

$$G(x_1+h,y_1+k)=G(x_1,y_1)+\frac{\partial G}{\partial x}h+\frac{\partial G}{\partial y}k+O(h,k)$$

$$H(x_1+h,y_1+k)=H(x_1,y_1)+\frac{\partial H}{\partial x}h+\frac{\partial H}{\partial y}k+O(h,k)$$

这里，$\frac{\partial G}{\partial x},\frac{\partial G}{\partial y},\frac{\partial H}{\partial x},\frac{\partial H}{\partial y}$为在 x_1，y_1 的值。

因 $G(x_0,y_0)=0$，$H(x_0,y_0)=0$，故设 $\frac{\partial G}{\partial x}=G_x$，$\frac{\partial G}{\partial y}=G_y$，则

$$h=-\frac{GH_y-HG_y}{G_xH_y-G_yH_x} \qquad k=-\frac{HG_x-GH_x}{G_xH_y-G_yH_x}$$

由于 $x_0=x_1+h$，$y_0=y_1+k$，故得到下列反复公式：

$$x_{k+1}=x_k-\left[\frac{GH_y-HG_y}{G_xH_y-G_yH_x}\right]_{x=x_k,y=y_k} \tag{3-33}$$

$$y_{k+1}=y_k-\left[\frac{HG_x-GH_x}{G_xH_y-G_yH_x}\right]_{x=x_k,y=y_k} \tag{3-34}$$

3.3.2 光伏系统构成部件的模拟基本公式

3.3.2.1 太阳电池板

这里研究的太阳电池板模拟，是对同一特性太阳电池组件的方阵而言的。太阳电池的等价回路如图 3-5 所示，其解析的基本公式是式(3-35)。

$$I=I_{ph}-I_0\{\exp[q(V+R_sI)/nkT]-1\}-(V+R_sI)/R_{sh} \tag{3-35}$$

式中 I——太阳电池输出电流（工作电流）；

V——太阳电池输出电压（工作电压）；

I_{ph}——光生电流；

I_0——二极管饱和电流；

q——电子的电荷量（1.6×10^{-19}C）；

R_s——太阳电池的串联电阻；

n——二极管特性因子；

k——玻耳兹曼常数，1.38×10^{-23}J/K；

T——太阳电池温度，K；

R_{sh}——太阳电池的并联电阻。

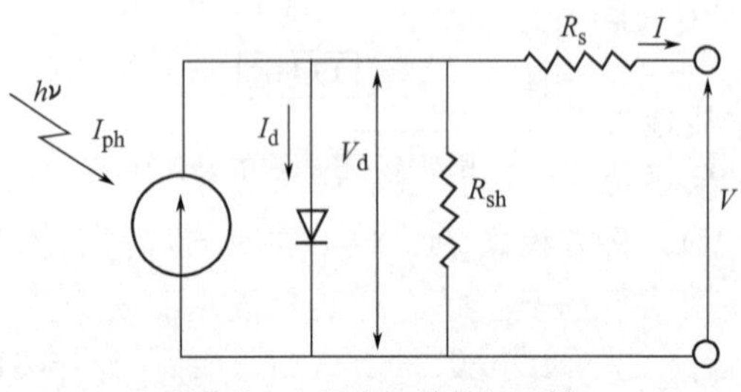

图 3-5 太阳电池的等价回路

通常，对单晶硅或多晶硅太阳电池，R_{sh} 可以忽略不计。

太阳电池板的工作电压和工作电流，来自构成太阳电池板的并联和串联的太阳电池，太阳电池的并联数和串联数分别记为 N_{cp}、N_{cs}，则

$$I_A=N_{cp}I \tag{3-36}$$

$$V_A=N_{cs}V \tag{3-37}$$

如图 3-5 所示，太阳电池的等价回路，是由与太阳光强度成比例的电流源和与其并联连接的二极管，包括并联阻抗、串联阻抗构成的。图中，二极管的端电压为 V_d，流向二极管的电流 I_d 由下式给出：

$$I_d=I_0\left[\exp\frac{qV_d}{nkT}-1\right] \tag{3-38}$$

此电流是二极管正向电流。而流向并联电阻的电流为 V_d/R_{sh}。又，V_d 由太阳电池的端电压 V 和输出电流 I 给出，即式(3-39)。

$$V_d=V+R_sI \tag{3-39}$$

因此，式(3-35) 给出的太阳电池输出电流是从光伏电流中扣除每片电池的内阻损耗电流值而得到。

关于太阳电池输出的温度修正有几种方法，这里简单介绍两种方法。一种是考虑二极管

的温度特性的方法。理想的二极管特性在很大程度上与饱和电流 I_0 的温度特性相关，式(3-40) 给出饱和电流的温度依存性。

$$I_0=C_I T^3 \exp\left(-\frac{E_{g0}}{kT}\right) \tag{3-40}$$

式中，C_I 为常数；T 为温度；E_{g0} 为绝对零度（−273.15℃）下外插的禁带宽度。

通常情况下，一般采用另一种方法，即将实际条件下的测定值换算成标准试验条件下的值，而在通过修正系数作出对温度修正时，却是相反地将标准试验条件下的值换算成任意温度下的值，如式(3-41)、式(3-42) 所示。

$$I_A=[I_{ST}+I_{SC}(H_A/H_{ST}-1)+\alpha(T-T_{ST})]N_{mp} \tag{3-41}$$

$$V_A=[V_{ST}+\beta(T-T_{ST})-R_{sm}(I-I_{ST})-KI_A/N_{mp}(T-T_{ST})]N_{ms} \tag{3-42}$$

式中 I_{ST}——标准试验条件下太阳电池组件的输出电流；

I_{SC}——标准试验条件下太阳电池组件的短路电流；

H_A——太阳电池板面的日射量（1h 的值）；

H_{ST}——标准试验条件下太阳电池板面的日射量（1h 的值）；

α——温度每变化 1℃时的组件短路电流 I_{SC} 的变动值；

T_{ST}——标准试验条件的组件温度；

N_{mp}——构成太阳电池板并联连接的组件数；

V_{ST}——标准试验条件下组件的输出电压；

β——温度每变化 1℃时的组件开路电压 V_{OC} 的变动值；

R_{sm}——组件的串联电阻；

K——曲线修正系数；

N_{ms}——构成太阳电池板串联连接的组件数。

太阳电池温度 T 是由气象条件决定的，它往往显示出与在标准条件下不同的特性。太阳电池温度要高于环境温度。日照使温度上升，风吹使温度下降。太阳电池温度通常与这些因素成比例地变化。其比例系数直接受到组件的结构、电池板的设置方法等影响，所以有必要根据技术资料或实验来确定这一系数。

3.3.2.2 储能铅酸蓄电池

铅酸蓄电池的模型，可用图 3-6 所示的等价回路表示。铅酸蓄电池的电动势要插入一直流阻抗，其数学表达式如下：

$$V_b=E_b-I_bR_{sb} \tag{3-43}$$

式中 V_b——蓄电池的端部电压；

E_b——蓄电池的电动势；

I_b——蓄电池单元充、放电电流（通常以放电电流为正）；

R_{sb}——蓄电池单元的内阻。

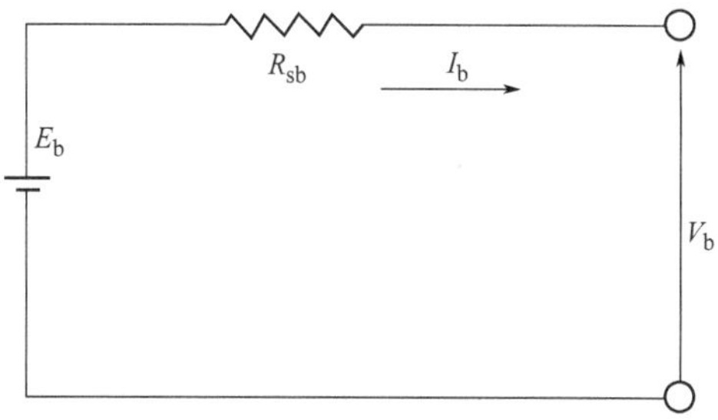

图 3-6 铅酸蓄电池的等价回路

通常光伏发电系统中储能蓄电池部分由 N_{bs} 个铅酸蓄电池串联，N_{bp} 列并联连接组成蓄电池组。因此，蓄电池总的端电压 V_B 和电流 I_B 应为：

$$V_B = V_b N_{bs} \tag{3-44}$$

$$I_B = I_b N_{bp} \tag{3-45}$$

铅酸蓄电池的电动势（E_b）和内阻（R_b）等参数随着它的充电状态而变化，其内阻变化尤其大。在高度充电的状态下，开口铅酸蓄电池因产生水的电解，导致电压异常升高。在实际模拟中，可通过两种方法得知电压值。第一种方法是由技术资料或通过实验等得到各种充电状态下相应于电流的电压，以表的形式列出数据，再使用内插法求出必要的电压。第二种方法是模拟法，其有关的常数可由有关的技术资料使用最小二乘法等来确定。以下举一例说明。

$$E_b = E_0 + k_e \lg e[1 - Q(t)/C_T] \tag{3-46}$$

$$R_b = R_0\{1 + \beta[\gamma/(\gamma - 1 + \rho)]\} + R_1 \tag{3-47}$$

$$Q(t) = \int_{t_0}^{t} I(t)\mathrm{d}t + Q(t_0) \tag{3-48}$$

$$1 - \rho = Q(t)/C(I_m) \tag{3-49}$$

$$C(I_m) = C_T/[1 + (C_T/C_R - 1)(I_m/I_0)^{\delta}] \tag{3-50}$$

式中 E_0——满充电状态下的电动势；
k_e——常数；
$Q(t)$——放电电量，A·h；
C_T——蓄电池最大容量，A·h；
R_0——常数；
β——常数；
γ——常数；
ρ——充电状态；
R_1——伴随充电时产生的气体而提出的修正系数；
t——时间，h；
$Q(t_0)$——从放电到充电或从充电到放电切换时间 t_0 内的放电量；
$C(I_m)$——$t_0 \sim t_m$ 间平均电流 I_m 的放电容量；
C_R——额定放电电流时的放电容量；
δ——常数。

R_1 通常与指数函数成比例或与其组合式成比例。产生反应气体的时间 T_x、产生气体的量 R_x、时间常数 α_x 大致与充电电流成反比。下面给出指数函数的组合式，图 3-7 给出气体发生函数 $G(t)$ 的变化曲线。

$$R_1 = R_x G(t)$$

$$G(t) = 1/2 + \{1 - \exp[-a_x(t - T_x)]\} \cdot U(t - T_x)/2 + \{\exp[a_x(T_x - t)] - 1\} \cdot U(T_x - t)/2$$

上式中，$U(t)$ 为阶段函数。

3.3.2.3 逆变器

逆变器的模拟基本上考虑了无功损失与输入电流损失和输出电流损失，其等价回路如图 3-8 所示。用数学公式表示则为：

$$I_{\text{INout}} = P_{\text{INin}} \eta_{\text{IN}} / (V_{\text{INout}} \Phi_{\text{IN}}) \tag{3-51}$$

$$P_{\text{INout}} = P_{\text{INin}} - R_{\text{INin}} I_{\text{INin}}^2 - R_{\text{INout}} I_{\text{INout}}^2 \tag{3-52}$$

$$I_{\text{INin}} = P_{\text{INin}} / V_{\text{INin}} \tag{3-53}$$

$$\eta_{\text{IN}} = P_{\text{INout}} / P_{\text{INin}} \tag{3-54}$$

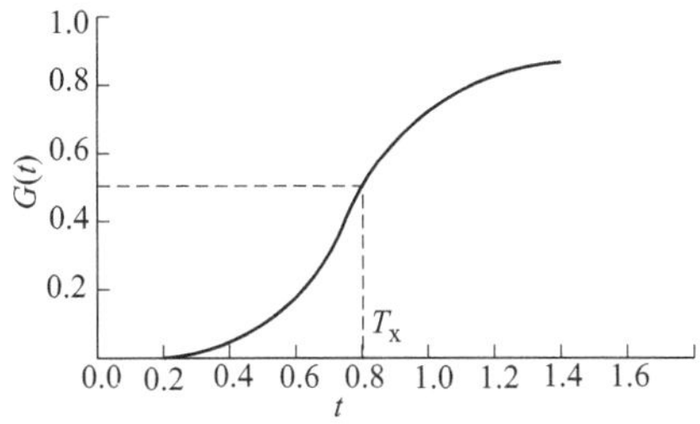

图 3-7 气体发生函数

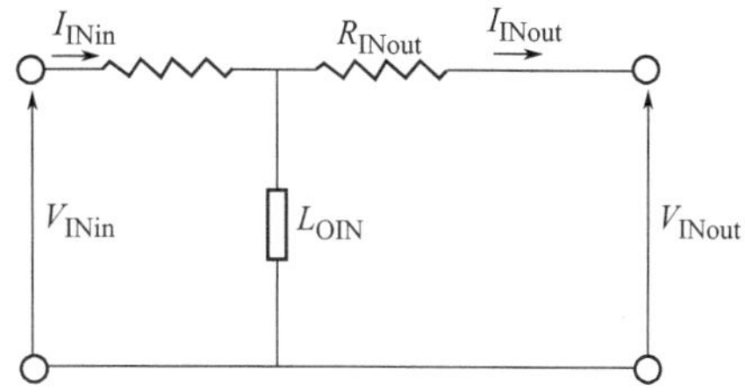

图 3-8 逆变器的等价回路

$$P_{INout}=V_{INout}I_{INout} \tag{3-55}$$

式中 V_{INin}——逆变器输入电压；

I_{INin}——逆变器输入电流；

P_{INin}——逆变器输入功率；

V_{INout}——逆变器输出电压；

I_{INout}——逆变器输出电流；

P_{INout}——逆变器输出功率；

Φ_{IN}——功率因子；

η_{IN}——逆变器效率；

R_{INin}——逆变器等价输入阻抗；

R_{INout}——逆变器等价输出阻抗。

逆变器的无功损失（L_{OIN}），不管有无负荷，它都是一个定值。电流损失分为输入侧和输出侧两部分。对于带有太阳电池板最大功率跟踪控制的逆变器，在其工作电压范围内，它的输入电压往往与太阳电池板最大功率点的工作电压一致，可以认为以最大功率输出运行。在这种情况下，输入电流成为太阳电池板最大功率点的电流。当超出工作电压范围时，考虑到电压、电流平衡的工作点，计算就成为必要。

实际上，逆变器的最佳工作点跟踪往往不能理想运行，由于跟踪装置的响应性和日射变化，工作点与最大功率点 P_{max} 不一致。包括控制系统的模拟仍然是理想的，但要以秒或者秒以下的时距来解析。如此所述的模拟，也没有必要知道它在多大程度上偏离最佳工作点。对于输出侧，要注意控制与负荷变化要求的响应。控制输出电压时，可视其为一定值来进行处理。

3.3.2.4 DC-DC 变换器

DC-DC 变换器往往用于处理太阳电池板与直流负荷和蓄电池间的匹配。图 3-9 所示为 DC-DC 变换器与蓄电池连接时的输入、输出关系。当铅酸蓄电池放电时，电能由蓄电池通过 DC-DC 变换器流出，而此时蓄电池就成为 DC-DC 交换器的输入端。基本上与逆变器相同，DC-DC 变换器的数学模型可简化为无功损失和输入电流损失及输出电流损失。其等价回路如图 3-10 所示。

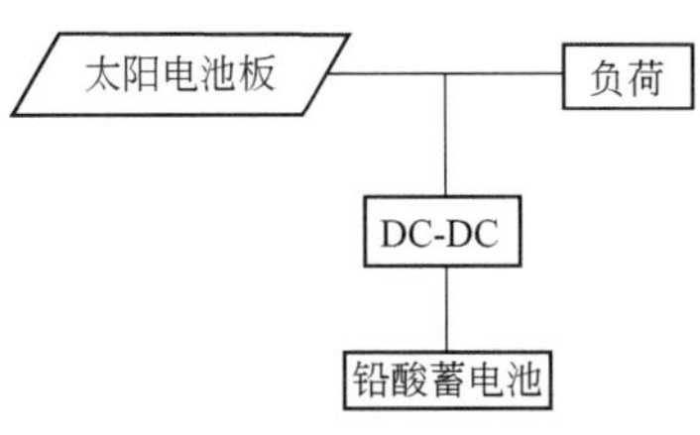

图 3-9 DC-DC 变换器与蓄电池关系

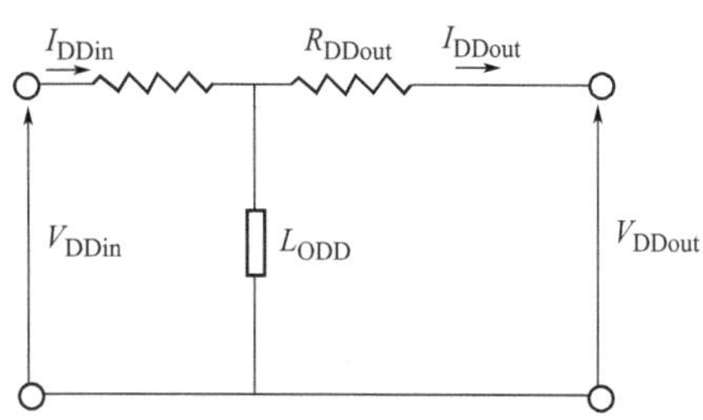

图 3-10 DC-DC 变换器的等价回路

连接时的输入、输出关系

$$I_{DDout}=P_{DDin}\eta_{DD}/V_{DDout} \tag{3-56}$$

$$P_{DDout}=P_{DDin}-L_{ODD}-R_{DDin}I_{DDin}^2-R_{DDout}I_{DDout}^2 \tag{3-57}$$

$$I_{DDin}=P_{DDin}/V_{DDin} \tag{3-58}$$

$$\eta_{DD}=P_{DDout}/P_{DDin} \tag{3-59}$$

$$P_{DDout}=V_{DDout}I_{DDout} \tag{3-60}$$

式中 V_{DDin}——DC-DC 变换器输入电压；

I_{DDin}——DC-DC 变换器输入电流；

P_{DDin}——DC-DC 变换器输入功率；

V_{DDout}——DC-DC 变换器输出电压；

I_{DDout}——DC-DC 变换器输出电流；

P_{DDout}——DC-DC 变换器输出功率；

η_{DD}——DC-DC 变换器效率；

L_{ODD}——DC-DC 变换器无功损失；

R_{DDin}——DC-DC 变换器等价输入阻抗；

R_{DDout}——DC-DC 变换器等价输出阻抗。

变换器的无功损失，无论是否有负荷均为固定值。电流损失分成输入和输出两部分。带有最大功率跟踪控制的 DC-DC 变换器时，在其工作电压范围内的输入电压往往与太阳电池板的最大功率点的工作电压一致；而在最大输出功率下工作时，此时的输入电流即为太阳电池板的最大功率点电流。当偏离工作电压范围时，就要计算出考虑电压、电流平衡的工作点。对于输出端，与负荷连接时必须注意相应于负荷变化的控制。例如，对输出电压进行控制时，可以将输出电压视为不变值进行处理。当与蓄电池连接时，输出电压应与蓄电池的端电压一致。

3.3.2.5 柴油发电机

在柴油发电机的模拟方面，可以认为柴油发电机的端子电压大致是不变值。这是因为柴油发电机的调速机和励磁机等具有调压功能。

在计算柴油发电机的造价时，要知道柴油发电机的燃料消耗量。但是，市场上商品目录中所提供的多是柴油发电机在额定功率时的燃料消耗量，并未记载各种负荷状态下单位输出功率的燃料消耗量。对于小型机组，由于燃料消耗量与负荷的关系不大，可以按额定功率下每千瓦的燃料消耗量计算，而对于功率为 100kW 以上的机组来说，就要通过有关的柴油发电机技术资料，确认在各种负荷状态下的燃料消耗量。

第 4 章
太阳能光伏发电系统的设计

太阳能光伏发电系统根据其系统构成和负载种类等因素，通常分为独立运行和并网运行两大类。作为独立电源用的光伏发电系统，是根据所需电量算出太阳电池容量作为标准来进行设计的。而在并网系统场合，发电量和使用的电量之间没有相互限制的关系，因而根据安装场地的面积决定系统容量的情况居多。所以，应首先充分估计出太阳电池的安装面积，然后计算出太阳电池容量，并在此基础上进行整体设计。此外，大型、超大型光伏并网发电系统又往往建在荒漠地区或不宜农作物生长的闲置土地上，此时光伏电站占用土地的面积不再是优先考虑的问题，而投资与效益以及电网接入等成为首要问题。另外，其设计考量也有别于诸如建筑物、屋顶光伏并网系统，后者拘泥于可用面积。因此，从光伏发电系统设计角度考量，以分为大型集中式并网光伏电站及建筑物屋顶光伏并网发电系统、独立光伏发电系统几种情况为宜。下面分别加以阐述。

4.1 大型集中式并网光伏电站的设计

大型集中式并网光伏电站，装机容量一般在几十兆瓦级乃至吉瓦级以上。图 4-1 所示为中国黄河水电公司格尔木 200MW$_P$ 大型并网光伏电站鸟瞰图。随着光伏发电技术近年来快速发展，成本持续下降，更大容量、超大规模荒漠并网光伏电站也在规划筹建之中。图 4-2 所示为吉瓦级超大规模荒漠并网光伏电站示意图，图中显示光伏发电系统模块结构的特点：可大到建设与常规发电及核发电同等规模的大型、超大型光伏电站，也可小到户用屋顶光伏电源等。

图 4-1 中国黄河水电公司格尔木 200MW$_P$ 大型并网光伏电站鸟瞰图

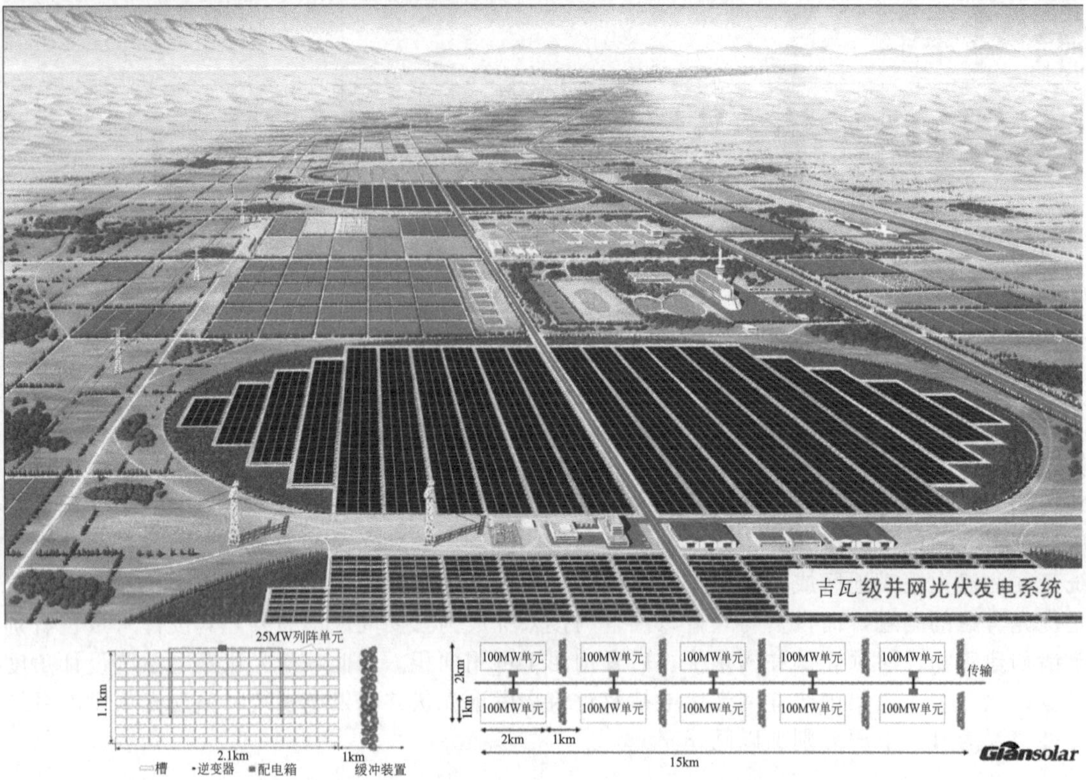

图 4-2 吉瓦级超大规模荒漠并网光伏电站示意图

建设地面大型、超大型并网光伏电站，初期一次性投资大，尤其是太阳电池板和并网逆变器等硬件设备投资最大，因此建设之前的方案和技术设计显得尤为重要。要知道在光伏发电系统的设计中做出的每个决定都会影响系统造价和度电成本，不恰当的选择将会使光伏电站投资成本增加很多，或者说使投资效益大为降低。因此，掌握正确的设计方法，选配合适的硬件设备等是必须要做到的。

严格地讲，影响上网电价的因素包括当地太阳能资源、光伏发电系统效率和发电量、可靠性以及电网质量、初始投资规模、运行维护费用、贷款比例、利率、税收和利润水平等在内的其他条件。其中，当地太阳能资源、系统效率和初始投资规模是影响上网电价的主要因素。在政府特许权招标的标杆电价政策及随后上网电价补助政策的推动下，中国西部大规模光伏电站迎来了高速发展期，但随着光伏发电成本的不断下降和开拓国内市场的需要，以金太阳工程为代表的屋顶并网光伏电站（或电源）或将成为主流。不过，在当前的光伏度电成本可能依然高于常规电力的情况下，采用规模效益的地面光伏电站较之屋顶光伏电站，其经济性略胜一筹。

4.1.1 项目前期工作

建设大型集中式并网光伏电站，首先要做好项目的前期工作，包括电站选址、现场考察、有关数据资料的收集整理等，并在此基础上进行总体设计及可行性研究。

大型、超大型集中式并网光伏电站多建在荒漠开阔地区，诸如戈壁沙漠、滩涂海岛及荒丘贫瘠等不宜农作物生长但太阳能资源丰富之处。由于要接入公共电网，因此除要掌握该地区太阳能资源数据、气象资料、水文地质资料及周边环境等情况之外，现场考察、调研当地电力系统的现状、供电需求和发展规划也是必要的。

对于大型集中式并网光伏电站立项申请文件和可行性研究报告书等，除了要符合国家立项申请报告通用文本要求的内容：申报单位及项目概况；发展规划、产业政策及行业准入分析；资源开发及综合利用分析；节能方案分析；土地利用、征地等；环境和生态影响分析；安全运行及经济、社会效益分析等之外，还应包括拟建光伏电站的总体技术方案内容，即初步设计。为此，在前期选址调研阶段时，应获得如下有关资料和数据。

（1）站址的自然环境及交通概况

① 地理概况（经度、纬度等）；

② 交通情况（陆路、水路、航空等）；

③ 自然环境。

（2）站址的气象资料

① 气温：历年最高气温；历年最低气温；年平均气温；月平均气温；月平均最高气温；月平均最低气温；冰冻期情况；

② 风况：历年主导风向；历年最大风速；历年平均风速；年大于 8 级风最多、最少日数；

③ 降雨：历年平均年降水量；历年最大降水量；历年最长降雨天数；历年连续降雨天数；降雨期情况；

④ 气压和雾况：平均大气压；平均水气压；雾况；历年最多雾日；历年最少雾日；历年平均雾日；

⑤ 相对湿度；历年最小相对湿度；历年平均相对湿度；

⑥ 降雪：历年平均降雪量；历年最大降雪量；

⑦ 极端气象：台风、冰雹等。

（3）站址的建设条件

① 水文气象；

② 地形地貌；

③ 工程地质。

（4）站址所在地的太阳能资源

① 水平面的太阳能总辐射量，月平均数据；

② 斜面总辐射量；

③ 平均年利用（月利用）日照小时数。

（5）站址所在区域电力系统现状及存在的问题

① 电力系统现状；

② 存在问题；

③ 电力需求及发展规划。

4.1.2 大型集中式并网光伏电站的配置

光伏并网发电系统，可分为用户侧并网和发电侧并网两类。前者并网点一般在低压侧（380/220V），以自发自用为主；或处于中压侧（10kV、35kV），以就近消纳为主。通常是可逆流光伏并网系统，也有些系统要求设置逆功率保护（即不可逆流并网光伏系统）。大型集中式并网光伏电站用户侧并网和发电侧并网两类都有，10MW_P 级及其以上功率的多为发电侧并网，采用“不可逆流”并网方式，电流是单向的，不是自发自用和“净电表计量”，只能给出上网电价。通常接入 110kV 或 220kV 高压输出电能，其输出特性是随电网频率和电压变化的电流源，功率因数为 1，不提供无功功率。

大型集中式并网光伏电站，主要由太阳能光伏阵列、逆变功率调节控制装置及电网接入系统（升压变压器、交流断路器、计量设备）等组成，其配置如图 4-3 所示。由图可知，除主要设备之外，光伏电站配置还有光伏方阵直流防雷汇流箱，交、直流配电系统，检测、计量、数据采集及传输，交、直流电缆等。图 4-4 系某地 $20MW_P$ 并网光伏发电系统总框图。

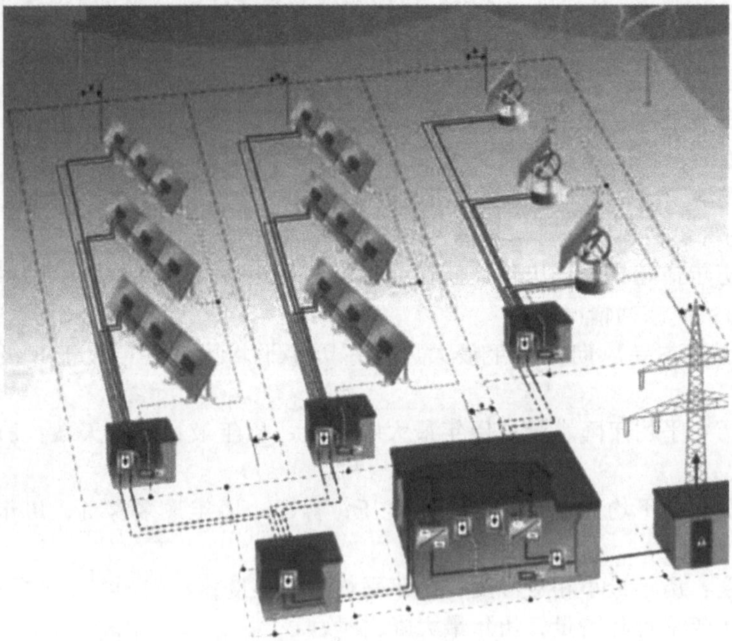

图 4-3 大型集中式并网光伏电站的配置

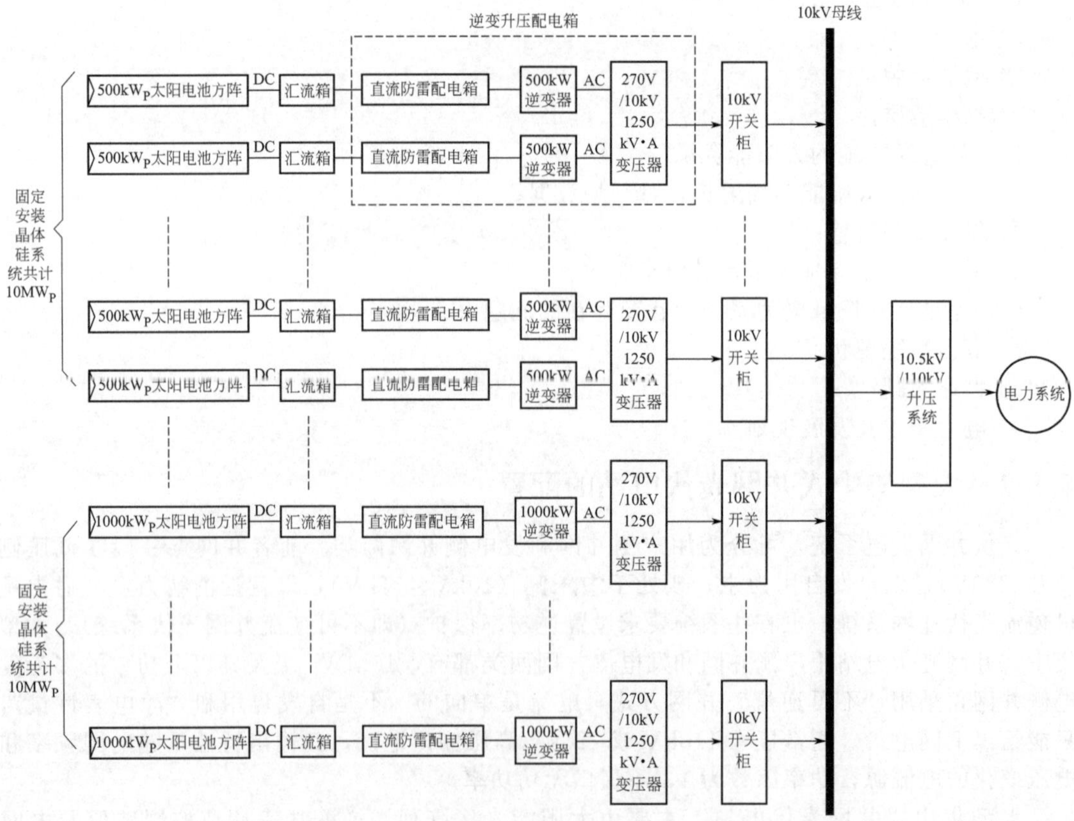

图 4-4 $20MW_P$ 并网光伏发电系统总框图

4.1.3 电站直流发电系统设计

大型集中式并网光伏电站总框图如图 4-4 所示，其直流发电系统由太阳电池组件、光伏阵列、直流防雷汇流箱、直流防雷配电柜、光伏并网逆变器、升压变压器以及之间连接的电缆等组成。

4.1.3.1 光伏阵列的设计

对于大型集中式并网光伏电站直流部分的设计，首先考虑的是光伏阵列的设计，因为在电站的场内主体部分是光伏阵列。它是由排列有序的方阵构成，而方阵是由一定数量的光伏组件经串、并联而成。因此，设计的顺序应为由组件选型到方阵设计再到方阵排布及相应的支架、基础、连接线缆等的设计。

（1）太阳电池组件选型

目前已实现商品化的太阳电池组件种类与效率如图 4-5 所示。大型集中式并网光伏电站多选用高效率晶体硅太阳电池组件。效率较高、性能相对稳定的薄膜太阳电池也已有示范应用。

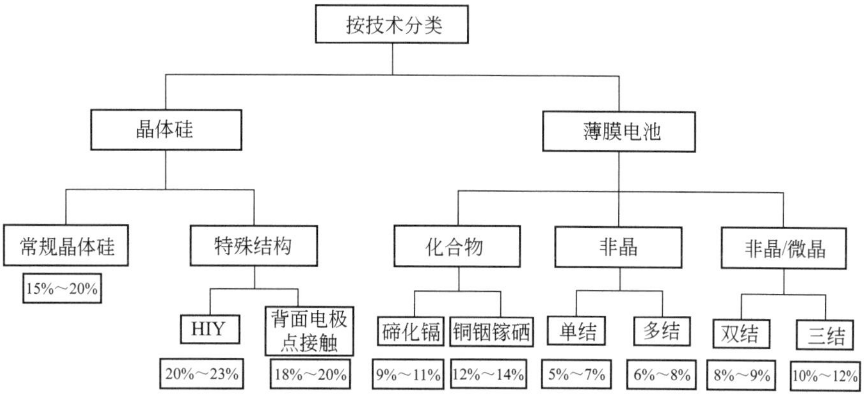

图 4-5 商品化的太阳电池组件种类与效率

由于国内多晶硅太阳电池发展迅速，国产高效多晶平板电池组件多被大型光伏电站选用，尤其是单块组件：其功率超过 280W$_P$，电池效率达到 17%～18%，通过了 ISO 9001 质量体系认证及 UL、TUV、IEC 等一系列国际认证，能保证光伏组件输出功率达到 25 年以上，电池效率和稳定性均处于世界先进水平。在建设大型光伏发电系统中，也往往选用市售优质的 240W$_P$ 或 260W$_P$ 多晶硅太阳电池组件。这类组件特点是：①优质牢固的铝合金边框可抗御强风、冰冻及不变形；②新颖、特别的边框设计进而加强玻璃与边框的密封；③铝合金边框的长短边备有安装孔，满足不同安装方式的要求；④高透光率的低铁超透光玻璃以增强抗冲击力；⑤优质的 EVA 材料和背极材料。其技术参数如表 4-1 所列。

这里要强调一点，对于用在沙滩、岛屿上建设的光伏电站的太阳电池组件，要经过必要的技术论证和采取必要措施，以防止海风、盐蚀等影响发电量和使用寿命。

这里要提请注意的是，随着光伏组件大规模使用，逐渐发现其主要存在热斑、隐裂和功率衰减等质量问题，在选用光伏组件时要把好关，不能只关注价格。特别是，因光伏组件的“电位诱发衰减效应”（potential induced degradation，PID），而引发的一些光伏电站在运营一段时间后会发生明显的衰减现象。一些国家和地区已逐步开始把 PID 作为组件的关键要求之一。日本很多用户明确要求把抗 PID 写入合同。关于 PID 现象的真正原因到目前止尚无明确的定论，可以明确的是 PID 现象与电池片表面的反射层有关，提高反射层的折射率可以有效地降低 PID 现象的发生。

（2）光伏阵列的排布

每片太阳电池只能产生大约 0.5V 的直流电压，远低于实际使用的所需电压。为了满足实际应用的需要，需要把太阳电池串联成组件。太阳电池组件包含一定数量的太阳电池，这些太阳电池通过导线连接，大型光伏电站用组件通常由 72 片太阳电池片封装，正常输出工作电压约为 35V。当应用领域需要较高的电压和电流而单个组件不能满足要求时，可把多个组件串、并联组成太阳电池方阵，以获得所需要的电压和电流。太阳电池组件串、并联组成方阵是根据太阳电池组件和逆变器的性能参数以及在－20～70℃的验算温度情况来设计的。例如，采用 280W_P 多晶硅太阳电池组件，经计算得出，18 块组件串联合适。每个方阵由 2 个组件串构成，可安装在一组支架上。共有 102 组支架，即 204 个组件串，总功率为 1028.16kW 形成接近 1MW_P 的发电单元。若要建设 20MW_P 并网光伏电站，可划分为 20 个 1MW_P 的发电单元，每个发电单元中间设置 1 台箱式变压器（见图 4-6），以减少逆变器直流、交流电缆长度，同时减少其他损失、少占土地等以提高效率。

表 4-1 260W_P、240W_P 多晶硅太阳电池组件技术参数

太阳电池种类	多晶硅			
太阳电池组件型号	260		240	
指标	单位	数据	单位	数据
峰值功率	W_P	260	W_P	240
开路电压(V_{oc})	V	60.5	V	37.2
短路电流(I_{sc})	A	5.53	A	8.37
工作电压(V_{mp})	V	50	V	30.4
工作电流(I_{mp})	A	5.1	A	7.89
尺寸	mm	1580×1069×40	mm	1650×992×40
质量	kg	24.5	kg	19.5
峰值功率温度系数	%/K	－0.45	%/K	－0.43
开路电压温度系数	%/K	－0.348	%/K	－0.32
短路电流温度系数	%/K	0.031	%/K	0.043
12 年功率衰降	%	<10	%	<10
25 年功率衰降	%	<20	%	<20

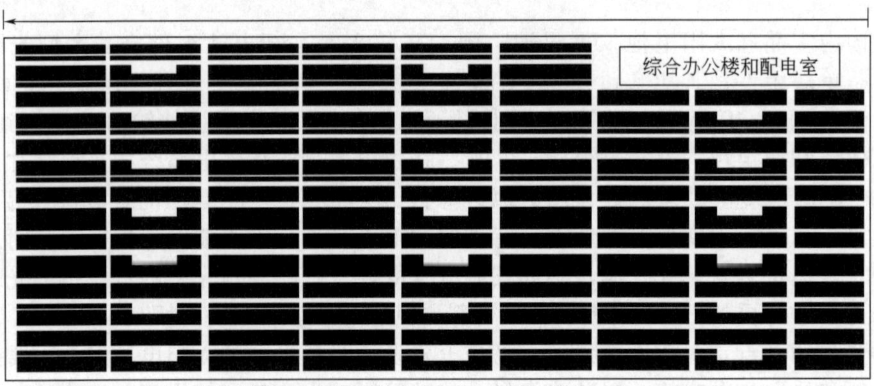

图 4-6 20MW_P 并网光伏电站的一种阵列排布

如采用 240W_P 组件，根据组件的性能参数和逆变器的输入电压要求，经优化匹配，宜 20 块组件串联成 1 个组串；如采用 260W_P 组件，宜 12 块组件串联成 1 个组串。组串与逆变器匹配主要考虑在极限条件下的两方面因素：①组串最大工作电压不超过逆变器的 MPPT 范围；②组串开路电压不超过逆变器的最大直流电压的要求。

为了提高光伏阵列的组合效率系数（$\eta_{组合}$＝方阵有效功率/每块组件标称功率之和），必须严格筛选每块组件的工作电压、工作电流，即要求组件 I-V 曲线尽可能一致，以减少组件串联、并联所引起的功率损失。在光伏阵列设计中，还有以下考虑。

① 阵列倾角、方位角设计以及阵列间距设计，应根据总体技术要求、地理位置、气候条件、太阳辐射能资源、场地条件等具体情况来进行。

② 尽量保证南北向每一列组件在同一条轴线上，使太阳电池组件布置整齐、规范、美观，接受太阳能辐照的效果最好，土地利用更为紧凑。

③ 每两列组件之间的间距设置必须保证在太阳高度角最低的冬至日时，所有组件仍有6h以上的日照时间。

(3) 太阳电池方阵倾角、方位的确定

方阵安装倾角的最佳选择取决于诸多因素，如地理位置、全年太阳辐射分布、直接辐射与散射辐射比例、负载供电要求和特定的场地条件等。并网光伏发电系统方阵的最佳安装倾角可采用 RETScreen 专业系统设计软件进行优化设计来加以确定。该倾角应是系统全年发电量最大化时的角度。即光伏组件排布和组件倾斜后，组件上缘与下缘会产生相对高度差，阳光下组件会产生阴影。为了保证光伏电站选址地在冬至日 9：00～15：00 期间，光伏组件方阵之间接收的辐射量最大，必须选择最佳倾角。

太阳电池方阵的方位角是指方阵垂直面与正南方的夹角，向东侧设为负值，向西侧为正值。它的确定，从场地条件出发应尽可能地朝向正南设置，因为方位角为 0°时，发电量达到最大。

(4) 光伏方阵间距的计算

光伏方阵布置一般确定原则：冬至当天 9：00～15：00 太阳电池组件不应被遮挡，光伏方阵间距应不小于最小间距。

在北半球，对应最大日照辐射接收量的平面为朝向正面。方阵倾角确定后，要注意南北向前后方阵间要留出合理的间距，以免出现阴影遮挡。前后间距为：冬至日（一年当中物体在太阳下阴影长度最长的一天）上午 9：00～下午 3：00 设定，组件之间南北方向无阴影遮挡。计算光伏组件方阵安装的前后最小间距 D，如图 4-7 所示。

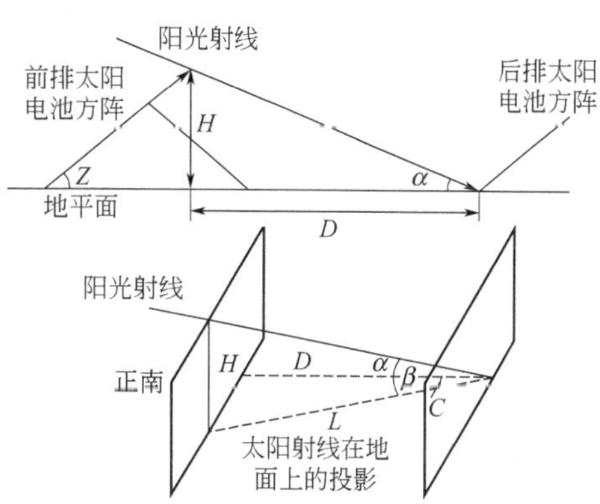

图 4-7 阵列阴影示意图

太阳高度角的公式：$\sin\alpha=\sin\phi\sin\delta+\cos\phi\cos\delta\cos\omega$

太阳方位角的公式：$\sin\beta=\cos\delta\sin\omega/\cos\alpha$

式中，ϕ 为当地纬度（在北半球为正，南半球为负）；δ 为太阳赤纬，冬至日的太阳赤纬为$-23.5°$；ω 为时角，上午 9：00 的时角为 45°。

$$D=\cos\beta\times L$$

$$L=H/\tan\alpha$$

$$\alpha=\arcsin(\sin\phi\sin\delta+\cos\phi\cos\delta\cos\omega)$$

计算公式：

$$D=\frac{0.707H}{\tan[\arcsin(0.648\cos\phi-0.399\sin\phi)]}$$

式中，H 为光伏方阵阵列或遮挡物最高点与后排可能被遮挡组件边的高度差。

(5) 光伏方阵支架的设计

支架设计考虑的参数和参考标准为：

GB 50009—2012《建筑结构荷载规范》；

GB 50017—2017《钢结构设计标准》；

角钢符合 GB/T 706—2008；

槽钢符合 GB/T 706—2008；

GB 50205—2020《钢结构工程施工质量验收标准》；

GB 3098.1—2010《紧固件机械性能　螺栓、螺钉和螺柱》。

风压荷载计算公式：　$W=C_WPA_W$

式中　W——风压荷载，N；

C_W——风力系数；

P——设计用风速压力，N/m^2；

A_W——受力面积。

设计用风速压力 P 用下式计算：

$$P=P_0\mu_h\mu_e\mu_s$$

式中　P_0——基准风压，N/m^2；

μ_h——高度修正系数；

μ_e——环境系数；

μ_s——风荷载体形修正系数。

设定基准高度 10m，可由下式计算基准风压：

$$P_0=\frac{1}{2}\rho V_0^2$$

式中　ρ——空气密度风速，$N\cdot S^2/m^4$；

V_0——设计用基准风速，m/s。

空气的密度和风速冬、夏季不同，从安全角度考虑取数值较大的冬季空气密度风速，即 $1.274N\cdot S^2/m^4$，设计用基准风速取地上高度 10m 处，50 年内出现的最大瞬时风速。

风压高度修正系数 μ_h 可从表 4-2 中查找。

表 4-2　风压高度修正系数 μ_h

距离地面高度/m	地面粗糙度类别			
	A	B	C	D
5	1.17	1.00	0.74	0.62
10	1.38	1.00	0.74	0.62
15	1.52	1.14	0.74	0.62
20	1.63	1.25	0.84	0.62
30	1.80	1.42	1.00	0.62
40	1.92	1.56	1.13	0.73
50	2.03	1.67	1.25	0.84

环境修正系数 μ_e：对风无遮挡的空旷地带，1.15；对风有少量遮挡，0.9；对风有较大遮挡，0.7。

风荷载体形修正系数 μ_s 取值见表 4-3 所示。

从中国的实际情况看，可分为四大风压区。

① 最大风压区：包括东南沿海和岛屿，风压值 70～80kgf/m^2 以上（$1kgf/m^2=9.80665Pa$）。

② 次大风压区：包括东北、华北、西北北部，风压值 40～60kgf/m^2。

③ 较大风压区：包括青藏高原，风压值 30～50kgf/m^2。

④ 最小风压区：包括云南、贵州、四川和湖南西部、湖北西部，20～30kgf/m^2。

根据上述范围，为安全可靠，基准风压值一般可选为 60kgf/m^2，也可将此值代入风荷载计算公式，进行方阵支撑钢结构的材料选择。

至于风力系数 C_W，太阳电池组件可参照表 4-4 所示的数据，而骨架和单体材料可参照图 4-8 和表 4-5 中给出的数据。

表 4-3 风荷载体形修正系数

顺风	方阵倾角	逆风
0.79	15°	0.94
0.87	30°	1.18
1.06	45°	1.43

表 4-4 太阳电池组件的风力系数

安装形态	风力系数 C_W			备注
	顺风		逆风	
地面安装型(单独)	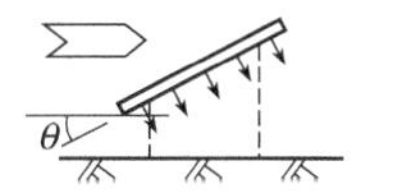		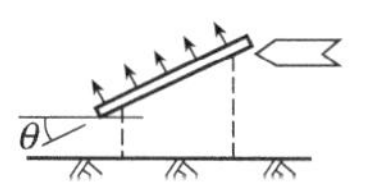	支架为数个的场合,周围端部的风力系数取左边值,中央部的风力系数取左边值的 1/2 最好 在左边没有标注的 θ 角的 C_W 由下式求得: (正压)$0.65+0.009\theta$ (负压)$0.71+0.016\theta$ 其中,$15°\leqslant\theta\leqslant45°$
	C_W(正压)	θ	C_W(负压)	
	0.79	15°	0.94	
	0.87	30°	1.18	
	1.06	45°	1.43	
屋顶安装型	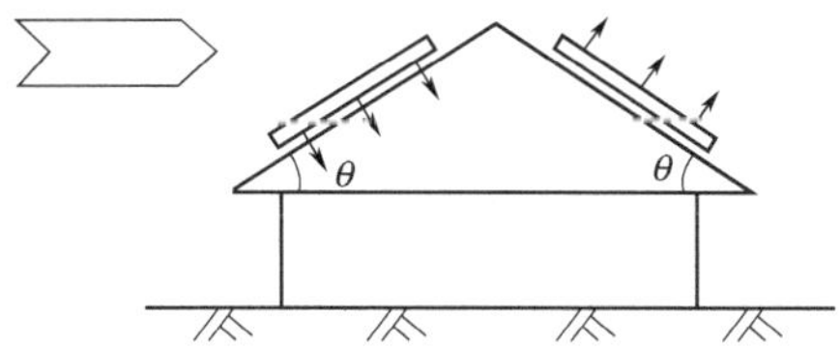			屋顶脊梁处有砖等突起部分的场合,左边负压值的 1/2 也可在左边没有标注的 θ 角的 C_W 由下式求得 (正压)$0.95+0.017\theta$ (负压)$-0.10+0.077\theta-0.0026\theta^2$ 其中,$12°\leqslant\theta\leqslant27°$
	C_W(正压)	θ	C_W(负压)	
	0.75	12°	0.45	
	0.61	20°	0.40	
	0.49	27°	0.08	

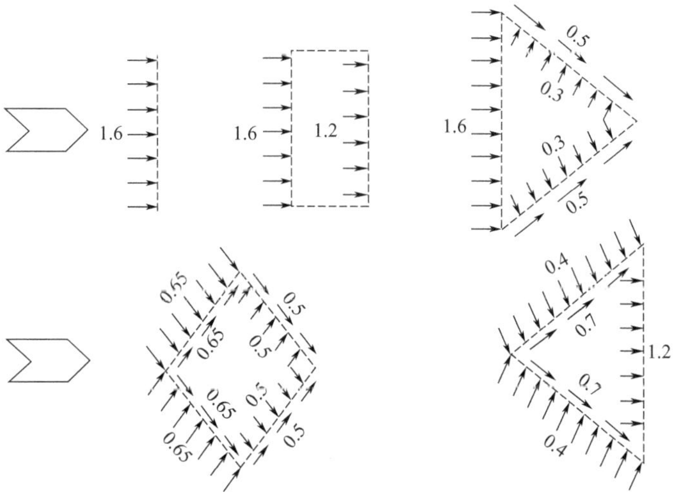

图 4-8 骨架的风力系数

如图所示为结构梁及结构柱的截面,作为风压作用面积,取相对结构面垂直方向看到的结构板的所见面积;结构是指将各种形状的型钢、钣金加工材料、带钢等复合材料的组合,且有空隙的空腹构件或构造

表 4-5　单体材料的风力系数

截面形状		风力系数	截面形状		风力系数
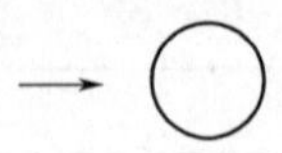	圆形截面	1.20 (0.075)	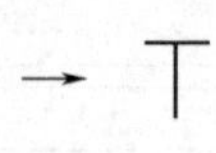	T 形截面，边长比 1∶2	1.80
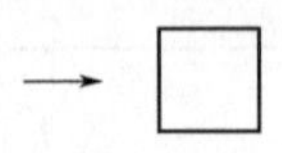	四边形截面，正面风向	2.00	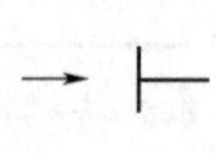	T 形截面，边长比 1∶2	2.00
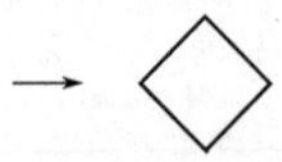	四边形截面，风向 45°倾斜	1.50	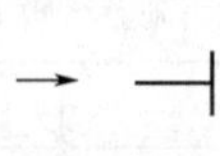	T 形截面，边长比 1∶2	1.50
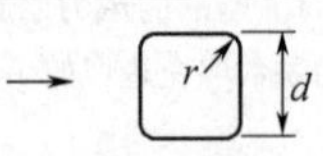	四边形截面，r/d =0.2 以上	1.20	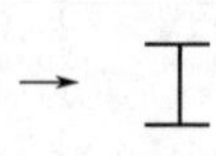	H 形截面，边长比 1∶2	2.20
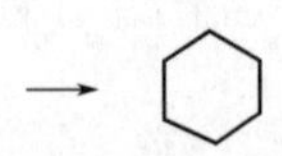	六角、八角截面	1.40	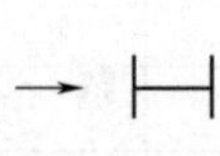	H 形截面，边长比 1∶2	1.90
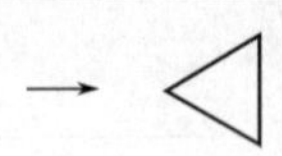	三角形截面	1.30	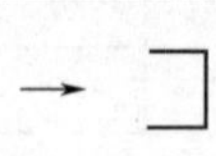	槽形截面，边长比 1∶2	2.10
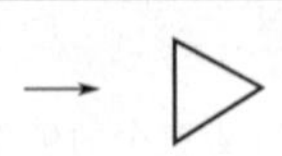	三角形截面	2.00	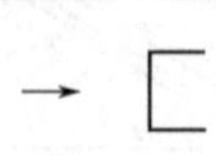	槽形截面，边长比 1∶2	1.80
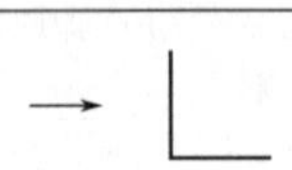	等边直角钢	2.00	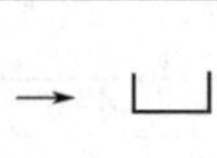	槽形截面，边长比 1∶2	1.40
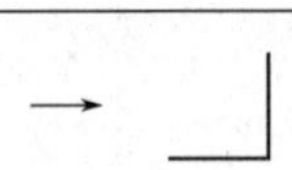	等边直角钢	1.80	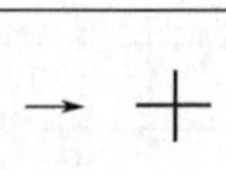	十字形截面	1.80
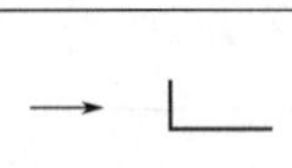	不等边直角钢，1∶2	1.60	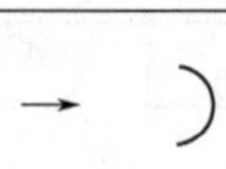	半圆形截面	2.30
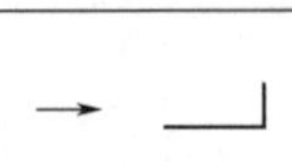	不等边直角钢，1∶2	1.70	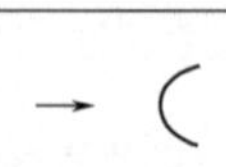	半圆形截面	1.20
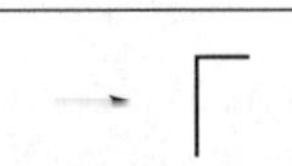	不等边直角钢，1∶2	2.00	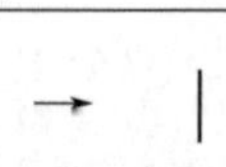	带钢细长	2.00
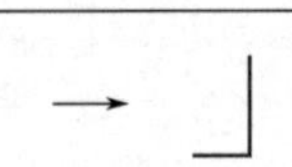	不等边直角钢，1∶2	1.90	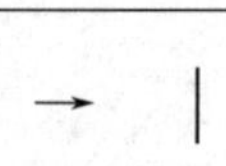	带钢（板材）近似四边形（三维流）	1.20

注：1. 括号中数据表示超出由下式求出的风速（m/s）的场合。

$V=5.84/d$（这里的 d 为材料的外部尺寸，m）。

2. 在构件中计算相同截面材料的风力系数时，如果风向不同，则采取不同方向风力系数的平均值。

例如：等边直角型钢的场合[(2.0+1.8)/2=1.9]。

除了风载荷，有积雪地区还要考虑雪载荷。雪载荷计算公式如下：

$$S_k=\mu_r S_0$$

式中，S_k 为雪载荷标准值；μ_r 为（屋面）积雪分布系数；S_0 为基本雪压。

最大雪压区：在新疆北部，雪压值 $50\mathrm{kgf/m^2}$ 以上。

次大雪压区：包括东北，内蒙古北部，长江中下游，四川西部，贵州北部，一般在 $30\mathrm{kgf/m^2}$。

通过上述风载荷、雪载荷的计算，一般工程选用 50 号角钢和 100 号槽钢作为太阳电池方阵的支撑构架材料。材料选择依据如下：

① 根据风压和雪压的计算结果，以及太阳电池方阵布置进行选材；

② 根据材料力学的弯曲变形公式，计算出连接部件的最优截面，确定选择的材料及结构方式；

③ 选择支架的防锈处理方式。

关于防锈处理，一般采用如下措施。

• 热浸锌　当构件的材料厚度小于 5mm 以下时，镀层厚度不得小于 65μm；当构建的材料厚度大于 5mm 以上时，镀层厚度大于 86μm，钢结构的防腐年限达到 25 年以上。

• 涂层法　涂层一般要做 4～5 遍，干漆膜总厚度为 150μm，室内工程为 125μm，允许误差 25μm。光伏工程在海边滩涂实施时，由于是在有较强烈腐蚀性的大气中，干漆膜总厚度要增加到 200～220μm。

对建于海盐颗粒侵蚀严重的地区，如海岛、海岸等，也可考虑采用钢筋水泥支撑结构来防止支架的锈蚀。

(6) 光伏阵列基础工程（参照 GB 50010—2010《混凝土结构设计规范》）

作为太阳能光伏阵列的基础上作用的荷重，首先要考虑风压荷重。因为阵列自身是受到风吹面积大的结构，要考虑被强风吹动、倒塌、被风刮跑等后果。

在沿海滩涂等地方建设光伏电站，其光伏阵列的基础，必须能满足稳定和变形的要求。前面已就支架结构讨论了选择抗风能力强的结构材料；当受到强风时，对光伏阵列基础还要考虑以下问题：

① 受横向风的影响，基础可能滑动或者跌倒；

② 地基下沉（垂直力超过垂直支撑力）；

③ 基础本身被破坏；

④ 吹进电池极背面的风使构造物浮起；

⑤ 吹过电池下侧的风产生旋涡，引起气压的变化，使电池向地面吸引。

基础结构如表 4-6 所示，从形成上可分为 6 种类型。

表 4-6　基础结构的种类

基础类型	基础适用范围
直接基础	支撑层浅的场合采用
打桩基础	支撑层深的场合采用
深基桩基础	铁塔等基础上采用
沉箱基础	荷重规模大的场合采用(如大桥的基础)
钢管板桩基础	在河内建设桥梁时采用
连续基础	支撑层深度大的场合采用

根据光伏电站建设地址的地质资料，对基础进行稳定性分析与计算。对在诸如沿海滩涂、垃圾填埋场等地方建的光伏电站，其方阵地基要注意地质情况。此时光伏阵列基础选择方案建议采用打桩基础或有突起底座的复合底座基础。前者工程费用较大，后者次之，应根据现场实际情况酌定。打桩基础如图 4-9 所示。复合底座基础是由 2 个或 2 个以上的支柱产生的应力用一个基础支撑的基础方式。有突起的复合底座，是为了防止滑动，增加基础剪切阻力的措施（见图 4-10)。当然，整体化的连续基础也是可以考虑的方案。

图 4-11 是一种称为 ezRack Solar Terrace 的地面支架系统。该系统适合于户外开阔场地的太阳电池板安装系统，包括特有的铝合金轨道、Z 形卡件和管帽，可以简单、快捷地将多个

图 4-9 打桩基础

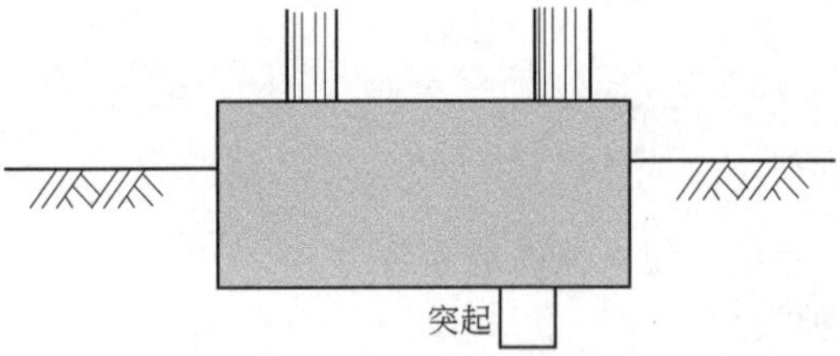

图 4-10 有突起的复合底座基础

图 4-11 地面支架系统

图 4-12 新型太阳电池方阵支撑结构和地下构造

单元连接以适应安装场地的实际要求，成本较低、稳定性好、抗风能力强。其技术参数如下。

安装地点：户外。

安装角度：根据要求确定。

安装高度：根据要求确定。

抗风能力：60m/s。

雪荷载：1.4kN/m^2。

太阳能光伏组件类型：有框或无框。

组件排列：横向或纵向。

执行标准：符合 AS/NZS1170 和其他国家标准。

颜色：自然色。

图 4-12 是新型太阳电池方阵支撑结构和地下构造，不需要水泥混凝土地基。

（7）光伏自动跟踪技术选择

众所周知，为提高光伏电站的发电量，降低度电成本，增加投资的经济效益，可以采用光伏自动跟踪技术。

从国内技术出发，对非聚光形式主要有以下 3 种跟踪技术。

平单轴：发电量提高 10%～20%，成本增加 3%～5%，单机最大功率 50kW。

斜单轴（极轴）：发电量提高 20%～30%，成本增加 10%，单机最大功率 3.3kW。

双轴：发电量提高 30%～40%，成本增加 15%，单机最大功率 10kW。

当然，现今一些专业机构或公司已做得更好。在光伏电站设计中，要不要跟踪，应因地而异，完全由综合技术经济性来判定。从以上 3 种跟踪技术比较来说，通常是斜单轴跟踪效果比较好，平单轴适合于低纬度地区（30°内）。对于平板太阳电池方阵，在太阳电池组件已大幅降价之后，一般不必选择双轴跟踪。因为双轴跟踪往往可靠性不高，并会给维护带来麻烦，结果得不偿失。图 4-13、图 4-14 分别为斜单轴跟踪系统的原理图和前视图。

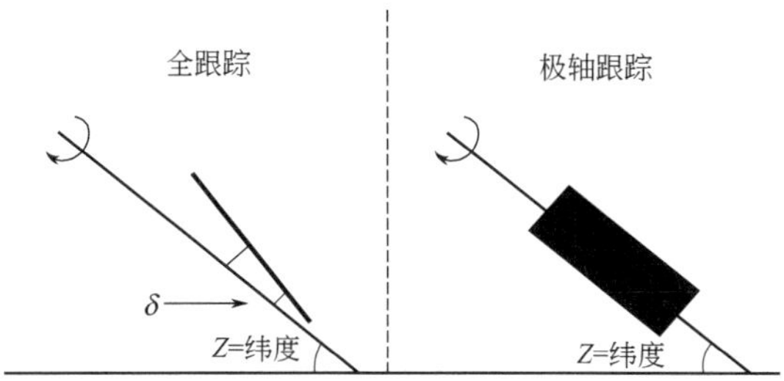

图 4-13 斜单轴（极轴）跟踪系统原理图

极轴跟踪的最大跟踪误差为±23.5°；
根据计算，cos23.5°=0.917，误差仅有 8.3%；
全年平均误差为 4%

图 4-14 斜单轴（极轴）跟踪系统前视图

一种手动季调式支架，可在基本不增加成本的情况下，提高发电量 3%～8%。这方面的专利不少，有兴趣的读者可以查阅。

4.1.3.2 直流汇流和直流配电设计

每个逆变器都连接有若干个光伏组件串，这些光电组件串通过直流汇流箱和直流配电柜连接到逆变器。

直流汇流箱须满足室外安装的使用要求，绝缘防护等级要达到 IP64 或 IP65 防护等级，同时可接入 8 路以上的太阳电池串列；每路电流最大超过 10A，接入最大光伏串列的开路电压值可达 DC1000V，熔断器的耐压值不小于 DC1000V。每路光伏组串具有二极管防反保护功能，配有光伏专用避雷器，正极、负极都具备防雷功能，采用正负极分别串联的四极断路器可提高直流耐压值，可承受的直流电压值不小于 DC1000V。

直流汇流箱还装设有浪涌保护器，具有防雷功能。其电气原理图如图 4-15 所示。

目前光伏系统客户多已不再选用上述普通汇流箱，而是选用高端产品，即智能型汇流箱。这种汇流箱不仅用于连接光伏方阵与直流配电柜至逆变器，还可提供汇流并提供防雷及过流保护。为了提高系统运行的可靠性和适用性，还具备监测太阳电池板运行状态，汇流后的电流、电压、功率，防雷器和直流断路器状态，继电器接点输出等功能，并可提供风速、温度、辐照仪等传感器，接口功能可供客户选择。装置还标配有 RS485/RS232 数字通信接口，可将测量和采集到的数据上传到电站监控系统，方便用户及时、准确地掌握太阳电池板的工作现状，且已实现光伏发电系统并网后运行维护的智能化管理。图 4-16 是一典型的智能汇流箱及其技术参数。图 4-17 是智能汇流箱的系统硬件框图。

基于 DSP 的智能光伏汇流箱硬件系统的总体设计如图 4-17 所示，主要包括汇流模块、DSP 控制及显示模块、电源模块、检测模块、环境监测模块和通信模块。汇流模块可实现对多路光伏电池的汇流，主要包括汇流母排、断路器和防雷装置。DSP 控制及显示模块可

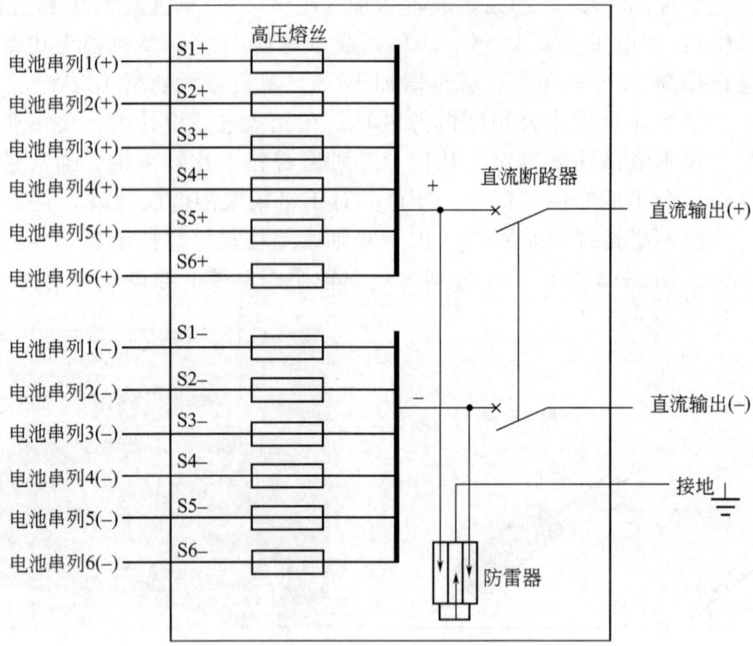

图 4-15 直流汇流箱电气原理框图

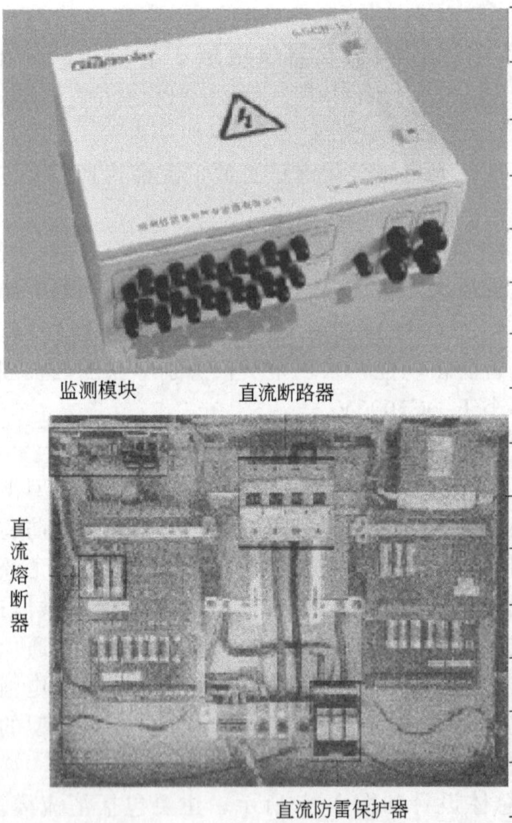

技术参数	GSCB-12/M
最大系统电压	1000V DC
最大输入路数	12
保险丝额定参数	1000V DC,15A
最大输出电流	180A
最大连续输出电流	144A
防护等级	IP65
安全保护等级	I类
环境温度	−25～+60℃
环境湿度	0～99%
宽×高×深	620mm×460mm×180mm(可定制)
	600mm×600mm×210mm(威图尺寸)
箱体材料	热镀锌板/不锈钢
冷却方式	自然冷却
所获认证	金太阳认证

图 4-16 智能汇流箱及其技术参数

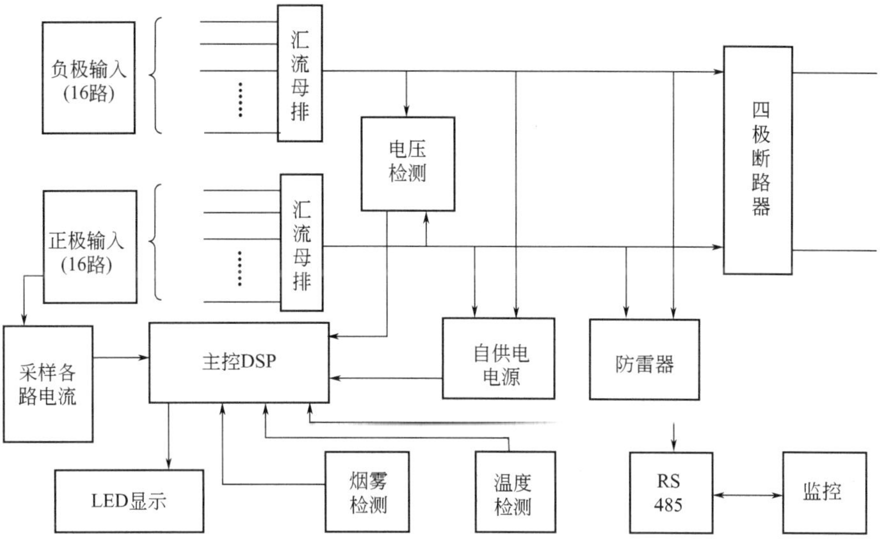

图 4-17 智能汇流箱的系统硬件框图

实现对各路检测数据的实时监控与显示，电源模块则可实现系统的自供电。检测模块可检测多路输入电流和输入电压并将数据送入主控 DSP 芯片。环境监测模块可实时监测汇流箱内温度以及烟雾等情况，并将数据送入主控 DSP 芯片。通信模块可实现 DSP 芯片与上位机的远程通信。

直流防雷配电柜主要是将汇流箱输出的直流电缆接入后进行二次汇流，再接至并网逆变器。该配电柜含有直流输入断路器、防反二极管、光伏防雷器，方便操作和维护。直流防雷配电柜的电气原理框图如图 4-18 所示。

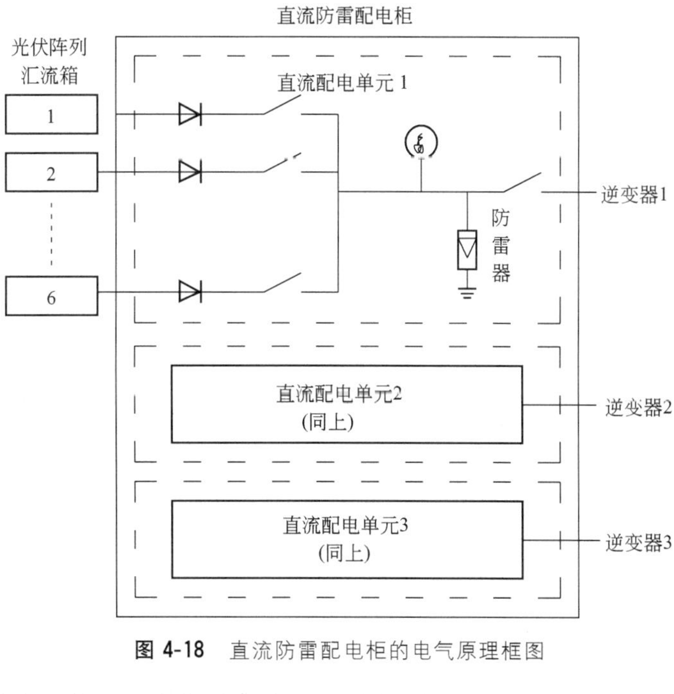

图 4-18 直流防雷配电柜的电气原理框图

在本系统设计中，使用国内优质高效的 280W_P 多晶硅组件，计算组件串联数量时，必须考虑组件的工作电压和逆变器直流输入电压范围，同时需要考虑组件的开路电压温度系数。

由通常的并网逆变器性能参数表可知，电站系统工程选用的逆变器一般最高电压为880V，最小MPPT电压为480V。例如，多晶硅组件的开路电压为44.8V，峰值工作电压为35.2V，组件开路电压温度系数为−0.34%/℃。经过计算，组件串联数在17～18比较合适。为了保证发电效率和方阵的合理排列，采用18件组件为1个组件串。至于组件并联方式设计，则是根据组件峰值工作电流大小以及逆变器最大允许输入电流，直流汇流箱采用6路汇1路比较合适，即6串组件为一并。如一座20MW_P的光伏电站采用280W_P电池组件73440块，采用18串6并的组件串并联方式，通过组件严格筛选以确保方阵组合损失不大于3%。

这里要提请注意的是太阳电池的反向电流能力（RCA）。如若一块36片电池串联而成的太阳电池组件，额定工作电流为5A，其反向导通电压（即二极管的正向导通电压）为18V，所能承受的反向电流为20A（需要测定）；太阳电池组件的正向开路电压为21V，假定2块组件并联，其中1块被遮挡，在标准日照下另一块对其注入的反向电流大约仅有2A（需要测定），则无保护条件下可以并联的组件数量最多为10块。

现今越来越多的光伏组件供应商开始在数据清单中标注这一参数。对于小型或中型电站，这一参数并无意义。大多数供应商认为IEC61215中10.3节的绝缘电阻测试已经足够，但是对于大型光伏电站来说并不够。也就是说，对于没有安装组串保险或阻断二极管的组串，RCA的数值将决定组串的数量。如果安装组串保险，则使得系统变得复杂。IEC50380中3.6.2节明确规定组件必须标注反向电流能力（RCA）的数值。反向电流能力的数值越高，没有保险的组串的并联数就可以越大。当每个组串被遮挡时，不会由于热斑而损坏。

并联连接的组串应当有保护，即直流保险。注意：所谓“光伏保险”的技术参数尚不存在。组串之间出现的短暂电流属于缓升的短路电流。因此，由持续电弧引起的过热/退火/接线盒和电缆的烧毁都可能发生。一般来说，可以在组件供应商提供的数据表上查到推荐的电流值，设法找到推荐的保险类型。

在不安装保险的情况下，应当提供反向电流能力参数。对于并联组串，组串的并联数不应当超过其反向电流承受值的60%。例如：

组件的反向电流能力（RCA）=25A；

组件的短路电流=6A；

组串的并联数：4(相当于达到了RCA的100%)；

正确的组串数：3(相当于达到了RCA的72%)；

留有大约28%的安全系数。

4.1.4 并网逆变器的选配

并网逆变器是太阳能光伏并网发电系统的关键部件，由它将直流电能逆变成交流电能，为跟随电网频率和电压变化的电流源。目前市售的并网型逆变器的产品主要是DC-DC和DC-AC两级能量变换的结构：DC-DC变换环节可调整光伏阵列的工作点，使其跟踪最大工作点；DC-AC逆变环节主要使输出电流与电网电压同相位，同时获得功率因数。

对于大型、超大型光伏电站一般都选用集中式光伏并网逆变器。逆变器的配置选用，除了要根据整个光伏电站的各项技术指标并参阅生产厂商提供的产品手册来进行确定之外，还要重点关注如下几点技术指标。

(1) 额定输出功率

额定输出功率表示逆变器向负载或电网供电的能力。选用逆变器时应首先考虑光伏阵列的功率，以满足最大负荷下设备对电功率的要求。当用电设备以纯电阻性负载为主或功率因数大于0.9时，一般选用逆变器的额定输出功率为用电设备总功率的110%～115%。并网逆变器的额定输出功率与太阳电池功率之比一般为90%。

(2) 输出电压的调整性能

输出电压的调整性能表征逆变器输出电压的稳压度。一般逆变器都给出当直流输入电压在允许波动范围内变化时，该逆变器输出交流电压波动偏差的百分率，即电压调整率。性能好的逆变器的电压调整率应≤3%。

(3) 整机效率

整机效率表征逆变器自身功率损耗的大小。逆变器效率还分为最大效率、欧洲效率（加权效率)、加州效率、MPPT效率，它们的定义如下。

最大效率 η_{max}：逆变器所能达到的最大效率。

欧洲效率 η_{euro}：按照在不同功率点效率根据加权公式计算。

加州效率 η_{cec}：考虑直流电压时对效率的影响，再次平均。

MPPT效率 η_{MPPT}：表示逆变器最大功率跟踪的精度。

目前的先进水平：$\eta_{max}>96.5\%$，$\eta_{MPPT}>99\%$。

(4) 保护功能

并网型逆变器选型时除应考虑具有过/欠电压、过/欠频率、防孤岛效应、低电压穿越、短路保护、逆向功率保护等保护功能外，同时应考虑其电压（电流）总谐波畸变率较小的情况，以尽可能减少对电网的干扰。

(5) 启动性能

所选用的逆变器应能保证在额定负荷下可靠启动。高性能逆变器可以做到连续多次满负荷启动而不损坏功率开关器件及其他电路。

对于大型光伏电站，通常选用250kW、500kW集中型并网逆变器。10MW级乃至更大容量的光伏电站，可能的话，应选择更大功率的逆变器，如单机功率达到1MW及以上的集中型并网逆变器，这样效费比更高。目前国内市售集中型逆变器，一般具有如下特点：

• 采用新型高效IGBT（绝缘栅双极晶体管）和功率模块，降低系统的损耗，提高系统效率。

• 使用全光纤驱动，可靠避免误触发并大大降低电磁干扰对系统的影响，从而增强整机的稳定性与可靠性。

• 重新优化的结构和电路设计，减少系统构成元件，降低系统成本，提高系统的散热效率，增强系统的稳定性。

• 采用新型智能矢量控制技术，可以抑制三相不平衡对系统的影响，并同时提高直流电压利用率，拓展系统的直流电压输入范围。

• 采用国际流行的触摸屏技术，设计了新型智能人机界面，大幅增加监控的系统参数；图形化界面经人机工程学设计，方便用户及时掌握系统的整体信息，且提升数据采集与存储功能，可以记录最近100天以内的所有历史参数、故障和事件并可以方便导出，为进一步的数据处理提供基础。

• 增强的防护功能。与普通逆变器相比较，增加了直流接地故障保护，通过紧急停机按钮和开/关旋钮提供双重保护。系统具有直流过压、直流欠压、频率故障、交流过压、交流欠压、IMP故障、温度故障、通信故障等功能，可提供全面的故障判断与检测。

• 具有多种先进的通信方式，采用RS485/GPRS/Ethernet等通信接口和附件，即使电站地处偏僻，也能通过各种网络及时获知系统运行状况。

• 经过多次升级的系统监控软件，可以适应多语种Windows平台；集成了环境监控系统，界面简单，参数丰富，易于操作。

• 专为光伏电站设计的群控功能，可以实时监控天气变化，并根据实时信息决定多台逆变器的关断或开通。试验结果表明，该种群控器可以有效提高系统效率，从而给用户带来更多收益。

• 具有低电压穿越，无功、有功调节等功能（可选择）。

• 关于系统的电路与控制算法，可使用国际权威仿真软件进行严格的仿真和计算，所有参数均为多次优化设计的结果。整机经过实验室和现场多种环境（不同湿度、温度）的严酷测试，并根据测试结果对系统进行二次优化，以达到更优的性能表现。

• 完善的国内售后服务体系，强大的售后服务能力，后期运行与维护成本低。

• 具有工频隔离变压器，实现光伏阵列和电网之间的相互隔离。

• 具有直流输入手动分断开关、交流电网手动分断开关、紧急停机操作开关。

• 人性化的 LCD 液晶界面，通过按键操作，液晶显示屏（LCD）可清晰显示实时各项运行数据、实时故障数据、历史故障数据、总发电量数据、历史发电量（按月、按年查询）数据；可提供 RS485 或 Ethernet（以太网）远程通信接口。其中，RS485 遵循 Modbus 通信协议，Ethernet 接口支持 TCP/IP 协议，支持动态（DHCP）或静态获取 IP 地址。

现将具有国内较先进水平的并网逆变器作为例子进行介绍。一种 500kW 集中型光伏并网逆变器的照片和性能特点、电路框图、技术指标与效率曲线如下所示，见图 4-19。

国内大型集中式光伏电站，多以 $1MW_p$ 发电单元并联组合而成，选用 2 台 500kW 逆变器并网，其应用实例如图 4-20 所示。

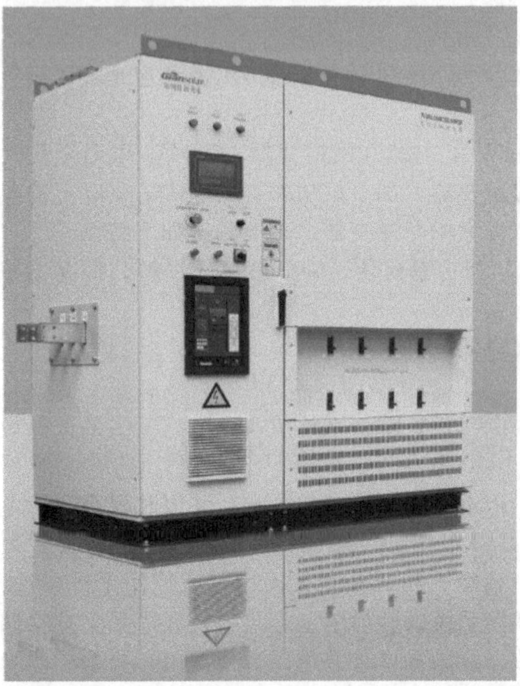

500kW逆变器性能及特点

- 具备低电压穿越功能(LVRT)
- 采用新型高转换效率IGBT模块
- 先进的MPPT跟踪算法，最大功率点跟踪精度大于99%
- 最大转换效率达98.2%
- 宽直流电压输入范围，输出有功率连续可调
- 无功功率可调，功率因数范围为-0.95(超前)至+0.95(滞后)
- 完善的保护系统，让逆变器更可靠
- 纯正弦波输出，电流谐波小，对电网无污染，无冲击
- 多种语言液晶显示和多种通信接口
- 精确的输出电能计算
- 适应高海拔和低温严寒地区
- 集成直流柜

所获证书

- 金太阳认证
- 低电压穿越LVRT认证
- 德国TUV认证

电路框图

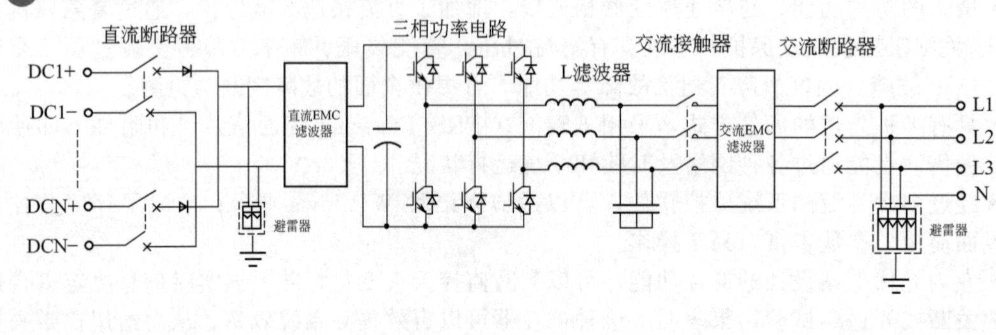

技术指标

参数	GS-CENTRAL500K3TLC
直流侧参数	
最大直流电压	880V　DC
最大功率电压跟踪范围	500～820V　DC
最大直流功率	550kWp
最大输入电流	1200A
最大输入路数	8
交流侧参数	
额定输出功率	500kW
额定电网电压	三相，315V
允许电网电压	280～350V　AC
额定电网频率	50Hz/60Hz
允许电网频率	(47～51.5)Hz/(57～61.5)Hz
总电流波形畸变率	＜3%(额定功率)
功率因数	－0.95(超前)～+0.95(滞后)
系统	
最大效率	98.2%
欧洲效率	98.0%
防护等级	IP20(室内)
夜间自耗电	＜150W
允许环境温度	-25～+45℃
冷却方式	风冷
允许相对湿度	15%～95%，无冷凝
允许最高海拔	6000m(超过3000m时需要降额使用)
显示与通信	
显示	触摸屏
标准通信方式	RS485/RS232
可选通信方式	以太网/GPRS
机械参数	
宽×高×深	1600mm×2000mm×800mm
质量	1680kg

效率曲线

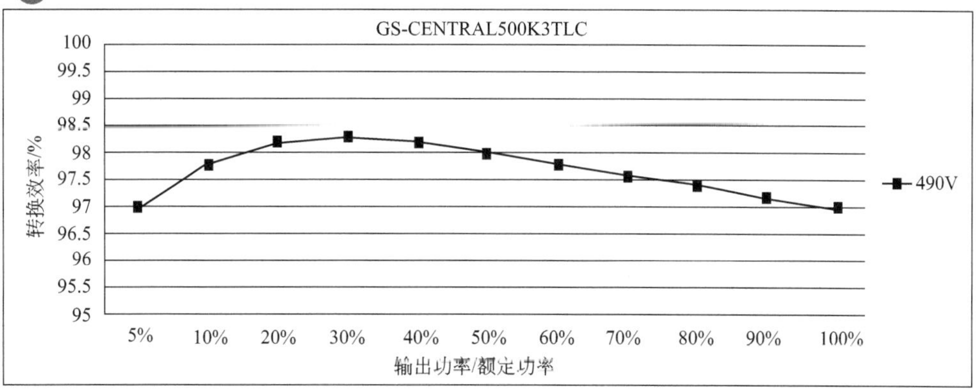

图 4-19　500kW 集中型光伏并网逆变器及其性能特点

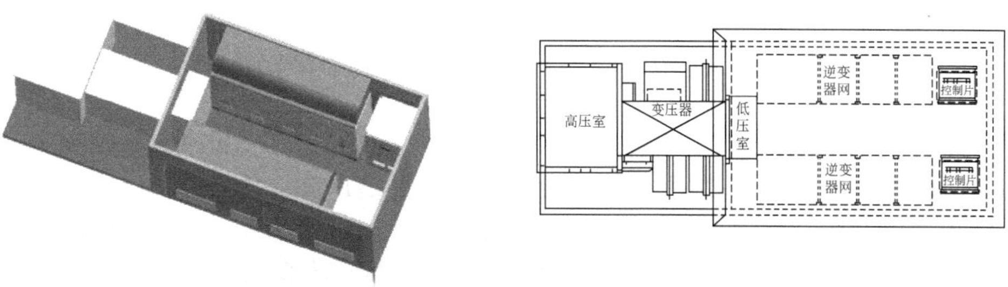

图 4-20　并网逆变器应用实例

4.1.5 光伏电站交流电气系统设计

设计者首先要考虑接入系统方案，进行并网接入方式及电压等级分析，选定并网接入点，确定接入方案。当然，要进行必要的电气计算，诸如根据供电公司提供的电网近期运行数据，光伏电站可按90%出力运行，以中午12:00（或下午2:00前后）最大出力时，计算负荷，进行潮流分析，估算电压波动及偏差，预计电压波动的限值；进行无功计算，提出无功补偿的配置方案；进行短路电流计算以及电能质量计算分析等。

光伏电站接入电力系统应根据电站自身装机容量、当地供电网络情况、电能质量等技术要求选择合适的接入电压等级。

例如，总容量在10～20MW_P的光伏电站，并网电压等级一般为20～110kV，见表4-7。

表4-7 光伏电站接入电压等级的总装机容量与要求

序号	总装机容量G	接入电压等级要求
1	$200kW_P \leqslant G$	400V
2	$200kW_P < G \leqslant 3MW_P$	10kV
3	$3MW_P < G \leqslant 10MW_P$	10kV或20kV
4	$10MW_P < G \leqslant 20MW_P$	20kV或110kV
5	$G > 20MW_P$	110kV

太阳能光伏发电装置的实际输出功率随光照强度的变化而变化，白天光照强度最强时，发电装置输出功率最大；夜晚几乎无光照时，输出功率基本为零。因此，除设备故障因素以外，发电装置输出功率随日照、天气、季节、温度等自然因素而变化，输出功率极不稳定。

根据《电能质量　电压波动和闪变》（GB/T 12326—2008）要求，对应不同电压波动频度（f），其电压波动限值（d）见表4-8所示。

表4-8 系统电压波动限值

r/(次/h)	D/%	r/(次/h)	D/%
$r \leqslant 1$	3	$10 < r \leqslant 100$	1.5
$1 < r \leqslant 10$	2.5	$100 < r \leqslant 1000$	1

太阳光照度的变化过程是一个平缓持续的过程。对于10～20MW_P光伏电站从满容量最大出力时骤降为零出力的极端方式下的电压波动，这种电压波动频度较低，预计为分钟级别，故电压波动的限值取2.5%较为合适。

关于无功配置，可以根据国家电网公司《光伏电站接入电网技术规定》（Q/GDW 617—2011）的6.2节："对于专线接入公网的大中型光伏电站，其具备的容性无功功率能够补偿光伏电站满发时站内汇集系统、主变压器的全部感性无功及光伏电站送出线路一般的感性无功之和，其配置的全部感性无功容量能够补偿光伏电站送出线路的一半充电无功功率"及《光伏电站接入电力系统技术规定》（GB/T 19964—2024）的相关要求，针对接入方案计算无功补偿容量。

根据国家电网公司《光伏电站接入电网技术规定》（Q/GDW 617—2011）要求："大中型光伏电站应配置无功电压控制系统，具备无功功率及电压控制能力"，光伏电站在其无功输出范围内，应具备根据并网点电压水平调节无功输出，参与电网电压调节的能力，其调节方式、参考电压、电压调差率等参数应可由电网调度机构远程设定。

以20MW_P的光伏电站电气一次部分为例，可考虑进行如下设计。

4.1.5.1 电站输配电系统

全站共可设为三级电压：0.27kV、10kV 和 110kV。

站内设两台主变压器和 110kV 升压站，电站以一条 110kV 输电线路将电能接入电网。主变压器容量为 1.25MV·A。

每个太阳能光伏发电单元设 1 台升压变压器，升压变压器采用三相 1250kV·A 油浸变压器。光伏组件阵列、直流汇流箱、逆变器及升压变压器以 1MW 单元为单位就地布置，经 10kV 电缆接至 10kV 配电室。

光伏电站并网运行时，并网点的三相电压不平衡度不超过《电能质量　三相电压允许不平衡》（GB/T 15543—2008）规定的数值；接于公共连接点的每个用户，电压不平衡度允许值一般为 1.3%。

如工程中无大功率的转动等设备，无功功率消耗很小，可按装机容量设置适当的自动投切的无功补偿装置，为电站的升压变压器、线路等提供无功功率补偿。

为提高电站用电的可靠性，电站用电源由 10kV 母线引接一路，10kV（施工电源）引接一路，两路电源互为备用。

4.1.5.2 主要电气设备选择

（1）升压变压器

10kV 升压变压器选用三相油浸式配电变压器，型号 S11-1250/10，额定容量 1250kV·A；电压比（10.5±2）×2.5%/0.27kV，接线组别 DYN11，短路阻抗 U_d=4.5%；如果为 $20MW_p$ 光伏电站，则总计使用 20 台。

变压器装设带报警及跳闸信号的温控设施。跳闸信号接至 10kV 高压开关柜和变压器低压侧进线开关，温度信号接至综合自动化监控系统中。

（2）10kV 配电装置

10kV 配电装置采用单母线接线，应选用铠装型金属封闭手动式开关柜，采用真空断路器，配置升压变、电容器的综合保护装置。按 10kV 电压等级设计，并选定真空断路器额定开断电流。

（3）低压配电装置

低压开关柜可选用 MNS 型低压抽出式开关柜。进线断路器选用框架断路器，配置智能脱扣器，额定开断电流为 50kA。

在大型集中式光伏电站的设计中，其一次电气的主设备可考虑选用将直流柜、逆变器及升压变等集成的一体化箱变设备。图 4-21 为 ZGSF11-GN-1000/35 一体化箱变房照片与一次原理图以及技术参数（表 4-9）。

表 4-9　一体化箱变（ZGSF11-GN-1000/35）技术参数

项目	ZGSF11-GN-1000/35
直流侧参数	
最大直流电压	880V
启动电压	520V
满载 MPPT 电压范围	500～820V(或更宽范围)
最大直流功率	1100kW
内置直流柜	2×8 路(每支路电流可监控且可独立关断)，带防反二极管
最大输入电流	16×250A
交流侧参数	
额定输出功率	1000kW
额定输出电压	三相，10kV/35kV(可选)
额定输出频率	50Hz
功率因数	－0.95(超前)～＋0.95(滞后)

项目	ZGSF11-GN-1000/35
系统	
预留标准通信柜	宽×深×高(600mm×600mm×2000mm)
通信接口	逆变器和变压器分别提供 RS485 接口
长×宽×高	2×500kW(6000mm×2750mm×2900mm) 1000kW(6500mm×1900mm×3000mm)
质量	11000kg
其他	具有低压配电控制系统、站用电源、散热系统，以及照明、消防与防凝露等功能

(a) 一体化箱变房

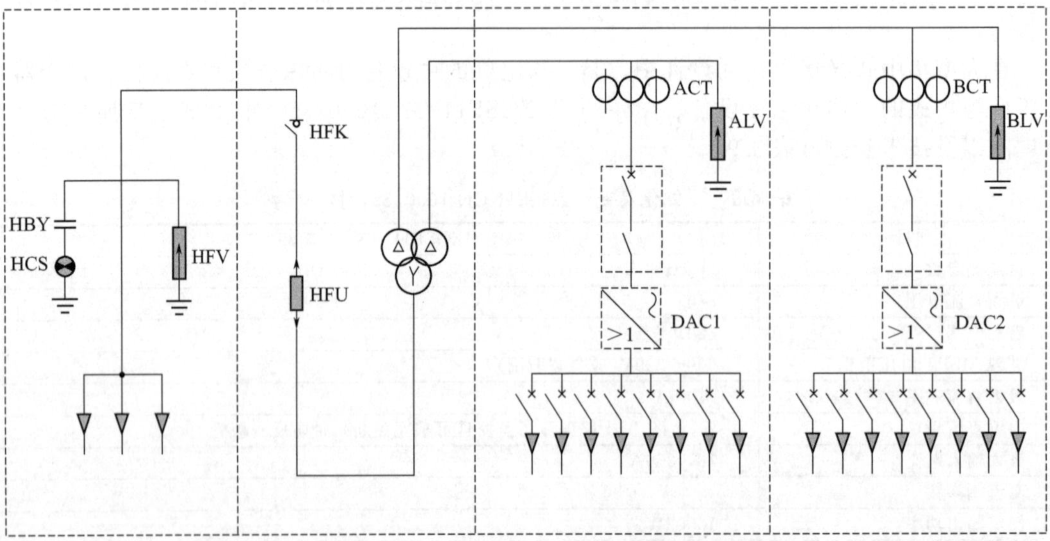

(b) 一次原理图

图 4-21 ZGSF11-GN-1000/35 一体化箱变房及其一次原理图

集成的一体化箱变设计，取消了低压室，升压变低压侧与逆变器交流侧直接连接，用户现场只需要考虑直流侧和升压变高压侧的连接。这样的选择使设备本体占地面积减小。现以 $1MW_P$ 光伏发电系统为例，集成方案占地 $17.6m^2$，而非集成方案占地 $30m^2$，可以节约占地面积。其实更大的好处在于，对于非集成方案，升压变和逆变器的联调试验只能在现场进行，而集成方案可在工厂预先完成，缩短了现场调试工作。但是，这里笔者强调一点，设计者或用户，必须选用通风冷却性能良好、后期运行维护方便的合格产品，否则也会产生负面效果。

4.1.5.3 全站照明

光伏电站照明分为正常照明和应急照明。照明电源取自站用电交流电源，应急照明灯具自带蓄电池。应急时间应不小于 30min。

光伏综合楼可用节能荧光灯作为正常照明的光源。照明灯箱回路与插座回路分开，插座回路装设漏电保护器。

4.1.5.4 电气设备布置

在光伏电站需要建光伏综合楼一座，可单层布置；分别布置配电室、继电器室、集控室及布置直流屏、计量屏、UPS 屏、综合自动化屏等。

10kV 配电装置采用户内成套开关柜，10kV 馈线均应采用电缆。

4.1.5.5 电缆敷设及电缆防火

光伏电站 10kV 配电室、继电器室均设电缆沟，太阳能组件方阵中采用桥架槽盒沿光伏组件背面敷设，电缆出直流汇流箱沿电缆沟敷设。

电缆通道参照发电厂、变电所电缆选择与敷设设计规定及《火力发电厂与变电站设计防火标准》(GB 50229—2019) 设置防止电缆着火延燃措施。建筑中电缆引至电气柜、盘或控制屏、台的开孔部位，电缆贯穿墙、楼板的孔洞处，均应实施阻火封堵。电缆沟道分支、进配电室、集控室入口处均应实施阻火封堵。

4.1.6 电气二次部分

光伏电站工程采用一体化的集中控制方式，在发电站的集控室实现对所有电气设备的遥测、遥观、遥控、遥信、遥调。

4.1.6.1 综合自动化系统

光伏电站电气综合楼设置综合自动化系统一套，系统包含计算机监控系统，并具有远动功能。根据调度运行的要求，电站端采集到的各种实时数据和信息，经处理后可传送至上级调度中心，实现少人、无人值班，并能够分析、打印各种报表。

光伏电站通过升压至 10kV 并入地区公共电网。在 10kV 线路并网侧设置电能计量装置，通过专用电压互感器和电流互感器的二次侧连接到多功能电度表，通过专用多功能电度表计量光伏电站的发电量，同时设置电流、电压、有功、无功和功率因数等表计以监测系统运行参数。计量用专用多功能电度表具有通信功能，能将实时数据上传至电站综合自动化系统。升压站线路侧的信号接入地区公共电网调度自动化系统。

需要配置通信管理机，主屏安装于集控室，采集各逆变器、10kV 配电装置、升压变压器的运行数据。综合自动化系统通过通信管理机与站内各电气设备联系，采集、分析各子系统上传的数据，同时实现对各子系统的远程控制。

综合自动化系统将所有重要信息传送至集控室的监控后台，便于值班人员对各逆变器及光伏阵列进行监控和管理，在 LCD 上显示运行、故障类型、电能累加等参数。项目公司也可通过该系统实现对光伏电站的遥信、遥测等。

4.1.6.2 综合保护

光伏电站内主要电气设备采用微机保护，以满足信息上传。元件保护按照《继电保护和安全自动装置技术规程》（GB/T 14285—2023）配置。

变压器设置高温报警和超温跳闸保护。温控器留有通信接口以便上传信息。

10kV 高压开关柜上装设测控保护装置。设过电流保护、零序过电流保护、方向保护，测控保护装置以通信方式将所有信息上传至综合自动化系统。

低压开关柜上装设具有四段保护功能的框架断路器，配置通信模块，以通信方式将所有信息上传至综合自动化系统。

逆变器具备极性反接保护、短路保护、孤岛效应保护、过热保护、过载保护、接地保护等，装置异常时自动脱离系统。

10kV 并网联络线在相应的线路上配置微机电流保护装置，具体配置还应在施工图设计时按接入系统设计和审批文件要求配置。

4.1.6.3 站用直流系统

为了满足控制、测量、信号、继电保护、自动装置等控制负荷，以及机组交流不停电电源等动力负荷的要求，由系统提供直流电源并设置 220V 直流系统。

直流系统采用动力、控制合并的供电方式，光伏电站内应装设一组 220V 阀控式铅酸免维护蓄电池组，并为蓄电池设置两套高频开关电源充电装置及微机直流绝缘监测装置。其中，220V 蓄电池容量可酌定，或为 100A · h。

4.1.6.4 不停电电源系统

为保证光伏电站监控系统及远动设备电源的可靠性，光伏电站工程设置一套交流不停电电源装置（UPS），容量可为 5kV · A。其直流电源由直流系统提供，其交流电源由站用电源提供。

4.1.6.5 站内通信

市政通信系统在光伏电站综合楼接入，初步考虑接入若干门电话网络，采用综合布线系统。

4.1.7 光伏电站的监控系统设计方案

对大型并网光伏发电系统而言，太阳电池组件较多，布置也很分散，因此需要设置必要的数据监控系统，对光伏发电系统的设备运行状况、实时气象数据进行监测与控制，确保光伏电站在有效而便捷的监控下稳定可靠地运行。同时，还应对光伏发电设备系统的运行参数、状态及历史气象数据进行在线分析与研究，不但确保日常维护的高效和低成本，还可对未来的系统发电能力进行预测、预报。电站监控系统的监控范围包括太阳电池方阵、并网逆变器、升压站及站用电气系统等的监控，其主要监测参数包括光伏发电单元的直流输出电压、电流和功率，逆变器进出口的电压、电流和功率，逆变器输出交流频率，逆变器运行状态及内部参数，每一组逆变单元区域的气温及辐照强度以及 0.27kV/10kV/110kV 升压变电及站用电气系统的各种参数等，并实现对 0.4kV/10kV/110kV 升压变电及站用电气系统的常规控制、保护和报警等。

大型并网光伏电站项目占地面积大，需要的运行维护人员较少，站区与外界的隔离工程措施需要简化。因此，除了必要的人工巡视及维护外，还需要设计较为完善的安全防卫监控系统，如围墙红外报警监控系统、闭路电视监视系统等。

4.1.7.1 控制水平和控制布置

（1）控制水平

① 光伏电站监控系统可采用全数字化电气监控系统。全站具有统一的数据模型和通信

平台，110kV 及主变系统内间隔的智能装置间具有互操作性，通过采用 IEC61850 标准通信协议以及 GOOSE 标准的过程数字化，可有效地提高全站的自动化集成水平，缩短现场调度时间，为全站自动化系统的维护与运行带来方便。

② 设置在站区综合楼内的责任者及工程师、客户可通过网络监视并网光伏电站的重要运行参数。计算机监控系统还可实现与地调（地区调度中心）的遥测、遥信、遥调等功能，并可将光伏电站的运行参数上传到地调的远方监控计算机以实现远方监控。

③ 整个光伏电站内设一个主控制室，可设置在升压站区域的 10kV 配电室的建筑内。在主控室内的运行人员以大屏幕、操作员工作站显示屏为主要监控手段，完成整个光伏发电系统（包括升压站）的运行监控。主控室还可设有工业电视监视墙，墙上布置大屏幕、闭路电视监视屏等。

④ 全站应设置一套闭路电视监视及围墙安防报警系统：在升压站、太阳电池方阵、逆变器场地等重要部位和围墙等处设置闭路电视监视点，各监视器均可按预先设定的程序，成组或单独自动巡视各监视点或手动定点监视各重要部位。站区围墙处可设置红外线对射式安防报警系统，报警控制柜也可布置在主控制室内。

⑤ 在升压站内还应设置一套火灾报警系统，火灾报警机柜也布置在主控制室内。

（2）控制室布置

① 主控制室区域的布置　主控制室布置在升压站区域的 10kV 配电室的建筑内，主控制室面积按要求酌定。控制室侧还布置有电气设备室、通信室、交接班休息室等。其中，主控制室内布置有计算机监控系统操作员工作站、记录打印机、大屏幕显示器、全站工业电视屏幕显示器、火灾报警控制盘和围墙安防系统报警控制盘等。具体布置由设计单位负责提供主控室及电气设备室平面图。

② 主控制室及电气设备室室内布置　主控制室内操作台可采用直线布置方式，操作台上设有多台彩色显示器，分别作为操作员工作站（主/从）、五防工作站、远动工作站、闭路电视及围墙防盗系统显示终端使用。主控制室内可设置壁挂式大屏幕显示器多块，分别作为 NCS（网络监控系统）系统和闭路电视系统的一部分，用来显示太阳能光伏发电单元的主要运行数据或其他需要监视的画面。

电气设备室室内布置有网络设备机柜、主变保护测控机柜、110kV 线路保护测控屏、110kV 母线保护屏、蓄电池装置、馈线屏、UPS 电源及闭路电视机柜等综合自动化设备。

③ 电缆主通道　汇流箱内的组串电流监测装置的通信电缆通过各汇流箱之间串接后最终接至逆变器；电池板下方的温度信号电缆沿电池板支架敷设，电池板之间采用穿管敷设方式，最终沿太阳电池方阵外的电缆桥架进入逆变器；各逆变器室至升压站的通信电缆沿电缆桥架敷设。

主控制室、电气设备室和通信机房均采用防静电地板层，与通向升压站配电装置的电缆沟相连。

4.1.7.2 控制系统的总体结构

（1）110kV 升压站的监控

光伏电站数字化监控系统基于 IEC61850 通信技术规范构建，按分层、分布式来实现数字化光伏电站内智能电气设备之间的信息共享和互操作性。从整体上分为三层：站控层、间隔层、过程层。站控层与间隔层保护测控装置之间以及间隔层与过程层合并器设备之间采用 IEC 61850 通信协议，间隔层与过程层智能接口设备之间采用 GOOSE 通信协议。

站控层为整个并网光伏电站设备监视、测量、控制、管理的中心，通过屏蔽双绞线、同轴电缆或光缆与升压站控制间隔层及各光伏并网逆变器相连。升压站控制间隔层按照不同的电压等级和电气间隔单元分布在各配电室或主控制室内。在站控层及网络失效的情况下，间隔层（包括逆变器）仍能独立完成间隔层的监测以及断路器的保护控制功能。

NCS的主控站可以有两个以上，即一个当地监控主站和一个以上远方调度站，实现就地和远方（电网调度）对光伏电站的监视控制，其控制操作应互相闭锁。

110kV系统采用电子式互感器以及就地智能化开关设备，输出的数字式电流、电压信号直接通过光纤送入电气设备室的各间隔合并单元内，大大提高精度以及避免互相的干扰；各智能化开关设备接入过程层网络，通过光纤传送断路器的机械电气状态信息和分合命令，实现断路器智能控制策略。

110kV系统各开关柜上就地安装相应的智能保护测控装置，相关信息通过10kV配电室内的网络交换机接入监控系统。

直流系统、UPS系统、电度表屏、小电流接地选线装置、备用发电机ATS切换装置，以及火灾报警系统等公用设备的信息通过通信管理机接入监控系统。

站控层设备包括后台监控主站、微机防误闭锁装置、打印机、GPS对时装置及网络设备等。间隔层设备由电气设备测控单元、电气微机保护装置通信单元、逆变器控制器、汇流箱组串电流监测器、网络通信单元、网络系统等构成。过程层设备主要由110kV系统以及主变的各就地智能单元构成。

（2）太阳能光伏发电单元的监控

根据场地条件，电站工程的光伏发电单元（方阵）采用就地分散布置，同一个单元（方阵）内采用集中布置的方式。每个单元的太阳电池阵列温度、直流配电箱（汇流箱）组串电流等检测信号应汇集至集中型逆变器。在就地安装的集中型逆变器机柜面板上的LCD液晶显示屏上，可以观察到逆变器及光伏发电单元各组串的详细运行状态。各光伏发电单元的运行参数（包括直流输入电压和电流、交流输出电压和电流、功率、电网频率及故障代码和信息，以及太阳电池组件工作温度、区域辐照度、环境温度和太阳电池组串电流等），通过集中型逆变器的通信控制器，采用以太网传输方式通过相应的通信管理机上传至全站计算机监控系统网络，在升压站主控制室内通过计算机监控系统操作员工作站实现上述运行参数的监视、报警、历史数据储存，并可在大屏幕上显示。

在全站计算机监控系统操作员工作站上，可以单独对每台逆变器进行参数设置，还可以根据实际的天气情况设置逆变器系统的启动和关断顺序，以使整个发电站的运行达到最优性能和最大的发电能力。

4.1.7.3 自动化控制功能

（1）计算机监控系统的控制功能

计算机监控系统的控制功能覆盖范围包括太阳能光伏发电单元和10kV/110kV升压站系统，其监控功能主要包括以下几点。

① 数据采集与显示　采集太阳电池方阵、并网逆变器和升压站运行的实时数据和设备运行状态，并通过当地或远方的显示器以数据和画面反映运行工况。10kV系统的工频模拟量采用交流采样，状态量采用空接点方式接入监控系统。110kV系统以及主变本体的上频模拟量，以及各状态量均直接以数字化信号接入监控系统。

② 安全监视　对采集的模拟量、状态量及保护信息进行自动监视，当出现非正常状态变化、设备异常时，能及时在当地或远方发出声音，出现报警画面，显示异常区域。事故信息应可以存储和打印记录，以便事后分析故障原因。

③ 事件顺序记录　当光伏发电站系统或设备发生故障时，应对异常状态变化的时间顺序进行自动记录、存储、远传，事件记录分辨率应小于1ms。

④ 电能计算　可实现有功和无功电度的计算和电度量的分时统计、运行参数的统计

分析。

⑤ 控制操作　可实现对升压站断路器的合、跳控制，主变中性点隔离开关的拉合控制，并具有防误操作功能及主变有载调压开关的升压、降压、急停控制。可以单独对每台光伏并网逆变器进行参数以及启停设置。

⑥ 与保护装置遥信、交换数据　向升压站保护装置发出对时、召唤数据的命令，传送新的保护定值，保护装置向监控系统报告保护动作参数（动作时间、动作性质、动作值、动作名称等）。

⑦ 采用自动化装置的管理具有三种方式：

a. 通过各装置的液晶显示器和键盘实现人机交互；

b. 通过升压站当地监控管理系统实现人机交互；

c. 通过远方调度主站实现人机交互。

⑧ 控制具有三种方式：

a. 设备安装处就地人工控制；

b. 升压站当地监控管理系统的人机交互画面的按键控制；

c. 调度远方主站遥控。

上述三种控制操作应相互闭锁，同一时间只接收一种控制指令。

⑨ 远动功能　计算机监控系统设有远动工作站，通过远动工作站实现与地调的遥测、遥信、遥控、遥调等功能。

⑩ 其他功能　计算机监控系统具有时间记录远传功能。可由 GPS 进行时钟校时。具有标准的通信规约，具备多个远方接口，必要时服从主站端的通信规约进行非常规的数据通信。

（2）微机保护及自动化装置的功能

① 主变压器保护

a. 差动保护　保护动作跳主变两侧断路器。当差动二次回路发生断线时，闭锁差动保护。

b. 瓦斯保护　重瓦斯保护动作跳主变两侧断路器，轻瓦斯动作发信号。

c. 主变有载分接开关瓦斯保护　重瓦斯保护动作跳主变两侧断路器，轻瓦斯动作发信号。

d. 释放保护　保护动作跳主变两侧断路器。

e. 后备保护

• 110kV 侧装设复合电压启动过电流保护，保护带Ⅰ段时限，经延时动作跳主变两侧断路器。

• 110kV 侧中性点装设零序过电流保护，保护为一段式，不设方向元件闭锁，作为变压器的总后备段，保护动作经延时跳开变压器两侧断路器。

• 110kV 侧中性点装设不直接接地的间隙零序电流、电压保护。当系统发生接地故障时，放电间隙放电，通过零序过流保护将变压器从故障电网中切除，保护动作经延时（0.3～0.5s）跳主变两侧断路器。若放电间隙未被击穿，则零序电压保护动作，经延时（0.3～0.5s）跳主变两侧断路器。

• 主变 10kV 侧装设复合电压启动过电流保护。保护带Ⅰ段时限，经延时动作跳主变两侧断路器。

f. 主变过负荷保护　主变两侧装设过负荷保护，设三段时限，Ⅰ段时限发信号，Ⅱ段时限启动风扇，Ⅲ段时限闭锁有载调压。

② 110kV 线路保护装置　110kV 线路保护设电流速断保护、过电流保护、三相一次重

合闸、小电流接地自动选线、过负荷告警等。

③ 10kV站用以及低压变压器保护　110V低压变压器可配置有电流速断、过电流保护及非电量保护等。

④ 0.38kV进线断路器测控装置　用电380V进线断路器应装设测控装置。

⑤ 防误操作闭锁　全站使用一套微机防误操作系统，该系统与计算机监控系统进行通信联系，能对升压站内断路器、隔离开关、接地刀闸和网门等进行五防操作闭锁。

⑥ GPS系统　全站装设一套GPS装置，为站内运行需要准确时间的设备（测控装置、继电保护及安全自动装置等）提供时间基准。

4.1.7.4 控制设备选型原则

（1）监控系统设备

应结合电站现有的实际情况，监控系统选型时应便于运行管理、减少人员培训、降低工程造价，择优选择，还应在国内有良好技术支撑的产品中通过招标方式选定。

（2）其他控制设备

在满足光伏电站工程设计要求的前提下，对其他控制设备的选型，原则上要求成熟、可靠，全站品种应尽量统一。

4.1.7.5 电源

（1）直流系统

站内应设置免维护铅酸蓄电池成套直流电源系统。该直流系统能对计算机监控系统、断路器、通信设备及事故照明提供可靠的直流电源。该套直流装置由免维护蓄电池、直流馈线屏、充电设备等装置组成。充电设备能够自动根据蓄电池的放电容量进行浮充电、均衡充电，并且能长期稳定运行。

该直流系统装置布置在主控制室内，并采用通信方式在计算机监控系统中进行监控。

（2）交流不停电源

全站拟装设一套交流不停电电源，向监控主机、五防主机、网络设备、火灾报警系统、闭路电视系统等设备提供交流工作电源。

4.1.7.6 火灾报警系统

可考虑在10kV/110kV升压站区域及各逆变器室设置一套小型火灾报警系统，包括探测装置（点式或缆式探测器、手动报警器）、集中报警装置、电源装置和联动信号装置等。其集中报警装置布置在升压站主控制室内，探测点直接汇接至集中报警装置上。

当10kV/110kV升压站区域内设备和房间及各逆变器室发生火警后，集中报警装置立即发出声光信号，并记录下火警地址和时间，经确认后可人工启动相应的消防设施组织灭火。拟采用联动控制方式对升压站内主控室、配电室的通风机、空调等进行联动控制，并监控其反馈信号。

光伏电站的火灾探测报警系统与灭火设施设置见表4-10。

表4-10　光伏电站的火灾探测报警系统与灭火设施设置

编号	项目	灭火系统	火灾探测器类型	报警控制方式
一、主控制室				
1	电缆夹层(活动地板下)	化学灭火器	线型感温型或感烟型	自动报警,人工确认后手动灭火
2	电气设备间	化学灭火器	感烟型	自动报警,人工确认后手动灭火
3	主控制室	化学灭火器	感烟型	自动报警,人工确认后手动灭火
4	通信室	化学灭火器	感烟型	自动报警,人工确认后手动灭火

续表

编号	项目	灭火系统	火灾探测器类型	报警控制方式
二、配电室				
1	10kV 配电室	化学灭火器	感烟和感温型	自动报警，人工确认后手动灭火
2	电缆沟	化学灭火器	线型感温型	自动报警，人工确认后手动灭火
3	柴油发电机室	化学灭火器	线型感温型	自动报警，人工确认后手动灭火
三、变压器				
1	主变压器	化学灭火器	线型感温型	自动报警，人工确认后手动灭火

4.1.7.7 闭路电视和围墙安防系统

(1) 闭路电视和围墙安防系统

根据大型并网光伏电站占地面积大、布置分散、站区边界范围广等特点，可在升压站、太阳电池方阵、逆变器场地等重要部位和围墙等处设置闭路电视监视点，根据不同监视对象的范围或特点选用定焦或变焦监视镜头，并在站区围墙处设置对射式红外报警围墙安防系统。各闭路电视监视点的视频信号通过图像宽带网，将视频信号处理、分配、传送至主控室内的监视器终端，并联网组成一个统一的覆盖本工程范围的闭路电视监视系统，并预留以后扩建工程的接口。

设置的红外报警围墙安防系统可与闭路电视监视系统实现报警联动：当围墙安防系统报警时，主控室的闭路电视监视器终端将自动切换为报警位置或区域的监视图像，并实现声响报警和显示报警位置的名称。

(2) 闭路电视系统主要功能

在光伏电站设置的闭路电视系统中，通过编程，可实现如下主要功能：①系统正常巡视；②分割画面监视；③报警监视；④可实现对整个流程的自动化、智能化跟踪等。

各监视器均可按预先设定的程序，成组或单独自动巡视各监视点；或手动定点监视各重要部位，系统预留控制接口，可接收 NCS 系统控制信号，实现系统运行的自动切换、跟踪并提供输出接口以驱动长延时录像设备。

(3) 围墙安防报警系统主要功能

围墙安防报警系统通过红外线对射探测方式实现监控，防止无关人员的进入，以确保设备安全。当主控室收到主动红外对射报警时，可以确定报警位置，并通过安装在附近的摄像头观测报警情况，判断是否为误报并确认报警区域的现场状况，实现报警点的定位、跟踪和确认。

4.1.8 光伏电站的防雷接地

光伏电站如果布置在开阔平坦的荒漠戈壁或滩涂上，因缺少高大建筑物和树木，极易发生雷击事件。另一方面，光伏电站的防雷接地看似简单却又至关重要。它直接关系到太阳电池组件、光伏方阵、交直流电缆、逆变器、变压器等设备的运行和电站维护人员的安全问题。

4.1.8.1 现状

太阳能光伏发电作为一种新兴的环保型发电技术与产业，国内尚无独立的设计规范来明确如何进行光伏电站的防雷接地设计。目前，国内大都依据《建筑物防雷设计规范》(GB 50057—2010) 及电力系统有关防雷接地设计的规范来进行参照设计，往往针对性不强，防雷接地效果及投入会差别较大。

日本在太阳能光伏发电应用较普遍，因其地理特征，可用于布置太阳电池方阵的大面积开阔场地并不多，光伏发电建设规模均较小。太阳电池方阵通常是与建筑物、小型农场等统一协调布置，占地面积不大，其防直击雷保护多利用附近建筑物的避雷针保护范围来兼顾实现。

例如，国内上海某1MW太阳能光伏发电项目，部分采用在太阳电池板铝合金边框四周安装长度约40mm的避雷针，用于每块太阳电池板的直击雷防护，避雷针很短，但布置密集，数量较多。

上海市某重型装备产业区建筑物顶上的太阳能光伏发电项目，则选用固定式提前放电避雷针实现直击雷防护。

4.1.8.2 《建筑物防雷设计规范》（GB 50057—2010）对光伏发电项目防雷接地的参考作用

雷电作为一种自然现象，具有很强的不确定性。我国根据建筑物类型、重要性、灾害损失程度等诸多因素，进行了建筑物防雷分类，制定出《建筑物防雷设计规范》，明确对不同级别的建筑物采取不同的防雷措施。按照何种规范来界定大型太阳能光伏电站防雷级别，目前在国内尚无统一标准，在有的文献中将太阳能光伏电站防雷级别定为三级。

太阳电池板在太阳光照射下会产生直流电，众多太阳电池组件的直流输出是通过电缆串联、并联之后，沿电缆槽盒、电缆桥架等送至逆变器，经逆变器将直流逆变为交流并升压后送至电网的。在整个太阳能光伏发电系统中，直流输出部分占了很大的比例，可以说在大面积的太阳电池方阵中，直流电缆、电缆桥架、直流汇流箱等电气设备大量穿插布置。如果将光伏电站作为一个发电系统，按照电力系统的有关规范进行设计，关注的核心就会是电力系统交流电气设备的防雷接地。光伏发电项目与电力系统中的常规电站、输变电系统不同，即使与小型的输变电工程相比，其重要程度和发生灾害后的损失程度也有所不同。简单地采用电力系统有关规范进行交流电气设备的防雷接地设计，不会满足光伏发电项目的特征要求。

由于太阳电池方阵和逆变升压装置高度通常不大于5m，以高度指标衡量，依照《建筑物防雷设计规范》可以不考虑直击雷防护。但是，太阳电池方阵往往占地面积大，电池的组件边框通常采用铝合金，电池板均采用角钢、槽钢等固定，均为导电性能良好的金属材料。在大面积露天布置时容易遭受直接雷击破坏；同时，雷云电荷容易在太阳电池内部电路、太阳电池组件边框及其支撑结构上形成感应过电压。

因此，可考虑根据光伏发电项目安装所在地的年平均雷暴日数和电池板的占地面积、布置形式等条件，客观分析太阳电池方阵遭受直击雷的概率，并参照《建筑物防雷设计规范》进行设计。

4.1.8.3 太阳电池方阵防雷保护设计的必要性

大型光伏电站的太阳电池阵列属于非建筑类露天场所，所处场地空旷开阔，遭受直击雷击的概率较普通的非建筑类露天场所要大。

按照我国国家标准《建筑物防雷设计规范》的规定：“粮、棉及易燃物大量集中的露天堆场，宜采用防直击雷措施。当其年计算雷击次数大于或等于0.06时，宜采用独立避雷针或架空避雷线防直击雷。独立避雷针和架空避雷线保护范围的滚球半径h可取100m”。这项规定主要是针对直击雷可能对易燃物导致的火灾事故编制的。

大型太阳电池阵列虽然不属于易燃物，但是光伏电站投资巨大。同时，大型光伏电站的发电成本较高，雷击造成的电量损失也较大。从安全性来说，电池方阵不存在火灾危险，但是从减少经济损失的角度出发，太阳电池方阵参照《建筑物防雷设计规范》进行防雷保护设计是非常必要的。

4.1.8.4 防雷接地设计

（1）直击雷防护

根据多年的统计数据，列出光伏电站建设所在地的月平均雷暴日，如表4-11所示。

表 4-11　某地区月平均雷暴日

季节	春季	夏季	秋季	冬季	合计
雷暴日数/天	数天	数天	数天	数天	数天

例如，如果某地区年平均雷暴日为数天，则属于多雷区。

综合考虑年平均雷暴日和太阳电池板占地面积等因素，可采用避雷针方式实现光伏电站内太阳电池方阵的直击雷防护。

① 普通避雷针　普通避雷针属于被动型避雷，其安装高度一般在 20～40m，需要设置独立的钢结构或环形杆针塔。普通避雷针对太阳电池方阵的阳光遮挡严重，因此太阳电池方阵不宜采用普通避雷针。

② 提前放电式避雷针是一种具有连锁反应装置的主动型避雷系统。它是在传统避雷针的基础上增加主动触发系统，提前产生上行先导来吸引雷电，从而增大避雷针保护范围，可比普通避雷针降低安装高度。采用提前放电避雷针，能大量减少避雷针数量，降低避雷针的安装高度，减小对太阳电池方阵的遮挡影响。

提前放电避雷针已被全球范围内数万个工程项目采用，如上海世贸中心广场、浦东机场等以及国内外众多的高层建筑、电厂、炼油厂、机场、微波站台等。

在项目设计阶段可考虑采用提前放电避雷针并以适应光伏发电的特点，通过设备招标使厂家能够生产一种可靠的可控型升缩式提前放电避雷针。这种避雷针在雷雨天气针体升高，可为太阳电池方阵直击雷防护做好准备。在晴朗天气时，避雷针体收缩起来，不会对太阳电池板形成阴影遮挡。

此外，还可以按照光伏电站站址的地形高低起伏和太阳电池板方阵的布置情况，从而决定共需要设置多少套高度为 10m 的可控型升缩式提前放电避雷针。由于提前放电避雷针保护范围的计算公式在国内没有相关的标准和规定，所以光伏电站工程还可根据法国 NFC17-102 标准对提前放电避雷针的保护范围进行计算。

(2) 其他区域的直击雷防护

在逆变升压机房、分区高低压配电室、柴油发电机室、10kV 配电控制室及综合楼等建筑物屋顶设置避雷带用于直击雷防护。

交流侧的直击雷防护按照国家标准《交流电气装置的过电压保护和绝缘配合设计规范》(GB/T 50064—2014) 进行设计，在 110kV 升压站内设置若干支高 30m 的普通型独立避雷针以实现对 110kV 配电装置、主变压器、户外 SVC 装置等的直击雷防护。110kV 线路应设置避雷线。

(3) 感应雷防护

光伏电站可采取接地、分流、屏蔽、均压等电位等方法对感应雷进行有效防护，以保证人身和设备的安全。

① 接地　光伏电站内可将防雷接地、保护接地、工作接地统一为共用接地装置。整个光伏系统为保证人身安全，所有电气设备外壳都应接至专设的接地干线，全站接地网设计原则为以水平接地体为主，辅以垂直接地体的人工复合接地网。接地电阻值按不大于 10Ω 考虑；110kV 升压站内接地电阻允许值为 0.5Ω。

电站在整个场地布置既具有分散性，又具有一定的集中性。故对每个相对集中的方阵区域，分别设置共用接地系统，区域之间又都通过电缆桥架将各逆变器交流输出汇集到升压站 10kV 配电室内，因此实际各区域之间通过电缆桥架与各接地网的连接形成大的、统一共用接地系统。由于光伏电站所在场地不同，各场地的土壤电阻率也有所不同。

太阳电池方阵的接地包括两方面：一方面，是太阳能电池板和安装支架的连通；另一方面，是支架和大地之间的连通。太阳电池板铝合金外框上留有用于安装接地线的螺栓孔位置，施工时采用专用绝缘接地线将电池铝合金外框和电池板支架可靠导通即可。在太阳电池板安装刚性支架之间采取措施，形成整体的水平接地带并根据各方阵所在场地的土壤电阻率、土壤面积、土层厚度、漆层连续性等因素，分别或联合采用物理接地模块、铜包钢垂直接地极、防腐离子接地体等不同的接地材料，在利用太阳电池板安装支架的基础开挖条件时，同时设置满足要求的垂直接地极。

② 分流　为完成对雷电感应过电流的分流，在各级直流汇流箱、逆变器内设电涌保护器，在 10kV 母线、110kV 母线上装设氧化锌避雷器，在主变压器中性点装设一组氧化锌避雷器并设并联放电间隙。

③ 屏蔽　光伏电站的太阳电池板是在露天环境下摆放的，因此屏蔽主要是针对逆变升压机房、高低压配电室、控制室、电缆等电气设备而采取的减少电磁波破坏的基本措施。可以将逆变升压机房、10kV 配电控制室等建筑物内的梁柱主筋、屋顶避雷带引下线等连接起来，且与电站的主接地网不少于两点可靠连接，形成闭合良好的法拉第笼；并将所有电气设备的金属外壳与法拉第笼良好连接，完成外部屏蔽措施。

④ 均压等电位　光伏电站内按雷电分区的原则，在同一个防雷分区和分区的交界处做均压等电位连接。

当然，关于大型集中式并网光伏电站的设计内容，还应包括相关的土建工程设计、给排水及消防、环境保护、劳动安全与工业卫生等方面的设计，这里不一一详述，读者可参阅有关文献。

4.2　屋顶并网光伏发电系统的设计

有别于大型集中式并网光伏电站，建筑物屋顶并网光伏发电系统的设计，由于受制于安装光伏组件的可用面积，其首先考量的问题有所不同。

另外，在建筑物上安装的并网太阳能光伏发电系统的并网点一般位于电网的配电侧（400V、230V、10kV），属于分布式发电系统。其特点为：①并网点在配电侧；②电流是双向，可以从电网取电，也可以向电网送电；③大部分光伏电量直接被负载消耗，自发自用；④分为“上网电价”并网方式（双价制）和“净电表计量”方式（平价制）。它不同于在输电侧（35kV、50kV、110kV 及以上）并网的大型集中式光伏电站。

4.2.1　屋顶光伏系统分类

（1）按是否接入公共电网分类

① 并网光伏系统；

② 离网光伏系统。

（2）按是否具有储能装置分类

① 带有储能装置的系统；

② 不带储能装置的系统。

（3）按其太阳电池组件的封装形式分类

① 建材型光伏系统；

② 构件型光伏系统；

③ 安装型光伏系统。

通常所说光伏与建筑一体化（BIPV），是指光伏系统与建筑物功能及外观的协调与有机结合，其中也包括 BAPV（建筑附加光伏系统）。在 BIPV 设计与安装中使用 3 种不同的光伏组件。

① 建材型光伏组件将太阳电池与瓦、砖、卷材、玻璃等建筑材料复合在一起成为不可

分割的建筑构件或建筑材料，如光伏瓦、光伏砖、光伏屋面卷材、玻璃光伏幕墙、光伏采光顶等。

② 构件型光伏组件与建筑构件组合在一起或独立成为建筑构件的光伏组件，如以标准普通光伏组件或根据建筑要求定制的光伏组件构成雨篷构件、遮阳构件、栏板构件等。

③ 安装型光伏组件是在屋顶或墙面上架空安装的光伏组件，与地面安装的组件几乎一样。光伏与建筑结合可分为如下一些形式：

• 采用普通太阳电池组件，安装在倾斜屋顶原来的建筑材料之上；
• 采用特殊的太阳电池组件，作为建筑材料安装在倾斜屋顶上；
• 采用普通太阳电池组件，安装在平屋顶原来的建筑材料之上；
• 采用特殊太阳电池组件，作为建筑材料安装在平屋顶上；
• 采用普通或特殊的太阳电池组件，作为幕墙安装在南立面上；
• 采用特殊的太阳电池组件，作为建筑幕墙安装在南立面上；
• 采用特殊的太阳电池组件，作为天窗材料安装在天窗上；
• 采用普通或特殊的太阳电池组件，作为遮阳板安装在建筑物上。

4.2.2 BIPV 系统设计的规定与要求

4.2.2.1 一般规定

BIPV 系统设计一般有如下规定。

① 工业与民用建筑光伏系统应进行专项设计或作为建筑电气工程设计的一部分。

② 光伏组件或方阵的选型和设计应与建筑结合，在综合考虑发电效率、发电量、电气和结构安全、美观实用的前提下，合理选用构件型和建材型光伏组件，并与建筑模数相协调，满足安装、清洁、维护和局部更换的要求。

③ 光伏系统输配电和控制用缆线应与其他管线统筹安排，安全、隐蔽、集中布置，满足安装维护的要求。

④ 光伏组件或方阵连接电缆及其输出总电缆应符合《光伏（PV）组件安全鉴定　第一部分：结构要求》（GB/T 20047.1—2006）的相关规定。

⑤ 在人员有可能接触或接近光伏系统的位置，应设置防触电警示标识。

⑥ 并网光伏系统应具有相应的并网保护功能。

⑦ 光伏系统应安装计量装置，并应预留检测接口。

⑧ 光伏系统应满足有关光伏系统并网技术要求中关于电压偏差、闪变、频率偏差、谐波、三相不平衡度和功率因数等电能质量指标的要求。

⑨ 离网独立光伏系统应满足《家用太阳能光伏电源系统技术条件和试验方法》（GB/T 19064—2003）的相关要求。

4.2.2.2 系统设计要求

① 应根据新建建筑或既有建筑的使用功能、电网条件、负荷性质和系统运行方式等因素，确定光伏系统为建材型、构件型或安装型。

② 光伏系统一般由光伏方阵、光伏接线箱、逆变器（限于包括交流线路系统）、蓄电池及其充电控制装置（限于带有储能装置系统）、电能表和显示电能相关参数的仪表组成。

③ 光伏系统中各部件的性能应满足国家或行业标准的相关要求，并应获得相关认证。

④ 光伏方阵的设计应遵循以下原则。

a. 根据建筑设计及其电力负荷确定光伏组件的类型、规格、安装位置和可安装场地面积。

b. 根据尽量采用最佳倾角且便于清除灰尘、保证组件通风良好的原则确定光伏组件的安装方式。

c. 根据逆变器的额定直流电压、最大功率跟踪控制范围、光伏组件的最大输出工作电压及其温度系数，确定光伏组件的串联数（或称光伏组件串或组串）。

d. 根据总装机容量及光伏组件串的容量确定光伏组件串的并联数。

e. 同一组串及同一子阵内，组件电性能参数宜尽可能一致，其中最大输出功率 P_m、最大工作电流 I_m 的离散性应小于±3%。

f. 建材型光伏系统和构件型光伏系统在设计时，就需要统筹考虑电气线路的安装布置，同时要保证每一块建材型光伏组件和构件型光伏组件金属外框的可靠接地。

⑤ 光伏接线箱设置应遵循以下原则。

a. 光伏接线箱内应设置汇流母排或端子。

b. 每一个光伏组件串应分别由线缆引至汇流母排，在母排前分别设置直流分开关，并设置直流主开关。

c. 光伏接线箱内应设置防雷保护装置。

d. 光伏接线箱的设置位置应便于操作和检修，宜选择室内干燥的场所。设置在室外的光伏接线箱应具有防水、防腐措施，其防护等级应为 IP65 或以上。

⑥ 独立光伏系统逆变器的总额定容量应根据交流侧负荷最大功率及负荷性质选择。

⑦ 并网光伏系统逆变器的总额定容量应根据光伏系统装机容量确定；并网逆变器的数量应根据光伏系统装机容量及单台并网逆变器额定容量确定。并网逆变器的选择还应遵循以下原则。

a. 并网逆变器应具备自动运行和停止功能、最大功率跟踪控制功能和防止孤岛效应功能。

b. 不带工频隔离变压器的并网逆变器应具备直流检测功能。

c. 无隔离变压器的并网逆变器应具备直流接地检测功能。

d. 具有并网保护装置，与电力系统具备相同的电压、相数、相位、谐波、频率及接线方式。

e. 应满足高效、节能、环保的要求。

⑧ 直流线路的选择应遵循以下原则。

a. 耐压等级应高于光伏方阵电压的 1.25 倍。

b. 额定载流量应高于短路保护电器整定值，短路保护电器整定值应高于光伏方阵的标称短路电流的 1.25 倍。

c. 满发状态下，线路电压损失应控制在 3%以内。

⑨ 光伏系统防雷和接地保护应符合以下要求。

a. 光伏系统防直击雷和防雷击电磁脉冲的措施应严格遵守《建筑物防雷设计规范》的相关规定。

b. 光伏系统和并网接口设备的防雷和接地措施应符合《光伏（PV）发电系统过电压保护—导则》的相关规定。

⑩ 建材型光伏系统应遵循以下原则。

a. 建材型光伏组件必须具备建筑材料本身固有的功能，且对原有的建材功能无影响。

b. 建材型光伏组件系统结构必须符合《太阳能光伏与建筑一体化应用技术规程》（DB34/5006—2014，以下简称《规程》）第 4.4 节的要求。

⑪ 构件型光伏系统应遵循以下原则。

a. 构件型光伏组件必须具备建筑构件本身固有的功能，且对原有功能无影响。

b. 构件型光伏系统为保留建筑构件本身固有的功能时，若影响到组件接收太阳辐射的一致性，对每一串组件需要用阻塞二极管隔离，或单独使用控制器或者逆变器。

c. 构件型光伏系统的结构必须符合《规程》第 4.4 节的要求。

4.2.2.3 配电系统

① 并网光伏系统配变电间设计除应符合《规程》外，尚应符合《20kV及以下变电所设计规范》(GB 50053—2013)、《35～110kV变电站设计规范》(GB 50059—2011)的相关要求。

② 光伏系统的配变电间应根据光伏方阵规模和建筑物形式，采取集中或分散方式布置。

③ 光伏系统的变压器宜选用干式变压器。

4.2.2.4 系统接入电网

① 光伏系统与公共电网并网应满足当地供电机构的相关规定和要求。

② 光伏系统以低压方式与公共电网并网时，应符合光伏系统并网技术要求。

③ 光伏系统以中压或高压方式（10kV及以上）与公共电网并网时，电能质量等相关部分应参照光伏系统并网技术要求，并应符合以下要求。

a. 光伏系统并网点的运行电压为额定电压的90%～110%时，光伏系统应能正常运行。

b. 光伏系统在并网运行6个月内应向供电机构提供有关光伏系统运行特性的测试报告，以表明光伏系统符合接入系统的相关规定。

④ 光伏系统与公共电网之间应设隔离装置，并应符合下列规定。

a. 光伏方阵与逆变器之间、逆变器与公共电网之间应设置隔离装置。

b. 光伏系统在并网处应设置并网专用低压开关箱（柜），并应设置专用标识和“警告”等提示性文字和符号。

⑤ 并网光伏系统的安全及保护要求可参照光伏系统并网技术要求，并应符合以下要求。

a. 并网光伏系统应具有自动检测功能及并网切断保护功能。

b. 光伏系统应根据系统接入条件和供电部门要求选择安装并网保护装置，并应符合《光伏（PV）系统电网接口特性》(GB/T 20046—2006)的相关规定和《继电保护和安全自动装置技术规程》(GB/T 14285—2006)的功能要求。

c. 当公用电网电能质量超限时，光伏系统应自动停止向公共电网供电，在公共电网电能质量恢复正常范围后的一段时间之内，光伏系统不得向电网供电。恢复并网延时时间由供电部门根据当地条件确定。

⑥ 并网光伏系统的控制与通信应符合以下要求。

a. 根据当地供电部门的要求，配置相应的自动化终端设备与通信装置，采集光伏系统装置及并网线路的遥测、遥信数据，并将数据实时传输至相应的调度主站。

b. 在并网光伏系统电网接口/公共联络点应配置电能质量实时在线监测装置，并将可测量到的所有电能质量参数（电压、频率、谐波、功率因数等）传输至相应的调度主站。

⑦ 并网光伏系统应根据当地供电部门的关口计量点设置原则确定电能计量点，并应符合以下要求。

a. 光伏系统在电能关口计量点配置专用电能计量装置。

b. 电能计量装置应符合《电测量及电能计量装置设计技术规程》(DL/T 5137—2001)和《电能计量装置技术管理规程》(DL/T 448—2016)的相关规定。

⑧ 作为应急电源的光伏系统应符合下列规定。

a. 应保证在紧急情况下光伏系统与公共电网解列，并切断光伏系统供电的非特定负荷。

b. 开关柜（箱）中的应急回路应设置相应的应急标志和警告标识。

c. 光伏系统与电网之间的自动切换开关应选不自复方式。

4.2.2.5 电能储存系统

① 电能储存系统宜选用寿命长、充放电效率高、自放电小等性能优越的蓄电池。

② 电能储存系统应符合《电力工程直流电源系统设计技术规程》(DL/T 5044—2014)和《家用太阳能光伏电源系统技术条件和试验方法》(GB/T 19064—2003)的相关要求。

4.2.3 BIPV设计要点

国际上，德国虽然已经完成了数十万项光伏屋顶计划，取得了丰富经验，但也发现不少问题。德国大多数光伏建筑都是由专业建筑师设计的，在外观、建筑功能以及透光性与建筑和谐一致，设计显得无可挑剔。但是，这些建筑师也忽略了或者说不了解太阳能电池的发电特性，如太阳电池方阵的朝向、被遮挡和温升等问题。

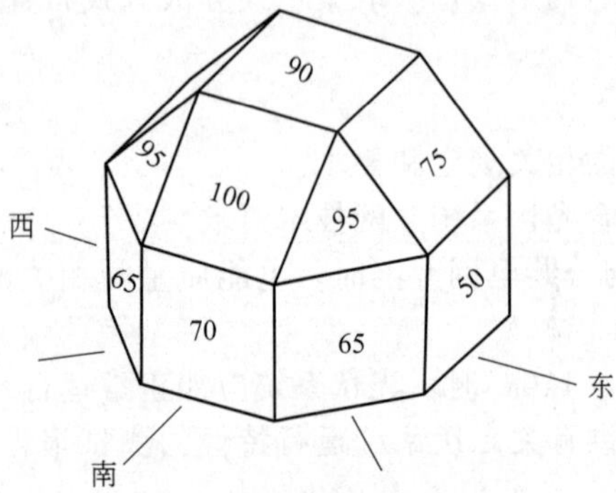

图 4-22 太阳电池方阵不同朝向的相对发电量

（1）太阳电池方阵安装的朝向

当太阳电池方阵与建筑结合时，往往不能自由选择安装的朝向。不同朝向的太阳电池方阵发电量不同，不能按照常规方法进行发电量计算。可以根据图 4-22 对不同朝向太阳电池方阵的发电量进行基本估计。

不同朝向安装的太阳电池方阵的相对发电量如图 4-22 所示：

① 假定向南倾斜纬度角安装的太阳电池方阵发电量为 100；

② 其他朝向全年发电量均有不同程度减少；

③ 在不同地区及不同的太阳辐射条件下，降低的程度有所不同。

（2）太阳电池方阵的遮挡

太阳电池方阵与建筑结合时，有时也不可避免地会受到遮挡。遮挡对于晶体硅太阳电池的发电量影响较大，而对于非晶硅太阳电池的影响较小。若一块晶体硅太阳电池组件被遮挡 1/10 的面积，功率损失将达 50%；而非晶硅太阳电池组件如果受到同样遮挡，功率损失只有 10%，如图 4-23 所示。

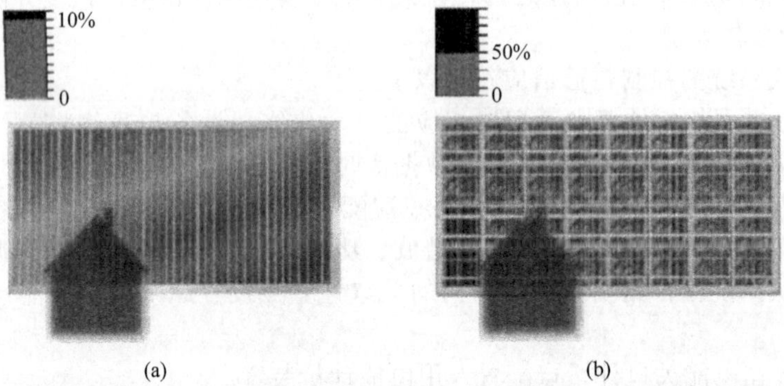

图 4-23 非晶硅（a）和晶体硅（b）太阳能电池组件被遮挡时的功率损失

如果太阳电池不可避免会被遮挡，应当尽量选用非晶硅太阳电池。

为了减少阴影的影响，在太阳电池组件的接线盒里往往都加装了旁路二极管。关于旁路二极管的功能请参见第 5 章 5.2 节的相关内容。

如果屋顶光伏系统安装不可避免要产生一些遮挡的阴影，最好不要在多个组件串上产生阴影的影响。如图 4-24(c) 所示，仅在一个组件串上产生阴影。图 4-24(a) 与图 4-24(c) 比较，由于各组件串的电压相同，在有些场合也是可以的，但并不值得推荐。如图 4-24(b) 所示的情况，此时各组件串的电力平衡最差，并网逆变器不能处于最佳工作状态，会导致发电量降低较大，应尽量避免此种情况。

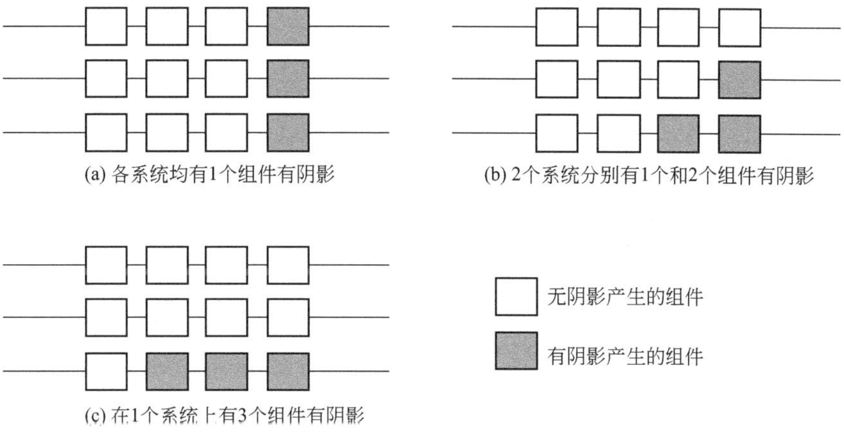

图 4-24 太阳电池阵列产生阴影的示例

(3) 太阳电池方阵的温升和通风

太阳电池方阵与建筑相结合还应当注意太阳电池方阵的通风设计，以避免因太阳电池方阵温度过高，造成发电效率降低（晶体硅太阳电池组件的结温超过 25℃时，每升高 1℃，功率损失大约为 4‰）。太阳电池方阵的温升与安装位置和通风情况有关。德国太阳能学会就此种情况专门进行了测试，以下给出不同安装方式和不同通风条件下，太阳电池方阵的实测温升情况：

• 作为立面墙体材料，没有通风，温升非常高，功率损失 9%；
• 作为屋顶建筑材料，没有通风，温升很高，功率损失 5.4%；
• 安装在南立面，通风较差，温升很高，功率损失 4.8%；
• 安装在倾斜屋顶，通风较差，温升很高，功率损失 3.6%；
• 安装在倾斜屋顶，有较好的通风，温升很高，功率损失 2.6%；
• 安装在平屋顶，通风较好，温升很高，功率损失 2.1%；
• 普通方式安装在屋顶，有很大的通风间隙，温升损失最小。

(4) 太阳电池组件的选择

太阳电池与建筑相结合不同于单独作为发电装置，作为建筑的一部分，除了发电，还要考虑其他功能，如使室内与室外隔离以及防雨、抗风、隔热、隔声、遮阳、美观和作为建筑材料供建筑设计师选用。

图 4-25 与建筑结合的无边框太阳电池组件

为了与建筑结合和安装方便，可将太阳电池组件制作成太阳电池瓦，也可制作专用托架或导轨，方便地将普通太阳电池组件安装其上。为了便于安装，与建筑结合的太阳电池组件常常制作成无边框组件（图 4-25），且接线盒一般安装在组件侧面，而不是像普通组件那样安装在背面（图 4-26）。

太阳电池组件还可以与各种不同的玻璃结合制作成特殊的玻璃幕墙或天窗，如隔热玻璃组件、防紫外线玻璃组件、隔声玻璃组件、夹层安全玻璃组件及防盗玻璃组件、防火组件等。

(a)

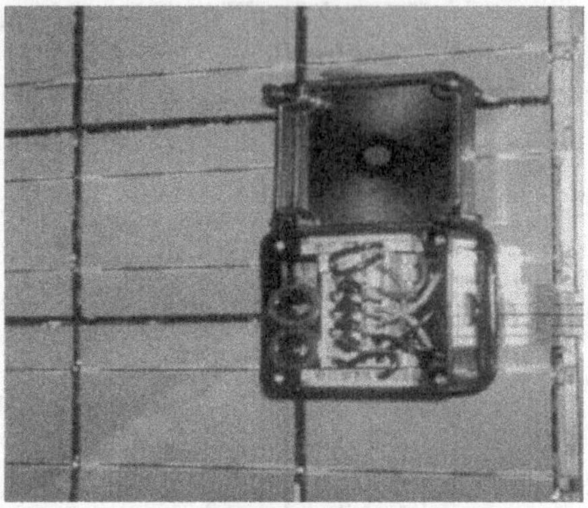

(b)

图 4-26 接线盒在侧面（a）的专用光伏组件和接线盒在背面（b）的普通光伏组件

4.2.4 BIPV 对太阳电池组件提出的一些特殊要求

（1）颜色要求

当太阳电池组件作为南立面的幕墙或天窗时，会对太阳电池组件的颜色提出要求。对于单晶硅太阳电池，可以用腐蚀绒面的办法将其表面变成黑色，安装在屋顶或南立面显得庄重，而且基本不反光，没有光污染的问题。对于多晶硅太阳电池组件，不能采用腐蚀绒面的办法，但可以在蒸镀减反射膜的时候加入一些微量元素，来改变太阳电池表面的颜色，可以变成黄色、粉红色、淡绿色等多种颜色。对于非晶硅太阳电池，其本色已经同茶色玻璃的颜色一样，很适合制作玻璃幕墙和天窗玻璃。

（2）透光要求

当太阳电池组件用于天窗、遮阳板和幕墙时，对于其透光性就有了一定要求。一般来讲，晶体硅太阳电池本身是不透光的。当需要透光时，只能将组件用双层玻璃封装，通过调整单体电池之间的空隙来调整透光量。由于单体电池本身不透光，作为玻璃幕墙或天窗时，其投影呈现不均匀的斑状。

晶体硅太阳电池组件也可以做成透光型，即在晶体硅太阳电池打上很多细小的孔，但是制作工艺复杂，成本昂贵，目前还没有达到商业化程度。

非晶硅太阳电池组件可以制作成茶色玻璃一样的效果，透光效果好，投影也十分均匀和柔和。如果将太阳电池组件用于玻璃幕墙和天窗，则选非晶硅太阳电池组件更为适合（图 4-27）。

(a) 晶体硅太阳电池制作的玻璃幕墙

(b) 非晶硅太阳电池制作的玻璃幕墙

图 4-27 晶体硅（a）和非晶硅（b）太阳电池幕墙效果比较

(3) 尺寸和形状要求

因为太阳电池组件要与建筑结合，在一些特殊应用场合会对太阳电池组件形状提出要求，不再只是常规的长方形。例如，圆形屋顶要求太阳电池组件呈圆带状；带有斜边的建筑要求太阳电池组件也要有斜边；拱形屋顶要求太阳电池组件能够有一定的弯曲度等。

4.2.5 BIPV的电气连接方式

德国和荷兰的光伏屋顶计划大多是安装在居民建筑上的分散系统，功率一般为1～50kW_P。由于光伏发电补偿电价不同于用户的用电电价，所以采用双表制，一块表用于记录太阳能发电系统可馈入电网的电量，另一块记录用户的用电量，如图4-28所示。

图4-28 并网光伏发电系统（高价上网接线方式）
1—太阳电池方阵；2—保护装置；3—线缆；
4—并网逆变器；5—用电计量电度表和发电计量电度表

屋顶并网光伏也有一些功率很大的系统，如德国慕尼黑展览中心屋顶2MW_P的BIPV系统和柏林火车站200kW_P的系统。对于小系统，一般只用1台并网逆变器；对于大系统，可采用多台逆变器。柏林火车站216kW_P的BIPV系统，分为12个太阳电池子方阵，每个子方阵由60块300W_P的太阳电池组件构成。每个方阵连接1台15kV·A逆变器，分别并网发电。慕尼黑2MW_P的BIPV项目则不同，2MW_P项目由2个1MW_P系统分为一期、二期建成。每个1MW_P系统采用公共直流母线，3台300kV·A的逆变器按照主从运行方式，当太阳辐照度较弱时仅1台逆变器工作。当阳光最强时，3台逆变器都工作，这样就会具有更高的转换效率。

并网光伏发电可以采用发电、用电分开计价的接线方式，也可以采用“净电表”计价的接线方式。德国和欧洲大部分国家都采用双价制，由电力公司高价收购太阳能光伏发电的电量，用户用电侧则仅支付常规的低廉电价，该政策称为“上网电价”政策。在此情况下，光伏发电系统应当在用户电表之前并入电网。美国和日本采用初投资补贴方式，运行时对光伏发电不再补电价，但是允许用光伏发电的电量抵消用户来自电网的用电量，电力公司按照用户电表的净值收费，称为“净电表”计量制度。此时，光伏发电系统应当在用户电表之后接入电网。当然，随着光伏发电成本不断降低，各国的补助额也在下调。

中国目前大多数项目采用“净电表”配电方式。“净电表”制单相和三相接线方式示意，分别如图4-29和图4-30所示。

4.2.6 安全防火——直流故障及保护措施

随着光伏系统越来越广泛的应用，其安全防火问题也越发引起注意。从系统设计、部件选配到施工安装及运行维护管理等都要加以重视，特别是光伏系统火灾往往会引发建筑物火灾（图4-31、图4-32）。

引起火灾最多的原因是直流电弧，其次是防火措施不到位、光伏部件本身及电气事故等。国外有关研究表明，光伏系统发生火灾的原因所占比率如下：

- 直流电弧，52%；
- 防火措施失效，24%；

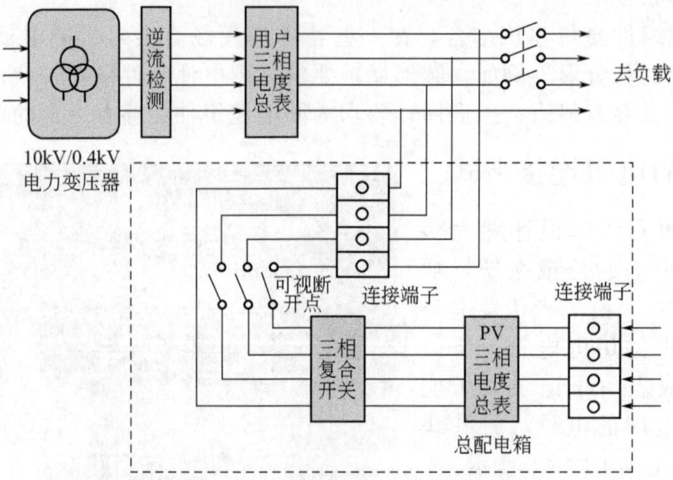

图 4-29　净电表计量单相线路连接示意

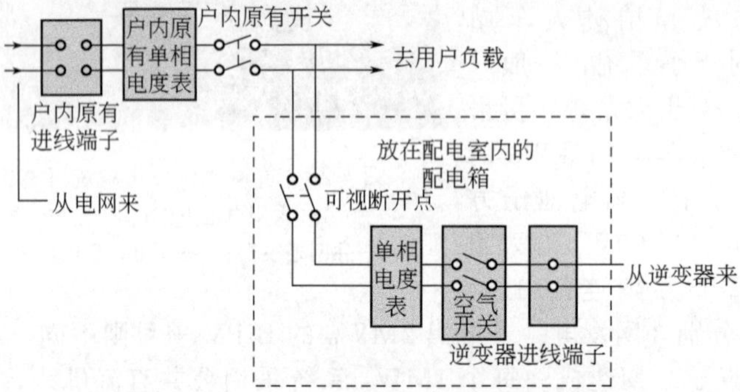

图 4-30　净电表计量三相线路连接示意

图 4-31　光伏系统火灾引发建筑物起火

图 4-32　光伏系统的防火和安全

• 光伏部件本身，16%；
• 电气事故，6%；
• 其他，2%。

光伏系统电弧发生的位置如图 4-33 所示。我们注意到，出现逆向电流切断时，电弧也会随之熄灭。可以通过无极性断路器或熔断器迅速切断逆向电流，也能及时熄灭电弧。问题在于，在正常的正向电流情况下，如果产生了电弧，因其电流值不会明显偏离正常电流值，因此很难从电流值方面加以判断和区分，也就无法及时发现和熄灭电弧。这种情况下，断路器和熔断器都不会发生电弧故障，也就不会切断电路，电弧会一直燃烧，直至最终切断电路且达到灭弧条件才会熄灭。这是威胁光伏发电系统的主因之一。由于电流电弧的特点，一旦发生火灾，除了人为发现并迅速切除故障以外，往往会是局部或全部烧毁才会结束。这里要提请特别注意。

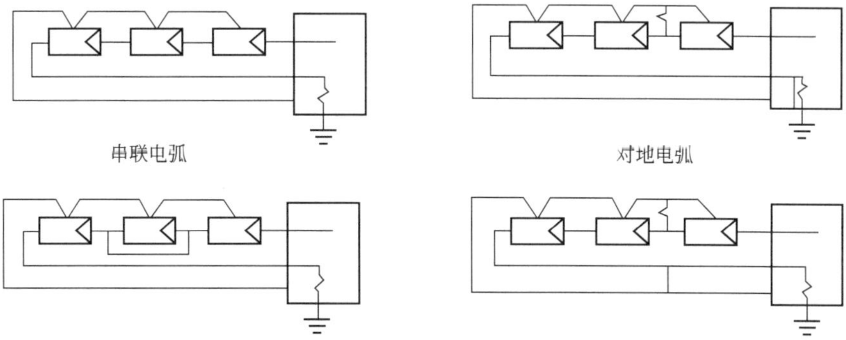

图 4-33　光伏系统电弧发生的位置

另外一个危害比较大的是短路时的逆向电流，其值往往大得惊人，如不能及时切断，此电流足以将电气设备及电气路线烧毁而引发大火。因为此逆向电流比较容易区别，且随着无极性断路器以及熔断器的应用，可以很好地切断逆向电流。

4.2.7　光伏组件在建筑上的应用

关于光伏组件在建筑上的应用，一般可分为以下三种情况。

4.2.7.1　在斜顶建筑上

（1）斜铺

就是把光伏组件利用特种挂接结构与屋面结合，铺在屋面上。这种方式与建筑结合不突兀，并且相对于其他斜屋顶安装方式价格低廉，市场上直接可以购买到适合斜顶的不同类型的安装系统，是一种普遍的光伏组件与建筑结合的应用方式，见图 4-34。

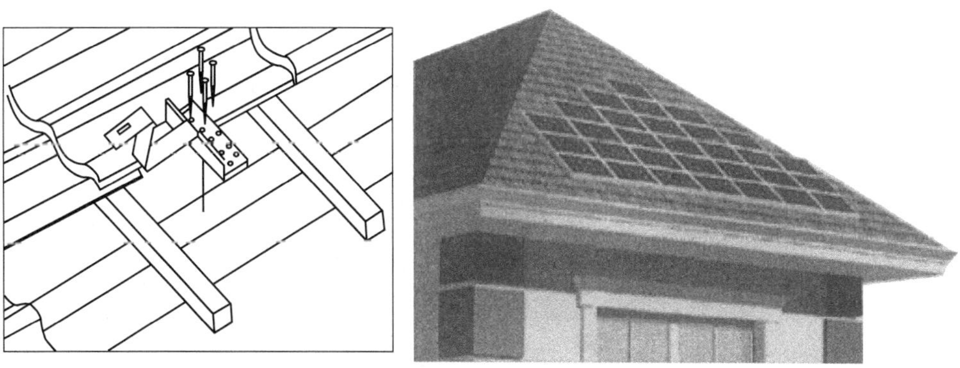

图 4-34　斜铺式应用

（2）镶嵌

就是光伏组件后面有钩子或者夹子，直接安装在框架结构上，代替一部分屋面瓦。这种嵌入方式使光伏组件与建筑很好地融合在一起，易于安装，实现技术与艺术的完美结合，见

图 4-35。

（3）光伏组件屋面瓦

① 本身即屋面瓦　即把光伏组件直接作为一种建筑材料使用，代替屋面瓦，安装在事先准备好的模具上。这种光伏组件与标准的瓦片性能一样，能够防水、防暴风雨，见图 4-36。

图 4-35　镶嵌式应用

图 4-36　本身即屋面瓦式应用

② 与屋面瓦浑然一体　把光伏组件的边框做成与屋面瓦形状、颜色类似的造型，与屋面瓦浑然一体。这种安装方式可以整片铺开，也可以点缀，排成不同的图案，改变了以往屋面瓦的排布风格，突出建筑个性，为光伏组件的应用开辟了一个新的发展空间，见图 4-37。

（4）天窗、采光顶式

这种方式就是光伏组件在建筑集成使用的时候，使用双玻组件或者中空组件，来作为光电采光顶或天窗。由于采光顶或天窗对透光性有一定要求，这对于本身不透光的晶体硅太阳电池而言，需要通过调整电池片之间的空隙以控制透光量，做到既透光又能为室内提供电能，见图 4-38。

图 4-37　与屋面瓦浑然一体式应用

图 4-38　斜顶建筑上天窗、采光顶式应用

4.2.7.2 在平顶建筑上

平屋顶具有安装光伏系统的巨大潜力，它的一个显著优势，是在支持结构的帮助下确定最佳位置（平顶光伏系统设施需要特殊的安装结构为其提供所需角度），而且倾斜角度能按特殊要求进行调整。具体应用方式如下。

（1）斜式阵列

① 整体斜式　由于不同地区受太阳辐照度不同，影响到光与电的转换效率，所以有些地区需要光伏组件有一定的倾斜角度，使其以最大面积接收太阳辐射。这种应用方式就是各单元光伏组件共同组合成一个斜面，形成一个阵列，用来解决倾斜角度的问题，见图 4-39。

② 单组斜式　即单个单元光伏组件或者几个单元的光伏组件组合成一组，构成斜面，然后形成阵列。这是解决光伏组件倾斜角度的另一方式，见图 4-40。

图 4-39　整体斜式应用

图 4-40　单组斜式应用

（2）天窗、采光顶式

与斜屋顶采用的天窗、采光顶式类似，就是光伏组件在与建筑结合的时候，使用双玻组件或者中空组件，通过调整电池片之间的空隙以控制透光量，美观又节能，还能形成神秘的光影美。不过这种应用方式适合于纬度低的地区，否则会因接收太阳辐射面积小而影响光伏组件的转换效率，见图 4-41。

（3）飘板式

即把光伏组件与楼顶飘板集成在一起，共同构筑建筑外观造型。不突兀，不牵强，很巧妙地与建筑结合在一起，见图 4-42。

图 4-41　平顶建筑上天窗、采光顶式应用

图 4-42　飘板式应用

图 4-43 墙体立面点缀装饰式应用

4.2.7.3 在建筑外墙上

在外墙上使用的光伏组件非常显眼，可彰显建筑个性，但在垂直的轮廓外应用光伏组件达不到最佳采光状态。虽然在建筑外墙上，尤其是东侧或者西侧建筑表面使用光伏组件能够获利，但其效果在很大程度上取决于当地的纬度。主要应用方式如下。

（1）幕墙系统

这里的光伏幕墙系统有两种，一种是由普通太阳电池组件组成，另一种则是透明玻璃光伏幕墙。它是将双玻组件或者中空组件作为建筑材料安装在建筑立面，不仅透光性好，节约了价格昂贵的外装饰材料（玻璃幕墙等），并且形成了一种特色光影，玄幻神奇，增添了建筑的魅力。光伏幕墙系统与建筑的完美结合，既节能环保，又能彰显绿色建筑特色，传播环保理念。

（2）墙体立面点缀装饰

这里是指把光伏组件应用到墙体立面上，作为点缀装饰，铺成很多图案或者有规律的阵列，形成一种风格并与建筑融合。而不是整体铺满或者铺成方方正正的一大片。这不失为一个好的应用方案，见图 4-43。

（3）遮阳系统（百叶、遮阳板等）

光伏组件与建筑集成的形式还有遮阳百叶、遮阳板，在夏季带来阴凉的同时也能够发电，集节能、实用于一体，见图 4-44。

图 4-44 遮阳系统式应用

（4）雨篷

雨篷为位于建筑物入口处的外门上部用于遮挡雨水、保护外门免受雨水侵害的水平构件。使用双玻组件或者中空组件作为雨篷，节能、实用、节约成本且凸显科技感，形成的光影美妙绝伦，可谓物尽其美，见图 4-45。

如今，随着市场的开拓，光伏组件与建筑结合技术正在迅猛发展，取得了较好的成绩。在整体设计方案中，一体化光伏系统并不是简单地强行加入电池板或者直接替换大楼中原有

图 4-45 雨篷式应用

的建材，还涵盖了大楼外层的其他功能。例如，光伏系统的玻璃结构被安装在斜面屋顶上充当防水层，它也可以被装在防水层上方来抵挡太阳紫外线的直接辐射，延长防水层寿命。光伏系统还可以作为建筑元素被置于房顶或者做成遮蔽系统。供暖、制冷以及日光控制系统也可以加入光伏与建筑一体化系统中，将其作为保温层的一个有效组成部分。但更重要的一点是建筑师在设计初期能精通太阳电池的性能，并准确、创造性地发现一体化的各种可能性。如果一栋建筑最初没有计划安装太阳能设施，那么安装光伏系统将不是一项简单、廉价的工程；应当在最初的设计中充分考虑，才能真正做到太阳能与建筑的一体化。

4.3 独立光伏发电系统的设计

太阳能光伏发电系统的设计分为软件设计和硬件设计，且软件设计先于硬件设计。软件设计包括：负载用电量的计算，太阳电池方阵面辐射量的计算，太阳电池、蓄电池用量的计算和二者之间相互匹配的优化设计，太阳电池方阵安装倾角的计算，系统运行情况的预测和系统经济效益的分析等。硬件设计包括：负载的选型及必要的设计，太阳电池和蓄电池的选型，太阳电池支架的设计，逆变器的选型和设计以及控制、测量系统的选型和设计。对于大型太阳能光伏发电系统，还要有光伏电池方阵场的设计、防雷接地的设计、配电系统的设计以及辅助或备用电源的选型和设计。由于软件设计牵涉到复杂的太阳辐射量、安装倾角以及系统优化的设计计算，一般是通过计算机来完成的；在初步设计计算中往往可以采用简洁计算的方法。

独立光伏发电系统设计的总原则是：依据能量平衡原理，在保证满足负载供电需要的前提下，确定更合适的太阳电池组件功率和蓄电池容量，以尽量减少初始投资。系统设计者应当知道，在光伏发电系统设计过程中作出的每个决定都会影响造价。由于不适当的选择，可轻易地使系统的投资成倍地增加，而且未必见得就能满足使用要求。当决定要建立独立的太阳能光伏发电系统之后，可按下述步骤进行设计：计算负载，确定蓄电池容量，确定太阳电池方阵容量，选择控制器和逆变器，考虑混合发电的问题等。

4.3.1 独立光伏发电系统的容量设计

4.3.1.1 计算负载

负载的估算是独立光伏发电系统设计和定价的关键因素之一。通常列出所有负载的名称、功率要求、额定工作电压和每天用电时间。对于交流和直流负载都要同样列出，功率因

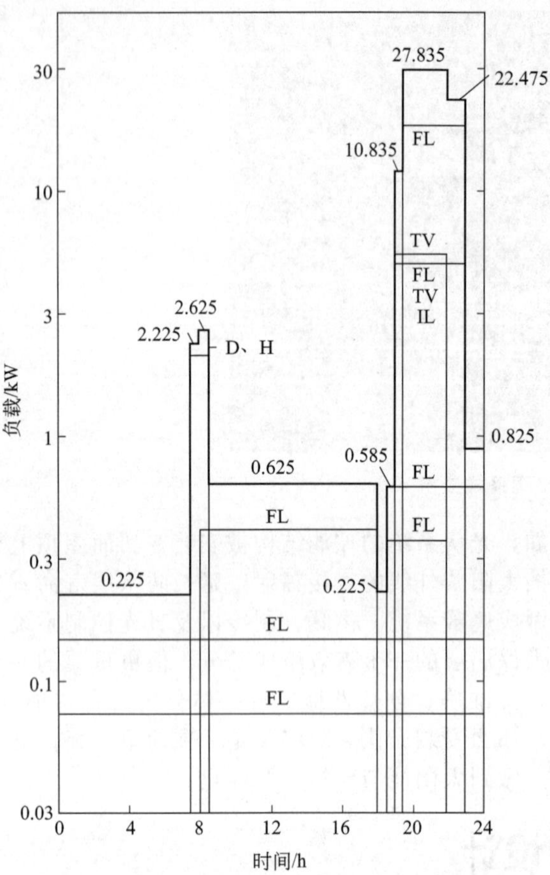

图 4-46 某地 50kW 光伏电站的负载特性

数在交流功率计算中先不要考虑。然后，将负载分类和按工作电压分组，计算每一组总的功率要求。接着，选定系统工作电压，计算整个系统在这一电压下所要求的平均安培·小时（A·h）数，也就是算出所有负载的每天平均耗电量之和。关于系统工作电压的选择，经常是选最大功率负载所要求的电压。在以交流负载为主的系统中，直流系统电压应当与选用的逆变器输入电压相适应。通常，独立运行的太阳能光伏发电系统，其交流负载工作在220V，直流负载工作在12V或12V的倍数，即24V或48V等。从理论上说，负载的概念是明确的，而实际上负载的要求却往往并不确定。例如，家用电器所要求的功率可从制造厂商的资料得知，但对其工作时间却并不知道，每天、每周和每月的使用时间很可能估算过高，其累计的效果会导致光伏发电系统的设计容量和造价上升。实际上，某些较大功率的负载可安排在不同时间内使用。在严格的设计中，我们必须掌握独立光伏发电系统的负载特性，即每天24h中不同时间的负载功率，特别是对于集中的供电系统，了解用电规律后即可适时地加以控制。图4-46所示为某地50kW光伏电站的负载特性。图中FL、IL、TV、D、H分别表示荧光灯、白炽灯、电视、灭菌器和加热器。

也可以列表统计当地居民的基本负荷，如表4-12所示。

表 4-12 负载耗电统计表

序号	负载名称	AC/DC	负载功率/W	负载数量	合计功率/W	每日工作时间/h	每日耗电/(kW·h)
1	荧光灯						
2	白炽灯						
3	电视						
4	灭菌器						
5	加热器						
合计							

4.3.1.2 太阳电池板入射能量的计算

设计安装光伏发电系统时当然要掌握当地的太阳能资源情况。设计计算时需要的基本数据如下：

① 现场的地理位置，包括地点、纬度、经度、海拔等；

② 安装地点的气象资料，包括逐月太阳总辐射量，直接辐射及散射量（或日照百分比），年平均气温，最长连续阴雨天，最大风速及冰雹、降雪等特殊气候情况。

这些资料一般无法作出长期预测，只能根据以往 10～20 年观察到的平均值作为依据。但是几乎没有独立运行的光伏发电系统会建在太阳辐射数据资料齐全的城市，且偏远地区的太阳辐射数据可能并不类似于其附近的城市。因此，在只能采用邻近城市的气象资料或类似地区气象观测站所记录的数据进行类推时，要把握好可能产生偏差的因素。应了解到太阳能资源的估算会直接影响到独立光伏系统的性能和造价。

从气象部门得到的资料一般只有水平面上的太阳辐射量，要设法换算到斜面上的辐射量。下面我们给出计算方法。

射向太阳电池方阵的入射能量，包括直接辐射、散射辐射和地面反射量三部分。设水平面全天太阳总辐射量为 I_H，它由直接辐射量 I_{HO} 和水平面散射量 I_{HS} 组成。那么，射向与地平面成倾斜角 θ 设置的太阳电池板斜面总太阳辐射量 I_t，由下式计算得到

$$I_t \cong I_{HO} \cdot [\cos\theta + \sin\theta \coth_0 \cos(\varphi - \phi)] + I_{HO} \cdot \frac{1+\cos\theta}{2} + \rho I_H \frac{1-\cos\theta}{2} \tag{4-1}$$

式(4-1) 中，右边第一项是直射分量，第二项是散射分量，第三项是地面的反射分量。ρ 为地面反射率，不同的地表状态的反射率可由表 4-13 及有关书中查到。工程计算中，取ρ的平均值 0.2，有雪覆盖地面时取 0.7。式(4-1) 中的各个角度关系如图 4-47 所示。

表 4-13 不同性质地表的地面反射率

地表状态	地面反射率/%	地表状态	地面反射率/%
沙漠	24～28	湿砂地	9
干裸地	10～20	干草地	15～25
湿裸地	8～	湿草地	14～26
干黑土	14	新雪	81
湿黑土	8	残雪	46～70
干砂地	18	冰面	69

从水平面上的太阳能辐射量计算太阳电池方阵斜面所接收到的太阳辐射能，工作量较大。目前，通常使用光伏系统设计软件 RETScreen。通过这一软件，可以方便地计算方阵的固定倾角、地平坐标方位轴跟踪、赤道坐标极轴跟踪以及方位角、倾角双轴精确跟踪等多种运行方式下太阳电池方阵面上所接收到的人阳辐射能。

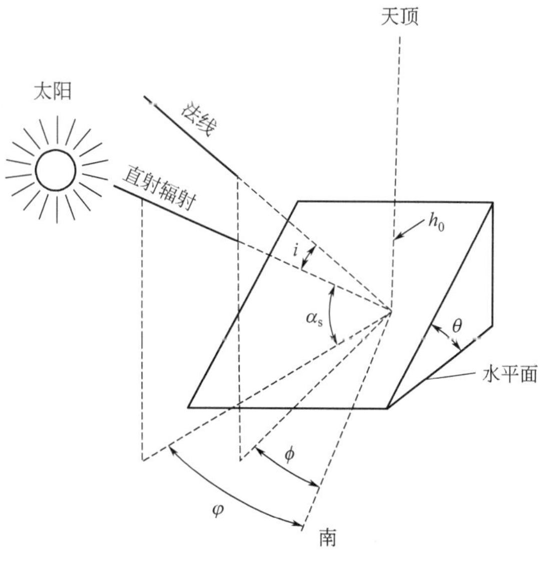

图 4-47 有关日射的各种角度

h_0—太阳高度；θ—电池板倾斜角；

i—对电池板法面的入射角；

ϕ—太阳方位角；φ—电池板方位角

如果采用计算机辅助设计软件，应预先进行方阵倾斜角度的优化设计，要求全年的总辐射量尽可能大，而在冬天和夏天辐射量的差异尽可能地小，两者统筹兼顾。这一点对高纬度地区尤为重要。这是因为高纬度地区冬季和夏季水平面太阳幅度差异非常大。只有通过权衡考虑，选择最佳倾角，太阳电池方阵面上的冬夏季辐射量之差就会减小，蓄电池容量设计可以减少，系统造价会降低，设计较为合理。一般来讲，固定倾角太阳电池方阵面上的辐射量要比水平面辐射量高 5%～15%；直射分量越大、纬度越高，斜面比水平面增加的辐射量越大。

在小型独立光伏发电系统的设计中，对于固定设置方阵的倾角和方位角的确定，

本书作者推荐，对位处北半球的中国，方位角应正南设置。但是，若由于某种限制不能正南，只要在正南±20°之内，方阵输出功率不会降低多少。对于非正南设置，功率输出大致按照一个余弦函数减少。至于方阵倾角，一般都采用按当地纬度的整数固定设置。如果考虑是为了冬季能多发点电，方阵倾角可适当比当地纬度加大一些，一般在+5°～15°之内。

4.3.1.3 蓄电池容量的确定

独立运行光伏发电系统，一般都要配置蓄电池组作为储能装置。蓄电池的作用是将太阳电池方阵在有日照时发出的多余电能储存起来，以供晚间或阴雨天时负载使用。

蓄电池容量是指其蓄电的能力，通常用该蓄电池放电至终了电压所放出的电量大小来量度。铅蓄电池的使用容量是在一定的工作条件下所放出的电量，其使用容量与厂家制造质量及电池工作条件有关。确定独立光伏系统蓄电池容量最佳值时，必须综合考虑太阳电池方阵发电量、负荷容量及直交变换装置（逆变器）的效率等。蓄电池容量的计算方法有多种，一般可通过下式求出。

$$C=\frac{DFP_0}{LUK_a} \tag{4-2}$$

式中 C——蓄电池容量，kW·h；

D——最长无日照期间用电时数（如3个阴雨天，每天用电4h，则$D=3\times4=12$h），h；

F——蓄电池放电效率的修正系数（通常取1.05）；

P_0——平均负荷容量，kW；

L——蓄电池的维修保养率（通常取0.8）；

U——蓄电池的放电深度（通常取0.5）；

K_a——包括逆变器等交流回路的损失率（通常取0.7，如逆变器效率高可取0.8以上）。

对于通常情况时所采用的常数，式(4-2)可简化为

$$C=3.75DP_0 \tag{4-3}$$

这就是由平均负荷容量和最长连续无日照时间（用电使用时间）求出蓄电池容量的简单计算公式。应当注意到，选择合适的日照时间非常重要。若时间取得过长，计算出的蓄电池容量很大，不必要地加大投资；而且，若蓄电池容量增大，必须使太阳电池的容量相应加大，应确保两者容量相匹配才合适。否则，蓄电池充电速度会降低，蓄电池总是充不满也会影响使用寿命。因此，过长预估无日照时间看似认为安全，实际并不恰当。一般地说，取3倍于太阳电池出力的蓄电池出力认为是比较适当的。

4.3.1.4 太阳电池组件的功率确定及方阵设置

下面介绍设计方阵的电流、电压和输出功率。设计计算的步骤如下。

（1）算出平均日总辐射量

将历年逐月平均水平面上太阳辐射及有关基本数据代入式(4-1)，即可算出倾斜方阵上的平均日总辐射量（I_t）。I_t单位为mW·h/cm^2，除以标准日光强度（100mW/cm^2）可求出平均峰值日照时数T_m

$$T_m=\frac{I_t}{100\text{mW/cm}^2} \tag{4-4}$$

（2）确定方阵最佳电流

方阵应输出的最小电流为

$$I_{min}=\frac{Q}{T_m\cdot\eta_1\cdot\eta_2\cdot\eta_3} \tag{4-5}$$

式中 Q——负载每天总耗电量，A·h；

η_1——蓄电池充电效率；

η_2——方阵表面由于尘污遮蔽或老化引起的修正系数，通常可取0.9～0.95；

η_3——方阵组合损失和对最大功率点偏离的修正系数，通常可取0.9～0.95。

由方阵面上各月中最小的太阳总辐射量可算出各月中最小的峰值日照时数 T_{min}，则方阵应输出的最大电流为

$$I_{max}=\frac{Q}{T_{min}\eta_1\eta_2\eta_3} \tag{4-6}$$

方阵最佳电流介于 I_{min} 和 I_{max} 之间，具体数值可用尝试法确定。先选定一电流值 I，方法是按月求出方阵的输出发电量，对蓄电池全年的荷电状态进行试验，求出方阵输出发电量公式：

$$Q_{出}=INI_t\eta_1\eta_2\eta_3/(100\text{mW/cm}^2) \tag{4-7}$$

式中，N 为当月天数。而各月负载耗电量为：

$$Q_{月}=NQ \tag{4-8}$$

两者相减，如 $\Delta Q=Q_{出}-Q_{负}$ 为正，表示该月方阵发电量大于用电量，能给蓄电池充电；若 ΔQ 为负，表示该月方阵发电量小于耗电量，要用蓄电池储存的能量来补充，蓄电池则处于亏损状态。

如果蓄电池全年荷电状态低于原定的放电深度（一般≤0.5），则应增加方阵输出电流；如果荷电状态始终大大高于放电深度允许值，则可减少方阵电流。当然也可以相应地增加或减少蓄电池容量。若有必要，还可以改变方阵倾角的值，以得出最佳的方阵电流 I_m。

(3) 确定方阵工作电压

方阵的工作电压输出应足够大，以保证全年能有效地对蓄电池充电。因此，方阵在任何季节的工作电压必须满足

$$V=V_f+V_d+V_t \tag{4-9}$$

式中 V_f——蓄电池浮充电压；

V_d——因阻塞二极管和线路直流损耗引起的压降；

V_t——温度升高引起的压降。

厂商出售的太阳电池组件，所标出的标称工作电压、工作电流和输出功率最大值（峰瓦），都是在标准状态（大气质量AM=1.5，温度25℃，标准日光强度100mW/cm²）下测试的结果。由太阳电池的温度特性曲线可知，当温度升高时，其工作电压有较明显下降，可用下面的公式计算压降 V_t

$$V_t=\alpha(T_{max}-25)V_m \tag{4-10}$$

式中 α——太阳电池的温度系数（晶体硅电池 $\alpha=0.005$，非晶电池 $\alpha=0.003$）；

T_{max}——太阳电池的最高工作温度；

V_m——太阳电池的标称工作电压。

(4) 确定方阵功率（太阳电池板容量）

$$F=\text{最佳工作电流}(I)\times\text{工作电压}(V) \tag{4-11}$$

这样，只要根据算出的蓄电池容量以及太阳电池方阵的电流、电压及功率，参照厂商提供的蓄电池和太阳电池组件性能参数，就可以选取合适的型号和规格。方阵构成的组件串联和并联数目也容易被确定。

在选购太阳电池组件时，如果是用来按一定方式串联、并联构成方阵时，设计者和使用者最好要事先向生产厂方提出：每块组件的 I-V 特性曲线要有良好的一致性，以免方阵的组合效率过低，一般应要求组合效率大于97%。

4.3.1.5 逆变器的容量设计

选配合适的逆变器，对光伏发电系统安全、可靠地运行至关重要。这里首先介绍一下逆变器的容量设计。选择多大容量的逆变器，可用下面公式计算。

$$P=\frac{LN}{SM}B \tag{4-12}$$

式中 L——负荷功率；

N——用电同时率；

S——负荷功率因数；

M——逆变器负荷率；

B——各相负荷不平衡系数。

作为独立电源的光伏发电系统，更重要的是要取得系统的可靠性与经济性的平衡。在独立光伏发电系统中，太阳电池组件和蓄电池的费用约占系统总投资的70%～80%。因此，按照电力使用情况确定独立光伏发电系统的太阳电池板和蓄电池的最佳容量是系统设计的首要任务。这里所介绍的设计计算方法是通过大量实践后总结提出的，能够较好地满足独立光伏发电系统工程设计的需要，通过与采用有关微机设计计算结果进行比较，差别不大于5%。

4.3.2 逆变器、控制器的选配

建立独立的光伏发电系统时，除了容量设计外，选配合适的逆变器、控制器等硬件设备也是至关重要的。

4.3.2.1 逆变器选配

光伏逆变器选型时，一般根据系统设计确定的直流电压来选择逆变器的直流输入电压，根据负载的总功率和类型确定逆变器的容量和相数，再考虑负载的瞬时冲击决定逆变器的功率富余量。通常逆变器的持续功率要大于负载的功率，逆变器的最大冲击功率大于负载的启动功率。此外，在逆变器选型时，还要考虑为光伏发电系统扩容留有一定余地。

独立光伏发电系统中，如带交流负载，则必须配备逆变器；如直流负载的电压与蓄电池组电压不一致，应配备直流变换器。

凡需要将直流转换成交流的地方都要采用逆变器，因此逆变器本身用途十分广泛。然而独立光伏发电系统中带交流负载的逆变器有一些特定的要求，诸如：

① 在运行范围内（意即不仅在满负载下，在轻负载下也能够）逆变效率高；

② 运行安全、可靠；

③ 可适应光伏发电系统蓄电池直流电压较宽的变化；

④ 耐瞬时大电流冲击，可长时间连续逆变使用；

⑤ 带感性负载的逆变器，要求交流输出的高次谐波分量小；

⑥ 性能价格比较好等。

逆变器是独立光伏系统最末一级装置，也是系统中投资占比排名第三的关键组件，它的性能优劣直接影响系统的投资成本、使用性能和可靠性。因此，针对不同的应用系统，选配合用的逆变器也是设计使用者的一项重要工作。

逆变器种类繁多，一般可按其输出波形、负载是否有源、输出电流相数及主回路拓扑结构等方式来分类，如表4-14所示。

当然，还有其他一些分类方式，但对独立光伏发电系统而言，一般可选用无源正弦波逆变器。所选配的逆变器，其主要技术参数如下。

（1）逆变器效率

逆变器效率表示其自身功率损耗大小。通常，逆变器效率可按以下标准进行要求：

容量为100～1000kW的逆变器，效率应在96%～98%以上；

容量为10～100kW的逆变器，效率应在90%～93%以上；

容量为1～10kW的逆变器，效率应在85%～90%以上；

容量为0.1～1kW的逆变器，效率应在80%～85%以上。

表 4-14 逆变器种类

分类方式	名称
输出电压波形	方波逆变器、正弦波逆变器、阶梯波(准正弦波)逆变器
输出电能去向	有源逆变器、无源逆变器
输出交流电的相数	单相逆变器、三相逆变器、多相逆变器
输出交流电的频率	工频逆变器、中频逆变器、高频逆变器
主回路拓扑结构	推挽逆变器、半桥逆变器、全桥逆变器
线路原理	自激振荡型逆变器、脉宽调制型逆变器、谐振型逆变器
输入直流电源性质	电压源型逆变器、电流源型逆变器

需要说明的，这里所指的效率，是指逆变器在全负载情况下所达到的效率，品质好的逆变器在轻负载下效率也较高。

(2) 额定输出电压

光伏逆变器在规定输入直流电压允许的波动范围内，应能输出恒电压值。对中、小型独立光伏电站，一般输电半径小于 2km，选用逆变器输出电压为单相 220V 和三相 380V，不再升压输送至用户，此时电压波动范围有如下规定：

① 在稳定状态运行时，电压波动范围不超过额定值的±5%；

② 在有冲击负载时，电压波动范围不超过额定值的±10%；

③ 在正常运行时，逆变器输出的三相电压不平衡度不超过 8%；

④ 输出电压正弦波失真度要求一般小于 3%；

⑤ 输出交流电压的频率波动应在 1%以内，GB/T 19064—2003 规定的输出电压频率应在 49～51Hz 之间。

(3) 额定输出功率

额定输出功率是指在负载功率因数为 1 时，逆变器额定输出电压与额定输出电流的乘积，单位为 kV·A。

(4) 过载能力

过载能力是要求逆变器在额定的输出功率条件下能够持续工作的时间，其标准规定如下：

① 输入电压和输出功率为额定值时，逆变器应能连续工作 4h 以上；

② 输入电压和输出功率为额定值的 125%时，应能连续工作 1min 以上；

③ 输入电压和输出功率为额定值的 150%时，应能连续工作 10s 以上。

(5) 额定直流输入电压及范围

额定直流输入电压是指光伏发电系统中输入逆变器的直流电压值。小功率逆变器输入电压一般为 12V、24V、48V，中、大功率的逆变器通常有 110V、220V、500V 等。

由于独立光伏发电系统的储能蓄电池组电压是变化的，这就要求逆变器应能满足输入电流电压可在一定范围内变化而不影响输出电压的变化。通常这个值是 90%～120%。

(6) 保护功能

逆变器应具有如下主要保护功能，以确保光伏发电系统的安全可靠运行：①过压、欠压保护；②过电流保护；③短路保护；④反接保护；⑤防雷接地保护等。

(7) 安全性要求

① 绝缘电阻　逆变器直流输入与机壳间的绝缘电阻、交流输出与机壳间的绝缘电阻均应≥50MΩ。

② 绝缘强度　逆变器的直流输入与机壳间应能承受频率为 50Hz、正弦波交流电压为 500V、历时 1min 的绝缘强度试验，无击穿或电弧现象。逆变器交流输出与机壳间应能承受

频率为 50Hz、正弦波交流电压为 1500V、历时 1min 的绝缘强度试验，无击穿或电弧现象。

(8) 其他要求

① 使用环境条件　光伏系统用逆变器的正常使用条件为：环境工作温度－20～＋50℃，相对湿度≤93%，无凝露以及海拔限定的高度等。当工作环境超过上述条件范围时，要考虑降低容量使用或重新设计定制。

② 电磁干扰和噪声　逆变器的开关电路极易产生电磁干扰，在铁芯变压器上因振动而产生噪声。在设计和制造中必须控制电磁干扰和噪声，使之满足有关标准和用户要求。

4.3.2.2 控制器选配

在独立运行的光伏发电系统中，控制器也是主要组成部件。光伏控制器要根据系统功率、系统直流工作电压、电池方阵输入路数、蓄电池组数、负载状况以及用户的特殊要求等，以确定光伏控制器的类型。在小型光伏发电系统中，控制器要用来保护储能蓄电池，一般小功率光伏发电系统采用单路脉冲宽度调制型控制器；在大、中型系统中，控制器必须具有更多的保护和监测功能，使蓄电池充、放电控制器发展成为系统的控制器，因而，大功率光伏发电系统往往采用多路输入型控制器或带有通信功能和远程监测控制功能的智能控制器。随着控制器在控制原理和所使用元器件方面的进展，目前先进的系统控制器已经使用微处理器，以实现软件编程和智能控制。

控制器选择时要特别注意其额定工作电流必须同时大于太阳电池组件或方阵的短路电流和负载的最大工作电流。为适应将来的系统扩容和保证系统长时期的工作稳定，建议控制器的选型最好选择高一个型号。例如，设计时选择 12V/5A 的控制器就能满足系统要求时，实际应用可考虑选择 12V/8A 的控制器。选型时还要注意，控制器的功能并不是越多越好，注意选择在本系统中适用和有用的功能，抛弃多余的功能；否则，不但增加成本，而且还增添出现故障的可能性。

控制器，因控制电路、控制方式不同而异；从设计和使用角度而言，按光伏电池方阵输入功率和负载功率的不同，可选配小功率型、中功率型、大功率型，或者专用控制器。控制器的主要技术参数如下。

(1) 系统工作电压

系统工作电压，也即额定工作电压，是指光伏发电系统中的蓄电池或蓄电池组的工作电压。这个电压要根据直流负载的工作电压或交流逆变器的配置选型确定，一般为 12V、24V，中、大功率控制器也有 48V、110V、200V 等。

(2) 额定输入电流

控制器的额定输入电流取决于太阳电池组件或方阵的输出电流，选型时控制器的额定输入电流应等于或大于太阳电池组件或方阵的输出电流。

(3) 最大充电电流

最大充电电流是指太阳电池组件或方阵输出的最大电流。根据功率大小分为 5A、6A、8A、10A、12A、15A、20A、30A、40A、50A、70A、100A、150A、200A、250A、300A 等多种规格。有些厂家用太阳电池组件最大功率来表示这些参数，以间接体现最大充电电流这一技术参数。

(4) 控制器的额定负载电流

也就是控制器输出到直流负载或逆变器的直流输出电流，该数据要满足负载或逆变器的输入要求。

(5) 太阳电池方阵输入路数

控制器的输入路数要多于或等于太阳电池方阵的设计输入路数：小功率光伏控制器一般只有一路太阳电池方阵单路输入；大功率控制器通常采用多路输入；每路输入的最大电流＝额定输入电流/输入路数。因此，各路电池方阵的输出电流应小于或等于控制器每路允许输入的最大电流值。一般大功率光伏控制器可输入6路，最多可接入12路、18路。

(6) 电路自身损耗

控制器的电路自身损耗也是其主要技术参数之一，也称为空载损耗（静态电流）或最大自消耗电流。为了降低控制器的损耗，提高光伏电源的转换效率，控制器的电路自身损耗要尽可能低。控制器的最大自身损耗不得超过其额定充电电流的1%或0.4W。根据电路不同，自身损耗一般为5～20mA。

(7) 蓄电池过充电保护电压

蓄电池过充电保护电压（HVD）也称为充满断开或过压关断电压，一般可根据需要及蓄电池类型的不同，设定在14.1～14.5V（12V系统）、28.2～29V（24V系统）和56.4～58V（48V系统）之间，典型值分别为14.4V、28.8V和57.6V。蓄电池充电保护的关断恢复电压（HVR）一般设定为13.1～13.4V（12V系统）、26.2～26.8V（24V系统）和52.4～53.6V（48V系统）之间，典型值分别为13.2V、26.4V和52.8V。

(8) 蓄电池的过放电保护电压

蓄电池的过放电保护电压（LVD）也称为欠压断开或欠压关断电压，一般可根据需要及蓄电池类型的不同，设定在10.8～11.4V（12V系统）、21.6～22.8V（24V系统）和43.2～45.6V（48V系统）之间，典型值分别为11.1V、22.2V和44.4V。蓄电池过放电保护的关断恢复电压（LVR）一般设定为12.1～12.6V（12V系统）、24.2～25.2V（24V系统）和48.4～50.4V（48V系统）之间，典型值分别为12.4V、24.8V和49.6V。

(9) 蓄电池充电浮充电压

蓄电池的充电浮充电压一般为13.7V（12V系统）、27.4V（24V系统）和54.8V（48V系统）。

(10) 温度补偿

控制器一般都具有温度补偿功能，以适应不同的环境工作温度，为蓄电池提供更为合理的充电电压。控制器的温度补偿系数应满足蓄电池的技术要求，其温度补偿值一般为－20～－40mV/℃。

(11) 工作环境温度

控制器的使用或工作环境温度范围根据厂家的变化有所不同，一般在－20～＋50℃之间。

(12) 其他保护功能

① 控制器输入、输出短路保护功能　控制器的输入、输出电路都要具有短路保护电路，提供保护功能。

② 防反充保护功能　控制器要具有防止蓄电池向太阳电池反向充电的保护功能。

③ 极性反接保护功能　对于太阳电池组件或蓄电池接入控制器，当极性接反时，控制器要具有保护电路的功能。

④ 防雷击保护功能　控制器输入端应具有防雷击的保护功能，避雷器的类型和额定值应能确保吸收预期的冲击能量。

⑤ 耐冲击电压和冲击电流保护　在控制器的太阳电池输入端施加1.25倍的标称电压持续1h，控制器不应损坏。将控制器充电回路电流达到标称电流的1.25倍并持续1h，控制器也不应该损坏。

除上述主要技术数据要满足设计要求以外，使用环境温度、海拔高度、防护等级和外形尺寸等参数以及生产厂家和品牌也是控制器配置选型时要考虑的因素。

关于逆变器与控制器的具体型号选配，可直接从有关厂家产品介绍资料中查找到。为了深入了解系统其他硬件选配等，可参阅书中其他有关章节。

要利用好太阳能光伏发电这类间歇性能源有三条技术途径：一是设置储能装置；二是采

取多能互补；三是连接电网。对于边远偏僻及海岛等地区，往往电网无法覆盖，只能建独立的发电系统，而且带储能。这些地区常采用多能互补的混合发电系统。实际上这是用光伏发电解决无电地区供电问题，不是单纯的光伏发电系统，而要建的是独立型的光-柴-蓄微电网。单纯用光伏发电来保证全年正常供电往往技术经济性很差。中国在 20 世纪 90 年代所建的无电县、无电乡光伏电站正是这样的情况。图 4-48 是建于中国西藏双湖的 $25kW_P$ 光伏电站系统方框图。

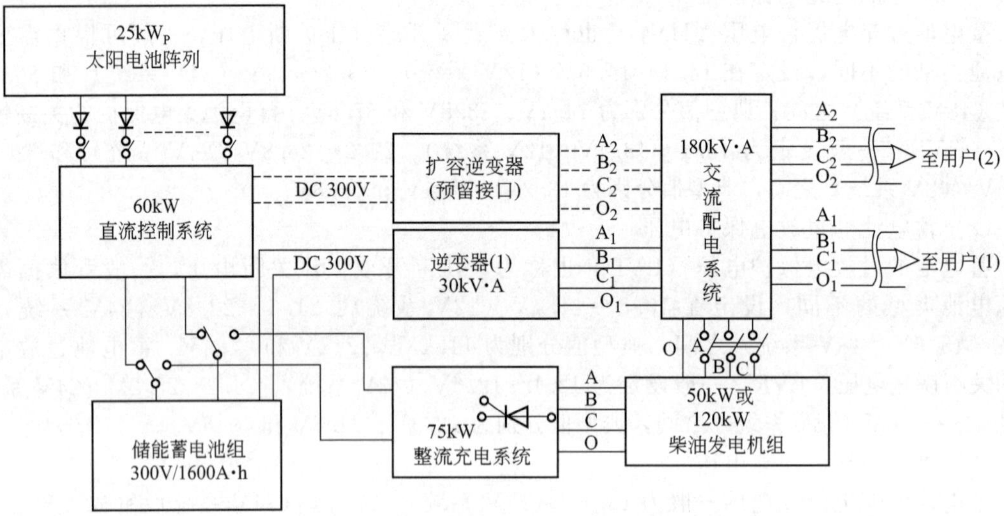

图 4-48 双湖光伏电站系统构成方框图

针对上述情况，柴油发电机组的功能是作为后备电源以保证光伏电站系统能够可靠供电。按照总体方案设计，规定在下述两种情况下，可以启动柴油发电机组。

① 当储能蓄电池组亏电，无法满足用电负荷需要时，及时启动柴油发电机组，经整流充电设备给蓄电池组充电，以保证供电系统的正常运行。

② 因逆变器故障或其他原因使得光伏电站系统无法供电时，启动柴油发电机组，经交流配电系统直接向用户供电。

柴油发电机的功率设定，应由负载功率具体情况以及设定光伏发电的供电保证率所决定。如果人们采用第 3 章 3.2 节 LOLP 法来进行设计，可设定 LOLP 的一个值，如 0.1，则意味着负载失电率为 10%，即负载供电保证率 90% 由光伏发电担当，10% 由柴油发电来保证。这样的话，光伏发电系统容量设计就可减少 10% 的容量。这么做，总体来讲技术经济指标是合适的。

整流充电设备的作用是将柴油机组发出的交流电变成直流电，给储能蓄电池组充电。双湖光伏电站整流充电设备设计的主要设计要求如下。

容量	75kW
输入	三相交流 380V
输出	直流 300～500V
最大输出电流	150A
保护功能	输入缺相告警，输出过流、短路保护，电压预警断开或限流

整流充电设备选用 KGCA 系列三相桥式可控硅调压整流电路。由 KC-04 集成触发电路、PI 调节控制电路、检测及脉冲功放等部分组成。采用屏式结构，所有部件都装在同一箱体内，仪表、指示灯及控制钮均装在面板上。工作状态设有“稳流”、“稳压”及“手动”三种，可进行恒流或恒压充电，其外形尺寸为 900mm×562mm×2200mm。

4.3.3 独立光伏发电系统设计的验证

独立光伏发电系统在完成设计、设备采购、安装及投入试运行后要进行设计的验证。这是对所建光伏系统的质量负责，并直接关系到用户利益。

设计验证要按照相关标准认真进行。例如，IEC 颁布了 IEC62124 独立光伏系统设计验证标准。该标准制定了针对独立光伏系统设计进行试验的程序，以及系统设计验证的技术要求，从而可对系统整体性能进行评估。目前国内的标准仅有《家用太阳能光伏电源系统技术条件和试验方法》（GB/T 19064—2003），其他有关的国家标准可能正在制定之中。

IEC 62124 标准所包括的技术性能测试方法和程序适用于独立光伏发电系统。独立光伏系统由多个部件组成，即使部件符合技术和安全标准，整个系统的技术指标是否满足设计要求，仍需进一步验证。该标准验证了系统的设计和性能，并对系统性能进行评估。这里仅就验证所需系统试验仪器和设备，以及性能试验等方面内容加以阐述。

4.3.3.1 系统试验使用的仪器和设备

进行系统试验时下列仪器和设备是必要的。

• DC 电压和 DC 电流测量仪器；

• DC 安培小时表或一些其他监控手段；

• 时间积分表或一些其他监控手段；

• 按照《光伏器件　第 2 部分：标准太阳电池的要求》（GB/T 6495.2—1996）的要求，通过选择并校准的 PV 标准器件来配合关于光谱响应的阵列组件测试；

• 温度传感器；

• 用于检查标准器件与阵列是否在同一平面（偏差为±5°以内）的设备；

• 便于进行系统监控的自动数据采集系统；

• 环境监测仪等。

现将关于数据采集系统的技术说明一下。

数据记录仪应采用至少 12 位的 A/D 转换并且输入范围应大于估计的最大正负电压。数据采集系统必须可靠。在试验中如果丢失超过 4h 的数据，或由于断电丢失重要数据，那么测试将重新开始。

数据记录仪的样品采样率由充电控制器的类型来决定。对于开关控制器，数据记录仪的样品采样速率至少比充电控制器的切换时间快两倍。例如，调节电压电路每隔 10s 动作，那么采样率为 5s 或更快。

充电控制器采用恒电压或脉宽调制电路，切换时间可能是毫秒，而不是秒。数据采集记录仪的采样频率至少是充电控制器开关频率的两倍。如果数据记录仪的采样速度不是足够快，那么一种方法是在数据采集系统的输入端加上一个积分/滤波电路，每秒采样一次。积分/滤波电路的时间常数应至少是采样周期的两倍。

示波器可以确定控制器的类型和开关频率。

每一次试验，应平均 5min 存储一次数据。

表 4-15 中的参数将逐一进行测试和确定。

传感器的技术指标要求如下。

电压传感器的量程应超过最大预计电压并且分辨率至少为 0.01V 或更高。电流传感器的量程应超过预期的最大正负电流并且分辨率至少为 0.01A 或更高。

除了准确度在±1%FS 以内，直流电压和电流的测量仪器应遵循《光伏器件　第 1 部分：光伏电流-电压特性测量》（GB/T 6495.1—1996）。

温度传感器的量程应超过预计的最大正负系统温度和环境温度并且分辨率至少为 1K 或更高。温度传感器的准确度应为±2K 或更高。

总辐射表应有合适的量程。总辐射表的准确度至少为读数的±5%。

表 4-15 测试参数

测试参数	记录值	注释
阵列电压 负载电压 蓄电池电压	最小、平均值和最大 最小、平均值和最大 最小、平均值和最大	阵列电压，在阻塞二极管之前 在蓄电池上测量
阵列电流 负载电流 蓄电池电流	最小、平均值和最大 最小、平均值和最大 流入和流出的蓄电池容量(A·h)	—
空气温度 组件温度 蓄电池温度	平均 平均 平均	采用以开路电压法确定光伏组件等效电池的《光伏器件　第5部分：用开路电压法确定光伏（PV）器件的等效电池温度(ECT)》(GB/T 6495.5—1997)作为标准 在温度补偿传感器或蓄电池负极上测量
太阳辐照度 负载运行	太阳辐射量 负载运行时间	标准设备、短路电流和设备的温度

4.3.3.2 系统性能试验

系统应根据有关标准的试验程序进行性能试验。在试验进行中，测试者应严格遵守制造商的操作、安装和连接要求。性能试验在室外、室内均可进行。如果试验现场的室外测试条件与标准中的模拟室外条件相似，可以进行室外试验。如果差别很大，则建议进行室内试验。试验条件应能够覆盖系统被设计和使用的主要气候区。试验需要从同一型号的系统抽取两个样品，如果有一个样品在任何一种试验中不合格，那么另一满足标准要求的样品将重新进行全部试验。如果这一样品也不合格，那么该系统设计将被认为达不到验证要求。

系统性能试验共分为三个阶段：预处理、性能试验、最大电压时负载运行的适用性。

(1) 预处理

预处理试验的目的是确定系统正常运行时的 HVD（蓄电池过充电保护电压）、LVD（蓄电池过放电保护电压）。试验前应按照制造商的说明对蓄电池进行预处理（如果在系统文件中说明蓄电池不需要预处理，则不进行此项工作）。如果光伏组件为非晶硅，则应进行光致衰降试验。

(2) 性能试验

性能试验有以下 6 个步骤。

① 初始容量试验（UBC_0）：按照标准要求安装好系统后，对蓄电池进行充电和放电，测量蓄电池容量，由此得到蓄电池的初始可用容量。

② 蓄电池充电循环试验（BC）：给蓄电池再充电。

③ 系统功能试验（FT）：主要验证系统和负载运行是否正常。

④ 第二次容量试验（UBC_1）：通过对蓄电池的充放电，测量蓄电池的第一次可用容量（UBC_1）和系统的独立运行天数。

⑤ 恢复试验（RT）：确定光伏系统对已经放电的蓄电池的再充电能力；

⑥ 最终容量试验（UBC_2）：通过对蓄电池进行充电和放电，测量蓄电池的第二次可用容量。性能试验 6 个步骤完成后，根据试验数据绘制系统特性曲线，从而确定系统平衡点，并得出使系统正常运行的安装地点的最小平均辐照量。

(3) 最大电压时负载运行的适用性

最大电压时通过负载运行试验以验证负载运行在高辐照度和高充电状态下最大电压值时的适应性。在这些条件下负载将运行 1h 而不会损坏。系统性能试验从功能性、独立运行性和电池经过过放状态后的恢复能力等方面进行了全面测试，从而给出系统不会过早失效的合理确认。性能试验的合格依据如下。

① 整个试验中负载必须保持运行状态，除非充电控制器在蓄电池过放状态下与负载分离（如果发生了 LVD，应注明这个数据）。

② 蓄电池容量的下降在整个测试期间不能超过 10%。

③ 恢复：系统电压在恢复试验中应表现为上升趋势，在整个恢复试验中，充入蓄电池的安时数（A·h）应大于或等于 UBC_1 的 50%。

系统性能试验的注意事项如下。

对于系统设计的验证，其性能试验有室内、室外之分。一般制造商多半不具备室内试验的设备条件，这部分通常委托有资质的专门检测测试机构来进行试验，而室外试验部分则是必须要做的。这里主要介绍室外试验时必须注意的事项。

（1）标准辐照量和系统分类

从靠近安装地点的气象站推导年平均水平日辐照量和辐照量范围。

辐照量变化范围是最高辐照月的月平均水平日辐照量和最低辐照月的月平均水平日辐照量之差，单位为 kW·h/(m^2·d)。每个场地对应一个辐照量等级（表 4-16）。

表 4-16 辐照量等级

辐照量等级	Ⅰ	Ⅱ	Ⅱ	Ⅲ	Ⅲ	Ⅳ
年平均日地表辐射量/[kW·h/(m^2·d)]	<4.5	<4.5	4.5~5.5	4.5~5.5	>5.5	>5.5
辐照量变化范围/[kW·h/(m^2·d)]	>1.5	<1.5	>1.5	<1.5	>1.5	<1.5

注：日运行时间的计算是在辐照量等级Ⅱ基础上进行的。

（2）负载规格

制造厂应在提供系统的同时提供设计中由该系统供电的实际负载。如果是多个负载，制造商应确定开关顺序。在这种情况下，在开关板上或在最终用户显而易见的适当位置上应有标志表示必要的开关顺序。在所有试验中，所有负载都要同时工作。

制造厂应详细说明在有关标准（每日运行时间）试验条件下，系统每日能够为负载供电的小时数。这个数据应当根据表 4-16 中定义的辐照量等级Ⅱ得出。

为了检测的目的，当光伏组件已经被连接上时，负载不应在白天或辐照度大于 50W/m^2 的条件下运行。

（3）系统安装与预处理

根据制造商的安装说明安装系统，对于室外试验，确保在试验期间太阳电池阵列不被任何物体遮挡，如建筑物或植物。对于室内试验，可以使用 C 级太阳模拟器或模拟组件的电子电源。在系统装配期间，根据系统的配置可以很容易地安装数据采集设备。试验者不可以对被测系统进行修改和添加，而是只对送来的原系统按照文件中的规定进行安装和检测。如果电缆在安装时被切断，试验者应使用随系统一同收到的全长电缆。

注意充电控制器必须要小心安装，应严格按照顺序连接以避免损坏。

为了使系统工作，应按照制造商的说明添加电解液和预处理蓄电池。如果在系统文件中说明蓄电池不需要预处理，则系统将接受：

• 在室外试验中从 HVD 到 LVD 至少 5 次循环；

• 在室内试验中针对 C_{10} 至少 5 次循环。

某些先进的充电控制器需要几天或几次循环才能找到与系统设计相匹配的最佳设置。厂商应对此予以说明，性能试验将排除之前的循环次数。

根据 IEC 61646，具有光致衰降特性的光伏组件（如非晶硅）将接受最初的光照射，并安装阵列平面的总辐射表（标准器件）。总辐射表将尽可能地靠近阵列，不要给阵列留下阴影。总辐射表应安装在与阵列相同的平面上，处于方阵倾角偏差±5°以内。

对数据采集进行编程，监视所测量的数据，并且平均每 5min 存储一次。安装温度传感器注意事项如下：

• 环境温度传感器必须安装在一个通气或双遮阳的罩内。

• 组件背面的温度传感器必须安装在组件中间的电池中心位置，用热黏结剂固定并用绝缘材料和金属薄片覆盖。

蓄电池的温度传感器必须安装在距离温度补偿传感器尽可能近的地方。如果温度补偿是在充电控制器内，除蓄电池的温度传感器以外还应在控制器上添加温度传感器。在光伏阵列和负载上应安装电压传感器，并在蓄电池端子上安装蓄电池电压传感器。

负载是系统的一部分，其大小是非常重要的设计参数。为了试验目的，应安装所有的负载并同时运行。应校验负载启动和运行是否正常。

在系统中有多个负载时，需要观察当其他所有负载运行时，单个负载是否可以正常启动和运行。

在这个试验中，有时只有使负载工作到足够长的时间才能确认其功能是否正常。例如，点亮一个低压钠灯直到最亮，通常需要 15min。

在检测中应采用各种试验序列，以验证低放电、电池恢复、功能性运行和在完全放电之后，在阳光充沛的条件下正常运行时达到 HVD 的能力。

室外试验条件确定：试验时，蓄电池和充电控制器的温度应保持在 30℃±3℃。试验期间，应持续监测组件温度。以一天为基础，应计算出小时平均值，并在同一期间内作出平均辐照值的图表。每天结束时，这些数值可与表 4-17 中的数值进行比较；数据如果落在该表中列出的数值范围内，则可以用线性插值法进行计算。

表 4-17 根据辐照度确定可接受的组件温度范围

辐照度/(W/m^2)	可接受的组件温度范围/℃	辐照度/(W/m^2)	可接受的组件温度范围/℃
100	14～34	600	40～60
200	18～38	700	43～63
300	21～41	800	50～70
400	28～48	900	54～74
500	32～52	1000	58～78

注意：这个程序与在恶劣条件下室内测量方法（晶体硅电池）相比，能够保证两种方法下的组件阵列的能量输出差异不超过±5%。

若组件每小时平均温度超出可接受的温度范围，全部试验应重做。

如果必须模拟低太阳辐射日，例如在功能试验中，唯一可以选择的是采用倾斜光伏阵列来减少输入能量以获得模拟的恶劣气候条件。在满功率条件下达到所需能量输入后，不允许断开光伏组件。

按如下次序进行试验。

（1）初始容量试验

断开负载，用光伏阵列给蓄电池充电。当系统达到规定状态后，允许系统将此状态保持 72h（累计），此时可以认为蓄电池已充电到了试验目标。

断开光伏阵列，令负载连续工作，允许蓄电池放电到 LVD 状态。当达到 LVD 时，可以认为蓄电池完成放电。让蓄电池在 LCD 状态保持至少 5h，记录蓄电池放电的安时数和温度范围。这就是初始蓄电池可用能量（UBC_0）。

（2）蓄电池充电循环

断开负载，利用光伏阵列再次进行充电直至达到 HVD 状态，允许在此状态下最多保持 0.5h。

(3) 系统功能试验

这个试验验证系统能够按照设计为负载供电。

按照生产商的要求将光伏阵列和负载接通，让系统正常工作 10 天 (d)。试验循环内至少应该包括连续 2 天的低辐射量和至少 3 个显著不同的日辐射量。需要用这 3 个辐射量画出系统特性图，并由此推导出系统平衡点。因此，需要两个辐照量高于系统平衡点对应的值。10 天的平均日辐照量应当是 $4kW \cdot h/(m^2 \cdot d) \pm 0.3kW \cdot h/(m^2 \cdot d)$。

如果试验 10 天中有 2 天中不符合要求且不满足辐射量 $4kW \cdot h/(m^2 \cdot d)$ 的要求，需要延长试验 20 天，直到前一个 10 天中达到要求为止。如果还达不到要求，再重新开始试验。

(4) 第二次容量试验

功能试验之后断开负载。接通光伏阵列，再次给蓄电池充电使其达到 HVD 状态，并在此点保持 0.5h；断开光伏阵列连接负载，使系统放电直至 LVD 状态。

确定蓄电池的放电安时数 (A·h) 和总的放电时间，这是蓄电池第二次可用容量试验 (UBC_1)。保持系统在 LVD 状态最少 5h，但不能超过 72h。

(5) 恢复试验

连接光伏阵列，断开负载。当照射的辐射量达到 $5kW \cdot h/m^2$ 时，应按照生产商的定义连接负载。

注意 1：此时系统可能仍然处于低电压保护状态。

注意 2：系统不必一天内接收到 $5kW \cdot h/m^2$ 的辐照量。

充电阶段达到总辐射量 $5kW \cdot h/m^2$，并按照生产商定义的负载连续工作阶段，称为恢复试验循环。

重复这些恢复测试循环，直到系统的总辐射量为 $35kW \cdot h/m^2$。如果系统达到 HVD 状态，记录蓄电池达到 HVD 状态所需的恢复测试循环次数。

记录在哪个恢复试验循环中负载开始启动。

测量在 7 个恢复试验循环中充入蓄电池和负载放电的安时数。

(6) 最终容量试验

恢复试验循环后断开负载并等待，直到系统达到规定的充电状态。一旦系统达到此状态，保持此状态 72h，此时可以认为蓄电池已充满。

断开光伏阵列连接负载，使系统完全放电。达到 LVD 状态时可以认为蓄电池完全放电，并在此状态至少保持 5h。记录蓄电池放出的安时数和蓄电池的温度范围。这就是最终的蓄电池容量 (UBC_2)。

(7) 在最大电压下运行

为了验证负载在高辐照度和高充电状态下最大电压值时的适应性，特别是在达到电压最大值的条件下，确保负载运行 1h 而不会损坏。

在整个试验过程中，任何异常事件都要记录下来，包括意想不到的短路或开路、数据采集系统故障等。

4.4 光伏系统设计软件

RETScreen 清洁能源项目分析软件是经常使用的对光伏发电系统进行倾角和发电量计算等的软件。其构成核心是已标准化的能源分析模式，可以在全球范围内使用，用于评估各种能效、可再生能源技术的能源生产量、节能效益、寿命周期成本、温室气体减排量和财务风险。

RETScreen 能源工程模型可以在 EXCEL 的工作文件中开发，工作文件由一系列工作表依次组成。光伏项目模型中包括6个工作表，分别为：能源模型、太阳能资源和系统负荷计算、成本分析、温室气体（排放降低）分析、财务概要和敏感性与风险分析。

能源模型及太阳能资源和系统负荷计算工作表用来根据当地的场址条件和系统性能，以计算光伏电站的年发电量。

太阳能资源和系统负荷计算工作表用于连接能源模型工作表，计算能量负载和光伏系统节约的能量。

成本分析指最初投入或投资，以及每年或经常性成本，可参照产品数据库获取相关信息来了解所需的价格和其他信息。

温室气体分析：可以选择是否进行温室气体分析。若需要分析，则需要将某些数据输入财务概要工作表中计算温室气体减排的收入和成本。

财务概要：财务概要用于评估每一个能源工程项目。通常财务概要工作表包括6个部分：年度能源结余、财务参数、项目的成本和节余、财政的可行性、每年的现金流量和累计现金流量图。其中，年度能源结余和项目成本和节余为每一个研究项目提供相关能源模型、成本分析和温室气体排放降低分析工作表的概要。财政可行性提供所分析的能源工程项目的财务指标。这个指标是基于用户在财务参数中所输入的数据。每年的现金流量可以将项目期间的税前、税后和累计现金的流量趋势的认识形象化。

敏感性和风险分析：此工作表可以评估当前主要经济、技术指标发生变化后，项目主要财务指标的敏感性变化。敏感性分析和风险分析都提供关键参数与项目主要财政指标的关系，并显示哪些参数变化对财政指标的影响最大。敏感性分析（包括蒙特卡洛模拟）面对一般用户，而风险分析则主要面对那些了解统计学的用户。这两种分析都是选择项，其分析结果对其他工作表的分析和结果均无影响。

此外，还包括产品、天气及费用数据库、在线手册、网站、工程手册、工程实例研究、培训课程等。软件中的全球气象数据库主要来自美国航空航天局（NASA）。

第5章 太阳电池、组件及方阵

5.1 太阳电池

5.1.1 太阳电池及其分类

如前所述，太阳电池是一种利用光生伏特效应将光能转变为电能的器件，又称光伏器件。物质吸收光能产生电动势的现象，称为光生伏特效应。这种现象在液体和固体物质中都会发生。但是在固体中，尤其是在半导体中，才有较高的能量转换效率。所以，人们又常把太阳电池称为半导体太阳电池。

太阳电池多用半导体材料制造而成，发展至今种类繁多，形式各异。

（1）按结构分类

太阳电池按照结构的不同可分为如下 5 类。

① 同质结太阳电池　同质结太阳电池是由同一种半导体材料构成一个或多个 P-N 结的太阳电池，如硅（基）太阳电池、砷化镓（基）太阳电池等。

② 异质结太阳电池　异质结太阳电池是用两种不同禁带宽度的半导体材料在相接界面处构成一个异质 P-N 结的太阳电池，如氧化铟锡/硅太阳电池、硫化亚铜/硫化镉太阳电池等。如果两种异质材料的晶格结构相近，界面处的晶格匹配较好，则称其为异质面太阳电池，如砷化铝镓/砷化镓异质面太阳电池等。

③ 肖特基结太阳电池　肖特基结太阳电池是通过金属和半导体接触组成一个“肖特基势垒”的太阳电池，也称为 MS 太阳电池。其原理是基于在一定条件下金属-半导体接触时可产生整流接触的肖特基效应。目前，这种结构的电池已发展成为金属-氧化物-半导体太阳电池，即 MOS 太阳电池；金属-绝缘体-半导体太阳电池，即 MIS 太阳电池，如铂/硅肖特基结太阳电池、铝/硅肖特基结太阳电池等。

④ 多结太阳电池　由多个 P-N 结形成的太阳电池，又称为复合结太阳电池，有垂直多结太阳电池、水平多结太阳电池等之分。

⑤ 液结太阳电池　由浸入电解质中的半导体构成的太阳电池被称为液结太阳电池，也称为光电化学电池。

按照太阳电池结构来分类，物理意义比较明确，因而已被作为太阳电池命名方法的依据。

（2）按材料分类

太阳电池按照材料的不同可分为如下几类。

① 硅太阳电池　这种电池是以硅为基体材料制成的太阳电池，如单晶硅太阳电池、多晶硅太阳电池等。制作多晶硅太阳电池，可用纯度不太高的太阳级硅。多晶硅材料又有带状硅、铸造硅、薄膜多晶硅等多种。用它们制造的太阳电池主要分为薄膜和片状两种类型。

② 化合物半导体太阳电池　这种太阳电池是指以两种或两种以上元素组成的具有半导

体特性的化合物材料制成的太阳电池。此类太阳电池还可分为晶态无机化合物、非晶态无机化合物及有机化合物、氧化物半导体等。晶态无机化合物有Ⅲ-Ⅴ族化合物半导体如砷化镓、磷化镓、磷化铟、锑化铟等，Ⅱ-Ⅵ族化合物半导体如硫化镉、硫化锌等，以及其固溶体（如镓铝砷、镓砷磷等）。氧化物半导体主要包括 MnO、Cr_2O_3、FeO、Fe_2O_3、Cu_2O 等。

③ 有机半导体太阳电池　指用含有一定数量的碳-碳键且导电能力介于金属和绝缘体之间的有机半导体材料制成的太阳电池，有萘、蒽、芘等分子晶体，芳烃-卤素配合物、芳烃-金属卤化物等电荷转移配合物和高聚物。

（3）按形状分类

图 5-1 表示太阳电池种类，其按半导体的厚度分为片状和薄膜太阳电池两种。片状太阳电池，是指像单晶硅、多晶硅制造的块状晶体，然后加工成薄片作为片状半导体用于太阳电池。片状晶体硅太阳电池广泛应用于电力。在片状晶体中，GaAs、InP 等Ⅲ-Ⅴ族化合物的半导体为非晶硅系，以可望达到 30%～40%的转换效率而引人注目。这类材料的衬底和加工成本都很高，所以目前主要以航天和聚光电池为重点。

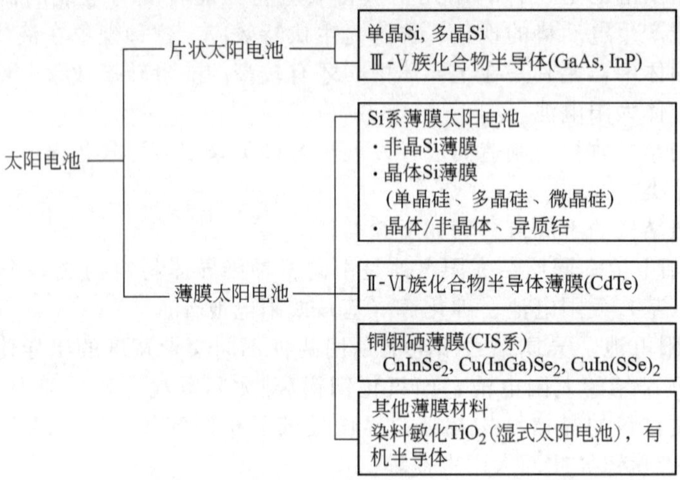

图 5-1　太阳电池种类

所谓薄膜太阳电池，通常是指半导体层厚度为 50μm 以下的太阳电池。薄膜太阳电池有硅系薄膜太阳电池、Ⅱ-Ⅵ族化合物薄膜太阳电池和黄铜矿系（薄膜）太阳电池。硅系薄膜太阳电池的代表是非晶硅（a-Si）太阳电池，国内外早已批量化生产。非晶硅太阳电池的厚度仅为 0.3μm。另外，在进一步发挥非晶硅优势的同时，也在弥补其不足，因此期待利用多晶硅和微晶硅等薄膜太阳电池，使非晶硅太阳电池的转换效率得到进一步提高；同时，也对非晶硅和多晶硅叠层组合的多结薄膜太阳电池寄予很高期望。在化合物薄膜系中，小规模 Cu(InGa) Se_2(CIGS) 太阳电池也有产品开始出售。另外，用 CdTe 薄膜太阳电池制作的大面积组件，也已进入住宅领域。有机材料制成的电池和染料敏化电池等也有望成为重要的太阳电池技术。

5.1.2　太阳电池的工作原理及基本特性

5.1.2.1　太阳电池的工作原理

太阳电池如何把光能转换成电能？下面以单晶硅太阳电池为例简单介绍。

太阳电池工作原理的基础是半导体 P-N 结的光生伏特效应。光生伏特效应，简言之，就是当物体受到光照时，物体内的电荷分布状态发生变化而产生电动势和电流的一种效应。

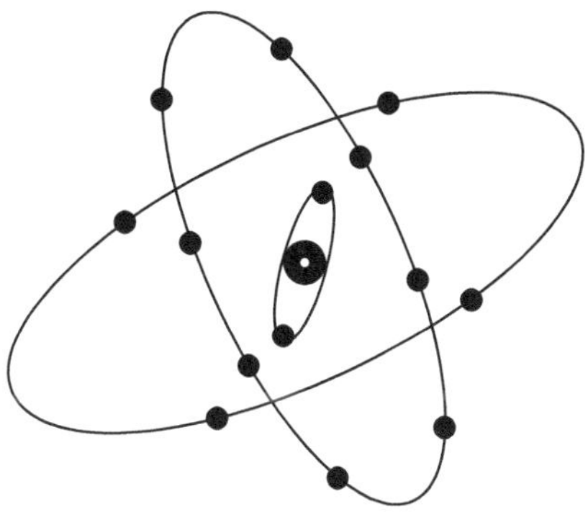

图 5-2 硅原子结构示意图

当太阳光或其他光照射半导体的P-N结时，就会在P-N结两边出现电压，称为光生电压。这种现象，即光生伏特效应。如果使P-N结短路，就会产生电流。

硅原子的最外电子壳层中有4个电子，如图5-2所示。每个原子的外层电子都有固定位置，并受原子核约束。它们在外来能量的激发下，如受到太阳光辐射时，就会摆脱原子核的束缚而成为自由电子，同时在它原来的地方留出一个空位，即空穴。由于电子带负电，则空穴表现为带正电。在纯净的硅晶体中，自由电子和空穴的数目相等。如果在硅晶体中掺入能够俘获电子的硼、铝、镓或铟等杂质元素，就构成了空穴型半导体，简称P型半导体。如果在硅晶体中掺入能够释放电子的磷、砷或锑等杂质元素，就构成了电子型半导体，简称N型半导体。若把这两种半导体结合在一起，由于电子和空穴的扩散，在交界面处便会形成P-N结，并在结的两边形成内建电场，又称势垒电场。由于此处电阻特别高，所以也称为阻挡层。当太阳光照射P-N结时，在半导体内的原子由于获得了光能而释放电子，同时相应地便产生了电子-空穴对，并在势垒电场的作用下，电子被驱向N型区，空穴被驱向P型区，从而使N型区有过剩的电子，P型区有过剩的空穴。于是，就在P-N结的附近形成与势垒电场方向相反的光生电场，如图5-3所示。光生电场的一部分抵销势垒电场，其余部分使P型区带正电，N型区带负电。这样在N型区与P型区之间的薄层会产生电动势，即光生伏特电动势。当接通外电路时便有电能输出。这就是P-N结接触型单晶硅太阳电池发电的基本原理。若把几十个、数百个太阳电池单体串联、并联起来，组成太阳电池组件，在太阳光的照射下，便可获得输出功率相当可观的电能。

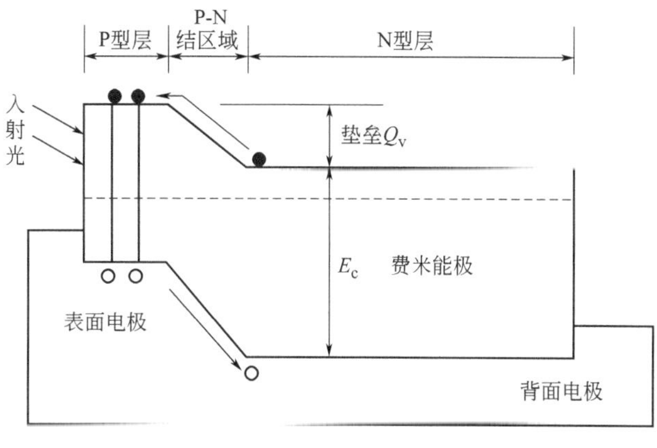

图 5-3 太阳电池的能级

为便于读者加深理解，这里对涉及的几个半导体物理学术语进行简要介绍。

(1) 能带

能带是固体量子理论中用来描述晶体中电子状态的重要的物理概念。在孤立的原子中，电子只能在一些特定的轨道上运动，不同轨道上的电子能量不同。所以，原子中的电子只能取一些特定的能量值，称为一个能级。晶体由大量规则排列的原子组成，其中各个原子具有相同能级。由于相互作用，在晶体中变成能量略有差异的能级，看上去像一条带子，称为能带。原子的外层电子在晶体中处于较高能带，内层电子处于较低能带。能带中的电子已不是围绕着各自的原子核进行闭合轨道运动，而是为各原子所共有，在整个晶体中运动。

(2) 载流子

载流子是指运载电流的粒子。无论是导体还是半导体，其导电作用都是通过带电粒子在电场的作用下进行定向运动（形成电流）来实现的。导体中的载流子是自由电子。半导体中的载流子有两种，即带负电的电子和带正电的空穴。如果半导体中的电子数目比空穴数目大得多，对导电起重要作用的是电子，则把电子称为多数载流子，空穴称为少数载流子。反之，便把空穴称为多数载流子，电子称为少数载流子。

(3) 空穴

空穴是半导体中的一种载流子。它与电子的荷电量相等，但极性相反。晶体中完全被电子占据的能带称为满带或价带，没有被电子占满的能带称为空带或导带。导带和价带之间的空隙，称为能隙或禁带。如果由于外界作用（例如热、光等），使价带中的电子获得能量而跳到能量较高的导带中去，就出现很有趣的效应：这个电子离开后，便在价带中留下一个空位。根据电中性原理，这个空位应带正电，其电量与电子相等。当穴位附近的电子移动过来填充这个空位时，就相当于空位向相反方向移动。其作用类似于荷正电的粒子运动，通常称它为正空穴，简称空穴。所以，在外电场的作用下，半导体中的导电，不仅产生于电子运动，而且也包括空穴运动。

(4) 施主

凡是能够向纯净半导体中引入提供导电电子的杂质，被称为施主杂质，简称施主。对硅来说，若掺入磷、砷、锑等元素，它们所起的作用就是施主。

(5) 受主

凡是能够向纯净半导体中引入接受电子或提供空穴作用的，就称为受主杂质，简称受主。对硅来说，如掺入硼、镓、铝等元素，它们所起的作用就是受主。

(6) P-N结

在一块半导体晶片上，通过某些工艺过程，使一部分呈P型（空穴导电），另一部呈N型（电子导电），则P型和N型界面附近的区域称为P-N结。P-N结具有单向导电性能，是晶体二极管的基本结构，也是许多半导体器件的核心。P-N结的种类很多：按材料分，有同质结和异质结；按杂质分，有突变结和缓变结；按工艺分，有成长结、合金结、扩散结、外延结和注入结等。

(7) 复合过程

半导体中的复合过程大致可分为直接复合、间接复合及俄歇复合。直接复合，即导带电子跃迁到价带与空穴直接复合。间接复合，是指过剩载流子通过杂质和缺陷形成的复合中心进行的复合，有4个过程：电子俘获、电子发射、空穴俘获、空穴发射。俄歇复合，是指电子与空穴复合后，除将能量以光子形式释放之外，还可将能量传递给导带中的另一个电子。

下面进一步就单晶硅太阳电池的工作原理加以阐明，当然也会简单涉及多晶硅太阳电池。

如图5-4所示，以地表太阳光谱为例，太阳光谱从紫外线到红外线，其波长很广。但随着臭氧、水蒸气、二氧化碳等吸收层的变化，约5700K的黑体辐射连续光谱逐渐变成重叠型。太阳光谱受大气影响，可以通过大气质量m表现出来。这里的m如第1章图1-4中的定义，即$m=0$表示在宇宙空间中，$m=1$相当于太阳光垂直入射到地表。一般当太阳光对地表的入射角为α_s时，则$m=\sec\alpha_s$。

太阳光谱如图5-4所示，太阳电池吸收太阳光谱时会产生电子-空穴对（过剩载流子），将其从外侧引出而发电。图5-4中的实线表示大气质量为2的光谱。对于太阳电池材料，可以用其光吸收光谱表示其主要特征。图5-5表示单晶硅的光吸收系数与光入射深度。硅是间接迁移型半导体，通过光吸收从价带到导带激发电子，所产生的电子-空穴对在光学迁移过程中存在声子（声子即晶体点阵振动能量的量子化单位），因此光吸收系数小，而吸收光谱平稳上升。由于光吸收系数小，因此要得到更大的光电流，充分吸收入射光的太阳电池硅片厚度必须达到 200μm。但是，如果采用陷光技术，即使硅片厚度薄至 50μm 也能得到较大的光电流。

一般波长 λ 的光入射到半导体时，从入射面开始至深度 x 处的载流子发生率 $G(\lambda, x)$ 的公式为：

$$G(\lambda, x)=\alpha(\lambda)F(\lambda, x) \tag{5-1}$$

式中，$\alpha(\lambda)$ 是指波长为 λ 时材料（这里指硅）的光吸收系数，$F(\lambda, x)$ 是指深度为 x 时的光通量（光子通量）。

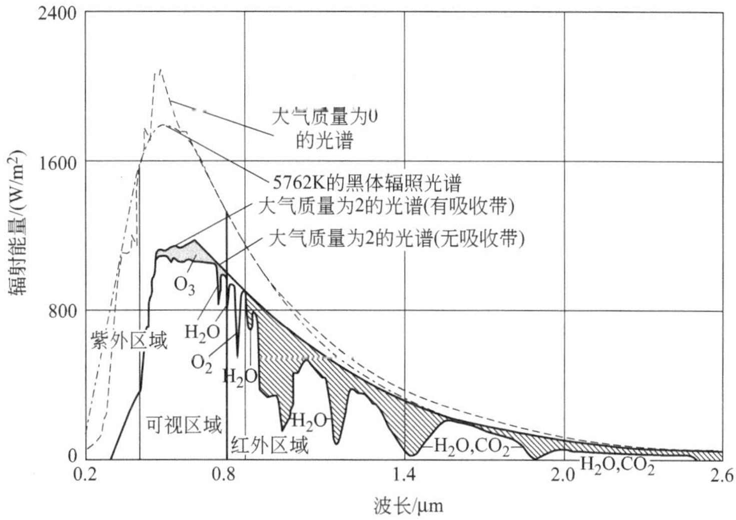

图 5-4 太阳光谱

点划线为 5762K 的黑体辐照光谱，虚线为大气质量为 0 的光谱，实线为大气质量为 2 的光谱

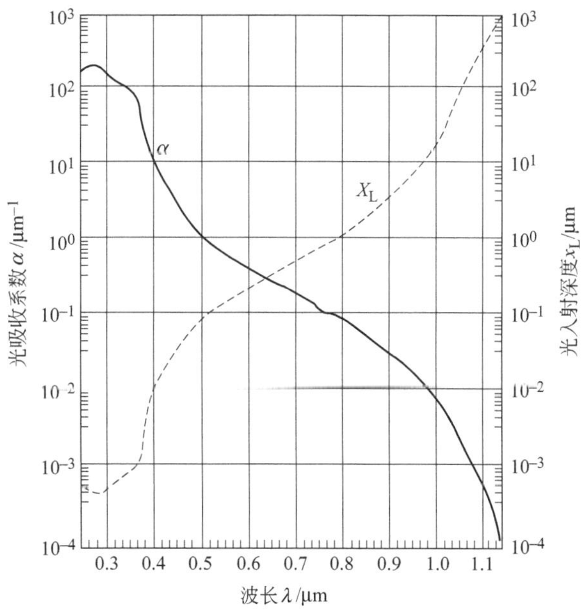

图 5-5 单晶硅在室温下的光吸收系数 α 和光入射深度 x_L

由于光在材料中被吸收，$F(\lambda, x)$ 随着 x 的增大而变小。因此，有如下关系式：

$$dF(\lambda, x)/dx=-\alpha(\lambda)F(\lambda, x) \tag{5-2}$$

根据式(5-1)、式(5-2)，可以得出 $G(\lambda, x)$ 的公式为：

$$G(\lambda, x)=\alpha(\lambda) F_0(\lambda) \exp[-\alpha(\lambda) x] \tag{5-3}$$

式中，$F_0(\lambda)$ 为入射面的光通量。

如图 5-4 所示，入射光通量为连续光谱时，将式(5-3) 对波长求积分即为载流子发生率 $G(x)$，即

$$G(x)=\int \alpha(\lambda) F_0(\lambda) \exp[-\alpha(\lambda) x] \mathrm{d}\lambda \tag{5-4}$$

这里为了简化，假定 $\alpha(\lambda)$ 在材料深度方向上无变化，也不考虑自由载流子的吸收。

如果能从太阳电池的外侧全部取出光吸收产生的过剩载流子当然更理想，但是在实际复合过程中，会损失过剩载流子。例如，在 P 型半导体块体中，载流子复合率 R 受到载流子热平衡状态改变的影响，通过考虑三次项关系可得出以下公式：

$$R=A(n-n_0)+B(pn-p_0 n_0)+C_{\mathrm{p}}(p^2 n-p_0^2 n_0)+C_{\mathrm{n}}(pn^2-p_0 n_0^2) \tag{5-5}$$

式中，p_0、n_0 分别为热平衡状态下空穴、电子的浓度；p、n 分别为空穴、电子的浓度，可分别记作 $p=p_0+\Delta p$，$n=n_0+\Delta n$（Δp、Δn 分别为过剩空穴、过剩电子的浓度，在载流子没有被捕获时，$\Delta p=\Delta n$）。将此关系式代入式(5-5) 中，考虑到是 P 型半导体 ($p_0 \gg n_0$)，整理得到

$$R=A\Delta n+B(p_0+n_0+\Delta n)\Delta n+C_{\mathrm{p}}(p_0^2+2p_0\Delta n+\Delta n^2)\Delta n+C_{\mathrm{n}}(n_0^2+2n_0\Delta n+\Delta n^2)\Delta n \tag{5-6}$$

式中的第一项是通过缺陷的复合，第二项是辐射性复合，第三项、第四项表示高浓度 ($10^{18}\mathrm{cm}^{-3}$ 以上）掺杂的样品和入射光强度较大、载流子数量较多时起决定作用的俄歇复合，分别以激发热（声子）、光、第二载流子的形式在复合中放出过剩能量（图 5-6）。此外，伴随着复合，式(5-5)、式(5-6) 的第三项相当于价带的空穴被激发，第四项相当于导带的电子被激发。在室温以上工作的晶硅太阳电池中的复合过程包括第一项的通过缺陷间的复合和第三项、第四项的俄歇复合。把复合寿命定义为 τ_{r}，则

$$\tau_{\mathrm{r}}=\Delta n/R \tag{5-7}$$

从中可以得知，复合率越低，复合寿命 τ_{r} 就越长。其中，通过缺陷间复合的载流子寿命 τ 为

$$\tau=1/A=[\tau_{\mathrm{p}}(n_0+n_1+\Delta n)+\tau_{\mathrm{n}}(p_0+p_1+\Delta n)]/(p_0+n_0+\Delta n) \tag{5-8}$$

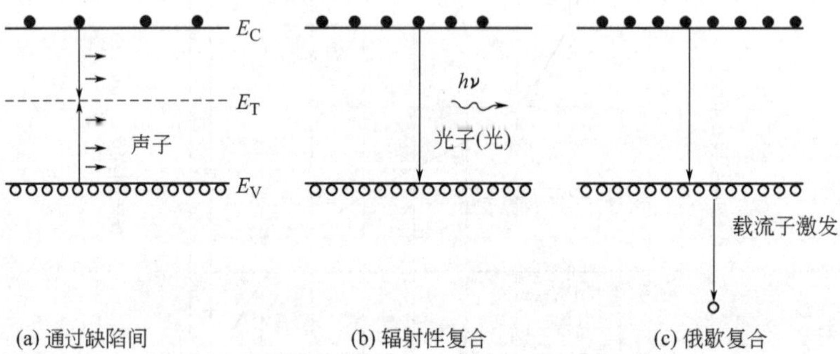

图 5-6 载流子复合机理

这里分别给出 τ_{p}、τ_{n}、p_1、n_1 的公式：

$$\tau_{\mathrm{p}}=(\sigma_{\mathrm{p}} v_{\mathrm{th}} N_{\mathrm{T}})^{-1}, \ \tau_{\mathrm{n}}=(\sigma_{\mathrm{n}} v_{\mathrm{th}} N_{\mathrm{T}})^{-1}$$

$$p_1=n_{\mathrm{i}} \exp[(E_{\mathrm{T}}-E_{\mathrm{i}})/kT], \ n_1=n_{\mathrm{i}} \exp[-(E_{\mathrm{T}}-E_{\mathrm{i}})/kT]$$

式中，σ_{p}、σ_{n} 为空穴及电子的捕获截面；v_{th} 是载流子热速度（约为 $10^7\mathrm{cm/s}$）；N_{T} 指复合中心浓度；n_{i} 为本征载流子浓度；E_{T} 为复合中心缺陷能级的能量位置；E_{i} 为本征能量水平；k 为玻耳兹曼常数；T 为温度。

从式(5-8)可以得知，当产生的载流子浓度较低时（$p_0 \geqslant \Delta n$），$\tau=\tau_n$；载流子浓度较高时（$p_0 \leqslant \Delta n$），$\tau=\tau_n+\tau_p$。

俄歇过程中的复合载流子寿命 τ_{Aug}，从式(5-6)、式(5-7)变为：

$$\tau_{Aug}=[C_p(p_0^2+2p_0\Delta n+\Delta n^2)+C_n(n_0^2+2n_0\Delta n+\Delta n^2)]^{-1} \tag{5-9}$$

式中，C_p、C_n 称为俄歇系数。

由式(5-9)可知，当过剩载流子浓度 Δn 较大时，Δn 倒数的平方就相应变小（从而导致 τ_{Aug} 相应变小）。例如，聚光太阳电池工作时，俄歇复合的作用就较大。

以上是P型片状半导体的复合过程，N型半导体的道理也是一样。

在了解太阳电池工作的基础上，有必要考虑表面和界面的载流子复合。

把常用于太阳电池原理分析和设计的表面复合速度 S_r 定义为

$$S_r=U_s/\Delta n_s \tag{5-10}$$

式中，U_s 为表面或通过界面缺陷间的复合率；Δn_s 为表面或界面的过剩载流子浓度。

太阳电池是由二极管构成的，所以在黑暗状态（无光照状态）下，电流-电压（I-V）特性会出现图5-7(a)的曲线变化。反之，在光照状态下，由于光生电流逆向流动，则会出现如图5-7(b)所示的曲线变化。但是，在说明太阳电池的性能时，一般可如图5-8所示，把图5-7第Ⅳ象限的曲线描绘于第Ⅰ象限。这个曲线的表达式为

$$I=I_L-I_0\left[\exp\left(\frac{qV}{nkT}\right)-1\right] \tag{5-11}$$

式中，I_L 指伴随光照流动的光电流；I_0 为反向饱和电流；q 为电荷量；V 为电压；n 为二极管因子。

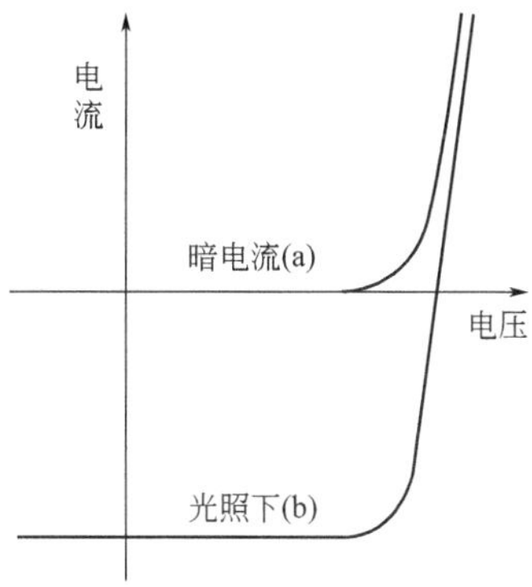

图 5-7 太阳电池的电流-电压特性

(a) 未受光照（暗电流）；(b) 光照下

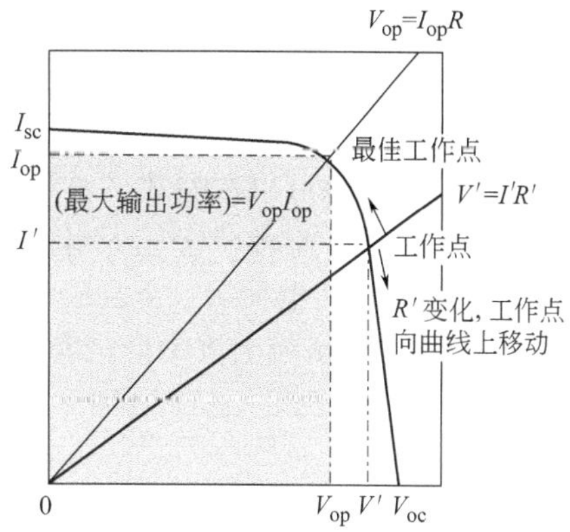

图 5-8 太阳电池在光照下的电流-电压特性

R 为在第Ⅰ象限时最佳工作点的负荷电阻；

R'为一般情况下的负电荷电阻

太阳电池的性能一般有以下几点（参照图5-8）。

① 开路电压 V_{oc}：输出功率端（接头）开路状态时的电压（电流为0时的电压）。

② 短路电流 I_{sc}：输出功率端不接入负荷，在短路状态下的电流（电压为0时的电流）。

③ 转换效率 η：通过最大输出功率 $V_{op}I_{op}$ 与入射能量 P_{in} 之比来定义，用以下公式表示。

$$\eta=\frac{V_{op}I_{op}}{P_{in}} \tag{5-12}$$

式中，I_{op}、V_{op} 是指最佳工作点的电流、电压。

④ 填充因子 FF：表示 $V_{oc}I_{sc}$ 和 $V_{op}I_{op}$ 的面积之比，以下式来定义：

$$FF=\frac{V_{op}I_{op}}{V_{oc}I_{sc}} \tag{5-13}$$

转换效率用式(5-14)表示

$$\eta=\frac{V_{oc}I_{sc}FF}{P_{in}} \tag{5-14}$$

下面来计算单位太阳电池面积范围内所产生光电流 I_L 时的光电流密度 J_L。太阳电池的工作有以下三个基本方程式，即：

电流方程式

$$J_n=q(\mu_n nE+D_n dn/dx) \tag{5-15}$$

$$J_p=q(\mu_p pE-D_p dp/dx) \tag{5-16}$$

泊松方程式

$$dE/dx=q(p-n+N_D^+-N_A^-)/(\varepsilon\varepsilon_0) \tag{5-17}$$

连续方程式

$$dJ_n(x)/dx=q[R(x)-G(x)] \tag{5-18}$$

$$dJ_p(x)/dx=q[G(x)-R(x)] \tag{5-19}$$

这里，在连续方程式方面假定为定常状态。以上公式中，x 为距光入射面的深度；J_n、J_p 为电子电流密度和空穴电流密度；n、p 是电子和空穴的浓度；μ_n、μ_p 为电子迁移率和空穴迁移率；D_n、D_p 是电子的扩散常数和空穴的扩散常数；E 为电场分布；N_D^+、N_A^- 分别是离子化后的施主和受主浓度；ε、ε_0 为所考虑材料的介电常数和真空介电常数。

式(5-18)和式(5-19)中的 $G(x)$、$R(x)$ 分别由式(5-4)、式(5-5)给出，但是式(5-5)中 $R(x)$ 的载流子浓度与 x 相关。

在适当边界条件下解这三个方程式可求得太阳电池的工作特性，但是一般求解式(5-15)～式(5-19)需用数值解析法。这里以得到的解析解为例，当多数载流子浓度一定，在结合不纯物浓度呈阶段性变化的 P-N 结（图 5-9）中，光生过剩载流子浓度较低时，可以忽略式(5-5)中的俄歇复合，在式(5-8)、式(5-15)中缺陷的复合就会变得比较简单。另外，考虑到在室温下工作，也可以忽略式(5-5)的第 2 项（辐射性复合）。

图 5-9 中的 P-N 结由位于光入射侧的 N（发射）层、位于更深位置的 P（基极）层，以及存在 P-N 结的空间电荷层（space charge region，SCR）组成。以波长 λ 表示的整个光电流密度 $J_L(\lambda)$ 为三层光电流密度之和，即

$$J_L(\lambda)=J_E(\lambda)+J_B(\lambda)+J_{SCR}(\lambda) \tag{5-20}$$

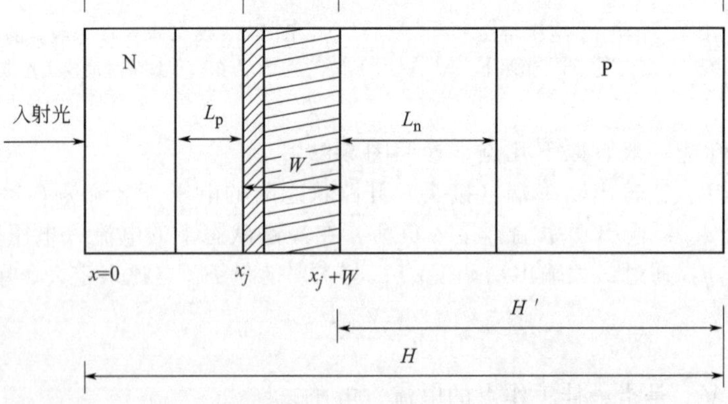

图 5-9 P-N 结的模式图

x 为光入射的深度，L_n、L_p、W 分别为电子的扩散长度、空穴的扩散长度、空间电荷层的宽度

首先计算 P 层（基极）产生的光电流密度 $J_B(\lambda)$。此层可以忽略电场。因此，光照射所

产生的少数载流子（电子）因扩散而移动，到达空间电荷层端（$x=x_j+W$）是作为流入N层的外部电流取出的。也即，式(5-15)只要考虑扩散电流成分。关于少数载流子，即电子的过剩浓度Δn，由式(5-15)、式(5-18)可建立如下微分方程式：

$$D_n d^2(\Delta n)/dx^2=-G(x)+R(x) \tag{5-21}$$

设表面入射光的光束为F，反射率为R_f，式(5-21)可以表示成：

$$D_n d^2(\Delta n)/dx^2+\alpha F(1-R_f)\exp(-\alpha x)-\Delta n/\tau_n=0 \tag{5-22}$$

此方程式的一般解为：

$$\Delta n(x)=A\cosh(x/L_n)+B\sinh(x/L_n)-\alpha F(1-R_f)\tau_n/(\alpha^2 L_n^2-1) \tag{5-23}$$

式中，L_n为电子扩散长，$L_n=(D_n\tau_n)^{1/2}$。

式(5-23)中的系数A、B由下面两个边界条件决定。也就是设背面（$x=H$）的复合速度为S_n，则

$$S_n\Delta n=-D_n d(\Delta n)/dx \tag{5-24}$$

P层背面由于表面复合电子浓度减少，形成浓度梯度。由于电子的浓度梯度引起的扩散电流与表面复合电流相等，所以把表面复合速度记作S_n，则式(5-24)成立。此外，空间电荷层端（$x=x_j+W$）受电场影响，过剩少数载流子迅速被扫出N（发射）层，假设$\Delta n=0$。

考虑边界条件的话，则$J_B(\lambda)$为

$$\begin{aligned}J_B(\lambda)&=qD_n\frac{d(\Delta n)}{dx}\bigg|_{x=x_j+W}\\&=\frac{qF(1-R_f)\alpha L_n}{\alpha^2L_n^2-1}\times\left\{\alpha L_n-\left\{\frac{\dfrac{S_nL_n}{D_n}\left[\cosh\left(\dfrac{H'}{L_n}\right)-\exp(-\alpha H')\right]+\sinh\left(\dfrac{H'}{L_n}\right)+\alpha L_n\exp(-\alpha H')}{\dfrac{S_nL_n}{D_n}\sinh\left(\dfrac{H'}{L_n}\right)+\cosh\left(\dfrac{H'}{L_n}\right)}\right\}\right\}\end{aligned} \tag{5-25}$$

此外，该式中的H'要参见图5-9。

N（发射）层被均匀掺杂时，在N（发射）层所产生的光电流密度$J_E(\lambda)$，可以与$J_B(\lambda)$一样被计算出来。

$$\begin{aligned}J_E(\lambda)&=qD_n\frac{d(\Delta p)}{dx}\bigg|_{x=x_j}\\&=\frac{qF(1-R_f)\alpha L_p}{\alpha^2L_p^2-1}\times\left\{\frac{\dfrac{S_pL_p}{D_p}+\alpha L_p-\exp(-\alpha x_j)\left[\dfrac{S_pL_p}{D_p}\cosh\left(\dfrac{x_j}{L_p}\right)+\sinh\left(\dfrac{x_j}{L_p}\right)\right]}{\dfrac{S_pL_p}{D_p}\sinh\left(\dfrac{x_j}{L_p}\right)+\cosh\left(\dfrac{x_j}{L_p}\right)}-\alpha L_pe^{-\alpha x_j}\right\}\end{aligned} \tag{5-26}$$

式中，L_p为空穴的扩散长度，$L_p=(D_p\tau_p)^{1/2}$；S_p为表面空穴的复合速度。

在这种情况下，N（发射）层的光生少数载流子（电子）也会因扩散而移动，到达表面后再复合。空间电荷层端（$x-x_j$）由于受电场影响，假定迅速被扫出P层。

在空间电荷层内，若光生过剩少数载流子受到电场影响，迅速被扫出而不发生复合的话，则该层所产生的光电流密度$J_{SCR}(\lambda)$为

$$J_{SCR}(\lambda)=F(1-R_f)\exp(-\alpha x_j)[1-\exp(-\alpha W)] \tag{5-27}$$

把式(5-25)～式(5-27)代入式(5-20)中，就能计算出全部光电流密度J_L。如同本节开始定义的那样，太阳电池在短路状态下的光电流密度J_L就是单位面积内的短路电流密度J_{SC}。图5-10给出了短路电流密度J_{SC}的计算例。从中可以得知，基极层的少数载流子即电子的扩散长度L_n和背面的复合速度S_n对J_{SC}的影响很大。如果电子寿命变短，L_n变为基

极层厚度（假设为200μm）的一半以下的话，J_{SC} 就会迅速减少，而此时的 J_{SC} 不受表面复合速度 S_n 的影响。另一方面，如果 L_n 比基极层厚，J_{SC} 就不受 L_n 的影响，而仅由 S_n 决定。

再来讨论开路电压 V_{oc}。若是不考虑串联、并联电阻影响的理想太阳电池电路，根据式(5-11)，得出 V_{oc} 的公式为

$$V_{oc}=(nkT/q)\ln[(I_L/I_0)+1] \tag{5-28}$$

由式(5-28) 可知，光生电流 I_L 增加，V_{oc} 也增加。要提高 V_{oc}，就要降低反向饱和电流 I_0。当两端子无限远时，把二极管面积视为 A，电子、空穴的扩散系数分别为 D_n、D_p，扩散长度分别为 L_n、L_p，受主和施主浓度分别为 N_A^-、N_D^+，则得出 I_0 的公式：

$$I_0=Aqn_i^2[D_n/(L_nN_A^-)+D_p/(L_pN_D^+)] \tag{5-29}$$

从中可以得知，为降低 I_0，要延长电子或空穴的扩散长度，还必须提高 N 层、P 层的浓度。当然，提高浓度时，即使扩散长度变得很短，反向饱和电流 I_0 也不会下降。也即，要提高 V_{oc}，就要尽量提高晶体质量，减少复合能级浓度。另外，如果降低式(5-29) 中的本征载流子浓度 n_i，反向饱和电流也会减少，但 n_i 的值由材料（禁带宽度和有效质量）决定，只要材料不变，n_i 的值就不会变。但要注意到，如果 P 层或 N 层的浓度过高的话，受晶格变形的影响，禁带宽度会变小，n_i 增加，V_{oc} 就下降。

最后讨论填充因子 FF。从以往经验得知，FF 对 V_{oc} 有如下影响。

$$FF=[\gamma_{oc}-\ln(\gamma_{oc}+0.72)]/[\gamma_{oc}+1] \tag{5-30}$$

这里把 γ_{oc} 定义为 $\gamma_{oc}=V_{oc}/(kT/q)$，即指规格化的开路电压。随着 V_{oc} 的增大，FF 也增大。如上所述，降低片状晶体和表面、界面的复合能级浓度，增加的 V_{oc} 与提高 FF 有关。而当 V_{oc} 一定时，如果增加二极管因子 n，FF 就会降低。此外，FF 还受电池的串联电阻和并联电阻影响。

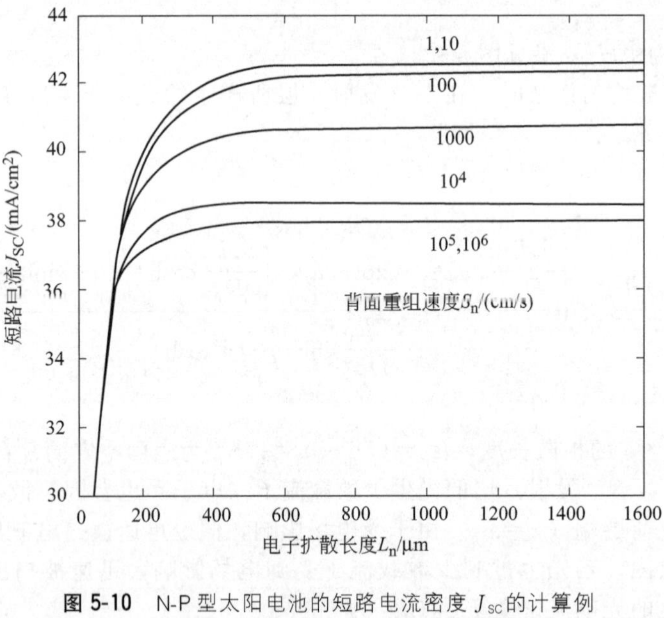

图 5-10 N-P 型太阳电池的短路电流密度 J_{SC}的计算例

L_n—基极层的少数载流子，即电子的扩散长度；

S_n—背面复合速度，假设基极层（P 层）的厚度为 200μm

5.1.2.2 太阳电池的基本特性

太阳电池具有如下几项基本特性。

（1）太阳电池的极性

太阳电池一般制成P^{+}/N型结构或N^{+}/P型结构，如图 5-11(a)、图 5-11(b) 所示。其中，第一个符号，即P^{+}和N^{+}，表示太阳电池背面衬底半导体材料的导电类型。

太阳电池的电性能与其制造所用的半导体材料特性有关。在太阳光照射下，太阳电池输出电压的极性为：P 型一侧电极为正；N 型一侧电极为负。

当太阳电池作为电源与外电路连接时，太阳电池在正向状态下工作。当太阳电池与其他电源联合使用时，如果外电源的正极与太阳电池的 P 电极连接，负极与太阳电池的 N 电极连接，则外电源向太阳电池提供正向偏压；如果外电源的正极与太阳电池的 N 电极连接，负极与太阳电池的 P 电极连接，则外电源向太阳电池提供反向偏压。

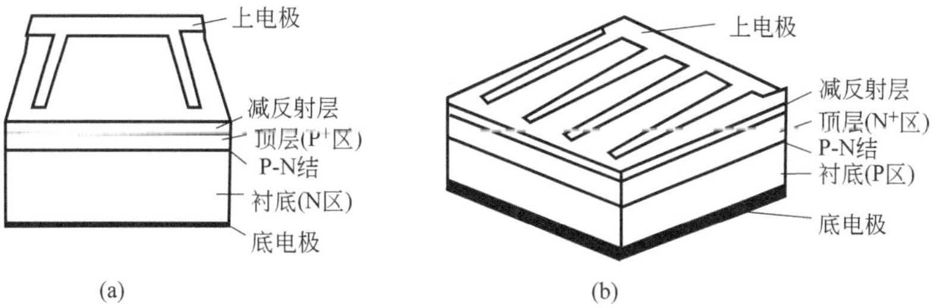

图 5-11 太阳电池结构图

(2) 太阳电池的电流-电压特性

太阳电池的电路及等效电路如图 5-12(a)、图 5-12(b) 所示。其中，R_L 为电池的外负载电阻。当 $R_L=0$ 时，所测的电流为电池的短路电流 I_{SC}，即将太阳电池置于标准光源中的照射下，在输出端短路时，流过太阳电池两端的电流。测量短路电流的方法是用内阻小于 1Ω 的电流表接在太阳电池的两端。I_{SC} 与太阳电池的面积大小有关，面积越大，I_{SC} 值越大。一般来说，$1cm^2$ 太阳电池的 I_{SC} 值约为 16～30mA。同一块太阳电池，其 I_{SC} 值与入射光的辐照度成正比；当环境温度升高时，I_{SC} 值略有上升，一般温度每升高 1℃，I_{SC} 值约上升 78μA。当 $R_L\rightarrow\infty$ 时，所测得的电压为电池的开路电压 V_{OC}（把太阳电池置于 $100mW/cm^2$ 的光源照射下，在两端开路时，将太阳电池的输出电压值称为太阳电池的开路电压)，其值可用高内阻的直流毫伏计测量。太阳电池的开路电压与光谱辐照度有关，与电池面积的大小无关。在 $100mW/cm^2$ 的太阳光谱辐照度下，单晶硅太阳电池的开路电压为 450～600mV，最高可达 690mV。当入射光谱辐照度变化时，太阳电池的开路电压与入射光谱辐照度的对数成正比；环境温度升高时，太阳电池的开路电压值将下降，一般温度每上升 1℃，V_{OC} 值约下降 2～3mV。I_D（二极管电流）为通过 P-N 结的总扩散电流，其方向与 I_{SC} 相反。R_s 为串联电阻，它主要由电池的体电阻、表面电阻、电极导体电阻和电极与硅表面间接触电阻所组成。R_{sh} 为旁路电阻，是因硅片边缘不清洁或体内的缺陷导致的。一个理想的太阳电池，R_s 很小，而 R_{sh} 很大。由于 R_s 和 R_{sh} 分别串联与并联在电路中，所以在进行理想电路计算时，它们都可以忽略不计。此时，流过负载的电流 I_L 为：

$$I_L=I_{SC}-I_D$$

理想的 P-N 结特性曲线方程为：

$$I_L=I_{SC}-I_0(e^{\frac{qV}{AkT}}) \tag{5-31}$$

式中，I_0 为太阳电池在无光照时的饱和电流（反向饱和电流）；q 为电子电荷；k 为玻尔兹曼常数；A 为二极管曲线因素。

$I_L=0$ 时，电压 V 为 V_{OC}，可用下式表示：

$$V_{OC}=\frac{AkT}{q}\ln\left(\frac{I_{SC}}{I_0}+1\right) \tag{5-32}$$

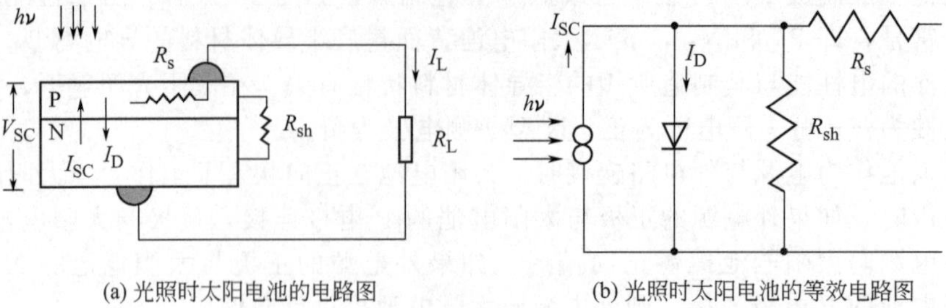

图 5-12 太阳电池的电路及等效电路

根据以上两式作图，就可得到太阳电池的电流-电压关系曲线。该曲线简称为 I-V 曲线或伏-安曲线，如图 5-7 所示。图中，曲线（a）是二极管的暗伏-安特性曲线，即无光照时太阳电池的 I-V 曲线；曲线（b）是电池受光照后的 I-V 曲线，它可由无光照时的 I-V 曲线向第Ⅳ象限位移 I_{SC} 量得到。经过坐标变换，最后即可得到常用的光照 I-V 曲线，如图 5-8 所示。

I_{op} 为最佳负载电流，V_{op} 为最佳负载电压。在此负载条件下，太阳电池的输出功率最大。在电流-电压坐标系中，与这一点相对应的负载，称为最佳负载。

（3）太阳电池的填充因子

评价太阳电池的输出特性，还有一个重要参数，称为填充因子（FF）。如前所述，它是以太阳电池最大功率与开路电压、短路电流的乘积之比表示，即：

$$FF=\frac{V_{op}\cdot I_{op}}{V_{OC}\cdot I_{SC}} \tag{5-33}$$

填充因子是评价太阳电池输出特性的一个重要参数。它的值越高，表明太阳电池输出特性曲线越趋近于矩形，电池的转换效率越高。

串、并联电阻对填充因子有较大影响。串联电阻越大，短路电流下降越多，填充因子也会随之减少；并联电阻越小，则漏电流增加，导致开路电压就下降得越多，填充因子也会下降更多。因而，通常优质太阳电池的填充因子都大于 0.7。

（4）太阳电池的光电转换效率

太阳电池的光电转换效率用 η 表示，它的含义是太阳电池的最大输出功率与照射到电池上的入射光的功率之比。

太阳电池的光电转换效率，主要与它的结构、P-N 结特性、材料性质、电池的工作温度、放射性粒子辐射损坏和环境变化等因素有关。材料的禁带宽度直接影响光生电流，即短路电流的大小。由于太阳辐射中光子能量大小不一，只有那些能量比禁带宽度大的光子才能在半导体中产生电子-空穴对，从而形成光生电流。所以，材料禁带宽度小，小于它的光子数量就多，获得的短路电流就大。反之，禁带宽度大，大于它的光子数量就少，则短路电流就小。但禁带宽度太小也不合适，因为能量大于禁带宽度的光子在激发出电子-空穴对后剩余的能量会转变为热能，从而降低了光子能量的利用率。再有，禁带宽度又直接影响开路电压的大小。而开路电压的大小与 P-N 结反向饱和电流的大小成反比。禁带宽度越大，反向饱和电流越小，开路电压越高。计算表明，在大气质量为 AM1.5 的条件下测试时，单晶硅太阳电池的理论转换效率可达 33％。

（5）温度对太阳电池输出性能的影响

温度的变化显著地改变太阳电池的输出性能。由半导体物理理论可知，载流子的扩散系数随温度的升高而有所增大，因此，光生电流 I_L 也随温度的升高有所增加。但 I_0 随温度的升高呈指数增大，因而 V_{oc} 随温度升高急剧下降。当温度升高时，I-V 曲线形态改变，填充因子下降，故光电转换效率随温度的增加而下降。

研究和试验表明，太阳电池工作温度的升高会引起短路电流的少量增加，并引起开路电压大大降低。温度变化对于开路电压的影响之所以大，是因为开路电压直接与制造电池的半导体材料的禁带宽度有关，而禁带宽度会随温度的变化而发生改变。对于硅材料来说，禁带宽度随温度的变化率约为－0.003eV/℃，从而导致开路电压变化率约为－2mV/℃。也就是说，随着太阳电池温度的增加，开路电压减少，在20～100℃范围，大约每升高1℃每片电池的电压约减少2mV；而光电流随温度的增加略有上升，大约每升高1℃每片电池的光电流增加1‰，或0.03mA/(℃ · cm^2)。总体而言，温度升高时太阳电池功率下降，典型功率温度系数为－0.35%/℃，即太阳电池温度每升高1℃，功率均减少0.35%。图5-13给出温度对光电压和光电流的影响。这里指的是温度对晶体硅太阳电池性能的影响，而非晶硅太阳电池则不同。根据美国Uni-Solar公司的报道，该公司三结非晶硅太阳电池组件的功率温度系数只有－0.21%。

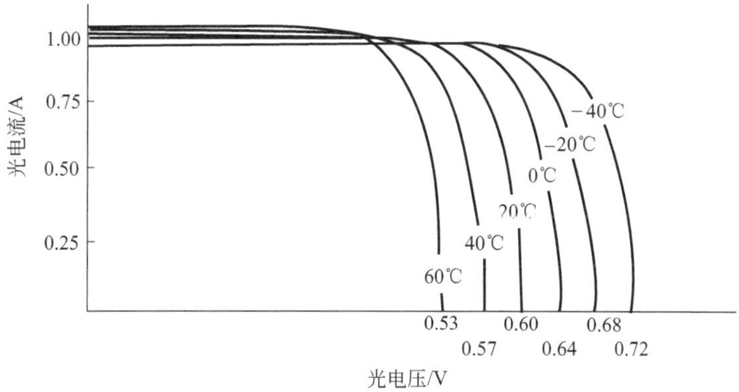

图 5-13 温度对光电压和光电流的影响

辐射度与太阳电池组件的光电流成正比，在辐照度为100～1000W/m^2范围内，光电流始终随辐照度的增加呈线性增长；而辐照度对光电压的影响很小，在温度固定的条件下，当辐照度在400～1000W/m^2范围内变化时，太阳电池组件的开路电压基本保持恒定。正因为如此，太阳电池组件的功率与辐照度也基本成正比。

（6）太阳电池的光谱响应

太阳光谱中，不同波长的光具有有所不同的能量，所含的光子数目也不相同。因此，太阳电池接受光照射所产生的光子的数目也就不同。为反映太阳电池的这一特性，引入光谱响应这一参量。

太阳电池在入射光中每一种波长的光能作用下所收集到的光电流，与相对于入射到电池表面的该波长的光子数之比，称为太阳电池的光谱响应，又称为光谱灵敏度。

太阳电池的光谱响应，与太阳电池的结构、材料性能、结深、表面光学特性等因素有关，并且它还随环境温度、电池厚度和辐射损伤而变化。

几种常用的太阳电池光谱响应曲线如图5-14所示。

在含太阳电池的受光器件设计中，知道对某一波长的光谱灵敏度并加以利用是很重要的。根据定义，太阳电池在入射光中一定能量的单波长光的作用下，发电得到的光电流比率称为光谱灵敏度。对照射的光子（光量子）数来说，发电得到的载流子数比率称为收集效率或量子效率。

定义光谱灵敏度$SR(\lambda)$的表达式为

$$SR(\lambda)=\frac{I_{sc}(\lambda)}{P(\lambda)} \tag{5-34}$$

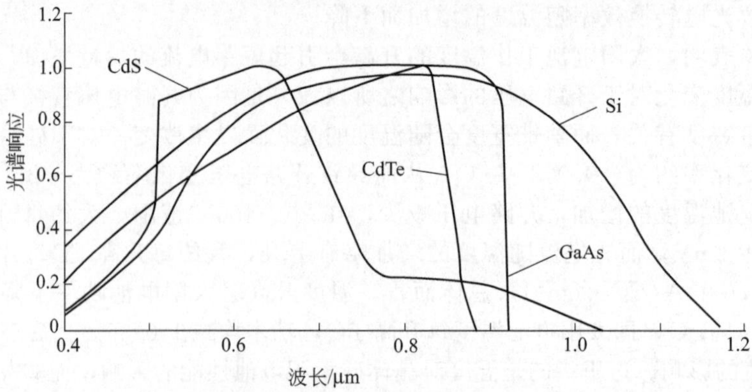

图 5-14 太阳电池光谱响应曲线

定义量子效率的表达式为

$$Q_{\text{out}}(\lambda)=\frac{hc}{q\lambda}\frac{I_{\text{sc}}(\lambda)}{P(\lambda)}\times 100\%$$
$$=\frac{hc}{q\lambda}SR(\lambda)\times 100\% \tag{5-35}$$

式中，c 为光速，$3\times10^{8}\text{m/s}$。式(5-35) 中的量子效率可以换算成光谱灵敏度来求得。图 5-15 是表示太阳电池的光谱灵敏度和量子效率的例子。基本上，每一个入射光子都会生成一个电子-空穴对，因此量子效率对光生载流子数来说表示的是回收后的载流子数。但是，受到实际测定中表面反射的影响，由于照射光子数与入射到太阳电池内的光子数不同，在光生载流子过程中，无法得知回收数量。因此，可以通过减去入射光的表面反射部分来求得量子效率。基于此，对其提出一个新的定义，称为内部量子效率 [$Q_{\text{in}}(\lambda)$]。外部量子效率 $Q_{\text{out}}(\lambda)$ 是由测定得到的量子效率，可通过以下公式进行换算：

$$Q_{\text{in}}(\lambda)=\frac{Q_{\text{out}}(\lambda)}{(1-R)}=\frac{hc}{q\lambda}\times\frac{I_{\text{sc}}}{(1-R)P(\lambda)}\times 100\% \tag{5-36}$$

图 5-16 所示为外部量子效率、内部量子效率和反射率之间的关系。

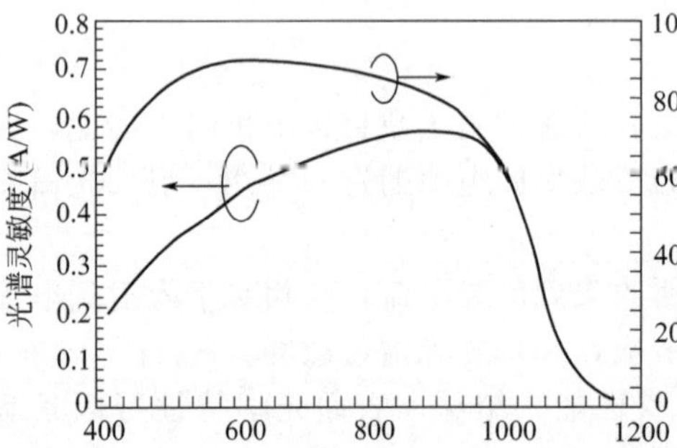

图 5-15 光谱灵敏度和量子效率

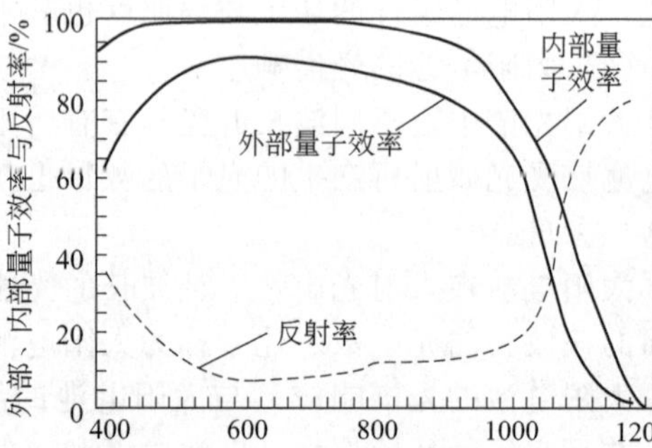

图 5-16 外部、内部量子效率和反射率之间的关系

如前所述，利用光谱灵敏度和量子效率，根据以下公式可以求得太阳电池的短路电流：

$$I_{\text{sc}}=\int_{0}^{\infty}F(\lambda)SR(\lambda)\text{d}\lambda=\frac{q\lambda}{hc}\int_{0}^{\infty}F(\lambda)[1-R(\lambda)]Q_{\text{in}}(\lambda)\text{d}\lambda \tag{5-37}$$

式中，$F(\lambda)$ 为太阳辐照光谱强度。

由式(5-37) 可以得知，尽可能减少反射率，能够提高内部量子效率，即通过减少载流子复合，可以增加短路电流。

从光谱灵敏度和量子效率的图表中传递的信息可知，一般短波长光较易吸收，但光只能到达较浅的区域。一方面，吸收长波长光较难，但可进入深的区域。图 5-17 为以硅太阳电池为例，波长分别为 300nm、600nm、1200nm，辐照度为 $100mW/cm^2$ 的单波长光入射深度与产生载流子数量的关系。波长为 300nm 的单波长到达约 0.2μm 深度时，能全部被吸收并生成载流子；同时，还反映光谱灵敏度对表面复合速度和表面侧层（N 层）内寿命的影响。另一方面，如果单波长光的波长接近 1200nm，就很不易被吸收，而在太阳电池的深度方向上同样生成载流子。在这种情况下，P-N 结附近生成的少数载流子较容易结合，但是在深的区域生成的载流子会根据背面的表面复合速度和 P 层寿命的情况进行复合，而无法进行结合。

这里要追溯到多年前，现在以典型的改善光谱灵敏度为例，通过分析 20 世纪 70 年代发明的“紫色电池（Violet）”和“黑色电池（CNR）”来研究实际的光谱灵敏度。图 5-18 表示了“紫色电池”、“黑色电池”以及“传统电池（Conventional）”的光谱灵敏度。

图 5-18 中的“紫色电池”与“传统电池”相比，可以看出短波长的光谱灵敏度得到很大提高，这一提升主要是由于表面扩散层的改进效果。“紫色电池”上市之前，由于电池要通过电极形成时的穿透来防止漏电，表面扩散层的表面浓度因而较高，结深为 0.5μm。短波长区域的光谱灵敏度较低，是因为在表面扩散层生成的载流子在分离前进行了复合。“紫色电池”由于削除了“死层”，剩下浅的接合（0.25μm），实现了如图 5-18 所示的短波长（紫光、青光）光谱灵敏度的提高。

与“紫色电池”相比，“黑色电池”在波长为 0.9μm 左右的光谱灵敏度得到很大提高。这是因为在原紫色电池中导入了减反射膜织构，因而降低了反射率。正是因为这种电池表面看上去较暗，才取名为“黑色电池”。

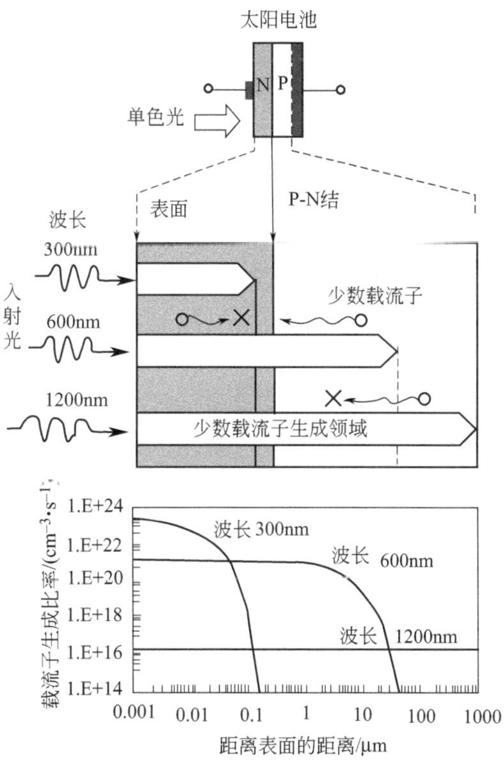

图 5-17 单波长光入射深度与产生载流子数量的关系

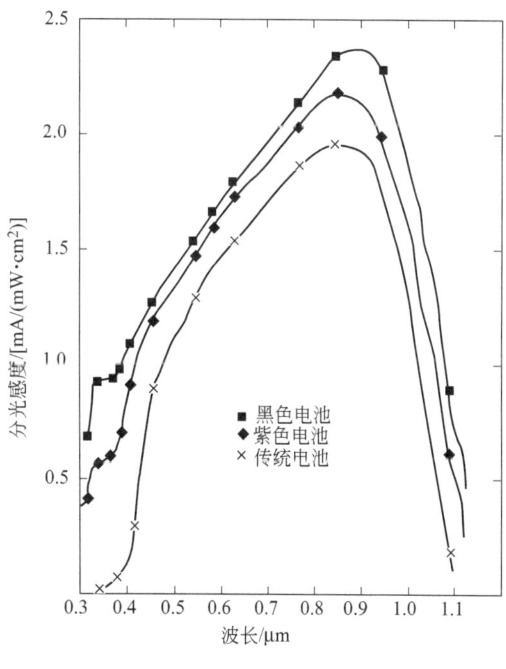

图 5-18 紫色电池、黑色电池与传统电池的光谱灵敏度

5.1.3 晶体硅太阳电池及其高效化发展

以下对晶体硅太阳电池制造及产业化进展与高效化途径进行介绍。

太阳电池的种类繁多，其相应的制造方法也不同。目前应用最多的仍是单晶硅和多晶硅太阳电池。这两种太阳电池在技术上成熟、性能上稳定可靠、转换效率高，现已实现大规模产业化。此外，硅是地壳中第二丰富的元素（含量达25.8%），制造晶体硅太阳电池的原料十分丰富。晶体硅太阳电池实际上是一个大面积的半导体P-N结：上表面为受光面，蒸镀有铝银材料制成的栅状电极；背面为镍锡制成的底电极。上、下电极均焊接银丝作为引线。为了减少硅片表面对入射光的反射，会在电池表面上蒸镀一层SiO_2或其他材料的减反射膜。其制造流程包括硅材料与硅片制备、电池制造及组件封装等步骤。

5.1.3.1 多晶硅材料的制备

在半导体工业中，硅原料制备是通过还原SiO_2，然后用冶金法提炼至97%～98%纯度的硅来制造的。为了提高纯度，再通过三氯硅烷等中间生成物来得到纯度为99.99999%及以上的多晶硅块。这一工艺称为西门子法（图5-19）。过去，为了降低太阳电池的硅原料成本，曾用单晶硅块的边角料来制造，但是随着电力用太阳电池的增产，这些边角原料早已供应不足，因此应有一种全新、低成本的太阳电池硅原料制造方法，这就是现今通常使用的改良西门子法。

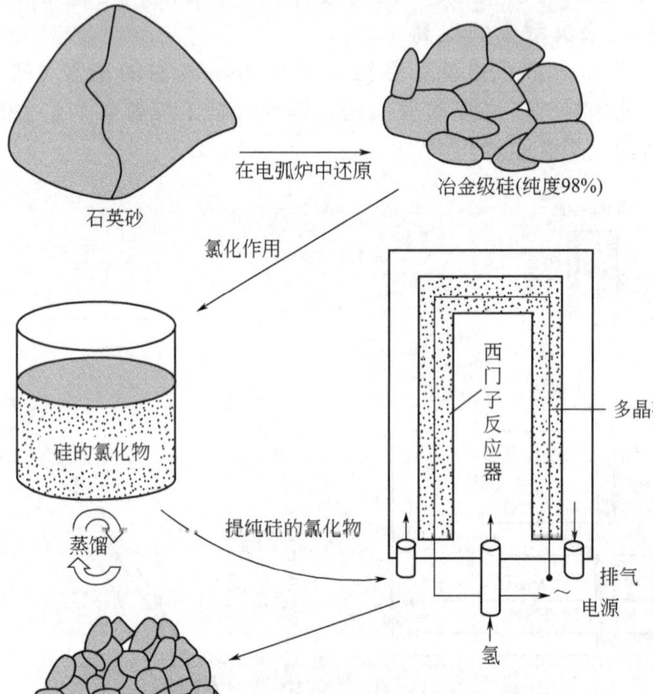

图5-19 由石英砂制备高纯硅的工艺过程

通过电弧炉，在高温下，二氧化硅（SiO_2）与还原剂焦炭发生反应：

$$SiO_2 + 2C \longrightarrow Si + 2CO$$

生成的液态硅沉入电弧炉底部，铁作为添加剂防止形成碳化硅。在电弧炉底部的开孔收集液态硅，冷却凝固，得到纯度为97%～98%的冶金级硅。由于原材料和制备方法不同，杂质含量也不一样。通常，铁和铝的含量约占0.1%～0.5%，钙约占0.1%～0.2%，铬、锰、镍、钛和锆各约占0.05%～0.1%，硼、铜、镁、磷和钒等均在0.1%以下。冶金级硅的电耗约为 10～12kW·h/kg。

目前采用的改良西门子法生产高纯多晶硅是在西门子法工艺基础上，增加反应尾气干法回收系统、$SiCl_4$ 氢化工艺，实现了闭路循环。其生产流程主要由 5 个部分组成：$SiHCl_3$ 合成；$SiHCl_3$ 提纯；$SiHCl_3$ 氢还原；反应尾气回收；$SiHCl_3$ 氢化分离，见图 5-20。由于这种方法采用了大型还原炉，因而降低了单位产品的能耗；通过采用 $SiCl_4$ 氢化和尾气干法回收工艺，明显降低了原辅材料的消耗，用这种方法生产的多晶硅占当今世界生产总量的 70%～80%。

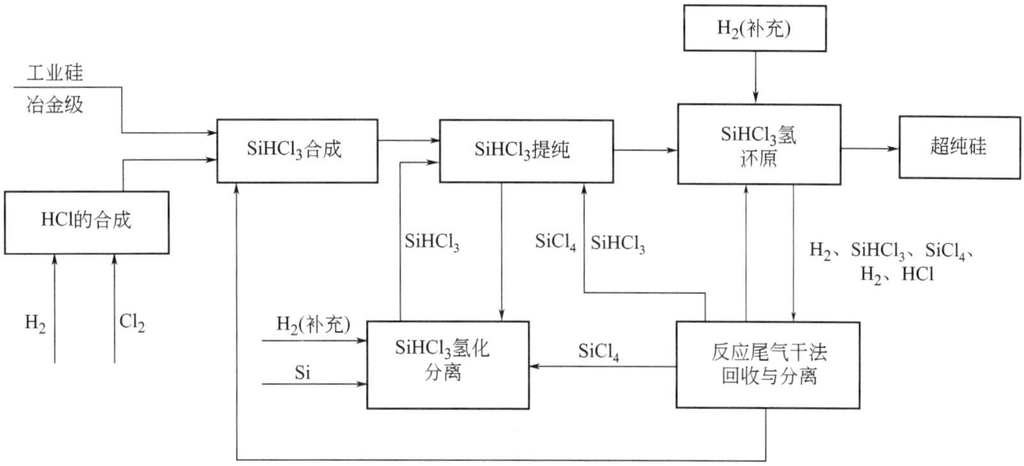

图 5-20 改良西门子法工艺流程

另外还有一种太阳能级硅，它是专门用于制造太阳电池的硅材料。为了降低成本，通常采用简单的化学或物理方法提纯冶金级硅，其杂质含量在冶金级硅与电子级硅之间。一般认为，在太阳级硅中，钼、铌、锆、钨、钛和钒等元素，杂质浓度必须控制在 10^{13}～$10^{14}cm^{-3}$ 以下；镍、铝、钴、铁、锰和铬等元素，杂质浓度控制在 $10^{15}cm^{-3}$ 以下；而铜的浓度可以控制在 $10^{18}cm^{-3}$ 以下。不同金属杂质对太阳电池效率的影响见图 5-21。

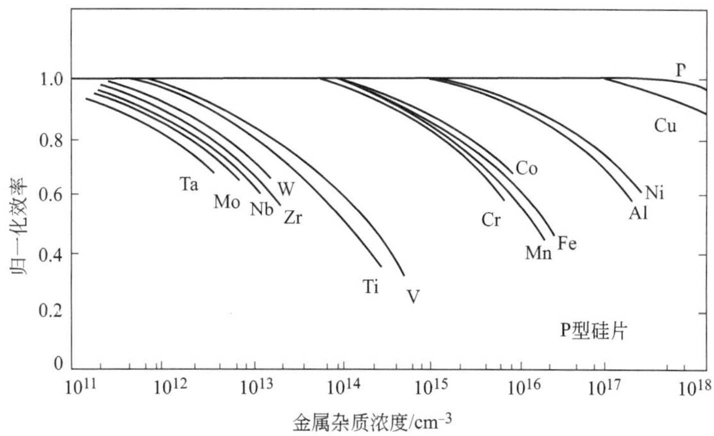

图 5-21 不同金属杂质对太阳电池效率的影响

5.1.3.2 晶硅、硅锭、硅片制造

首先应制造硅锭，然后切割加工硅片。

(1) 单晶硅硅锭制备

目前制造太阳电池用的单晶硅锭主要有两种方法：熔体直拉法（czochralski，CZ 法）和悬浮区熔法（floating zone melting，FZ 法）。

① 熔体直拉法（CZ 法）使用高纯多晶硅材料或单晶、多晶硅锭头尾料，在单晶炉的石英坩埚内拉出单晶。将硅料在真空或气氛下加热熔化，同时掺杂。用硅单晶籽晶与硅熔体熔接，并以一定速度旋转提升，形成直径约为 150～300mm、长度可达 1m 以上的单晶硅锭，如图 5-22 所示。

在直拉法制备硅单晶时，要使用超纯石英（SiO_2）坩埚。石英坩埚与硅熔体反应，反应产物 SiO 的一部分从硅熔体中蒸发出来，另外一部分熔解在熔融硅中。这是单晶硅中氧杂质的主要来源。这里要注意一点，由于原料硅的熔解是在石英坩埚中进行的，所以需要消耗 $10\times10^{-4}\%$以上的氧。而太阳电池用硅片的电阻率为 1Ω·cm，含有较高浓度硼的硅材料中的氧浓度会降低硅片的品质。

② 悬浮区熔法（FZ 法）将已适度掺杂的多晶硅棒和籽晶一起竖直固定在区熔炉上，以高频感应等方法加热多晶硅棒的一部分区域。由于硅密度小、表面张力大，在电磁场浮力、熔融硅的表面张力和重力的平衡作用下，使所产生的熔区能稳定地悬浮于硅棒中间。在真空或气氛下，控制工艺条件，使熔区在硅棒上从头到尾定向移动，如此反复多次，借助于杂质的分凝作用，最后形成沿籽晶生长的高纯单晶硅锭，如图 5-23 所示。区熔单晶硅纯度高，晶体缺陷少，但成本也很高，因此通常只用于制造高效单晶硅太阳电池。

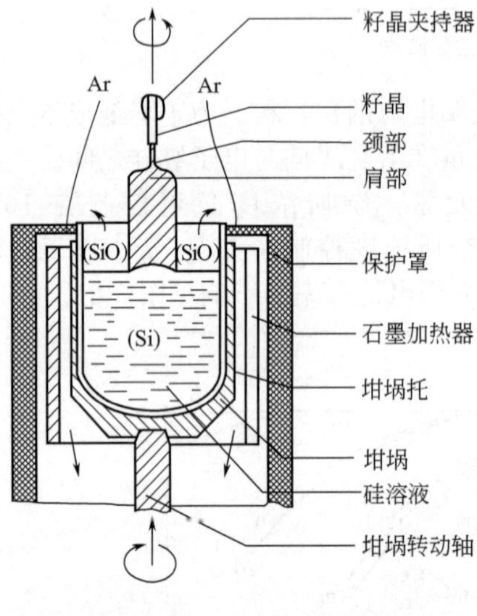

图 5-22 CZ 法生长单晶硅锭原理图

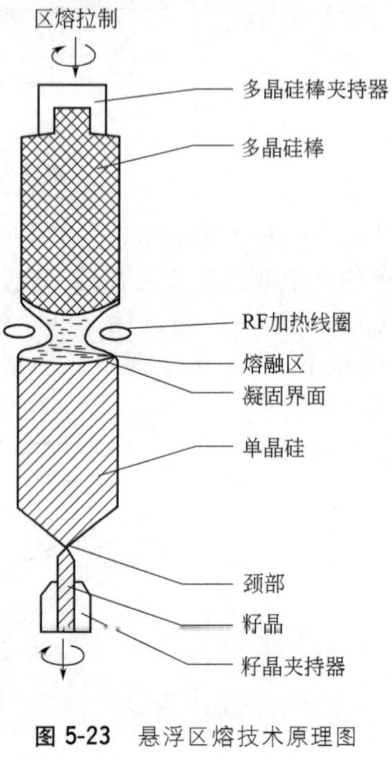

图 5-23 悬浮区熔技术原理图

（2）多晶硅硅锭制备

目前，太阳电池用的多晶硅锭有三种制造方法，即定向凝固法、浇铸法和电磁铸锭法。三种方法中大多采用定向凝固法。

与单晶硅锭生产工艺相比，多晶硅锭的生产设备比较简单，耗电少，生产效率高，因而生产成本较低，但生产出的多晶硅太阳电池转移效率稍低于单晶硅电池。通过采用浅结、改进绒面技术和电极接触技术，提高少子寿命，目前面积为 $15.0\times15.5cm^2$ 的多晶硅电池效率已达到 17.7%以上。

（3）硅片加工

晶体硅片的加工，是通过对硅锭整形、切割，制成具有一定大小、厚度、表面平整的硅片。通常采用厚度 200～300μm 和面积为$(125\times125)mm^2$ 至$(156\times156)mm^2$ 的 P 型硅片。

现在一般采用多线切割机切割硅片，它是将 100km 左右、直径 140～160μm 钢丝卷置于固定架上，经过滚动 SiC 磨料切割硅片，如图 5-24 所示。这种切片方法与内圆式切割方法相比，具有质量好、效率高、硅材料损耗约 40%～50%、可切割大尺寸薄片（厚度小于 200μm）等特点。

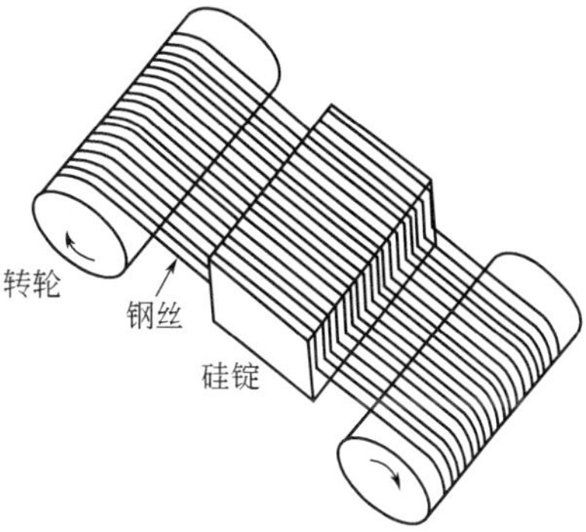

图 5-24 多线切割机切割硅片示意图

多线切割机切片工艺流程如图 5-25 所示。

（4）带硅的制备

带硅由硅熔体直接形成，可减少切片损失。有多种制造方法，现在比较成熟的是限边喂膜法（EFG），将熔融硅从能润湿硅的石墨模具狭缝中拉出形成单晶带硅，如图 5 26 所示。然后，用激光切割带硅形成单晶硅片制作太阳电池。目前已能拉制出每面宽为 10cm 的十面体筒状硅，厚度 280～330μm。制成的带硅太阳电池实验室效率可达 16%，批量生产的电池效率为 11%～13%（注：目前已有提高）。

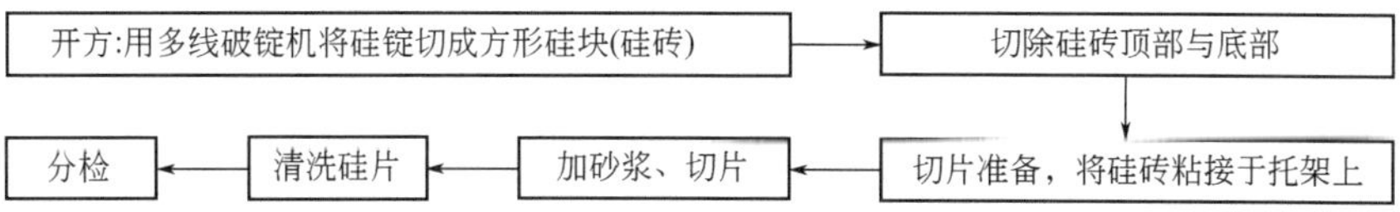

图 5-25 多线切割机切片工艺流程

另有一种细线拉制带硅方法是将带硅与耐高温的细线一起从溶液中直接拉出，如图 5-27 所示；随后用金刚石刀具切割成所需长度。该工艺很简单，生长速度可达 25mm/min。采用 $10mm^2$、100μm 厚的带硅制成电池的实验室效率已达 15.1%以上。

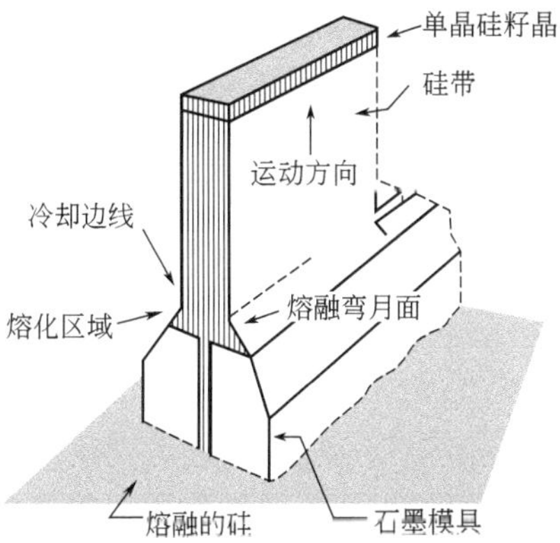

图 5-26 EFG 方法生长带硅原理

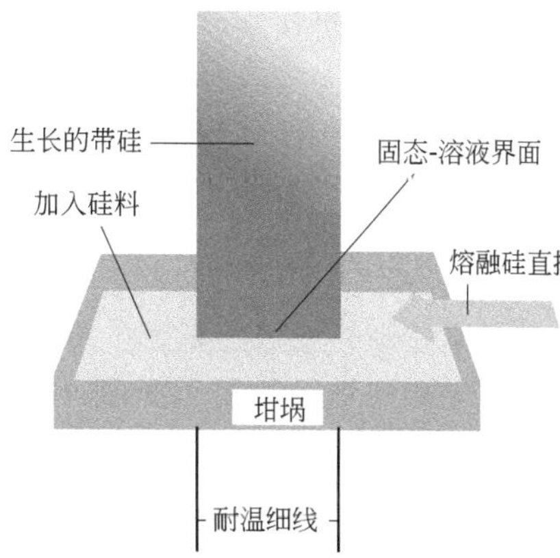

图 5-27 细线拉制带硅原理

5.1.3.3 晶硅太阳电池制造工艺

目前制造晶硅（晶体硅）太阳电池常用 P 型硅片。硅片进行腐蚀、清洗后，将其置于扩散炉石英管内，用三氯氧磷在 P 型硅片上扩散磷原子形成深度约 0.5μm 左右的 P-N 结，然后在受光面上制作减反射膜，并通过真空蒸发或丝网印刷制作上电极和底电极。上电极位于受光面，应采用栅线电极以便透光。

晶体硅太阳电池典型制造工艺流程如图 5-28 所示。

在晶体硅太阳电池的制造方法中，电池片制作主要有如图 5-29 所示的几个步骤：①硅

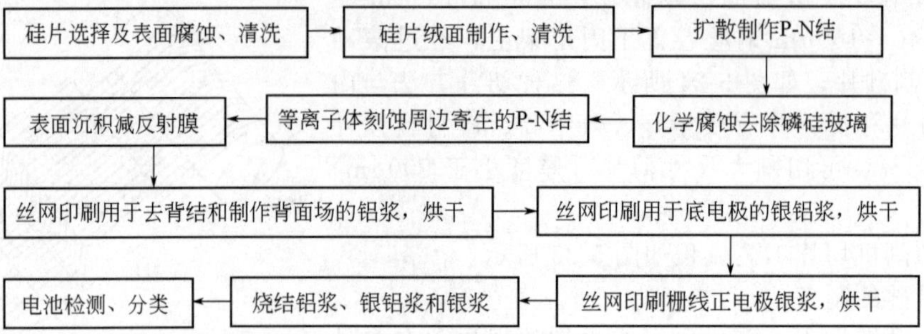

图 5-28 晶体硅太阳电池典型生产工艺流程

片表面加工；②P-N 结形成；③减反射膜形成；④背面电场形成；⑤受光面电极形成。

高效晶体硅太阳电池是目前全世界相关科研机构和光伏企业关注的焦点。传统太阳电池的结构从上至下依次包括：呈条状和指状图案的正面欧姆接触层、覆盖于其上的减反射膜、位于硅片上表面形成的浅 P-N 结，以及覆盖整个背面的欧姆接触层。在太阳光谱中，能量低于禁带宽度 E_g 的光子无法对电池的输出作出贡献；而能量高于 E_g 的光子，其超出 E_g 的能量部分将以热的形式损失，仅 E_g 部分被有效利用。在耗尽层产生的电子-空穴对将被太阳电池内部的电场所分离，该电场强度取决于 P 型和 N 型材料之间的费米能级差异。通过优化电池结构和完善制备工艺，高效晶体硅太阳电池实现了光电转换效率（以下简称转换效率）的稳步提升。

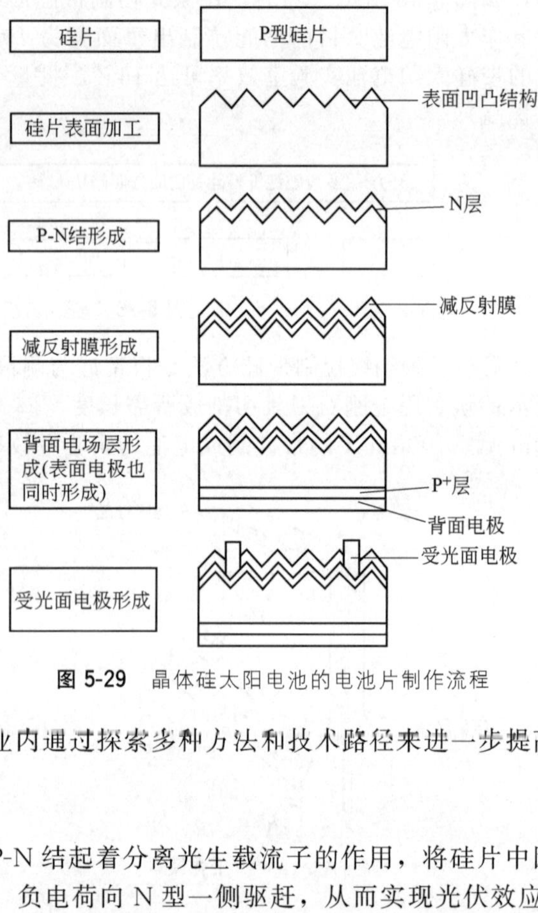

图 5-29 晶体硅太阳电池的电池片制作流程

进入 21 世纪以来，主流太阳电池的转换效率从最初的约 12% 稳步提升至约 23.5%，提升了接近一倍。然而，主流的太阳电池技术逐渐开始遇到瓶颈。为此，行业内通过探索多种方法和技术路径来进一步提高转换效率，主要包括以下几个方面。

（1）P-N 结的设计

作为太阳电池中必不可少的核心结构，P-N 结起着分离光生载流子的作用，将硅片中因光子被吸收而产生的正电荷向 P 型一侧驱赶，负电荷向 N 型一侧驱赶，从而实现光伏效应。P 型硅片与 N 型硅片的主要区别在于少数载流子寿命的不同：P 型硅片中的少数载流子（电子）的寿命较短，而 N 型硅片中的少数载流子（空穴）的寿命较长。因此，N 型电池比 P 型电池具有更高的转换效率潜力。考虑到这一点，P 型硅片通常将 P-N 结制备在电池的正面，这样产生的正电荷和负电荷分别从电池的背面和正面收集，形成典型的 P 型电池（P-cell）；而 N 型硅片因其少数载流子寿命较长，可以选择将 P-N 结制备在电池的正面或背面。例如，将 P-N 结制备在电池背面，并使正负电荷同时在电池背面收集，形成 N 型 IBC（叉指背接触）电池。其另一优势在于能够通过减少正面电极对光线的遮挡因而可以进一步提升光电转换效率；当 P-N 结制备在电池正面时，电池的正负电荷分别从电池的正面和背面收集，形成 N 型 PERT（钝化反射极背面全扩散）电池。

上述形成P-N结的方法均采用高温扩散法。而通过低温薄膜沉积的方法，可以在N型硅片上沉积非晶硅层形成P-N结，正负电荷分别从电池的背面和正面收集，从而形成HIT（异质结）电池。HIT电池的最大特点是能够实现全表面钝化，从而最大程度地降低表面复合，提高电池的转换效率。

（2）表面增效措施

P-N结的存在仅表明电池具备光电转换功能，而其光电转换能力，即转换效率，还受到多种因素的影响，包括表面对光的反射、表面电极对入射光的部分遮挡、表面缺陷导致的光生载流子的复合效应，以及其他因素。为了尽可能多地利用太阳光并降低光生载流子的损失，各种提高光电转换效率的工艺和技术应运而生。

① 表面制绒（texture） 由于单晶或裸硅片表面对光的反射率通常超过30%，为了降低硅片表面对光的反射率，通常会在硅片表面制备出凹凸不平的绒面结构。目前典型的工艺包括：采用碱腐蚀方法，在单晶硅片表面制备出尺寸约为12μm的金字塔状结构；采用酸腐蚀方法，在多晶硅片表面制备出类似“黑硅”的结构，从而将单晶和多晶硅片表面的反射率初步降低到10%以下。

② 抗反射涂层（anti-reflection coating，ARC） 虽然表面绒面技术能显著降低硅片表面对光的反射，但根据光学原理，还可以在硅片表面沉积一层厚度与折射率合适的介质膜，以进一步减少反射，最大程度地利用入射光。目前广泛使用的工艺是利用等离子体增强化学气相沉积（PECVD）在硅片正面沉积一层氮化硅薄膜。

③ 正表面氮化硅薄膜钝化（SiN-passivation） 由于表面原子排列缺陷的存在，导致硅片中产生的光生载流子在表面区域发生复合损失，从而降低了转换效率。研究发现，利用PECVD方法沉积的含有氢原子的氮化硅薄膜对降低光生载流子在表面的复合非常有效。因此，PECVD沉积的氮化硅薄膜已广泛应用于晶硅太阳电池的正面减反射钝化和缺陷钝化。

④ 铝背场（backside field，BSF） 类似于前表面的情况，背表面也会导致光生载流子发生复合损失。为了降低背表面区域光生载流子的复合损失，行业内通常在硅片背表面印刷一层铝浆料，然后通过烧结形成硅铝合金层。该合金层与硅体形成一个电场（称为铝背场）。其作用是将运动到背表面区域的少数载流子（电子）驱赶至硅体内，从而降低光生载流子在背表面的复合损失，提高转换效率。

⑤ 钝化发射极和背面接触（PERC） PERC技术通过在常规P型太阳电池的背面增加钝化层，并形成局部背表面场（LBSF）结构，有效提高了电池转换效率。具体来说，通过在硅片背面增加一层钝化层（如氧化铝或氧化硅），可对硅片起到钝化作用，提升少子寿命。此外，为了防止钝化层被破坏，影响钝化效果，还会在其外镀一层氮化硅层。引入的背面钝化可降低电池背表面载流子的复合速率，改善电池背面复合，提升电池的少子寿命。

⑥ 隧穿氧化层钝化接触（tunnel oxide passivated contact，TOPCon） 提升太阳电池转换效率的过程，就是着眼于克服不同阶段影响转换效率的短板因素。如前所述的正面氮化硅结构和背面PERC结构因具优良的钝化效果，对降低正反面的复合起到了很好的作用，大幅提高了太阳电池的转换效率。然而，电池表面（尤其是背表面）的电极接触区域由于属于重杂质区，仍会导致光生载流子有相对较高的复合率。因此，实现对电池表面的电接触区域的导电连接而又不增加这些区域的复合率，将有助于进一步提高电池的转换效率，特别是对于少子寿命更高的N型电池尤为重要。TOPCon技术基于量子隧穿效应，既可改善电池表面钝化，又可促进多数载流子传输，从而提升了电池的开路电压和填充因子，有助于进一步提高太阳电池的转换效率。

总之，目前研究中涉及的高效晶体硅太阳电池结构与类型主要包括：钝化发射极和背面接触（passivated emitter and rear cell，PERC）电池；钝化发射极背面定域扩散（passivated emitter，rear locally-diffused，PERL）电池；钝化发射极背面全扩散（passivated emitter，rear totally-diffused，PERT）电池；采用氧化铝钝化的选择性发射极（selective emitter，SE）电池；金属环绕贯穿（metal wrap through，MWT）电池；发射区环绕贯穿（emitter wrap through，EWT）电池；叉指背接触（interdigitated back contact，IBC）电池；本征薄层异质结（heterojunction with intrinsic thin-layer，HIT）电池等。

国际上，截至2016年，已有四种结构高效的晶体硅太阳电池出现，分别为：钝化发射极和背面局部扩散（PERL）电池；叉指背接触（IBC）电池；本征薄层异质结（HIT）电池；以及N型单晶硅隧穿氧化层钝化接触（TOPCon）太阳电池。这些电池达到了接近或超过25%的实验室转换效率，代表了当时晶体硅太阳电池研发的最高水平。

随着技术的进步与发展，截至2024年底，TOPCon和HIT电池的实验室转换效率已分别提升至超过26%和27%，将持续引领晶体硅太阳电池的技术革新。

5.1.4 薄膜太阳电池

要实现太阳能光伏发电真正意义上的大规模推广应用，关键在于降低系统发电成本。近年来，作为光伏发电系统主体部件的太阳电池，其技术创新进步及产业规模扩大均已取得长足发展。太阳电池虽说种类繁多，但大致可分为晶体硅太阳电池和薄膜太阳电池两大类。由于研究开发及政策的促进，晶体硅太阳电池早已进入实用化阶段。自从20世纪80年代初，商业化薄膜太阳电池进入市场以来，晶体硅电池的性能已取得尤为显著的进步且电池效率仍存在进一步提升潜力，近年来产业化规模扩张速度也十分惊人。与此同时，各种薄膜电池的研发成果及产业化技术也在不断涌现。下面，简要对各类薄膜太阳电池进行介绍，以便读者针对不同应用作出适当选择。

5.1.4.1 硅薄膜太阳电池

硅薄膜太阳电池，包括非晶硅、微晶硅、多晶硅薄膜太阳电池。

（1）非晶硅（amorphous silicon，a-Si）薄膜太阳电池

在晶体硅太阳电池中，真正起发电作用的仅是硅片表面附近的很少部分，离表面较远部分并不直接起发电作用。为了尽量节约硅材料，有效降低生产成本，晶体硅太阳电池正向薄片化方向发展。目前硅片厚度已降至200μm以下。另一方面，就是向薄膜化方向发展。非晶硅薄膜太阳电池是最早进入市场的商业化薄膜太阳电池。

非晶硅薄膜太阳电池，是在非硅的衬底上制作很薄的硅薄膜来发电。制作硅薄膜的方法普遍采用等离子增强化学气相沉积法（plasma enhanced chemical vapor deposition，PECVD），简而言之，就是把原材料硅烷（SiH_4）利用辉光放电使其分解，借助化学反应在衬底上堆积硅薄膜。非晶硅中的原子大致上保持与晶体硅相同的基本结构。晶体硅中，每一个硅原子通过共价键与其他4个硅原子键合成四面体，掺氢非晶硅仅以共价键与其他3个相邻的硅原子相键合，而硅的第4个价原子与氢原子键合。在掺氢非晶硅中，化合氢的含量约占原子百分数的10%左右。这些氢原子会直接与悬挂键（dangling bond）缺陷结合，减少对电子的捕获，以达到非晶硅的低缺陷密度，使其能够作为太阳电池得以应用。下面，从应用者视角，有必要关注如下几点。

① 非晶硅太阳电池与晶体硅太阳电池的不同点　非晶硅太阳电池基本上也是P-N结构，其工作原理与晶体硅太阳电池没有大的区别，但是有几个重要不同点。

首先，单晶硅是间接跃迁型半导体，其吸收系数较小，为了充分吸收太阳光，需要200μm的膜厚。相对应的非晶硅是直接跃迁型半导体，吸收系数上升很快，其值较大。因此，为满足太阳电池要求，其膜厚一般为0.3～0.6μm，从而实现薄膜化。

另外，非晶硅太阳电池的结构并非P-N结，而是P-I-N结构。通常非晶硅的P-N结不

显示整流性，而显示近似于欧姆接触的特性。这是因为P层及N层的缺陷能级密度很高，受限于通过这种缺陷之间的复合电流或隧道电流，如图5-30所示。因此作为太阳电池，设定P层与N层中间的掺杂层为I层，形成P-I-N结构。I层的缺陷能级为$10^{15}eV^{-1} \cdot cm^{-3}$，大部分区域都被耗尽，可以通过过渡层内的电场从P层至N层收集光生载流子。另外，由于P层及N层的缺陷能级密度较高，当作为光电转换层时，考虑到两层是死层（dead layer），当厚度较大时，不能忽略串联电阻的影响。因此，非晶体太阳电池采用厚度为数十纳米的P、N层，中间有0.3～0.6μm的I层的结构。

图5-31所示为该结构的晶体硅太阳电池和非晶硅太阳电池的电流-电压特性。在光照射下，晶体硅太阳电池的电流-电压特性可大致表示成暗状态下的电流-电压特性中加入光电流。相对地，非晶硅太阳电池的电流-电压特性显示偏压特性。也就是说，加入正向偏压会减少光电流。晶体硅太阳电池的少数载流子扩散长度较长，对光电流有作用的主要是在耗尽层以外的中性区域中发生的载流了。另外，加入正向偏压时，电位与耗尽层两端有关，对激发载流子的收集效率没有影响，因此光电流并不能表示偏压特性。另一方面，非晶硅太阳电池的少数载流子扩散长度较短，电场区域以外光电流的作用较小。对光电流起作用的是I层内激励的载流子。如果这时收集载流子，与偏压无关；I层内的电场很强，收集效率也很高。但是，加入正向偏压的话，I层内的电场会减弱，导致在光入射侧深处，激发的载流子在复合过程中丢失，载流子收集效率降低。因此，光电流与偏压会随之下降，如图5-31所示。

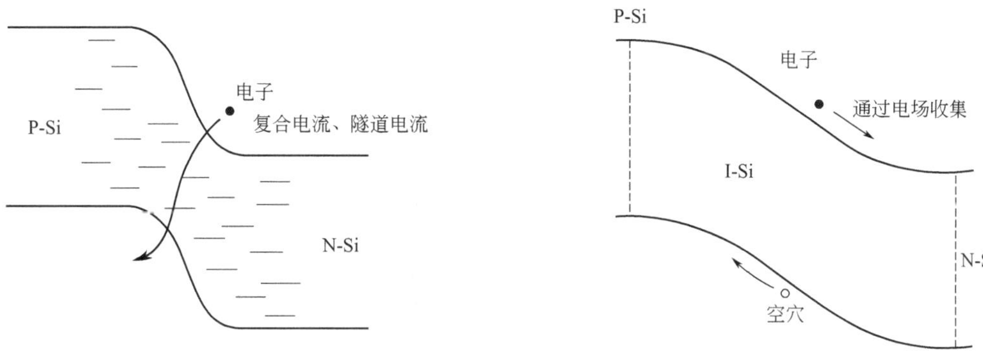

(a) P-N结构
(不表示整流性)

(b) P-I-N结构
(太阳电池所用结构)

图5-30 P-N结构与P-I-N结构

② 非晶硅太阳电池的高效率化技术 非晶硅太阳电池的基本结构如图5-32所示，其支撑衬底的种类大致可分为两类：一种是将玻璃等透光性衬底作为光入射侧支撑的结构［图5-32(a)］，一般由衬底/透明导电性氧化物（TCO）/P层/I层/N层/背面电极构成；另一种是将塑料等不透光性支撑衬底用于太阳电池背面的结构［图5-32(b)］，由金属栅极/TCO层/P层/I层/N层/背面电极/衬底构成。不管是何种结构，非晶硅太阳电池的半导体层一般都是由P层/I层/N层这三层构成。其中，I层是光电流生成层及输送层，P层和N层是生成促进I层中载流子漂移的内建电场，并收集光生载流子的电极层。图5-33所示为非晶硅太阳电池入射光的主要能量损失。

非晶硅太阳电池的发电层，即I层的膜质量不仅对太阳电池的初期特性有影响，对光衰减特性也有很大影响。I层一般采用a-Si:H（氢化非晶硅），单结太阳电池的太阳光谱灵敏度除受涂层吸收的影响外，主要受I层光学的禁带宽度以及膜厚度的制约。当光学的禁带宽度一定时，I层越厚，越能有效吸收太阳光；然而I层内电场较弱部分则与载流子的输送特性降低有关。相反，若厚度越薄，I层整个区域内都存在强电场，填充因子就会改善，但是通过低光吸收会带来短路电流下降。应由两者的平衡来决定I层的最佳膜厚。

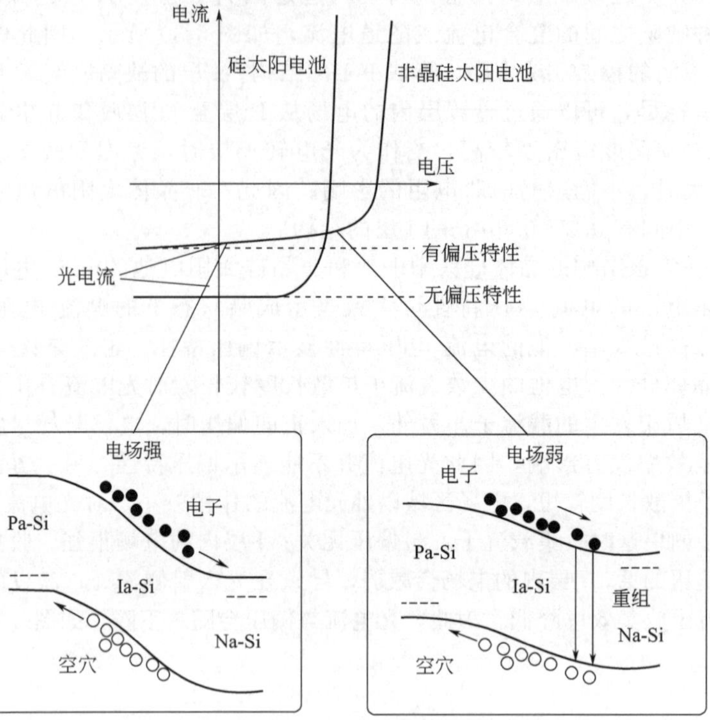

图 5-31 晶体硅太阳电池和非晶硅太阳电池的电流-电压特性

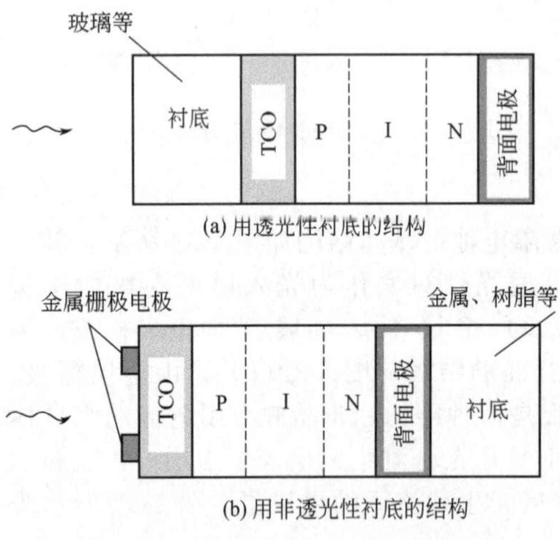

图 5-32 非晶硅太阳电池的基本结构

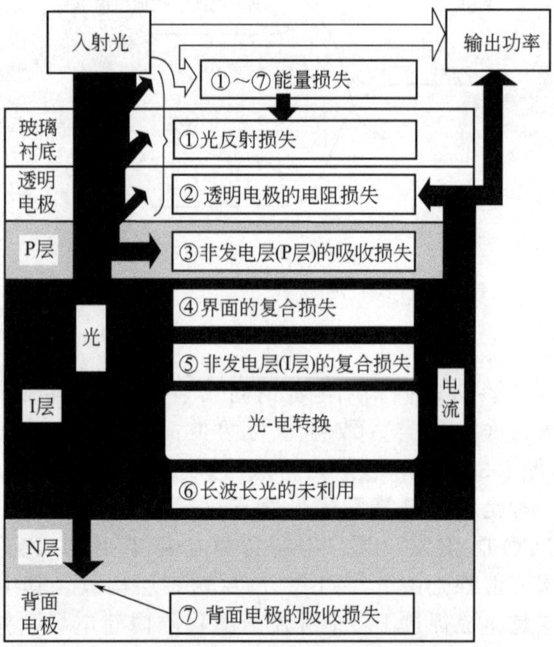

图 5-33 非晶硅太阳电池入射光的主要能量损失

对于 a-Si:H 膜的高品质化，衬底温度、气体流量、反应功率、反应压力等参数会发生系统性变化，一般需要把握好膜质量和太阳电池特性的变化相关性，找出最佳条件。但是，最佳条件受反应装置影响较大，确定最佳方法较难。然而，有报道（见图 5-34）指出，在把 100％SiH_4 作为原料气体的不同装置中，各种反应参数发生变化后会形成器件级的 a-Si:

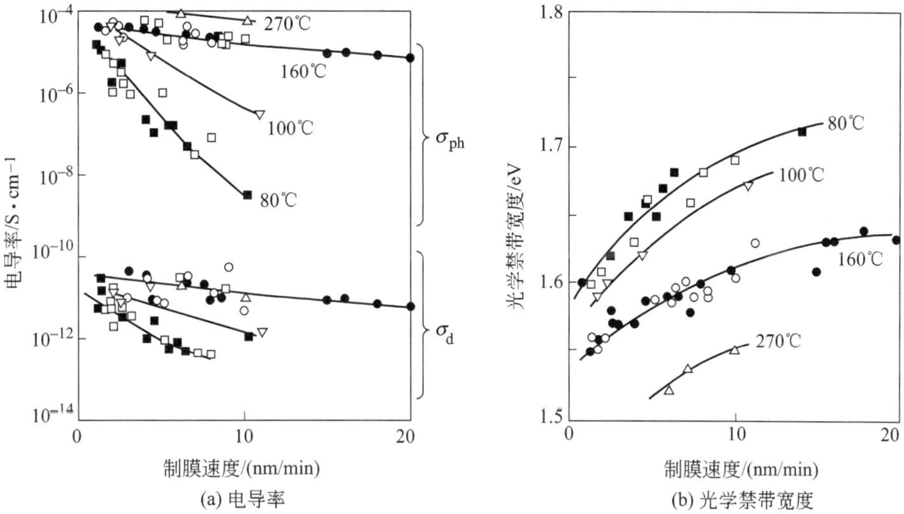

图 5-34 a-Si:H 膜的制膜速度与电导率、光学禁带宽度（依据三次方根曲线）间关系随衬底温度变化的特性

符号在不同的装置中分别与使反应压力、反应能量变化的数据相对应

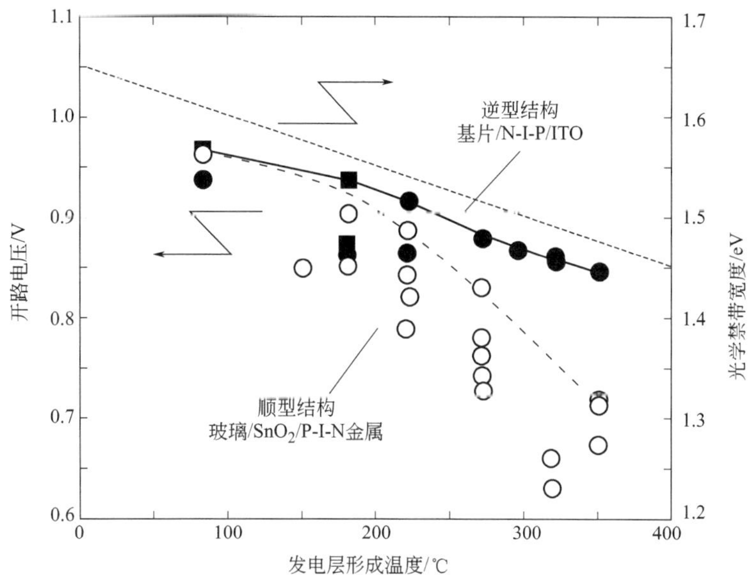

图 5-35 发电层形成温度与开路电压及光学禁带宽度（依据三次方根曲线）的关系

H 膜。这种膜具有与电导率、禁带宽度等太阳电池特性相关的膜特性，可以认为这是形成高品质 I 层的重要因素。

为了改善 a-Si:H 的膜质量，已进行过各种试验。一般把硅烷气作为 a-Si:H 的原料，通过低频（RF）电源用于形成高品质 a-Si:H 发电层。另有报道称，可在硅烷中少量添加二氯硅烷的硅烷气形成 a-Si:H 发电层。在用这种发电层的太阳电池中，I 层变为较弱的 P 层，电池特性明显下降，可以通过氢稀释法来有效抑制这一问题，从而改善稳定效率。作为成膜法一般可以采用 13.56MHz 电源频率的 RF 等离子 CVD 法，因为这样有利于大面积的均匀成膜；而为了抑制衬底的等离子体损耗，通过汞敏化 CVD 法也同样可以实现高性能化。图 5-35 所示为发电层形成温度与开路电压及光学禁带宽度间的关系。在用玻璃衬底的类型中，形成温度在 200℃ 以上时，可以看出开路电压下降无法用禁带宽度的变化去解释；而

TCO/P、P/I 界面的热等离子体损耗会降低电池特性。因此，还需要集中精力研究改善低衬底温度下的太阳电池特性。

③ 非晶硅多结太阳电池　因作为低成本太阳电池而受到关注的 a-Si 太阳电池的最大问题，是其转换效率比晶硅太阳电池低。为了实现 a-Si 太阳电池的高效化，有效利用入射光是关键点。单结的 I 层的光吸收端能量（禁带宽度）为 1.7～1.8eV。由于未能充分利用波长超过 700nm 以上的太阳光能量，其理论转换效率仍停留在 14%～15%。

为了打破这一性能局限，将多个禁带宽度不同的材料组成的太阳电池叠在一起，以在更宽波长区域内有效利用太阳光谱而开发出了叠层多结太阳电池，其结构特征如图 5-36 所示。太阳光谱的有效利用和各 I 层的薄膜化所致的强内部电场可以相容，对抑制光衰减而言，是非常有发展前途的结构。另外，a-Si：H 通过合金化，在宽域内可以较易控制禁带宽度，适合于叠层型结构。实际上，该太阳电池的转换效率也在稳步上升。有报道指出，处于实验室水平的小面积电池转换效率早已突破 15%（图 5-37）。

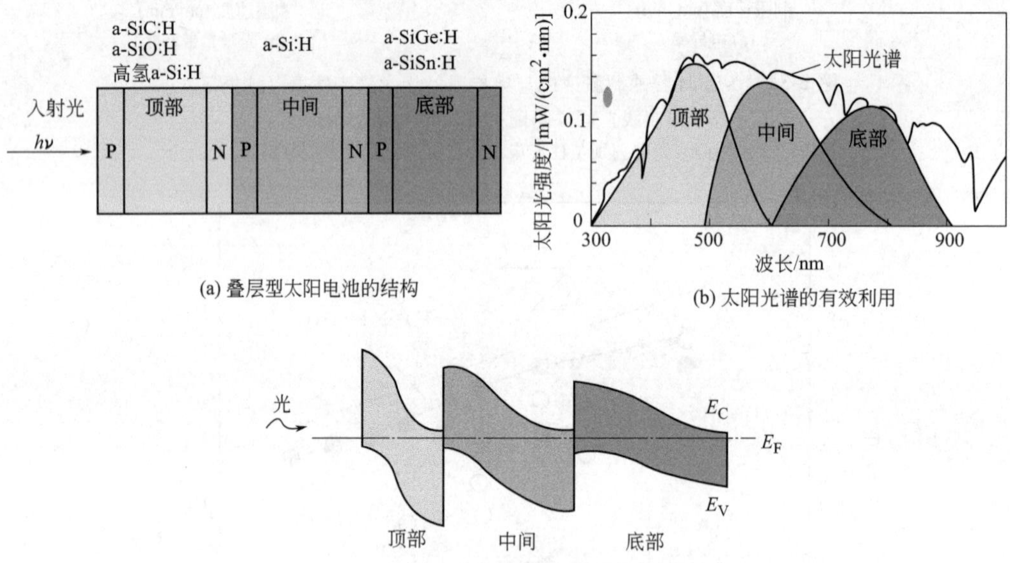

(a) 叠层型太阳电池的结构

(b) 太阳光谱的有效利用

(c) 光发电层(I层)的薄膜化的高内部电场强度

图 5-36　叠层型结构的特征

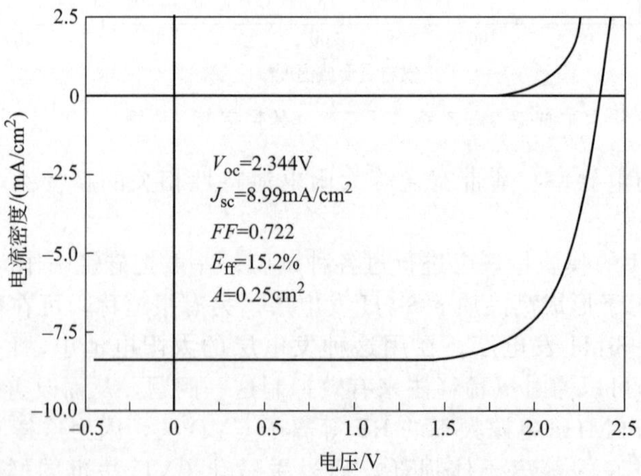

图 5-37　小面积 a-Si/a-SiGe/a-SiGe 太阳电池初始的 I-V 特性

近年来随着实用化意识得到提高，较之初始效率更加重视光稳定化后改善的效率。其高效率化的基本方针与单结太阳电池相同，但是为了更有效地利用太阳光谱，就要着力于宽间隙材料、窄间隙材料的开发和提高太阳电池的高性能化方面。

提高多带隙非晶硅太阳电池转换效率的最大课题之一是有效利用长波长光。为此，提升采用窄间隙材料的底部太阳电池的特性非常重要。

太阳电池作为各种人造卫星和空间站的电源，活跃在宇宙空间。但是，作为太空用太阳电池，对其特性要求与地面上用太阳电池有所不同。

太空用太阳电池今后的研究方向仍将集中在高效率、低成本、轻量化、抗辐射性等方面，预计在不远的将来其性能会有更大提升。

④ 非晶硅太阳电池的稳定性　光照射在非晶体膜内增加的悬空键缺陷会阻碍太阳电池内生成的电子与空穴流动，导致作为太阳电池 I-V 曲线主要特性的填充因子减小，转换效率相应降低。图 5-38 所示为非晶硅太阳电池初期及光照后的能带示意。

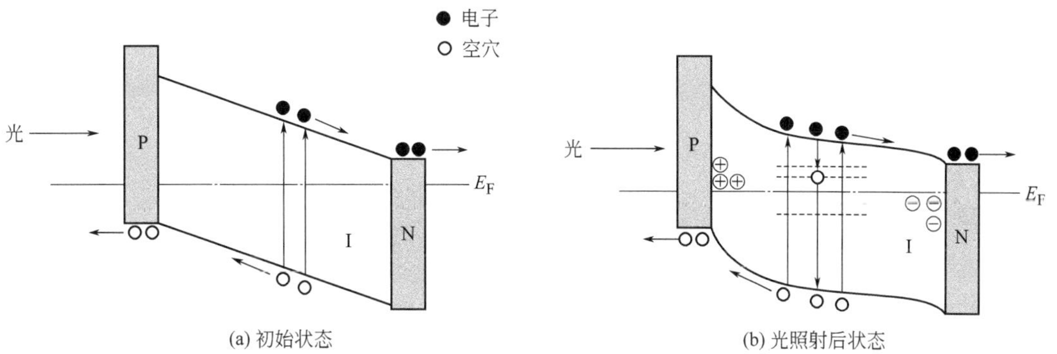

图 5-38　非晶硅太阳电池初期及光照射后的能带示意

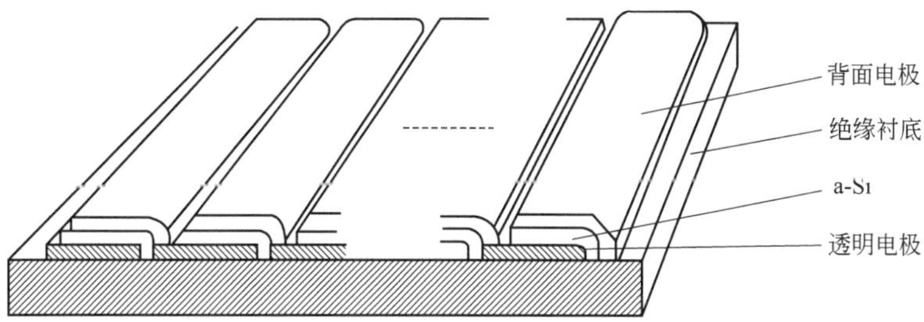

图 5-39　集成型 a-Si 太阳电池的结构

⑤ 非晶硅太阳电池的制造技术　与晶硅太阳电池相比，非晶硅太阳电池的特征之一是容易实现大面积化。这种大面积化对组件装配很有利，是制造过程中低成本化的重要方面。

虽然非晶硅太阳电池容易实现大面积化，但是由于受到受光侧的透明电极的电阻影响，效率会随面积增大而降低，而采用图 5-39 所示的集成型结构可以解决这一问题。即将透明电极分割成几部分，形成小电池串联连接结构，这样可以减少由电阻引起的电能损耗，即使是大面积的电池也能减少效率的降低。此外，集成型结构能从一块基片上获得实用的较高电压，将组件封装工序简单化。

集成型结构的非晶硅太阳电池的制造过程如图 5-40 所示。它大致可分为电池制造过程和组件封装过程。电池制造过程由透明电极的形成、非晶硅（a-Si）膜的形成、背面电极的形成等薄膜形成工艺和蚀刻等过程组成。

非晶硅太阳电池已有 40 余年的发展历史，由于其具有工艺简单、成本低、适于产业化

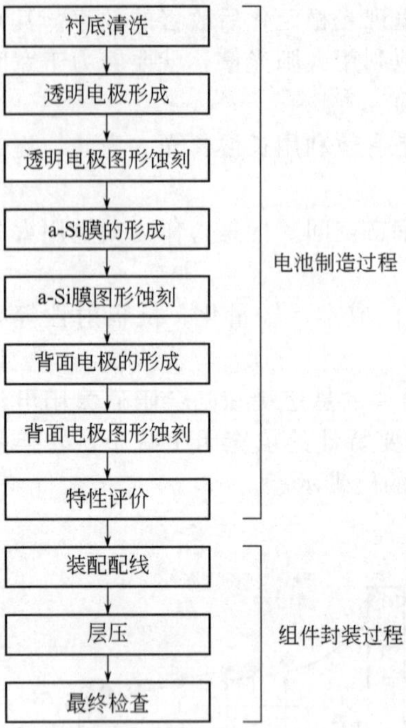

图 5-40 集成型非晶硅太阳电池的制造过程

等特点，曾于20世纪80年代被视为未来光伏领域发展的方向。然而，由于S-W效应❶导致其效率衰减问题一直未能很好解决，实际应用的组件稳定效率只有6%～8%，因而未能迅速发展。同时，晶体硅太阳电池量产规模迅速扩大，产品成本大幅下降，近年来非晶硅太阳电池的市场占有率已由20%降至不足10%。然而，非晶硅太阳电池仍有其独到的吸引力。多结电池技术、非晶/微晶叠层技术、S-W效应的机理及应对方法等均在研究之中，有望解决效率衰减、稳定效率偏低的问题。当然，柔性衬底非晶硅太阳电池、非晶硅/单晶硅异质结太阳电池的迅速发展也十分引人注目。

随着非晶硅电池的性能提高，其应用范围也在扩大，如江苏佳讯光电产业发展有限公司曾于2010年底建成当时亚洲最大的采用非晶硅薄膜电池组件的蚌埠曹山2MW光伏并网地面电站，迄今发电运行良好。

(2) 微晶硅（microcrystalline silicon，μc-Si）薄膜太阳电池

微晶硅是一种由纳米晶粒、晶粒间界、空洞和非晶硅成分共存的混合相无序半导体材料。其掺杂效率高，与非晶硅相比，长波响应好，几乎无S-W效应，材料特性介于非晶硅和单晶硅之间，既具有非晶硅的高吸收系数，同时又具有单晶硅稳定的光学性质，并且可在廉价的衬底材料上制备，具有与非晶硅相同的低温制造工艺。由于微晶硅也是一种间接带隙的半导体材料，为充分吸收太阳光，其吸收层厚度应接近2μm。

以a-Si P-I-N结作为顶电池、μc-Si P-I-N作为底电池的叠层电池被称为非微晶叠（micromorph）电池。其顶电池和底电池带隙分别为1.7eV和1.1eV，可为叠层电池提供理想的带隙对。

为了使a-Si/μc-Si叠层电池性能达到a-Si/a-SiGe电池的性能，底电池μc-Si的电流密度至少为26mA/cm^2。由于μc-Si是间接半导体，这样高的电流密度要求μc-Si层的厚度为几微米。此外，还需要使用先进的光强化技术。为了维持非微晶叠电池的电流匹配，a-Si顶电池必须产生13mA/cm^{2}的电流密度（即μc-Si单电池电流的一半）。此外，a-Si电池需要在阳光下稳定才能使叠层电池稳定。

(3) 多晶硅（polycrystalline silicon，poly-Si）薄膜太阳电池

人们一直试图寻求一种既具有晶体硅优点，又能克服非晶硅弱点的太阳电池材料，多晶硅薄膜就是这样一种重要的新型硅薄膜材料。多晶硅薄膜既有硅的电学特性，又具有非晶硅薄膜低成本制造、设备简单且可以大面积制备等优点，不仅在集成电路和液晶显示领域已经广泛应用，而且在太阳能光电转换方面，也可成为高效、低耗的理想光伏器件，对此人们进行了大量研究并寄予期待。

所谓多晶硅薄膜，是指在玻璃、陶瓷、廉价硅等低成本衬底上，通过化学气相沉积等技术，制备成一定厚度的多晶硅薄膜。根据多晶硅晶粒大小，部分多晶硅又可称为微晶硅薄膜（晶粒大小在10～30nm）或者纳米硅薄膜（晶粒在10nm）。因此，多晶硅薄膜主要分为两

❶ S-W（Stabler Wronski）效应，是指含氢非晶硅中能产生光致亚稳缺陷。非晶硅在长期光照下，其光电导和暗电导同时下降，然后才保持稳定，导致非晶硅太阳电池的光电转换效率降低；经150～200℃短时间热处理，其性能又可以恢复到原来状态。

类：一类是晶粒较大，完全由多晶硅颗粒组成；另一类是由部分晶化、晶粒细小的多晶硅镶嵌在非晶硅中组成的。这些多晶硅薄膜单独或与非晶硅组合，构成了多种新型的硅薄膜太阳电池。如利用微晶硅单电池替代价格昂贵的锗烷制备的 a-SiGe:H 薄膜太阳电池，作为底电池时它可以吸收红光，通过顶部可以结合吸收蓝光、绿光的非晶硅电池作为顶电池。将二者组合起来，可以大大改善叠层电池的效率。

多晶硅薄膜可在 600℃以下低温沉积，随后用激光加热晶化或固相结晶等方法形成。电池衬底可采用玻璃甚至塑料类的柔性材料。也可以直接在高温下生长形成多晶硅薄膜，生长温度大于 1000℃，硅的沉积速率约为 5nm/min。生长温度高时就需要选择耐高温衬底材料，目前通常采用低质量的硅、石墨或陶瓷材料。由于在高温下生长薄膜，获得的多晶硅薄膜具有较好的结晶性，晶粒尺寸较大。低温制备多晶硅薄膜电池，一般采用 CVD 方法。由低温沉积的薄膜，晶粒尺寸较小，获得的电池效率不高。要获得 10%～15%的效率，晶粒尺寸必须大于 100nm。高温制备多晶硅薄膜电池，一般采用液相外延、区熔再结晶（ZMR）及 LPCVD、APCVD、PECVD 等方法。先在耐高温衬底材料上生长厚度为 10～20nm 的多晶硅薄膜，再利用晶体硅电池常规制备工艺进行 P-N 结及电极制备。

多晶硅薄膜电池具有效率高、性能稳定及成本低的优点，是降低太阳电池成本的有效方法之一。但是，目前尚存在如下问题：①多晶硅薄膜低温沉积中质量差，薄膜晶粒尺寸小，电池效率低；②多晶硅薄膜高温沉积中能耗高，尚缺少适于生长优质多晶硅薄膜的廉价而优良的衬底材料。因而今后应着重研发如下问题：①大面积、大晶粒薄膜的生长技术；②进一步提高薄膜的生长速率；③薄膜缺陷的控制技术；④优质、廉价衬底材料的研发；⑤优化电池设计，包括表面结构技术及背电场技术等研究。

5.1.4.2 CIGS 系太阳电池

CIGS 系太阳电池不使用硅材料，而是用被称为黄铜矿系的材料制成。最具代表性的是由铜（Cu）、铟（In）、镓（Ga）和硒（Se）组成的化合物（简称 CIGS）制成的太阳电池。与一般的晶体硅太阳电池相比，其最主要特征是光吸收系数很高，只用 2～3μm 的厚度就能吸收几乎所有到达其表面的太阳光。虽然硒（Se）和硫（S）是具有毒性的物质，但是，这些元素在我们的身边和生活中广泛存在，即使考虑遇到火灾，它们也不会给环境安全带来影响；而且，电池本身的厚度只有几微米，可以有效地节省资源，降低制造时所需的能源消耗。这种太阳电池可以实现高性能，在实验室已经得到与晶体硅太阳电池相媲美的转换效率，而且还有很大的提高空间。

CIGS 系太阳电池的另一个特点是容易选择衬底材料。常用的是用普通玻璃作为衬底制作的太阳电池，也可以用金属箔或塑料薄片作为衬底制成柔性太阳电池。它容易生产，可以连续生产 $1m^2$ 以上的大面积太阳电池。利用原材料的组合和生产方式的变化，既可制成低成本的电池，也可制成高性能的电池。另外，这种太阳电池抗辐射能力强，适用于太空开发。

因为有以上特点，这种太阳电池可以作为便于携带以及适合太空用的太阳电池进行研究与开发，有的公司已开始生产用于一般住宅的 CIGS 系太阳电池。可是，其最大缺点（弱点）是地壳中的铟材料的储藏量少，不能和原材料丰富的硅相比。为此，人们正在寻找替代原料，将来也许可以形成与硅太阳电池竞争的局面。

5.1.4.3 CdTe 薄膜太阳电池

碲化镉（CdTe）薄膜太阳电池因其半导体材料的禁带宽度为 1.5eV，由此决定了其光吸收特性很接近太阳光谱，在理论上可以实现较高的转换效率。它和晶体硅不一样，光的吸收通过直接迁移，这就决定其光吸收系数很大，可以制成很薄的薄膜太阳电池。在比较低的温度下可以在玻璃板上制作结晶性较好的多晶薄膜，因此用这种材料可以制作成本低、效率高的薄膜太阳电池。实际上，实验室中的 CdTe 电池已达到了超过 22%的转换效率。

CdTe 太阳电池的唯一不足之处是使用有毒性的镉。可是，在生产制作过程中，只要管理得当，并不会对人体和周围的环境造成影响，也不会造成环境污染，在欧洲和美国已经开始使用碲化镉太阳电池。

5.1.4.4 其他薄膜太阳电池

（1）染料敏化太阳电池

染料敏化太阳电池（DSSC）通常由纳米级二氧化钛粉体制成的薄膜电极、具有光电转换功能的染料、含有碘离子的电解液和铂或碳制成的对电极组成。由于在电池的制作过程中不需要真空蒸镀等真空工艺，它很有希望成为下一代低成本的太阳电池。目前全固态DSSC最高转换效率已接近12%。

染料敏化太阳电池属于一种光电化学电池，与以半导体二极管的光伏效应为基本原理的物理电池大不相同。其工作原理及发电过程为：附着在二氧化钛表面的染料吸收可见光以及附近的太阳光而将内部电子激发，这些电子向二氧化钛电极转移，失去电子的染料从电解液中的碘离子得到补充并使其再生。这一过程和彩色胶卷的原理相同，二氧化钛本身并不能吸收可见光，染料取而代之吸收太阳光而产生电子，由此而称为染料敏化。因为染料吸收太阳光而产生电子，这种太阳电池也称为光合作用型太阳电池。

通常使用最多的染料是可以吸收从可见光到近红外光的吸收范围较广的含钌（Ru）配合物，从而实现更高的电池转换效率。由于钌是稀有金属，其价格非常昂贵，现在人们正在开发不使用钌的新型染料。染料敏化太阳电池的另一个特点是可以通过选择种类不同的有机染料，制成黄色、红色、紫色、绿色和青色等各种颜色的太阳电池，这样可以大大拓宽太阳电池的应用范围。

可是，因为电解液（有机溶液）中的碘离子容易被蒸发，染料敏化太阳电池的可靠性还未得到根本解决。这种太阳电池今后的主要研究方向包括进一步提高转换效率和可靠性等。

（2）有机薄膜太阳电池

作为塑料原材料的有机材料，因为不导电，在电学有关的领域长期以来其一直被用作绝缘材料。

研究发现，如果能有效地利用有机分子的π电子，有机材料也可以导电。白川英树教授就是因为开发出具有导电性的聚合物材料而荣获诺贝尔化学奖。

进入21世纪，欧洲率先开始大量的研究开发，目的就是用有机半导体材料制作价格非常便宜的太阳电池，以取代价格昂贵的硅基材料太阳电池。

要制作太阳电池结构，必须具有N型和P型半导体。上面提到的导电聚合物就可以用于P型有机半导体，然而很长时间却一直找不到理想的N型有机半导体，后来人们发现非常有名的、具有足球外形构造的富勒烯（fullerence）更适合作为N型材料。富勒烯的发现也荣获了诺贝尔化学奖。

把这样的两种有机半导体混合在一起制成溶液，然后把溶液涂在带有电极的衬底上，经过干燥制成薄膜，最后在薄膜的上面制作电极就可制成太阳电池，制作方法非常简单（图5-41、图5-42）。

目前，用这种方法制作的有机薄膜太阳电池的转换效率已接近10%。然而，因为有机材料的种类很多，如果能找到更合适的材料，就一定能得到更高的转换效率。

5.1.5 聚光太阳电池

光伏聚光技术是用棱镜或反射镜把阳光聚集到光伏电池上，即用廉价的光学材料和较小面积的聚光电池代替昂贵的大面积光伏阵列，在同样输出功率下减少了太阳电池的用量，从而大幅降低了发电成本。聚光组件效率很容易超过20%，多结电池的效率可以超过30%，甚至40%。自最初地面光伏应用开始，人们就对聚光电池进行了研究。在聚光组件的研究中，主要精力集中在光伏电池上，GaAs聚光电池技术已经相当成熟而且已经实现了商业

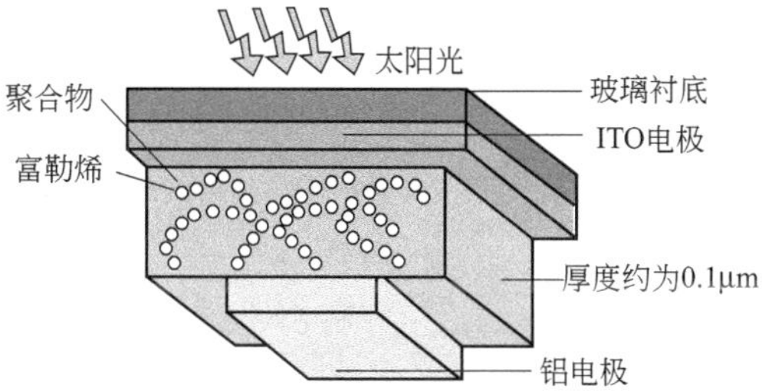

图 5-41 有机薄膜太阳电池的结构

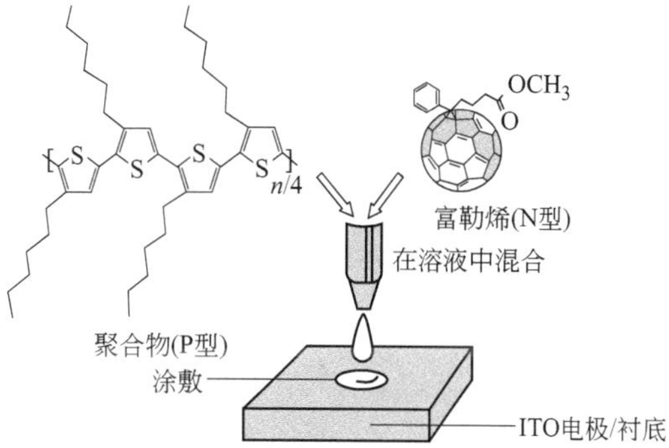

图 5-42 有机薄膜太阳电池的制作方法

化。而聚光系统目前仍然存在重要的技术障碍，包括高热流和高电流密度给电池组装带来的困难、成本效益问题、可靠的跟踪系统及组件设计等。聚光系统的主要市场障碍是不能很好地适应现有远距离小负载和建筑集成的应用，至今成本仍然较高。

自从 20 世纪 80 年代初商业化薄膜电池开始进入市场以来，虽然有关研发成果及产业化技术不断涌现，但过去的几十年晶体硅电池仍始终占据主要地位，且电池效率进一步提高。当然，薄膜电池仍有很大发展空间，在今后光伏应用多样化趋势下，特别是作为移动能源的应用，将会发挥其独特的作用。

早在 2000 年，全球太阳能光伏行业就确定了 2020 年的发展目标：

① 把单晶硅电池的转换效率从 16.5%提高到 22%；

② 将多晶硅电池的转换效率从 14.5%提高到 20%；

③ 将 a-Si/μc-Si、CIGS 和 CdTe 薄膜电池的转换效率提高到 10%～15%；

④ 发展有机电池和 GaAs 电池；

⑤ 鼓励建筑一体化光伏，以降低系统成本。

显然，这些目标目前已逐步实现。作为实例，图 5-43～图 5-48 展示了部分成果。新的技术革新浪潮仍在不断推进，诸如量子阱太阳能电池、纳米太阳电池、石墨烯太阳电池等新型太阳电池研究仍在继续进行。

(a) 美国SunPower公司 22%效率的黑电池

(b) 日本Sharp公司 20%效率的黑电池

图 5-43 背接触太阳电池——黑电池

图 5-44 高效、超薄 HIT 电池

图 5-45　N 型隧道结电池

图 5-46　非晶硅薄膜太阳电池

图 5-47　CIS 薄膜太阳能电池

图 5-48　碲化镉太阳电池

5.2　太阳电池组件及方阵

单体太阳电池不能直接作为电源使用。在实际应用时，应按照电性能的要求，将几片或几十片单体太阳电池串联、并联连接起来，经过封装后形成可以单独作为电源使用的最小单元，即太阳电池组件。太阳电池方阵则是由若干个太阳电池组件通过串联、并联连接排列而成的发电单元。

5.2.1　太阳电池组件

太阳电池组件可按照太阳电池的材料、封装类型、透光度以及与建筑物结合的方式来分类，如图 5-49 所示。

5.2.1.1　太阳电池组件的结构

晶体硅太阳电池组件的典型封装结构如图 5-50 所示。

常规的太阳电池组件结构形式有下列几种：玻璃壳体式组件、底盒式组件、平板式组件、无盖板的全胶密封组件，其结构示意如图 5-51～图 5-54 所示。目前还出现了较新的双面钢化玻璃封装组件。

薄膜光伏电池同晶体硅电池的封装有所不同：若衬底的类型不同，则封装的方式有所不同。半导体材料与衬底的相对位置不同将影响组件的结构。对于使用非钢化玻璃衬底的前壁型 CdTe 电池和大部分非晶硅电池，玻璃衬底可以作为上盖板保护电池，背面可以使用任何

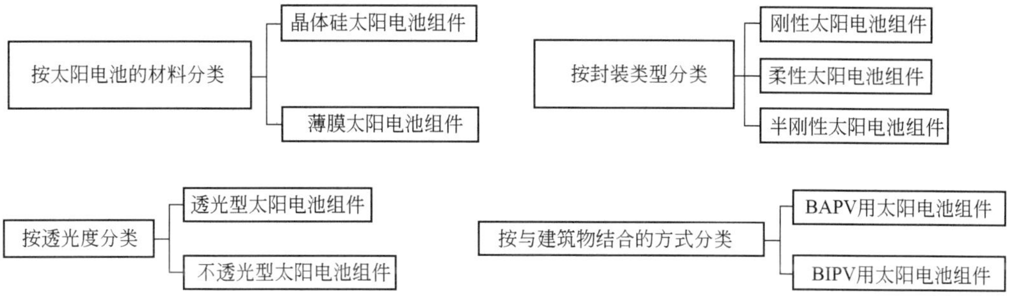

图 5-49 太阳电池组件的分类

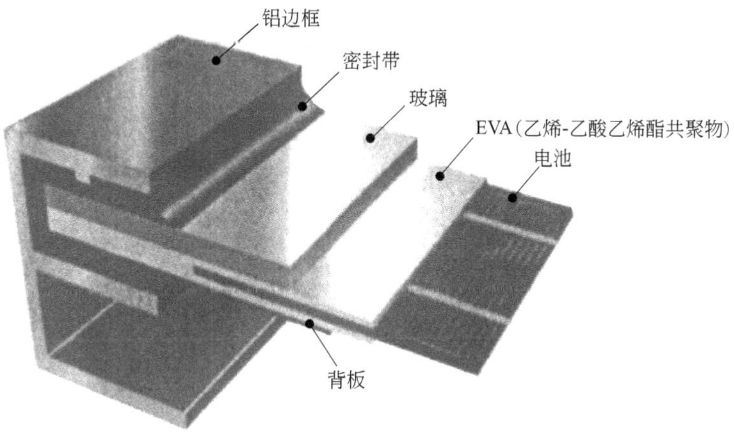

图 5-50 晶体硅太阳电池组件的典型封装结构

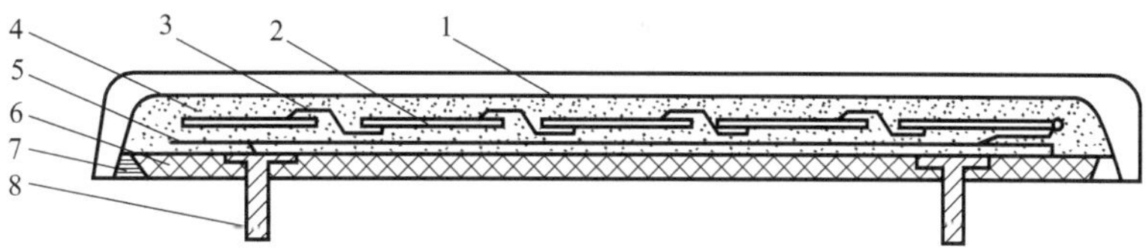

图 5-51 玻璃壳体式太阳电池组件

1—玻璃壳体；2—硅太阳电池；3—互连条；4—黏结剂；5—衬底；6—下底板；7—边框线；8—电极接线柱

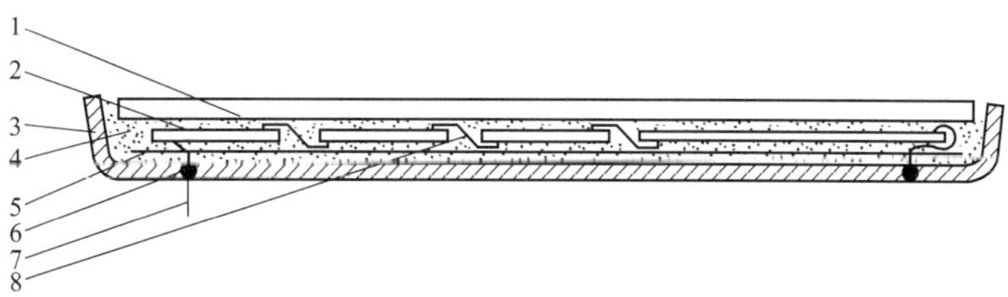

图 5-52 底盒式太阳电池组件

1—玻璃盖板；2—硅太阳电池；3—盒式下底板；4—黏结剂；5—衬底；6—固体绝缘胶；7—电极引线；8—互连条

类型的玻璃。如果有其他要求，还可以使用钢化安全玻璃，如图 5-55 所示。

对于使用非钢化衬底的后壁型 CIS 电池和一部分非晶硅电池，需要在上面加上盖板，保护电池，如图 5-56 所示。

除了上面两种结构之外，如果使用其他类型的衬底，可使用另外一种封装方式。这种封装方式有三层，对于前壁型和后壁型的薄膜光伏电池都适用，如图 5-57 所示。

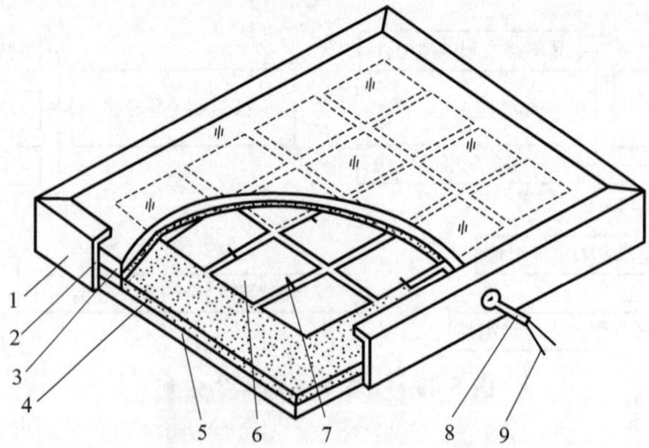

图 5-53 平板式太阳电池组件

1—边框；2—边框封装胶；3—上玻璃盖板；4—黏结剂；5—下底板；6—硅太阳电池；7—互连条；8—引线护套；9—电极引线

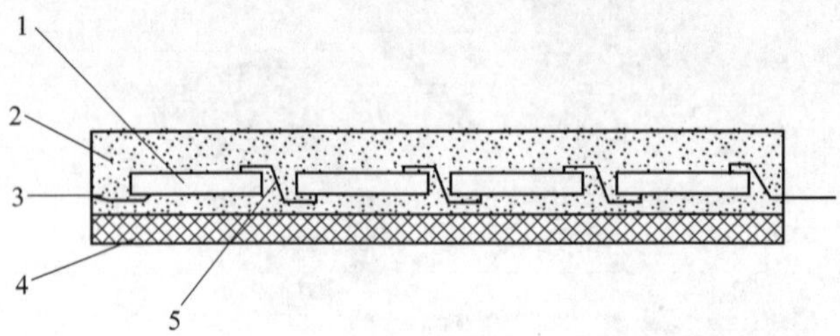

图 5-54 全胶密封太阳电池组件

1—硅太阳电池；2—黏结剂；3—电极引线；4—下底板；5—互连条

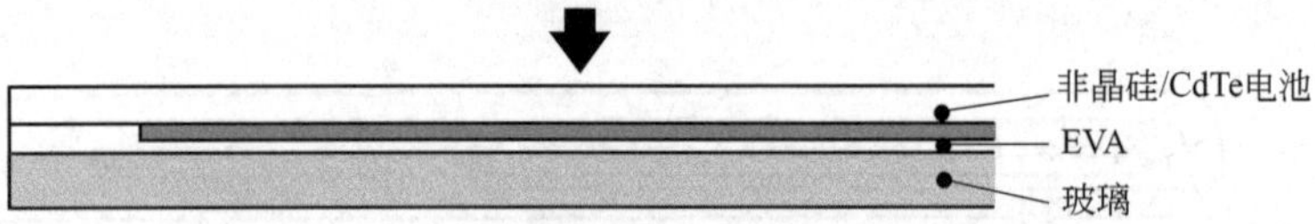

图 5-55 非钢化玻璃衬底的前壁型太阳电池封装结构

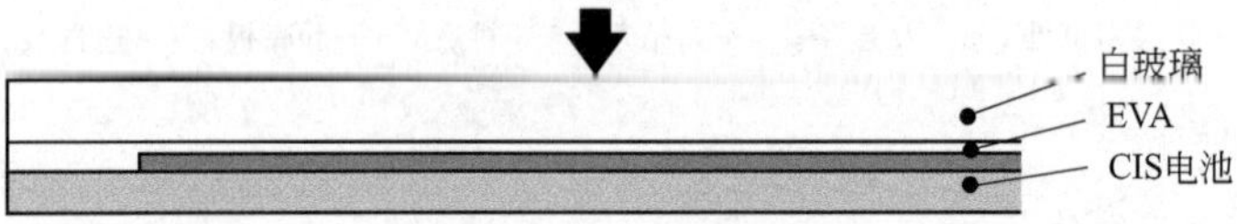

图 5-56 非钢化玻璃衬底的后壁型太阳电池封装结构

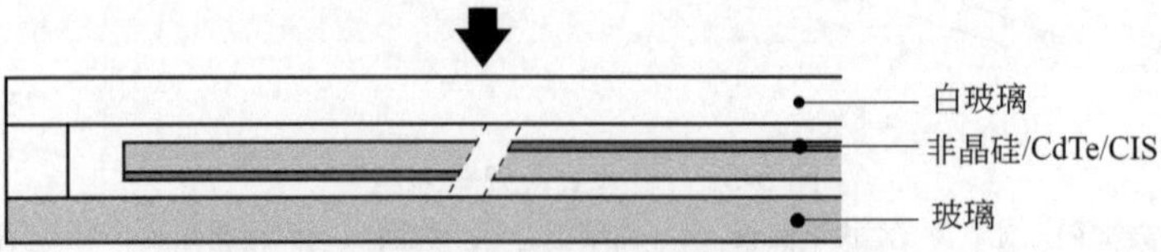

图 5-57 其他类型衬底的太阳电池封装结构

5.2.1.2 晶硅光伏组件封装的新结构

为了满足实际应用中对机械载荷、防腐蚀及功率模块化等方面的要求，需要将太阳电池串、并联并封装起来制成晶硅光伏组件（或简称组件）。

太阳电池本身的电极结构决定了组件封装时电池之间的连接方式。如前所述，目前行业中占绝对主流的电池以 P 型电池为主，其主要特征是电池的正、负电极分别位于电池的不同面（正面或背面）。其实，除了 N 型 IBC 电池以外，其他电池也是如此。因此，这就决定了在将电池封装成组件时，首先需要利用焊带将每片电池从正面焊接，然后焊接到相邻电池片的背面，如图 5-58 所示。

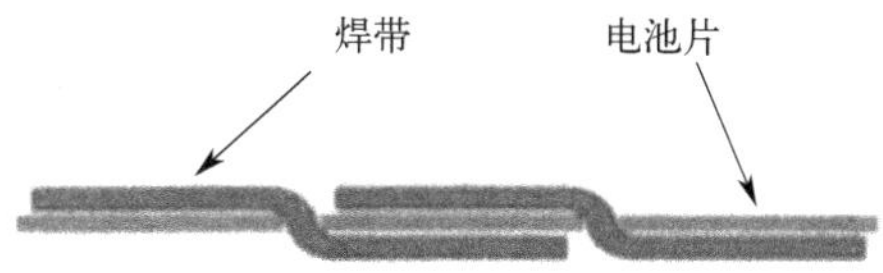

图 5-58 常规 P 型栅线电池组件中电池之间的连接方式

上述连接方式已在行业内沿用了多年。鉴于电池片电极的特殊结构，只能采用这种焊带连接方法。然而，经过仔细分析，人们发现这种连接方式存在以下几个固有问题。

• 由于使用了焊带，正面遮光面积增加，从而影响了电池片和组件的效率。

• 由于使用了焊带，并且为了防止明显的电流传输损失，焊带需要具备一定的横截面积。常用的焊带厚度大于硅片厚度。焊接和封装后，电池片（尤其是其边缘）会承受较大应力。在制造、运输、安装、运行及维护过程中，这些应力可能转化为隐裂纹和裂纹，导致组件功率衰减。研究表明，隐裂纹和裂纹是晶硅电池组件功率衰减的主要原因，这也是单玻晶硅电池组件 25 年使用寿命的主要限制因素。

• 由于焊带引起的应力，阻碍了更薄硅片的应用。事实上，自大约 20 年前起，用于太阳能电池的硅片厚度一直在减少，五年前已经降至约 180μm。然而，过去五年来，硅片厚度几乎未再降低，主要原因在于焊带连接不再适用于更薄的硅片，这也限制了通过降低硅片厚度来进一步降低成本的可能性。

• 随着光伏发电与建筑的结合日益紧密，人们对于光伏组件的美观性要求越来越高。然而，采用焊带连接方式的组件外观较为单一，难以满足对美观性的需求。

• 此外，当光伏发电设施达到使用年限时，光伏组件的回收成为光伏行业不可避免的问题。由于焊带和焊料中含有的重金属铅，为避免对土壤和环境造成污染，必须对光伏组件中的铅进行回收。因此，采用焊带连接的光伏组件将在成本和技术两个方面给组件回收带来额外的挑战。

总之，尽管光伏行业一直在探索各种改进的电池连接方法（如拼片、叠瓦等），但这些方法主要集中在提高封装密度，以提升组件效率和功率。然而，由于受到电池片电极结构的限制，它们无法从根本上解决上述问题。

为了解决上述晶硅电池组件的封装结构问题，人们开始采用金属环绕贯穿（MWT）技术。常规太阳电池的正、负电极分别位于电池的不同表面，因此需要通过焊带将相邻电池片从正面连接到背面。相比之下，MWT 技术允许相邻电池片通过背面直接连接，从而避免了正面连接的需求，减少了焊带带来的负面影响。如图 5-59 所示，这种连接方式有效避免了传统组件连接方式的缺点。

为了实现电池片之间的正、负连接（即串联），必须将电池的正、负电极都设计在电池的背面。在所有四种具有 P-N 结特征的电池中，只有 N 型 IBC 电池满足这一条件。其他三种电池（P 型电池、N 型 PERT 电池和 N 型 HIT 电池）的基本结构都不适合实现背面连接。因此，如果重新设计电池结构以改变电流传导路径，使正、负电极都位于电池背面，就可以充分发挥背面连接的优势，克服焊带连接的固有缺点。

经过多年努力，人们成功应用了 MWT 技术，实现了电池电极的背面化。图 5-60 展示了以 P 型电池为例的电极背面化示意。因此，MWT 技术实际上就是通过改变电流传导路径来实现正、负电极的背面化，并最终适用于组件的背接触式封装。类似地，其他类型的电池（N 型 PERT 电池和 N 型 HIT 电池）也可以通过 MWT 技术实现电极背面化。

当电池片实现电极背面化后，相应的组件封装可以采用导电背板接触式的连接方式，从而全面克服传统焊带连接的缺点。这种方式不仅提高了效率，还降低了应力，增强了可靠性

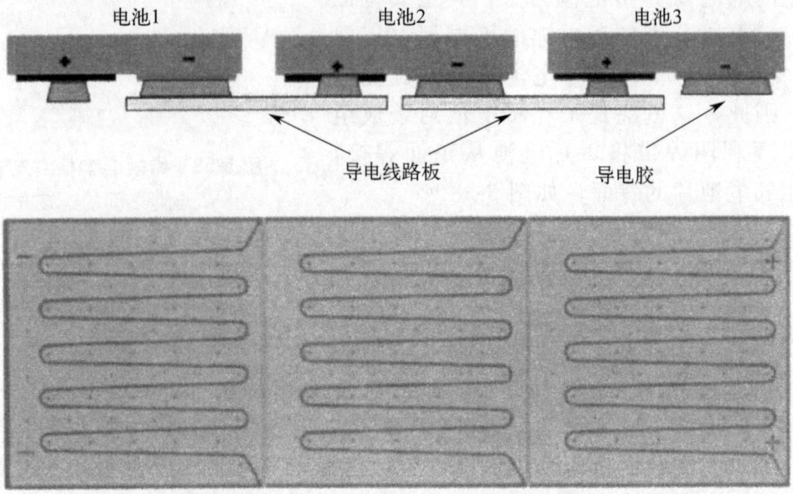

图 5-59 电池片之间的背面连接方式示意

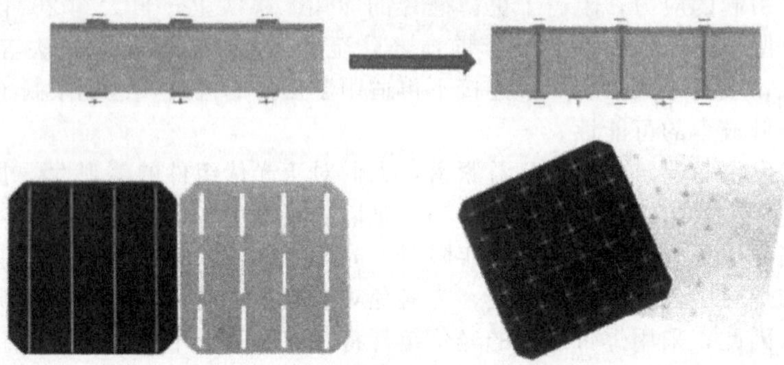

图 5-60 常规 P 型晶硅电池的电极背面化示意（MWT 技术）

和延长了使用寿命。此外，它支持使用更薄的硅片，降低了成本，并提供了优美的外观和无铅设计。

由于采用导电背板的背接触连接方式具有多方面的优势，基于 P 型电池的 MWT 技术已经实现了多项显著改进。这些改进，包括 30 年的光伏发电年限、150μm 厚度的硅片、无铅化以及轻柔性的特点。此外，该技术还可以与 N 型 HIT 等其他先进技术进一步结合。

综上所述，在太阳电池设计中，一方面需要尽量提高电池的转换效率；另一方面，还需要考虑电池在组件封装中的优势。背接触封装作为一种被广泛认可的高端封装方式，已在 IBC 电池组件中应用多年。通过 MWT 技术，可以使所有电池实现电极背面化，从而适用于背接触封装。预计背接触封装技术将在提高组件性能、降低成本和实现无铅化等方面展现出独特的优势。因此，IBC 技术和 MWT 背接触技术有望得到更大的发展。

如今，高功率组件逐渐成为光伏行业的主流，降低度电成本、提高光伏电站收益已成为必然需求。据报道，2021 年 8 月，天合光能股份有限公司光伏科学与技术国家重点实验室宣布，其自主研发的 210mm×210mm 高效 PERC 电池，经过国家光伏质检中心（CPVT）的第三方测试认证，电池效率达到了 23.56%。

5.2.2 太阳电池方阵

太阳电池方阵可分为平板式和聚光式两大类。平板式方阵，只需把一定数量的太阳电池组件按照电性能的要求串联、并联起来即可，不需要加装汇聚阳光的装置，结构简单，多用于固定安装的场合。聚光式方阵有汇聚阳光的收集器，通常采用平面反射镜、抛物面反射镜或菲涅尔透镜等装置来聚光，以提高入射光谱的辐照度。聚光式方阵，可比相同输出功率的平板式方阵少用一些单体太阳电池，从而使成本下降。但通常需要装设向日跟踪装置，由于增加了转动部件，因而降低了光伏发电系统的可靠性。

太阳电池方阵的设计，一般来说，就是按照用户的要求和负载的用电量及技术条件，计算太阳电池组件的串联、并联数。串联数由太阳电池方阵的工作电压决定，应考虑蓄电池的浮充电压、线路损耗以及温度变化对太阳电池的影响等因素。在太阳电池组件串联数确定之后，即可按照气象台提供的太阳能年总辐射量或年日照时数的 10 年平均值进行计算，确定太阳电池组件的并联数。太阳电池方阵的输出功率与组件的串联、并联数量有关。组件的并联是为了获得所需要的电流。一般的设计原则及其与整个发电系统设计的关系，前面已有介绍，这里就不再重复了。关于太阳电池方阵的具体设计与计算方法将在具体案例中提到。但是，必须强调的是，方阵的构成要求其组合系数应尽可能高。

太阳能是一种低密度的面能源，需要用大面积的太阳电池方阵来采集。而太阳电池组件的输出电压不高，需要用一定数量的太阳电池组件经过串并联构成方阵。一个光伏方阵包含两个或两个以上的光伏组件，具体需要多少个组件及如何连接组件，与所需电压（电流）及各个组件的参数有关，由系统设计确定。

（1）结构

平板式光伏方阵的结构依用户的需要而定。按电压等级来分，独立光伏系统电压往往被设计成与蓄电池的标称电压相对应或是它们的整数倍，而且与用电器的电压等级一致，如 220V、110V、48V、36V、24V、12V 等。交流光伏供电系统和并网发电系统，方阵的电压等级往往为 110V 或 220V。对电压等级更高的光伏电站系统，则常用多个方阵进行串并联，组合成与电网等级相同的电压等级，如组合成 600V 等；或通过变压器升压至 10kV 等，再与电网连接。

太阳电池方阵除了需要支架将许多太阳电池组件集合在一起以外，还需要电缆、阻塞二极管和旁路二极管对太阳电池组件进行电气连接，并需要配专用的、内装避雷器的分接线箱（汇流箱）和总接线箱（直流柜）。有时为了防止鸟粪污染太阳电池方阵表面而引起的热斑效应，还需要在方阵顶上特别安装驱鸟器。

太阳电池方阵电气连接如图 5-61 所示。

在将太阳电池组件进行串并联组装成方阵时，应参考太阳电池串并联所需要注意的原则，并应特别注意如下各点。

① 串联时需要工作电流尽可能相同的组件，并为每个组件并接旁路二极管。

② 并联时需要工作电压尽可能相同的组件，并在每一条并联线路串接阻塞二极管（防反充二极管）。

③ 尽量考虑组件互连接线最短的原则，以减少直流损失。

④ 要严格防止个别性能变坏的太阳电池组件混入太阳电池方阵。

图 5-62 为同样 64 块太阳电池组件分别用 4 并 8 串方式组成的方阵，但有纵联横并和横联纵并两种不同的电气连接。在图 5-62 中可以看到，当遇到局部阴影时，图 5-62(a) 中连接的总线电压下降，输出电力也大幅下降，系统有可能不能正常工作；而图 5-62(b) 中连接的总线电压可以保持不变，虽然少了一组电流，但系统仍能正常工作。

（2）特性

太阳电池组件及方阵的基本特性也同样要以在 IEC 标准条件下的开路电压 V_{OC}、短路电流 I_{SC}、最佳工作电压 V_m、最佳工作电流 I_m、最佳输出功率 P_m、填充因子 FF 以及光电转换效率 η 来表示。

方阵在室外工作，输出功率和效率受到温度和太阳辐照度的影响较大。通风良好可以降

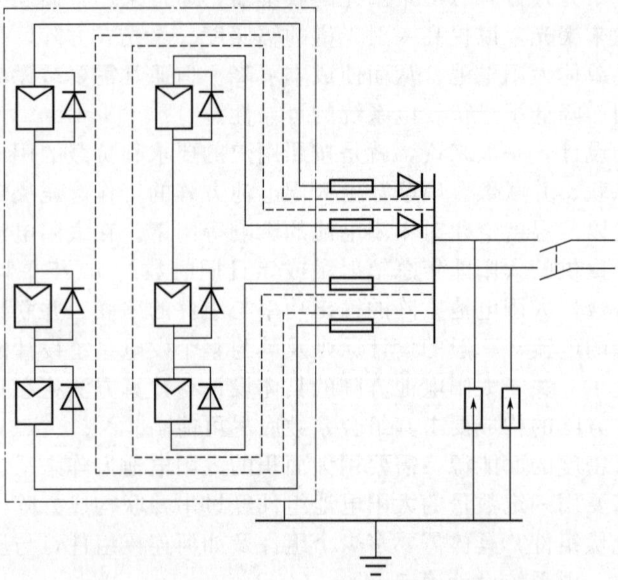

图 5-61 太阳电池方阵电气连接

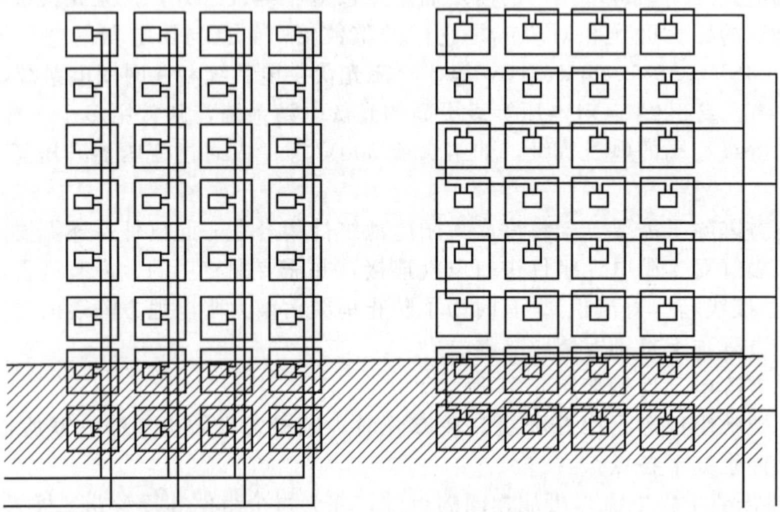

(a) 纵联横并　　(b) 横联纵并

图 5-62 太阳电池组件方阵

低组件的工作温度而提高方阵的输出。图 5-63 为太阳电池方阵的光照伏安特性曲线，方阵的标称功率即是 IEC 标准条件下的最大（最佳）输出功率 P_m。

$$P_m = I_m V_m = FFI_{SC} V_{OC}$$

$$\eta = \frac{P_m}{P_0 A_a} = \frac{FFI_{SC} V_{OC}}{P_0 A_a} = \frac{I_m V_m}{P_0 A_a}$$

式中，P_0 是单位面积上接收到的太阳辐射能。按 IEC 标准，在 25℃、AM1.5 光谱条件下，$P_0 = 100\text{mW/cm}^2$。A_a 是组件及方阵面积，通常是指组件及方阵边框的实际面积，此时的效率即为该组件及方阵的效率。

由组件组合成方阵时，将有电压损失和电流损失，因而将有输出功率的损失。方阵的功率损失因子也可称为光伏方阵的组合系数 η_a。当有 n 个组件被组合成方阵时，其组合损失系数可表示为

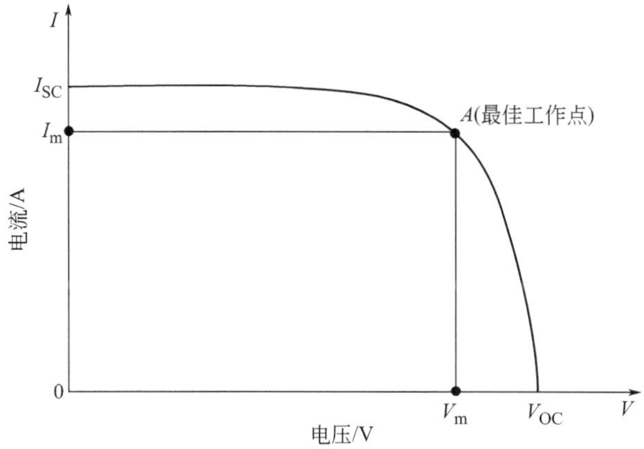

图 5-63 太阳电池方阵的光照伏安特性曲线

$$\eta=\frac{P_m}{\sum_{i=1}^{n}P_{mi}}$$

式中，P_m 为方阵的实际输出功率；P_{mi} 为 n 个组件中每个组件的输出功率。

方阵的功率损失主要来源为组件特性不一致、串并联的二极管和接线损失等。

光伏方阵的测量很不容易在标准条件下进行，而通常是在自然阳光下用便携式光伏方阵测试仪进行检测后再转换到 IEC 的标准条件。特别注意的是，要将标准参考电池与被测光伏方阵放置在同一平面上，测量前用不透光的覆盖物将被测方阵严密覆盖，等待其温度与环境温度一致时突然揭开覆盖物。应在尽可能短的时间里测完该方阵的光伏伏安特性曲线及基本参数，与标准参考电池比对后计算出该方阵在 IEC 标准状况下的输出功率。

（3）热斑效应

一个方阵在阳光下出现局部发热点的现象称为热斑效应，这种热斑往往在单个电池上发生。比如，一串联支路中被遮蔽的太阳电池组件，将被视为负载并消耗其他有光照的太阳电池组件所产生的能量，被遮蔽的太阳电池组件此时会发热，这就是热斑效应。这种效应能严重地破坏太阳电池。有光照的太阳电池所产生的部分能量，都可能被遮蔽的电池所消耗。在较大的方阵中，严重时热斑的温度有可能高达 200℃左右。热斑效应会使焊点融化，破坏封装材料（如无旁路二极管保护），甚至会使整个方阵失效。

热斑效应机理如图 5-64 所示。图中，12 个太阳电池 4 并 3 串，假设每个电池都有相同的光照 I-V 特性，每 3 个电池并联后的光照 I-V 特性示于图的左侧。这 4 组并联电池串联后各结点的电压、电流分别为：V_1、I，V_2、I，V_3、I，V_4、I。当由于某种原因第 2 组中左边的太阳电池突然损坏，几乎没有电流输出时，右边的两个电池中将流过整个串联电路中的总电流 $3I$。从太阳电池的并联特性可知，这两个电池（好电池）在承受超过它的光生电流时，其工作点对应的电压进入反偏区 V_2。在这种情况下，V_2 的绝对值有时达到好电池开路电压的数倍。这样，在这个与一个坏电池的并联电池组中，其他两个好电池上承受的功率是 V_2I，而没有坏电池的并联电池组 1、3、4 组中承受的功率是 VI。因为 V_2 是 V 的数倍，于是两个与坏电池并联的好电池开始快速升温，整个方阵在第 2 组里出现热斑。

在不可逆变的热斑效用出现之前，方阵中其他好电池组的输出也会受到影响。由于方阵的端电压 V_4 和蓄电池或控制器有关，所以其他所有的好电池也要分担坏电池组的影响而会造成方阵输出功率的下降。

造成热斑效应的根源是有个别坏电池的混入、电极焊片虚焊、电池由裂纹演变为破碎、个别电池特性变坏、电池局部受到阴影遮挡等。

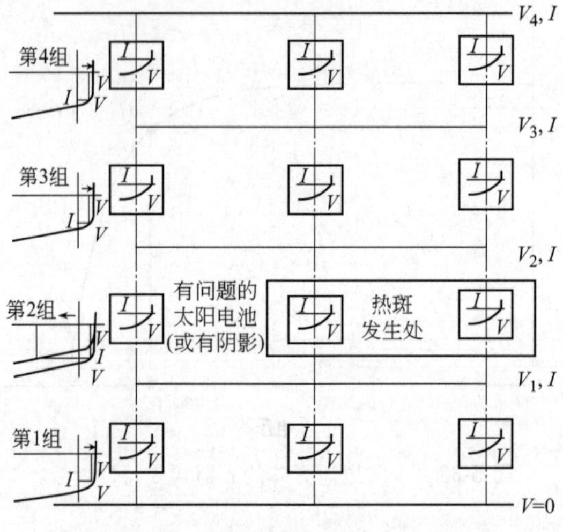

图 5-64 太阳电池组件热斑效应机理

为防止太阳电池组件因热斑效应而致破坏，如图 5-65 所示，需要在太阳电池组件的正负极间并联一只旁路二极管，以避免串联回路中光照组件所产生的电能被遮蔽组件所消耗。同样，对每一个并联回路，需要串联一只二极管，以避免并联回路中光照组件所发的电能被遮蔽组件所损耗。在独立光伏发电系统中，这个串接的二极管同时起到防止蓄电池在夜间产生反向电流的作用。

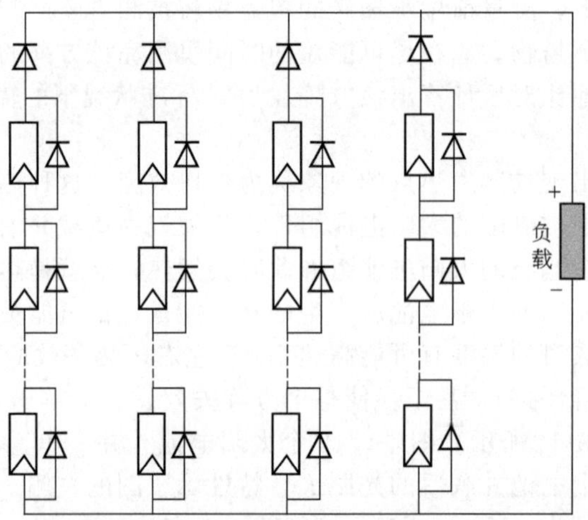

图 5-65 太阳电池组件“热斑效应”的防护

(4) 阻塞二极管

阻塞二极管可以控制光伏系统中的电流。任何一个独立光伏系统都必须有防止从蓄电池流向阵列的反向电流的方法或具备保护失效单元的功能，如果控制器没有这项功能的话，就要用到阻塞二极管。阻塞二极管既可加在每一并联支路，也可加在阵列与控制器之间的干路上。但是，当多条支路并联成一个大系统时，则应在每条支路上采用阻塞二极管，以防止由于支路故障或遮蔽引起的电流由强电流支路流向弱电流支路的现象。在小系统中，在干路上用一个二极管就足够，不要两种都用。因为每个阻塞二极管会引起降压 0.4～0.7V，其电压损失是一个 12V 系统的 6%，这也是一个不小的比例。

第 6 章

储能技术及装置

6.1 绪论

6.1.1 储能的必要性及意义

能源通常被储存起来，或是在特定的地域，或是以更大的规模（如太阳能）。存储的能量可以按照需求开采和使用。能源可以进一步区分为一次能源与二次能源。一次能源是指自然界中早已存在的化石能源，对此我们只需支付开采费用。而二次能源则是指人造的能源，不但需要支付开采费用，还需支付储存费用。

电力是高品质、洁净的二次能源，比其他类型的动力更为通用，并能高效地转换为其他形式，例如，能以近乎 100%的效率转换为机械能或者热能。然而，热能、机械能却无法以如此高的效率转换为电能。

电力的缺点是不易大规模储存，或者说电能储存的代价不菲。如果暂不考虑输配电及用电损耗，几乎所有使用的电能，其耗电量几乎等于发电量。这对于传统电厂并不困难，其燃料消耗量会根据负载需求而进行连续调节。但对光伏发电和风力发电等间隙性电源，就不能随时、全时满足负荷需求。因此，储能成为必备的特性以配合这类发电系统，尤其对独立光伏发电系统和离网型风架而言。对于并网光伏系统等系统中的储能，它能够显著改善负荷的可用性，而且对电力系统的能量管理、安全稳定运行、电能质量控制等均有重要意义。

随着光伏发电、风力发电设备制造成本大幅度降低，将其大规模接入电网成为一种发展趋势，然而也给原本就薄弱的电力存取环节带来更大挑战。众所周知，电能在“发、输、供、用”运行过程中，必须在时空两方面都要达到“瞬态平衡”。如果出现局部失衡就会引起电能质量问题，即闪变。“瞬态激烈”失衡还会带来灾难性事故，并可能引起电力系统的解列和大面积停电事故。为保障公共电网的安全、经济和可靠运行，就必须在电力系统的关键节点上建立强有力的“电能存取”单元（储能系统）对系统进行支撑（见图 6-1）。

储能的应用有诸多方面，首先是在电力系统方面的应用，包括发电系统、辅助服务、电网应用、用户端及可再生能源发电并网（详见表 6-1）。另外，在电动汽车、轨道交通、UPS 电源、电动工具以及电子产品等多有应用。本章内容主要针对独立与并网光伏发电系统的储能展开讨论。

储能在整合光伏发电、风力发电并网方面，可以发挥如下作用：①频率调节；②电网故障恢复；③电压调节；④电能质量的维护与改善。

随着微电网的光伏发电、风力发电等可再生能源渗透率的提高，为了满足微电网的设计要求，在并网或离网情况下实现功率平衡，电压频率正常，应配备必要的储能系统，以平衡可再生能源随机波动，改善电能质量及维持系统稳定。分布式电源和储能系统配置比例及协调控制，是决定微电网能否正常、稳定、高效、经济运行的关键。

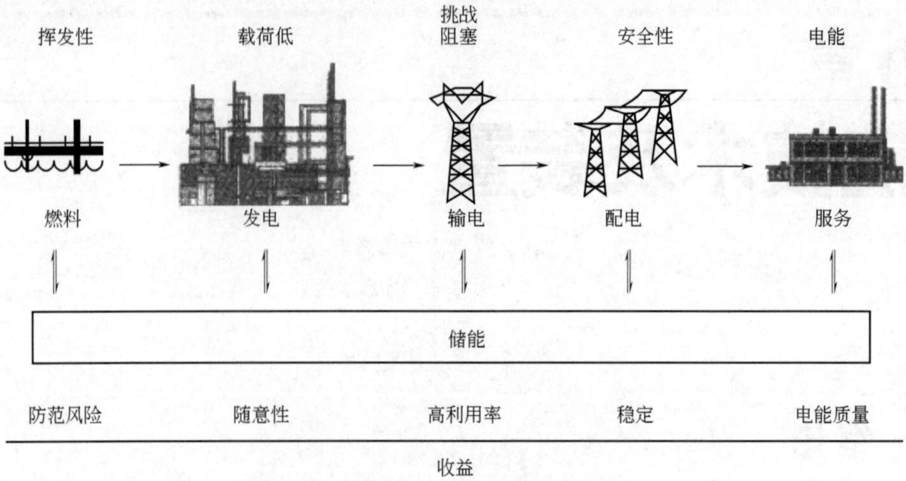

图 6-1 储能是解决电网问题的有效手段

表 6-1 储能在电力系统中的应用

<table>
<tr><th>应用分类</th><th>应用名称</th><th>应用分类</th><th>应用名称</th></tr>
<tr><td rowspan="4">发电系统应用</td><td rowspan="2">电能削峰填谷</td><td rowspan="4">电网应用</td><td>输电系统支持</td></tr>
<tr><td>缓解输电系统阻塞</td></tr>
<tr><td rowspan="2">发电容量</td><td>延缓输配电系统的扩容需求</td></tr>
<tr><td>变电站电源</td></tr>
<tr><td rowspan="7">辅助服务</td><td rowspan="2">负荷跟踪</td><td rowspan="4">用户端应用</td><td>分时电价电费管理</td></tr>
<tr><td>容量费用管理</td></tr>
<tr><td rowspan="2">调频</td><td>供电可靠性</td></tr>
<tr><td>电能质量</td></tr>
<tr><td rowspan="2">备用容量</td><td rowspan="3">可再生能源并网</td><td>可再生能源移峰</td></tr>
<tr><td>可再生能源的稳定输出</td></tr>
<tr><td>电压支持</td><td>风力发电、光伏并网发电</td></tr>
</table>

6.1.2 储能的定义及分类

从广义上讲，储能即能量储存，是指通过一种介质或者设备，把一种能量形式用同一种或者转换成另一种能量形式存储起来，基于未来应用需要以特定能量形式释放出来的循环过程。从狭义上讲，针对电能的存储，储能是指利用化学或者物理等方法将产生的能量存储起来并在需要时释放的一系列技术和措施。储能装置的运行原理如图 6-2 所示。

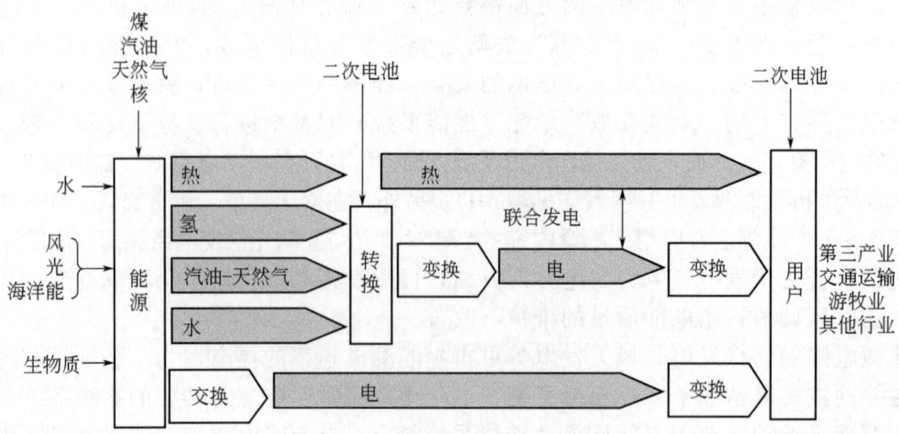

图 6-2 储能装置的运行原理

按照储能的狭义定义，燃料电池与金属-空气电池虽然不具备充电的功能，不完全等同于狭义上的储能装置，但就其特点和应用领域又与储能产品相近。储能技术分类见表 6-2。

表 6-2 储能技术分类

分类	名称	特点
物理储能	抽水储能 压缩空气储能 飞轮储能	采用水、空气等作为储能介质；储能介质不发生化学变化
化学储能	铅酸电池 锂离子电池（或简称锂电池） 液流电池 熔融盐电池 镍氢电池 电化学电容器	利用化学元素作为储能介质；充放电过程伴随储能介质的化学反应或者价态变化
其他储能	超导储能 燃料电池 金属-空气电池	利用电磁场转换、电化学原理等储能

6.2 电化学储能

电化学储能装置，通常称为蓄电池，也称为二次电池。它与一次电池的主要区别就在于它可在放电之后，在提供外部电能的情况下进行可逆反应，通过充电恢复到初始状态。电化学装置的一个共同特点是，它们均通过浸泡于电解液中的两个电极发生反应而产生电能。其中一个电极是正极，接受电子，氧化剂被还原；另一个电极是负极，释放电子，还原剂被氧化。

蓄电池组是由一些完全相同的蓄电池单体通过串、并联的方式组合而成的模组。蓄电池组作为太阳能光伏电站的储能装置，其作用是将太阳电池方阵从太阳辐射能转换而来的直流电转换为化学能储存起来，以供应用。

光伏电站中与太阳电池方阵配套的蓄电池组通常是在半浮充电状态下长期工作的，其总储能量比用电负荷所需要的电能量要大。因此，多数时间是处于浅放电状态。当冬季和连阴天由于太阳辐射能减少而出现太阳电池方阵向蓄电池组充电不足时，可启动光伏电站备用的电源——柴油发电机组，给蓄电池组补充充电，以保持蓄电池组始终处于浅放电状态。

固定式铅酸蓄电池性能优良、质量稳定、容量较大、价格较低，是光伏电站主要选用的储能装置。因此，下面将首先介绍固定式铅酸蓄电池的结构、原理与使用维护等。

6.2.1 铅酸储能蓄电池

6.2.1.1 铅酸蓄电池的结构与工作原理

铅酸蓄电池主要由正极板组、负极板组、隔板、电解液及附件等部分组成。极板组是由单片极板组合而成的。单片极板由基极（又称为极栅）和活性物质构成。

铅酸蓄电池的正、负极板常用铅锑合金制成，正极的活性物质是二氧化铅，负极的活性物质是海绵状纯铅。

极板按其构造和活性物质形成方法不同，可分为涂膏式极板和化成式极板。涂膏式极板在同容量时比化成式极板体积小、重量轻、制造简便、价格低廉，因而使用普遍；缺点是在充、放电时活性物质容易脱落，因而寿命较短。化成式极板的优点是结构坚实，在放电过程中活性物质脱落较少，因此寿命长；缺点是笨重，制造时间长，成本较高。

隔板位于两极板之间，它的主要作用是防止因正、负极板接触而造成短路。隔板的制作材料现大多采用微孔聚氯乙烯塑料。

电解液一般用蒸馏水稀释浓硫酸制成。其密度视电池的使用方式和极板种类而定，一般在25℃时充电后的电解液密度取值为1.200～1.300g/cm^{3}之间。容器通常为玻璃容器、衬铅木槽、硬橡胶槽或塑料槽等。铅酸蓄电池的结构如图6-3所示。铅酸蓄电池的极板组和单格电池体如图6-4所示。固定型防酸式蓄电池如图6-5所示。

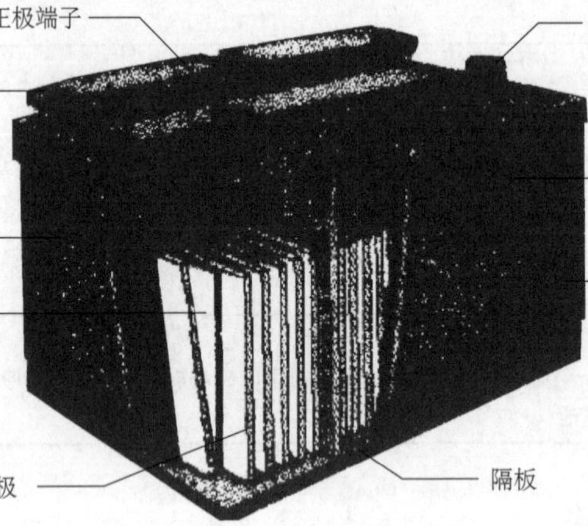

图 6-3 铅酸蓄电池的结构

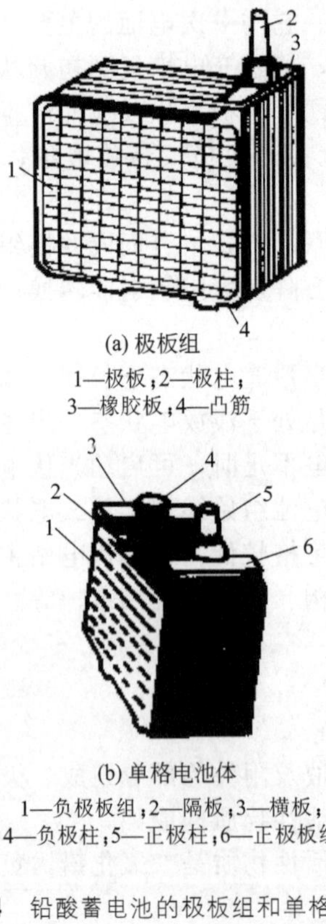

图 6-4 铅酸蓄电池的极板组和单格电池体

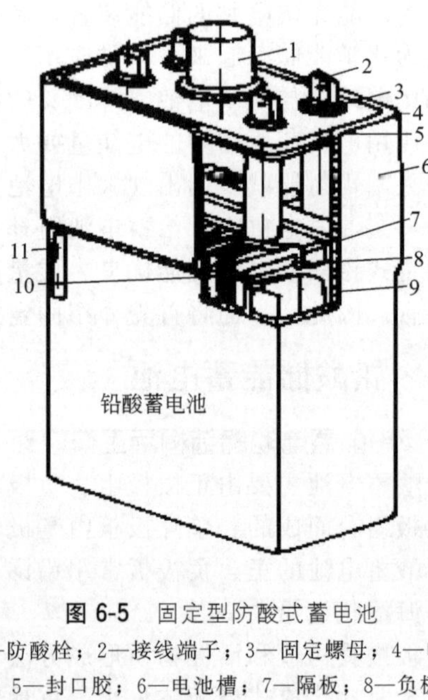

图 6-5 固定型防酸式蓄电池

1—防酸栓；2—接线端子；3—固定螺母；4—电池盖；5—封口胶；6—电池槽；7—隔板；8—负极组；9—衬板；10—正极组；11—电解液比重计

铅酸蓄电池是通过充电将电能转换为化学能储存起来，使用时再将化学能转换为电能释放出来的化学电源装置。它由两个分离电极浸在电解质中组成：由还原态物质构成的电极为负极；由氧化态物质构成的电极为正极。当外电路接通两极时，氧化还原反应就在电极上进行，电极上的活性物质分别被氧化还原，从而释放出电能，这一过程称为放电过程。放电之后，若有反向电流流入电池时，就可以使两极活性物质恢复到原来的化学状态。铅酸蓄电池按其工作环境，可分为固定式和移动式两大类。固定式铅酸蓄电池又可按电池槽结构分为半密封式和密封式两类。半密封式又有防酸式和消氢式两种形式。

铅酸蓄电池在充放电过程中化学反应：

$$Pb+PbO_2+2H_2SO_4 \underset{\text{充电}}{\overset{\text{放电}}{\rightleftharpoons}} 2PbSO_4+2H_2O$$

充电过程中伴随的副反应：

$$2H_2O \longrightarrow 2H_2\uparrow+O_2\uparrow$$

$$2Pb+O_2 \longrightarrow 2PbO$$

$$PbO+H_2SO_4 \longrightarrow PbSO_4+H_2O$$

铅酸蓄电池的公称电压为2V。实际上，蓄电池的端电压会随着充电和放电过程而有所变化。

铅酸蓄电池在充电终止后，端电压很快下降至2.5V左右。放电终止时电压为1.7～1.8V。若再继续放电，电压会急剧下降，将影响蓄电池的寿命。

铅酸蓄电池的使用温度范围为－40～＋40℃。

铅酸蓄电池的安时效率为85％～90％，瓦时效率为70％，两者均随放电率和温度而改变。

凡需要较大功率并有充电设备可以使蓄电池长期循环使用的地方，均可采用蓄电池。铅酸蓄电池价格低廉，原材料易得，但维护工作较多，而且能量密度较低。碱性蓄电池维护简单，寿命较长，结构坚固，不易损坏，但价格昂贵，制造工艺复杂。从技术和经济方面综合考虑，目前光伏电站应主要采用铅酸蓄电池作为储能装置。

6.2.1.2 蓄电池选型及电解液配置

蓄电池选型时应了解如下几点。

(1) 蓄电池的电压

蓄电池每单格的公称电压为2V，实际电压随充、放电的情况而变化。充电结束时，电压为2.5～2.7V，以后慢慢地降至2.05V左右的稳定状态。

如用蓄电池作为电源，开始放电时电压很快降至2V左右，以后缓慢下降，保持在1.9～2.0V之间。当放电接近结束时，电压很快降到1.7V；当电压低于1.7V时，便不应再放电，否则要损坏蓄电池极板。停止使用后，蓄电池的电压能自行回升到1.98V。

(2) 蓄电池的容量

铅酸蓄电池的容量是指该电池的蓄电能力，通常以充足电后蓄电池放电至端电压达到规定放电终了的电压时蓄电池所放出的总电量来表示。在放电电流为定值时，电池的容量用放电电流和时间的乘积来表示，单位是安培·小时，简称安时，符号为A·h。

蓄电池的标称容量是指蓄电池出厂时规定的该蓄电池在一定的放电电流及一定的电解液温度下单格电池的电压降到规定值时所能提供的电量。

蓄电池的额定容量常用放电时间的长短来表示（即放电速度），称为放电率，如30h、20h、10h放电率等。其中以20h放电率为正常放电率。所谓20h放电率，表示用一定的电流放电，20h可以放出的额定容量。通常放电率用字母“C”表示，因而C_{20}表示20h放电率，C_{30}表示30h放电率。

(3) 蓄电池产品型号

铅酸蓄电池产品型号由三个部分组成：第一部分表示串联的单体蓄电池个数；第二部分

用汉语拼音字母表示蓄电池的类型和特征；第三部分表示20h放电率，即蓄电池的额定容量。常用字母的含义为：G—固定式或管式：Q—启动型；A—干荷电式；M—摩托或密封式；D—电瓶车；N—内燃机车；T—铁路客车；F—防酸隔爆或阀控；X—消氢式；B—航标。例如，“6－A－60”型蓄电池，表示6个单格（即12V）的干荷电式铅酸蓄电池，标称容量为60A·h。

铅酸蓄电池电解液的主要成分是蒸馏水和化学纯硫酸。浓硫酸是一种剧烈的脱水剂，若不小心溅到身上时会严重腐蚀人的衣服和皮肤。因此，配制电解液时，必须严格按照操作规范进行。

首先，配制铅酸蓄电池电解液的容器必须用耐酸、耐高温的瓷、陶或玻璃容器，也可用衬铅的木桶或塑料槽。除此之外，任何金属容器都不能使用。搅拌电解液时只能用塑料棒或玻璃棒。为了准确地测试出电解液的各项数据，还需要下列几种专用工具。

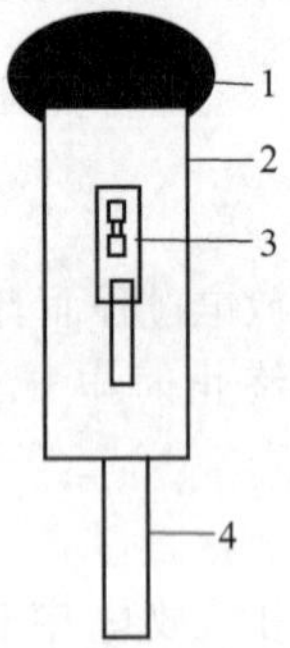

图6-6 电解液比重计结构
1—橡皮球；2—玻璃管；3—比重计；4—橡皮插头

（1）电解液比重计

① 结构　电解液比重计是测量电解液浓度的一种仪器，如图6-6所示。它由橡皮球、玻璃管、比重计和橡皮插头构成。

② 使用方法　使用电解液比重计时，应先把橡皮球压扁排出空气，将橡皮插头插入电解液中，慢慢放松橡皮球将电解液吸入玻璃管内。吸入的电解液以能使管内的比重计浮起为准。

③ 测量方法　测量电解液的浓度时，比重计应与电解液面相互垂直，观察者的眼睛要与液面平齐，并注意不要使比重计贴在玻璃管壁上；观察读数时，应当略去由于液面张力使表面扭曲而产生的读数误差。

常用电解液比重计的测量范围为1.100～1.300g/cm^3，准确度可达0.1%。

（2）温度计

一般有水银温度计和酒精温度计两种。区分这两种温度计的方法是观察温度计底部球状容器内的液体颜色，酒精温度计的液体呈红色，水银温度计的液体呈银白色。由于在使用酒精温度计时，一旦温度计破损，酒精溶液将对蓄电池板珊有腐蚀作用，所以一般常用水银温度计来测量电解液的温度。

（3）电瓶电压表

电瓶电压表也称高率放电叉，是用来测量蓄电池单格电压的仪表。

当接上高率放电电阻丝时，电瓶电压表还可以用来测量蓄电池的闭路电压（即工作电压）。卸下高率放电电阻丝，电瓶电压表可作为普通电压表使用，用于测量蓄电池的开路电压。配制蓄电池电解液必须注意安全，严格按照操作规程进行，具体应注意以下事项。

① 要用无色透明的化学纯硫酸（浓度为98%）作为原料，严禁使用含杂质较多的工业用硫酸。

② 应用纯净的蒸馏水稀释，严禁使用含有有害杂质的河水、井水和自来水。

③ 应在清洁的耐酸陶瓷或耐酸的塑料容器中配制，避免使用不耐温的玻璃容器，以免在硫酸和水混合时因产生高温而使容器炸裂。

④ 配制人员一定要做好安全防护工作。要戴胶皮手套，穿胶靴及耐酸工作服，并戴防护镜。当不小心将电解液溅到身上时，要及时用稀碱水或自来水冲洗。

⑤ 配制电解液前，要按所需电解液的密度先粗略算出蒸馏水与硫酸的大致比例。配制时，必须将硫酸缓慢地倒入蒸馏水中，并用玻璃棒不断搅动。千万不能用铁棒和任何金属棒搅拌，切记不能将水倒入硫酸中，以免发生强烈的化学放热反应而使硫酸飞溅伤人。

⑥ 新配制的电解液因硫酸溶于水放热导致温度较高，不能马上注入蓄电池，必须待降至30℃时再注入蓄电池中。

⑦ 灌注蓄电池的电解液时，应将其密度调整至（1.27±0.01）g/cm^3。

⑧ 电解液的密度会随温度的变化而变化。

表6-3给出了电解液中浓硫酸与蒸馏水的配比。表6-4给出了电解液在不同温度下对比重计读数的修正数值。

表6-3 电解液中浓硫酸与蒸馏水的配比

电解液密度/(g/cm^3)	体积之比		质量之比	
	浓硫酸	蒸馏水	浓硫酸	蒸馏水
1.180	1	5.6	1	3.0
1.200	1	4.5	1	2.6
1.210	1	4.3	1	2.5
1.220	1	4.1	1	2.3
1.240	1	3.7	1	2.1
1.250	1	3.4	1	2.0
1.260	1	3.2	1	1.9
1.270	1	3.1	1	1.8
1.280	1	2.8	1	1.7
1.290	1	2.7	1	1.6
1.400	1	1.9	1	1.0

表6-4 电解液在不同温度下对比重计读数的修正数值

电解液温度/℃	比重计读数修正数值	电解液温度/℃	比重计读数修正数值	电解液温度/℃	比重计读数修正数值
+45	+0.0175	+10	−0.0070	−25	−0.0315
+40	+0.0140	+5	−0.0105	−30	−0.0350
+35	+0.0105	0	−0.0140	−35	−0.0385
+30	+0.0070	−5	−0.0175	−40	−0.0420
+25	+0.0035	−10	−0.0210	−45	−0.0455
+20	0	−15	−0.0245	−50	−0.0495
+15	−0.0035	−20	−0.0280		

6.2.1.3 蓄电池的安装、充电及管理维护

（1）蓄电池安装

① 蓄电池与控制器的连接　连接蓄电池时，一定要注意按照控制器使用说明书的要求操作，而且电压一定要符合要求。若蓄电池的电压低于要求值时，应将多块蓄电池串联起来，使其电压达到要求。

② 安装蓄电池的注意事项

a. 加完电解液的蓄电池应将加液孔的盖子拧紧，以防止杂质掉入蓄电池内部。胶塞上的通气孔必须保持通畅。

b. 各接线夹头和蓄电池极柱必须保持紧密接触。连接导线接好后，应在各连接点上涂一层薄的凡士林油膜，以防连接点锈蚀。

c. 蓄电池应放在室内通风良好、不受阳光直射的地方。距离热源不得少于2m。室内温度应经常保持在10～25℃之间。

d. 蓄电池与地面之间应采取绝缘措施。例如，可垫置木板或其他绝缘物，以免因蓄电池与地面短路而放电。

e. 放置蓄电池的位置应选择在离太阳电池方阵较近的地方。连接导线应尽量缩短，导线直径不可太细，以尽量减少不必要的线路损耗。

f. 不能将酸性蓄电池和碱性蓄电池同时安置在同一房间内。

g. 对安置蓄电池较多的蓄电池室，冬天不允许采用明火保温，应用火墙来提高室内温度，并要保持良好的通风条件。

(2) 蓄电池的充电

蓄电池在太阳电池系统中的充电方式主要采用“半浮充电方式”进行。所谓半浮充电是指太阳电池方阵全部时间都同蓄电池组并联浮充供电，白天浮充电运行，晚上只放电不充电。

① 半浮充电的特点　白天，当太阳电池方阵的电势高于蓄电池的电势时，负载由太阳电池方阵供电，多余的电能充入蓄电池，蓄电池处于浮充电状态。当太阳电池方阵不发电或电动势小于蓄电池电势时，全部输出功率都由蓄电池组供电，由于阻塞二极管的作用，蓄电池不会通过太阳电池方阵放电。

② 充电注意事项

a. 有充电设备　在有充电设备的条件下，干荷式蓄电池加电解液后，静置 20～30min 即可使用。若有充电设备，应先进行 4～5h 的补充充电，这样可充分发挥蓄电池的工作效率。

b. 无充电设备　在没有充电设备的条件下，开始工作后的 4～5d 不要启动用电设备，而是用太阳电池方阵对蓄电池进行初充电，待蓄电池冒出剧烈气泡时方可启动用电设备。

c. 勿接反极柱　充电时如果误把蓄电池的正、负极接反，并且蓄电池尚未受到严重损坏，应立即将电极调换，并采用小电流对蓄电池充电，直至测得电解液密度和电压均恢复正常后，方可启用。

d. 蓄电池亏电情况的判断　使用中的蓄电池，常常由于以下原因而造成亏电：

• 在太阳能资源较差的地方，由于太阳电池方阵不能保证设备供电的要求而使蓄电池充电不足；

• 在每年冬季或连续几天无日照的情况下，照常使用用电设备而造成蓄电池亏电；

• 启用电器的耗能匹配超过太阳电池方阵的有效输出能量；

• 几块太阳电池串联使用时，其中一块电池由于过载而导致整个电池组亏电；

• 长时间使用一块太阳电池中的几个单格而导致整块电池亏电。

蓄电池是否亏电，可用以下方法进行判断：

• 观察到负载的照明灯泡发红、显示图像缩小、控制器上电压表指示低于额定电压；

• 用电解液比重计测量得到的电解液密度减小。蓄电池每放电 25%，密度降低 $0.04g/cm^3$；

• 用放电叉测量太阳电池放电时的电压值，在 5s 内保持的电压值即为该单格电池在大负荷放电时的端电压。不同蓄电池的充、放电程度与电解液密度、负荷放电叉电压之间的关系见表 6-5。使用放电叉时，每次不得超过 20s。

表 6-5　不同蓄电池的充、放电程度与电解液密度、负荷放电叉电压之间的关系

容量释放程度	充足电时	放出 25% 储存 75%(电解液密度降低 $0.04g/cm^3$)	放出 50% 储存 50%(电解液密度降低 $0.08g/cm^3$)	放出 75% 储存 25%(电解液密度降低 $0.12g/cm^3$)	放出 100% 储存 0%(电解液密度降低 $0.16g/cm^3$)
电解液的相对密度(20℃时，与水的密度之比)	1.30	1.26	1.22	1.18	1.14
	1.29	1.25	1.21	1.17	1.13
	1.28	1.24	1.20	1.16	1.12
	1.27	1.23	1.19	1.15	1.11
	1.26	1.22	1.18	1.14	1.10
	1.25	1.21	1.17	1.13	1.09
负荷放电叉电压/V	1.7～1.8	1.6～1.7	1.5～1.6	1.4～1.5	1.3～1.4

e. 蓄电池的补充充电　当发现蓄电池处于亏电状态时，应立即采取措施对蓄电池进行补充充电。有条件的地方，补充充电可用充电机；不能用充电机充电时，也可用太阳电池方阵进行充电。

使用太阳电池方阵补充充电的具体做法是：在有太阳的条件下关闭所有的用电设备，用太阳电池方阵对蓄电池充电。根据功率的大小，一般连续充电 3～7d 基本可将蓄电池充满电。蓄电池充满电的标志是：电解液的密度和蓄电池电压均恢复正常；蓄电池注液口有剧烈的气泡产生。待蓄电池恢复正常后，方可启用用电设备。

(3) 固定型铅酸蓄电池的管理和维护

① 定期检查　值班人员或蓄电池工要定期对蓄电池进行外部检查，一般每班或每天检查一次。检查内容如下：

a. 室内温度、通风和照明情况；

b. 玻璃缸和玻璃盖的完整性；

c. 电解液液面的高度，有无电解液漏出缸外；

d. 典型蓄电池的电解液密度和电压、温度是否正常；

e. 母线与极板等的连接是否完好，有无腐蚀，有无涂抹凡士林油；

f. 室内的清洁情况是否良好，门窗是否严密，墙壁有无剥落；

g. 浮充电的电流值是否适当；

h. 各种工具仪表及劳保工具是否完整。

② 每月检查　蓄电池专职技术人员或电站负责人应会同蓄电池工每月进行一次详细检查。检查内容如下：

a. 每个蓄电池的电压、电解液密度和温度；

b. 每个蓄电池的电解液液面高度；

c. 极板有无弯曲、硫化和短路；

d. 沉淀物的厚度；

e. 隔板、隔棒是否完整；

f. 蓄电池绝缘是否良好；

g. 针对充、放电过程，有无过充电、过放电或充电不足等情况；

h. 蓄电池运行记录簿是否完整，记录是否及时、正确。

③ 日常维护工作的主要项目

a. 清扫灰尘，保持室内清洁；

b. 及时检修不合格或性能落后的蓄电池；

c. 清除漏出的电解液；

d. 定期给连接端点涂抹凡士林油；

e. 定期进行充电、放电；

f. 调整电解液的液面高度和密度。

④ 检查蓄电池是否完好的标准

a. 运行正常，供电可靠

• 蓄电池组能满足正常供电的需要；

• 室温不得低于 0℃，不得超过 30℃；电解液温度不得超过 35℃；

• 各蓄电池电压、电解液密度应符合要求。

b. 构件无损，质量符合要求

• 外壳完整，盖板齐全，无裂纹和缺损；

• 台架牢固，绝缘支柱良好；

• 导线连接可靠，无明显腐蚀；

• 建筑符合要求，通风系统良好，室内整洁无尘。

c. 主体完整，附件齐全

• 极板无弯曲、断裂、短路和生盐现象；

• 电解液质量符合要求，液面高度超出极板 10～20mm；

• 沉淀物无异状，无脱落，沉淀物和极板之间的距离在 10mm 以上；

• 具有温度计、比重计、电压表和劳保用品等。

d. 技术资料齐全准确　应具备的资料有：制造厂家的说明书；每个蓄电池的充、放电记录；蓄电池维修记录。

⑤ 管理维护工作的注意事项

a. 蓄电池室的门窗应严密，防止尘土入内；要保持室内清洁，清扫时严禁将水洒在蓄电池上；应保持室内干燥和通风良好，光线充足，但不应使日光直射到蓄电池上。

b. 室内严禁烟火，尤其在蓄电池处于充电状态时，不得将任何火焰或有火花发生的器械带入室内。

c. 除工作需要外，不应挪开蓄电池上盖，以免杂物落于电解液内，尤其不要使金属物落入蓄电池内。

d. 在调配电解液时，应将硫酸缓慢注入蒸馏水内，并用玻璃棒不断搅拌均匀，严禁将水注入硫酸内，以免发生剧烈爆炸和硫酸飞溅伤人。

e. 维护蓄电池时，要防止触电，防止蓄电池短路或断路；清扫时应使用绝缘工具。

f. 维护人员应配防护眼镜和身体防护用具。当有电解液溅洒到身上时，应立即用 50% 苏打水擦洗，再用清水清洗。

g. 蓄电池正常巡视的检查项目如下：

• 电解液的高度应保持在极板之上 10～20mm；

• 蓄电池外壳应完整、不倾斜，表面应清洁，电解液应不漏出壳外，木隔板、铅卡子应完整、不脱落；

• 应测定蓄电池电解液的密度、温度及蓄电池的电压；

• 检查电流、电压是否正常，有无过充电、过放电现象；

• 极板颜色应正常，应无断裂、弯曲、短路及生盐等情况发生；

• 各接头的连接应紧固，无腐蚀，并涂有凡士林油；

• 室内有无强烈气味，通风及附属设备是否完好；

• 测量工具、备品备件及防护用具是否完整良好。

6.2.1.4 铅酸储能蓄电池发展动向

从 1859 年法国科学家普兰特发明铅酸电池至今，已有上百年历史，是最早规模化使用的二次电池。铅酸蓄电池已经成为交通运输、通信、电力、国防、航海、航空等领域不可或缺的成熟产品。但充电速度慢、能量密度低、循环寿命短、过充电容易析出气体、硫酸溢出会污染环境等方面的问题，也使其并不适宜应用于电动汽车、新能源发电等领域。

近年来，世界上很多企业和科研机构致力于开发出性能更加优异、能满足各种应用要求的改进型铅酸蓄电池，主要包括超级电池、双极性电池、水平铅布电池、卷绕式电池、平面式管式电池、箔式卷状电池等。

超级电池是铅酸电池和超级电容器的组合体，具有充放电速度快、功率密度高、电池寿命长等优点，主要应用于混合动力汽车、并网新能源发电和智能电网。

双极性电池是一种用双极性极板制作的铅酸电池，与普通铅酸电池相比具有更高比能量、高功率性能、长寿命和适合高电压设计的优点。例如，OPTIMA 公司与 VOLVO 汽车制造商合作开发了这种结构的铅酸蓄电池，如图 6-7 所示。

美国开发的泡沫石墨铅酸蓄电池，是由 Firefly Energy 公司开发的，因此称为 FF 三维电池。图 6-8 为泡沫石墨铅酸蓄电池（FF 三维电池）。

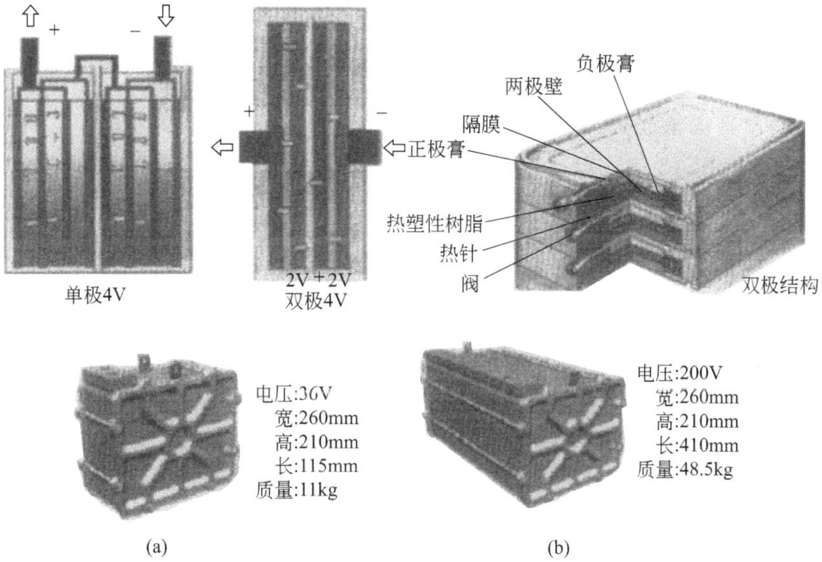

图 6-7 双极性电池

泡沫石墨铅酸蓄电池的技术创新点在于抛弃铅板栅、保留活性物质，并且用泡沫石墨代替铅，比普通铅酸蓄电池减少了约 70%的 Pb 用量。图 6-9 为 FF 三维电池与普通铅酸蓄电池极群的对比，由此可见，其尺寸大大减小；与先进的 MH-Ni、Li-ion 电池相比，同样有体积小、重量轻的优点，但价格却大大低于 MH-Ni、Li-ion 电池。泡沫石墨铅酸蓄电池及其性能见图 6-10。

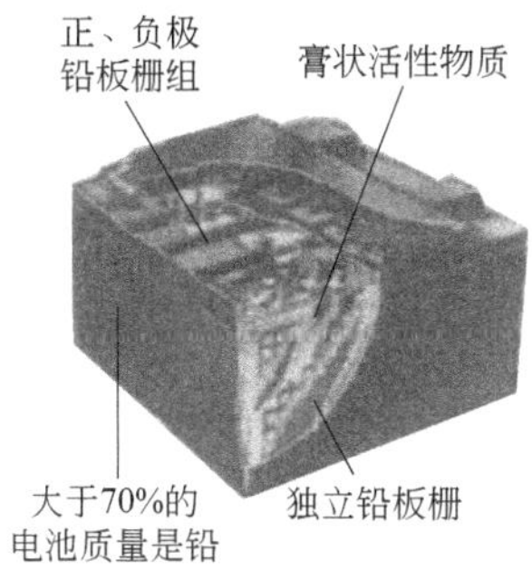

图 6-8 泡沫石墨铅酸蓄电池（FF 三维电池）

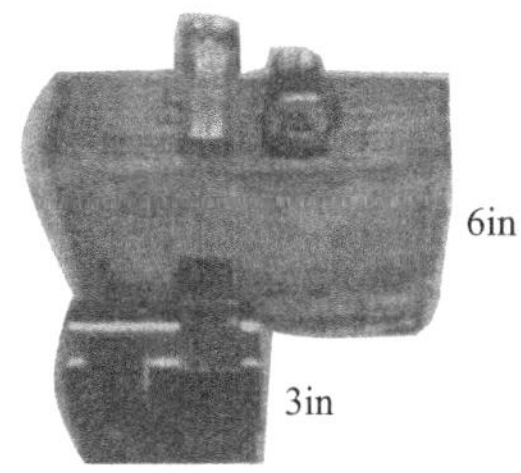

图 6-9 FF 三维电池与普通铅酸蓄电池极群的对比

注：1in=0.0254m

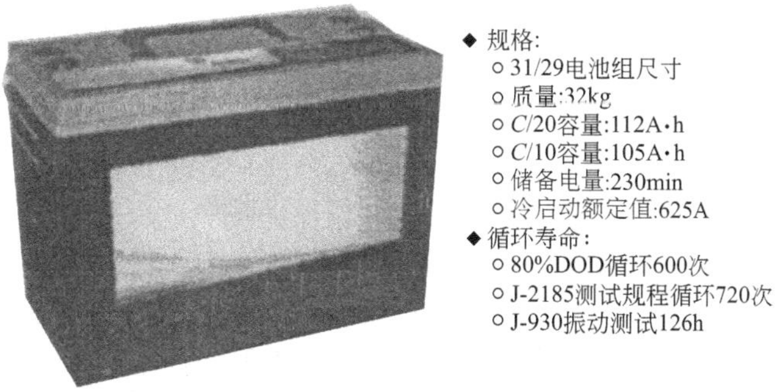

图 6-10 泡沫石墨铅酸蓄电池及其性能

6.2.2 其他电化学电池

6.2.2.1 碱性蓄电池

（1）碱性蓄电池概述

碱性蓄电池是以氢氧化钾等碱性水溶液为电解液的二次电池的总称，包括 Cd-Ni 电池、MH-Ni 电池、Zn-Ni 电池等。相较铅酸蓄电池，碱性蓄电池具有比能量高、耐过充电、密封性好等优点，缺点是价格较高。

最早的碱性蓄电池是 Cd-Ni（蓄）电池和 Fe-Ni（蓄）电池。Fe-Ni 电池曾作为碱性蓄电池的代表产品生产了较长时间。随着具有高倍率性能、低温特性和较长循环寿命的密闭烧结式 Cd-Ni 电池的研制成功，Fe-Ni 电池逐渐被替代。

自 20 世纪末，环保呼声日益高涨，镉的污染越来越受到重视，MH-Ni 电池成为研究的热点。MH-Ni 电池的发展源自于储氢合金的研制。1984 年荷兰飞利浦公司成功研制出 $LaNi_5$ 储氢合金并制备出 MH-Ni 电池，有关 MH-Ni 电池的各项研究也随之开展并取得了很大成就。MH-Ni 电池由于其优良的充放电性能、无污染、高容量和高能量密度等特点，深受消费者青睐。从 20 世纪 90 年代至今，MH-Ni 电池一直是二次电池市场的主流产品，不但广泛应用于各类消费型电子产品上，而且被用于电动工具和电动汽车电源。目前商业化程度较好的日本丰田公司的混合电动汽车使用的就是动力 MH-Ni 电池。

碱性蓄电池通常所用的电解液为 KOH 和 NaOH 的水溶液，在以 $Ni_6(OH)_2$ 为正极材料的碱性蓄电池的电解液中添加少量 LiOH，Li^+ 能够掺入活性物质的晶格中，增加质子迁移能力，同时 Li^+ 的掺入还可抑制 K^+ 等的掺入，使得活性物质里的游离水稳定地存在于晶格间，可以稳定二价镍和三价镍之间的转化循环，提高循环寿命，同时提高充电过程中的正极氧气的析出电位，提高活性物质的利用率。Li^+ 还能够消除铁的毒化作用。但是，当 LiOH 的浓度过大时，电解液导电性下降，低温下反而使放电容量降低，并且生成 $LiNiO_2$，导致电池的工作电压下降。NaOH 作为常见的碱性电解质，由于容易吸收空气中的 CO_2 以及电导率不如 KOH，在碱性电池中的使用受到限制。

电解液浓度对电导率的影响存在一对相互矛盾的因素。浓度增加时单位体积溶液内的离子数增加，有利于导电；但同时阴、阳离子之间的静电力增大，电解质的电离度下降，又对导电不利。所以，在电导率与电解质的浓度关系中有个最大值。KOH 浓度的提高有利于放电平台的提高，在电解液中存在的 Cl^-、CO_3^{2-}、NO_3^- 会使电池的放电平台、循环寿命和荷电保持力变差。

碱性蓄电池的隔膜是决定电池放电特性、自放电和长期可靠性的重要材料。当电池过充电时，会从正极产生气体，然后通过隔膜在负极被消耗掉，从而防止电池内部的压力上升。因此，隔膜必须要有适度的透气性，隔膜的吸碱量、保液能力和透气性是影响电池性能的关键因素。隔膜在碱性蓄电池中主要起到隔离两电极的电子通路、保持两电极之间具有良好的离子通道和防止活性物质迁移等作用。隔膜的优劣对电池容量、放电电压、自放电和循环寿命等方面的性能都有较大影响。

碱性蓄电池用隔膜必须具有以下性能：①良好的润湿性和电解液保持能力；②良好的化学稳定性，优良的抗氧化能力，不易老化；③足够的机械强度；④较好的离子传输能力和较低的面电阻；⑤良好的透气性。隔膜的亲水性可以保证吸碱量，而憎水性可提高隔膜的透气性。如果对隔膜进行一些处理，可以使其既具备良好的吸液、保液能力，同时又具有良好的透气性，从而提高电池的综合性能。

碱性蓄电池的隔膜有聚丙烯、聚乙烯和尼龙（聚酰胺）制成的纤维膜。其中，尼龙隔膜亲水性好、吸碱量大，但是它的化学稳定性差；而聚丙烯隔膜化学稳定性高、机械强度高，但它是憎水性隔膜，吸碱量偏低，需要对其进行改性。目前碱性蓄电池用的隔膜主要是以聚丙烯和聚乙烯为主要材料的隔膜。这种隔膜一般是以上述两种材料为基体，然后对其进行磺化、氟化、接枝等处理，最终得到综合性能好的隔膜，有较好的力学性能以及较高的稳定性、耐氧化、高的吸碱量等。

隔膜的厚度、孔径等因素对电池性能也有较大影响：使用厚的隔膜，电池的内阻大；隔膜孔径大，电解液保持能力差，但透气能力增强；孔径小，则与此相反。隔膜中间孔径大、两边孔径小则可使电解液保持能力与透气性两者得到较好的配合。

（2）碱性蓄电池的类别

动力碱性蓄电池按其正、负极活性物质的种类主要有 Cd-Ni、MH-Ni、Zn-Ni 和 Zn-AgO 等二次电池，表 6-6 列出了这些电池的充、放电反应。表中所列的电池，电解液中的 KOH 不直接参与电极反应，这也是碱性蓄电池有别于铅酸蓄电池的一大特征，也是碱性蓄电池倍率特性、低温特性及循环寿命优异的主要原因。

表 6-6 碱性蓄电池的充、放电反应

种类	充、放电反应
Cd-Ni 电池	$Cd+2NiOOH+2H_2O \xrightleftharpoons[\text{充电}]{\text{放电}} 2Ni(OH)_2+Cd(OH)_2$
MH-Ni 电池	$MH+NiOOH \xrightleftharpoons[\text{充电}]{\text{放电}} M+Ni(OH)_2$
Zn-Ni 电池	$Zn+2NiOOH+2H_2O \xrightleftharpoons[\text{充电}]{\text{放电}} 2Ni(OH)_2+Zn(OH)_2$
Zn-AgO 电池	$Zn+2AgO+H_2O \xrightleftharpoons[\text{充电}]{\text{放电}} Ag_2O+Zn(OH)_2$ $Zn+Ag_2O+H_2O \xrightleftharpoons[\text{充电}]{\text{放电}} 2Ag+Zn(OH)_2$
Cd-AgO 电池	$Cd+2AgO+H_2O \xrightleftharpoons[\text{充电}]{\text{放电}} Ag_2O+Cd(OH)_2$ $Cd+Ag_2O+H_2O \xrightleftharpoons[\text{充电}]{\text{放电}} 2Ag+Cd(OH)_2$

（3）镍氢电池

MH-Ni 电池是在 Cd-Ni 电池基础上发展起来的一种密封碱性蓄电池，正极与 Cd-Ni 电池相同，采用氢氧化镍电极，负极则用储氢合金取代镉电极。在结构设计、生产工艺及电性能方面 MH-Ni 电池继承了 Cd-Ni 电池的特点，但消除了镉的污染。

MH-Ni 电池以金属氧化物（MH）为负极，氢氧化镍为正极，氢氧化钾溶液为电解液。其正、负极的充、放电反应见表 6-7。

MH-Ni 电池充电时，正极上的 $Ni(OH)_2$ 转变为 NiOOH，由于质子在 $NiOOH/Ni(OH)_2$ 中的扩散系数小，是氢氧化镍电极充电过程的控制步骤。在负极，析出的氢原子吸附在储氢合金表面，形成吸附态 MH，然后再扩散到储氢合金内部，形成金属氢化物 MH。原子氢在储氢合金中的扩散速度较慢，扩散系数一般只有 $10^{-8} \sim 10^{-7}$ cm/s。因此，氢原子扩散是储氢合金负极充电过程的控制步骤。过充电时，由于 MH-Ni 电池是正极限容，正极会产生 O_2，O_2 通过隔膜扩散到负极。由于负极电势为负，在储氢合金的催化作用下又生成 OH^-，表现为总反应电势为零。因此，过充电时，KOH 浓度和水的总量保持不变。

表 6-7 MH-Ni 电池正、负极的充、放电反应

反应过程	正极	反应过程	负极
充电	$Ni(OH)_2+OH^- -e^- \longrightarrow NiOOH+H_2O$	充电	$M+H_2O+e^- \longrightarrow MH+OH^-$
过充电	$4OH^- -4e^- \longrightarrow 2H_2O+O_2\uparrow$	过充电	$2H_2O+O_2+4e^- \longrightarrow 4OH^-$

续表

反应过程	正极	反应过程	负极
放电	$NiOOH+H_2O+e^- \longrightarrow Ni(OH)_2+OH^-$	放电	$MH+OH^- -e^- \longrightarrow M+H_2O$
过放电	$2H_2O+2e^- \longrightarrow 2OH^- +H_2\uparrow$	过放电	$H_2+2OH^- -2e^- \longrightarrow 2H_2O$
总反应	$MH+NiOOH \underset{充电}{\overset{放电}{\rightleftharpoons}} Ni(OH)_2+M$		

MH-Ni 电池放电时，NiOOH 得到电子转变为 $Ni(OH)_2$，金属氢化物内部的氢原子扩散到表面形成吸附态的氢原子，再发生电化学氧化反应生成水。正极质子和负极氢原子的扩散过程仍然是负极放电过程的控制步骤。过放电时，正极上的 NiOOH 已经全部转变成 $Ni(OH)_2$，这时 H_2O 便在镍电极上还原生成 H_2，而在负极上会发生 H_2 的电化学氧化，又生成 H_2O。这时电池总反应的电势仍为零。但是过放电时，镍电极出现了反极现象，其电势反而比氢电极电势更负。

在 MH-Ni 电池充、放电反应中，储氢合金担负着储氢和在其表面进行电化学催化反应的双重任务。在过充电和过放电过程中，由于储氢合金的催化作用，可以消除产生的 O_2 和 H_2，从而使 MH-Ni 电池具有耐过充电、过放电的能力。但随着充放电循环的进行，储氢合金会逐渐失去催化能力，电池的内压会逐渐升高。

水溶液电解质蓄电池在充电过程中都会或多或少地析出气体。对于排气式电池，产生的气体会通过排气阀逸出，电池内部的气体几乎没有压力。对于密封式电池，MH-Ni 电池在充电期间产生的气体仅部分会在电池内部消耗掉，另一部分气体会在电池中积累，导致电池的内部压力上升。MH-Ni 电池中的析氢、析氧反应是由与电极电势有关的热力学参数决定的。图 6-11 是 MH-Ni 电池中气体析出和消除与电极电势的关系。

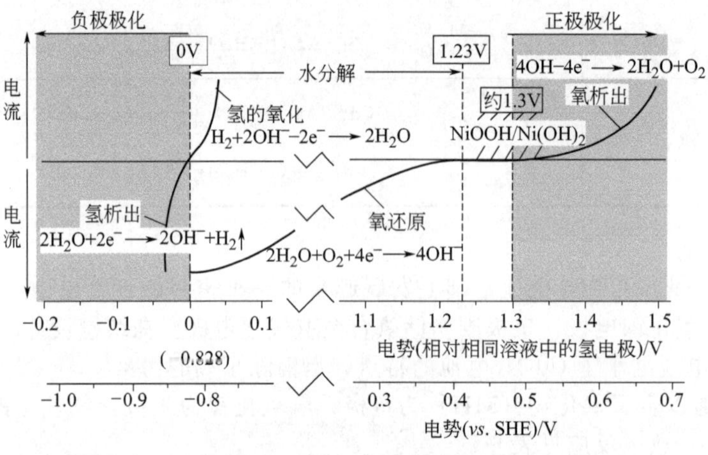

图 6-11 MH-Ni 电池中气体析出和消除与电极电势的关系

MH-Ni 电池内压的形成实际是气体析出和消耗两种反应相互竞争的结果。当气体析出速率远大于气体消耗速率时，电池内部气体将很快积累，导致内压升高。如果 MH-Ni 电池处于高倍率充电或被恶性过充电，在正极析出的氧气速率大于其在负极的复合速率，就会使电池中的氧气在电池中积累而导致电池内压迅速增加。

6.2.2.2 锂离子电池

锂离子电池（或简称锂电池）是以含锂的化合物作为正极，在充放电过程中，通过锂离子在电池正负极之间的往返脱出和嵌入实现充放电的一种二次电池。当对电池进行充电时，电池的正极上有锂离子生成，生成的锂离子经过电解液运动到负极，并嵌入负极材料的微孔中；放电时，嵌在负极材料中的锂离子脱出，运动回正极。

自从 1991 年日本索尼公司首次实现工业化制造至今，根据正极材料和电解质的不同，锂离子电池已经发展出包括钴酸锂电池、锰酸锂电池、磷酸铁锂电池、钛酸锂电池、三元材料锂电池、聚合物锂电池等在内的多种电池体系。锂离子电池由于能量密度高、寿命长、自放电小、无记忆效应等优点，已在数码便携产品中获得了大量应用，并且广泛应用于新能源电动车、储能电站等领域。各种锂离子电池介绍如下。

① 钴酸锂电池产业化成熟，产品的能量密度较高，已广泛应用在手机、笔记本电脑等小型移动设备上。但出于对安全的考虑，钴酸锂电池不适合作为大功率和大容量的应用。

② 锰酸锂电池有低成本、高性能的优势，产品安全性较钴酸锂电池高，是热门的电动汽车电池备选技术，在全球的动力电池领域占有重要地位。

③ 磷酸铁锂电池具有长寿命、低成本以及高安全性等优势，是目前热门的电动汽车电池技术，也是电力储能系统的热门候选技术。由于产品生产工艺相对容易，磷酸铁锂电池在中国获得高速发展，对该技术寄予厚望。另外，随着材料加工技术和电池装配技术的不断进步，尤其是磷酸铁锂材料的研究开发，使锂离子电池在大规模储能电堆上的应用成为可能。

锂离子电池看起来与大多数电池相似。在圆柱形金属外壳中，三种薄片紧密卷绕，浸在电解液中；三种薄片分别作为正电极、负电极和隔膜。正电极一般是钴酸锂（$LiCoO_2$），负电极一般是石墨（C_6）。充电时，锂离子从正电极（$LiCoO_2$）穿过多孔性隔膜，嵌入负电极（C_6）。放电时，离子流向相反方向，重新嵌入 $LiCoO_2$。当锂离子脱嵌并移向相反的电极时，电子同样也要脱嵌，因为锂离子带正电。这些电子将流出电池，通过外部负载或电路，然后回到另一边电极，与锂离子重新结合。这个过程如图 6-12 所示。

尽管锂离子电池看起来有效地改进了电池的局限性，但它们并不完美。例如，所有锂离子电池都需要复杂的防过充电路。过充会危及阴极的稳定性，导致电池损坏。此外，复杂性还在于过热时的闭孔隔膜，内压的强制控制环节，减压用的排气孔，过电流和过充时的热中断装置等。另一个主要限制是生产成本。锂离子电池的价格高归因于钴的高成本以及每个电池所需的复杂保护电路。

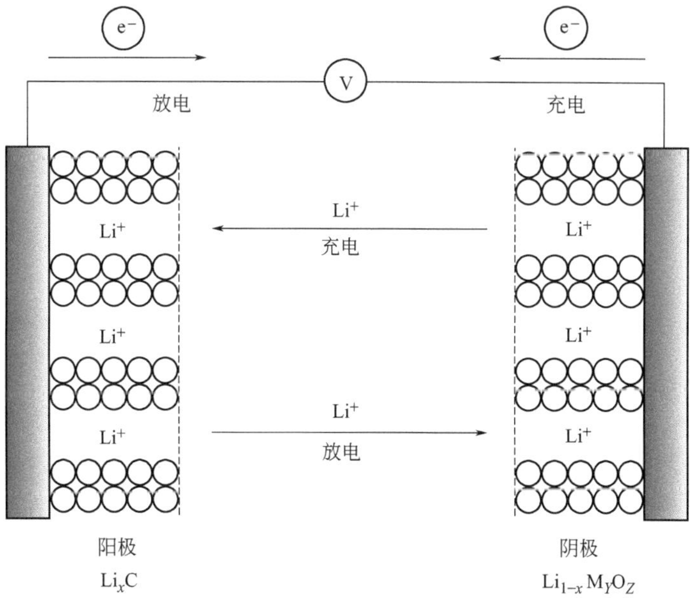

图 6-12 典型锂离子电池的充放电循环

尽管成本和过充是锂离子电池面临的问题，但是更普遍的难题似乎是过热，尤其是在大规模应用中。过热会导致性能评级显著降低，甚至造成灾难性事故。如果希望锂离子电池可被更高效地利用，并用于更大规模的应用，必须解决过热的问题。

(1) 热失控

热失控的可能性是锂电池高温运行中重要的顾虑。如果电池的产热始终多于散热，将出现所谓的热失控。它最终会导致泄漏、排气，可能引发爆炸或火灾。为了避免热失控，单体电池内的温度根据荷电状态（SOC）必须被控制在105～145℃。

热失控或电池的极端过热，可由一系列原因引起。电池超过临界温度可能会引发安全问题。在临界温度以上，由于阳极、阴极和电解液的产热以及它们在高于临界温度时的相互作用，温度的升高往往不可逆转。

热失控的另一个原因是环境温度过高。笔记本电脑、手机和其他便携设备经常暴露在高环境温度下，高环境温度主要由太阳引起。过高的环境温度将导致电解液发热，从而增加放热化学反应。

另一个原因是过充导致锂的沉积，最终穿透隔膜，使两个电极短路。所有锂离子电池都装有防过充的保护电路，但是如果保护电路失效，锂离子将在石墨阳极上聚集，形成锂枝晶。如果继续充电，枝晶将不断生长直至刺穿隔膜并与钴氧化物阴极接触，造成短路。

无论何种原因造成热失控，结果都一样，并且在很多情况下是十分危险的。如果锂离子电池想被更大规模利用，且更安全地工作，就必须能够不被高温影响，或者能被更有效地冷却以保持较低的温度。为解决这个问题，人们提出了很多理论，但是迄今为止这些方法或者太昂贵，或者明显改变了锂离子电池在重量、体积和耐用性方面的优势。

(2) 容量衰减

容量衰减是温度低于热失控温度时的难题。容量衰减是指反复循环后电池容量的下降。锂离子电池比其他可用于电动汽车的蓄电池表现出了更好的性能，但是仍在大量循环后会出现容量衰减。对大多数嵌锂化合物来说，高温会加速容量衰减的出现，当电池运行在50℃及以上时，循环次数远低于电动汽车要求的大于5000次循环。在这种高温下，大多数容量损失是由于电极材料的失效，尤其在大量循环以后。电池被储存在高温下时，也会出现容量衰减。

(3) 高倍率放电容量损失

电池在运行温度为－40～＋150℃范围内的性能有所不同。锂离子电池一般处于1～35℃的工作温度范围。不像其他类型的电池，锂离子电池的性能会受到这个工作温度范围以外的运行温度的显著影响。温度的升高将造成不必要的化学反应速率呈指数增加。

这些化学反应增大了内阻，从而缩短了电池寿命，并且在某些情况下导致电池的分解。即使运行温度小幅提高至40℃，电池性能也会有35%的降低。大功率电动汽车的电池必须能够高倍率放电。在某些情况下，储存温度的上升（甚至达到60℃）会使高倍率放电容量降低超过90%。由于电动汽车对高倍率放电的要求，必须避免高温。

要使锂离子电池成为大型应用的行业标准，不仅仅要考虑过热和热失控，昂贵的生产成本是另一个问题。如前所述，成本的增加很大程度上由于阴极的金属钴材料过于昂贵。$LiCoO_2$ 尽管具有稳定性和好的高倍率性能，但同时钴的毒性和高成本却带来了严重的负面影响。如果可以排除钴的使用，生成成本将急剧下降。在过去几年中，一项大型研究计划专注于 $LiCoO_2$ 阴极材料的替换。研究表明，钴可以被镍和/或锰部分和完全替代。一种可行的 $LiCoO_2$ 替代材料是层状结构的 $Li(Ni_{1/3}Mn_{1/3}Co_{1/3})O_2$。

其他研究者相信已经找到了解决成本问题的方法，如用磷酸铁锂（$LiFePO_4$）制成阴极材料。这种阴极材料价格相对便宜，但与现在生产的锰酸锂阴极材料有显著差异。很多公司在研究上大量投资，以期找到可以降低锂离子电池成本的新的阴极材料。现在已经找出一些有希望降低成本的解决方案，包括上面提到的两种阴极材料。如果某种解决方法在大规模生产中得以实施，将显著降低锂离子电池的生产成本，并促进进一步的研究和发展。

近期的研究已经证实，对较少的生产成本进行相对简单的调整，有可能生产出安全可靠的大规模锂离子电池。

6.2.2.3 液流电池

液流电池（氧化还原电池）是通过电堆单元在惰性电极上发生电化学反应而完成储电放电的一类电池。典型的液流电池单体结构包括：①正、负电极；②隔膜和电极围成的电极室；③电解液罐、泵和管路系统。液流电池多个电池单体用双极板串接等方式组成电堆，电堆与控制系统集成共同构成蓄电系统。

液流电池存在很多细分类型和具体体系，但目前全球真正研究较为深入的液流电池体系只有四种，包括全钒液流电池、锌溴液流电池、铁铬液流电池和多硫化钠溴液流电池，并都有商业化示范运行的经验。

全钒氧化还原液流电池（vanadium redox battery，VRB），简称钒电池，具有长寿命、大容量、可频繁充放电等优点。近年来，随着全球对储能技术的关注，钒电池在中国、美国等地又陆续获得一些项目机会。

锌溴液流电池的反应活性物质为溴化锌，充电时锌沉积在负极上，而在正极生成的溴会立刻把电解液中的溴络合剂络合成油状物质。目前全球锌溴电池还处于产业化发展的初期阶段，研发主要集中于美国和澳大利亚，国内也陆续有企业开始从事这方面的开发。

铁铬液流电池是以 $CrCl_2$ 和 $FeCl_3$ 的酸性水溶液（一般为盐酸溶液）作为电池负、正极板电解液及电池电化学反应活性物质，采用离子交换膜作为隔膜的一类电池。铁铬液流电池系统虽然具有电解液原材料价格便宜的特点，但由于其负极析氢严重、正极析氯难以管理、系统循环寿命短。因此，20 世纪 80 年代虽然日本先后研发出 1kW、10kW、60kW 甚至兆瓦级电堆，90 年代后期研发基本停止。

以下主要介绍全钒氧化还原电池。

燃料电池通过燃料（通常是氢气）与氧化剂（如空气中的氧气）发生氧化反应，将化学能直接转换成电能，其运行特性类似具有无限容量的原电池。液流电池是一种可充电二次电池，其能量以化学形式储存在电解液中。电解液包含溶解的电活性物质，这些物质流经电池，从而将化学能转换成电能。

可见，液流电池实际上是可充电的燃料电池。从实践的角度来看，反应物的储存十分重要。燃料电池中气体燃料的储存需要大的高压储气罐和低温存储。全钒液流电池的优势是能够在室温下和常压容器中存放电解液。基于钒的氧化还原液流电池在大规模储能方面前景广阔。全钒液流电池具有许多有吸引力的特性，包括功率和容量可独立扩展、寿命长、效率高、响应快，以及成本相对较低（初始投资小，运行支出少）。

一个液流电池单体是一个电化学系统。能量被储存在两种含有不同氧化还原对的溶液中，这些氧化还原对的电化学势差足够大，可以提供电动力来驱动电池充放电所需的氧化还原反应物。能量通过化学反应存储在稀硫酸电解液中（含有不同价态钒离子）。通过质子交换膜，电解液从分隔的储液罐被泵入液流电池。在液流电池中，一种形式的电解液被电化学氧化，而另一种则被电化学还原，如图 6-13 和图 6-14 所示。

两种电解液不混合在一起；在单体电池中，它们被极薄的膜隔开，只有选定的离子才能够通过。氧化还原反应在电池的惰性碳毡高分子复合材料电极上发生，并产生可以通过外电路做功的电流。给电池充电可使反应逆向进行。

在 VRB 出现之前，液流电池的主要缺点在于两种电解液由不同物质组成，并被一层质子交换膜隔开。然而，这种设置最终导致质子交换膜被穿透，使两种物质混合，并使电池失效。相比之下，VRB 系统的主要优点在于钒离子同时出现在正极和负极电解液中，但是处于不同的氧化态。钒具有 4 种氧化态：V^{2+}、V^{3+}、V^{4+} 和 V^{5+}。VRB 利用了钒在溶液中能以 4 种不同氧化态稳定存在的特点。

钒盐溶解在硫酸中形成电解液。如果电解液意外混合，电池会发生非永久性损坏。标准单电池电动势 E^0 在 1mol/L 浓度下为 1.26V。但是，在实际的单体电池条件下，荷电状态（SOC）

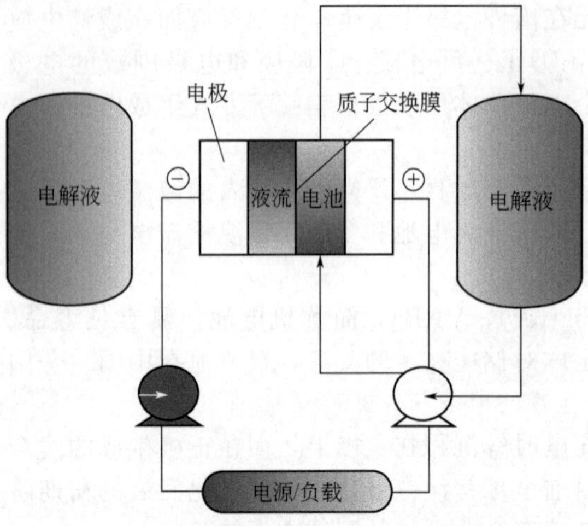

图 6-13 将能量储存在电解液中的液流电池

图 6-14 全钒液流储能电池及系统

为 50%时，开路电压（OCV）为 1.4V；SOC 为 100%时，开路电压为 1.6V。电极反应发生在溶液中。放电时，负电极反应是 $V^{2+} \longrightarrow V^{3+} + e^-$，正电极反应是 $V^{5+} + e^- \longrightarrow V^{4+}$。这两个反应在碳毡电极上都是可逆的。质子交换膜用于隔开电池电极室和负极室中的电解液。反应物的交叉混合会造成活性物质的稀释，从而导致系统储能容量的永久损失。然而，为了保证电中性，其他离子（主要是 H^+）的迁移必须被允许，因此需要使用离子选择性膜。

由于电解液在每个循环结束时回到相同的状态，所以能被无限次地重复使用。负极半电池利用 V^{2+}-V^{3+} 氧化还原对，而正极半电池利用 V^{4+}-V^{5+} 氧化还原对。正极和负极的钒氧化还原对表现出相对快的动力学特性，使得不用昂贵的催化剂就能达到高的库仑效率和电压效率。但是，只有 V^{5+}、V^{4+} 和 V^{3+} 在空气中是稳定的，V^{2+} 容易被大气中的氧气氧化，在维护负极电解液时必须考虑这一点。然而，在电解液中，不同的氧化态还不足以使某种元素发挥作用。这种元素必须是易溶的。尽管 V^{2+}、V^{3+} 和 V^{4+} 易溶于硫酸，但是由于电解液温度较高时会生成不溶性 V_2O_5 沉淀，V^{5+} 浓溶液的长期稳定性有限。需要注意的是，0.9mol 的 V^{5+} 溶液即使在高温下也是稳定的，并且硫酸浓度的增加能提高 V^{5+} 溶液的稳定性。

反应只与溶解的盐有关，电极只作为反应场所，不参与化学过程。因此，电极不会受到成分改变造成的不利影响。由于它不经历物理或化学变化，所以能实现大量充放电循环，且容量不会显著降低。电极位于反应池中，反应池被集合起来组成电堆。每个电堆包含一连串导电（双）极板，极板一边是正极电解液，另一边是负极电解液。由于使用同样的电解液，液流电池中的每个单体实质上是一样的，一致性很高。不像串联的常规电池，其可用功率受限于一串中最差的电池，用户必须要求制造商生产出高度一致性的电池。

采用溶液储能意味着系统的功率和储能容量是独立的，这使得钒电池可以将电压、电流和容量扩展到很宽的范围，并能被设计用于多种多样的应用。这意味着一个 VRB 系统可以仅通过调整电堆的大小来产生更多的功率，通过增加电解液储液罐的大小来提供更多的能量。理论上，系统能提供的能量大小是没有限制的。

人们可能因此要问："既然具有这些优点，为什么我们看不到更多的 VRB 在实际系统中运行呢?"答案主要包括目前所能达到的能量密度、体积、成本、可能产生的不可逆 V_2O_5 沉淀，以及其他技术上的不成熟性，这使得大多数公司仍然在犹豫向这些未被充分检验的技术进行投资。VRB 的能量密度受限于 V_2O_5，大约为 167W·h/kg。图 6-15 给出了其他一些系统能量密度的比较。举个例子，一个 600MW·h 的全钒液流电池系统约需要

3000 万升电解液。如果储存在 6m 高的储液罐中，覆盖面积相当于一个足球场。一般而言，为了保证全钒液流电池的运行，必须满足下列条件。

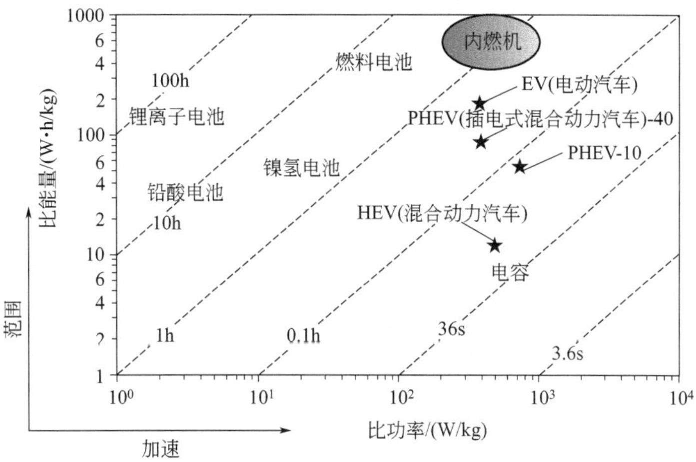

图 6-15 各种能量系统的能量和功率图

① 电极需要有良好的导电性和润湿性。

② 充电电压必须被限制在 1.7V 以下，以免损坏碳集流体。

③ 活性层与双极板和集流体的良好电气接触是必要的，当活性层与集流体热结合时能够很好地达成这一点。

④ 必须避免氧气到达负极电解液室。

需要指出的是，在高流速下才能观测到高的库仑效率。因此，应在这种高流速下运行才能实现更高的电流密度，从而提高电池性能。

作为一个商业应用案例，一家德国公司 Cellstrom 开发了一套利用 VRB 技术的完整储能系统（ESS）。这项名为 FB 10/100 的系统由全钒液流电池、智能控制器，以及装在防风雨容器中的可配置电力电子装置组成。这个系统能以高达 10kW 的功率充放电，提供 100kW·h 的能量（满功率放电 10h）。电池能够与光伏设备、风机、柴油发电机、汽油发电机、煤气发电机、沼气发电机、燃料电池和水轮机连接，以形成独立的电力供应，或者作为微型电网、智能电网的一部分。FB 10/100 分为液流系统、电气系统、热系统和安全系统。

该液流系统如图 6-16 所示。图中还给出了布置图。两个储液罐放置在下层，各盛有 2500L 电解液。抗化学腐蚀的泵将电解液泵入上面的电堆。即使电解液混合，智能控制器能够通过打开平衡阀来维持电极间所需的电势，自动对比进行补偿。

电气系统可根据用户的要求进行配置。电堆通过与外电源的终端连接进行充电。放电时，电流的直流电经过电堆另一边的逆变器被转换成交流电。接口柜（见图 6-17）提供避雷保护、直流熔丝和负荷连接点。

系统的运行温度范围为 5～40℃，智能控制器可将温度控制在这个范围内。当温度超过运行温度范围时，控制系统使用通风机，用外部空气冷却设备。另外，电解液被泵入并流经电堆时也起到冷却液的作用，以更好地进行热交换，并降低热量管理的难度。

当温度低于可运行水平时，智能控制器将容器密封。这样，系统产生的热量能够使电池运行在正常温度范围内。FB 10/100 的电力电子装置侧的温度也被一个独立的通风系统监控。液流和电气部分的热分离也能帮助防止局部热点。

最后，单元中设有保护，以避免雷击、起火、泄漏和产氢。电池和电子器件被装在坚固的容器中，考虑到户外安装，还配备了避雷保护。由于电堆或管道损坏而泄漏的电解液通过排液系统回到储液罐，利用包含泄漏传感器的二次容器使主储液罐的泄漏降到最低的程度。

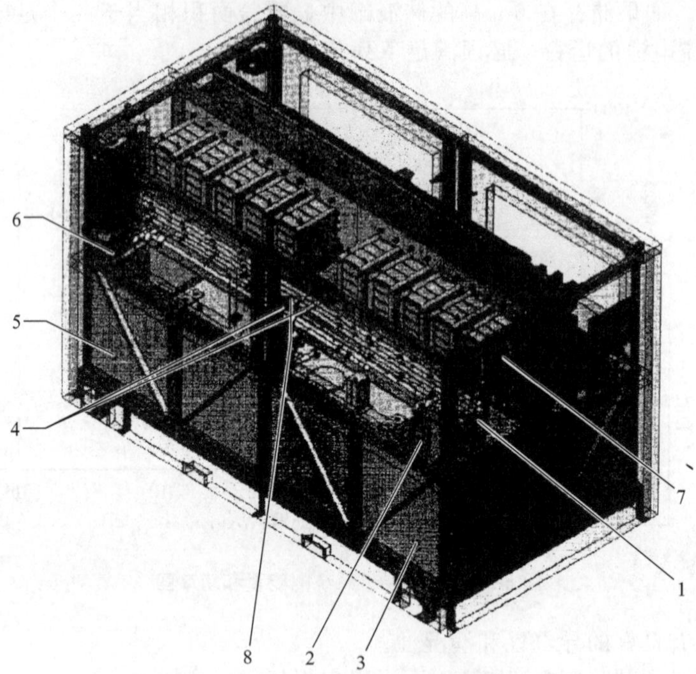

图 6-16 Cellstrom 公司 FB 10/100 的系统

1—液体管线；2—正极电解液泵；3—正极电解液储液罐；4—回流管；5—负极电解液储液罐；6—负极电解液泵；7—电堆（也称为电池堆或模块）；8—平衡阀

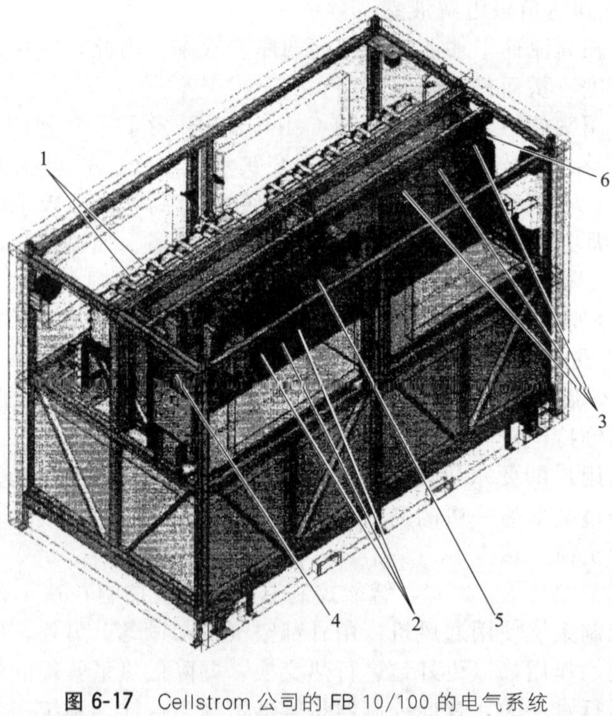

图 6-17 Cellstrom 公司的 FB 10/100 的电气系统

1—电堆终端接口；2—充电；3—逆变器；4—管能控制器；5—熔丝；6—接口柜

另外，由于管道保持比大气压高 1bar❶ 的压力，管道泄漏不会造成严重的喷溅。如同所有含

❶ 1bar$=10^5$Pa。

水电池一样，必须监控氢气的排放，以防止可能的爆炸。幸运的是，这种系统的产氢量很小，而且氢气易于收集并从储液罐中排出。

FB 10/100 系统是环境友好型系统，因为它不包含重金属。如果电解液能保持不被污染，它能够被无限次地重复利用。另外，所用塑料 99.9% 是非卤化的，单个组件可以被替换，而不需要丢弃大的组件。

最后，这种系统被设计成最低限度维护。FB 10/100 系统的设计寿命是 20 年。当在使用期限内一些电堆和泵必须替换时，如果只需要修理系统的一个部分，电气和液流系统可以被分开，以保证污染处于最低限度。智能控制器监测电池状态和电气系统，利用内装式无线调制解调器，它能够向计算机和手持设备传输数据和维护信息。总之，全钒液流电池的主要优点如下：

① 能量储存在远离电堆的分离的储液罐中；

② 能通过添加溶液来提高储能容量；

③ 电解液被泵入并流经电堆时可作为冷却液；

④ 电解液交叉混合的污染小；

⑤ 具有电解液长寿命的低成本；

⑥ 可利用由钒氧化还原对的电化学可逆性带来的高能量效率；

⑦ 可高倍率充电；

⑧ 通过使用相同的溶液实现单体电池电动势的一致；

⑨ 监测和维护简单，不需要监测和调整单体电池个体；

⑩ 可利用能斯特方程监测电解液荷电状态，以测量电池容量；

⑪ 不需要为保持电池均衡而过充，消除了氢气爆炸的危险。

全钒液流电池技术基本仍处于初期阶段。要成为更为可行的储能方式，还必须找到一种使电解液中溶解更多 V^{5+} 的方法；找到质子交换膜的替代品以降低成本，它是电池最贵的组成部分，以达到更高的电解液能量密度。未来国家电网将从可再生能源获得大部分能量，稳定这样的电网对于只能提供兆瓦级而非吉瓦级功率的储能技术来说似乎是苛求的。不过鉴于这项技术仍处于初期，当它成熟后很多缺陷会得到解决。

6.2.2.4 熔融盐电池

熔融盐电池是采用电池本身的加热系统把不导电的固体状态盐类电解质加热熔融，使电解质呈离子型导体而进入工作状态的一类电池。二次熔融盐电池一般采用固体陶瓷作为正负极间的隔膜并起到电解质作用；工作时，电池负极的碱金属或碱土金属材料放出电子产生金属离子，透过陶瓷隔膜与正极物质反应。目前已经具备商业化运营条件的熔融盐电池体系的二次电池主要有钠硫（NaS）电池和 Zebra 电池两种，都被认为是很具有发展潜力的化学储能技术而深受关注。

钠硫电池是一种以金属钠为负极、硫为正极、陶瓷管为电解质隔膜的二次熔融盐电池，具有能量密度高、功率特性好、循环寿命长等优势。全球已经有超过 100 个兆瓦（MW）级以上的应用案例。中国正积极开展钠硫电池的研发和产业化探索工作，上海硅酸盐研究所多年前已推出单体电池原型产品。

Zebra 电池是一种以金属钠为负极、氯化镍为正极、陶瓷管为电解质隔膜的二次熔融盐电池，具有能量密度高、高比功率及快速充放电、安全性能好等特点，长期以来被认为是较为理想的汽车动力电池之一。目前已开发了多种车型用 20～120kW・h 容量的 Zebra 电池。此外，Zebra 电池在舰船方面也有应用前景。

钠硫电池单体一般放在圆柱体的容器内，内部填满钠，外围则是硫（见图 6-18）。这两种材料由陶瓷电介质隔开（β-氧化铝），整个系统封装在一个钢复合材料的罐子里。钠硫电池需要在 300℃ 的环境温度中运行，其能量密度约为 100W・h/kg，功率密度约为

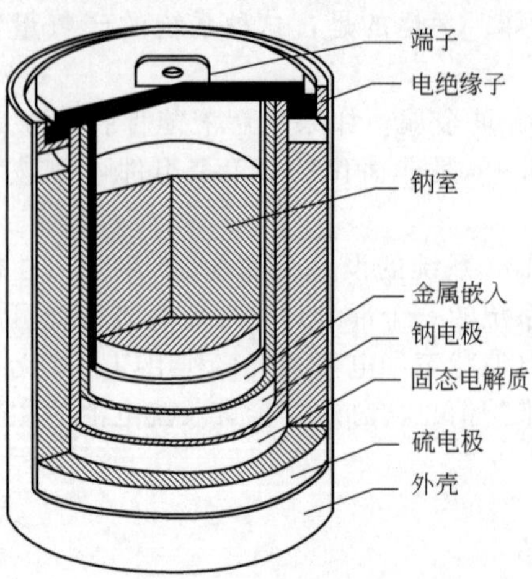

图 6-18 钠硫电池原理图

230W/kg，显著优于镍镉电池。

考虑到该电池技术可能存在的高危险性，一般只应用于固定式场合，如作为间歇式能源的储能。

福特汽车公司于 20 世纪 60 年代率先研究了基于β-氧化铝（β-Al_2O_3）的固体电解质钠硫电池，其相关的化学反应如图 6-19 所示。液态钠是负极的活性物质，β-Al_2O_3 作为电解质。单体电池是长圆柱形，被装入一个惰性金属的容器，顶部被气密的氧化铝盖密封。这种电池尺寸越大，经济性越好。在商业应用中，单体电池被组装成电池组以更好地保温。当电池运行时，充放电循环产生的热量足以维持运行温度，不需要外部热源。

利用金属钠的可充电高温电池技术为许多大规模储能应用提供了有吸引力的解决方案。一些用途包括发电和配电（负荷平衡、电能质量和调峰），其他用途则包括为车辆供电（电动汽车、公交车、卡车以及混合动力公交车）和用于空间电源（航天卫星）。钠硫电池技术在 20 世纪 70 年代中期就被采用，其后被不断改进。这种系统的主要优缺点见表 6-8。

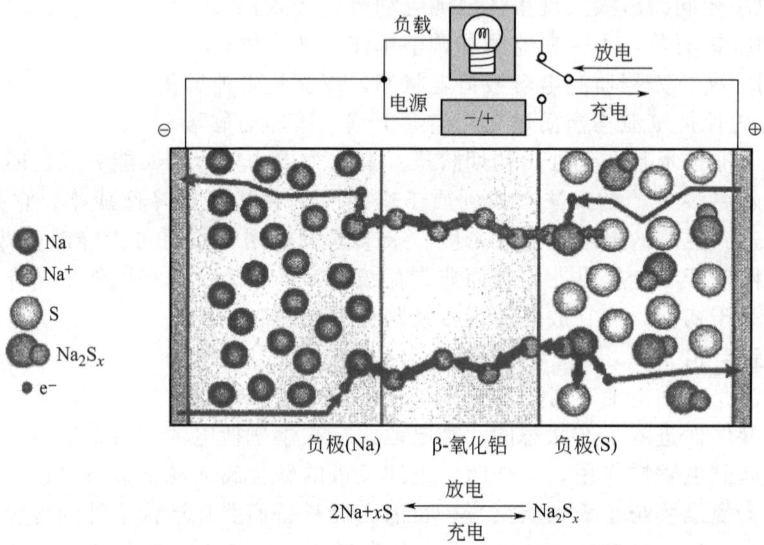

图 6-19 钠硫电池充放电过程中电子和离子的运动

表 6-8 钠硫系统的特性和主要优缺点

特 性	备 注
	优 点
相对其他先进电池有潜力实现低成本；循环寿命长；能量高；功率密度好；运行灵活；能量效率高；对环境条件不敏感；SOC 状态容易辨识	原材料便宜，密封，免维护；液态电极；低密度活性物质；单体电压高；工作条件范围广（倍率，放电深度，温度）；合理的内阻；密封的高温系统；充电末期的高阻；由于 100%的库仑效率，可以直接对电流积分
	缺 点
热量管理；安全性；密封和耐冻融性	需要有效封装，以维持能量效率并提供足够的放置时间；必须控制熔融状态下活性物质的反应；由于使用了断裂韧度有限的陶瓷电解质在高强度热驱动下可能遭受机械应力而导致损坏，因此在腐蚀性环境中要求单体密封性良好

钠硫电池使用固态的钠离子导体 β-Al_2O_3 电解质。电池必须运行在足够高的温度下

（270～350℃），以保持所有活性电极物质处于熔融状态，保证通过 β-Al_2O_3 电解质有足够的离子电导性。放电过程中，钠（负电极）在与 β-Al_2O_3 的界面处被氧化，形成 Na^+；Na^+ 穿过电解质，与正极室中的硫结合，使硫不断减少，形成五硫化钠（Na_2S_5）。Na_2S_5 与剩余的硫不互溶，因此形成了一种两液相系。当游离硫相全部被消耗以后，Na_2S_5 逐渐转化成单相的、含硫量逐渐增加的多硫化钠（Na_2S_{5-x}）。在充电过程中，这些化学反应逆向进行。放电时的半电池反应如下：

正极：$xS+2e^- \longrightarrow S_x^{2-}$

负极：$2Na \longrightarrow 2Na^+ +2e^-$

放电总反应为

$$2Na+xS \longrightarrow Na_2S_x\ (x=3\sim5) \quad E_{ocv}=1.78\sim2.076V$$

尽管钠硫电池的实际电特性与设计有关，但大致的电压特性仍依据热力学规律。典型的钠硫单体电池电压特性曲线如图 6-20 所示。该图绘制的是平衡电位（或开路电压）和工作电压（充电和放电）关于放电深度的函数。当硫、Na_2S_5 二相系形成且放电深度处于 60%～75%范围时，开路电压保持恒定（2.076V）。然后，从单相 Na_2S_x 区域过渡到选定的放电终点，电压呈线性降低趋势。

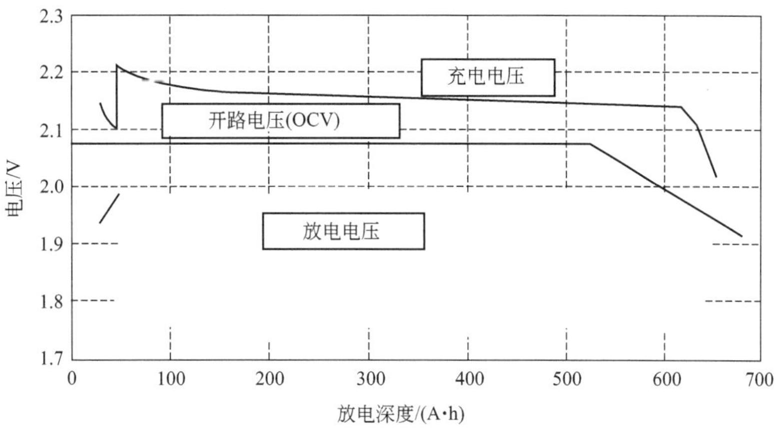

图 6-20 钠硫单体电池电压特性曲线

钠硫电池的一些重要特性从图 6-20 中可以明显看出。在高荷电状态下，充电过程中的工作电压由于纯硫的绝缘性而明显升高（也表现在更高的单体电阻上）。同样的因素也导致放电初期单体电压的微降。在 $C/3$ 的放电率下，平均单体工作电压大约为 1.9V。对于该电化学体系理论比能量为 755W·h/kg（对应 1.76V 开路电压）。尽管在初始充电时不能恢复所有的钠，电池此后能够放出理论安时容量的 85%～90%。最后，所有熔融的反应物和产物消除了经典的基于形态学的传统电极老化机制，因而钠硫电池本质上具有长循环寿命。

与全钒液流电池（VRB）相比，钠硫电池的优点是具有极快的响应时间，使得它们更适合于电能质量方面的应用（如平滑需求的短期尖峰）。基于上述优点及较高的循环效率，目前人们相信通过采用钠硫电池储能能够延缓输配电扩建方面的需求。

储能容量是钠硫电池的主要优势之一。尽管一个电池储能设施的成本与相同功率的燃煤发电厂相当，但不可能将发电厂建在更需要电力的城市中心。从效能的角度看，根本目标是产生能量、传输、转换，然后在能量被需要的地方将其储存起来。过去的电池技术缺乏备用电源和储能处理所需的灵活性，并且需要体积大且昂贵的设备。近期科技上的进步使得实现第一代大规模储能设备成为可能。

6.2.2.5 电化学电容器

（1）定义和类别

电化学电容器是一种介于静电电容器和二次电池之间的储能器件，从电极材料和能量存储原理的角度，电化学电容器可以分为以下三类。

① 超级电容器，也称为双电层电容器，其中的电荷以静电方式储存在电板和电解质之间的双电层上。在整个充放电过程中，几乎不发生化学反应，因此产品循环寿命长、充放电速度快。超级电容器主要采用具有高比表面积的碳材料作为电极，采用水系或有机系溶液作为电解液。自从20世纪80年代由日本NEC、松下等公司推出工业化产品以来，超级电容器已经在电子产品、电动玩具等领域获得了广泛应用。近年来，随着产品成本的进一步降低和能量密度的提升，以Maxwell公司等为代表的厂商开始将产品扩展到一些大功率应用领域，在电动汽车、轨道交通能量回收系统、小型新能源发电系统、军用武器等领域积极拓展市场。

② 法拉第准电容器（或称为法拉第赝电容、假电容） 其在充放电过程中电极材料会发生高度可逆的氧化还原反应，产生和电板充电电位相关的电容。由于这种法拉第电荷转移的电化学变化过程不仅发生在电极表面，还可以深入电极内部，因此理论上可以获得比双电层电容器更高的电容量和能量密度。目前，此类电容电极材料主要为一些金属氧化物和导电聚合物。在金属氧化物电极材料中，全球研究比较深入的是氧化钌，但由于该材料价格过于昂贵，因此只是在军事等领域有小规模应用。使用导电聚合物作为电容电极材料是近年来发展起来的一个研究新领域，但由于该电极材料奉命较短，因此商业化应用水平不高。

③ 混合电容器是最近几年出现的一种结合法拉第准电容材料和超级电容材料的新型混合电容器。此类产品的特性介于超级电容和法拉第准电容之间，具有更高的能量密度（可达30W·h/L，约是超级电容的3倍），并且也有很长的循环寿命。目前研究更成熟的是锂离子电容器产品。

（2）超级电容器

超级电容器的工作原理主要基于双电层原理，如图6-21所示。当外加电压施加于超级电容的两个极板上时，与普通电容同样，极板的正电极存储正电荷，而负极板存储负电荷。在超级电容器的两个极板上电荷产生的电场作用下，电解液与电极间的界面上形成相反的电荷，以平衡电解液的内电场。这种正电荷与负电荷在两个不同相之间的接触面上，并以极短间隙排列在相反位置上的电荷分布现象称为双电层。由于正负电荷分别位于接触面的两侧，这种结构导致电容器容量非常大。当两极板间电势低于电解液氧化还原电极的电势时，电解液界面上电荷不会脱离电解液，超级电容器处于正常工作状态，通常在3V以下。如果超级电容器两端电压高于电解液的氧化还原电极电势时，电解液将分解，进入非正常状态。由于超级电容器放电，正、负极板上的电荷通过外电路泄放，电解液界面上的电荷相应减少。因此可知，超级电容的充放电过程为物理过程，无化学反应发生，因而性能较为稳定。

电极是电容器的核心组成部分，其结构、性质对超级电容器的性能起决定性影响。根据目前研究的现状，可将电极材料分为三类：金属氧化物、高分子聚合物和碳基电极材料。

由于采用金属氧化物和高分子聚合物作为电极材料的电化学电容器，在其电极-电解质界面所产生的法拉第准电容要远大于碳材料的双电层电容，因而深受研究者的关注。尽管已取得不少研究成果，但因其多采用贵金属氧化物或导电聚合物作为电极材料，生产成本高，同时其本身在使用过程中化学稳定性较碳基材料差。因此，对于电化学电容器的研究课题主要集中在降低生产成本和提高材料的化学稳定性方面。

由于活性炭具有多孔结构、大的比表面积、高电导率、化学稳定性好、成本低廉等特点，作为双电层电容器的电极材料，可获得较高的能量密度和功率密度，因此目前大多以活性炭作为极化电极。同时，为了进一步提高碳基电极材料的性能，通过表面改性和各种新型

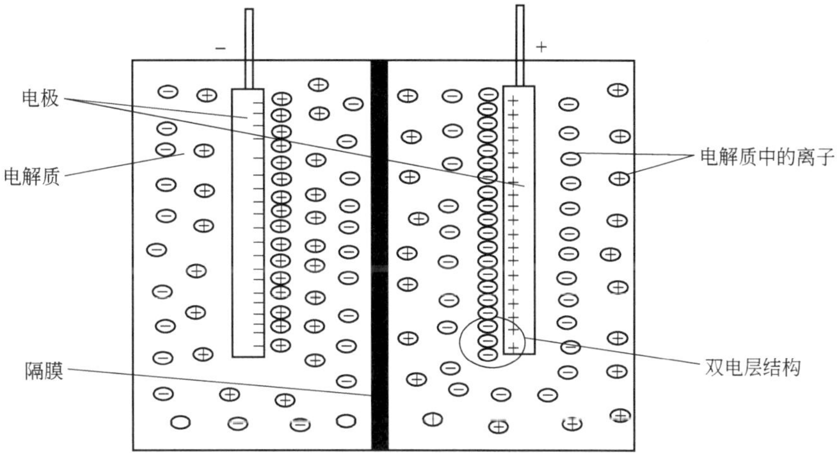

图 6-21 超级电容器工作原理

制备工艺对碳基电极材料进行了大量研究工作，主要包括活性炭、碳凝胶、碳纳米管、玻璃碳、碳纤维、高密度石墨和热解聚合物基体所得到的泡沫等。

在双电层电容器的各组成部分中，电解液是关键组分之一，它由溶剂和电解质盐构成。双电层电容器对电解质的性能要求有以下几点：①电导率高；②高分解电压；③使用的温度范围宽；④电化学稳定性好，可保障足够长的使用寿命；⑤价格低廉且易于获得。

双电层电容器常用的电解质有两类。一类是水溶液系电解液，一般为30%的硫酸或氢氧化钾溶液，特点是有较低的内阻和较小的能量密度，但功率密度较大，分解电压较低（水的理论分解电压为1.23V），所有的商业化电容器的工作电压都小于1V，并且在双极式装置中考虑到不同电极组之间可能存在的不平衡，因此每一组电极的工作电压为0.67V。低工作电压大大限制了双电层电容器储存能量的能力。除了电压方面的限制以外，水溶液系电解液的另一个缺点是材料的价格太高。在高腐蚀性溶液中，制作集电体常用的材料是钛（酸溶液）和镍（碱溶液）。对于电动汽车应用来说，两种金属的价格都太昂贵。水的凝固点至沸点的温度范围使电容器的低温性能较差，而且这些强酸或强碱有较强的腐蚀性，不利于操作。另一类是有机电解液，比如 $(C_2H_5)_4NBF_4$、$(C_2H_5)_4PBF_4$、$(C_2H_5)_4PCF_3SO_3$ 等（以碳酸丙烯酯作为溶剂），有较高的分解电压，有利于获得更高的能量密度（一般2～4V），而工作的温度范围较宽，而且有机电解液允许使用铝作为集电体和容器壳，大大降低了双电层电容器的生产成本，但其内阻较大。

双电层电容器的击穿电压取决于电解液的分解电压。因此，选择分解电压较高的有机物作为电解液，可提高双电层电容器的工作电压，获得较高的能量密度和稳定的性能。不同的有机电解液其稳定性也有差异。如何得到一种电导率高、电容量高、工作电压高且电化学稳定性好的电解液，是目前双电层电容器研究的热点，也是难点。近年来，许多研究人员与科研单位对双电层电容器有机电解液进行了多方面研究，取得了很大进展。

有机电解质的研究，一方面是对有机溶剂的物理、电化学性能进行研究，并通过对不同有机溶剂的组合来优化其在电容器应用中的性能。另一方面，支持电解质盐（导电盐）的开发和选用也是重要研究方向。

对于电极密度和电容比能量之间关系的研究表明，双电层电容器的电极采用多孔材料可以得到更高的比容量和提升电容器的功率性能。硫酸水溶液和有机电解液对于电极密度的要求是不同的。对于有机电解液而言，如果浓度更高时电极的密度也可以相应高一些。此外，为了得到更高的能量和功率密度，在电容器中应使用尽可能薄的隔板材料。

固体电解质和胶体电解质由于具有良好的可靠性、无电解液泄漏、高比能量和可实现超薄形状等优点而受到关注。固体多聚物电解质已经应用于锂蓄电池中，但是在双电层电容器中的应用却受到一定限制，这是因为室温下大多数聚合物电解质的电导率较低，电极/电解质之间的接触情况很差，电解质盐在聚合物基体中的溶解度也相对较低。尤其当电容器充电时，低的溶解度会导致极化电极附近出现电解盐的结晶。相比之下，胶体电解质在具有固体电解质诸多优点的同时，可以达到 10^{-3}S/cm 量级的电导率，和有机电解液相差不大，所以已成为该领域中研究的热点。

液态有机电解液的性能优于水系电解液和固态电解液。这主要是因其较宽的分解电压，提高了双电层电容器工作电压及比能量。然而有机电解质溶液的电导率通常要低于水溶液电解质，这对于使用有机电解液的电容器来说是严重的缺陷。因为电解液的电导率与电容器的等效串联电阻（ESR）密切相关，而电阻的降低对于电容器满足日益增长的现代微电子产品的迫切需要是非常必要的。

虽然许多有机液态电解液体系其理论分解电压均达到 5V 以上，但到目前为止，其工作电压仍比较低，只有 2～3V，所以进一步优化电解液体系，提高其分解电压，对于双电层电容器比能量、比容量等性能的提高是非常重要的。

总之，双电层电容器作为一种新型能量储存装置以其优越的性能已经在能源领域发挥了越来越大的作用，并且创造出可观的经济效益，取得一批令人瞩目的研究成果。但在双电层电容器的实际应用中仍存在亟待解决的问题。

近些年来，超级电容器技术发展迅速，能量密度和功率密度不断提高，而成本也在大幅度下降。例如，韩国 NESSCAP 公司针对大容量电力储能的应用，研究开发了不对称金属氧化物-活性炭电极有机电解质超级电容器，电容器模块的容量为 20～10000F，其体积此能量为 11.4W·h/L，而寿命、环境适应性和可靠性与双电层电容器相当，在大功率的应用场合具有优势。由于采用了金属氧化物-活性炭电极，储能机制类似于电池，但循环寿命较差。因此，对于此类超级电容器，仍然存在技术挑战，其主要目标是提高工作电压和增加循环寿命。

6.3 物理储能

6.3.1 飞轮储能

6.3.1.1 飞轮储能简介

飞轮储能是一种利用双向电机（既可作为电动机，也可作为发电机）实现电能与高速旋转飞轮的机械能之间相互转换的储能技术。飞轮储能和传统的化学储能不同，是一种基于物理原理的储能技术。

现代意义上的飞轮储能概念最早在 20 世纪 50 年代才被提出。70 年代期间，美国能源研究与发展署（ERDA）和美国能源部（DOE）开始资助飞轮系统的应用开发，日本和欧洲也陆续开展了相关技术和产品的研发。进入 90 年代以后，由于磁悬浮技术、碳纤维合成材料和电力电子技术的成熟，飞轮储能才真正进入了高速发展期。

从 20 世纪 90 年代开始，德国的 Piller 公司、美国的 Active Power 公司陆续推出了商用的飞轮产品。到今天，基于永磁悬浮和电磁悬浮轴承技术的飞轮产品已经比较成熟，稳定性和可靠性已经大大提高，在全球范围内已经有数千套产品投入了正式的商业运行，应用领域主要包括企业级 UPS、电力调频、航天、军事等。飞轮储能产品可以从不同角度分为很多类型，如果从飞轮转子转速来分，可以分为低速飞轮产品和高速飞轮产品。

低速飞轮储能产品中，转子主要由优质钢制成，转子边缘线速度一般不会超过 100m/s。该类产品主要通过增加转子质量以提升储能能力，可采用机械轴承、永磁轴承或者电磁轴承。整个系统功率密度相对较低。

高速飞轮产品则不同，转子转速能够达到每分钟5万转以上，转子边缘线速度能够达到800m/s以上。如此高的转速必然要求高强度的材料，因此主要采用玻璃纤维、碳纤维等作为制造转子的主要材料。这类产品中无法采用机械轴承，只能采用永磁、电磁或者超导悬浮轴承。目前国外对永磁和电磁轴承的研究和应用已经比较成熟。新的研究热点是基于超导磁悬浮的高速飞轮产品。飞轮通过旋转储存动能，其能量可以高效地转换成电能，是具有广泛应用前景的一种储能方法，其特点如下。

① 能量存入和释放速度快。只要机械强度足够，飞轮通过转速变化快速转换能量，这比热储能和泵水储能的速度快得多，也比蓄电池的充放电速度更快。

② 效率高。储能效率是储能装置的一项重要指标。在飞轮储能系统中采用磁悬浮轴承和真空技术，可使系统效率达到70%以上。它比泵水储能、热储能和蓄电池等效率都高。

③ 维护简单和寿命长。相对于蓄电池而言，蓄电池需要经常维护，其寿命受到充放电次数的限制；而飞轮储能装置基本上不需要维护，充放能量的次数不受限制，使用寿命更长。

④ 占地面积小，可以就地分散设置。它可安装在大型建筑物的地下室等，不用长距离输电，并具有无公害等优点，这方面它比泵水电站优越。

6.3.1.2 飞轮储能装置

飞轮储能系统的核心部件是飞轮，该系统如图6-22所示。输入能量可以是电能、转动能、制动能，或是诸如风能、太阳能等自然能。这些能量形式通过电动机或机械转换装置使飞轮旋转，转换成飞轮的动能加以储存。

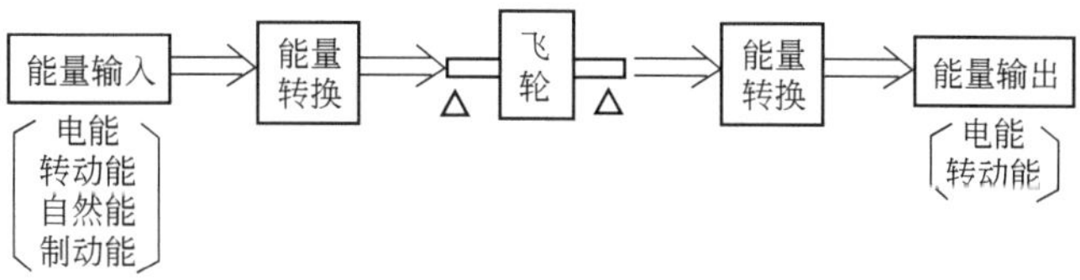

图6-22 飞轮储能系统

(1) 飞轮本体

飞轮本体是飞轮储能装置的主体。在设计飞轮本体时，对于一定的能量储存容量来说，应使它尽可能地轻，体积要小，造价要低。为此，引入了质量能量密度（e_w，又称重量能量密度）、体积能量密度（e_v）和价格能量密度（e_c）的概念，它们分别表示为

$$e_w=E/W=K_S(\sigma_W/\gamma) \tag{6-1}$$

$$e_v=E/V=K_S\sigma_W \tag{6-2}$$

$$e_c=E/C=K_S(\sigma_W/c\gamma) \tag{6-3}$$

式中，E为储存的能量；W为飞轮本体的质量；V为飞轮本体的体积；C为飞轮本体的造价；e为能量密度（比能量）；σ_W为材料的许用应力；γ为材料的密度；c为飞轮单位质量的造价（包括材料费和制造费）；K_S为由本体形状决定的形状系数（<1）。

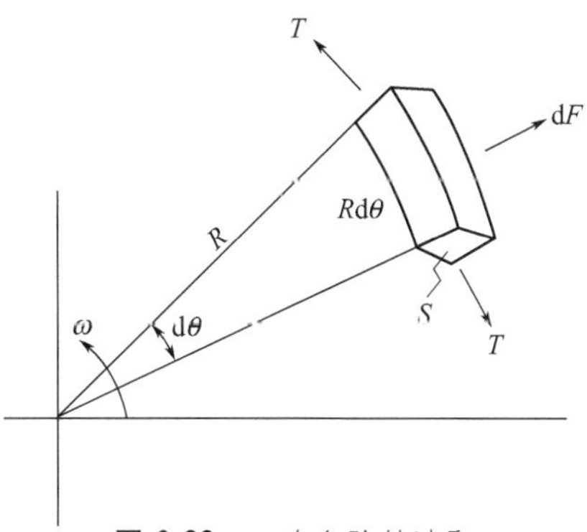

图6-23 二次危险转速和弹性常数的关系

在设计飞轮本体时，可首先着重考虑质量能量密度e_w。从式(6-1)可以看出，飞轮的储存能量与材料的密度和许用应力有关。现考虑图6-23所示的薄壁圆环飞轮，圆环某一单元的离心力（F）是

$$dF=\rho SR^2\omega^2 d\theta$$

式中，S 为圆环截面积；R 为圆环的旋转半径；θ 为中心角；ω 为角速度；ρ 为材料的密度。因离心力与作用于单元的拉力 T 的径向分量平衡，故有

$$\mathrm{d}F=T\mathrm{d}\theta$$

由上面两式及应力 $\sigma=T/S$ 可得

$$\sigma=\rho R^2\omega^2$$

薄壁圆环的惯性矩 $I=WR^2/g$（g 为重力加速度），故飞轮的质量能量密度为

$$e_{\mathrm{w}}=\frac{E}{W}=\frac{\frac{1}{2}\times\frac{\sigma}{\rho R^2}\times\frac{WR^2}{g}}{W}=\frac{1}{2}\times\frac{\sigma}{\gamma} \tag{6-4}$$

若给定材料的最大许用应力 σ_{W} 和材料重力密度 γ，并比较式(6-4）和式(6-1)，即可知薄壁圆环的形状系数 $K_{\mathrm{S}}=1/2$。用同样方法不难求出其他形状飞轮的形状系数。表 6-9 列出几种基本形状的飞轮及其形状系数值。

$\sigma_{\mathrm{W}}/\gamma$ 称为比强度，从式(6-1) 可见，比强度高的材料，其能量密度就大。近年来，新型复合纤维材料的比强度远比金属材料的比强度大。因此，制作高性能的超级飞轮已成为可能，金属材料中的超高强度钢以及各种复合纤维都可考虑作为飞轮本体的材料。

表 6-9 飞轮的形状及其形状系数

飞轮形状	名　称	形状系数 K_{S}	飞轮形状	名　称	形状系数 K_{S}
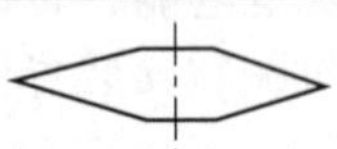	等应力圆板	1.00	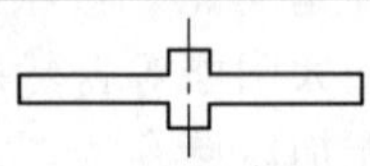	平面圆板	0.61
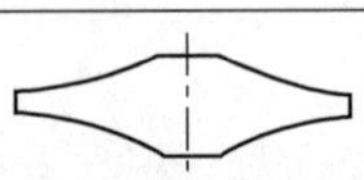	近似等应力圆板	0.93	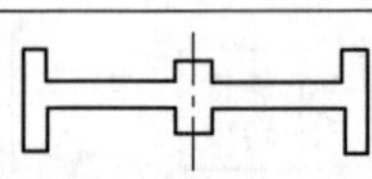	带圆环的圆板 薄圆环	0.4 0.5
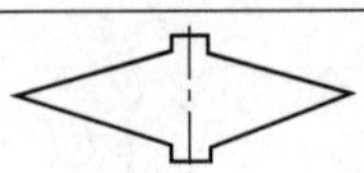	圆锥截面圆板	0.81	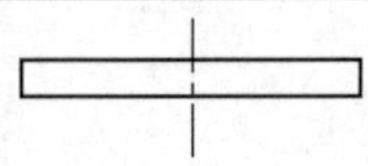	棒状	0.33

（2）真空密封和轴承

为了减少风损，飞轮必须在真空中运行。表 6-10 给出以真空度为参数的动力损耗和转速的关系。显然，真空度越高，动力损耗越小。然而，权衡其他多种因素，认为真空度在 $10^{-3}\sim10^{2}$ Torr（1Torr=133.322Pa）为宜。

表 6-10 以真空度为参数的动力损耗和转速的关系

储存能量/(kW·h)	真空度/Torr	碳纤维强化材料			玻璃纤维强化材料		
		总损耗①	转速/(r/min)	厚度/半径(t/R)	总损耗①	转速/(r/min)	厚度/半径(t/R)
20	10^{-1}	7.5	15000	0.32	4.4	7000	0.15
	10^{-2}	2.05	11000	0.12	1.4	5000	0.055
100	10^{-1}	8.74	9000	0.33	10.8	3000	0.27
	10^{-2}	5.1	7000	0.15	3.25	3000	0.06
1000	10^{-1}	76.3	4000	0.30	45.0	2000	0.18
	10^{-2}	20.5	3000	0.12	15.5	2000	0.18

① 总损耗=轴损×2+风损。

飞轮的转轴在高速、高载荷条件下运行，轴承是关键问题。表 6-11 对滑动轴承、滚动轴承和磁悬浮轴承进行比较。滑动轴承在轴系的振动特性和增大轴径方面都比滚动轴承优越，而在大型飞轮中，磁悬浮轴承技术目前尚未完全成熟。

表 6-11 轴承性能的比较

性能	滑动轴承	滚动轴承	磁悬浮轴承	性能	滑动轴承	滚动轴承	磁悬浮轴承
负载 稳定	○	○	○	振动衰减	○	×	×
负载 启动时	○	○	○	所要润滑油量	多 ■	少 ×	不要 ■
负载 冲击	■	△	×				
异物混入量	○	△	○	噪声	■	○	■
启动摩擦	×	○	■	寿命	■	○	△
空载运行中的动力损耗	△	○	■	价格			

注：■优，○良，△可以，×不行。

如上所述，飞轮转子应在真空环境中旋转，因此轴密封装置必不可少。对于密封装置结构的要求，主要是密封性能好和摩擦损失小，其次是能够长时间保持稳定，真空泵等的动力小，保护、检查方便。要同时满足所有这些条件的密封装置，很难得到。表 6-12 给出了各种轴密封装置的性能比较。

表 6-12 各种轴密封装置的性能比较

类别		动力损失	副机的规模	价格	难易度	备注
接触型密封	机械密封（轴速度 80m/s 以下）	大	中	高	较难	
	扇形密封（轴速度 100m/s 以下）	中	中	中	较难	
	带唇缘密封（轴速度 30m/s 以下）	小	中	低	难	
非接触型密封	浮动环密封	小	大	中	易	大轴径有问题
	端面密封	小	大	高	难	技术上有困难
	扇形石墨密封	小	中	中	易	可能性大
	磁性流体密封	中	小	高	难	研制之中

磁轴承具有多种配置，采用永磁和动态电流励磁来达到所需约束力。一个刚体可以有 6 个自由度，其中磁轴承限制转子的 5 个自由度，允许有一个自由度用于旋转。图 6-24 给出同极配置的情况。永磁用于为轴提供自由升力，在转子下落的时候有助于轴的稳定。电磁绕组用于稳定和控制。控制绕组运行在低占空比的状态，每个轴只需要一个伺服控制环。伺服控制绕组实施主动控制而保持轴的稳定性，它提供所需的恢复作用力将轴维持在中心位置。在主动反馈回路中，采用了多种位置和速度传感器。励磁绕组中的电流变化迫使轴保持在中心位置，并具有所期望的间隙。

当转子围绕分立励磁绕组旋转时，小幅电磁振荡会在金属部分产生少量电磁损耗，然而对于传统轴承来说，这种损耗与摩擦损耗相比可以忽略。

在飞轮系统配置中，转子可以按照向外辐射状分布，这样会形成有效利用体积空间的封装形式。磁轴承内部有一些永磁体，磁通量穿过定子极靴和转子的磁反馈环，极靴和磁反馈环之间的磁阻效应实现了垂直约束，水平约束则由两套动态励磁绕组实现。绕组中的电流受到控制，对转子位置控制反馈环进行调整。

双向机电能量转换可以通过同一个电机实现，用作电动机时将转子旋转起来储存能量。当转子减速时用作发电机输出能量。有两类电机可以采用，具有变频换流器的同步电机或者永磁无刷直流电机。

电机电压在很宽的范围内随速度变化。电力电子换流器充当宽范围变化的电机电压和恒定母线电压之间的接口。设计一种输入电压在 1～3V 范围内变化的放电换流器和充电换流器，都是可行的，这就使得电机转速可以在同样的范围内变化。也就是说，转子的低速可以是全速的 1/3。由于储能与速度的平方成正比，所以飞轮的 SOC 在低速时可以低至 0.10，这就意味 90％的飞轮能量能够被释放，而不会对电力电子或其他元件方面造成任何障碍。

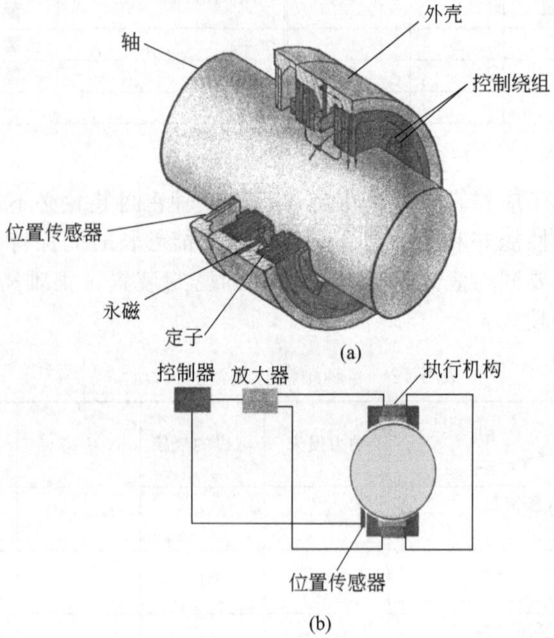

图 6-24　Avcon 公司的已获专利授权的同极永磁有源轴承

关于飞轮能够承受的充放电周期数，复合转子的疲劳寿命是限制因素。根据经验，合成纤维复合材料比固体金属通常具有更长的疲劳寿命。因此，正确设计的飞轮能够比蓄电池更耐久，并且能够放电至深得多的水平。由复合材料转子制成的飞轮已经完成制造和测试，可以完成超过 10000 次的完全充放电循环。这比目前任何一种蓄电池能够释放的能量都要高出一个数量级。

6.3.1.3　飞轮储能特性

飞轮的有效输出功率 O_P 为

$$O_P = P - L \tag{6-5}$$

式中，P 为飞轮的输出功率，L 为各种动力损失之和。

储存能量随时间变化的关系为

$$E = E_0 - \int_0^t P\,dt \tag{6-6}$$

式中，E 为剩余的储存能量；E_0 为初始的储存能量。

由式(6-5) 和式(6-6) 得

$$\frac{E}{E_0} = 1 - \frac{\int_0^t (L + O_P)\,dt}{E_0} \tag{6-7}$$

因储存能量 E 与 ω^2 成比例，上式可表示成

$$\frac{\omega}{\omega_0} = \sqrt{\frac{E}{E_0}} = \sqrt{\frac{E_0 - O_P t - \int_0^t L\,dt}{E_0}} \tag{6-8}$$

式(6-7) 对时间微分得

$$\frac{\mathrm{d}\left(\frac{E}{E_0}\right)}{\mathrm{d}t}=-\frac{L+O_\mathrm{P}}{E_0}$$

现假定动力损耗为

$$L/E=A_0+A_1\ (\omega/\omega_0)^2$$

式中，A_0 为与转速无关的真空泵动力、润滑油系统动力等定常动力；A_1 为损失与转速二次方成比例时的比例常数；E_0 为初始储存能量；ω_0 为初始角速度。

由上式和式(6-8) 可得

$$\left(\frac{\omega}{\omega_0}\right)^2=1-\int_0^t\left[A_0+A_1\left(\frac{\omega}{\omega_0}\right)^2\right]\mathrm{d}t-\frac{O_\mathrm{P}}{E_0}t \tag{6-9}$$

若设 $A_0=a_0O_\mathrm{p}/E_0$，$A_1=a_1O_\mathrm{p}/E_0$（a_0、a_1 为常数)，上式变为

$$\left(\frac{\omega}{\omega_0}\right)^2=\frac{E}{E_0}=\frac{(a_0+a_1+1)e^{-a_1(O_\mathrm{p}/E)^t}-(a_0+1)}{a_1} \tag{6-10}$$

假定 $a_0=0.02$，并以 a_1 为参数，算得 E/E_0 和 $(O_\mathrm{p}/E_0)^t$ 的关系示于图 6-25。其中，横轴表示时间，纵轴表示飞轮储存能量和转速的变化。

可以计算出额定储存能量为 20kW·h、100kW·h、1000kW·h、10000kW·h 等各种情况下的性能曲线。例如，当储存能量为 20kW·h、输出功率为 1kW 时，由于轴承损耗和风损引起的动力损耗，对于采用 CFRP（碳纤维增强塑料）制成的飞轮总损耗是 7.5，真空泵总损耗是 0.54，所以 $a_0=0.02$，$a_1\approx0.3$。根据图 6-25 作出性能曲线，并示于图 6-26(a)。图 6-26(b)、(c) 分别给出了 10000kW·h、50000kW·h 的飞轮储能装置的性能曲线。当输出功率 O_P 为零时，表示无负载运行时的性能。

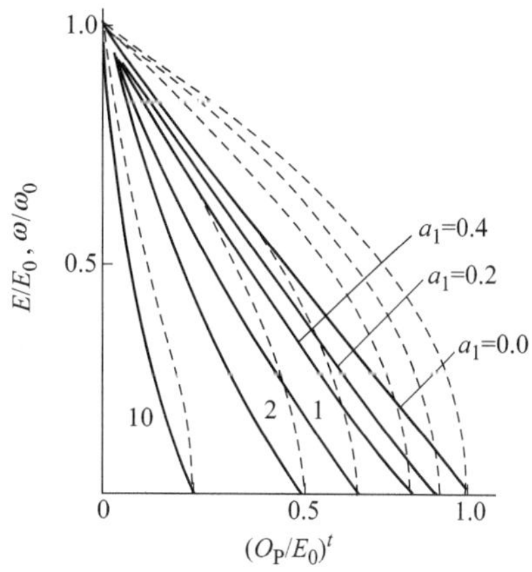

图 6-25 能量和转速对时间的变化关系

—— —E/E_0；--- —ω/ω_0

根据以上分析，就能够概算出飞轮储能的综合效率。对用于电网调峰和自然能储存等短时间储能的飞轮，以 24h 为一储能循环周期，其运行特性可划分为充电时间（Δt_1），早晨（夜间）空载运行时间（Δt_2），发电时间（Δt_3）及夜间（早晨）空载运行时间（Δt_4）四个阶段。以 50000kW·h 系统为例，在各个阶段中，飞轮的储存能量、转速、动力损耗、输出功率示于图 6-27。

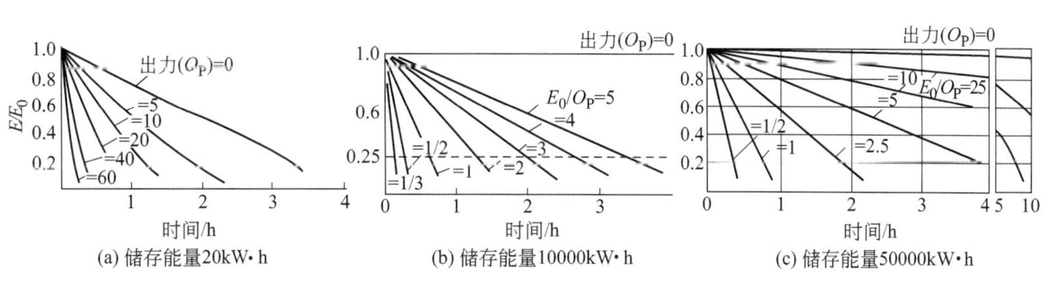

图 6-26 储存能量的变化

飞轮的综合效率 η_E 由下式定义：

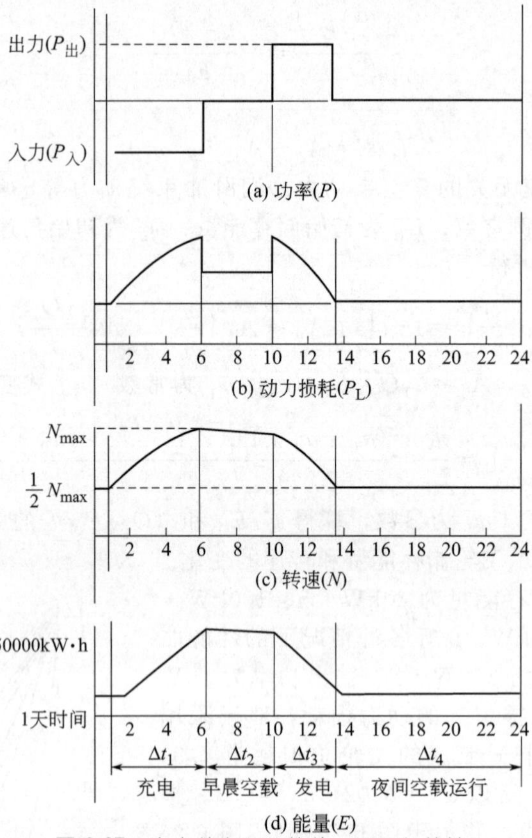

图 6-27 电力储存用飞轮的一天运行特性

（储存能量：50000kW·h）

$$\eta_E = \frac{\oint P_{出}\,dt}{\oint P\,dt} = \frac{\oint P_{出}\,dt}{\oint P_{出}\,dt + \oint P_{损失}\,dt} \tag{6-11}$$

式中，$\oint$ 为对 24 小时积分；$P_{出}$ 为输出功率；$P_{损失}$ 为损失功率。

当输出功率一定时，$\oint P_{出}\,dt = \Delta t_3 P_{出}$，式(6-11) 变为

$$\eta_E = \frac{\Delta t_3}{\Delta t_3 + \oint \frac{P_{损失}}{P_{出}} dt} \tag{6-12}$$

根据上述公式，日本曾有人计算过 10000kW·h 飞轮的综合效率，其结果列于表 6-13。

表 6-13 综合效率

飞轮环境	装置损失/kW			加速时间/h	减速时间/h	综合效率/%
	飞轮		输入输出装置			
	风损	轴损				
大气	400	150	177（轴损 90）	4.96	3.04	61.29
真空度(10^{-2}Torr)	0	150		4.33	3.31	76.44

这里，飞轮直径为 6.34m，厚度为 1.90m，材料为 CFRP，转速为 2200r/min，轴径为 500mm，输出功率为 2000kW。计算中，忽略飞轮空载运行时的损耗（估计空载运行时的损耗，4h 约为 3%，10h 约为 7%），并且飞轮转子在真空度为 10^{-2} Torr 的环境中运行，风损可减至数千

瓦，也可不计。其他能量损失还有联轴器部分的动力损耗，以及与大气接触的轴的风损等。这些损失均在数千瓦数量级。在实际装置中，真空度在 10^{-2}Torr 时的综合效率要比计算结果略低，估计可达到 75%。

6.3.2 压缩空气储能

压缩空气储能系统通过压缩空气储存多余的电能并在需要时，将高压空气释放，通过膨胀机做功发电。在储能时，系统中的压缩机耗用电能将空气压缩并存于储气室中；在释能阶段，高压空气从储气室释放，进入燃气轮机燃烧室同燃料一起燃烧后，驱动透平发电。在释能过程中，由于没有压缩机消耗透平的输出功，相比消耗同样燃料的燃气轮机系统，压缩空气储能系统可以多产生一倍以上的电力，由此实现压缩空气能量和电力之间的高效转换。图 6-28 为压缩空气储能系统配置。

除了在某些不同时刻发生的压缩和膨胀操作之外，压缩空气储能的操作在很多方面与传统燃气轮机操作相似（见图 6-28）。因为空气压缩需要的能量可以被单独提供，所以在膨胀期间，所有的透平输出都可以被用来发电，而传统燃气轮机从膨胀状态到运行状态压缩机则大约消耗掉 2/3 的输出电力。

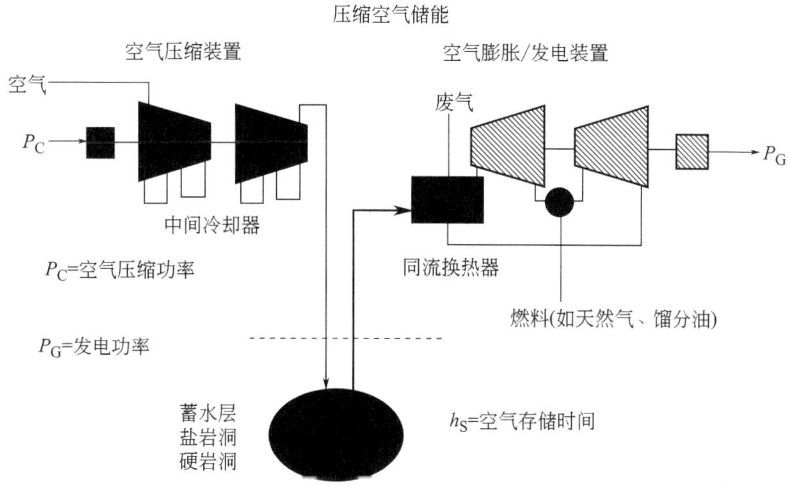

图 6-28 压缩空气储能系统配置

在压缩模式下，电力用于驱动一系列压缩机，将空气压缩到一个不保温的储存室中，使空气储存在高压和室温状态下。多个压缩级采用中间冷却器和末级冷却器来降低压缩空气的温度，从而提升了压缩效率，降低了对储存容量的需求，并且使容器壁承受的热压力最小。

对带有多个压缩级和中间冷却器的系统，即使通过多个压缩级中间冷却，也存在热量损失，但以额定温度储存的热效率仍然能够保证系统达到绝热压缩，并且允许空气储存在保温的洞穴中。尽管冷却过程会使输入能量更高一些，但是由于压缩空气储能的输出是传统燃气轮机的四倍，因此总的燃料消耗仍然较低。

膨胀操作（发电）时，空气从储存室中抽出，燃料（如天然气）在增压空气中燃烧，燃烧产物膨胀（通常要经过两个阶段）以重新发电。发电过程中，燃料燃烧要考虑容量、效率和可操作性。由于储存罐壁热膨胀，空气需要更高温度的空气流来达到相同的汽轮机输出。因此，压缩机输入的能量需要增加，导致增压过程的能量消耗增加约四倍。此外，当燃烧过程中缺乏燃料时，尽管高压空气中的水汽含量非常小，但是流经汽轮机的大气流仍然能够降低汽轮机排气口的温度，带来叶片结冰的风险。另外，低温操作时，汽轮机的材料和密封都会变得非常脆弱。

自从 1949 年 Stal Laval 提出利用地下洞穴实现压缩空气储能以来，全球已有两座大型电站分别在德国和美国投入超过 20 年的商业运行。由于传统压缩空气储能系统需要大型储气装置和依赖燃烧化石燃料，这在很大程度上限制了该技术的推广与应用。为解决常规压缩空气储能系统面临的主要问题，目前国际上先后出现了一些改进技术，包括：先进绝热压缩空气储能系统（advanced adiabatic compressed air energy storage system，AACAES）。该系统将空气压缩过程中的压缩热存储在储热装置中，并在释能过程中回收这部分压缩热，系统的储能效率可以得到较大提高，理论上可达到70%以上。

小型压缩空气储能系统的规模一般在10MW级，它利用地上高压容器储存压缩空气，从而突破大型传统压缩空气电站对储气洞穴的依赖，具有更大的灵活性。

微型压缩空气储能系统的规模一般在几千瓦到几十千瓦级，它也是利用地上高压容器储存压缩空气，主要用于特殊领域（比如控制、通信、军事等领域）的备用电源、偏远孤立地区的微小型电网以及压缩空气汽车动力等。

压缩空气基于压力-体积关系进行储能，它可以储存来自电厂（热力、核电、风电或光伏电站）的剩余能量，然后在贫电时或峰值负荷时供电。压缩空气储能系统主要包括空气压缩机、膨胀涡轮机、电动机-发电机、架空储罐或地下储槽。

如果 P 和 V 分别表示空气压力和体积，并且如果空气压力从 P_1 变化到 P_2 遵循气体定律 $PV^n=$常数，那么在这个压缩过程中需要做的功就是储存在压缩空气中的能量，由下式给出：

$$\text{已储能量}=\frac{n(P_2V_2-P_1V_1)}{n-1}$$

压缩结束时的温度由下式给出：

$$\frac{T_2}{T_1}=\left(\frac{P_2}{P_1}\right)^{\frac{n-1}{n}}$$

体积越小，存储的能量越少。空气的等熵值 n 通常为1.4，在常规工作条件下，n 约为1.3。当温度升高的空气在恒定体积下冷却时，部分压力会损失，所存储的能量相应减少。

通过膨胀涡轮机排放压缩空气，来驱动发电机，可以实现发电。压缩空气系统可以工作在恒体积模式或者恒压力模式。

恒体积压缩时，压缩空气储存在压力罐、矿洞中、枯竭的油田或气田及废弃的矿井中。100万立方米的空气，如果存储在600psi（1psi＝6894.76Pa）条件下，则可以提供大约250000kW·h的储能容量。然而这种系统有缺点，即空气压力随着压缩空气从储存空间中逐渐耗尽而不断下降，电力输出也就随着空气压力的下降而减少。

恒压力压缩时，空气储存在地上的变容罐中或地下含水层。同样以100万立方米的空气为例，如果存储在600psi下，则可以发出约100000kW·h的电力。利用罐盖上的重量，变容罐可以维持压力恒定。如果利用地下含水层，压力可以近似保持恒定，不过存储体积会增加，因为空气排走了周围岩石中的水。发电过程中，被压缩空气排走的水只会引起存储压力下降几个百分点，可以保持发电所必需的恒定速率。

运行能耗应包括压缩空气的冷却，以及因压缩而产生的热量耗散。否则，空气温度会升至1000℃——结果使得存储容量缩水，并且对矿井的岩壁有负面影响。当能量释放时，能量还会由于降温效应而产生损失。

压缩空气储能系统的储能效率取决于多个组件效率并受到其他因素的影响，包括压缩机效率、电动机-发电机效率、热损失和压缩空气泄漏。据估计，整体系统双程能效约为50%。压缩空气能够存储在以下地点：盐洞、开采过的岩石矿洞、枯竭的气田和掩埋的管道。

德国于1978年建造了世界上第一个商业化CAES电站，装机容量290MW，换能效率77%，该系统示意见图6-29。美国休斯敦的一家公司提出了要利用俄亥俄州Norton的废弃石灰石矿井（图6-30）的方案。1000万立方米的矿井能够储存的压缩空气，足以驱动2700MW容量的涡轮机。2001年，俄亥俄动力联席会议批准了这一项目，并于2005年开始运行。Sandia 国家实验室研究发现，该矿井的岩石结构足够致密，可以防止空气泄漏，而且也足够坚固，可以应付 5.5～11MPa 的工作压力。从矿井中出来的空气经过膨胀冷却，用天然气加热后，以优化温度来驱动涡轮机。这种运行方式仅使用不到传统天然气发电机 1/3 的燃料，从而显著降低能耗和排放水平。该设计共采用 9 台 300MW 的发电机，使用 18 台压缩机进行矿井打压。

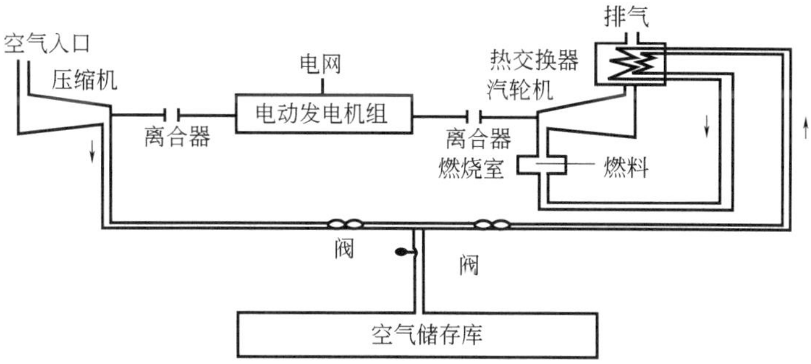

图 6-29　世界上第一个商业化 CAES 电站

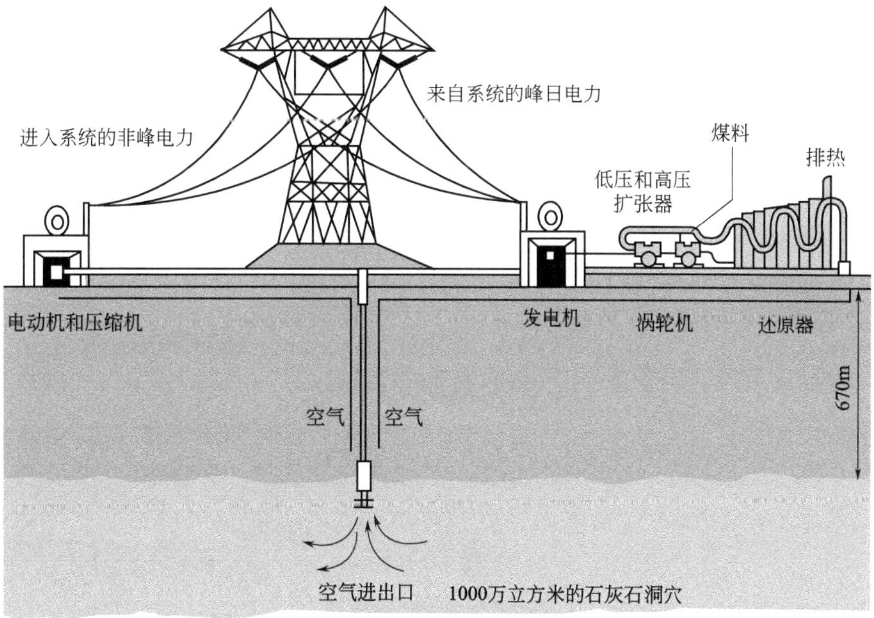

图 6-30　2700MW 电力系统

（利用位于俄亥俄矿井的压缩空气储能系统进行电力负荷调节）

6.3.3　抽水蓄能

抽水蓄能电站是一种特殊形式的水力发电系统。该系统集抽水与发电两类设施于一体，上、下游均设置水库，在电力负荷低谷或丰水时期，利用其他电站提供的剩余能量，从地势低的下水库抽水到地势高的上水库中，将电能转换为位能；在日间出现高峰负荷或枯水季节时，再将上水库的水放下，驱动水轮发电机组发电，将位能转换为电能（见图 6-31）。

抽水蓄能电站是目前应用广泛的大规模储能技术，具有容量大，寿命长（经济寿命约 50 年）、运行费用低的优点，可为电网提供调峰、填谷、调频、事故备用等服务，其良好的调节性能和快速负荷变化响应能力，对于有效减少新能源发电输入电网时引起的不稳定具有重大意义。

但是，抽水蓄能电站的建设也受到一些条件的限制。例如，在站址的选择上需要有水平距离较小、上下水库高度差较大的地形条件，岩石强度高、防渗性能好的地质条件，以及充足的水源以保证发电用水的需求。另外，还有上、下水库的库区淹没问题、水质变化以及库区土壤盐碱化等一系列环保问题需要考虑。

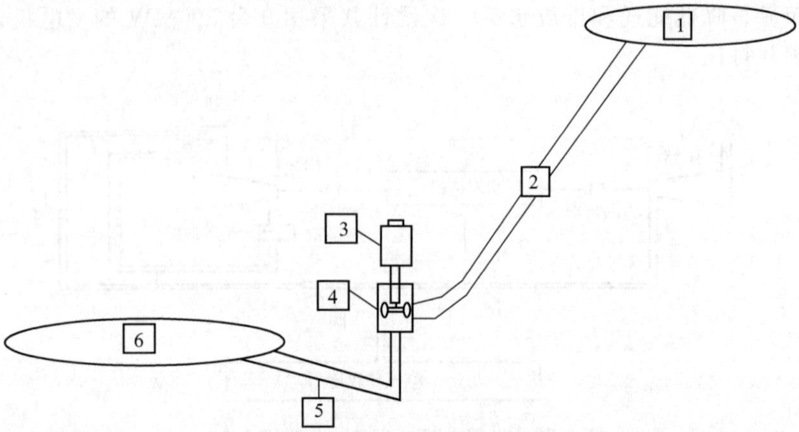

图 6-31 抽水蓄能设备示意图

1—上游水库或前池；2—压力管道；3—发电机；4—水泵电轮机；5—尾水渠；6—下游水库或后池

关于抽水蓄能的效率，在利用抽水蓄能将水抽到上游，再利用水位落差获取能量的过程中，效率并不是100%。一部分用于抽水的电能无法在水从上游落下时转换回有用的电能，其主要原因在于转换过程中存在损耗，包括摩擦阻力、压力管道和尾水渠中的湍流、发电机和水泵水轮机的损耗等。因此，抽水蓄能的一个完整循环周期的效率一般为70%～80%，这取决于设计参数。例如，一个抽水蓄能装置的效率为80%，这就意味着每储存10个单位的能量，仅可返回8个单位的电能。

图6-32所示为美国的抽水蓄能设施平面分布图。

图 6-32 美国的抽水蓄能设施平面分布图

从类型上看，抽水蓄能电站可以分为两种形式：混合型抽水蓄能电站和纯抽水蓄能电站。混合型抽水蓄能电站在电机运行过程中会增加常规水电机组的辅助运行，使电站不仅能调节电网，还能通过径流发电。纯抽水蓄能电站则专门用于电网调节，其主要功能是按照规划发电，并通过调节电网的峰值负荷和频率来确保电网系统的稳定运行。

当前，我国正处于能源绿色低碳转型的关键时期，风电、光伏发电等新能源的大规模发展对调节电源提出了更高需求；构建以新能源为主体的新型电力系统，对抽水蓄能的发展提出了更高要求。抽水蓄能电站能够有效弥补新能源的间歇性和波动性不足，是一种技术成熟且具备大规模开发条件的电力系统灵活调节电源。

2023 年 5 月，国家发展和改革委员会印发了《关于抽水蓄能电站容量电价及有关事项的通知》(以下简称《通知》)，明确了全国 48 座抽水蓄能电站的容量电价和容量电费分摊方式。这一举措对于促进我国抽水蓄能行业的发展具有重要意义。《通知》的出台释放了清晰的电价信号，有助于形成稳定的行业预期，并充分调动各方面积极性，推动抽水蓄能电站建设。此外，《通知》还强调了发挥电站综合运行效益的重要性，以更好地促进新能源发展，保障电力系统的安全稳定运行。

根据不完全统计，截至 2022 年底，中国抽水蓄能累计装机容量达到 46.1GW。2023 年前三季度，全国新增抽水蓄能装机容量为 420MW。截至 2023 年 9 月底，全国抽水蓄能累计装机容量达到 50GW。在政策引导下，我国抽水蓄能电站建设速度将进一步加快，预计到 2030 年将达到约 120GW。

6.4 储能装置的应用及类比分析

着眼于光伏发电等间隙式可再生能源发电系统，选择适用的储能装置时，应首先关注四类电化学储能蓄电池，即铅酸电池、钠硫电池、锂离子电池（或简称锂电池）及全钒液流电池，现将其特性进行比照，见表 6-14。

表 6-14　主要蓄电池系统的特性

项目	铅酸电池	钠硫电池	锂离子电池	全钒液流电池
负极活性物质	Pb	Na	C	$V^{2+} \rightleftharpoons V^{3+}$
正极活性物质	PbO_2	S	$LiCoO_2$	$V^{4+} \rightleftharpoons V^{3+}$
电解质	H_2SO_4	β-氧化铝	有机溶剂	H_2SO_4
单体电压				
开路电压/V	2.1	2.1	4.1	1.2
工作电压/V	2.0～1.8	2.0～1.8	4.0～3.0	—
质量比能量/(W·h/kg)	10～35	133～202	150	20～30
体积比能量/(W·h/L)	50～90	285～345	400	30
放电曲线	平坦	平坦	倾斜	平坦
质量比功率/(W/kg)	中 35～50	高 36～60	中 80～130	高 110
循环寿命(循环次数)	200～700	2500～4500	1000	12000
优点	成本低，高倍率性能好	较低成本，循环寿命长，能量高，功率密度高，效率高	比能量高，能量密度高，自放电率低，循环寿命长	能量高，效率高，允电率高，替换成本低
缺点	能量密度有限，析氢	需要关注热量管理，以及安全性、密封和耐冻融性	低倍率（与水溶液电解液相比）	电解液的交叉混合

在光伏发电系统中，关于储能装置的配置可从系统类别进行如下说明。

(1) 独立光伏发电系统

众所周知，独立光伏发电系统中通常必须配置一定容量的储能装置。其容量设计参见第

4 章 4.3 节。但如何选择适宜的储能技术及装置？在独立光伏发电系统中，储能技术的选择需要在不同的影响因素之间进行综合考虑。

① 成本　这往往是首要因素，指的是储能系统的建设投资成本，或者是指包括维护在内的储能全寿命周期成本。

② 储能效率　对于发电成本已经较高的光伏系统来说，储能效率是个重要因素。如果储能效率低于 75%，则意味着需要将光伏组件的容量增加 25%以上。

③ 荷电保持能力　该因素与储能系统的效率和自放电率有关，决定了一段时间后电池中还存储有多少能量。

④ 维护　尤其是在偏远地区，运行与维护显著影响着系统的总成本。

⑤ 适应不同运行工况的能力　电池的寿命受温度和充放电循环方式的影响，包括深度循环、小循环以及放电或充电电流的大小。

⑥ 安全性。

⑦ 可回收性。

为了确保独立光伏发电系统的最优运行，应该根据不同的应用需求选择不同类型的电池。在众多储能技术中，铅酸蓄电池尽管已经使用了 100 多年，但其性价比目前仍然很好。在一些气候条件特别恶劣的地区，尤其是在极端的温度环境下，可使用镍氢等碱性电池，但是价格较高。

在一些较为重要的光伏系统中，可以采用管式电极蓄电池，这种电池更适合每日循环的运行模式，但价格也较高。由于可靠性、安全性较高，这种蓄电池广泛应用峰值功率在几百瓦到几千瓦的专门设备供电系统（广播电视中继站、通信中继站、灯塔等）。管式电极蓄电池的使用寿命比平板电极要高很多（4～12 年），其全寿命周期费用约在 5～6 元/(kW·h)。

在环境恶劣而又很难维护的应用系统中，如海上航标或一些密闭装置，可以使用具有气体重组功能的全密封铅酸蓄电池。

总体来说，铅酸电池作为储能应用，其寿命受限，通常也就 3～5 年，这与光伏发电系统寿命（20～25 年乃至更长）相比，实在是太短。这方面，我们发现锂电池具有较好的发展前景。

如图 6-33 所示，对多种功能不同的储能技术进行了试验（铅酸蓄电池、镍镉电池、锂离子电池），结果表明了在考虑循环使用寿命的情况下，锂离子电池在光伏发电应用中有较大潜力。锂离子电池还具有其他一些性能优势，如储能效率高、使用寿命长、不用维护、可靠性高，以及性能的可预见性等。成本是锂电池的主要制约因素，但目前看来也在不断下降，所以锂电池技术将有更广泛的应用。

目前一些研究项目致力于将锂离子电池储能应用于光伏发电系统中，其中采用了几十安时的电池模块，并优化调整了这些光伏发电系统中电池的配置容量和管理模式。

在专门设备的供电应用上（如海上航标灯、路灯），锂离子电池已经具有一定的竞争力，这得益于锂电池的高可靠性，以及成本优势。

锂离子电池技术也很有可能实现储能装置的使用寿命与光伏发电系统使用寿命相当，即 20～25 年。

(2) 并网光伏发电系统

储能技术在电力系统中的应用主要包括电力调峰、提高运行稳定性和提高电能质量等。它是实现灵活用电、互动用电的重要基础，也是实现能源智能化利用的重要发展方向，还是发展智能电网的重要基础。

储能技术与风电、光伏发电等间歇式电源的联合并网应用，有助于提高电网对其接纳能力；通过集成能量转换装置，可实现对电力系统的平滑快速控制，为智能电网奠定了智能化的基础，并进一步改善电网运行的安全性、经济性和灵活性，实现对电能的有效控制。

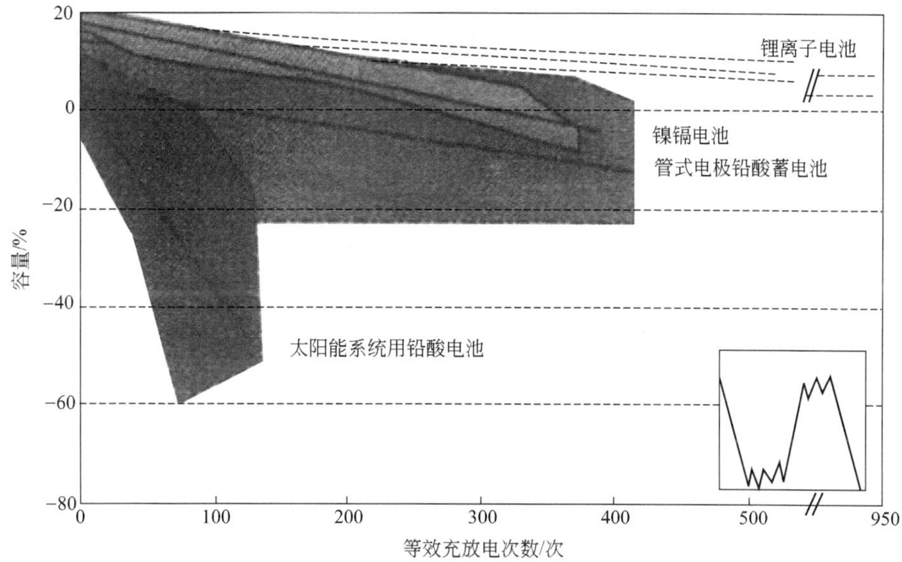

图 6-33 独立光伏发电系统中不同电池技术（铅酸蓄电池、镍镉电池、锂离子电池）的容量衰减与循环次数的关系（以%表示）

在分布式发电系统（图 6-34）中，电力储能发挥着至关重要的作用，除了可以补偿分布式发电功率的波动外，还能够在任何时刻向系统注入电能，从而响应需求的变化。可以说，储能使电能发生了“时空转移”。

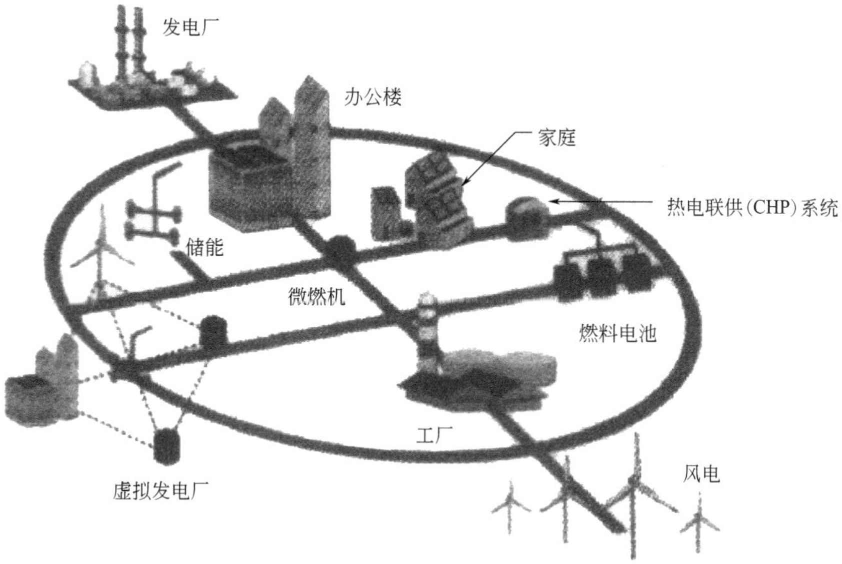

图 6-34 包含分布式能源的电网结构

另外，人们还根据不同应用需求或不同存储时间对储能进行了区分，几乎涵盖了储能在电力系统中的所有可能应用（表 6-15）。

表 6-15 储能并网应用及其放电持续时间

应用场合	放电持续时间		应用场合	放电持续时间	
	最小	最大		最小	最大
削峰/h	4	10	电能质量/s	10	60
输电系统支撑/min	2	5	安全性/min	15	300
需求侧管理/h	4	12			

由于电网对储能系统的功率、响应时间和放点持续时间要求不同，因而需要采用不同的储能技术。

对于功率较小的储能系统，如峰值功率在 10kW 等级的蓄电池，则采用锂离子电池非常适宜于安全稳定控制或负荷调峰应用（图 6-35）。同样，超级电容器适宜于工频范围内的波形控制和电流质量改善。

图 6-35 应用于户用并网光伏发电系统的锂离子电池

对于更大功率的储能系统，如峰值功率达到 100kW 等级（如用于工厂、别墅用电，或负荷调峰等），运行于高温区的钠硫电池或液流电池储能系统（图 6-36、图 6-37）由于具有良好的循环性，因而成为了不错的选择。

图 6-36 钠硫电池储能电站

图 6-37　液流电池储能电站

对于功率非常高的储能应用，如峰值功率达到 1MW 等级（电站）储能系统的初始基础设施建设投资巨大（如抽水蓄能电站、储热站、带燃气轮机的压缩空气储能电站，见图 6-38），但由于其附加费用较低，也具有一定的经济性。

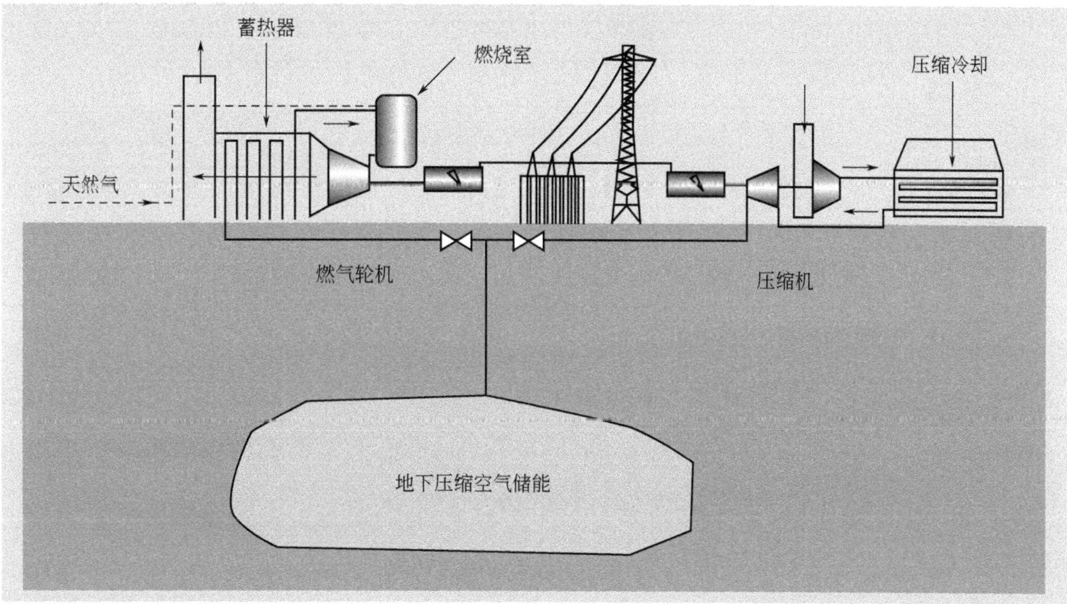

图 6-38　压缩空气储能电站

随着飞轮储能技术的发展成熟，其应用早已进入视野。图 6-39 为苏州某公司研发的 50kW 飞轮储能样机。

图 6-39 苏州某能源科技有限公司 50kW 飞轮储能样机

第7章 光伏发电系统的控制与监控

在太阳能光伏发电系统中，控制器（柜）是实现系统功能、保证安全运行及日常维护和管理的装置。对于不同类型、不同的工作任务、不同功率容量的光伏发电系统，其功能及要求不尽相同，要依系统的应用要求和重要程度而定。一般而言，通常包括蓄电池储能装置的充、放电控制，负载控制及系统控制。在独立光伏发电系统，或者带储能蓄电池的并网光伏系统中，控制器（柜）的基本作用之一是为储能蓄电池提供过充电及过放电保护，以尽量延长蓄电池寿命。

7.1 光伏系统控制的特点和主要功能

7.1.1 特点

光伏系统无论是大是小，是简是繁，控制装置是不可缺失的部分。不同于一般电气、电源系统，光伏发电系统因其自身的使用场合、发电特性而对控制有很多特殊要求。最主要的是除了它能够按设计要求完成既定控制任务，实现系统功能外，还必须具有：①尽可能高的运行可靠性；②尽可能低的自身功率损耗；③使用、维修尽可能简便。

以往光伏发电的主要市场是偏远地区的小镇、村落、边防哨所、海岛渔村、通信微波站以及气象导航站等。这些地方大都技术维修条件比较落后，再加上气候、环境条件恶劣、交通不便等，所有光伏发电系统通常是定期由专业人员去现场进行检查维修。另外，光伏发电系统中太阳电池组件通常寿命可达25年以上，并且可以适用于各种恶劣气候和恶劣环境。所以，因组件故障而影响整个系统正常运行的情况很少发生。而蓄电池则不同，它对独立运行光伏发电系统必不可少，并且占系统总投资30%左右，有自己独特的工作特性。其充电过程和放电过程若不受控制或控制器时常有故障，便会经常出现问题甚至使整个系统难以正常工作。可见控制精确、运行可靠的控制器是蓄电池正常工作和延长寿命的基本保障，进而使整个系统能够长期正常运行。同样只有为光伏发电系统设计出高运行可靠性、长寿命的控制器，才能使系统寿命与光伏电池组件寿命相匹配，才能最大限度地延长蓄电池使用寿命，降低系统成本，这才是整个光伏发电系统达到设计要求并且能够长期正常运行的关键之一。对于并网光伏系统，目前少有带储能装置的，这是因为蓄电池等储能装置某些技术性能尚且不尽如人意或是由于价格因素。随着储能技术及装置的发展，带储能的并网光伏或许成为新常态。

光伏发电系统用控制器的另一大设计要点是：应当尽可能使用低功耗元器件。众所周知，太阳光经过硅太阳电池转换而来的电能，由于太阳电池较高的制造成本和相对较低的转换效率而格外珍贵。为了将来之不易的电力充分应用到真正的负载上去，各种中间环节都必须具有高效、节能的特点，控制器也不例外，而且自身功耗的大小还是衡量光伏系统控制器性能的重要指标之一。

再有就是光伏发电系统，不论其工作任务、系统规模、功能要求、投资预算等有多么不同，也不论控制器大小繁简如何，其机械结构和电气原理设计都应该从实用角度出发，确保系统具有检查、维修简便和使用方便等特点。

7.1.2 主要功能

典型光伏发电系统如图 7-1 所示，该图中包括三大部分。左上角为太阳电池阵列和环境参数数据采集设备。虚线以内的部分为室内设备，包括主监控台、直流控制装置和交流控制装置及蓄电池组，最下面是用电负载用户。

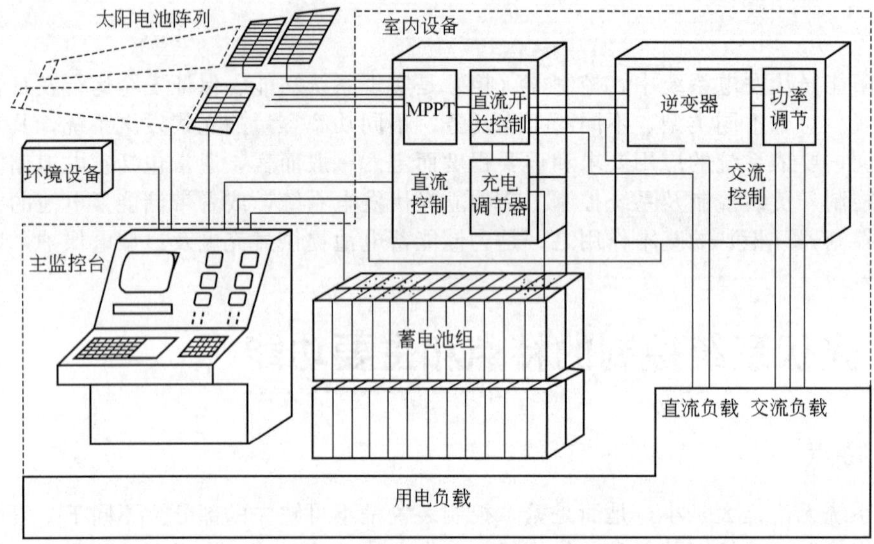

图 7-1 典型光伏发电系统

我们这里讨论的控制器主要有三个方面内容，充放电控制、负载控制及系统控制。

7.1.2.1 充放电控制

由蓄电池工作原理和工作特性可知，在蓄电池使用过程中，更容易造成损坏、增加维护工作量和减少寿命的原因是蓄电池过电压充电或蓄电池进入过放状态。由太阳电池组件组成的光伏阵列在对蓄电池进行充电时，如不加以适当控制或控制失灵，很容易造成蓄电池过电压充电和进入过允状态，从而造成蓄电池电解液气化并大量流失。这时若不能及时补充蒸馏水，会影响蓄电池使用寿命甚至损坏，造成整个系统故障率上升，维修工作量增加，系统运行成本大幅度增加。因此，对蓄电池的整个充电过程加以控制，就显得格外重要。

那么，充电控制如何实现对蓄电池的充电过程进行控制呢？由蓄电池的工作特性可知，蓄电池过电压充电直接反映蓄电池的端电压过高，而蓄电池进入过充状态也可从其端电压的快速升高来加以判断，这就是说端电压可以比较全面地反映蓄电池在充电时的状态是否正常。因此一般来说，控制蓄电池的充电过程是通过控制蓄电池的端电压来实现的。也正因为如此，光伏发电系统中的充电控制器又称为电压调节器。但这里要提请注意的是，端电压与蓄电池所储电能呈现一种非线性的函数关系，而非正比关系。

光伏发电系统的充电控制除一般电压调节器外，还有一种称为最大功率（点）跟踪器的功率电子设备，它不但能够自动完成普通电压调节器对蓄电池充电电压的控制调节任务，而且还可以在充电过程中自动追踪太阳电池阵列的最大功率输出点，使之在任何光强、任何温度条件下始终保持输出最大的电功率，因而使系统的充电效率最高。最大功率跟踪器还能够使得光伏电池阵列工作特性与任何一种负载特性相匹配，从而提高整个系统的工作效率。

另外，就是要对蓄电池放电进行保护，由如图 7-2 所示的铅酸蓄电池放电特性曲线可知蓄电池放电过程分为三个阶段：开始（OE）阶段，电压下降较快；中期（EG），电压缓慢下降，延续较长时间；G 点后，放电电压急剧下降。电压随放电过程不断下降的原因主要是：首先，随着蓄电池的放电，酸浓度降低，引起电动势降低；其次是活性物质不断消耗，反应面积减少，使极化不断增加；再者由于硫酸铅的不断生成，使电池内阻不断增加，内阻压降增大。图 7-2 上 G 点电压表明蓄电池已接近放电终了，应立即停止放电，否则将给蓄电池带来不可逆转的损坏。

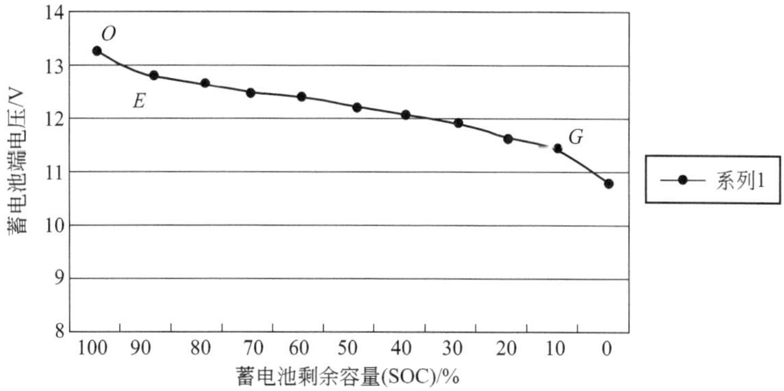

图 7-2 铅酸蓄电池放电特性曲线

为了根据蓄电池剩余容量对蓄电池放电过程进行控制，就要能够准确测量蓄电池的剩余容量。对于蓄电池剩余容量的检测，通常有几种办法，如电液比重法、开路电压法和内阻法等。电液比重法对于阀控式密封铅酸蓄电池并不适用。开路电压法是基于 Nernst 热力学方程电液密度与开路电压存在确定关系的原理，对于新电池尚可采用，但在蓄电池使用后期其容量下降后，开路电压的变化已经无法反映真实剩余容量，并且此法还无法进行在线测试。内阻法是根据蓄电池内阻与蓄电池容量有着更为确定的关系进行测定的，但通常必须先测出某一规格和型号蓄电池的内阻-容量曲线，然后采用比较法通过测量内阻得知同型号、同规格蓄电池的剩余容量。该法通用性比较差，测量过程也复杂。还可以根据铅酸蓄电池的剩余容量与其充放电率、充放电过程中的端电压、电液密度、内阻等各个物理化学参数之间的相互作用，建立蓄电池剩余容量的数学模型以能够较为准确地反映出各个物理化学参数的连续变化对蓄电池剩余容量的影响。利用这种通用性较强、能够反映各个物理化学参数连续变化对蓄电池荷电状态影响的数学模型，就可以很方便地在线测量蓄电池的剩余容量，从而进一步根据蓄电池的剩余容量对蓄电池的放电过程进行控制。这方面详细信息可参见有关专业书籍。

7.1.2.2 负载控制

光伏发电系统的负载控制主要有三方面内容。首先光伏发电系统为了充分利用太阳电池发出的电能，一般蓄电池的充电电压和工作电压是在很大范围内波动的，而光伏发电系统的负载往往对其电源有一定的波动范围要求，电压过高或过低都可能造成负载不能正常工作甚至损坏。所以，当光伏发电系统的蓄电池电压波动范围超过负载要求时，为了满足负载需求，对供电的输出端必须进行输出电压控制。这种电压控制又常称为负载电压调节。最简单的负载电压调节方法是在负载主回路中串入降压二极管，蓄电池电压越高，串入的二极管数越多，最终保持电源输出电压满足负载要求。

再者就是逆变控制。光伏发电系统的发电、充电都是直流电，而现今社会大多数用电设备都要求交流供电，所以为满足现有的、使用更为广泛的交流负载，系统必须具有逆变控制，使直流电变成交流电，然后再向负载供电。实现逆变控制既可以由中央控制器来完成，也可由专门设计的专用设备来实现。完成逆变控制的专用功率电子设备称为逆变器，其工作特性及原理将在第 8 章中专门论述。

第三就是负载量的控制。独立运行的光伏发电系统在设计容量时通常为了节省一次性投资只考虑现有负载情况，并根据供电保障率来进行计算。这里所说的供电保障率是指全年中实际供电量与负载所要求的供电量之比。在电站投入使用期间会出现两种情况导致系统完全或部分停止供电，这就需要对负载量进行调节控制。第一种情况是随着时间推移，负载用电器增加，负荷量增大，造成原系统设计供电量不足。第二种情况是供电保障率以外的情况发生，如原设计为 80％供电率，则全年必有部分时间不能正常保障供电。又如原系统虽按 100％供电保障率进行设计，但也许所参考的当地太阳能辐射资料为近 10 年情况资料，于是在发生百年不遇的长期阴雨时，就会造成蓄电池亏空。这时就需要控制系统能及时作出判断，并作出选择，去掉或减少不重要的负载，保障主要的负载对象正常工作。

负载量控制的另一个方面是充分利用太阳电池发出的所有电能。在蓄电池已经充满，设计负载全部正常运行的情况下，较为先进的光伏发电系统可以自动增加负载量，如进行其他形式的储能（蓄水、制氢等）或生产副产品（生产纯水等）。这样便可在太阳光充足的季节里提高光伏发电利用率，同时也为太阳光不足的季节提供综合备用能源，以提高供电保障率从而提升这个系统的效率。

系统的负载量控制还应包括系统对负载状态的时间控制。这里的时间控制实际上有两个概念：一个是启动时间控制；另一个是电力调度。目前独立运行的光伏发电系统一般其容量都很有限，再加上各种电力电子设备特别是逆变器过载能力都在其容量的 30％以下，而许多类型的负载启动功率是其正常工作时也即额定功率的几倍，甚至几十倍，所在系统在供电启动的瞬间若不对负载进行时间控制使其顺利启动，很容易造成系统瞬时过载。电力调度是指合理安排全天负载量均衡用电，并在每个时间内确定出重要负载和一般负载。当系统供电紧张时，为了保障重点供电，应对一般性负载实行定量定时供电。

7.1.2.3 系统控制

系统控制取决于具系统的规模、功能要求、投资情况等，有很大差别。随着现代电力电子技术和微机技术的发展，目前较大型的光伏发电系统均以微处理器作为系统控制的核心，来完成系统所需的各种控制功能。带微处理器的中央控制器不但可以方便地实现上述各种控制功能，而且随着系统的投入运行和使用以后，在不增加任何硬件成本的情况下还可进一步开发、调整和完善系统的最初设计，因此是现代控制的发展方向。对于较完善的独立运行光伏发电系统来说，系统控制除上述充放电和负载控制外，还应包括：①系统数据采集和输出；②系统检测；③太阳电池跟踪架控制；④备用电源切换控制；⑤故障报警控制、故障运行控制；⑥系统保护电路。卜面逐一加以介绍。

（1）系统数据采集和输出

对于较大的光伏发电系统，为了验证其设计是否合理、运行是否正常，通常都应具有数据采集、存储和输出功能。这些数据不但可以为系统的正常运行提供监督保障，还可以作为进一步改进和优化设计新系统的依据，为推广光伏发电应用提供第一手资料。通常光伏发电系统的数据采集内容有环境参数、系统电参数、系统状态参数等。

① 环境参数　水平面上的太阳光辐射度；太阳电池板表面光辐照度；环境温度；太阳电池温度；最大风速；蓄电池温度等。

② 系统电参数　蓄电池电压；蓄电池充电电流；蓄电池放电电流；蓄电池电流；备用电源供电功率等。

③ 系统状态参数　实时时钟；系统各开关状态；系统运行状态等。

（2）系统检测

① 太阳电池阵列检测　光伏发电系统是高技术电源系统，其发电设备是通过很多太阳电池片串、并联后封装成组件，再由大量组件经串、并联后组成方阵、阵列而成的。小片硅

光电池的光伏发电效率通常称为电池效率。组装成组件后的光伏发电效率则称为组件效率。由于封装后组件的太阳电池有效面积相对减少，再加上表面覆盖的玻璃板透光率损失，组件效率要小于电池效率。组件出厂后由用户进行串、并联组成实用光伏发电阵列，但组件之间的串、并联并非任意组合；否则，会造成内部环流损耗和阻塞损耗，使阵列发电效率下降。造成这一现象的原因是组件工作输出特性不一致，所以在组合方阵、阵列之前应对各组件进行伏安特性测试，按测量结果进行优化组合，这样才能使各组件均工作在最佳状态，输出最大功率。同样光伏阵列建成后，系统也应有测试各子阵列光伏特性的功能，这样才能对子阵列的匹配关系、效率等进行评估。同时，结合光伏阵列伏安特性检测，还可对光伏电池衰减情况进行分析，为光伏阵列连接、损坏等故障分析提供可靠的依据和方法。

② 自测试功能　通常带微处理器的光伏控制系统的各种控制参数、系统工作状态都是通过人机对话途径——键盘和显示屏来设置完成的。所以，为了确保系统正常工作和避免非工作人员的误操作，用键盘修改系统功能前，必须有系统认可的密码输入，才能被系统接收。

此外，系统在不影响正常工作的情况下，可以通过控制器将系统设置在测试或标定状态。在这种状态下，可以自动或手动地对系统中各部分进行操作或测试、修正。另外，对控制器内部定时、定期的自动测试也必不可少，其中包括硬件检测和软件测试。硬件检测有各种芯片设备的接口测试、地址测试等。软件测试是指在运行过程中，程序执行是否正常。若不正常，程序自动监控器会立即动作，将系统复位，并通过各种显示和报警方式通知用户。

(3) 太阳电池跟踪架控制

为了提高太阳电池方阵的输出功率，以往较为先进的系统都使用太阳电池跟踪架，通过跟踪太阳运行使得太阳电池阵列的受光面积保持最大。使用双轴跟踪的平板光伏发电系统比固定式平板光伏发电系统可增加发电量约30%以上。也就是说，在需求同样的电力条件下，可以节省电池板投资。目前来说，由于太阳电池组件价格大幅度下降，是否采用跟踪，应视应用地点、阳光条件及技术经济性评估而定。

太阳电池跟踪架的控制方法有两种。一种是实时控制，即通过太阳光方位传感器实时检测太阳光线与太阳电池板法线的夹角，若其不为0则其差值经放大、计算后作为驱动信号控制电机，带动跟踪架向夹角减少的方向转动，直至为0，保证电池板正对太阳。此种控制方式的优点是控制功耗较低，当阴雨天或有云层时，驱动电机部分不工作。只有太阳光直射传感器时，跟踪架才相应转动，并自动追寻太阳位置。另外一种控制方法是程序控制。它的工作原理是将某地每年每月每日每时太阳在空中的位置，以坐标形式列表输入微机。这样，控制器便可根据自身所带日历时钟，查表得出此时刻的太阳位置，然后驱动电机带动跟踪架转向太阳，并自动保持与太阳同步运转。这种控制方法虽然平均功耗高于前一种，但它由于不用传感器检测，是开环控制系统，所以简单、可靠，一经调试完成，便可长期可靠运行。

(4) 备用电源切换控制

光伏发电系统一次性投资较大。为节省开支，通常系统低于预定的供电保障率时，能源不足部分由备用电源弥补。常用的备用电源有柴油发电机、汽油发电机等。这时就要求系统的控制器在检测到蓄电池亏空，而又是阴雨天不能充电的情况下自动启动备用电源或提示报警，由工作人员手动启动备用电源，对蓄电池进行充电；同时，将负载回路切换到备用电源，使之继续正常工作。

(5) 故障报警控制、故障运行控制

由于光伏发电站，特别是无人值守电站均建在环境特别恶劣的偏远高山等地区，所以除一般的声光报警外，还要求控制器具有预警报和无线报警等功能，以使远离现场的控制中心及时得到系统运行情况和运行参数，然后决定是否派人赴现场处理或进行遥控，由系统自检测和自控系统来完成处理工作。可见完善的检测警报系统是降低故障率和减少损失的基本保障。

另外，系统在出现一般故障或进行年度检修时，为了不影响系统负载的正常运行，应具有故障运行功能。这样便可保障系统负载在最大限度以内充分利用太阳能并最大限度地可靠工作。

（6）系统保护控制

光伏发电系统作为独立的电源系统应具有完整的类似一般民用系统的保护电路，如过电压、欠电压、过电流、负载短路等保护电路。除此以外，光伏发电系统还有很多特殊的保护措施以应付其所处的特殊环境及其工作特点。首先，由于光伏电池阵列通常为得到更好的日照条件而建在空旷地区或高山顶上，这就要求系统具有非常灵敏、非常可靠的避雷措施，否则后果不堪设想。此外，由于太阳电池在无光照情况下有反向导通特性，所以在太阳电池和蓄电池之间必须有防反向电流的措施，以防止蓄电池在夜间向光电池反向漏电，消耗能量，甚至损坏电池板。

7.2 充电、放电控制

7.2.1 蓄电池充放电控制方法

蓄电池充电控制器通常是由控制电压或控制电流来完成的。一般而言，蓄电池充电方法有三种：恒流充电、恒压充电和恒功率充电，每种方法具有不同的电压和电流充电持性。

在实际光伏发电系统的充电控制器中，为实现设定的充电模式，必须对充电过程进行控制。充放电控制主要包括充电程度判断，从放电状态到充电状态的自动转换，充电各阶段模式的自动转换、停充控制及放电控制等方面。正确的控制方法有利于提高蓄电池充电效率和使用寿命。

充电过程一般分为主充、均充和浮充三个阶段，有时在充电末期还有以微小充电电流长时间持续充电的涓流充电。

主充分为快速充电和慢速充电。快速充电采用两阶段充电、三阶段充电、脉冲式充电、变流间歇式充电和变压间歇式充电等；慢速充电采用的是低充电电流的恒流充电模式。为保护蓄电池不过充，在蓄电池快速充电至80%～90%容量后，一般转为浮充（恒压充电）模式，以适应充电后期充电电流的减小。当浮充电压值与蓄电池端电压相等时会自动停充，为防止可能出现的蓄电池充电不足，在此之后还可加上涓流充电，使已基本充足电的蓄电池极板内部较多的活性物质参加化学反应，其充电比较彻底。

铅酸蓄电池组深度放电或长期浮充后，串联中的单体蓄电池的电压和容量都可能出现不平衡现象。为了消除这种不平衡现象而进行的充电称为均衡充电，简称均充。

7.2.1.1 充电控制

常见的充电各阶段的自动转换控制方法如下。

① 时间控制　预先设定各阶段充电时间，由时间继电器或 CPU 控制转换时刻。

② 电流电压控制　设定充电电流或蓄电池端电压的阈值，当实际电流或电压值达到设定值时，即自动转换。

③ 容量控制　采用积分电路在线监测蓄电池的容量，当容量达到一定值时，则发信号改变充电电流的大小。

上述方法中，时间控制比较简单，但这种方法缺乏来自蓄电池电流的信息，控制比较粗略。此外，虽然容量控制方法控制电路设计比较复杂，但控制精度较高。

当蓄电池充足电后，必须适时地切断充电电流，否则蓄电池将出现大量气体逸出、失水和温升等过充反应，影响蓄电池的使用寿命。因此，必须随时监测蓄电池的充电状况，保证蓄电池充足电而又不过充电。主要的停充控制方法有以下四种。

① 定时控制　采用恒流充电法时，蓄电池所需充电时间根据蓄电池容量和充电电流的大小很容易确定，因此只要预先设定好充电时间，一旦时间到了，定时器即可发出信号停充或变为涓流充电。这种方法简单，但充电时间不能根据蓄电池充电前状态而进行自动调整，因此实际充电时，可能会出现有时欠充、有时过充的现象。

② 蓄电池温度控制　正常充电时，蓄电池的温度变化并不明显，但当蓄电池过充时，其内部气体压力将迅速增大，负极板上氧化反应使内部发热，温度迅速上升（每分钟可升高几摄氏度）。因此，通过观察蓄电池温度的变化，即可判断蓄电池是否已经充满。通常采用两只热敏电阻分别监测蓄电池温度和环境温度，当两者温差达到一定值时，即发出停充信号。由于热敏电阻动态响应速度较慢，故不能及时、准确地检测到蓄电池的满充状态，不利于蓄电池寿命的维护。

③ 蓄电池端电压负增量控制　当蓄电池充足电后，其端电压将呈现下降趋势，据此，可将蓄电池电压出现负增长的时刻作为停充时刻。与温度控制法相比，这种方法响应速度快。此外，电压的负增量与电压的绝对值无关。因此，这种停充控制方法可适应具有不同单格蓄电池数的蓄电池组充电。此方法的缺点是一般的检测器灵敏度和可靠性不高；同时，当环境温度较高时，蓄电池充足电压后的减小并不明显，因而难以控制。

④ 利用极化电压控制　通常情况下，蓄电池的极化电压在蓄电池充满后，一般保持在50～100mV，测量每个单格蓄电池的极化电压，可使每个蓄电池都充电到它本身所要求的程度。由于每个蓄电池在结构、化学性质及电学特性等方面至少存在一些轻微差别，那么根据每个单格蓄电池的特性来确定它所要求的充电水平，应比把蓄电池组作为一个整体来控制的方法更为合适。

7.2.1.2 放电控制

① 常规放电过程控制　这种控制方式只设定蓄电池过放电控制点，当蓄电池的电压降至这一点时，控制器将负载断开。这种控制方式较为简单，但当连续阴天或系统超负荷运行时，蓄电池将不可避免地过放电；而一旦蓄电池的电压达到过放电点，系统将在蓄电池被充满之前被强迫停止工作。

② 蓄电池放电全过程控制　该控制方式根据蓄电池的荷电状态（SOC）对蓄电池的放电进行全过程控制，即除了设定蓄电池的 SOC 为 10%外，再增加几个控制点，如 SOC 为80%或 50%等。每天系统放电之前先检测出蓄电池当天的荷电状态，然后根据荷电状态设定当天的负荷功率或工作时间。此种控制方式可以有效地避免蓄电池的过放电，并避免系统由于蓄电池过放电造成的恶性停机。

7.2.2 充放电控制器类别及其工作原理

7.2.2.1 串联控制器

串联控制器可以是一个串联二极管系统，如图 7-3 所示。该二极管常用硅 P-N 结或肖特基二极管，以阻止蓄电池在太阳低辐射期间向光伏方阵放电。

蓄电池充电电压在蓄电池接收电荷期间是增加的。光伏方阵的工作点如图 7-4 所示。随着电流的减少，工作点从 a 点移向 b 点。

必须先选好 a 点和 b 点之间的工作电压范围，以确保光伏方阵和蓄电池特性的最佳匹配。

这种充电控制系统的问题在于光伏方阵在变化的太阳辐射条件下，其工作曲线是不确定的。采用这种系统设计，蓄电池只能在太阳高辐照度时达到满充电，而在低辐照度时将减少方阵的工作效率。

目前市售的串联（型）控制器，通常是利用串联在充电回路中的机械或电子开关器件控制充电过程。开关串接在光伏阵列和蓄电池之间，当蓄电池被充满时断开充电回路。串联开关也可用于在夜间切断光伏阵列，替代防反充二极管。串联型控制器同样具有结构简单、价格便宜等特点，但由于控制开关是串联在充电回路中，电路的电压损失较大，使充电效率有所降低。

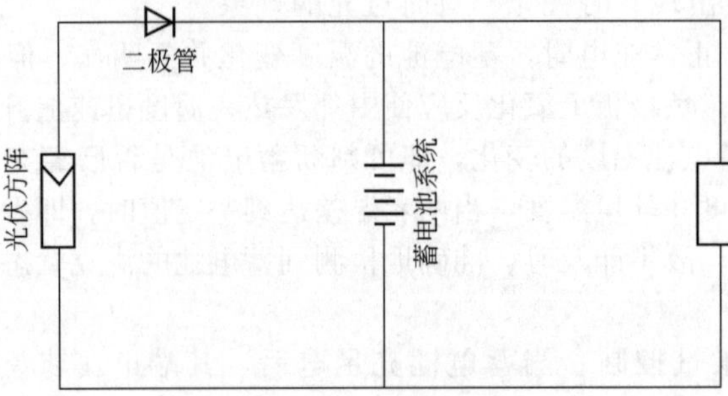

图 7-3 匹配系统的二极管系统电路

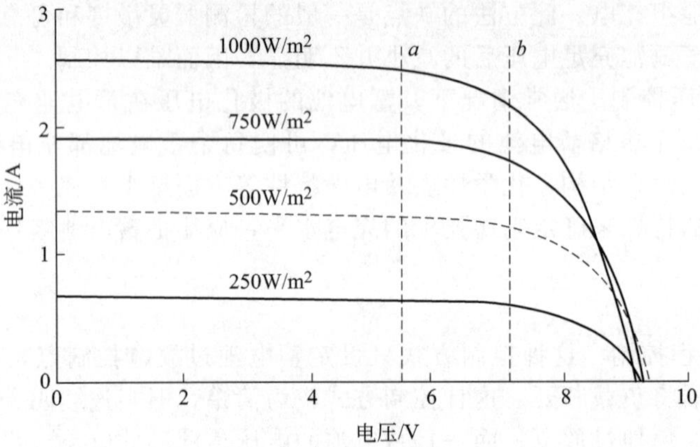

图 7-4 光伏方阵供给蓄电池的电流随蓄电池电压的变化

串联型控制器的电路原理如图 7-5 所示。该控制器通过检测控制电路监控蓄电池的端电压，当充电电压超过蓄电池设定的充满断开电压值时，S_1 断开，使光伏电池不再对蓄电池进行充电，从而保证蓄电池不被过充电，起到防止蓄电池过充电的保护作用。

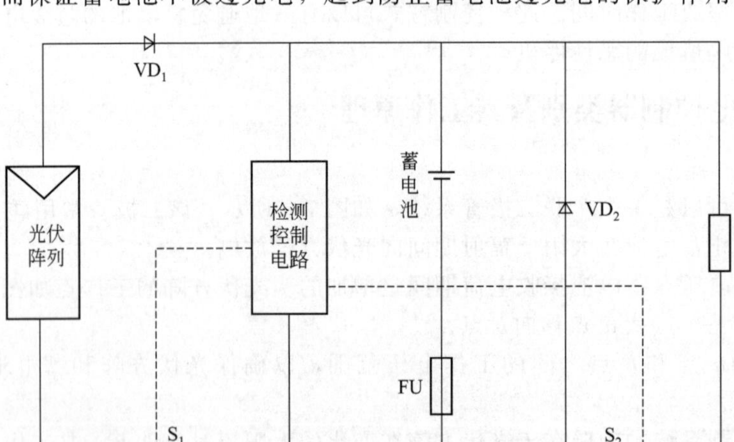

图 7-5 串联型控制器的电路原理

上述串联控制器的检测控制电路主要负责实现蓄电池过充电压的检测控制功能，通过对蓄电池的电压随时进行取样检测，并根据检测结果向过充电、过放电开关器件发出接通或断开的控制信号。

7.2.2.2 并联调节器

并联控制器也称为旁路控制器，这是目前光伏发电系统普遍采用的充电控制电路。一般是使用一台并联调节器以使充电电流保持恒定，如图 7-6 所示。

调节器根据电压、电流和温度来调节蓄电池的充电。它是通过并联电阻把晶体管连接到蓄电池的并联电路上实现对过充电保护的。通常调节器用固定的电压门限去控制晶体管开关的接通或切断。

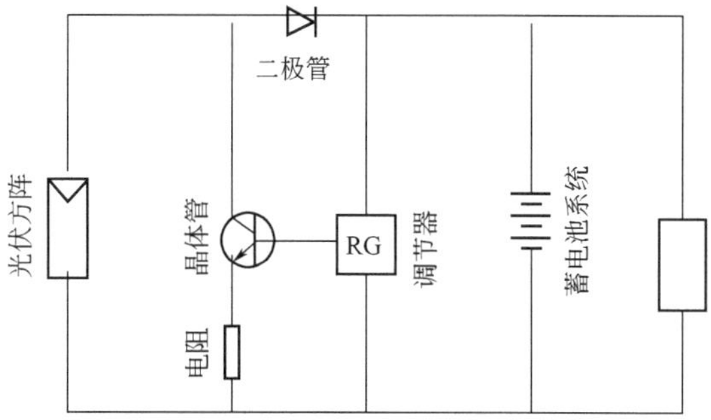

图 7-6 并联调节器电路

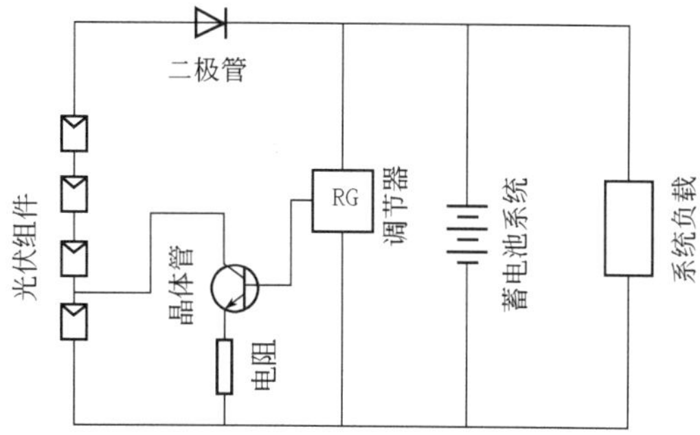

图 7-7 部分并联调节器的电路图

通过并联分流的电能可用于辅助负载的供电，以充分利用光伏方阵的输出电能。

如图 7-7 所示，使用部分并联调节器的目的在于降低光伏方阵的电压，从而实现两个阶段的电压特性。并联调节器的优点是可降低晶体管的开路电压，但其缺点是附加对线路连接的要求。一般很少使用。

7.2.2.3 多路控制器

多路控制器一般用于大功率光伏发电系统，将光伏阵列分成多个支路接入控制器。当蓄电池充满时，控制器将光伏阵列各支路逐路断开；当蓄电池电压回落到一定值时，控制器再将光伏阵列逐路接通，实现对蓄电池组充电电压和电流的调节。这种控制方式属于增量控制法，可以近似达到脉宽调制控制器的效果，路数越多，增幅越小，越接近线性调节。但路数越多，成本也越高，因此确定光伏阵列路数时，要综合考虑控制效果和控制器的成本。

多路控制器的电路原理如图 7-8 所示。当蓄电池充满电时，控制电路将控制机械或电子开关，依次按 S_1 至 S_n 顺序断开光伏阵列各支路 Z_1 至 Z_n。当第一路 Z_1 断开后，如果蓄电池电压已经低于设定值，则控制电路等待；直到蓄电池电压再次上升到设定值后，再断开第 2 路 Z_2，再等待；如果蓄电池电压不再上升到设定值，则其他支路保持接通充电状态。当蓄电池电压低于恢复点电压时，被断开的光伏阵列支路依次顺序接通。图中 VD_1 至 VD_n 是各个支路的防反充二极管，I_1 和 I_2 分别表示充电电流和放电电流。

7.2.2.4 脉宽调制控制器

在光伏发电系统中，由于光伏电池的非线性特性，传统的蓄电池恒压、恒流以及遵循指数规律的脉冲控制等方法很难适用于控制器。脉宽调制（PWM）控制器弥补了这点不足。此类控制器以脉冲开关方式控制光伏阵列的输出。当蓄电池逐渐趋向充满时，随其端电压逐渐升高，脉宽调制电路输出脉冲的频率和时间都发生变化，使开关器件的导通时间延长、间隔缩短，充电电流逐渐趋近于零。当蓄电池电压由充满点下降时，充电电流又会逐渐增大。脉宽调制控制器电路原理如图 7-9 所示。

与前两种控制器电路相比，脉宽调制充电控制方式虽然没有固定的过充电电压断开点和恢复点，但是当蓄电池端电压到达过充电控制点附近时，电路会控制其充电电流趋近于零。这种充电过程能形成较完整的充电状态，其平均充电电流的瞬时变化更符合蓄电池当前的充电状况，能够增加光伏系统的充电效率并延长蓄电池的总循环寿命。另外，脉宽调制控制器还可以实现光伏发电系统的最大功率跟踪功能，因此可作为大功率控制器用于大型光伏发电系统中。脉宽调制控制器的缺点是自身工作有4%～8%的功率损耗。

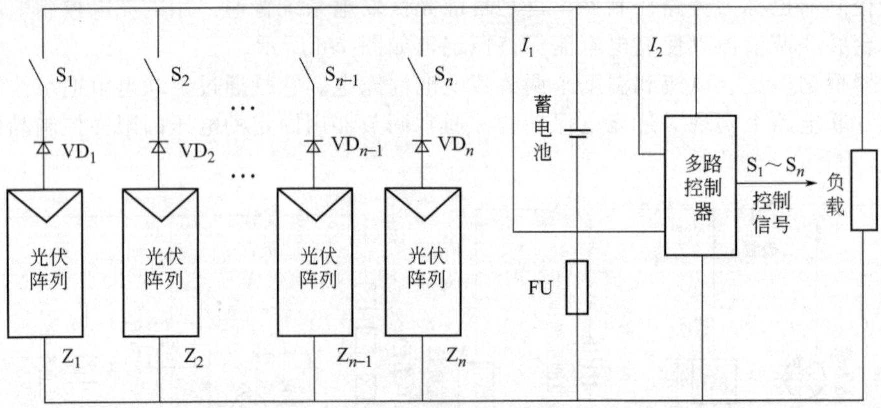

图 7-8 多路控制器的电路原理

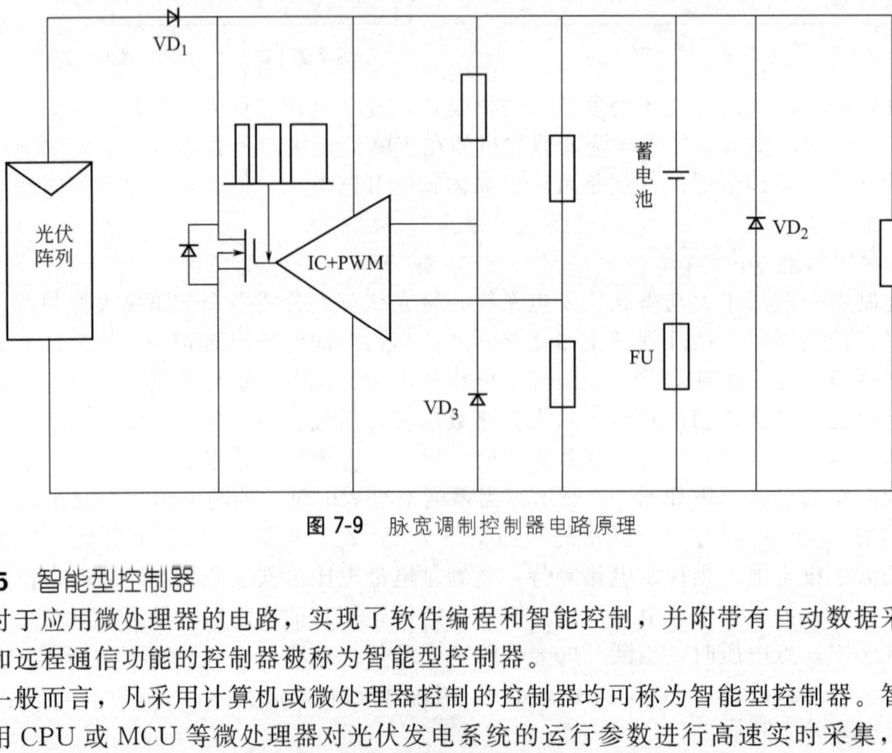

图 7-9 脉宽调制控制器电路原理

7.2.2.5 智能型控制器

对于应用微处理器的电路，实现了软件编程和智能控制，并附带有自动数据采集、数据显示和远程通信功能的控制器被称为智能型控制器。

一般而言，凡采用计算机或微处理器控制的控制器均可称为智能型控制器。智能型控制器采用 CPU 或 MCU 等微处理器对光伏发电系统的运行参数进行高速实时采集，并按照一定的控制规律由单片机内程序对单路或多路光伏组串进行切断与接通的智能控制。中、大功率的智能型控制器还可经单片机的 RS-232、RS-485 接口通过计算机控制和传输数据，并进行远距离通信和控制。

智能型控制器除了具有过充电、过放电、短路、过载、防反接等保护功能外，还具有高精度的温度补偿功能。智能型控制器电路原理如图 7-10 所示。智能型控制器具有以下主要功能：蓄电池充电控制功能、蓄电池放电控制功能、数据采集和存储功能以及通信功能。

有关控制器参数、选型参见本书第 4 章 4.3 节，通常遵循标准 IEC 62509《光伏系统用蓄电池充电控制器　性能和功能要求》，主要如下。

• 充电/放电控制。

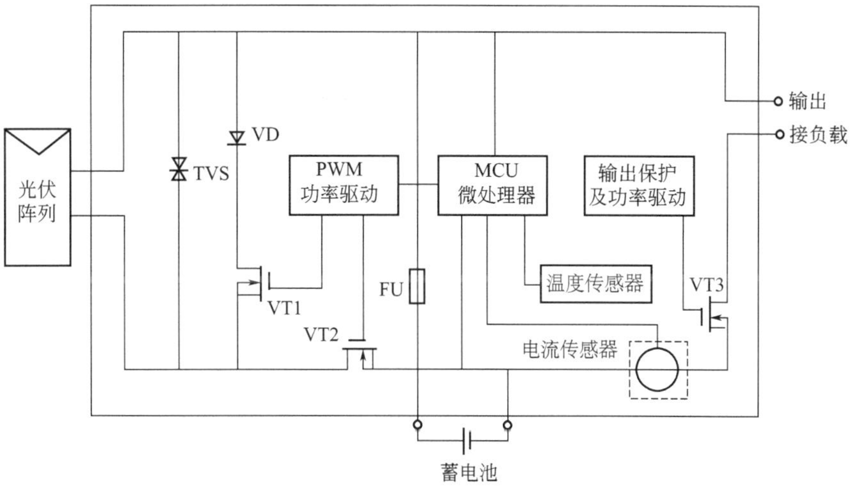

图 7-10 智能型控制器电路原理

• 三段充电模式（强充电、浮充电和均衡充电）。

• 防反放电。

• 自耗电和效率要求。

• 保护功能：包括过热保护、光伏系统和蓄电池极性反接保护、蓄电池开路保护、过电流保护。

• 充电控制电压的温度补偿。

• 设定门限现场可调。

• 用户界面。应显示：系统状态（充电/放电），蓄电池 SOC；蓄电池亏电可选显示，包括蓄电池充满、充放电电流、蓄电池电压、充放电能量。

7.3 光伏电站用直流控制柜

在行业习惯中，控制器通常针对小型和微型光伏系统而言；对于大、中功率的光伏系统，或者光伏电站来说，控制器则多称为控制柜（control cabinet）。

7.3.1 独立光伏电站用直流控制柜

现以西藏某光伏电站采用的 JKZK-50k-250V 直流控制柜为例，将有关充、放电控制柜的原理、组成、安装、使用、检测方面内容介绍如下。

JKZK-50k-250V 直流控制柜是为西藏某光伏电站设计的控制太阳电池方阵给蓄电池组充电及蓄电池组对逆变器放电的充、放电控制设备。直流控制柜的输入端连接 40kW$_P$ 太阳电池方阵和 250V/2400A·h×1 组（或 250V/800A·h×3 组）蓄电池组，输出端连接 SOLARSA50000 型三组正弦波 DC-AC 逆变器。主要功能包括蓄电池组充电控制及蓄电池组欠压报警等。

7.3.1.1 主要参数和技术指标

（1）充电控制电压

充满控制点 312V±5V

充满恢复点 285V±5V

（2）放电报警电压

欠压报警点 240V±5V

欠压恢复点 272V±5V

(3) 输入

太阳电池方阵 16 路，总功率 $40kW_P$

额定输入功率 $40kW_P$

蓄电池组 250V/2400A·h×1 组或 250V/800A·h×3 组

(4) 输出

输出电压 DC 240～312V

额定输出功率 50kW

(5) 工作环境

工作温度－10～＋55℃

相对湿度≤95%

海拔高度＜5500m

(6) 机柜尺寸

1900mm×760mm×650mm

7.3.1.2 机柜面板和内部布局

机柜面板如图 7-11 所示。

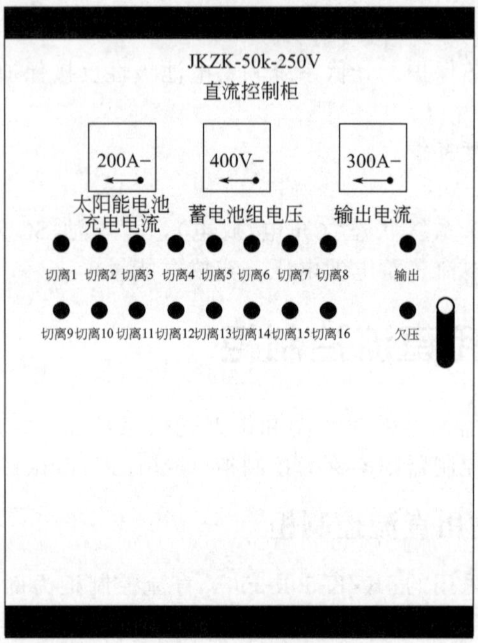

图 7-11 JKZK-50k-250V 直流控制柜面板示意

① 3 个模拟表头　3 个模拟表头是指太阳电池充电电流表（DC 0～200A）、蓄电池组电压表（DC 0～400V）和输出电流表（DC 0～300A）。

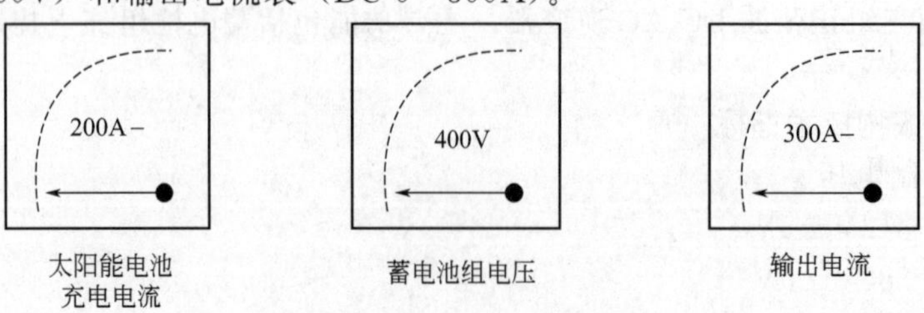

② 18 只发光二极管 LED 指示灯　图 7-11 中的充电状态指示灯切离 1 至切离 16（红色）、输出指示灯（绿色）和欠压报警指示灯（红色）如下所示。

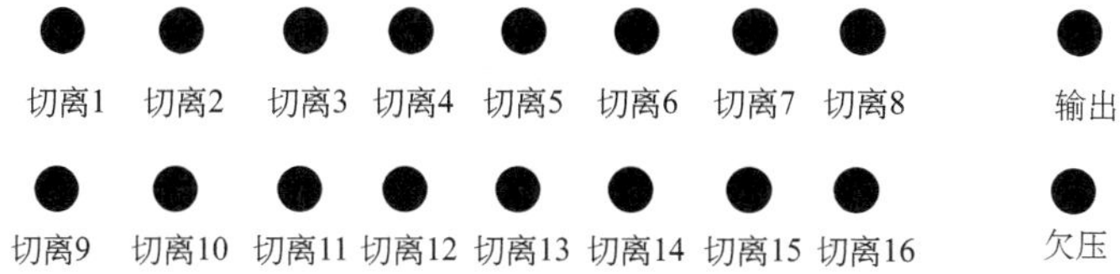

7.3.1.3 工作原理

（1）充电控制

① 充满控制　控制板 KZB_1-KZB_2 通过电阻分压检测蓄电池组的电压变化。蓄电池组电压上升到 312V，即发出脉冲信号，将 1 组太阳电池方阵（PV_x，$x=1\sim16$）切离充电回路；间隔一段时间后，若蓄电池组电压仍高于 312V，再次发出脉冲信号，将另一组太阳电池方阵（PV_x，$x=1\sim16$）切离充电回路。以此类推，最多可将 16 组太阳电池方阵（$PV_1\sim PV_{16}$）全部切离充电回路。

② 充电恢复　蓄电池组电压下降到 285V，即发出脉冲信号，将一组太阳电池方阵（PV_x，$x=1\sim16$）接回充电回路；间隔一段时间后，若蓄电池组电压仍低于 285V，再次发出脉冲信号，将另外一组太阳电池方阵（PV_x，$x=1\sim16$）接回充电回路。以此类推，最多可将 16 组太阳电池方阵（PV_x，$x=1\sim16$）全部接回充电回路。

（2）放电报警

① 欠压报警　当控制板 KXB_2 经电阻分压时，可以检测蓄电池组的电压变化。当蓄电池组电压下降到 240V 时，发出脉冲信号。将欠压指示灯点亮，并由蜂鸣器报警（可通过开关选择）以提醒光伏电站工作人员。若蓄电池组电压不足，应停止逆变器供电，采用柴油发电机组直接供电。必要时，可开启柴油发电机组和整流充电柜给蓄电池组补充充电。

② 欠压恢复　当蓄电池组电压回升到 272V 时，控制板发出脉冲信号，将欠压指示灯熄灭，并停止蜂鸣器报警（可通过开关选择）。注意：这时仍不能恢复使用逆变器供电，必须等到直流控制柜面板上的切离指示灯（切离 1～切离 16）全部点亮，即蓄电池组的电压回升到 DC 312V 以上时，才能恢复使用逆变器供电。

7.3.1.4 机柜安装

（1）安装前的准备

机柜摆放就位后，要检查机柜内各部分有无因运输而造成的紧固螺钉松动和脱落。

（2）第一步连接蓄电池组

将蓄电池组的正极接到蓄电池组的正极汇流排，负极接到蓄电池组的负极汇流排。连好后，蓄电池组电压表应有电压指示（初次安装时，电压指示为 DC 270V 左右）。连接导线截面积应为 $70mm^2$。

（3）第二步连接太阳电池方阵

将 16 组太阳电池方阵的正极（$PV_1^+\sim PV_{16}^+$）按顺序连接到太阳电池方阵正极输入空气开关 $K_1\sim K_{16}$ 的下端，负极（$PV_1^-\sim PV_{16}^-$）连接到负极汇流排。连接导线截面积应为 $4mm^2$。

（4）第三步连接输出到 SOLAR SA50000 型 DC-AC 三相正弦波逆变器

将各输出的正极连接到输出空气开关下端的输出正极汇流排，各输出的负极连接到负极汇流排。连接导线截面积应为 $70mm^2$。

机柜安装示意如图 7-12 所示。

7.3.1.5 操作使用

（1）开机前的准备

① 将先前拔下的 FUSE 1～FUSE 16 的保险插头连同保险管插回原处。

② 用数字万用表测量 DC-DC 开关电源。POW1～POW5 的输出端应为 DC 24V，

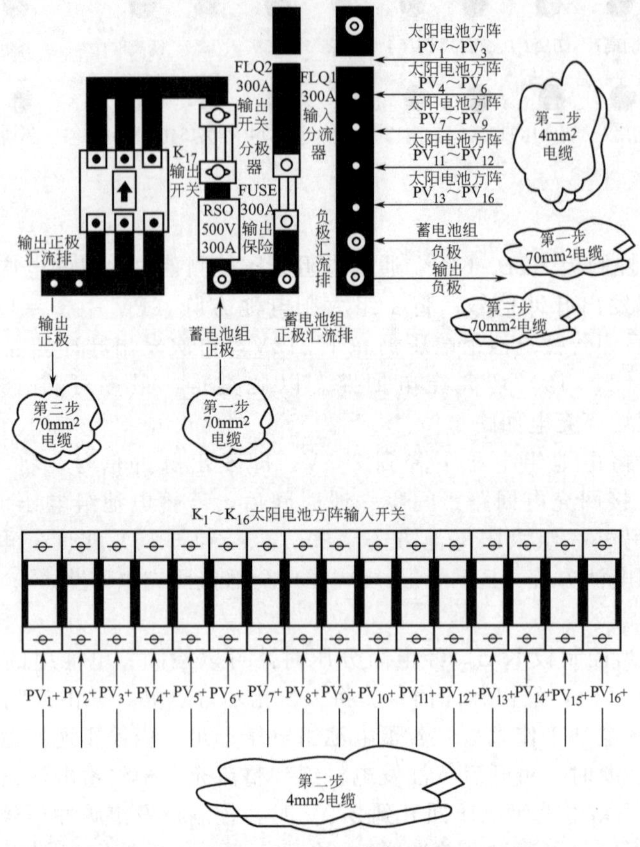

图 7-12 机柜安装示意

POW6 的输出端应为 DC±12V。

（2）检查充电回路

初次开机时，将开关 K_1～K_{16} 按顺序逐一打到“ON”（开）的位置。在有阳光的条件下，机柜面板上的太阳电池方阵充电电流表应有充电电流指示，并按比例（阳光较好时约为9A/路）增加。同时，可以使用数字电表测量 16 路太阳电池方阵 PV_1～PV_{16} 的充电电流，阳光较好时约为 9A/路。

（3）观察充电控制功能

初次开机时，40kW$_P$ 太阳电池方阵通过本机柜对蓄电池组进行初充电。当蓄电池组电压达到 312V 时，控制电路应将 16 组太阳电池方阵逐一切离充电回路。在这一过程中，主控制板 KZB_1-KZB_2 上的 12 个 LED 指示灯和机柜面板上的切离 1 至切离 16 的 LED 指示灯应逐一指示，太阳电池方阵充电电流表指针应逆时针减小。当蓄电池组电压下降到 285V 时，控制电路应将太阳电池方阵依次接回充电回路。在这一过程中，主控制板 KZB_1～KZB_2 上的 12 个 LED 指示灯和机柜面板上的切离 1～切离 16 的 LED 指示灯应逐一熄灭，太阳电池方阵充电电流表指针应顺时针增大。

（4）观察欠压报警功能

应在光伏发电系统正常运行过程中观察欠压报警功能。当蓄电池组电压下降到 240V 时，控制电路熄灭欠压指示灯，并由蜂鸣器报警；当蓄电池组电压回升到 272V 时，控制电路熄灭欠压指示灯，并停止蜂鸣器报警。蜂鸣器可通过机柜内部右上部的开关进行控制。

（5）开机操作

将机柜下方中部的输出空气开关打到“ON”（开）的位置即可。这时，面板上的“输出”指示灯应有指示。开通逆变器和交流配电柜后，输出电流表应有指示。

（6）关机操作

如需要关机，只要关断柜内的输出空气开关即可。

（7）人工手动操作

若需要通过主控制板 KZB_1-KZB_2 检测蓄电池组电压，可以使用数字万用表进行测量。当电压为 DC 312V 时，可以通过关断开关电源保险盒 FUSE1～FUSE14 来手动控制蓄电池组的充电过程。

7.3.1.6 与微机监控系统的连接调试

（1）信号采样和电量变换

① 太阳电池方阵的充电电流 I_s 可通过计算机实时采集、计算和累计太阳电池方阵向蓄电池组的充电电流。信号取样于太阳电池方阵充电电流表（DC 200A）的分流器（FLQ 1），通过 75mV 至 5V 的电量变送器（BSQ 1），送入计算机的 A/D 采集卡。

② 输出电流 I_c 可通过计算机实时采集、计算和累计蓄电池组向 DC-AC 三相正弦波逆变器的放电电流。信号取样于机柜内放电电流表（DC 300A）的分流器（FLQ 2），通过 75mV 至 5V 电量变送器（BSQ 2），送入计算机的 A/D 采集卡。

③ 蓄电池组电压 V_B 可通过计算机实时采集、计算（并统计蓄电池组的电压变化）。信号取样于机柜中蓄电池组端子，通过 400V 至 5V 电量变送器（BSQ 3），送入计算机的 A/D 采集卡。

（2）调试

① 太阳电池方阵充电电流 I_s 的测量范围为 0～220A。可用数字电表测定太阳电池方阵充电电流。假设 I_s=100A，则 BSQ 1 的输出为 2.5V。

② 太阳电池方阵输出电流 I_c 的测量范围为 0～300A。可用数字电表测定太阳电池方阵放电电流。假设 I_c=150A，则 BSQ 2 的输出为 2.5V。

③ 蓄电池电压 V_B 的测量范围为 0～300A。可用数字万用表测定蓄电池的电压。假定 V_B=300V，则 BSQ 3 的输出为 3.75V。

（3）信号连接

图 7-13 所示为监控信号输出端子示意。图中表示了电量变送器 BSQ 1～BSQ 3 的输出电压和输出电流，可使用多股屏蔽电缆与微机监控系统的信号调理盒相连接。

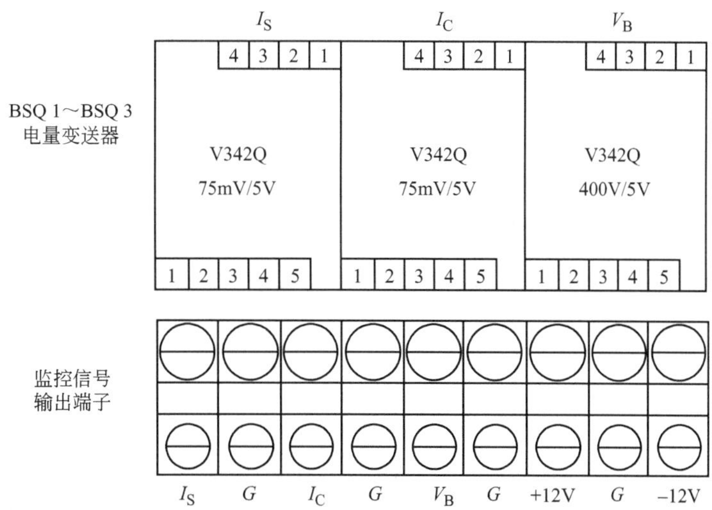

图 7-13 监控信号输出端子示意

7.3.1.7 故障的检查处理

(1) 充电电流明显减小

在发现充电电流比正常值明显变小时，应先察看一下 $K_1 \sim K_{16}$ 是否都在“ON”的位置。若在，应检查充电回路。在大电流充电的情况下，阳光强烈且未执行充满切离控制时，可顺序地将 $K_1 \sim K_{16}$ 打到“OFF”（关）的位置，每断开一路，充电电流表读数应按一定安培数下降（约为 9A/路）；若有不变者，说明该充电电路有短路故障。首先应检查输入端。若太阳电池方阵电压很小，则故障不在机柜，应在方阵接线箱处检查，并检查方阵连线在方阵接线箱内的位置，应检查二极管是否短路。

(2) 充满切离功能消失

在发现充满切离功能消失时，应检查电源输入端的保险是否完好；检查 DC-DC 电源 POW 1～POW 16 的输出；若 POW 1 损坏，则 $PV_1 \sim PV_4$ 无法切离；若 POW 2 损坏，则 $PV_5 \sim PV_8$ 无法切离；若 POW 3 损坏，则 $PV_9 \sim PV_{12}$ 无法切离；若 POW 4 损坏，则 $PV_{13} \sim PV_{16}$ 无法切离；若 POW 5 损坏，则主控板 KZB_1-KZB_2 和控制执行继电器 J1～J16 无法工作；若 POW 6 损坏，则电量变送器 BSQ 1～BSQ 3 不能工作。当保险或电源没有问题时，若 $PV_1 \sim PV_{16}$ 不能切离，则应更换控制板 KZB 1；若 $PV_7 \sim PV_{16}$ 不能切离，则应更换控制板 KZB_2。

(3) 欠压检测失灵

发现欠压检测失灵时，同样首先检查 DC-DC 电源 POW 6 和输入保险是否完好。若不是电源或保险的问题，则应更换控制板 KZB_2。

发现系统无输出时，应检查输出保险（300A）是否断路，输出空气开关是否损坏；如损坏，应予以更换。此外，还有如下注意事项。

① 首次安装，应严格按照先连接蓄电池组，再连接太阳电池方阵的顺序安装。绝不允许颠倒这一操作顺序。

② 在安装、操作和日常维护过程中，应注意不可直接接触直流高压的正极和负极；同时，应注意不可将工具等杂物遗留在控制柜内，以免引起短路。

③ 发生欠压报警后，应及时停止使用逆变器供电，并关闭直流控制柜。经太阳电池方阵或启动柴油发动机组充电后，蓄电池组电压回升到 DC 272V 以上时，欠压报警解除。这时，仍不能立即恢复使用逆变器供电，必须等到直流控制柜面板上的切离指示灯（切离 1～切离 16）全亮，即蓄电池组电压回升到 DC 312V 以上时，才能恢复使用逆变器供电。

④ 应保持设备工作环境的干燥、通风，并注意防止潮湿。

⑤ 柜内应保持清洁。如果发现灰尘较多时，应在断电后及时清理，以免因灰尘过多而降低设备的绝缘强度。

7.3.2 并网光伏电站用直流配电柜

对于不带储能装置的并网光伏电站的直流控制柜，主要功能其实是二次汇流作用，诸多其他控制事项由后级的逆变器、交流配电柜完成。因此，称为直流配电柜，主要技术参数如图 7-14 所示。

这类产品往往采用高性能元器件，具有性能价格比高、安装使用方便等众多优点。其浪涌保护器通常采用知名公司产品；防反二极管采用模块化二极管，功耗低，性能稳定；内部布线合理、美观，内部连接都使用铜排连接；防雷接地符合防雷规范技术要求；智能型产品的采集模块，可循环监测直流电压和每路电流，并且通过 RS485/RS232 数字通信接口对外通信。此外，可以解决非智能型对直流侧数据采集及监测不足的问题，属于光伏系统高端产品并有 8 路、10 路两种产品可以选择等。

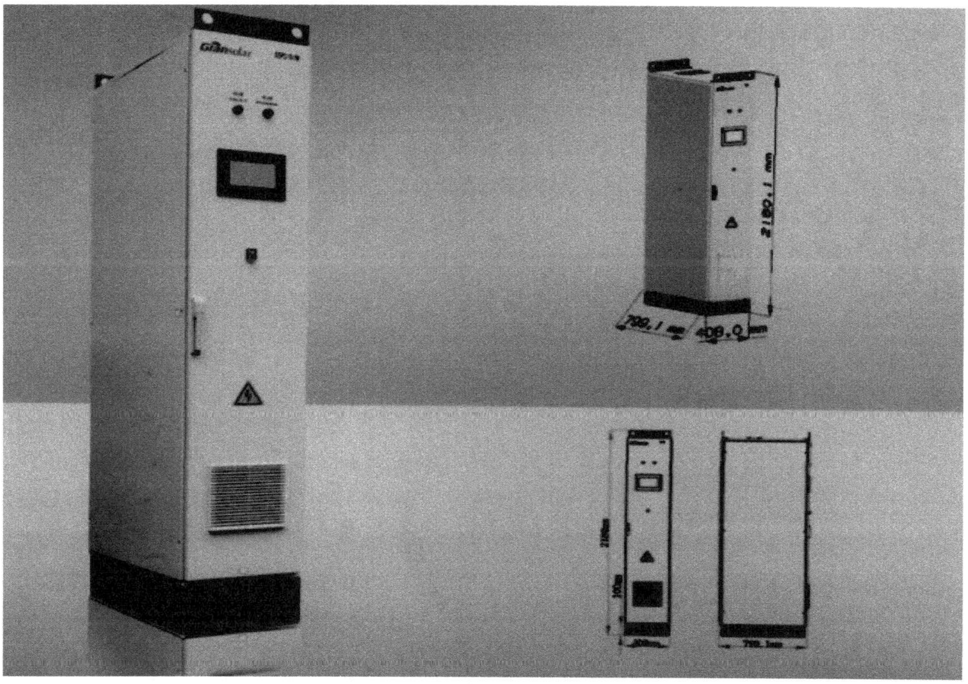

型号规格	GSPC-81(普通型),GSPC-81M（智能型）
最大系统电压	1000V DC
最大输入路数	8
最大输出电流	1200A
每路输入电流	150A
防护等级	IP20
安全保护等级	I类
环境温度	−25～+45℃
环境湿度	15%～95%
宽×高×深	400mm×2200mm×800mm
箱体材料	冷轧钢板/不锈钢
冷却方式	风冷

图 7-14　直流配电柜及其主要技术参数

7.4　最大功率跟踪控制器

众所周知，人们总希望太阳电池方阵能够始终工作在最大功率点附近，以充分发挥太阳方阵的作用。然而，太阳电池方阵的功率点会随着太阳辐照度和温度的变化而变化，而太阳电池方阵的工作点也会随着负载电压的变化而变化。如果不采取任何控制措施，而是直接将太阳电池方阵与负载连接，则很难保证太阳电池方阵工作在最大功率点附近，太阳电池方阵也不可能发挥出其应有的功率输出。最大功率跟踪型控制器的作用就是通过直流变换电路和寻优控制程序，无论太阳辐照度、温度和负载特性如何变化，始终使太阳电池方阵工作在最大功率点附近，充分发挥太阳电池方阵的效能，这种方法被称为最大功率点跟踪（maximum power point tracking，MPPT），或简称为最大功率跟踪。换言之，最大功率跟踪器就是光伏系统采用的、可使太阳电池阵列自动输出最大功率的功率电子设备。

光伏发电系统中最大功率跟踪器的作用相当于汽车的齿轮箱，它既起到连接能源和负载的作用，又使得在任一时刻电源都工作在最高效率点，并根据负载所需的充电功率，确保与负载完全匹配。

齿轮箱是通过机械传动来完成这一功能的，而最大功率跟踪器则是使用高可靠性固态功率电子器件来实现的。光伏发电系统使用最大功率跟踪器后就好像汽车使用齿轮箱完成各种速度下的驾驶操作一样，使得光伏阵列在不同辐射强度和温度下始终保持最大功率输出，并使系统工作在最高效率点。

在使用了最大功率跟踪器的光伏系统中，蓄电池充电系统的日工作效率可以提高15%以上；直接耦合式水泵系统的抽水量能够翻倍。可见使用最大功率跟踪的系统与一般系统相比，可以减少光伏组件数，降低系统一次性投资或在原有系统基础上使输出功率增加，满足负载增加的要求或提高负载供电率。除此以外，由于最大功率跟踪器也是一个通用电压变换器，所以还具备以下系统优势：①最大功率跟踪器可使系统设计简单化，不必考虑光伏阵列与负载匹配问题；②可实现高压直流输电后最大功率跟踪器降压再供给负载，这样既可满足负载要求又减少线路损耗；③太阳电池阵列可以按当地情况因地制宜地安装在最佳地区而不必考虑传输电缆的功率损耗和投资成本；④带蓄电池的系统可以省去防反电流的阻塞二极管。

7.4.1 恒压控制

晶体硅太阳电池阵列具有如图7-15所示的伏安特性，在不同的辐照度下它与负载特性 L 的交点，如 a、b、c、d、e 等为系统当前的工作点。可以看出，这些工作点并不正好是在阵列可能提供最大功率的那些点，如 a'、b'、c'、d'、e'上，不能充分利用在当前日照下阵列所能够提供的最大功率。被浪费的阵列容量为如图7-15中阴影线所示的面积。如果把在不同日照下阵列所提供最大功率的点连接起来，就构成了图中曲线 P_{max} 所示的最大功率点轨迹线，任何时候都应设法使系统的工作点落在这一轨迹线上。从电路匹配的角度看，这就需要一个阻抗变换器。为了实现这一阻抗变换，即实现把 a、b、c、d、e 等工作点移到 a'、b'、c'、d'、e'等点上，人们发现当温度保持某一固定值时，后者一些点几乎落在同一根垂直线的附近两侧，这就有可能把最大功率点的轨迹线近似地看成电压 V 为常数的一根垂直线，即只要保持阵列的输出端电压为常数且等于某一辐照度下相应于最大功率点的电压，就可以大致保证阵列的输出在这一温度下的最大功率；将最大功率点跟踪简化为一个稳压器，这就是恒压跟踪（CVT）的理论依据。

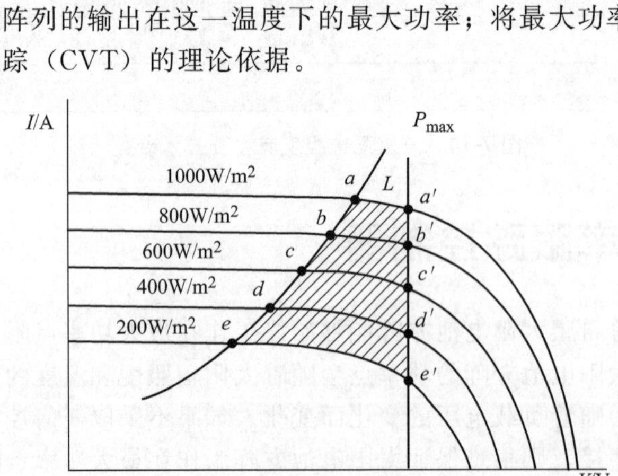

图7-15　太阳电池阵列的伏安特性及其工作点

采用 CVT 较不带阻抗变换器的直接耦合方式要有利得多，对于一般光伏水泵系统有望提升高达 20%的扬水量，但是这种跟踪方式忽略了温度对阵列开路电压的影响。一般硅太阳电池的开路电压在较大程度上受到结温影响。对结温影响最大的因素当推环境温度的下降率，约为 0.35%～0.45%。具体较准确的值可经实验测得，也可以按所选太阳电池的数学模型由计算机计算得到。如以某一阵列为例，经计算及实测，阵列在环境温度为 25℃时开路电压为 363.6V。当环境温度为 60℃时，下降至 299V（均在相同的日射强度 900W/m^2，未计环境风力的情况下），其下降幅度约为 17.8%，这是一个不容忽视的影响。可以肯定，特别是对于一年四季或每天晨、午温差比较大的地区，温度将在相当可观的程度上影响到光伏系统发电量，而这一点采用 CVT 跟踪是无法克服的。

对于环境温度变化较大的场合，CVT 跟踪与控制很难保证太阳电池方阵工作在最大功率点附近。图 7-16 给出了不同温度下的太阳电池组件最大功率点电压的变化。可以看出，随着太阳电池组件结温的变化，最大功率点电压变化较大。如果仍然采用 CVT 代替 MPPT，则会产生很大的误差。

为了简化控制方案，又能兼顾温度对太阳电池组件电压的影响，当然可以采用改进的 CVT 法，即仍然采用恒压跟踪，但应增加温度补偿。在恒压控制的同时，应监视太阳电池组件的结温；对于不同的结温，调整到相应的恒压控制点即可。

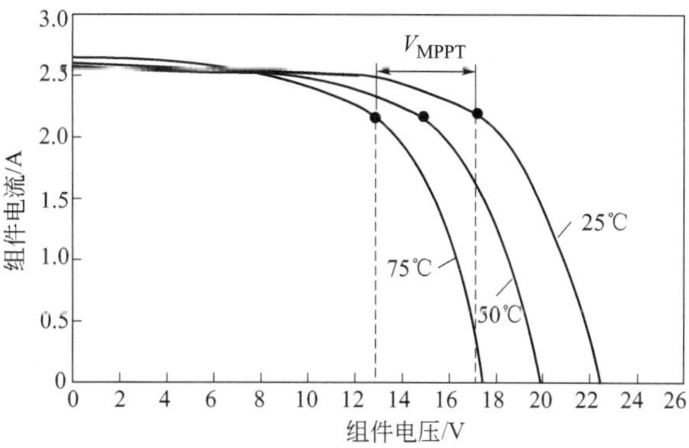

图 7-16 温度对太阳电池组件最大功率点电压的影响

7.4.2 最大功率跟踪控制

最大功率跟踪（MPPT）控制，可使功率调节器的直流工作电压在每隔一定时间稍微变动，然后测量此时的太阳电池输出功率并与前一次结果进行比较，就这样反复进行，确保功率调节器的直流电压始终保持在使太阳电池的输出功率最大。MPPT 控制的一个例子如图 7-17 所示。例如，在 A 点将工作电压从 V_1 向 V_2 变化使输出功率变为 $P_1<P_2$ 时，即使再把工作电压从 V_2 调回 V_1，输出功率仍为 $P_1<P_2$，因此工作电压应调到 V_2。如果系统是在 D 点工作，则相反地把工作电压从 V_4 调至 V_3。这样，MPPT 控制不断监视输出功率的变化，总让系统工作在最大功率点。

MPPT 的实现，实质上是自寻优过程。通过对阵列当前的输出电压与输出电流的检测，得到当前阵列输出功率，再与已被存储的前一时刻阵列功率相比较，舍小存大，再检测、再比较，如此不停地周而复始，便可使阵列动态地工作在最大功率点上，见图 7-18。

MPPT 控制器要求始终跟踪太阳电池方阵的最大功率点。为此控制器需要同时采集太阳电池方阵的电压和电流，并通过乘法器计算太阳电池方阵的功率，然后通过寻优和调整，使太阳电池方阵工作在最大功率点附近。MPPT 的寻优办法有很多，如扰动观察法、导纳增量法、间歇扫描法、模糊控制法等。

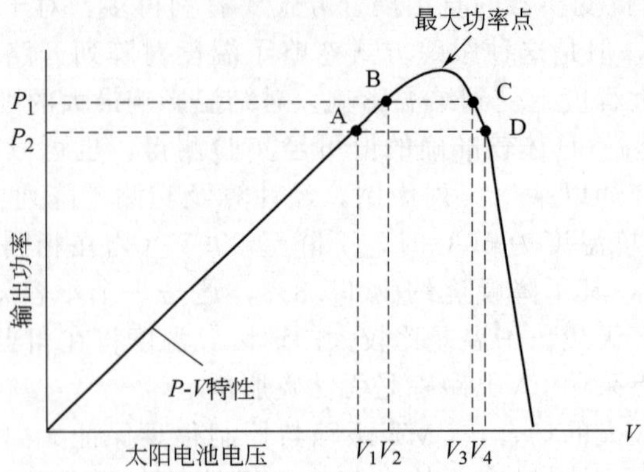

图 7-17　最大功率跟踪控制的例子

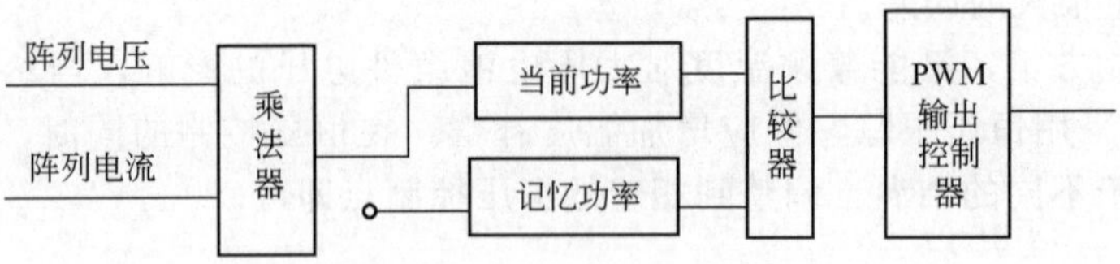

图 7-18　MPPT 的控制框图

太阳电池作为一种直流电源，其输出特性完全不同于常规的直流电源，因此对于不同类型的负载，它的匹配特性也完全不同。负载的类型有电压接受型负载（如蓄电池）、电流接受型负载（如直流电机）和纯阻性负载等。

最典型的电压接受型负载是蓄电池，它是与太阳电池方阵直接匹配更好的负载类型。太阳电池电压随温度变化大约只有 0.4%/℃，而电压随太阳辐照度的变化则更小，基本可以满足蓄电池的充电要求。蓄电池充满电压到放电终止电压的变化大约为−10%～+25%。如果直接连接，失配损失平均约为 20%。采用 MPPT 跟踪控制，将使这样的匹配损失减少到 5%以下。

典型的电流接受型负载是带有恒定转矩的机械负载（如活塞泵）的直流永磁电机。太阳辐照度恒定时太阳电池方阵与直流电机有较好匹配，但当太阳辐照度变化时，将这类负载直接与太阳电池方阵连接的失配损失会很大（因为太阳辐照度与光电流成正比）。采用 MPPT 跟踪控制将会减少失配损失，有效提高系统的能量传输效率。显然，纯阻性负载与太阳电池方阵的直接匹配特性是最差的。

实现 CVT 或 MPPT 的电路通常采用斩波器来完成直流/直流变换。斩波器电路分为降压型变换器（BUCK 电路）和升压型变换器（BOOST 电路）。

(1) BUCK 电路

图 7-19 所示为 BUCK 电路原理。

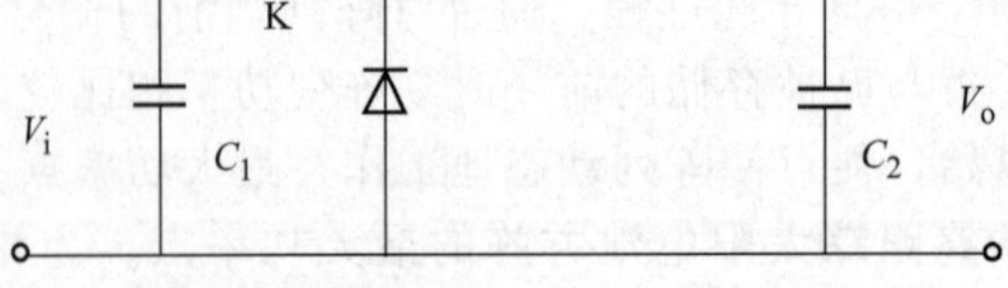

图 7-19　BUCK 电路原理

BUCK 降压斩波电路实际上是一种电流提升电路，主要用于驱动电流接受型负载。直流变换是通过电感来实现的。

使开关 K 保持振荡，振荡周期 $T=T_{on}+T_{off}$，当 K 接通时：

$$V_i=V_o+L\frac{di_L}{dt} \tag{7-1}$$

设 T_{on} 时间足够短，V_i 和 V_o 保持恒定，于是：

$$i_L(T_{on})-i_L(0)=\frac{V_i-V_o}{L}T_{on} \tag{7-2}$$

在开关 K 接通时，电感储存能量为$\frac{1}{2}Li_L^2(T_{on})$。

当 K 断开时，电感通过二极管将能量释放到负载：$V_o=-L\frac{di_L}{dt}$

若 T_{off} 时间足够短，V_o 保持恒定，于是：

$$i_L(T_{on}+T_{off})-i_L(T_{on})=-\frac{V_oT_{off}}{L} \tag{7-3}$$

稳态条件下可以写成：$i_L(0)=i_L(T_{on}+T_{off})$，因此

$$(V_i-V_o)\frac{T_{on}}{L}=\frac{V_oT_{off}}{L},V_o=\frac{V_iT_{on}}{T_{on}+T_{off}}$$

得到：

$$V_o<V_i \tag{7-4}$$

因为流过电感的电流 i_L 不可能是负的，连续传导条件为：$i_L(0)>0$

于是有

$$-\frac{V_oT_{off}}{L}>-i_L(T_{on}) \tag{7-5}$$

得到：

$$T_{off}<\frac{Li_L(T_{on})}{V_o} \tag{7-6}$$

图 7-20 所示为 BUCK 变换器的输出电流变化。

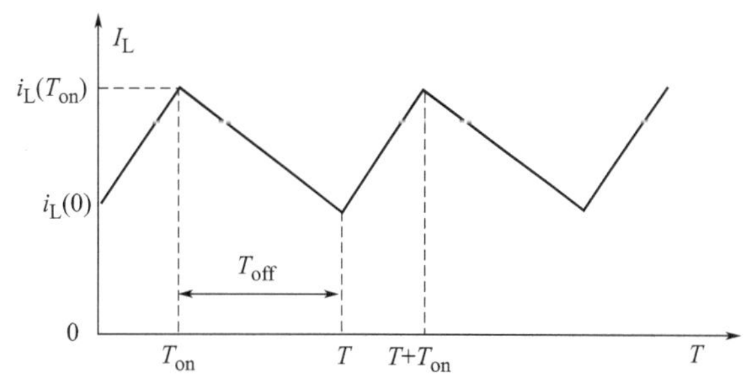

图 7-20 BUCK 变换器的输出电流变化

对于给定的振荡周期，适当调整 T_{on} 就可以调整变换器的输入电压 V_i 等于太阳电池方阵的最大功率点电压。BUCK 电路的平均负载电流 I_L 为：

$$I_L=\frac{1}{T}\int_0^T iL\,dt=i_L(T_{on})-\frac{V_oT_{off}}{2L} \tag{7-7}$$

BUCK 电路中的 2 只电容的作用是减少电压波动，从而使输出电流得到提升并尽可能平滑。

(2) BOOST 电路

图 7-21 为 BOOST 电路原理图。

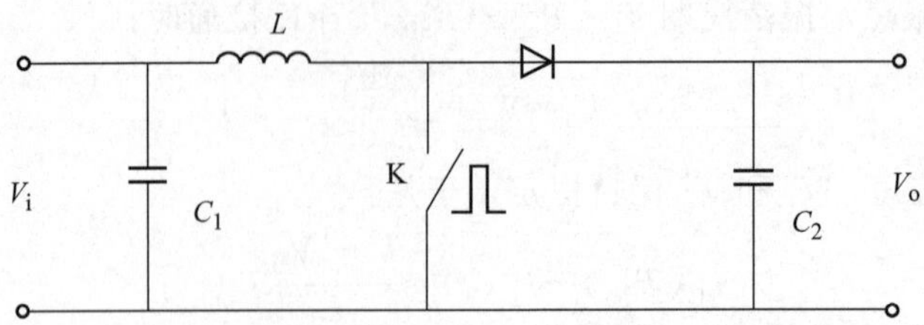

图 7-21 BOOST 电路原理图

BOOST 升压斩波电路主要用于太阳电池方阵对蓄电池充电的电路中。直流变换也是通过电感来实现的。

使开关 K 保持振荡，振荡周期 $T=T_{on}+T_{off}$。当 K 接通时：

$$V_i=V_o+L\frac{di_L}{dt}$$

若假设 V_i 在 T_{on} 时间内保持恒定，电流变化可写成：

$$i_L(T_{on})-i_L(0)=\frac{V_iT_{on}}{L} \tag{7-8}$$

当开关 K 接通时，电感储存能量为$\frac{1}{2}Li_L^2(T_{on})$。

当 K 断开时，电感通过二极管将能量释放到负载：$V_i-V_o=L\frac{di_L}{dt}$

若 T_{off} 时间足够短，为使 V_i 和 V_o 保持恒定，于是：

$$i_L(T_{on}+T_{off})-i_L(T_{on})=(V_i-V_o)T_{off}/L \tag{7-9}$$

稳态条件可以写成：$i_L(0)=i_L(T_{on}+T_{off})$，因此

$$\frac{V_iT_{on}}{L}=-(V_i-V_o)\frac{T_{off}}{L} \tag{7-10}$$

$$V_o=\frac{V_i(T_{on}+T_{off})}{T_{off}} \tag{7-11}$$

得到：

$$V_o<V_i \tag{7-12}$$

于是，对于给定的振荡周期，适当调整 T_{on} 就可以调整变换器的输入电压 V_i，使其处于太阳电池方阵的最大功率点电压。

(3) MPPT 控制的实现

无论采用哪一种斩波器电路（BUCK 电路或 BOOST 电路），都必须要有闭环电路控制，用于控制开关 K 的导通和断开，从而使太阳电池方阵工作在最大功率点附近。

对于 CVT 或带温度补偿的 CVT，只需要将太阳电池方阵的工作电压信号反馈到控制电路，控制开关 K 的导通时间 T_{on}，使太阳电池方阵的工作电压始终工作在某一恒定电压即可。

对于为蓄电池充电的 BOOST 电路，只需要保证充电电流最大，即可达到使太阳电池方阵为最大输出的目的，因此也只需将 BOOST 电路的输出电流（即蓄电池的充电电流）信号反馈到控制电路，控制开关 K 的导通时间 T_{on}，使 BOOST 电路具有最大的电流输出即可，如图 7-22 所示。

对于 MPPT 控制，则需要对太阳电池方阵的工作电压和工作电流同时采样，经过乘法运算得到功率数值，然后通过一系列寻优过程使太阳电池方阵工作在最大功率点附近。无论是最大输出电流跟踪，还是 MPPT 控制，都要考虑电路的稳定、抗云雾干扰和误判的问题。

现代电子技术和元器件已经可以使 MPPT 控制电路的效率超过 99%。

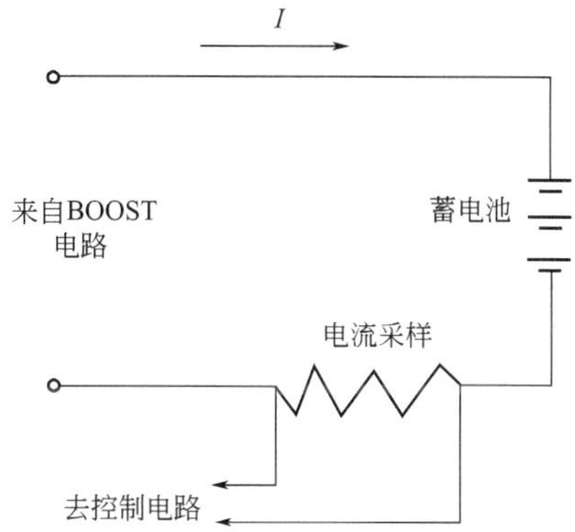

图 7-22 蓄电池充电的控制策略

7.5 光伏发电监控系统

光伏发电监控系统通过对光伏电站的运行状态、设备参数、环境数据等进行监视、测量和控制，实现发电可靠运行以及确保电能质量、设备和人身安全、日常维护管理、集中或远程监控等，从而保障光伏电站的长期安全、可靠及经济运行。本节将着重介绍光伏发电监控系统的功能、构成、主要性能指标以及集中远程监控能力。

7.5.1 监控系统功能

光伏发电监控系统基本功能对于系统规模及是否并网差异不大，主要体现在性能指标方面。并网光伏电站要求与电调中心建立通信联系，传送关键数据并接受其控制指令。主要有以下几个功能。

(1) 数据采集与处理

数据采集范围包括模拟量、开关量、电能量和来自智能装置的记录数据等。模拟量包括环境参数（如日照强度、风速、风向、气温等）、交直流电气参数（如电压、电流、有功功率、无功功率、功率因数、频率等）；开关量包括直流开关、交流断路器、隔离开关、接地开关的位置信号，设备投切状态，低压交直流保护装置和安全自动装置动作及报警信号等；电能量包括各种方式采集到的交直流有功电量和交流无功电量数据，通过数据处理实现累加等计算功能。

数据处理功能包括对实时采集的模拟量进行不变、跳变、故障、可疑、超值域、不一致等有效性检查；对实时采集的开关量进行消抖、故障、可疑、不一致等有效性检查。此外，包括对实时采集的模拟量进行乘系数、零漂、取反、越限报警、死区判断等计算处理。此外，对实时采集的开关量能够进行取反等计算处理，并支持计算量公式定义和运算处理。

在数据处理的基础上定期存储需要保存的历史数据和运行报表数据，实时存储最近发生的事件数据。

(2) 事件与预警

光伏发电监控系统能对遥测越限、遥信变位、动作/故障信号、操作事件等被监控设备信号，以及监控系统本身的软硬件、通信接口和网络故障信号等事件进行有效报警；同时，还能够实现对事件的分类、分层处理，便于按要素进行查询和检索。

(3) 运行监控

运行监控工作站是发电站监控系统与运行人员联系的主要界面，现场设备就地控制则是应急情况下的备用界面。运维人员通过监控工作站发出控制操作命令并查看历史数据、修改系统参数及制作报表、确认预警等。

运行监控功能包括：全站实时生产统计数据、环境参数、电气接线图与参数、设备通信联络与工况、设备参数、并网点参数、电能质量监测、历史发电趋势分析、发电预测图等。

运行监控可控制操作对象包括：直流开关、交流侧断路器、隔离开关、电动操作接地开关、站用变压器分接头位置、容抗器投退、保护装置软连接片投退、逆变器启动/停止、充放电控制装置的充放电等；调节对象包括：低压交流保护整定值、逆变器参数设定、充放电控制装置参数设定等。

运行监控应具备人工控制和自动控制两种方式。人工控制包括主控室控制和现场设备控制，并具备站控层和现场设备的控制切换功能。现场设备控制权限级别高于站控层，同一时刻只允许一级控制。当站控层设备及网络停运后，应能在现场设备层对断路器、逆变器等设备进行一对一人工控制操作。自动控制应包括自动功率设定、逆变器启停、充放电控制等。

（4）安防监控

大型并网光伏电站应配备视频监控和安防系统，在光伏阵列场地周边根据场地大小应配备1～4个带云台控制摄像头，在设备室应配备1～2个固定摄像头；在主控室和设备室宜设置烟感等安防设备；在主控室配备视频监控工作站。

（5）发电控制

对一定规模的并网光伏电站，其最大发电功率、最大功率变化率等指标会影响接入电网的稳定运行，应设置与电调中心的通信通道，接受其发电调度。

除设备故障、接受调度指令外，监控系统应确保同时切除或启动的逆变器有功功率总加（和）小于接入电网波动限制。

监控系统能够根据当前日照强度、逆变器运行、电网对输出有功功率要求，综合考虑定期对逆变器等设备运行状态进行自动切换和调配，以延长逆变器等设备的使用寿命，提高电站运营经济效率。

（6）电能质量监测

光伏发电监控系统能够实时监测输入电网或向交流负载提供的交流电能的质量。当电压偏差、频率、谐波和功率因数等出现偏离标准的越限情况时，系统能自动将发电系统与电网完全断开。

（7）能量管理与预测

通过表格和趋势曲线，光伏发电监控系统能够按日、月和年来对比分析历史与当前发电情况。在具备直供负荷，并设置储能电池及其充放电控制装置的光伏电站内，依日照强度、发电功率和负荷趋势，对储能电池进行有针对性的充放电控制和管理，以提高设备使用寿命和发电经济效益；在具备一定容量直供负荷，并设置双向电能计算设备的电站内，监控系统能根据系统日照强度、发电效率、负荷趋势和潮流情况动态平衡全站有功功率，并能实时预测特定时段的发电功率总和，提供给电力调度管理部门，以确保系统的稳定运行。

（8）在线统计与制表

光伏发电监控系统可以对运行的各种常规参数进行统计计算，还能够对发电站主要设备的运行状况进行统计计算，包括断路器正常操作及事故跳闸次数、容抗器投退次数等。

（9）时钟同步

光伏发电监控系统设备采用GPS标准授时信号进行时钟校正，与调度中心进行远动通信时能接收调度时钟同步。

站控层设备和具备对时功能的现场设备保持与标准时钟的误差不大于1ms。远动通信设备正常时通过站内GPS进行时钟校正，需要时也可与调度端对时。

（10）系统自诊断和自恢复

光伏发电监控系统具备在线诊断能力，可对系统自身的软硬件运行状况进行诊断；发现异常时，予以报警和记录，必要时采取自动恢复措施。

光伏发电监控系统的自动恢复：一般软件异常时，自动恢复运行；若有备用配置，当在线设备发生软硬件故障时，能自动切换到备用配置。自动恢复时间不大于 30s。

（11）系统维护

光伏发电监控系统能对数据库进行在线维护，增加、删除和修改各数据项，并能离线对数据库进行独立维护，重新生成数据库并具备合理的初始化值。

（12）外部接口（并网光伏发电监控系统）

一定规模的光伏电站通过监控系统与地区电调中心建立通信联系，向其传送实时生产和设备运行关键数据，接受电调中心的发电指令和控制。

7.5.2 监控系统构成

整体而言，光伏发电监控系统一般分为站控层、网络层、间隔层三个层次，如图 7-23 所示。

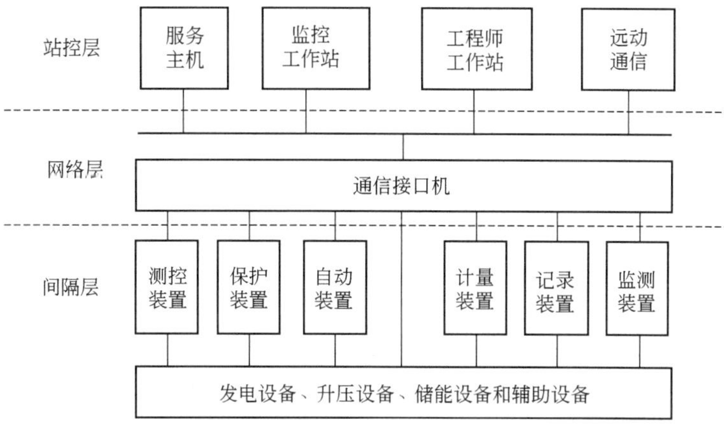

图 7-23 并网光伏电站监控系统结构图

站控层由监控主机和远动通信装置等构成，提供全站设备运行监控、视频监控、运行管理和与电调中心通信等功能。

网络层由现场网络交换设备、网络线路、站控层网络交换设备等构成，提供全站运行和监控设备的互联与互通。

间隔层为现场设备间隔层，由发电设备（含汇流、配电、逆变）、配电与计量设备、监测与控制装置、保护与自动装置等构成，提供全站发电运行和就地独立监控功能，在站控层或网络失效的情况下，仍能独立完成间隔设备的就地监控功能。

7.5.2.1 物理结构

针对不同的光伏发电系统规模，光伏发电监控系统物理结构差异较大（并网光伏发电系统根据并网点选择其物理构成也不相同，详情请参考国家电网公司关于光伏电站接入电网技术的规定，此处不再重点阐述）。下面根据光伏发电系统的规模，将光伏发电监控系统分为小型光伏发电监控系统和大型光伏发电监控系统两种类型。

（1）小型光伏发电监控系统

小型光伏发电监控系统由间隔层和站控层两部分组成，通常采用现场总线如 RS-485/GBIP 等经济组网方式，实现计算机系统与现场设备的互联通信，其典型物理结构如图 7-24 所示。

（2）大型光伏发电监控系统

大型光伏发电监控系统由间隔层、网络层和站控层三部分组成，通常采用光纤以太网络

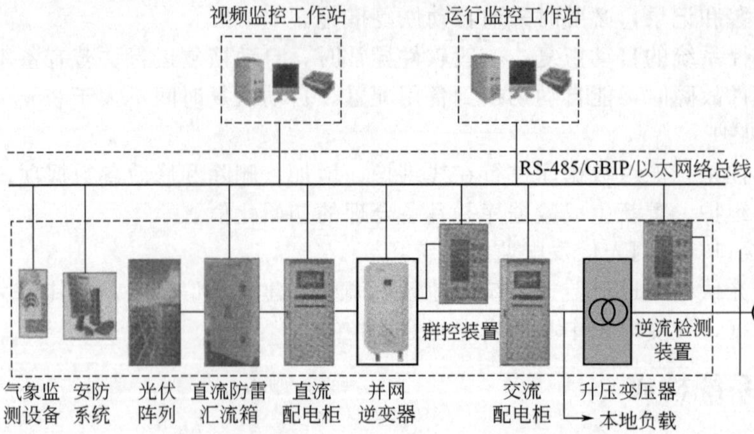

图 7-24 小型光伏发电监控系统物理结构

实现相互联系，其典型物理结构如图 7-25 所示。

大型光伏电站监控系统通过增加串行通信到以太网通信的介质转换网关、增加以太网交换机和铺设以太网网络实现现场设备层与站控层的连接，形成中间网络层。

7.5.2.2 网络结构

大型光伏电站监控系统的站控层采用标准以太网，使其具备良好的开放性；间隔层采取现场总线网络，以具备足够的传输效率和极高的可靠性；网络拓扑采用总线型或环型，也可采用星型；站控层与间隔层之间的物理连接可采用星型。站控层网络适合采用双重化配置，热备用方式运行，间隔层可采用单网。

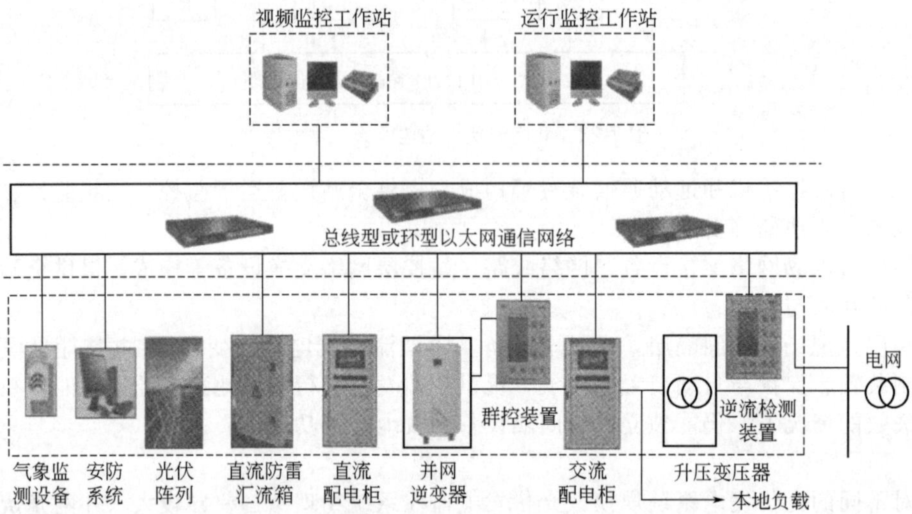

图 7-25 大型光伏发电监控系统物理结构示意

间隔层接入监控系统的设备和装置，从以太网通信接口直接接入网络；若间隔层需要接入监控系统的设备和装置不具备以太网通信接口时，监控系统可以配置通信接口机以实现其接入。

根据光伏电站设计与当地电调部门要求，通过独立的嵌入式远动通信装置，可实现光伏电站与电调中心的实时远动通信。

7.5.2.3 硬件构成

光伏电站监控系统硬件设备由以下三部分构成。

① 站控层设备　包括主机或/及监控工作站、各功能工作站、远动通信设备，与外部系

统的接口设备、打印设备、音响设备等。

② 网络设备　包括网络交换设备、光/电转换器、接口设备和网络连线、电缆、光缆等。

③ 间隔层设备　包括逆变器、环境监测仪及其通信装置、直流/交流配电柜及电能表、直流汇流箱、电能质量监测装置、视频采集及其通信装置等。

站控层主机配置均应满足整个系统的功能要求及性能指标要求，主机台数应与发电站的规划容量相适应。运行监控、视频监控工作站应满足运行人员操作时直观、便捷、安全、可靠的要求。对一定规模光伏电站的监控工作站一般采用双机冗余配置，对大规模光伏电站则采用主备服务器、主备监控工作站的四机配置结构，并采用热备方式运行，且具备故障时的自动主备切换功能。

网络媒介采用屏蔽双绞线、同轴电缆、光缆或以上几种方式的组合，对户外长距离的通信应采用光缆。

为了保证监控系统和电力调度数据网的安全，应根据调度中心提出的设备技术要求来配置安全防护设备，如纵向加密装置等。

7.5.2.4 软件构成

光伏发电监控系统由系统软件、支持软件和应用软件组成。系统软件的可靠性、实时性、实用性、可移植性、可扩展性、可维护性和开放性等性能指标应满足系统近期及远景规划要求。

支持软件包括嵌入式装置系统软件和网络通信软件。嵌入式装置系统软件应选用成熟的实时多任务操作系统并具备完整的自诊断程序。网络通信软件应满足各节点之间信息的传输、数据共享和分布式处理等要求，通信速率满足系统实时性要求。应用软件应满足系统功能要求，成熟、可靠，具有良好的实时响应速度和可扩充性。系统软件应配置各种必要的维护、诊断和测试等工具软件。

远动通信设备配置远传数据库和与各级相关调度通信中心接口的通信规约，以实现与调度通信中心的远程通信。

7.5.3 监控系统设计原则

光伏发电监控系统的设计除了要求光伏发电系统的安全、可靠运行外，还要考虑经济性和方便性的目标。下面从系统构成和功能配置两个方面讲述其一般设计原则。

7.5.3.1 监控系统构成原则

对一定规模的独立或并网发电系统，如果对运行安全和可靠性要求较高，则适合在站内增设计算机采集与监控系统以实现发电系统的整体监控。还应采用现场总线实现计算机系统与现场设备的相互通信，实现有人值守运行方式。

对大型独立或并网光伏发电系统，若间距和设备数量满足 RS-485/GBIP 等现场网络技术条件，则可以考虑像小型光伏电站那样，直接构建通信网络（图 7-24）；尤其是其子站系统部署间距较大时，应考虑增设集中监控层，否则宜在子站配置独立远传装置或子站级监控系统，再通过计算机通信网络实现集中监控（图 7-25 中实线框所示），以实现在监控中心的有人值守运行方式。

对作为单一新能源参与微电网电源系统的光伏发电系统，或者是采用风光互补、光热混合系统的光伏发电系统，光伏发电系统除就地监控层行使监控功能外，可直接接受调度系统的运行监控和发电控制。

7.5.3.2 功能配置原则

功能配置方面应综合考虑以下几点原则。

① 对无人值守方式运行的发电系统，应提供短信报警、远程监控功能支持。

② 对一定规模的光伏发电系统，尤其是大型地面电站监控系统，应考虑配置场地和设备室的视频监控和安防系统。

③ 对一定规模的逆潮流发电系统，其最大发电功率、最大功率变化率等指标影响接入电网稳定运行，应由监控系统设置与电调中心的通信通道，接受其发电调度。

④ 对一定规模的逆潮流发电系统，通过历史可比日照强度、气象数据以及实时发电功率、统计发电量等数据，监控系统应能实时预测未来5min、未来2h、当日/月/年发电功率总和等数据，并提供给电调管理部门。

⑤ 对一定规模独立或并网发电系统，应由监控系统在系统层面对逆变器进行功率输出模式控制，自动选择最大功率跟踪模式及恒压、恒功率等模式，以提高发电站的运行经济效益。

⑥ 对一定规模独立或并网发电系统，应由监控系统根据当时日照强度、逆变器运行、电网对输出有功功率要求综合考虑并定期对逆变器等设备运行状态进行自动切换和调配，以延长逆变器等设备的使用寿命，提高光伏电站运营经济效益。

⑦ 对一定规模的逆潮流发电系统，应由监控系统在系统层面对电能质量进行综合监测，并对逆变器发电参数、并网开关通断和补偿装置投切等进行综合控制，提高发电站送出的电能质量。

第8章

DC-AC逆变器

众所周知，逆变器是一种将直流电能转变成交流电能的变流装置。由于其具有与整流装置相反的变换功能，因而被称为逆变器。逆变器也常被称为逆变电源。

在光伏发电系统中，太阳电池板在阳光照射下产生直流电。然而，以直流电形式供电的系统存在较大局限性。例如，日光灯、电视机、电冰箱、电风扇等大多数家用电器均不能直接用直流电源供电，绝大多数动力机械也是如此。此外，当供电系统需要升高电压或降低电压时，交流系统只需要加一个变压器即可，而直流系统中的升、降压技术与装置则要复杂得多。因此，除特殊用户外，在光伏发电系统中都需要配置逆变器。逆变器一般还具备自动稳频稳压功能，可保障光伏发电的供电质量。如接入电网，还必须与电网同步运行。因此，逆变器已成为光伏发电系统中不可缺少的关键设备。

8.1 逆变器分类及主要功能

8.1.1 逆变器分类

逆变器从结构上可分为两大类，即有源（他励式）逆变器与无源（自励式）逆变器。从主电路拓扑结构形式上可分为推挽式和桥式（半桥、全桥）两种。一般来说桥式电路比推挽电路用得多，但在某些情况下，如要求隔离或升压时，必须采用推挽电路。从输出交流电相数上来分，可分为单相、三相、多相。对单相、三相逆变器又可有恒电压源和恒电流源逆变器两种。使用较多的是恒电压型逆变器。逆变器的大致分类见表8-1，有源（他励式）与无源（自励式）逆变器的比较见表8-2。当然还可按输出电压波形分类，有方波逆变器、正弦波逆变器和阶梯波逆变器之分；按输出交流电的频率分类，有低频逆变器、工频逆变器、中频逆变器和高频逆变器之分；按逆变电路原理的不同分为自激励振荡型逆变器、阶梯波叠加逆变器和脉宽调制（PWM）逆变器；按功率流动方向分为单向逆变器和双向逆变器等。

本章中，将从光伏系统应用角度出发，根据是否并网情况，将逆变器分为离网型逆变器和并网型逆变器并加以阐述。

8.1.2 逆变器的主要功能

逆变器除具有将直流电逆变成为交流电的变换功能外，还应具有最大限度地发挥光伏电池性能以及系统故障保护的功能。

8.1.2.1 离网逆变器的主要功能

（1）自动运行和停机

表 8-1 逆变器的大致分类

序号	逆变方式	换流方式		电源性质	交流波形
1	他励式	电源换流		电流形	
2					方波
3		负荷换流			多重阶梯波
4	自励式	直流换流 (自己换流)	并联型		方波
5					方波
6					多重阶梯波
7			串联型		脉宽调制
8		间接换流 (强制换流)	由换流辅助回路实现换流	电压形	(由负荷决定)
9					方波
10					多重阶梯波
11			由自身灭弧元件实现换流		脉宽调制
12					方波
13					多重阶梯波
					脉宽调制

表 8-2 他励式与自励式逆变器的比较

序号	比较项目	他励式逆变器	自励式逆变器
1	换流方式	通过交流系统电压来换流。为了实现换流,无功功率补偿成为必要。因此,交流系统的电压畸变或系统的高阻抗会对换流造成困难	通过附属于主回路换流辅助回路来换流,灭弧 在自身灭弧元件中仅以选通脉冲控制来实现换流,灭弧
2	独立运行	若无外部换流电源就不能运行	可以单独运行
3	输出功率及频率	为交流系统的电压及频率	单独运行时,可以选择一定程度上自由的电压及频率 在与交流系统联网时,应与交流系统同步运行
4	有蓄电池时的充电工作	需要进行充电时以极性切换器使极性颠倒,或必要时反向并联连接直-交流变换装置	充放电动作连续且容易
5	无功功率调整	运行上无功功率成为必要,但不能控制无功功率	运行上不需要无功功率时,可以某种程度地调相运行,适当控制无功功率
6	电源高次谐波	产生电流高次可谐波,所以高次谐波滤波器成为并联阻抗形;可通过整流回路的多相化以降低产生的高次谐波	产生电压高次谐波,所以高次谐波滤波器为具有串联阻抗的逆 L 形 通过回路的多路系统化或脉宽调制(PWM)方式以降低高次谐波电压
7	效率	因无换流辅助回路,变换效率相对较高	由于换流辅助回路及其他损失,变换效率稍差
8	噪声	以冷却器的噪声为主	有必要注意换流辅助回路电抗线圈的噪声;对于使用自身灭弧元件的场合,以冷却器噪声为主
9	主回路元件	可用一般的闸流晶体管	多用高速闸流晶体管或自身灭弧元件
10	回路构成	无换流辅助回路,较简单	采用换流辅助回路或镇流电容等,结构相对较复杂
11	价格	较低	较高

早晨日出后，太阳辐照度逐渐增强，光伏电池的输出也随之增大，当达到逆变器工作所需的输出功率后，逆变器即自动开始运行。逆变器运行后，会持续监视光伏阵列的输出。只要光伏阵列的输出功率大于逆变器工作所需的输入功率，逆变器就持续运行，直到日落停机。

(2) 直流电压检测

检测直流输入电压。当直流输入电压过高或过低时逆变器停止工作。由于当直流输入电压过高时，可能会对逆变器本身造成损坏，形成安全隐患，因此停机切断电源供给有利于供电安全。直流输入电压过低，一般是蓄电池储能不足造成的。蓄电池长时间工作在欠电压的状态会导致蓄电池的使用寿命大大缩短。为了避免这种情况发生，逆变器应该在蓄电池电压过低时停止工作。

（3）直流过电流保护

如果逆变器因为内部器件的损坏导致直流侧短路，其直流侧将产生足以引起电路火灾的短路电流，因此逆变器对于直流的过电流状态必须具有保护切断的功能。

（4）直流电源反接保护

当直流电源的正负极接线错误时，逆变器会自动进入保护模式并停止工作。

（5）交流输出过载

为了适应供电负载启动时的较大启动电流，逆变器应该具备短时间提供较大输出过载的能力，一般应该可以短时间内输出逆变器额定功率的1.5倍左右。

（6）交流输出短路保护

当交流用户侧发生短路事故时，逆变器应该具有自动停机功能，防止逆变器损坏。

（7）其他保护

逆变器应该具备过热保护、雷击保护、输出异常保护、内部故障报警等功能。

（8）保护自动恢复

逆变器在发生各种异常状态保护性停机时，当故障消除后可以自动恢复运行。

8.1.2.2 并网逆变器的主要功能

当光伏发电系统并网后，要求并网逆变器除了具备离网逆变器的一般功能以外，还应具备以下功能。

（1）最大功率跟踪控制

光伏阵列的输出功率曲线具有非线性特性，受负荷状态、环境温度、辐照度等因素影响，其输出的最大功率点时刻都在变化。若负载工作点偏离光伏电池最大功率点，将会降低光伏电池输出效率。最大功率跟踪控制就是在一定的控制策略下，使光伏阵列工作在最大功率点，尽量提高其能量转换效率。

（2）孤岛检测

当电网因故障、事故或停电维修而停止供电时，用户端的光伏并网发电系统若未能及时检测出停电状态，将会形成由光伏发电系统和周围的负载组成的自给供电孤岛。孤岛效应可能会对整个配电系统设备及用户端的设备造成不利影响，比如：危害输电线路维修人员的安全；影响配电系统上的保护开关的动作程序；电力孤岛区域所发生的供电电压与频率会出现不稳定现象；当供电恢复时造成相位不同步；光伏供电系统因单相供电而造成系统三相负载的缺相运行等。光伏并网逆变器应具有检测出孤岛状态且立即断开与电网连接的能力。

（3）自动电压调整

光伏发电系统并网运行时，若存在逆流运行状况时，由于电能的反向输送，因此受电点的电压会升高，超出电网规定的运行范围。为了避免这种情况，要设置自动电压调整功能，以防止电压上升。

（4）直流检测

在逆变器中，因为会利用高频开关控制半导体器件，因此受元器件的不平衡等影响，逆变器的输出会有稍许直流叠加。在内置工频绝缘变压器的逆变器中，直流分量被绝缘变压器隔离，因此系统侧没有直流分量。但对于采用高频变压器绝缘方式和无变压器方式的逆变器，因为逆变器的输出直接与系统连接，所以存在直流分量，对系统侧（如柱上变压器）可能造成磁饱和等严重影响。为了避免这种情况，采用高频变压器绝缘方式或无变压器方式的逆变器按照要求将叠加在输出电流的直流分量控制在额定交流电流的1%以下。另外，还应设置抑制直流分量的直流控制功能，以及一旦此功能产生故障时，停止逆变器运行的保护功能。

（5）直流接地检测功能

在无变压器方式的逆变器中，因为太阳电池与系统之间没有绝缘，所以需要有针对太阳电池接地的安全措施。通常在受电点（配电盘）处安装漏电断路器，监视室内配电线路和负载设备的接地。如果太阳电池接地，接地电流中会叠加直流成分，采用普通的漏电断路器不能进行有效保护，所以逆变器内部要设置直流接地检测器，以实现检测直流接地的保护功能。检测电流通常多设置为100mA。

8.2 逆变器的技术要求及性能指标

8.2.1 逆变器技术要求

(1) 高可靠性

光伏发电系统由于设置地点及其全天候运行的特殊性，难以实现经常、及时的维护。因此，要求逆变器能够长期稳定运行，并具备较高的可靠性。

(2) 高逆变效率

目前光伏发电系统的发电成本还比较高，为了尽可能合理地利用光伏发电所产生的电能，提高系统效率，必须尽量提高逆变器的逆变效率。一般中小功率逆变器满载时的逆变效率要求达到85%～90%，大功率逆变器满载时的逆变效率要求达到90%～98%。此外，还要求逆变器在轻负载下效率即加权效率要高。

(3) 较宽的直流输入电压范围

由于光伏阵列的输出电压会随着负载和辐照度、气候条件的变化而变化，其输入电压变化范围较大，所以必须要求逆变器有较宽的直流输入电压范围。

(4) 好的电能输出质量

光伏发电系统向当地交流负载提供电能或向电网发送电能时，其质量应满足实际需求并符合相关标准。当出现偏离标准的越限状况时，系统应能检测到这些偏差并将光伏发电系统与电网及时断开。

(5) 好的性价比

要降低光伏发电系统造价，除太阳电池组件应降低制造成本之外，系统平衡部件也应有好的性价比。一般而言，逆变器约占系统造价的8%～10%。

8.2.2 逆变器性能指标

(1) 额定输出电压

额定输出电压表示在规定的输入直流电压允许波动范围内，逆变器能够输出的额定电压值。

对于并网逆变器，其三相电压的允许偏差通常为额定电压的±7%，单相电压的允许偏差通常为额定电压的+7%、−10%。对于离网逆变器，额定输出电压值有如下规定。

① 在稳态运行时，电压波动应有一定范围，其波动偏差范围不超过额定值的±3%或±5%。

② 在负载突变或有其他干扰因素的动态影响下，其输出电压偏差不应超过额定值的±8%或±10%。

(2) 额定输出容量的选取和过载能力

在离网逆变器的选用上，首先要考虑的是足够的额定输出容量，以满足最大负荷下设备对功率的需求。额定输出容量表示逆变器向负载供电的能力。额定输出容量值高的逆变器可以带动更多的负载。但当逆变器的负载不是纯电阻性负载时，也就是输出功率因数小于1时，逆变器的负载能力将小于所给出的额定输出容量值。

对于以单一设备为负载的逆变器，其额定容量的选取较为简单。当用电设备为纯阻性负载或功率因数大于0.9时，选取逆变器的额定输出容量为用电设备容量的1.1～1.15倍即可。当逆变器以多个设备为负载时，逆变器额定输出容量的选取要考虑几个用电设备同时工作的可能性，即“负载同时系数”。

（3）输出电压稳定度

输出电压稳定度用于表征离网逆变器输出电压的稳压能力。多数逆变器给出的是输入直流电压在允许波动范围内该逆变器输出电压的偏差百分数，通常称为电压调整率。高性能的逆变器应同时提供当负载在0～100%范围变化时，该逆变器输出电压的偏差百分数，通常称为负载调整率。性能良好的逆变器的电压调整率应在±3%内，负载调整率应在±6%内。

（4）输出电压的波形失真度

当逆变器输出电压为正弦波时，规定允许的最大波形失真度（或谐波含量）。通常以输出电压的总波形失真度表示，其值不应超过5%（单相输出指标允许10%）。

（5）额定输出频率

逆变器输出交流电压的频率应是一个相对稳定的值，通常为工频50Hz。对于并网逆变器，频率偏差通常为±0.5Hz。

对于离网逆变器，正常工作条件下其偏差应在±1%内。

（6）功率因数

功率因数用于表征逆变器带感性负载或容性负载的能力。当并网逆变器的输出大于其额定输出的50%时，平均功率因数应不小于0.9（超前或滞后）。

对于离网逆变器，在正弦波条件下，负载功率因数为0.7～0.9（滞后），额定值为0.9。

（7）额定输出电流（额定输出容量）

该指标表示在规定的负载功率因数范围内，逆变器的额定输出电流。有些逆变器给出的是额定输出容量。逆变器的额定容量是当输出功率因数为1（即纯阻性负载）时，额定输出电压与额定输出电流的乘积。

（8）额定输出效率

额定输出效率是指在规定的工作条件下，输出功率与输入功率之比。整机逆变效率高是光伏发电系统用逆变器区别于通用型逆变器的显著特点。逆变器的效率值用于表征自身功率损耗的大小，通常以百分数表示。额定输出效率随着负载率的变化而变化，负载率高，则额定输出效率增加。容量较大的逆变器还应给出满负荷效率值和低负荷效率值。

（9）直流分量

光伏发电系统并网运行时，逆变器向电网馈送的直流电流分量不应超过其交流额定值的0.5%。对于不经变压器直接接入电网的光伏逆变器，因逆变器效率等特殊因素可放宽至1%。

（10）谐波和波形畸变

光伏发电系统的输出应有较低的电流畸变，以避免对连接到电网的其他设备造成不利影响。并网逆变器总谐波电流应小于其额定输出的5%。

（11）电压不平衡度

光伏发电系统并网运行（仅对三相输出）时，电网接口处的三相电压不平衡度不应超过GB/T 15543—2008规定的数值，允许值为2%，短时不得超过4%。

（12）保护功能

在光伏发电系统正常运行过程中，因负载故障、工作人员误操作及外界干扰等原因可能会引起各种故障。逆变器必须具有可靠、完善的保护功能，以保证电能的稳定高效输出。对于并网逆变器，尤为重要的是孤岛保护。

（13）启动特性

逆变器应保证在额定负载下可靠稳定启动，高性能逆变器可做到连续多次满负载启动而不损坏功率器件。小型逆变器为了自身安全，有时候需要采取软启动或限流启动。

(14) 噪声

电力电子设备中的变压器、滤波电感、电磁开关及风扇等部件均会产生噪声。逆变器正常运行时，其噪声不应超过 65dB。

8.3 离网逆变器的结构及工作原理

独立光伏发电系统用离网逆变器不仅具备常规逆变器的一切性能，因其往往应用在山区、牧区、边防、海岛等交通不便的无电地区，因而还要具备高可靠性。因为此类地区，一旦光伏电源出现问题，维护极不方便，维修成本也高。这些地区还存在日夜温差大、高海拔导致的空气稀薄，会引起散热与绝缘问题；加之路况极差，远途运输易引起一系列问题等。另外，高效、高可靠性的逆变器，也可以降低太阳电池板的容量，从而减少光伏系统的投资。

8.3.1 离网逆变器的结构及选用

目前国内外离网逆变器，从技术到产品都已成熟。通常市售离网逆变器结构如图 8-1 所示。

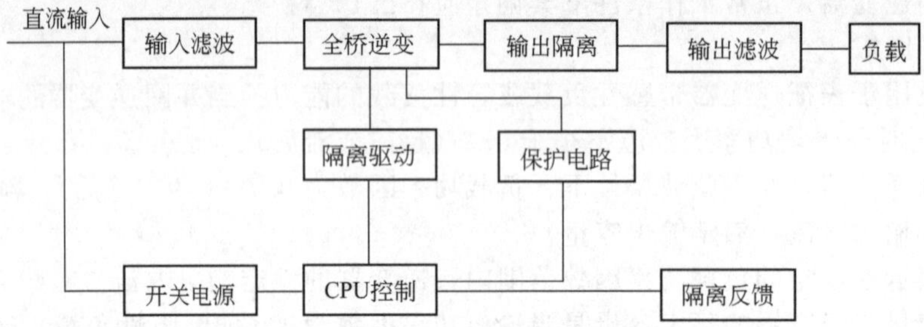

图 8-1 离网逆变器结构

此类逆变器的主要性能特点如下：

- 专用微机处理器和芯片控制；
- 智能功率模块；
- 纯正弦波输出，输出稳压、稳频；
- 具有过压、欠压、过载、短路、输入极性接反等各种保护功能；
- 输入输出优异的 EMI/EMC 指标，可配备 RS232/485 接口；
- 高可靠性、高效率、抗振动；
- LCD、LED 显示。

这类离网逆变器，往往不仅应用在独立光伏电站上，还具备一定的通用性，如有以下应用：

- 风力发电站；
- 风、光、油、蓄互补发电系统；
- 户用太阳能电源系统；
- 通信基站；
- 无人值守的边防哨所、岛屿、海岛等；
- 高速公路、无人区域的照明、摄像、通信；
- 油田采油设备的供电等。

在为光伏发电等系统选配逆变器时，应向供货厂商提供如下必要信息和资料：

- 额定直流输入电压；
- 输出是单相还是三相；
- 额定输出功率；额定输出电压；额定输出频率；输出波形；

• 负载性质：阻性负载；感性负载；容性负载或混合性负载；
• 是否带切换功能；额定交流输入电压；额定输入频率；是普通切换还是静态切换；
• 是否需要专用防雷装置（如浪涌保护器）；
• 提供相关图纸或技术资料；
• 产品应用环境，如室外、室内等。

8.3.2 正弦波逆变器的工作原理

随着全控型电力电子器件和高速微处理芯片的迅速发展，正弦波逆变器已经得到广泛应用，是目前重要和常用的电力电子交流设备，并在电机调速、交流电源及电能质量控制等方面占有不可取代的地位。正弦波脉宽调制（SPWM）是正弦波逆变器控制技术的关键问题。

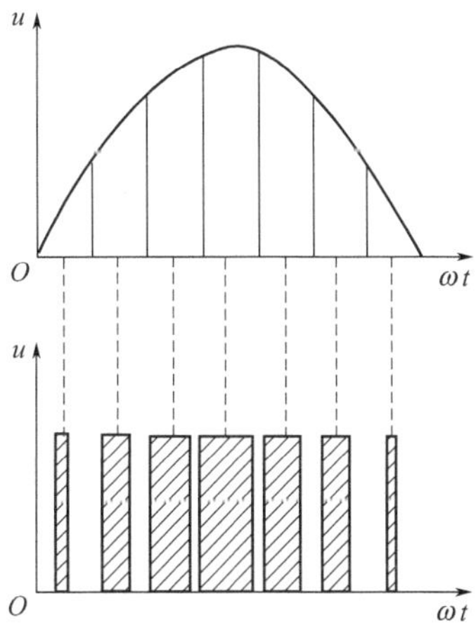

图 8-2 用 PWM 波代替正弦半波

8.3.2.1 SPWM 基本原理

为了使逆变器能够变压、变频，且使其输出电压波形是正弦波，可考虑将一个正弦波波形分成 N 等份（如图 8-2 所示），并把正弦半波看成由 N 个彼此相连的脉冲段所组成的波形。这些脉冲宽度相等，均等于 n/N；但幅值不等，且脉冲顶部不是水平直线，而是曲线，各脉冲的幅值是按正弦规律变化的。如果把上述脉冲序列用同样数量的等幅而不等宽的矩形脉冲序列代替，矩形脉冲和相应正弦部分面积（冲量）相等，就得到如图 8-2 所示的脉冲序列，这就是 PWM 波形。可以看出，各脉冲的宽度是按正弦规律变化的。根据冲量相等即效果相同的原理，PWM（脉宽调制）波形和正弦半波是等效的。对于正弦波的负半周，也可以用同样的方法得到 PWM 波形。这就是 SPWM 技术的基本原理。

8.3.2.2 单相逆变器 SPWM 技术

单相逆变器 SPWM 技术有三种主要方式：双极性 SPWM、单极性 SPWM 和倍频式 SPWM。单相半桥逆变器只能采用双极性 SPWM。对于单相全桥逆变器，则三种方法都可以使用。作为电压型结构，同一半桥上下两开关管的驱动脉冲互补。

（1）双极性 SPWM 技术

双极性 SPWM 技术的基本原理图如图 8-3 所示。所谓双极性是指在整个基波周期，SPWM 波形只有 $+U_{\rm d}$ 和 $-U_{\rm d}$ 两种电平。载波与正弦波进行比较，生成的驱动信号同时传给单相全桥逆变器正对角线上的两个开关管。

假设调制波的数学表达为

$$u_{\rm m}(t)=a\cdot\cos(\omega_{\rm m}t+\phi_{\rm m}) \tag{8-1}$$

式中，a 为幅度调制比（调制波幅值与三角波幅值之比，且 $\alpha\leqslant1$）；$\omega_{\rm m}$ 为调制波频率；$\phi_{\rm m}$ 为调制波相位；t 为时间变量。

则输出电压 u_0 的双重傅里叶级数可表示为

$$u_{\rm o}(t)=aU_{\rm d}\cos(\omega_{\rm m}t+\phi_{\rm m})+\sum_{k=1}^{\infty}\left[\frac{4U_{\rm d}J_0\left(\dfrac{k\pi a}{2}\right)}{k\pi}\right]\sin\left(\frac{k\pi}{2}\right)\cos[k(\omega_{\rm c}t+\phi_{\rm c})]$$
$$+\sum_{k=1}^{\infty}\sum_{n=\pm1}^{\pm\infty}\frac{4U_{\rm d}J_n\left(\dfrac{k\pi a}{2}\right)}{k\pi}\sin\left(\frac{k+n}{2}\pi\right)\cos[k\cdot(\omega_{\rm c}t+\phi_{\rm c})+n(\omega_{\rm m}t+\phi_{\rm m})] \tag{8-2}$$

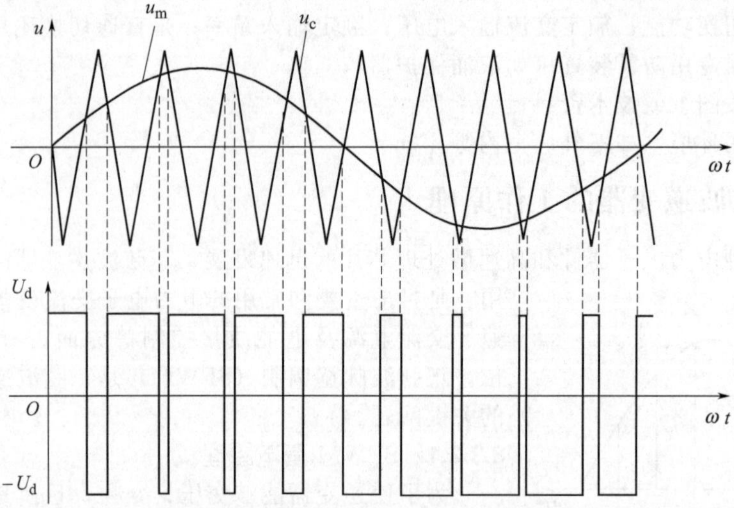

图 8-3 双极性 SPWM 技术的基本原理

式中，ω_c 为载波频率；ϕ_c 为载波相位；$J_n(x)$ 为 n 阶贝塞尔函数，即

$$J_n(x)=\sum_{m=1}^{\infty}(-1)^m\frac{x^{n+2m}}{2^{n+2m}\cdot m!\cdot(n+m)!} \tag{8-3}$$

由式(8-2) 可以看出双极性 SPWM 有以下特点：

① 基波成分与调制波完全相同；

② 不含偶数次载波谐波；

③ 不含 $k+n$ 为偶数次的边带谐波；

④ 谐波出现在载波频率整数倍频率附近。

图 8-4 给出了在载波比 $N=\omega_c/\omega_m=24$，幅度调制比 $\alpha=1$ 时，双极性 SPWM 的波形频谱（只分析到 30 次以下谐波）。在频谱中可以看到以上分析的正确性。

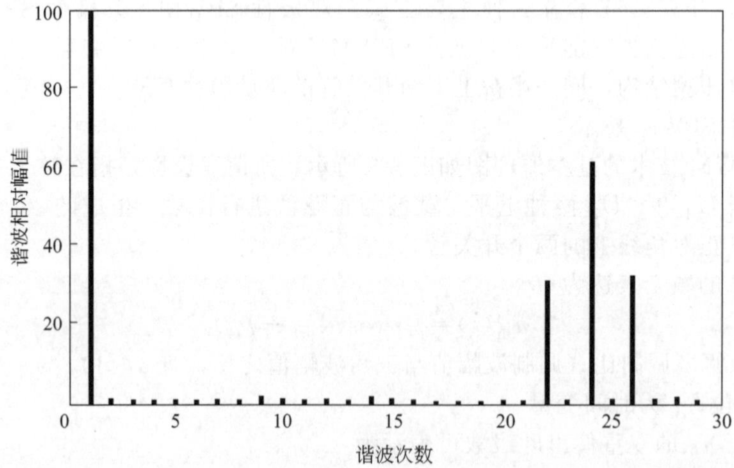

图 8-4 双极性 SPWM 的波形频谱

(2) 单极性 SPWM 技术

单极性 SPWM 技术的基本原理如图 8-5 所示。单极性是指调制波在半个周期内的 PWM 波形只在一种极性范围内变化。具体来说，正半周期输出波形为 0 和 U_d 两个电平，负半周期输出波形为 0 和 $-U_d$ 两个电平。正弦调制波与两个三角载波进行调制，两个三角波以零

线为界。零线以上的三角波与正弦波进行比较，生成的驱动信号用于控制单相全桥逆变器的左上方的开关管 VT_1；零线以下的三角波与正弦波进行比较，生成的驱动信号用于控制右下方的开关管 VT_3。常规单极性 SPWM 的两个三角载波频率和峰-峰值相同，相位相反。在正弦波的正半周期，VT_1 与 VT_4 组成斩波臂，而 VT_2 与 VT_3 则处于常断或常通状态；在正弦波的负半周期，VT_2 与 VT_3 变为斩波臂，而 VT_1 与 VT_4 则处于常断或常通状态。当然，单极性 SPWM 也有采用某一桥臂一直作为斩波臂，另一桥臂一直按基波频率切换的方式。但比较而言，前一种方式的开关负载均衡，易于选择器件。单极性调制的输出波形在每半个调制周期中都只在一个极性范围内变化。相对于双极性调制而言，开关管所承受的电压应力减小一半。

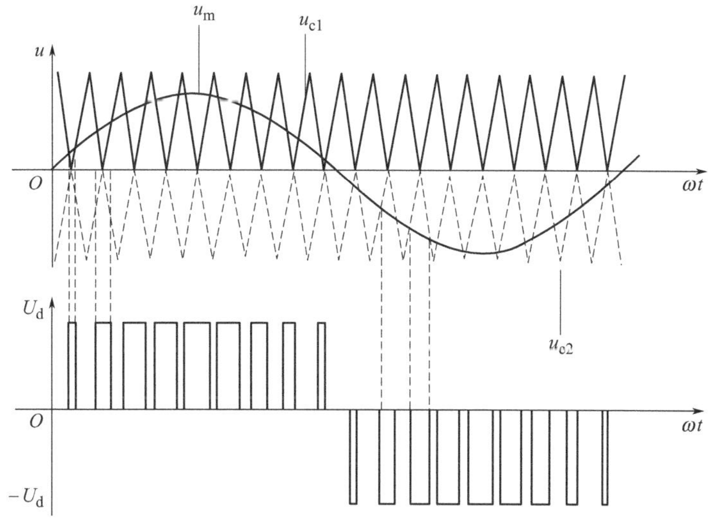

图 8-5 单极性 SPWM 技术的基本原理

图 8-5 中正弦调制波的表达式为 $U_m=\alpha\sin(\omega_m t)$。常规单极性 SPWM 下输出电压 u_0 的双重傅里叶级数为

$$u_o(t)=a\cdot U_{dc}\sin(\omega_m t)+\sum_{k=1}^{\infty}\sum_{n=\pm1}^{\pm\infty}\frac{2U_{dc}J_n\left(\frac{k\pi a}{2}\right)}{k\pi}\times \sin^2\left(\frac{n}{2}\pi\right)\cos(k\pi)\sin(k\omega_c t+n\omega_m t) \tag{8-4}$$

从式(8-4) 可以得到以下结论：

① 基波成分与调制波完全相同；

② 不含载波谐波；

③ 不含 n 为偶数次的谐波；

④ 谐波出现在载波频率附近。

图 8-6 给出了在载波比 $N=24$，幅度调制比 $\alpha=1$ 时，常规单极性 SPWM 的波形频谱(只分析 30 次以下谐波)。在频谱中可以看到以上分析的正确性。

常规单极性 SPWM 技术中两个载波的相位相反。如果使两个载波的相位相同，也同样可以构成单极性 SPWM（本书称为新型单极性 SPWM)，其原理如图 8-7 所示。

新型单极性 SPWM 的输出电压 u_0 的双重傅里叶级数为

$$u_o(t)=aU_{dc}\sin(\omega_m t)+U_{dc}\sum_{k=1}^{\infty}\frac{4\sin^2\left(\frac{k}{2}\pi\right)\sum\limits_{m=1}^{\infty}\frac{J_{2m-1}(k\pi a)}{2m-1}}{k\pi^2}\cos(k\omega_c t)+$$

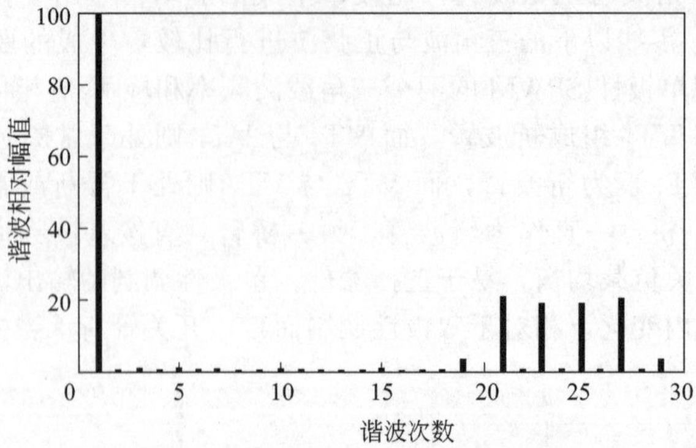

图 8-6 常规单极性 SPWM 的波形频谱

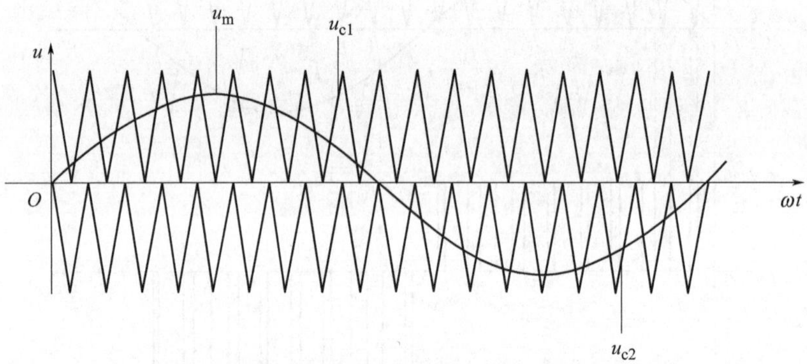

图 8-7 新型单极性 SPWN 调制原理

$$\sum_{k=1}^{\infty}\sum_{n=\pm1}^{\pm\infty}\frac{2U_{dc}\sin^2\left(\frac{k+n}{2}\pi\right)}{k\pi^2}\left[\sum_{m=1}^{\infty}J_{2m-1}(k\pi a)D\cos(k\omega_c t+n\omega_m t)\ |_{n\neq 2m-1}+\pi\sin(k\omega_c t+n\omega_m t)\ |_{n=2m-1}\right] \tag{8-5}$$

式中

$$D=\frac{4(2m-1)\cos^2\left(\frac{m}{2}\pi\right)}{(2m-1)^2-n^2} \tag{8-6}$$

由式(8-5) 可以得到以下结论：

① 基波成分与调制波完全相同；

② 不含偶数次载波谐波；

③ 不含 $n+k$ 为偶数次的谐波；

④ 谐波出现在载波频率附近。

图 8-8 给出了在载波比 $N=24$，幅度调制比 $\alpha=1$ 时，新型单极性 SPWM 的波形频谱（只分析 30 次以下谐波）。在频谱中可以看到以上分析的正确性。

（3）倍频式 SPWM 技术

在普通 PWM 逆变电路中，器件的开关频率与输出电压载波频率相等。而所谓的倍频式 PWM 逆变电路则是指输出电压等效载波频率 f_{cp} 是逆变器件开关频率 f_c 的两倍。倍频技术能够缓和谐波抑制与效率提高之间的矛盾，且能够适当安排逆变器控制信号的时序，因而是具有很高应用价值的技术。

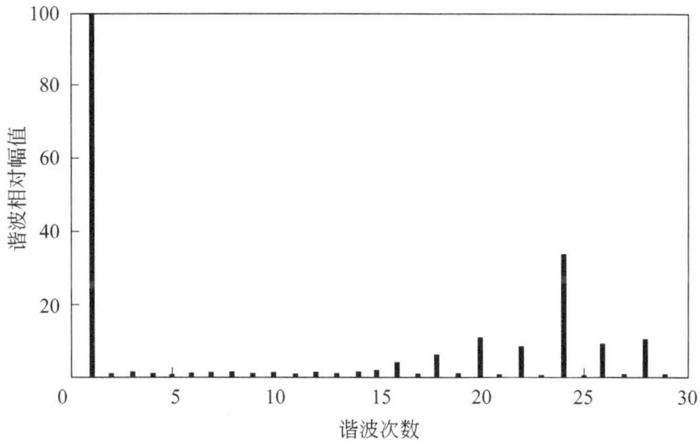

图 8-8 新型单极性 SPWM 波形频谱

倍频式 SPWM 工作原理如图 8-9 所示。倍频式 SPWM 技术含有两个频率和幅值大小相同、相位相反的双极性三角载波。倍频式 SPWM 技术的两个三角载波与正弦波比较后生成两路驱动信号，其中一路作为 VT_1 的驱动信号，另一路作为 VT_3 的驱动信号。

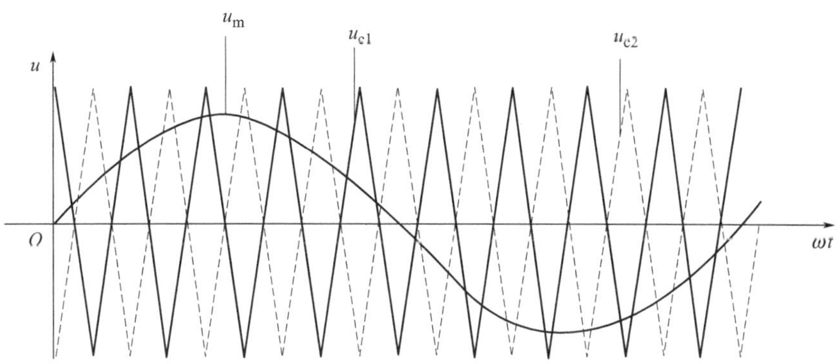

图 8-9 倍频式 SPWM 工作原理

倍频式 SPWM 输出电压的双重傅里叶级数为

$$u_o(t)=aU_{dc}\sin(\omega_m t)+\sum_{k=1}^{\infty}\sum_{n=\pm1}^{\pm\infty}\frac{2U_{dc}J_n(k\pi a)}{k\pi}\sin^2\left(\frac{n}{2}\pi\right)\sin(2k\omega_c t+n\omega_m t) \quad (8\text{-}7)$$

从式(8-7) 可以看出，倍频式 SPWM 的输出电压 u_0 特点如下：

① 基波成分与调制波完全相同；

② 不含载波谐波；

③ 不含偶数次谐波；

④ 谐波出现在载波频率偶数倍频率附近。

图 8-10 给出了在载波比 $N=12$，幅度调制比 $\alpha=1$ 时，倍频式 SPWM 的波形频谱（只分析 30 次以下谐波）。在频谱中可以看到以上分析的正确性。

倍频式 SPWM 在不提高开关频率的基础上，将输出波形的脉动频率提高了两倍，其在开关频率和开关损耗方面的优势非常明显。实际上，即使不考虑开关频率和开关损耗方面的因素，在输出电压脉动频率相等的情况下（这时双极性 SPWM 的开关频率为倍频式 SPWM 的两倍)，倍频式 SPWM 的谐波特性仍然优于双极性 SPWM。比较式(8-2) 和式(8-7)，可以看出倍频式 SPWM 除了不含有载波谐波之外，各边带谐波的幅值也比双极性 SPWM 小。这使得在相同的幅度调制比和输出脉动频率下，倍频式 SPWM 的总谐波畸变率（THD）远

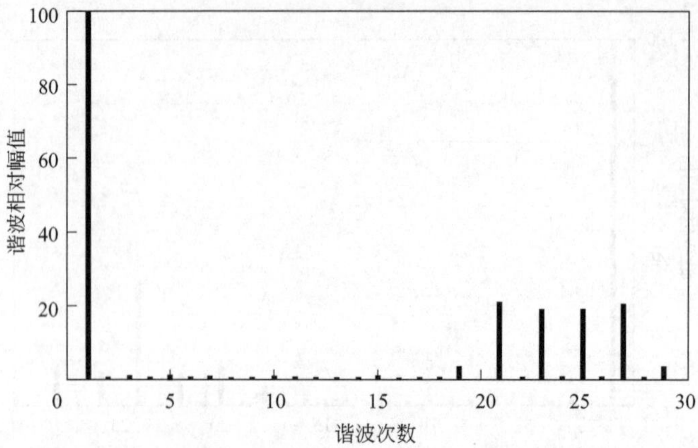

图 8-10 倍频式 SPWM 波形的频谱

小于双极性 SPWM，这个结论也可以从图 8-4 和图 8-10 中直观地看出来。

对比式(8-4) 和式(8-7)，可以发现在输出电压波形脉动频率相同时，常规单极性 SPWM 与倍频式 SPWM 的调制模型完全相同，谐波特性也完全一致。上述推论可以从图 8-5 和图 8-9 中清楚地看出来。

$$m=\frac{U_{\mathrm{aN1m}}}{U_{\mathrm{d}}/2} \tag{8-8}$$

于是有

$$U_{\mathrm{aN1m}}=\frac{m}{2}U_{\mathrm{d}} \tag{8-9}$$

8.3.2.3 三相逆变器 SPWM 技术

常用的三相变流器结构有两种：三相电压型桥式变流器和三相电流型桥式逆变器。针对这两种拓扑结构，分别需要采用不同的 SPWM 策略，介绍如下。

(1) 三相电压型桥式交流器的 SPWM 技术

三相电压型桥式逆变器的拓扑由三个单相半桥电路组合而成，如图 8-11 所示。三相电压型桥式逆变器的 SPWM 只能采用双极性 SPWM。为了使三相严格对称，三相 PWM 逆变器通常共用一个三角载波，且载波比取为 3 的整数倍；同时，为了消除偶次谐波，载波比应该为奇数。

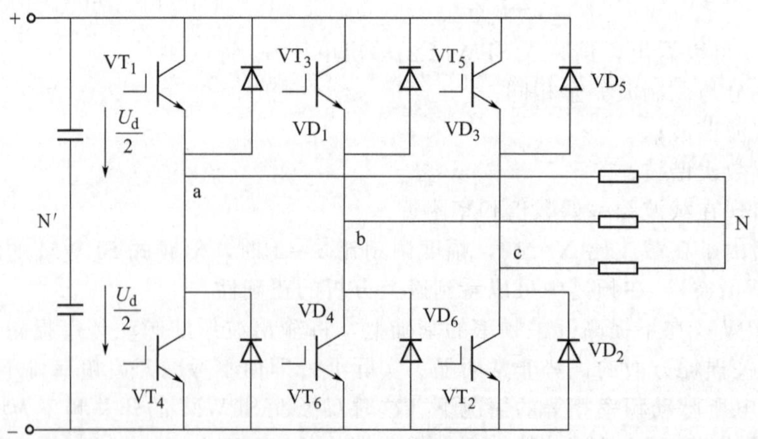

图 8-11 三相电压型桥式逆变器

三相电压型 SPWM 逆变器的基本原理和各电量波形如图 8-12 所示。载波信号为对称的

三角波 u_c，如图 8-12(a) 所示，重复频率为 f_c；调制信号为三相正弦波 u_{ga}，u_{gb} 和 u_{gc}，相位上依次相差 120°。根据三角波和调制波的交点决定的各相控制极信号时序如图 8-12(b) 所示。以 a 相为例，当 $u_{ga}>u_c$ 时，给上桥臂 T_1 以开通信号，给下桥臂 T_4 以关断信号，则 a 相相对于直流电源中点 N 的输出相电压 $u_{aN}=U_d/2$；当 $u_{ga}<u_c$ 时，给上桥臂 T_1 以关断信号，给下桥臂 T_4 以开通信号，则 $u_{aN}=-U_d/2$。上下桥臂控制信号在相位上始终是互补的。当给 $T_1(T_4)$ 加开通信号时，可能是 $T_1(T_4)$ 导通，也可能是二极管 $D_1(D_4)$ 导通，这要由负载电流的方向来决定。b 相和 c 相的情况与 a 相相同。可以看出 u_{aN}、u_{bN} 和 u_{cN} 是典型的双极性 PWM 波，其幅值为 $U_d/2$。图 8-12(c) 中虚线 u_{aN1} 是 u_{aN} 的基波分量，其幅值为 U_{aN1m}。对于三相电压型 PWM 逆变器的调制比 m，因为 m 的最大值为 1，因此输出相电压的基波最大幅值为 $U_d/2$，输出线电压的基波最大幅值为 $\sqrt{3}U_d/2$。

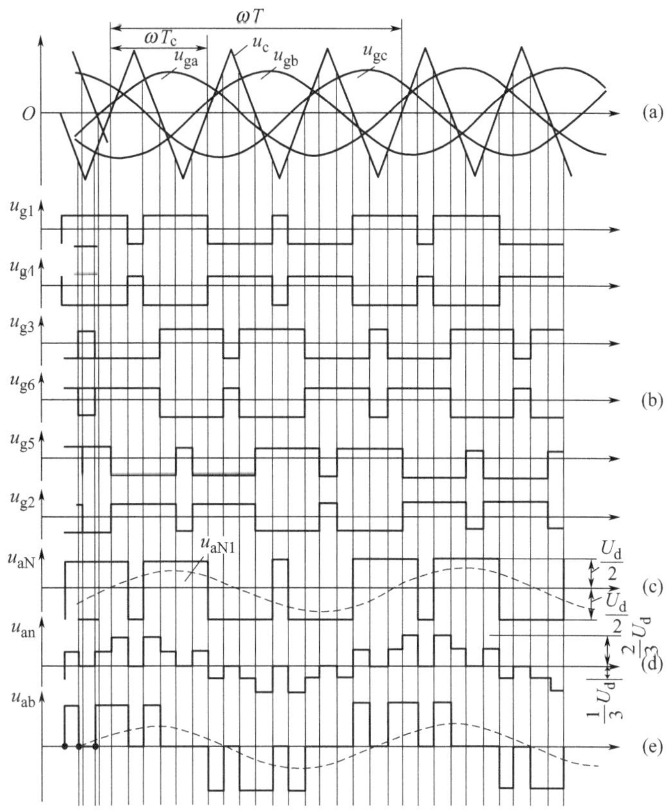

图 8-12 三相电压型 SPWM 逆变器的工作原理和各电量波形

常规三相电压型 SPWM 逆变器输出相电压的谐波特性与单相双极性 SPWM 输出电压完全相同。线电压的频谱与相电压相比，最显著的区别是 3 以及 3 的整数倍次谐波自然消除。由于载波比 N 取为 3 的整数倍，则各载波谐波均为 3 的整数倍次谐波，因此在线电压中不含载波谐波成分，谐波含量也就大大减小。

(2) 三相电流型桥式交流器的 SPWM 技术

三相电流型桥式逆变器电路拓扑结构如图 8-13 所示。

对于三相电流型桥式逆变器，上、下桥臂在任意时刻都必须有且仅有一个开关管导通。因此，在三相桥臂对中总有一相的上下桥臂都不导通，记为 $S_j=0(j=a、b、c)$。另外，也有可能上下桥臂同时导通，也记为 $S_j=0$。因为这两种情况下，输出相电流均为 0。上组桥臂导通记为 $S_j=1$；下组桥臂导通记为 $S_j=-1$。这里将三相电流型逆变器的这种开关函数称为三逻辑信号。而三相电压型桥式逆变器的每相桥臂的开关函数 $X_j(j=a、b、c)$ 只有

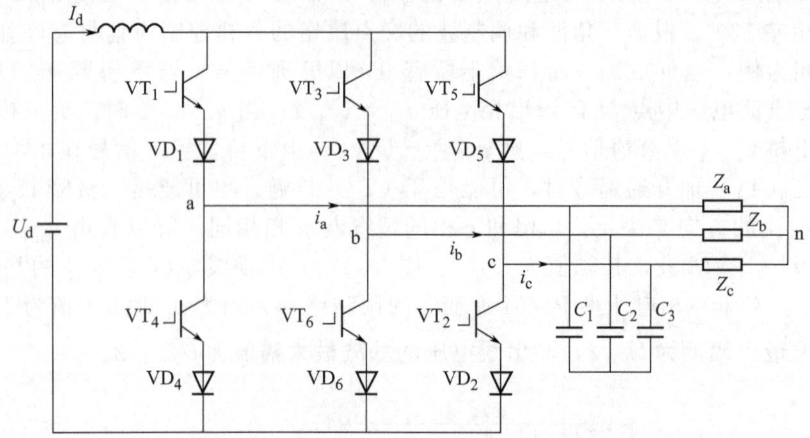

图 8-13 三相电流型桥式逆变器电路拓扑结构

+1、−1 两种状态，称为二逻辑信号。二逻辑信号通过下面变换可以构造出满足电流型逆变器要求的三逻辑信号。

$$\begin{bmatrix} S_a \\ S_b \\ S_c \end{bmatrix} = \frac{1}{2}C \cdot \begin{bmatrix} X_a \\ X_b \\ X_c \end{bmatrix} \tag{8-10}$$

$$C = \begin{bmatrix} 1 & -1 & 0 \\ 0 & 1 & -1 \\ -1 & 0 & 1 \end{bmatrix} \tag{8-11}$$

在三相电压型桥式 SPWM 逆变器中，三个互差 120°的调制波与相同的三角载波相交产生三相二逻辑开关函数，通过式(8-10) 转变为三逻辑开关函数可以满足电流型 PWM 变流器的要求，如图 8-14 所示。

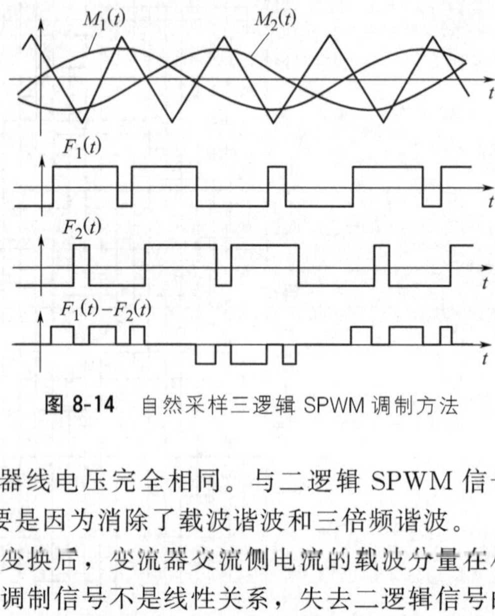

图 8-14 自然采样三逻辑 SPWM 调制方法

比较图 8-14 和图 8-12，可见三逻辑 SPWM 信号的形状与三相电压型桥式 SPWM 逆变器线电压完全相同。与二逻辑 SPWM 信号相比，三逻辑 SPWM 的开关谐波有所减少，主要是因为消除了载波谐波和三倍频谐波。

经过二逻辑 SPWM 信号到三逻辑 SPWM 的变换后，变流器交流侧电流的载波分量在相位上滞后于调制波信号，即交流侧电流的基波与调制信号不是线性关系，失去二逻辑信号的传输线性。这种由于调制本身带来的非线性常常给反馈控制的引入带来困难，为此需要采用解耦预处理的方法，这里不再赘述。

8.4 并网逆变器的结构及工作原理

目前国内外并网型逆变器结构的设计主要集中于采用 DC/DC 和 DC/AC 两级能量变换的两级式逆变器和采用一级能量转换的单级式逆变器。对于中小型并网逆变器，主要采用两级式结构；而对于大型逆变器，一般采用单级式结构。

8.4.1 两级式逆变器

两级式逆变器的系统框图如图 8-15 所示。DC/DC 变换环节调整光伏阵列的工作点使其跟踪最大功率点；DC/AC 逆变环节主要使输出电流与电网电压同频同相。两个环节具有独立的控制目标和手段，系统的控制环节比较容易设计和实现。由于单独具有一级最大功率跟踪环节，系统中相当于设置了电压预调整单元，系统可以具有比较宽的输入范围；同时，最大功率跟踪环节的设置可以使逆变环节的输入相对稳定，而且输入的电压较高，这样都有利于提高逆变环节的转换效率。

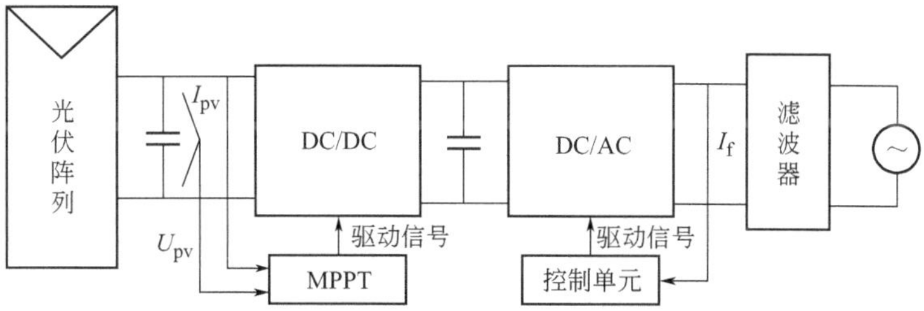

图 8-15 两级式逆变器的系统框图

(1) DC/DC 环节

DC/DC 环节的分类方式有多种。从功率开关器件中的电压或电流波形来看，可分为方波型和正弦型。从功率开关器件的控制方式来看，方波型 DC/DC 环节可分为脉宽调制（PWM）型、脉冲频率调制（PFM）型和混合调制型。

① 脉宽调制型　指控制信号的脉冲周期固定，脉冲宽度可调。

② 脉冲频率调制（PFM）型　指控制信号的脉冲周期可调，脉冲宽度固定。

③ 混合调制型　指控制信号的脉冲周期和宽度均可调节。

正弦型 DC/DC 环节可分为：①模拟信号离散时间控制方式；②脉冲频率控制方式；③导通角控制方式；④电容电压控制方式。

从变换功能来看，DC/DC 环节可分为电压-电压变换器和电流-电流变换器。

① 电压-电压变换器，指 DC/DC 环节的输入输出均视为电压源。

② 电流-电流变换器，指 DC/DC 环节的输入输出均视为电流源。

工程上多采用电压-电压变换器。若输入需要为电流源时，通常采取将电压源与电感串联的方式来实现。电压-电压变换器的基本拓扑结构有四种，如图 8-16 所示。

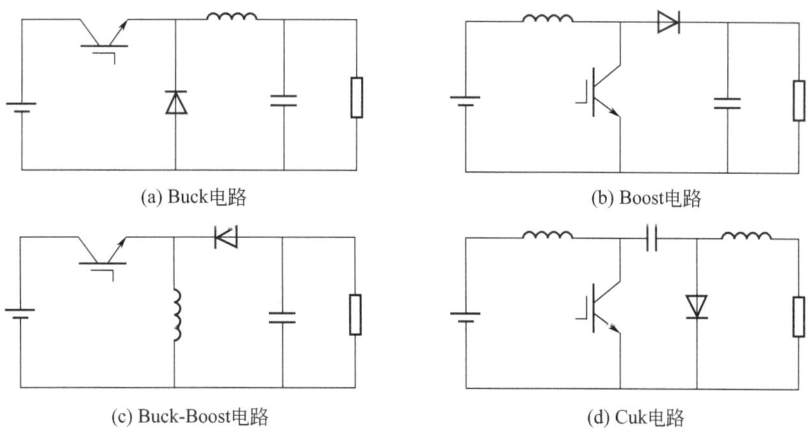

图 8-16 电压-电压变换器的基本拓扑结构

Buck 电路的特点是电路简单、动态性能好，但输入电流的脉动会引起对输入电源的电磁干扰，故工程上常在电源与开关管之间加一输入滤波电容。由于开关管发射极不接地，使其驱动电路较复杂。

Boost 电路的特点是输入电流连续，对电源的电磁干扰较小，开关管发射极接地，其驱动电路相对简单。但其输出侧二极管中的电流是脉动的，导致输出纹波较大，故工程上常在二极管与输出之间加一输出滤波电容。

Buck-Boost 电路的特点是电路简单、可升降压，但输入输出电流皆有脉动，故工程上常加输入输出滤波网络。由于开关管的发射极不接地，使其驱动电路较复杂。

Cuk 电路又常称为 Boost-Buck 电路，它基本克服了上述三种电路的不足，其特点是输入输出电流都连续，且通过输入输出的电感耦合，可达到“零纹波”，使体积小型化，同时可升降压，开关管发射极接地，其驱动电路较简单。Cuk 电路虽然拓扑结构较佳，但并不广为使用，原因是能量转换用的电容需要承受极大的纹波电流。这种电容成本高，可靠性较差。

从 DC/DC 环节的效率来看，在上述四种基本拓扑结构中，Buck 和 Boost 电路效率最高，Buck-Boost 和 Cuk 电路次之。Buck 电路为降压型直流环节，则当其工作在最大功率输出状态时，光伏阵列的最大功率点电压必须高于交流侧的峰值电压，因而很大程度上限制了光伏阵列的配置，因此 Buck 电路极少作为光伏并网系统的最大功率点跟踪电路使用。但由于离网型光伏发电系统中储能环节蓄电池的电压一般低于光伏最大功率点电压，因而 Buck 电路广泛应用于独立系统中。Boost 电路为升压直流环节，是光伏并网系统最大功率点控制电路的理想选择。由于光伏最大功率点电压低于交流侧的峰值电压，因而使光伏阵列的配置比较灵活；同时，Boost 电路本身具有相对较高的效率，电路结构中的二极管也起到了防止电网侧能量返送给光伏阵列的作用。

(2) DC/AC 环节

并网逆变器可以分为电流型和电压型两大类。电流型的特征是直流侧采用电感进行直流储能，从而使直流侧呈现高阻抗的电流源特性。电压型的特征是直流侧采用电容进行直流储能，从而使直流侧呈现低阻抗的电压源特性。

光伏并网系统从结构上还可以分为工频和高频两种。工频并网逆变器首先通过 DC/AC 变换器将光伏电池输出的直流电能转换为交流电能，然后通过工频变压器和电网相连，完成电压匹配以及与电网的隔离，实现并网发电。它的最大优点是逆变桥在变压器原边低压侧，因此逆变桥可以采用高频低压器件，从而节省了初期投资；而且，由于在低压侧实现逆变器的控制，使得整个控制过程更容易实现。另外，此结构还适用于大电流光伏阵列。

然而工频升压变压器体积大、效率低，价格也很高，随着电力电子技术的进一步发展，这一问题通过采用高频升压变换的办法得到了解决。高频升压变换能实现更高功率密度的逆变。该升压变压器采用高频磁芯材料，工作频率均在 20kHz 以上，体积小、质量轻，高频逆变后经过高频变压器变成高频交流电，又经高频整流滤波电路得到高压直流电，再由工频变流电路实现逆变。高频并网逆变器可以减小隔离变压器和滤波器的体积，降低系统成本。

多转换级的带高频变压器的逆变结构相比带工频变压器的逆变结构，功率密度大大提高，逆变器空载损耗也相应降低，从而效率得到提高。但这种类型的变换器也有其缺点，电路结构较复杂，使得可靠性降低。光伏逆变器由单级到多级的发展，使电能转换级数增加，能够方便满足最大功率点跟踪和直流电压输入范围的要求。但是，单级逆变器结构紧凑、元器件少、损耗更低；而逆变器转换效率更高，更易控制。因此，在结合两者优点的前提下，应尽可能提高直流输入电压，提高逆变器的转换效率。

图 8-17 为两级电路拓扑结构。图 8-17(a) 中前级 Boost 电路可实现升压和稳压功能，同时进行 MPPT 控制，后级通过 SPWM 控制实现正弦波电流并网；图 8-17(b) 中前级采用 Buck-Boost 电路，后级同样采用 SPWM 控制。两种电路相比较，后者的输入电压范围更宽。但是，由于这两种电路采用非隔离方案，因此输入电压范围有限。

图 8-18 所示为多级变换拓扑结构。其前级由全桥逆变器、高频变压器和高频整流桥构成，将输入直流电压进行斩波升压及高频逆变后变换为高频交流信号，后级经过工频逆变器

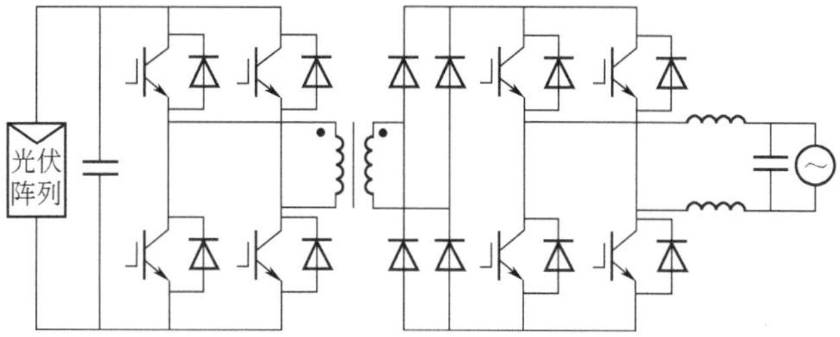

(a)

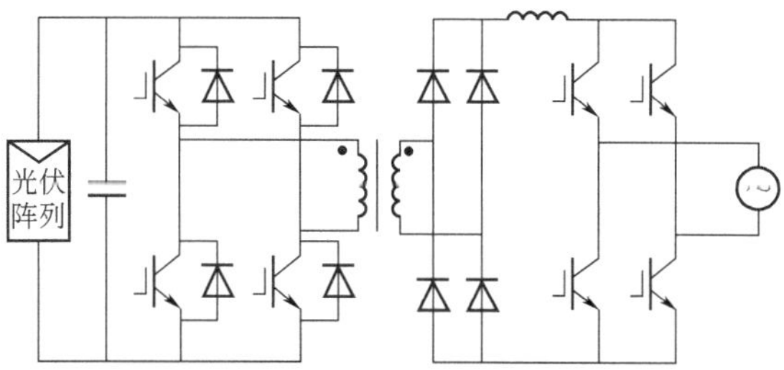

(b)

图 8-17 两级电路拓扑结构

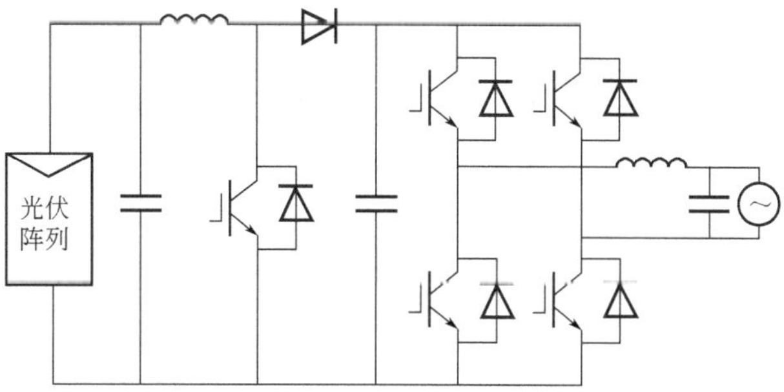

(a)

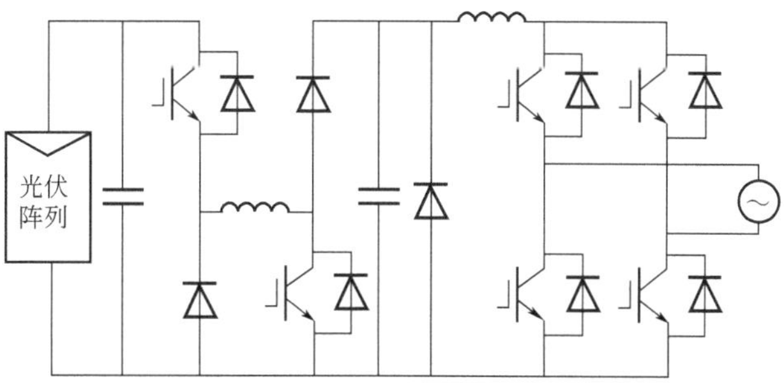

(b)

图 8-18 多级变换拓扑结构

和滤波器滤波后将此信号变换为与电网同频同相的正弦电流。图 8-18(a) 中与电网相连的低通滤波器可用于滤除高频谐波，实现低谐波电压型并网；图 8-18(b) 中滤波电感位于前后两级中间，可最终实现电流型正弦波并网。以上两种电路结构复杂，所用器件较多，成本相对较高。

8.4.2 单级并网型逆变器

对于大功率并网逆变器，如果采用两个独立的能量变换环节，整个系统在效率、体积方面较难控制。现在许多大型逆变器大都采用单级式结构，如图 8-19 所示。该装置可通过一级能量变换实现最大功率跟踪和并网逆变两大功能，这样可提高系统效率，减小系统体积与质量，降低系统的造价。

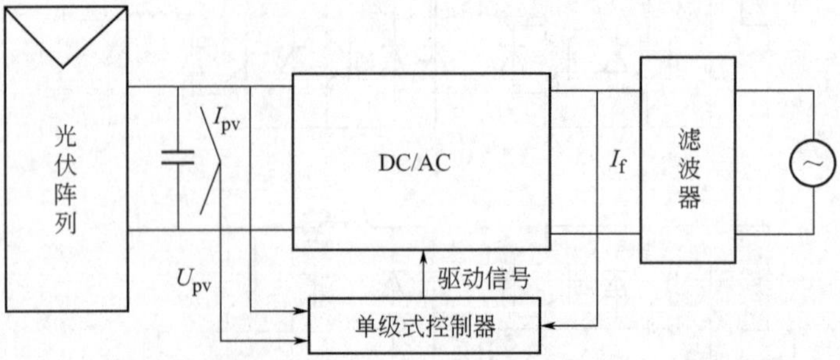

图 8-19　单级式能量变换结构框图

单级式并网光伏逆变器的一般控制目标为：控制逆变电路输出的交流电流为稳定、高品质的正弦波，且与交流侧电网电压同频同相；同时，通过调节该电流的幅值，使得光伏阵列工作在最大功率点附近。

8.4.3　并网逆变器的孤岛检测技术

逆变器直接并网时，除了应具有基本的保护功能外，还应具备防孤岛效应的特殊功能。从用电安全与电能质量考虑，孤岛效应是不允许出现的，孤岛效应发生时必须快速、准确地将并网逆变器从电网切离。

8.4.3.1　光伏并网逆变器的孤岛原理与基本要求

图 8-20 所示为光伏并网系统示意图。光伏阵列通过逆变器与负载直接相连，再通过断路器 QF 与电网连接。

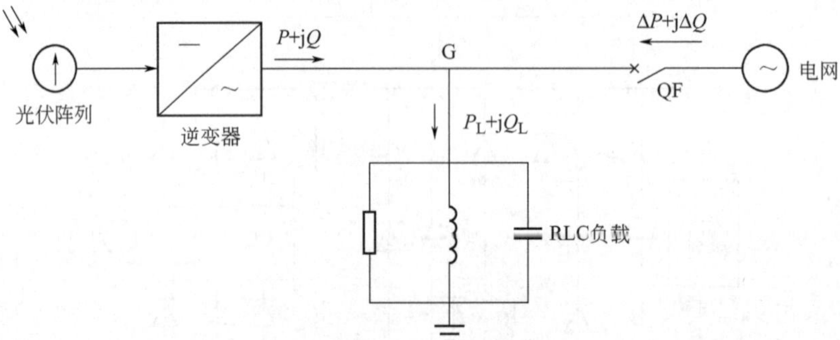

图 8-20　光伏并网系统示意图

由于太阳光强度是变化的，所以逆变器输出功率也会随之波动。当太阳光照强度大，逆变器输出能量大于负载所需时，剩余能量输送到电网以供其他负载使用，并注入与电网电压同频同相的正弦电流。当太阳光强度弱，逆变器输出能量小于负载所需时，负载所需不足的能量将从电网获取。电网可视为一个无穷大的系统，在正常工作时，其电压和频率分别稳定在 220V 和 50Hz。光伏并网逆变器输出、负载所需和电网之间能量的传输存在如下关系：设逆变器输出功率为 $P+\mathrm{j}Q_L$，负载功率为 $P_L+\mathrm{j}Q_L$，电网提供的功率为 $\Delta P+\mathrm{j}\Delta Q$，则有

$$P_L=P+\Delta P \tag{8-12}$$

$$Q_L=Q+\Delta Q \tag{8-13}$$

若断路器 QF 断开，电网停止供电，逆变器将以电流源方式向负载供电。若 ΔP 或 ΔQ

很大，即逆变器输出功率与负载功率不匹配，则公共连接点 G 的电压幅值或频率将发生变化。一般的并网逆变器都具备负载过压和欠压、过频和欠频保护功能。当电网脱离时，在并网逆变器输出恒定交流电流的作用下，负载上的电压和频率会高于或低于正常值，逆变器检测到这一异常电压或者频率值就会马上进行保护，从而使并网逆变器在大多数情况下具备较好的反孤岛效应功能。然而，当负载和并网逆变器容量近似匹配时，即 $\Delta P=0$、$\Delta Q=0$，情况就会不同。此时，即使电网脱离，并网逆变器输出的电流作用于负载上时，负载上的电压或者频率基本保持不变，这样逆变器的负载过压和欠压、过频和欠频保护功能就会失去作用。当 ΔP 或 ΔQ 较小且同时满足以下公式时，保护电路会因电压幅值和频率未超出正常范围而检测不到孤岛发生，即出现检测盲区。也就是说，逆变器通过电压幅值或者频率值异常保护这一功能来实现系统的反孤岛效应就会变得不可靠。

$$\left(\frac{U}{U_{max}}\right)^2-1\leqslant\frac{\Delta P}{P}\leqslant\left(\frac{U}{U_{min}}\right)^2-1 \tag{8-14}$$

$$Q_f\left[1-\left(\frac{f}{f_{min}}\right)^2\right]-1\leqslant\frac{\Delta Q}{P}\leqslant\left[1-\left(\frac{f}{f_{max}}\right)^2\right] \tag{8-15}$$

式中，$Q_f=R\sqrt{C/L}$ 为负载的品质因数；U 为电网电压幅值；U_{max} 为电压幅值上限；U_{min} 为电压幅值下限；f 为电网频率；f_{max} 为频率上限；f_{min} 为频率下限。

IEEE Std. 929 规定了对于有功功率失配度在 50%以内且本地负载（品质因数不超过 2.5）功率因数大于 0.95 时，并网逆变器应在 2s 内检测出孤岛并停止供电。《光伏系统并网技术要求》（GB/T 19939—2005）也规定防孤岛效应保护应在 2s 内动作，将光伏系统与电网断开。同时，也规定电网接口的电压幅值在额定值的 85%～110%之外或频率在额定值的 99%～101%之外时，光伏并网逆变器应与电网断开。我国对孤岛检测的要求可参照国家电网公司有关光伏电站接入电网技术规定中的电压异常时的响应特性及频率异常时的响应特性。

根据国际标准 IEEE Std. 929 和 UL1741，并网逆变器在电网断电后检测到孤岛现象并将逆变器与电网断开的最大时间见表 8-3。

表 8-3 孤岛效应检测的时间限制（IEEE Std. 929 和 UL1741）

状态	断电后电压幅值	断电后电压频率	允许的最大检测时间
1	$0.5U_{nom}$	f_{nom}	6 个周期
2	$0.5U_{nom}\leqslant U<0.88U_{nom}$	f_{nom}	120 个周期
3	$0.88U_{nom}\leqslant U<1.10U_{nom}$	f_{nom}	正常运行
4	$1.10U_{nom}\leqslant U<1.37U_{nom}$	f_{nom}	120 个周期
5	$1.37U_{nom}\leqslant U$	f_{nom}	2 个周期
6	U_{nom}	$f<f_{nom}-0.7\text{Hz}$	6 个周期
7	U_{nom}	$f<f_{nom}+0.7\text{Hz}$	6 个周期

注：U_{nom} 指电网电压幅值的标准值，对于单相市电，为交流 220V（有效值）；f_{nom} 指电网电压频率的标准值，国际标准为 60Hz。

8.4.3.2 常用的光伏并网逆变器孤岛检测技术

光伏逆变器采用的孤岛检测方法分为两类：被动式检测方法和主动式检测方法。光伏电站的防孤岛保护应同时具备主动式和被动式两种，并应设置至少各一种主动和被动防孤岛保护。

（1）被动式检测方法

被动式检测方法就是仅监测电压电流等电量的变化而不实施主动扰动，主要方法如下。

① 检测公共点电压和频率　根据电压、频率是否超出正常范围来判断电网的通断状态。这是孤岛检测中常用的指标，不需要外加任何硬件。但如果不与其他技术配合，会有较大检测盲区。

② 检测电压相位跳变　检测公共点电压相位是否有跳变，从而判断电网是否被断开。

该方法有检测盲区，且阈值难以整定（容、感性负载投切，电动机负载启动等都可能产生较大的电压相位跳变），在缩小孤岛检测盲区与减少误动作方面难以两全。

③ 检测谐波的变化　通过检测公共点电压谐波的变化来判断孤岛。该方法也存在检测盲区和阈值难于整定的问题，例如本地负载含非线性负载时，其投切会导致谐波含量的明显变化；而对高品质因数 RLC 负载，其滤波特性能使失压后的电压谐波也保持在低水平，增加判别孤岛的难度。

④ 检测频率变化率　孤岛发生以后，由于系统不稳定，频率等都会比较敏感，其变化率将显著改变。可以通过检测输出频率变化率是否超出限值来判断孤岛的产生。

⑤ 基于人工智能、小波分析等其他方法　通过使用人工智能或者小波分析等方法检测系统是否发生孤岛。

被动式孤岛检测方法的共同缺点是：阈值难以整定，有检测盲区。

(2) 主动式检测方法

为弥补被动式检测的不足，人们提出多种主动式方法来提高孤岛检测的准确率，主要方法如下。

① 对有功功率实施扰动　通过对逆变器的输出电流幅值进行间歇性扰动，使输出有功功率变化，监测公共点电压是否随之变化，从而判断电网是否失压。该方法的缺点是：多个光伏发电系统并网时，扰动不同步会使检测的准确性大受影响；即使同步问题能得到较好解决，在多光伏系统并网运行时由于输出功率变化大，也有可能造成电压闪变和电压不稳。

② 对无功功率实施扰动　对逆变器输出无功功率进行扰动，通过其引起的频率变化及频率变化率来判断孤岛。

③ 插入负载　周期性地在逆变器输出端插入某一负载（如电容）并监测电量的相应变化。与纯粹被动式监测相位跳变相比，这种办法更有效。

④ 主动移频移相技术　对逆变器输出电流的相位（频率）施加扰动。当电网正常时，公共点频率和相位受电网电压的钳制，扰动对电压不起作用。一旦电网被断开，按正反馈控制的扰动量会把公共点频率推离正常范围，从而判断出孤岛。该办法有较高的准确性，有检测盲区小、易于实现等优点。该技术的检测盲区主要集中在负载品质因数较高、光伏逆变器输出有功/无功与本地负载消耗的有功/无功相匹配的情况中。

⑤ 输出电压正反馈　对逆变器的输出电流构造正反馈，根据公共点电压的波动修改电流给定，使电压越高，电流给定越大。这样当电网断开后，逆变器的输出电压波动因电流给定的改变被人为放大，从而偏离正常范围，检测出孤岛状态。

⑥ 检测电网阻抗变化　主动式电网阻抗检测方法分为瞬态法和稳态法。与前面提到的主动式孤岛检测方法相比，检测电网阻抗对逆变器控制的硬件配置要求较高。

信号注入是稳态法中的一种高效的电网阻抗检测方法。其机理是逆变器向电网注入电网不会自主产生属于非特征频率的谐波电流，通过信号处理技术得到电压在该频率的分量，从而计算线路阻抗。该法有较高的准确度，在对硬件要求上比瞬态法低，不必添加额外硬件。但要达到一定的精度要求，对处理器、A/D 转换精度要求较高。

信号注入后进行阻抗计算时，注入信号的频率应靠近工频，且注入处应为唯一的信号源，否则会影响阻抗计算的准确性。将信号注入法应用于多光伏发电系统并网运行的孤岛检测时，必须对算法进行特殊处理以减少逆变器孤岛检测的彼此干扰。

阻抗法有一个共同弱点：实现技术复杂。瞬态法需要高性能的信号传感器和高精度 A/D 转换器，并需要进行不同频率信号的处理。即使计算量相对较小的稳态法也需要通过傅里叶分析分检出指定频率的信号用于阻抗计算。计算阻抗的理论虽不复杂，但实现中有一系列问题，比如电压、电流检测的不同步对阻抗的计算精度有影响，以及注入信号强度偏小时影响测量精度、偏大时对电网电能质量有不良影响等。为提高检测精度，需要提高相应检测回路的配置，使孤岛检测的成本增加。

从检测效果看，移频移相法、电压正反馈法、电网阻抗法都是非常高效的主动式检测方法，其中电压正反馈法和移频移相法运算量小，实现容易，不必添加任何硬件，较适用于多光伏发电系统并网。然而主动检测法需要对逆变器的输出施加扰动，从而影响并网电能质量。对电能质量产生不良影响是阻碍主动式孤岛检测方法广泛使用的重要因素。

8.4.3.3 孤岛检测试验方法

图 8-21 给出防孤岛效应保护试验平台，电网采用有变压器隔离的真实电网，负载采用可变 RLC 谐振电路，谐振频率为被测逆变器的额定频率（50Hz），其消耗的有功功率与被测逆变器输出的有功功率相当。试验应在表 8-4 规定的条件下进行。

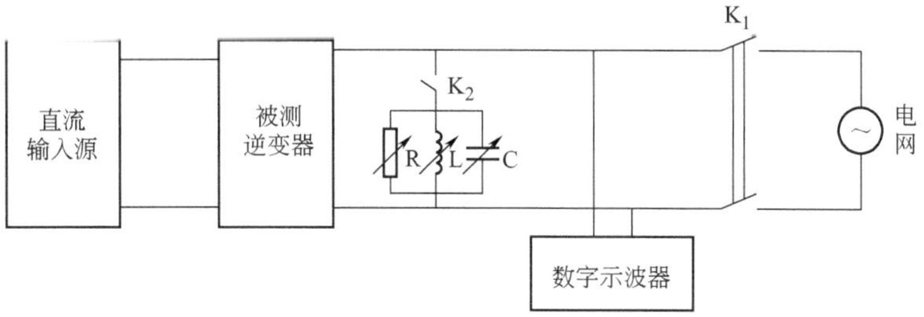

图 8-21 防孤岛效应保护试验平台

表 8-4 防孤岛效应保护的试验条件

条件	被测逆变器的输出功率 P_{EUT}	被测逆变器的输入电压①	被测逆变器跳闸设定值
A	100%额定交流输出功率	>直流输入电压范围的 90%	制造商规定的电压和频率跳闸值
B	50%～66%额定交流输出功率	直流输入电压范围的 50%±10%	设定电压和频率跳闸值为额定值
C	25%～33%额定交流输出功率	<直流输入电压范围的 10%	设定电压和频率跳闸值为额定值

① 若电流输入电压范围为 $X\sim Y$，则（直流输入电压范围的 90%）$=X+0.9\times(Y-X)$。

在图 8-21 所示的防孤岛效应保护试验中，K_1 是电网开关，K_2 是负载开关，光伏阵列（PV）模拟器是模拟光伏阵列（PV）的设备，负载是 RLC 可调负载，示波器用来记录输出电压波形；试验中还需要功率分析仪测量无功功率，试验上电及掉电应按一定顺序操作，以保护设备及保证试验操作安全。上电操作顺序为：

① 启动负载电源开关；

② 闭合负载开关 K_2，使逆变器交流输出和负载连通；

③ 闭合电网开关 K_1；

④ 调节孤岛测试负载值；

⑤ 启动负载加载开关；

⑥ 启动光伏阵列模拟器；

⑦ 设置光伏阵列模拟器输出功率；

⑧ 根据测试要求调节 RLC 满足测试条件；

⑨ 断开电网开关 K_1，通过示波器记录的电压波形，计算孤岛检测保护时间。

掉电操作顺序为：

① 关闭光伏阵列模拟器输出；

② 切断负载加载开关；

③ 切断负载开关 K_2；

④ 切断电网开关 K_1；

⑤ 调节负载输出归零。

（1）匹配试验

对应表 8-4 的逆变器输出状态条件 A，进行匹配试验。

① 测量电网无功　通过调节光伏阵列模拟器，使逆变器的输出功率等于额定交流输出功率，并测量逆变器输出的无功功率，得到电网所需要的无功。

② 调节电阻 R，使其消耗逆变器输出的所有有功功率；调节 LC，使其提供的无功满足电网无功需求。

③ 断开电网开关 K_1，记录断网时间。

（2）不匹配试验

对应表 8-4 的逆变器输出状态条件 A，进行不匹配试验。

① 测量电网无功　通过调节光伏阵列模拟器，使逆变器的输出功率等于额定交流输出功率，并测量逆变器输出的无功功率，得到电网所需要的无功。

② 调节有功与额定值的偏差百分比，调节无功与额定值的偏差百分比。

③ 断开电网开关 K_1，记录断网时间。

对应表 8-4 逆变器输出状态条件 B 和 C，进行不匹配试验。

① 将负载电阻设置为消耗逆变器输出额定有功，调节负载的无功与额定值的偏差百分比。

② 断开电网开关 K_1，记录断网时间。

（3）匹配的 RLC 谐振负载试验

逆变器的输出分别在 25%、50%、75%和 100%的额定功率下，通过调节电阻来吸收逆变器输出的所有有功，调节 L 或 C 吸收逆变器输出的所有无功。调整 RLC 电路品质因数为 2.5，然后在 50Hz 发生谐振。

在上述各功率水平下，L 或 C 调节±1%（最大 5%）；重复试验（断开电网开关 S_1），直到每一水平下全部 11 个试验完成，记录最长断网试验。

匹配电阻负载：去掉 LC，调节电阻匹配逆变器输出的额定功率，断开电网开关 S_1，记录断网时间。

（4）不匹配负载试验

按下面试验条件，进行不匹配负载试验。

① 电阻负载：$P_{gen}/P_{load}=1.5$。其中，P_{gen} 为光伏发电的逆变器输出有功，P_{load} 为负载消耗有功。

② 电阻负载：$P_{gen}/P_{load}=0.5$。

③ RC 负载：功率因数 0.94 超前。

④ RL 负载：功率因数 0.94 滞后。

断开电网开关 K_1，记录断网时间，每个试验重复 5 次。

8.4.4 并网逆变器的低电压穿越

运行经验表明，在电力系统发生的故障中有很多都属于瞬时性故障，例如：雷击过电压引起的绝缘子表面闪烁；大风时的短时碰线；通过鸟类身体的放电；风筝绳索或树枝落在导线上引起的短路等。这些故障，当被继电保护迅速切除后，电弧即可熄灭，故障点的绝缘可恢复，故障随即自行消除。此时若重新使断路器合上，往往能恢复供电，因而可减少用户停电的时间，提高供电可靠性。为此，在电力系统中，往往采用自动重合闸装置。自动重合闸在输、配电线路中，尤其在高压输电线路上可大幅提高供电可靠性，并已得到极其广泛的应用。根据运行资料统计，输电线自动重合闸的动作成功率（重合闸成功的次数/总的重合次数）相当高，为 60%～90%。

因此，大型新能源发电站，包括风力发电站和光伏电站都应具备承受自动重合闸的能力。然而，风力发电站和光伏发电站所采用的大功率电力电子装置并网时，与传统的大型交流同步发电机和变压器系统相比，其器件短路和瞬时过电流耐受能力十分脆弱。早期新能源系统的设计是为了保护发电站本身。在遇到接地或者相间短路故障时，继电保护采用的是全部脱网切除的工作模式，这样保护的结果大幅度降低电力系统运行的稳定性，在新能源系统占比较大的情况下会造成电力系统振荡甚至电网解列的后果。因此，世界各国在大型新能源发电站的并网技术条件中，都规定了低电压穿越的条款。所谓低电压穿越，就是在瞬时接地短路或者相间短路时，由于短路点与并网点的距离不同，将导致某相的并网点相电压低于某一个阈值（一般等于或低于 20%）。此时，大型风力或者光伏电站不能够解列或者脱网；需要带电给系统提供无功电流；能够自动跟踪电力系统的电压、频率、相位；在自动重合闸时不产生有害的冲击电流。能够快速并网恢复供电，这就是低电压穿越功能。

8.4.4.1 光伏电站接入电网技术规定

大型和中型光伏电站应具备一定的耐受电压异常的能力，避免在电网电压异常时脱离，引起电网电源的损失。根据国家电网公司有关光伏电站接入电网技术规定的要求，当并网点电压在电压轮廓线及以上的区域内时，光伏电站必须保证不间断并网运行；并网点电压在电压轮廓线以下时，允许光伏电站停止向电网线路送电，如图 8-22 所示。图中，U_{L0} 为正常运行的最低电压限值，一般取 0.9 倍额定电压；U_{L1} 为需要耐受的电压下限；T_1 为电压跌落到 U_{L1} 时需要保持并网的时间；T_2 为电压跌落到 U_{L0} 时需要保持并网的时间。U_{L1}、T_1、T_2 数值的确定应考虑保护和重合闸动作时间等实际情况。推荐 U_{L1} 设定为 0.2 倍额定电压，T_1 设定为 1s，T_2 设定为 3s。

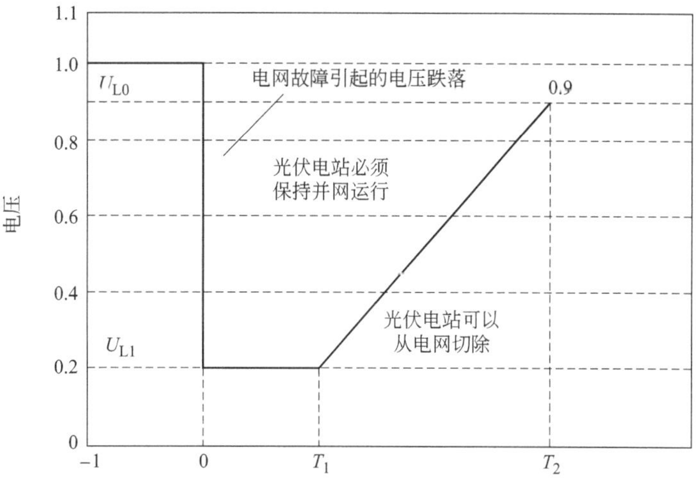

图 8-22 光伏逆变器低电压穿越的特征曲线

8.4.4.2 并网逆变器低电压穿越能力的评估

并网逆变器低电压穿越能力是衡量光伏电站并网的重要考核指标之 ，必须考虑到光伏电站并网在 110kV 以下的瞬时对称低电压运行模式。其特征是三相对称系统，逆变器需要快速降电压保护。在升压过程中必须保持适当的升压速率，避免在升降电压的过程中，发生过电流速断保护。而对于 220kV 以上的光伏并网系统，必须考虑电力系统非全相运行的模式。在该模式下，系统一般为两相送电模式；而此时，并网逆变器处于非对称运行状态，必须有持续的非全相、非对称的运行能力。

在光伏并网逆变器的恢复并网能力方面，在国家标准《光伏发电系统接入配电网技术规定》（GB/T 29319—2024）中，不仅要求能够实现上述低电压穿越，且能实现零电压穿越。

8.5 逆变器的发展沿革、现况和趋势

8.5.1 逆变器的发展沿革

逆变器是一种具有广泛用途的电力电子装置。逆变器的原理早已被发现。1948 年，美国西屋公司介绍了用汞（水银）弧整流器得到 3000Hz 感应加热的变频方法。一直到 1957 年以前，逆变器都是用汞弧整流器或闸流管制成的，不仅体积大，而且可靠性也差，因此没有得到普遍应用。1957 年，可控硅问世。1958 年，将 200V、50A 的可控硅用于工业后，逆变器才开始有所进展。随着可控硅产量和质量的提高，到 1960 年以后逆变器的应用开始得到普遍推广。可控硅是一种静态固体开关，其电气特性和过去的闸流管及汞弧整流器相似，但它有后者没有的优点。

① 相对于同样的负载能力而言，可控硅的体积小，重量轻，工作可靠，维护简单，使用寿命长，结构坚固，不易受机械振动和冲击的影响。

② 功率放大倍数大　可控硅的放大倍数在 10^4 以上，比旋转机组（10^1）高出 3 个数量级，比汞弧整流器（10^3）高出 1 个数量级。

③ 响应速度快　旋转机组的响应速度是秒级，可控硅和汞弧整流是毫秒级。

④ 功耗小，效率高　可控硅的正向压降小（约 1V），故损耗小；其空载损耗约为 0.6%，满载损耗小于 1%。

⑤ 可控硅的可靠性高，故障率为 10^{-8}/h 至 10^{-6}/h。

由于以上这些优点，可控硅在逆变器中得到广泛应用。但是可控硅有它的缺点，如可控硅元件一旦被触发，必须进行强迫开断，属半可控元件。因此，20 世纪 70 年代初有两种器件迅速发展起来：一种是功率晶体管，即 GTR；另外一种称为门极可关断晶闸管，即 GTO。GTO 除可用门极作为可控硅的自身开关外，其他特性与普通可控硅基本一致。这种器件目前主要用于容量较大的电力电子装置中。GTR 与普通可控硅的开关特性比较如表 8-5 所列。

表 8-5　GTR 与普通可控硅开关性能比较

项目	可控硅	功率晶体管
开关时间	开通时间≤n μs 关断时间：$n\times10$ 至 $n\times10^2$μs(1≤n≤9)	开通时间≤n μs 关断时间：n 至 $n\times10$μs(1≤n≤9)
导通电压	1～2V	0.5V、1.5V(含合管)
漏电流	n mA(1≤n≤9)	$n\times10^2$μA(1≤n≤9)
开关方式与开关功率	开通：控制极施加触发电流，功耗在数瓦以下； 关断：阳极与阴极间施加反压	开通：施加栅极电压，功耗在数瓦以下； 关断：移除栅极电压，切断电流
关断时的误动作	用缓冲器抑制突变电压及 dv/dt	用缓冲器将电流、电压限制在绝对安全操作区域内
	控制极干扰或过大的 dv/dt 都可能导致误触发；需要采取抑制干扰及 dv/dt 的措施；误触发时有可能破坏元件	基极回路的干扰或过大的 dv/dt 导致瞬间导通后恢复正常状态；一般无损害
维护	无可动部分及易损件	无可动部分及易损件
寿命	半永久	半永久

当前，电力半导体器件的开发与生产有了突飞猛进的进展。电力半导体器件是高效逆变电源的基础元件，目前正向模块化、快速化、高频化、大容量化和智能化发展。应该指出的

是，电力电子器件，如GTO、智能功率模块（IPM）、光触发晶闸管等，是不同时期开发出来的，各有其应用领域。其中，IGBT（绝缘栅双极性晶体管）目前主要应用于低压的中、大功率变频器。

核心半导体技术的发展始终主导着逆变器行业的过去、现在和未来。正是由于上述这些元件的发展，使光伏发电系统所用的逆变器实现了小型化、模块化、高频化、高性能化。事实上，逆变器在许多领域中的应用也逐渐兴盛起来。逆变器的主要应用范围如下。

① 在人造卫星、导弹、核武器、潜艇上将太阳电池、燃料电池或其他化学电池的直流电能变换成交流电能；

② 工业上应用于超声波设备、高档医疗设备、中频加热设备、交流传动装置或其他装置；

③ 用于卫星地面通信站、气象中心、数据处理中心、指挥中心、控制中心等，可作为交流不停电供电系统或备用电源；

④ 用于机车的牵引电源等。

8.5.2 逆变器的现况及趋势

随着应用场合的不同，光伏并网逆变器的拓扑（结构）也出现多种变化，从小功率的单相并网到大功率的三相多电平并网逆变器技术，其选用的半导体器件及控制算法的要求也趋于严格。目前，各种规模的光伏并网逆变器已经研制成功并开始批量生产。从能量等级上，主要分成以下3类：集中式光伏并网逆变器（电站型）；组串式光伏并网逆变器（模组型）；多组串式光伏并网逆变器（微型）。

8.5.2.1 集中式光伏并网逆变器

集中式光伏并网逆变器主要用于大型光伏电站，负责将太阳能转换成电能传输到低压侧电网或中压电网。如图8-23(a)所示，光伏电池模组需要进行串并联以达到足够的电压和功率供给逆变器。该拓扑的优点是功率转换损耗小，维护方便。缺点是：①在电池组件不匹配及阴影遮挡的多峰值条件下，该拓扑的MPPT策略比较难以达到最大功率点；②光伏电池组件串并联导致的高电压、大电流会导致损耗及安全问题；③柔性不足，当需要对光伏电站的容量进行改造时，需要重新选配逆变器；④在弱光情况下发电量出现明显偏差。

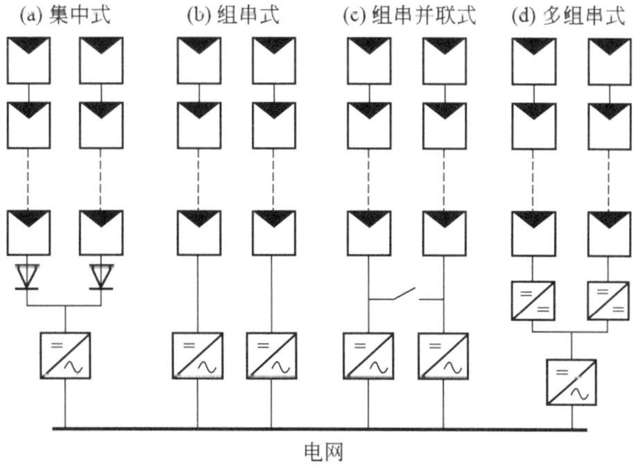

图 8-23 三种光伏并网逆变器的拓扑结构

研究表明，集中式的性价比很高，同样功率规模下成本可达到组串式并网逆变器的60%，但效率比组串式逆变器要低1.5%。

目前集中式光伏并网逆变器有全桥拓扑、多电平拓扑等几种形式，如图8-24和图8-25所示。

由于光伏发电系统具有模块化特征，$10MW_P$ 功率以上容量的大中型集中式光伏电站的设计，通常以 $1MW_P$ 为其发电单元，多采用 2 台 500kW 或 630kW 逆变器并联使用。但考虑到结构紧凑，可选用单台高效率兆瓦级集中式光伏并网逆变器。这样不仅体积小、重量轻，且逆变效率更高。

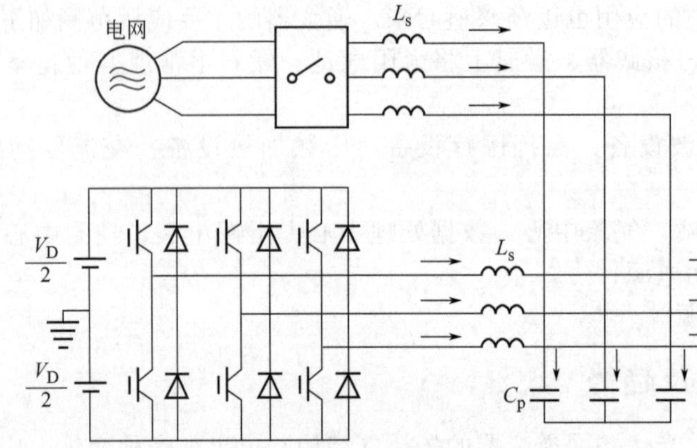

图 8-24 大型三相光伏逆变器（全桥拓扑）

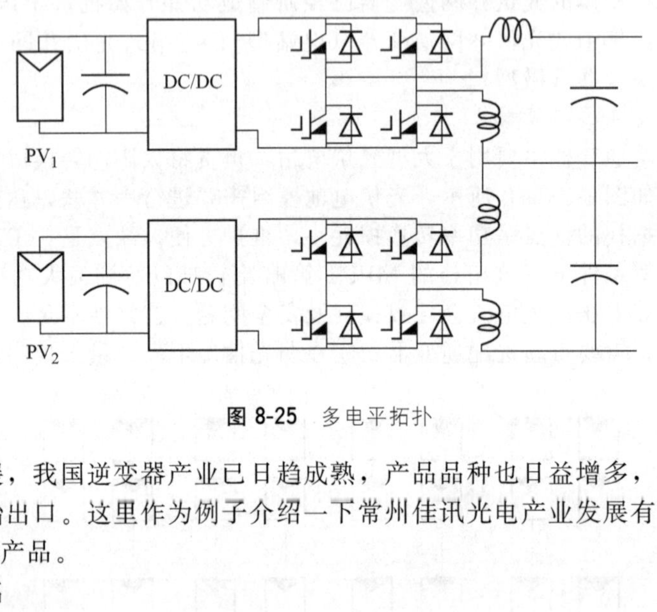

图 8-25 多电平拓扑

经过多年发展，我国逆变器产业已日趋成熟，产品品种也日益增多，除满足国内光伏系统需求之外已开始出口。这里作为例子介绍一下常州佳讯光电产业发展有限公司研发和生产的 GS 系列逆变器产品。

(1) 型号命名

逆变器型号命名如下。如 GS-CENTRAL100k3 表示额定输出功率为 100kW、三相输出、配有变压器的逆变器。GS-CENTRAL1000k3/TL 表示额定输出功率为 1000kW、三相输出、无变压器的逆变器。

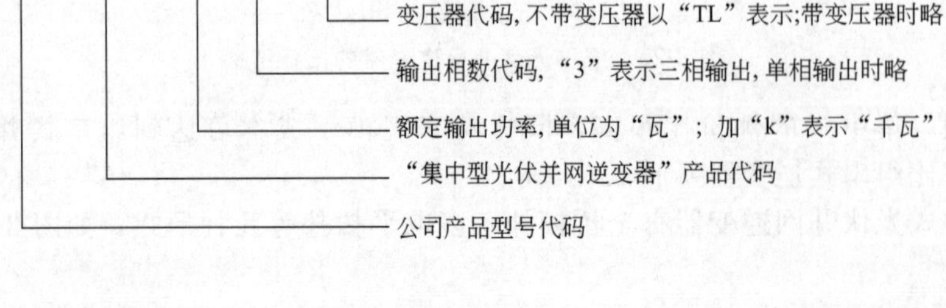

这里着重介绍一下高效单机 MW 级光伏逆变器，现已完成产品开发并投入批量生产并在多处光伏电站安装使用，运行良好，已获金太阳认证、低电压穿越 LVRT 认证证书、德国 TUV 认证。GS-CENTRAL1250k3TL 装置照片见图 8-26。其电路框图和效率曲线见图 8-27。

图 8-26 GS-CENTRAL1250k3TL 装置照片

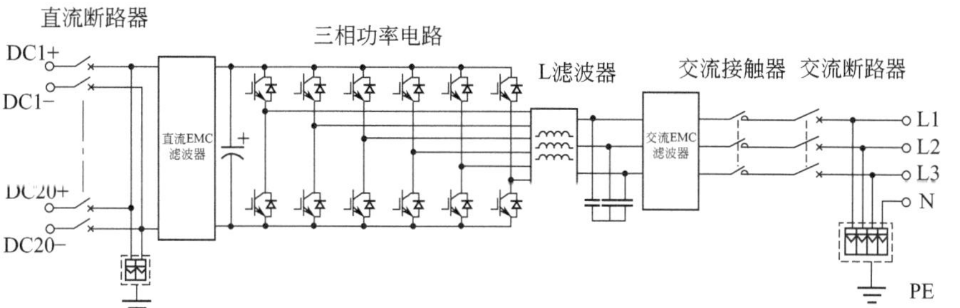

(a) 电路框图

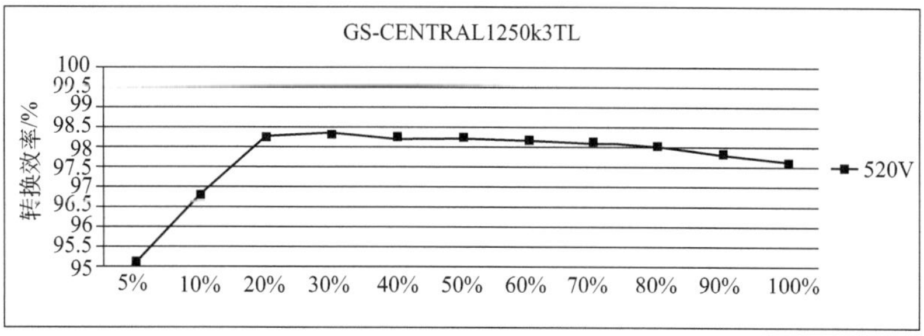

(b) 效率曲线

图 8-27 电路框图和效率曲线

(2) 1250kW 逆变器性能及特点

• 具备低电压穿越功能（LVRT），作为单机 MW 级产品通过了 LVRT 低电压穿越认证测试；

• 先进的 MPPT 跟踪算法，可选双 MPPT，最大功率点跟踪精度大于 99%；

• 最大转换效率达 98.3%；

• 无功功率可调，功率因数范围为－0.95（超前）至＋0.95（滞后）；

• 纯正弦波输出，电流谐波小；

• 精确的输出电能计算；

• 采用新型高转换效率 IGBT 模块；

• 宽直流电压输入范围，输出有功功率连续可调；

• 完善的保护系统，让逆变器更可靠；

• 具备直流配电柜功能，设计合理，安装方便；

• 多种语言液晶显示和多种通信接口；

• 适应高海拔和低温严寒地区；

• 集成直流柜。

(3) 所获证书

• 金太阳认证；

• 低电压穿越 LVRT 认证；

• 德国 TUV 认证。

该公司在完成千瓦级、十千瓦级和百千瓦级逆变器开发及产业化的基础上，研制成功了单机 MW 级逆变器，其中关键技术及创新点如下。

• 单机 MW 级主电路、滤波电路拓扑和参数设计　对于单机 MW 级主电路采用新型拓扑，避免传统的多台并联结构，单台逆变器额定功率达到 MW 级。运用薄膜电容、一体式集成散热器设计及低沸点介质蒸发冷却技术，以及采用光伏并网逆变器专用高品质滤波器（LCL＋LC）等，使装置体积小、质量轻、结构紧凑，成本低，可适用于复杂环境。

• 有功和无功精确测量与解耦控制技术　对于有功、无功精确测量与解耦控制，提出一种基于 FFT 和小波函数理论、解耦控制策略，可精确测量有功、无功电流，并有效地消除有功、无功电流分量的相互影响，使系统获得良好的动态和稳态控制特性，实现并网发电与无功调节等多功能的灵活组合及无功补偿等功能，改善电网的电能质量，满足电网对光伏电站的调度控制要求（图 8-28）。

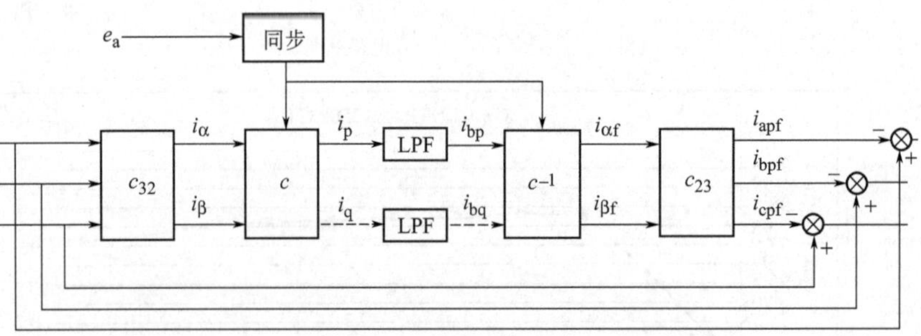

图 8-28　电网中的瞬时无功和谐波电流检测原理示意图

• 最大功率点跟踪（MPPT）控制策略　MPPT 控制采用基于自适应多峰最大功率跟踪先进控制策略（图 8-29），可解决因庞大的光伏阵列接入导致的 *I-V* 特性多峰现象，使系统的 MPPT 具有良好的动态特性和稳态控制精度，最大功率跟踪效率可以达到 99.96%以上。

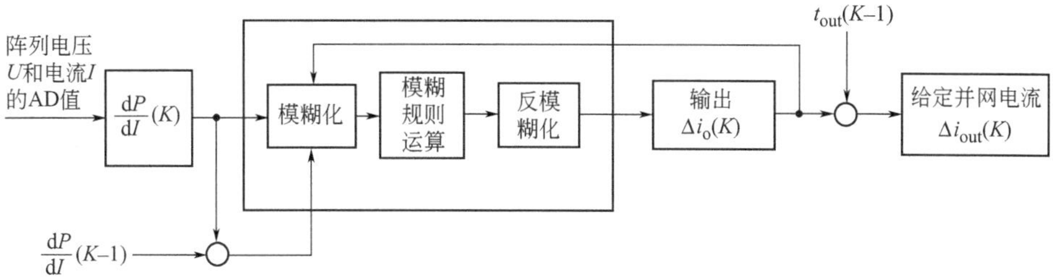

图 8-29 MPPT 模糊控制结构图

• 孤岛检测技术及低电压穿越技术　如将孤岛检测技术及低电压穿越技术相结合，既能实现孤岛 2s 内快速检测、准确响应，又能满足低电压穿越要求；使大型和中型光伏电站具备一定的耐受电压异常的能力，避免在电网电压异常时脱离，引起电网电源的损失，提高电力系统运行的可靠性。

• 功率单元的载波移相扩容控制技术　通过采用载波移相并联扩容技术，实现功率逆变单元的模块化设计和并联，在单机容量达到 MW 级以上时，保证并网电流波形的高质量并减小滤波电路尺寸和容量，提高整机效率。

该产品在性能和功能方面具备国内外已有产品的特点。其在光伏发电逆变器结构设计和功能组合方面，如多机组合并网群控、独立并网两用、功率调节控制等，处于国内先进水平。

8.5.2.2 组串式光伏并网逆变器

组串式光伏并网逆变器可通过串联光伏组件达到其功率等级，如图 8-23(b) 所示。因此，其优点之一是能够解决组件串之间的不匹配问题，并让该组件串工作在最大功率点下。此外，由于光伏组件不必并联，防止组件之间因为电压差而导致的回流问题，因此不必串联反向二极管，可提高转换效率；该拓扑的柔性较强，当需要拓展或缩减电站容量时，不必改变现有系统，只需要增减逆变器及其对应的光伏组件便可实现。但该拓扑的缺点在于增加了多台光伏逆变器，从而成本过高。

组串式光伏并网递变器目前之所以能够大规模应用在光伏电站，主要是考虑到它能有效地提升日照时间。由于组串式光伏逆变器的输入工作电压较低，能够保证在弱光下工作，因此提升了光伏电站的最大功率产出。一种新型拓扑使用交叉结构可以提高弱光下的工作质量，如图 8-23(c) 所示。当阳光较弱时，部分逆变器开始工作，通过并联多个光伏组件来提升单个逆变器输入工作电压；当阳光转为强烈时，全部逆变器正常工作，交叉结构还原为串联结构。这样，即使在部分逆变器出现故障时，也能够获得当前电站的最大功率。对一个 500kW 的光伏电站来说，即使是在 $21W/m^2$ 的辐照度时，使用组串式光伏并网逆变器的转换效率仍可以达到 92%～98%（图 8-30）。

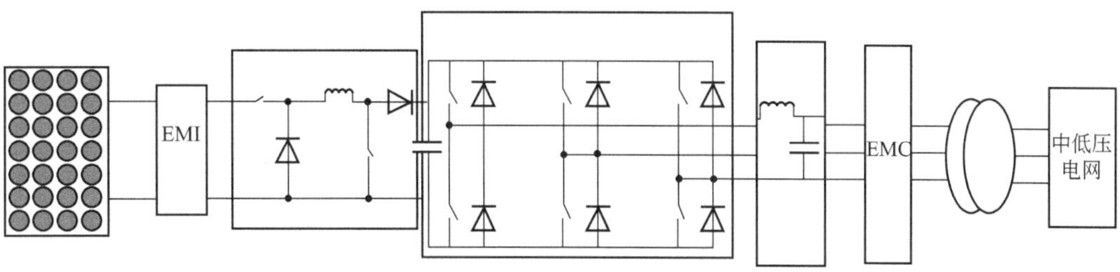

图 8-30 组串式光伏并网逆变器的结构

8.5.2.3 多组串式光伏并网逆变器

多组串式光伏并网逆变器，既可以对应一串光伏模组，也可以对应单个光伏模组，如图 8-23(d) 所示。一般是使用一个 DC/DC 变换器来使光伏组件或光伏组件串达到一个较高的直流电压，同时 DC/DC 负责实现原本属于逆变器的 MPPT 技术。这样，逆变器只需进行直流转换交流逆变的工作。该方法可以很好地解决光伏模组不匹配的问题，并且结构十分柔性，不必添加逆变器便可增减一部分容量。此外，由于两部分功能分开，使结构可以简单，能减少部分成本的考虑。该拓扑的缺点是在弱光下，由于逆变器仍是大功率，因此对小功率不敏感，有效日照时间不会增加。此外，由于是多个直流变换器并联，该种形式的谐波可能会较大。

8.5.2.4 对光伏逆变器拓扑的评价

有关评价光伏逆变器的标准如下，参见图 8-31。

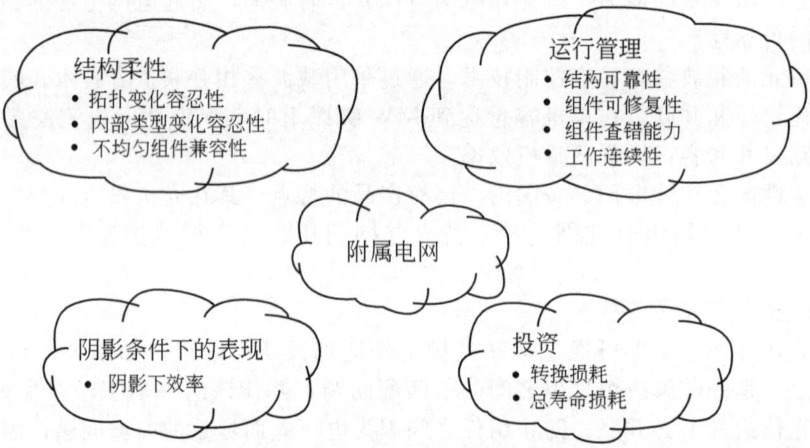

图 8-31 评价光伏逆变器的标准

① 结构柔性　具体来说，当光伏电站的拓扑或内部一些光伏板的特性略微变化时，要能够基本保持之前的正常功率输出并且输出特性不应受组件材料、特性的影响。

② 运行管理　即结构及工作时的可靠性、可修复性、错误可查性以及能够连续正常工作的持续性。

③ 阴影条件下的表现　在阴影遮挡时，应能够防止发生危害，并保证最大功率输出。

④ 经济效益　功率转换损耗要低，并且整个拓扑系统寿命要长。

⑤ 附属电网　由于光伏电站需要电网传输电力，所以电网的兼容性和协调性也是必须考虑的因素。

8.5.2.5 光伏逆变器现存问题及发展趋势

由于目前常用的光伏并网逆变器以组串式光伏逆变器为主，因此可以结合该类产品来说明光伏逆变器的发展趋势。中型组串式光伏逆变器就目前来说，可以应用在中、大型光伏电站，以及供家庭单独使用。目前对中型组串式光伏并网逆变器技术研究争论的焦点主要有以下几种。

① 孤岛效应的保护　主要考虑的是多机并联情况下的孤岛效应。由于是多级并联，主动式检测会导致谐波增加，如何采用一个整体的孤岛防护并且不影响原来的电能质量，是今后研究的重点。

② 功率密度的增加　功率密度的提升得益于去除工频或者高频变压器的设计。然而，对于无变压器光伏并网逆变器的漏电流隔离以及环流等问题的处理仍要完善。目前的研究主

要停留在理论及实验室阶段，在专利及实际应用方面仍然欠缺。

③ 与智能电网的关联和协作　当光伏并网逆变器发展到一定规模时，国家提出了建设智能电网的规划。这个规划有利于更好地管理、分配和存储分布式能源。将逆变器与智能电网结合，对信息进行有效处理及反馈，或者说形成良好的通信模式及协议，也是光伏并网逆变器设计者应当考虑的问题。

目前国内多以中小型组串式光伏并网逆变器并联形成大功率光伏并网逆变系统。多机并联作为今后发展的重要趋势之一，会产生一些技术难题。特别是针对去除掉变压器的逆变系统来说，逆变系统与电网之间的漏电流和逆变器之间的环流，都是需要重点研究及克服的关键技术，能否解决好这些技术，将是今后光伏产业能否迅速发展的关键节点。

第 9 章

交流配电系统

9.1 光伏电站交流配电系统的构成

光伏电站交流配电系统是用来接受和分配交流电能的电力设备，主要由控制电器（断路器、隔离开关、负荷开关等），保护电器（熔断器、继电器、避雷器等），测量电器（电流互感器、电压互感器、电压表、电流表、电度表、功率因数表等），以及母线和载流导体等组成。

交流配电系统按照设备所处场所，可分为户内配电系统和户外配电系统；按照电压等级，可分为高压配电系统和低压配电系统；按照结构形式，可分为装配式配电系统和成套式配电系统。

中小型光伏电站一般供电范围较小，采用低压交流供电基本可以满足用电需要。因此，低压配电系统在光伏电站中成为连接逆变器和交流负载的一种接收和分配电能的电力设备。

在并网光伏系统中，通过交流配电系统（交流配电柜）为逆变器提供输出接口，配置交流断路器直接并网或直接供给交流负载使用。在光伏发电系统发生故障时，不会影响到自身与电网或负载的安全，同时可确保维修人员的安全。对于并网光伏发电系统，除控制电器、测量仪表、保护电器以及母线和载流导体之外，还必须配置电能质量分析仪。图 9-1 为三相并网光伏发电系统交流配电柜的构成示意。

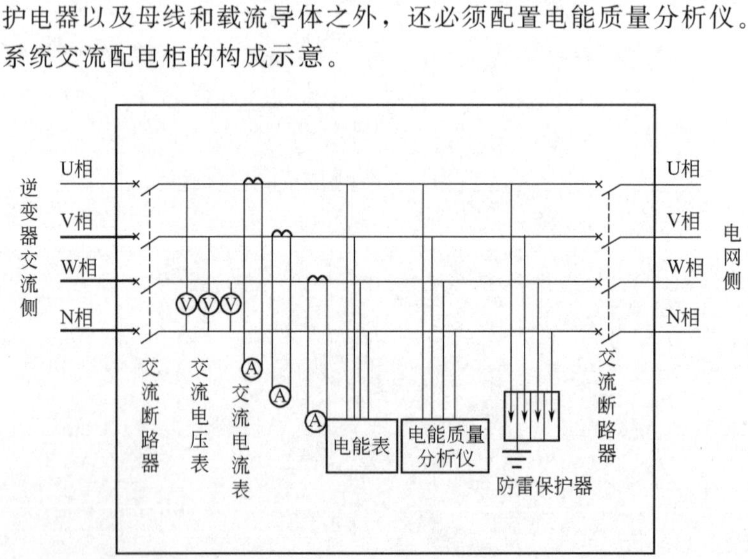

图 9-1 三相并网光伏发电系统交流配电柜的构成示意

9.2 光伏电站交流配电系统的主要功能和原理

由于投资限制，我国边远无电地区所建光伏电站的规模还不能完全满足当地的用电需求。为增加光伏电站的供电可靠性，同时减少蓄电池的容量和降低系统成本，各电站都配有备用柴油发电机组作为后备电源。后备电源的作用是：第一，当蓄电池亏电而太阳电池方阵又无法及时补充充电时，可由后备柴油发电机组经整流充电设备给蓄电池组充电，并同时通过交流配电系统直接向负载供电，以保证供电系统正常运行；第二，当逆变器或者其他部件发生故障，光伏发电系统无法供电时，作为应急电源，可启动后备柴油发电机组，经交流配电系统直接为用户供电。因此，交流配电系统除在正常情况下将逆变器输出的电力提供给负载外，还应在特殊情况下具有将后备应急电源输出的电力直接向用户供电的功能。

由此可见，独立运行光伏电站交流配电系统至少应有两路电源输入：一路用于主逆变器输入；另外一路用于后备柴油发电机组输入。在配有备用逆变器的光伏发电系统中，其交流配电系统还应考虑增加一路输入。为确保逆变器和柴油发电机组的安全，杜绝逆变器与柴油发电机组同时供电的危险局面出现，交流配电系统的两种输入电源切换功能必须有绝对可靠的互锁装置。在逆变器供电操作步骤没有彻底完成之前，柴油发电机组将无法开始供电；同样，当柴油发电机组通过交流配电系统向负载供电时，也必须确保逆变器绝对不能接入交流配电系统。

交流配电系统的输出一般可根据用户要求进行设计。通常，独立光伏电站的供电保障率很难做到百分之百，为确保某些特殊负载的供电需求，交流配电系统至少应有两路输出，这样就可以在蓄电池电量不足的情况下，切断一路普通负载，以确保向主要负载继续供电。在某些情况下，交流配电系统的输出还可以是三路或四路的，以满足不同需求。例如，有的地方还需要远程送电，应进行高压输配电；有的地方还需要为政府机关、银行、通信等重要单位设立供电专线等。

常用光伏电站交流配电系统主电路的基本原理结构，如图 9-2 所示。

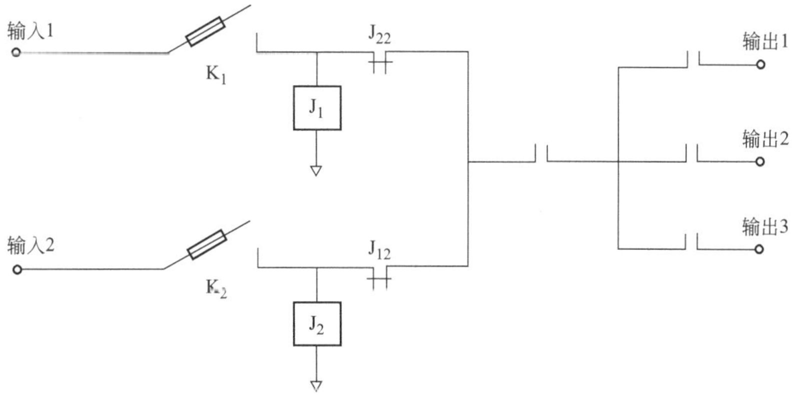

图 9-2 交流配电系统主电路的基本原理结构

图中所示为两路输入、三路输出的配电结构。其中，K_1、K_2 是隔离开关。接触器 J_1 和 J_2 用于两路输入的互锁控制，即：当输入 1 有电并闭合 K_1 时，接触器 J_1 线圈有电并吸合，接触器 J_{12} 将输入 2 断开；同理，当输入 2 有电并闭合 K_2 时，接触器 J_{22} 自动断开输入 1，起到互锁保护的作用。另外，配电系统的三路输出分别由 3 个接触器进行控制，可根据实际情况及各路负载的重要程度分别进行控制操作。

9.3 对交流配电系统的主要要求

9.3.1 通用要求

① 动作准确，运行可靠；
② 在发生故障时，能够准确、迅速地切断事故电流，避免事故扩大；
③ 在一定的操作频率工作时，具有较高的机械寿命和电气寿命；
④ 电器元件之间的电气、绝缘和机械等性能相互匹配；
⑤ 工作安全，操作方便，维修容易；
⑥ 体积小，重量轻，工艺好，制造成本低；
⑦ 设备自身能耗低。

9.3.2 技术要求

（1）选择成熟可靠的设备和技术

可选用符合国家技术标准的 PGL 型低压配电屏，这是专门用于发电厂、变电站中频率为 50Hz、额定工作电压不超过 380V 的交流低压配电照明设计用的产品。为确保产品的可靠性，一次配电和二次控制回路均采用成熟可靠的电子线路。

（2）充分考虑高海拔地区的自然环境条件

按照有关电气产品的技术规定，通常低压电气设备的使用环境都限定在海拔 2000m 以下，而诸如西藏光伏电站大都位于海拔 4500m 以上，远远超出这一规定。高海拔地区地理环境的主要气候特征是气压低、相对湿度大、温差大、太阳辐射强、空气密度低。随着海拔高度的增加，大气压力和相对密度下降，电气设备的外绝缘强度也随之下降。因此，在设计配电系统时，必须充分考虑当地恶劣环境对于电气设备的不利影响。按照规定，安装在海拔高度超过 1000m（但未超过 3500m）的电气设备，在平地进行试验时，其外部绝缘的冲击和工频试验电压 U 应当等于国家标准规定的标准状态下的试验电压 U_0 再乘以一定的系数，即式(9-1)。其中，H 为安装地点的海拔高度，如以 5000m 代入公式，则 $U=1.667U_0$。

$$U=U_0\frac{1}{1.1-H\times1000^{-1}} \tag{9-1}$$

广州某研究所总结了高海拔地区的实际试验数据，以及在模拟高海拔地区人工试验箱中所获得的数据，并提出一个经验公式（$H<4$），如式(9-2) 所示。

$$U=U_0[1+0.1(H-1)] \tag{9-2}$$

式中，H 为安装地区海拔高度，km；若以 $H=5$ 代入上式，则 $U=1.4U_0$。我国低压电气设备的耐压试验电压通常取 2000V，用在海拔 5000m 处的低压电气设备的耐压试验电压应当取 2800～3333V。

绝缘试验电压之所以要求增加，是因为高海拔处空气相对密度 δ 下降，从而使击穿电压下降，如式(9-3) 所示。

$$U=\frac{K_d}{K_n}U_0 \tag{9-3}$$

式中 U_0——标准状态下外绝缘的击穿电压；
U——实际状态下外绝缘的击穿电压；
K_d——空气密度校正系数；
K_n——湿度校正系数。

K_n 变化不大，通常为 0.9～1.1；$K_d=\delta^m$，m 通常取 1。统计资料表明，我国海拔

5000m 处的平均大气压为 415×133.3Pa，相当于大气压力的 54%，而平均空气密度仅为 $0.594g/cm^3$，故 $U=0.594U_0$。这表明，在海拔 5000m 高的地区，电气设备的绝缘强度下降约 40%，绝缘试验电压需要提高 50%～60%。因此，对配电系统中的所有电气元件必须严格考核其绝缘耐压强度，而且彼此间应有足够的绝缘距离，以免击穿。在这种条件下，当断开直流电路时极易拉弧，因此所有直流开关、继电器、接触器的执行接点均应加装具备足够耐压强度的电容灭弧装置。

由于高原空气稀薄，散热条件比平原地区差，凡发热部件均应采取更好的散热措施。

(3) 交流配电柜前面板配备的仪表

交流配电柜前面板配备仪表如下：电流表，用于读取输出三相电流；电压表，用于监测各相电压；功率因数表，用于测量逆变器/柴油发电机组的输出功率因数。另外，交流配电柜还应有电度表，以分别记录光伏电站的供电电量、柴油发电机组的供电电量。电度表应装在便于查看的位置。查电度表时应注意：实际电量应等于电度表的读数乘以互感器变比。例如，互感器变比为 200：5，电度表读数为 222，则实际计测的电量为 222×40＝8880kW·h。

除上述电表外，交流配电柜还应具备所有输入、输出通断指示。

9.3.3 结构要求

(1) 散热

高海拔地区气压低，空气密度小，散热条件差，对低压电气设备影响大，必须在设计容量时留有较大的余地，以降低工作时的温升。充分考虑到西藏等地区的环境条件，按照上述设计要求，交流配电系统在设计上对低压电气元件的选用都应留有一定余量，以确保系统的可靠性。

(2) 维护和维修

交流配电柜应为开启式的双面维护结构，采用薄钢板及角钢焊接组合而成：屏前有可开启式的小门；屏面上方有仪表板，可装设各种指示仪表。总之，配电柜应便于维护和维修。

(3) 接地

交流配电柜应具有良好的接地保护系统，主接地点一般要焊接在机柜下方的骨架上；仪表盘也应有接地点与柜体相连，这样就构成完整的接地保护电路，以便可靠地防止操作人员触电。

9.3.4 交流配电柜的保护功能

交流配电柜应具有多种线路故障的保护功能。一旦发生保护动作，用户可根据实际情况进行处理，排除故障，恢复供电。

(1) 输出过载和短路保护

当输出电路有短路或过载等故障发生时，相应断路器会自动跳闸，断开输出。当有更严重的情况发生时，甚至会发生熔断器烧断。这时应首先查明原因，排除故障，然后再接通负载。

(2) 输入欠压保护

当系统的输入电压降到电源额定电压的 35%～70%时，输入控制开关自动跳闸断电；当系统的输入电压低于额定电压的 35%时，断路器开关不能闭合送电。此时应检查原因，使配电装置的输入电压升高，再恢复供电。

交流配电柜在用逆变器输入供电时，应具备蓄电池欠压保护功能。当蓄电池放电达到一定深度时，由控制器发出切断负载的信号，控制配电柜中的负载继电器动作，切断相应负载。恢复送电时，只需要进行按钮操作即可。

(3) 输入互锁保护

光伏电站交流配电柜最重要的保护措施，是采用两路输入的继电器及断路器开关双重互锁保护。互锁保护功能是当逆变器输入或柴油机发电组输入只要有一路有电时，另一路继电器就不能闭合，即按钮操作失灵。也就是说，断路器开关互锁保护，是只允许一路开关合闸通电，此时如果另一路也合闸，则两路将同时掉闸断电。

9.4 JKJP-60k-3CH 交流配电柜的操作使用

JKJP-60k-3CH 交流配电柜是专门为西藏某 40kWp 光伏电站设计的。它是连接、控制发电设备的输入、输出，并对交流发电电量分别进行计量的交流配电设备。其输入端可以连接一台主逆变器和一个柴油发电机组，并提供连接备用逆变器的接口。这种交流配电柜对三种发电设备进行输入、输出互锁，即只允许选择一种发电设备通过本设备和交流输出配电箱向输电线路输出电力。本设备交流配电的控制部件为交流接触器和空气开关，发电电量的计量部件为 3 只三相有功电度表。

9.4.1 主要参数和技术指标

(1) 输入

输入路数 3 路

第 1 路 主逆变器，三相四线制，额定视在输入功率 50kV·A；

第 2 路 备用逆变器接口，三相四线制，额定视在输入功率 50kV·A；

第 3 路 柴油发电机组，三相四线制，额定输入功率 55～75kW。

(2) 输出

1 路，三相四线制，额定输出功率 60kW。

(3) 工作环境条件

环境温度－10～＋55℃；

相对湿度≤95%；

海拔＜5500m。

(4) 机柜尺寸

1900mm×760mm×650mm。

9.4.2 机柜面板和内部布局

(1) 机柜面板

交流配电机柜面板示意图，可参见图 9-3。

① 6 只模拟表头 A 相电压表（AC 0～300V）、A 相电流表（AC 0～200A）、B 相电压表（AC 0～300V）、B 相电流表（AC 0～200A）、C 相电压表（AC 0～300V）、C 相电流表（AC 0～200A）。6 只表头放大图示如图 9-4(a) 所示。

② 6 只交流氖泡指示灯 第一排的 A 相、B 相和 C 相指示灯分别为黄色、绿色和红色，指示出某种输入发电设备的 A、B、C 三相是否缺相，如图 9-4(b) 所示。

第二排的黄色、绿色和红色指示灯，分别指示出投入的发电设备或是主逆变器，或是备用逆变器，或是柴油发电机组。此部分的放大图如图 9-4(b) 所示。

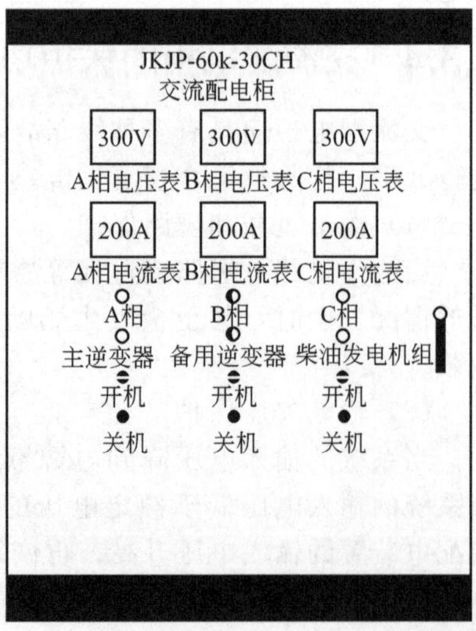

图 9-3 交流配电柜面板示意图

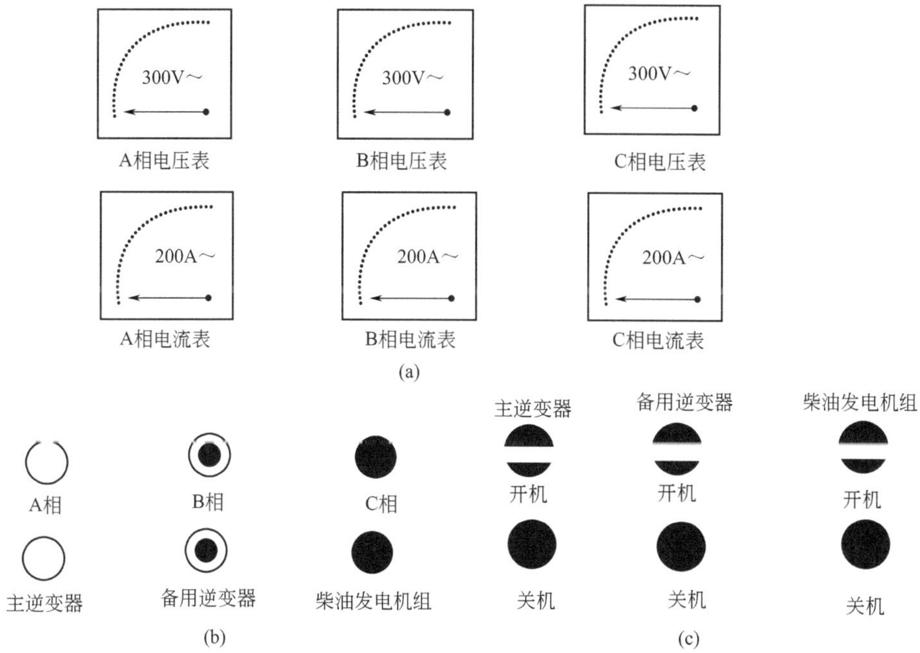

图 9-4 交流配电柜面板细部分解

③ 6 只开关按钮　在第二排三色指示灯下方各对应着 3 组开、关按钮，从左至右分别为：第 1 列主逆变器“开/关”；第 2 列备用逆变器“开/关”；第 3 列柴油发电机组“开/关”。绿色为“开”按钮，红色为“关”按钮。此部分的放大图示如 9-4(c) 所示。

(2) 机柜内部布局

① 机柜上部　机柜上部布局如图 9-5 所示。

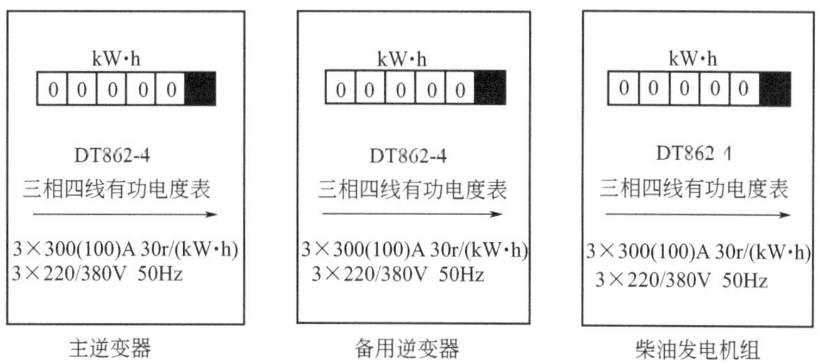

图 9-5 机柜上部布局

机柜上部为 3 只 DT862-4 型 3×300（100）A 三相四线制有功电度表。从左至右，分别用于计量主逆变器、备用逆变器和柴油发电机组三种发电设备的发电量。

② 机柜中部　机柜中部布局如图 9-6 所示。

机柜中部为 3 只交流接触器，通过它们实现三种发电设备的输入、输出互锁控制。

③ 机柜下部　机柜下部装有 3 只 300V/5V 交流电量变送器 BSQ1～BSQ3、3 只 200A/5V 交流电量变送器 BSQ4～BSQ6、3 只国标两眼交流插座、1 只国标三眼交流插座、1 只三相交流输出空气开关 CJ1～CJ3；以及 3 只 200A、5A 交流互感器 HGQ1～HGQ3；变送器信号输出端子排（V_a、V_b、V_c、I_a、I_b、I_c）等。此外，还包括：1 只±12/1A AC/DC 开关电源 POW；POW 的输入保险 FUSE（2A）；3 只防雷保安器 FL1～FL3 以及 3 组交流输入接线端子和 1 组交流输出接线端子。

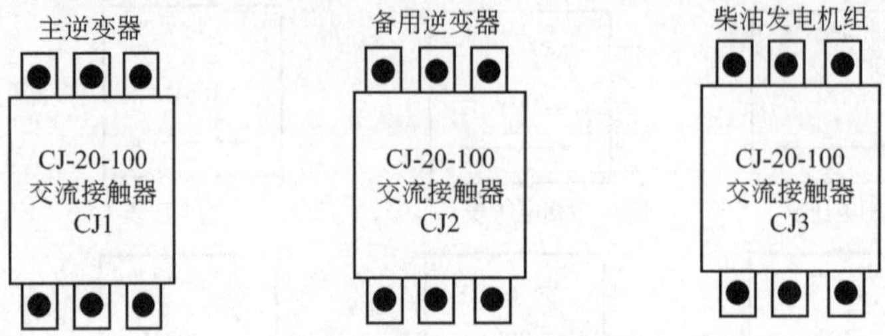

图 9-6 机柜中部布局

(3) 交流输出配电箱内部布局

交流输出配电箱内部布局、接线如图 9-7 所示，60kW 交流输电配电箱内部由 3 只 100A 保险 $FUSE_a$、$FUSE_b$、$FUSE_c$ 和 3 只 100A 空气开关 K_U、K_V、K_W 构成。它们分别是 U、V、W 输出三相的输出保险和输出开关。由于西藏 $40kW_P$ 光电站使用的 SOLAR SA50000 型 DC-AC 三相正弦波逆变器的输出三相 U、V、W 均可独立供电。所以，当输电线路发生外部故障时，可通过关断交流输出配电箱内某一相的输出空气开关进行检修，或者更换某一相的输出熔断器或保险。

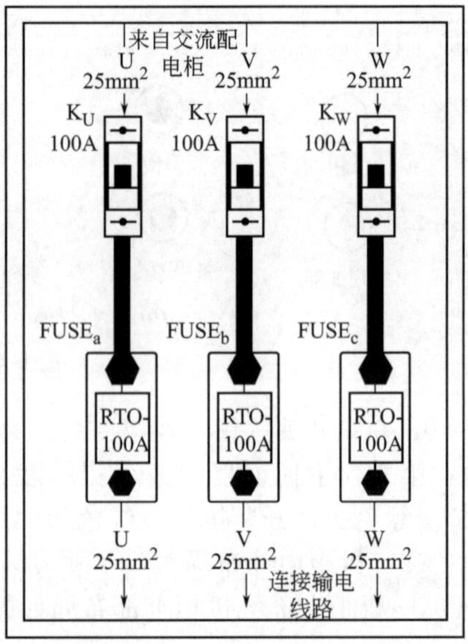

图 9-7 60kW 交流输出配电箱内部布局、接线

9.4.3 工作原理和防雷保护

(1) 工作原理

本交流配电柜主电路输入端的 3 个交流接触器 CJ1～CJ3 与面板上的 3 组“开/关”结合，实现了三种发电设备的输入与输出的互相锁定，即只允许选择一种发电设备通过本设备和交流输出配电箱向输电线路输出电力；同时，由 3 只电度表分别计量三种发电设备的发电量。

(2) 防雷保护

如图 9-8 所示，机柜下部装有 3 只防雷保安器 FL1～FL3，放在交流输出端。当 FL1～FL3 上的保护钮弹起时，说明防雷保安器已失效，需要更换。

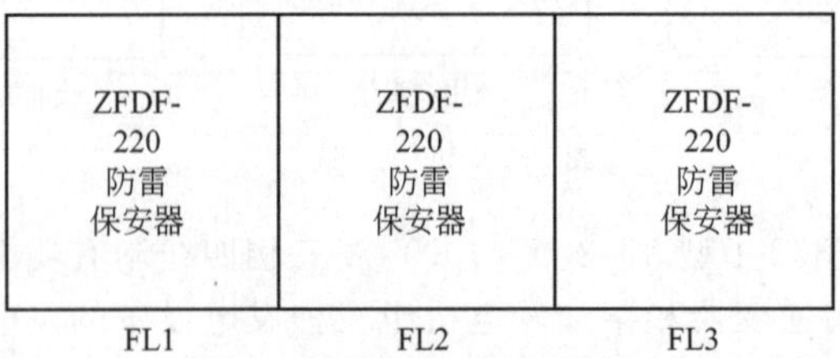

图 9-8 机柜的防雷保护器

9.4.4 机柜安装

(1) 安装前的准备

机柜摆放就位后，首先需要检查一下机柜内部各部分有无因运输不当而造成的紧固螺钉松动和脱落现象，如有，应重新拧紧；各部分连线有无拉断、短路、断路现象，如有，应及时处理；各部分元器件有无损坏，如有，也要及时更换。检查、处理完毕后，应将柜内的所

有空气开关打到“OFF”（关）的位置。

(2) 连接主逆变器

按照机柜内的下部标志，左数第 1 组输入端子应供连接主逆变器使用；将由主逆变器输出的 U、V、W、0 共 4 根电缆，分别按顺序对应连接到 R、S、T、0 端子上。使用电缆的截面积均应为 $25mm^2$。

(3) 连接柴油发电机组

按照机柜内的下部标志，左数第 3 组输入端子应供连接柴油发电机组使用。将由柴油发电机组输出的 U、V、W、0 共 4 根电缆，分别按顺序对应连接到 R、S、T、0 端子上。使用电缆的截面积均应为 $25mm^2$。

(4) 交流配电柜输出与交流输出配电箱的连接

按照机柜内的下部标志，右数第 1 组输出端子 U、V、W 应供连接交流输出配电箱使用，与交流输出配电箱的 3 只 100A 空气开关 K_U、K_V、K_W 相连接。使用电缆的截面积均应为 $25mm^2$。

(5) 交流配电柜、交流输出配电箱与三相四线输电线路的连接

三相四线输电线路的 A、B、C 三相与交流输出配电箱 3 只 100A 输出保险 $FUSE_a$、$FUSE_b$、$FUSE_c$ 相连接。三相四线输电线路的零线 0 与交流配电柜的零线端子 0 连接。使用电缆的截面积均应为 $25mm^2$。

机柜安装示意可参见图 9-9。

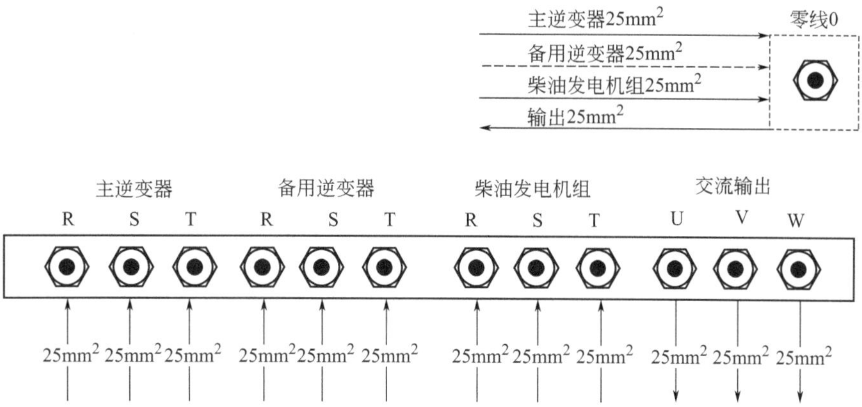

图 9-9 机柜安装示意

9.4.5 操作使用

(1) 开机前的准备

① 将交流配电柜和交流输出配电箱内的交流输出空气开关均打到“OFF”的位置。

② 用数字万用表测量 AC-DC 开关电源 POW，输出端应为 DC±12V。

(2) 开机操作

① 由主逆变器供电时的操作观察方法如下。首先打开直流控制柜的直流输出空气开关，再按照逆变器的开机顺序开启逆变器，按下交流配电柜面板上第 1 列“主逆变器”绿色“开”按钮，可以听见机柜内交流接触器 CJ1 吸合。这时，如再按下第 2 列或第 3 列的按钮则是无效的，因为输入、输出已经互锁。

这时可以看到面板上黄、绿、红三相指示灯和“主逆变器”绿色指示灯有指示。全亮表示主逆变器输出三相正常，不缺相。若黄色、绿色、红色三相指示灯有不亮的，应停止继续

操作。使用数字万用表的交流电压挡测量交流配电柜下部的主逆变器进线端子的 U-0、V-0、W-0 电压。如电压正常，则说明三相指示灯坏了；若电压不正常或为 0，则说明主逆变器发生故障，应立即检修主逆变器。

同时，面板上 A、B、C 三相电压表应有电压指示，数值为 AC 220V。若某相电压偏高或偏低，则说明主逆变器有问题，应检修主逆变器。

② 由柴油发电机组供电时的操作观察方法如下。开启柴油发电机组，待听到柴油机的轰鸣声后，按下交流配电柜面板上第 3 列“柴油发电机组”红色“开”按钮，可以听见机柜内交流接触器 CJ3 吸合。这时，如再按下第 1 列或第 2 列的按钮则是无效的，因为输入、输出已经互锁。

这时可以看到面板上黄、绿、红三相指示灯和“柴油发电机组”红色指示灯有指示。全亮表示柴油发电机组输出三相正常，不缺相。若黄、绿、红三相指示灯有不亮的，应停止继续操作。使用数字万用表的交流电压挡测量交流配电柜下部的柴油发电机组进线端子的 U-0、V-0、W-0 电压。如电压正常，则说明三相指示灯坏了；若电压不正常或为 0，则说明柴油发电机组发生故障，应检修柴油发电机组。

同时，面板上 A、B、C 三相电压表的电压指示，应为 AC220V±10V。待柴油发电机组的电压平稳后，再执行下面操作。

③ 当主逆变器输入电压正常且不缺相，或者柴油发电机组输入电压平稳且不缺相时，可以先将交流输出配电箱内的 3 个空气开关 K_U、K_V、K_W 打到“ON”的位置；再将交流配电柜内右下部的三相交流输出空气开关打到“ON”的位置，即可向交流输出电路输出电力。

④ 观察面板上 A、B、C 三相电流表的电流指示值，看输出电流是否相差不大。若相差较大（三相电流值相差在 20A 以上），应停机对三相线路所挂负荷进行检查和调整。

（3）关机操作

① 首先关断柜内的空气开关；

② 然后按动相应的“主逆变器”或者“柴油发电机组”的“关机”按钮；

③ 最后按操作规程关闭主逆变器或者柴油发电机组。

9.4.6 与微机监控系统的连接调试

（1）信号采样和电量变换

① A、B、C 三相交流电压 V_A、V_B、V_C 由计算机实时采集、计算和统计。信号取样于配电柜的输出端子 U-0、V-0、W-0，经 300V/5V 交流电量变送器 BSQ1～BSQ3，送入计算机的 A/D 采集卡。

② A、B、C 三相交流电流 I_A、I_B、I_C 由计算机实时采集、计算和统计。信号取样于配电柜的交流输出电流表 200A/5A 的交流互感器 HGQ1～HGQ3，经交流电量变送器 BSQ4～BSQ6 由 5A 变 5V，送入计算机的 A/D 采集卡。

（2）调试

① A、B、C 三相交流电压 V_A、V_B、V_C 测量范围为 0～300V。用数字电压表测定交流输出电压。假设 V_B=220V，则 BSQ2 的输出为 3.67V。

② A、B、C 三相交流电流 I_A、I_B、I_C 测量范围为 0～200A。用数字电表测定交流输出电流。假设 I_C=100A，则 BSQ6 的输出为 2.5V。

（3）监控信号连接

监控信号连接可参见图 9-10。图中表示了电量变送器 BSQ1～BSQ6 的输出电压和输出电源，可以使用多股屏蔽电缆与微机监控系统的信号调理盒相连接。

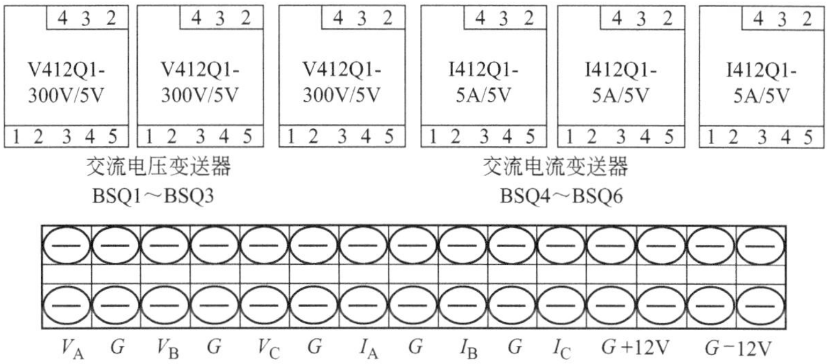

图 9-10 监控信号输出端子示意

9.4.7 故障判断

当逆变器或柴油发电机组发电状态正常，但本机输出电压为 0 时，应检查配电柜和配电箱内的空气开关状态是否在“ON”的位置。若空气开关按上就跳，应检查外线路负荷或短路故障原因；同时，应检查交流输出配电箱三相保险 $FUSE_a$、$FUSE_b$、$FUSE_c$ 是否熔断，如熔断，应予更换。注意：更换部件时不应带电操作，要关断配电柜和配电箱的输入按钮和输出空气开关，同时要关掉逆变器和柴油发电机组。

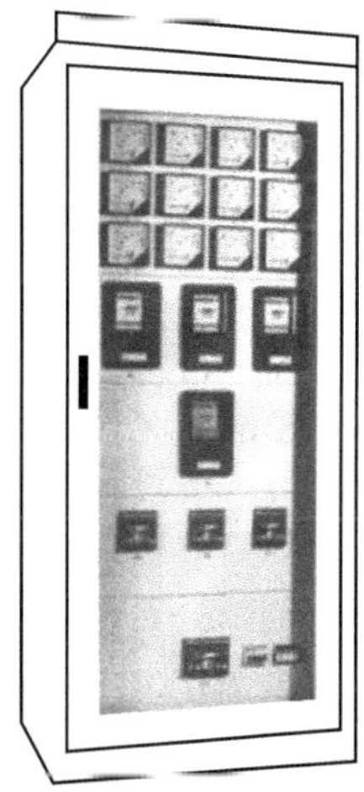

图 9-11 交流防雷配电柜

9.4.8 注意事项

① 设备工作环境应保持干燥、通风，并注意防止潮湿。

② 柜体内应保持清洁。如果发现灰尘较多时，应在断电后及时清埋，以免因灰尘过多而降低绝缘强度。

中国光伏发电系统的地面应用始于 20 世纪 80 年代初，但真正初具规模的应用是起步于 90 年代初。当时中国政府利用长期国债，为解决西藏无水力资源、无电县县城供电问题而兴建了 7 座光-柴-蓄模式的独立光伏电站。这些光伏电站，均由研发机构承担设计与建设，其系统配套装置和平衡部件多为非标产品。而目前中国光伏产业已进入鼎盛时期，不仅是太阳电池组件可任意选择，且平衡系统的设备与装置皆已有市售商品。图 9-11 即为一种交流防雷配电柜，其相关型号的技术参数如表 9-1 所列，供读者参考。

表 9-1 交流防雷配电柜技术参数表

项目 \ 型号	EHE-JLPD200K	EHE-JLPD300K
最大可接入逆变器数目	2 台(EHE-N100K 逆变器)	3 台(EHE-N100K 逆变器)
额定交流输入输出功率	200kW	300kW
最大输出总电流	304A	456A
输入输出接线方式	铜排接线	铜排接线
防雷器	高压防雷器,完备的防雷功能	高压防雷器,完备的防雷功能
绝缘强度	2500V	2500V
机壳防水等级	IP20(室内)	IP20(室内)
质量(大约)	145kg	165kg
体积(宽×高×深)	900mm×2000mm×600mm	900mm×2060mm×600mm

续表

项目 \ 型号	EHE-JLPD400K	EHE-JLPD500K
最大可接入逆变器数目	4台(EHE-N100K逆变器)	5台(EHE-N100K逆变器)
额定交流输入输出功率	400kW	500kW
最大输出总电流	608A	760A
输入输出接线方式	铜排接线	铜排接线
防雷器	高压防雷器,完备的防雷功能	高压防雷器,完备的防雷功能
绝缘强度	2500V	2500V
机壳防水等级	IP20(室内)	IP20(室内)
质量(大约)	188kg	230kg
体积(宽×高×深)	900mm×2000mm×600mm	900mm×2000mm×600mm

9.5 低压架空配电线路

9.5.1 结构与组成

输电线路的作用是输送电能。10kV以下的输电线路，称为配电线路。配电线路，又可按照电压的高低分为高压（1～10kV）配电线路和低压（1kV以下）配电线路；按照线路的结构分为架空式线路和地埋式线路。例如，中国西藏地区小型独立光伏电站的输电线路，一般均为380V/220V电压级供电的低压架空配电线路。

农村低压线路的配电方式，有单相两线制、三相三线制和三相四线制等方式。单相两相制，是指交流220V的低压线路，常称照明线路，一般用于照明和家用电器设备的用电；三相三线制，指交流380V的低压线路，常称动力线路，一般用于动力设备用电；三相四线制，适用于220V和380V的混合用电方式，其相线为380V，相线与中心线间为220V，既可用于照明用电，又可用于动力设备用电。西藏的小型独立光伏电站，一般均采用三相四线配电方式。

低压架空配电线路，主要由电杆、横担、导线、绝缘子、金具和拉线等组成，其基本结构如图9-12所示。

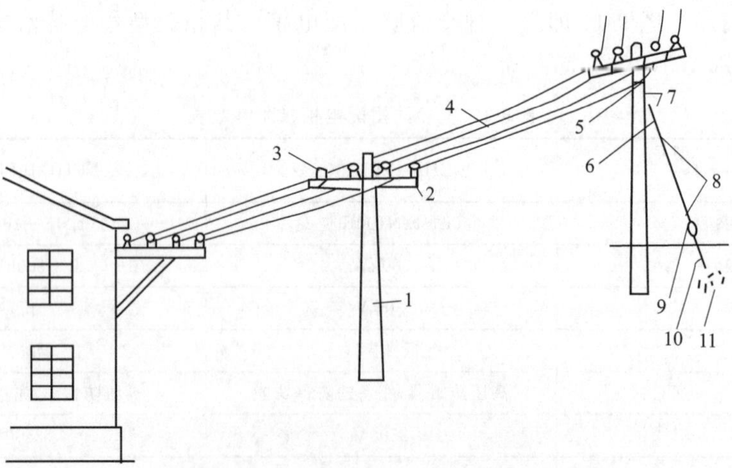

图9-12 低压架空配电线路基本结构

1—电杆；2—横担；3—绝缘子；4—导线；5—拉线抱箍；6—绝缘子；7—上把；8—中把；9—花篮螺栓；10—拉杆；11—拉盘

（1）电杆

电杆的作用是支持导线、绝缘子、横担等，并使导线与地面或其他跨越物保持规定的安装距离。按材料的不同，电杆有钢筋混凝土杆和木杆等多种。按用途的不同，电杆可分为直线杆、耐张杆、转角杆、终端杆和分支杆等多种，其形式如图 9-13 所示。电杆必须具有足够的机械强度，能承受导线的重量，并且还要能承受风、雨的侵袭。

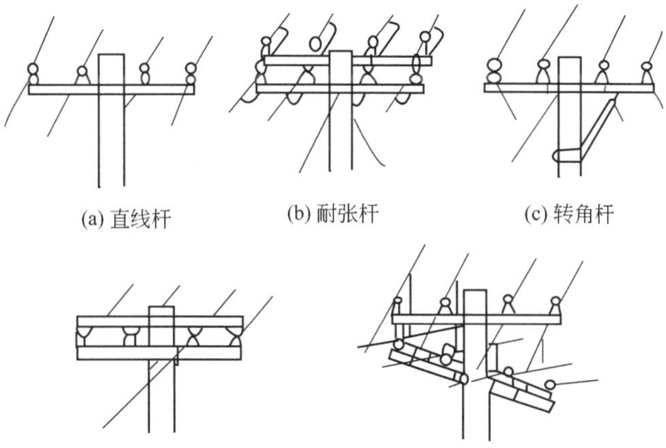
(a) 直线杆　(b) 耐张杆　(c) 转角杆　(d) 终端杆　(e) 分支杆

图 9-13　电杆形式

（2）导线

导线的主要作用是传导电流，但它同时还要承担导线自重和外界条件如风、雨、冰、雪、温度等的作用，此外还要承受空气中有害气体的侵蚀。农村低压配电线路的架空导线，有绝缘导线和裸导线两种。一般来说，除变压器的高压引下线、低压引上线及接户线采用绝缘导线外，架空导线一般均采用裸导线。这是因为裸导线比绝缘导线散热好，允许通过较大的电流，也较轻。裸导线有铝绞线、铜绞线和钢芯铝绞线等种类，农村架空线路一般采用钢芯铝绞线。架空导线禁止使用单股铝线和铁线。在导线的型号中，L 表示铝，G 表示钢，T 表示铜，J 表示绞，其后的数字表示导线的截面积。如 LJ-35，为铝绞线，导线截面积为 $35mm^2$；LGJ-50，为钢芯铝绞线，导线截面积为 $50mm^2$（仅为铝绞线的截面积，不包括钢芯的截面积）。对于单相两线制的架空铝绞线，零线和相线的截面积应相同。对于三相四线制的架空铝绞线，其零线的截面积不宜小于相线截面积的一半。农村低压架空线路用铝绞线的常用技术数据如表 9-2 所列。

表 9-2　农村低压架空线路用铝绞线的常用技术数据

型号	截面/mm^2	股数×直径/mm	绞线外径/mm	电阻(20℃)/(Ω/km)	允许载流量/A	质量/(kg/km)
LJ	16	7×1.70	5.1	1.85	105	41
	25	7×2.12	6.4	1.19	135	68
	35	7×2.50	7.5	0.854	170	94
	50	7×3.00	9.0	0.593	215	135
	70	7×3.55	10.7	0.424	265	190
	95		13.2	0.335	325	257

（3）横担

横担主要用于安装绝缘子和固定导线。常用的横担有角铁横担和木横担两种，其外形如图 9-14 所示。

（4）绝缘子

绝缘子又称瓷瓶，是用来使导线与导线之间、导线与横担之间、导线与电杆之间、导线与大地之间保护绝缘的瓷质元件。绝缘子除承受线路的工作电压之外，还要把导线上的力传递给电杆，因此它应满足耐压等级和机械强度的要求。低压线路常用的绝缘子有针式绝缘子、蝴蝶式绝缘子以及拉线绝缘子等多种，其外形如图 9-15 所示。

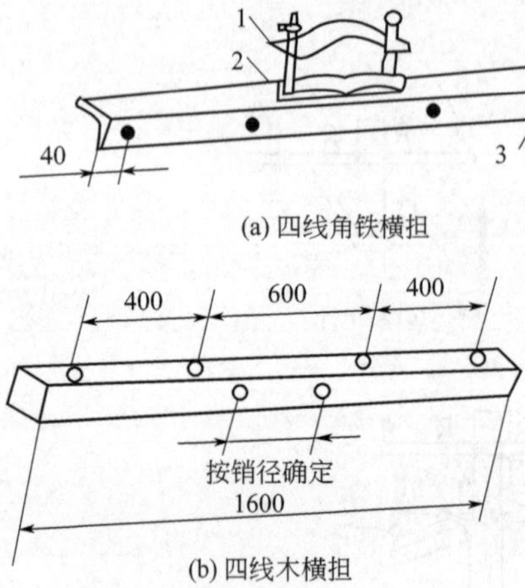

图 9-14 横担外形（单位：mm）

1—抱箍；2—弧形垫铁；3—绝缘子

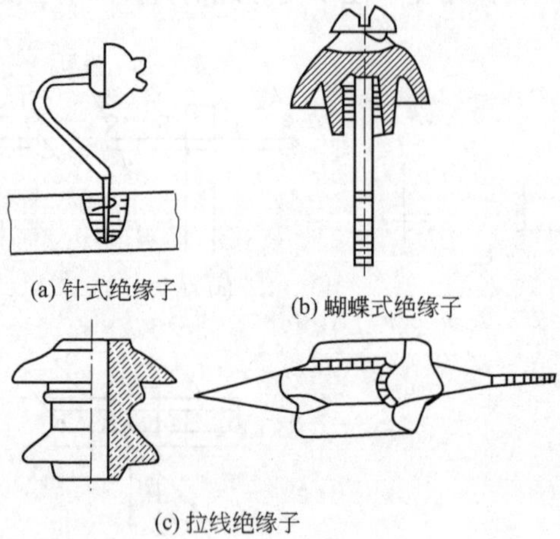

图 9-15 绝缘子外形

（5）金具

金具又称铁件，是用来连接导线、组装绝缘子、安装横担和拉线的金属构件。金具的种类规格较多，有安装针式绝缘子的铁脚、组装悬式绝缘子的球头挂环及挂板、悬垂线夹和耐张线夹以及各种规格的螺杆、抱箍、花篮螺栓等。部分低压金具的外形，如图 9-16 所示。

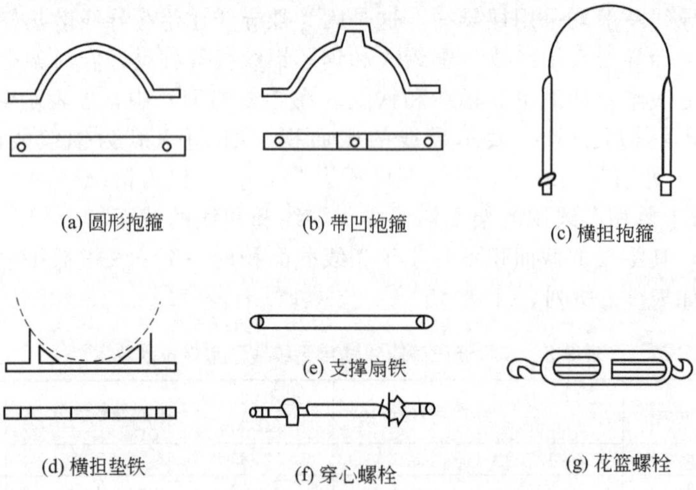

图 9-16 部分低压金具的外形

（6）拉线

拉线又称扳线，俗称把线。它的功能是用来平衡电杆可能出现的侧向拉力，一般用在耐张、转角、终端及分支等承力杆上。拉线一般由镀锌铁丝绞合而成；承力较大时，可用镀锌钢丝绞线。按照拉线所起的作用可分为：普通拉线、人字拉线、高桩式拉线、自身拉线等形式。

9.5.2 运行管理

(1) 按季节加强线路的运行管理

由于配电线路为露天架设，因而要受到气候、环境等多方面因素的影响，尤其是中国幅员辽阔，各地一年四季的自然条件差别又很大，根据各地季节的不同特点，可采取以下措施。

① 及时清扫绝缘子，紧固连接螺栓，检查接地装置，防止漏电引起的绝缘子表面闪络和木杆燃烧事故。

② 检查导线弧垂，尤其要检查交叉跨越处的弧垂情况；注意清除导线的覆冰，以防止断线等事故的发生。

③ 加固拉线和电杆基础，清除沿线有妨碍的树木、杂物及电杆上的鸟窝等。

(2) 线路的巡视和检查

巡视检查线路的目的是掌握线路运行情况，发现缺陷时及时处理，防止事故，保证安全供电。线路的巡视一般有定期巡视、特殊巡视和故障巡视三种。

- 定期巡视一般应于每月运行一次。此外，每隔一定时期应在夜间巡视一次，主要是检查导线的连接点有无跳线发红、打火花以及瓷瓶绝缘的闪络现象。
- 特殊巡视应在大雷雨、大雪、汛期、浓雾、严重结冰、冰雹、火警等发生后立即进行，以便及时检查线路是否存在隐患。
- 当线路发生断线、接地和短路等故障时，应立即进行故障巡视，查明故障地点及故障原因，及时进行处理，尽快恢复供电。线路的巡视检查一般包括如下内容。

① 沿线情况

a. 线路周围是否有倾倒的树木或其他可能损伤导线的障碍物；

b. 沿线周围有无会崩塌损伤电杆的土石方等；

c. 沿线附近的建筑是否会影响线路的正常运行。

② 导线和避雷线

a. 导线和避雷线应无断股、损伤以及锈蚀等情况；

b. 导线弛度不能过大或过小；

c. 导线与地面、交叉设施及其他物体之间的距离应符合安全要求；

d. 线夹、连接器是否有过热现象，线夹、连接器和导线之间是否有滑动或拔出的痕迹，针式绝缘子扎线应无松脱。

③ 电杆

a. 电杆及金具不能歪斜变形，连接固定应正常；

b. 电杆的基础不能下沉或倾斜；

c. 电杆的横担和金具的螺丝不能松脱；

d. 电杆上不能有鸟巢或其他异物；

e. 电杆应无腐朽、烧焦或开裂，混凝土杆应无裂缝、剥落和钢筋外露；

f. 电杆拉线的受力应均匀，应无断股或锈蚀；地锚不能松动或缺土；抱箍、线夹等应无锈蚀或松动。

④ 绝缘瓷体　应无污垢、裂纹、破损或闪络痕迹；装置要牢固，无偏斜松脱现象。

(3) 维护和检修

线路的维护工作可根据运行情况和巡视中发现的问题，结合季节性检查进行。

雷雨季节对电气设备的绝缘影响很大，应在该季节来临前做好电气设备的预防性试验，并采取防雷措施，消除线路绝缘缺陷；应更换破损、有闪络痕迹的瓷瓶，补足悬挂式瓷瓶上的紧固零件。

汛期和台风季节，易发生倒杆和冲坏杆基的现象，应做好防汛、防台风工作。例如，加固电杆基础，补强电杆，在电杆镀锌铁件表面脱落处涂刷涂料；涂平混凝土电杆表面裂纹或外露钢筋；更换腐朽的木电杆；拧紧电杆上螺栓，收紧或更换绑线；清除电杆上的鸟巢等。

冰雪期间导线受力大，易发生断线事故，应做好防冰工作。例如，根据导线的损伤程度用相同的导线进行绑扎补强；调整导线的弧度；调整跳线的位置，扎好绑线。当导线上的断股、损坏、锈蚀程度超过一定限度时，应考虑在适当的时候换线。

北京地区春季化冻时节如遇大风，极易发生倒杆事故，应提前做好加固电杆基础等预防性工作。

长时间干燥的季节，绝缘瓷瓶易有积垢，木电杆及零件易发生松动，要及时清扫瓷瓶，以防止闪络事故发生。

对沿线可能妨碍导线的树木，应勤剪树枝，并及时清除威胁电杆的土石方或其他堆放物等。在检修线路时，应注意如下各点。

① 要查明电源，执行停电联系制度。在检修工作开始前，应先查清哪些电源是必须停电的和可能停电的，然后与光伏电站联系，待取得同意后再行停电检修。

② 要进行验电和挂地线，即在执行停电操作后，为防止线路上的设备带电或操作机构失灵带电和线路产生感应电流等，应在停电后用高压验电笔进行检查。待确认无电以后，还应在工作范围线路的电源侧挂三相一组短路接地线，并在停电设备或断开导线的电杆上悬挂警告牌。做好这些后，才可开始检修工作。

③ 应检查杆根及工具，即在登杆前应认真检查杆根的情况，确认无倒杆危险时，才可登杆工作。对于各种工具和安全用具，在使用前应认真检查其有无机械损伤等问题，待检查合格后才可使用。

④ 线路检修完毕后，应及时拆除临时的接地短路线，并撤离检修人员，然后由检修负责人与光伏电站联系送电，严禁“约时送电”。

大型光伏电站有时需要进行远距离送电。当送电距离超过 1km 时，须采用高压输配电系统，以确保送电质量。

高压输配电系统应至少包括一个升压变压器、若干个降压变压器、高压断路器，以及高压电杆、电缆等。

中国西藏安多、班戈光伏电站等，由于电站规模较大，供电距离较远，都采用了 10kV 高压输配电系统，送电效果良好。

在高压配电系统中，无论是升压变压器，还是降压变压器，工作时都可以达到 10kV 的电压。所以，在需要对高压配电系统进行检修时，一定要确保逆变器和柴油发电机组处于停机状态，并在交流配电柜上悬挂“严禁供电”的指示牌。

9.6 电力变压器及其选择

9.6.1 常用电力变压器的种类和容量系列

（1）常用电力变压器的种类

在高、低压供配电系统中，常用的电力变压器有如下几种分类方式。

① 按相数分类　有三相电力变压器和单相电力变压器。大多数场合使用三相电力变压器，在一些低压单相负载较多的场合，也使用单相变压器。

② 绕组导电材料分类　有铜绕组变压器和铝绕组变压器，目前一般均采用铜绕组变压器。

③ 绝缘介质分类　有油浸式变压器和干式变压器两大类。油浸式变压器由于价格低廉而得到广泛应用；干式变压器有不易燃烧、不易爆炸的特点，适合在防火、防爆要求高的场

合使用，绝缘形式有环氧浇注式、开启式、充气（SF_6）式和缠绕式等。

④ 绕组连接组别分类　有Yyn0和Dyn11两种。由于Yyn0变压器一次侧零序电流不能流通，当二次侧出现三相不平衡负荷时，由此产生的零序电流会引起磁通变化，使铁芯发热增加，严重时会导致变压器损坏。此外，其二次侧负荷三相不平衡度不能大于25%。因此，Yyn0变压器一般只用于三相负荷平衡的场合，如工业企业变电站。Dyn11变压器一次侧为三角形接法，零序电流可以流通，因此其运行不受二次侧负荷平衡度的影响，可用于单相负荷较多且不易平衡的场合，如民用建筑变电站。

（2）常用变压器的容量系列

国内目前的变压器产品容量系列为R10系列标准，即变压器容量等级是按 $R10=\sqrt[10]{10}\approx1.26$ 为倍数递增确定的，如100kV·A、125kV·A、160kV·A、200kV·A、250kV·A、315kV·A、500kV·A、630kV·A、800kV·A、1000kV·A、1250kV·A、1600kV·A等。

9.6.2　变压器容量与数量的选择原则

（1）变压器损坏及产生过负荷能力的原因

变压器损坏及过负荷能力产生都是由于变压器额定参数与运行时实际参数的差异导致的。

① 电气设备的电压、电流各具有在一定条件下长期安全经济运行的限额，即所谓的额定电压和额定电流。当实际运行电压或实际运行电流超过其额定电压或额定电流时，电气设备可能被损坏。因此，在排除人为破坏的情况下，变压器的损坏主要由以下两个原因造成。

a. 当实际运行电压过高时，过电压使绝缘损坏。这是一个瞬时过程，因此电气设备是不能在大于其规定的最高电压下运行的。

b. 变压器具有额定寿命参数，变压器达到额定寿命的工作环境是：最高日平均气温30℃，最高年平均气温20℃，最高气温40℃，最低温度−5℃（户内变压器）或−30℃（户外变压器），在额定电压下以额定电流运行。

当实际运行电流过大时，电气设备导体过热使绝缘老化加剧甚至损坏。这是一个累积的过程，绝缘逐渐老化到一定程度，绝缘损坏，变压器寿命终结。正常运行时，绝缘也会逐渐老化，但因其过程较缓慢，所以实际使用寿命会达到额定寿命。变压器的设计使用年限一般为20～30年，其实际寿命主要取决于绕组绝缘的老化速度。

② 变压器额定容量是指变压器的额定视在功率（即额定电压和额定电流的乘积）。变压器实际运行时负荷的视在功率超过其额定容量时，称为变压器过负荷。变压器有一定的过负荷能力，其过负荷能力的大小主要取决于绝缘老化的速度，由如下因素决定。

a. 选择变压器时，通常要考虑备用容量，因此变压器额定容量总是大于实际负荷的计算视在功率；其次，变压器的实际负荷是变动的，且实际的瞬时负荷大多数情况下小于计算负荷，即小于变压器的额定容量；此时实际运行时绝缘老化速度较变压器在额定参数下的老化速度慢，相当于延长了使用寿命，储备了一定的过负荷能力。

b. 变压器实际运行环境不一定等同额定工作环境，当实际运行环境较额定工作环境恶劣时，会加速变压器绝缘的老化速度，从而缩短设备的绝缘寿命；反之，则能延长绝缘寿命，并储备一定的过负荷能力。

由上述分析可知，变压器不能长期在过负荷情况下运行，但由于正常运行时其寿命大都或多或少地保留一定的余量，因此，当短时过负荷导致绝缘老化加剧时其加速损耗的寿命可以得到补偿，从而使变压器具有一定的短时过负荷能力。变压器过负荷能力的大小与变压器的绝缘介质和生产工艺有较大关系，所以变压器的短时过负荷能力的大小不能一概而论。表9-3、表9-4分别列出的是一般油浸式变压器和干式变压器的短时过负荷大小及相应的允许运行时间。

表 9-3 油浸式变压器允许短时过负荷时间

短时过负荷/%	30	40	60	75	100	200
允许运行时间/min	120	80	45	20	10	1.5

表 9-4 干式变压器允许短时过负荷时间（空气冷却）

短时过负荷/%	10	20	30	40	50	60
允许运行时间/min	75	60	45	32	18	5

（2）变压器台数的确定

在供配电系统中，变压器台数与供电范围内用电负荷大小、性质、重要程度有关。

① 三级负荷一般设一台变压器，应考虑现有开关设备开断容量的限制，所选单台变压器的额定容量一般不大于 1250kV·A；当用电负荷所需的变压器容量大于 1250kV·A 时，通常应采用两台或更多台变压器。

② 当存在季节性或昼夜性负荷波动时，可对这些负荷采用单独的变压器供电，以使这些负荷不需要时，可以切除相应的供电变压器，减少空载损耗。

③ 当有较大的冲击性负荷时，为避免对其他负荷供电质量的影响，可单独设变压器并对其供电。

④ 当有大量一、二级负荷时，为保证供电可靠性，应设两台或多台变压器，以起到相互备用的作用。

（3）变压器容量的确定

① 单台变压器容量一般不大于 1250kV·A。若负荷集中且确有需要，可采用 1600kV·A 或更大的变压器。

② 最大负荷率一般取为 $\beta=S_c/S_{rT}$（其范围为 75%～85%），其中 S_c 为正常运行时的计算负荷，S_{rT} 为变压器的额定容量。该范围综合考虑了变压器的经济运行和变压器初次投资成本。

③ 若两台变压器互为备用，当一台变压器出现故障或进行检修时，另一台变压器容量应能保证向所有一、二级负荷及时供电。

④ 变压器容量应能保证电动机启动要求，否则应对电动机采取降压启动措施或提高变压器容量。一般来讲，直接启动的笼型电动机最大容量应不超过变压器容量的 30%。

9.7 电力线缆及其选择

电力线缆的选择应符合如下条件：①线缆应满足正常负荷下的长期运行条件；②应能承受故障时的故障电流，尤其是短路电流的短时作用；③为保证电源质量，必须限制线路上的电压损失，以满足线路末端的电压偏差要求，即应该满足线路电压损失的要求；④应满足机械强度要求；⑤应考虑线路的经济运行情况。

9.7.1 按机械强度条件选择导线截面积

为保证电力线缆在正常生产、运输、安装和运行过程中不受机械力的作用而损坏，必须满足机械强度的要求。各种导线最小截面积可查导线产品目录中的有关规定。

9.7.2 按导线载流量条件选择导线截面积

导线载流量 I_{al} 是指导线或电缆在某一特定的环境和敷设条件下，其稳定工作温度不超过其绝缘允许最高持续工作温度的最大负载电流。

导线绝缘允许最高持续工作温度 θ_{al} 是指：电线、电缆在其布线的任一位置上，其绝缘层可在长期的持续工作情况下，不受严重损坏所能承受的最高温度。

电流通过导线时会因电阻的存在而发热，电流越大，发热产生的温度升高越多。裸导线温度过高时，导线表面因与空气接触发生氧化，会使表面电阻增加，从而导致发热进一步加剧，造成恶性循环，最后烧损线路。当绝缘导线或电缆温度过高时，会使绝缘老化加剧直至损坏，引起短路故障。因此，当导线正常运行时必须使其发热稳定后的工作温度 θ_w 低于导线绝缘允许的最高持续工作温度 θ_{al}，即

$$\theta_w \leqslant \theta_{al}$$

导线工作温度会受到环境温度的制约，在环境温度一定、导线规格型号一定时，可根据导线的允许最高持续工作温度求得导线的载流量。

(1) 导线载流量的计算

导线上流过电流时的发热的一部分会导致导线温度升高，另一部分则散失到周围介质中，其热平衡方程为

$$I^2 R\mathrm{d}t = mc\,\mathrm{d}\theta + KA(\theta - \theta_0)\mathrm{d}t$$

式中 I——导线上通过的电流，A；

A——导线散热面积，m^2；

θ——导线温度，℃；

θ_0——导线周围环境温度，℃；

t——导线通过电流的时间，h；

R——导线电阻，Ω；

m——导线质量，kg；

c——导线比热容，J/(kg·℃)；

K——导线传热系数，W/(m^2·℃)。

解上式，得

$$\theta - \theta_0 = (\theta_s - \theta_0)(1 - e^{\frac{t}{\tau}}) + \theta_0 e^{\frac{t}{\tau}}$$

式中 τ——导线温升时间常数；

θ_s——导线发热达到稳定时的温度，也就是导线最高允许持续工作温度。并有

$$\tau = \frac{mc}{KA}$$

$$\theta_s - \theta_0 = \frac{I^2 R}{KA}$$

当 $I = I_{al}$ 时，所对应的稳定发热温度则应为 θ_{al}，则

$$I_{al} = \sqrt{\frac{KA(\theta_{al} - \theta_0)}{R}}$$

导线最高允许持续工作温度及环境温度的取值可以查到。

(2) 满足 I_{al} 要求的导线截面积

要使导线截面积满足实际运行电流的要求，即使

$$I_{al} \geqslant I_c$$

通过上面两式可求出导线电阻 R，进而由 R 求得导线截面积。也可从生产厂家给出的产品参数中查得，其中列出了各种型号、规格导线在某些环境温度下，不同敷设方式时的导线载流值与导线截面积的对应值。当实际运行条件与表中给定条件不同时，需做相应修正。

① 当载流量表中给出的环境温度 θ_1 与实际运行时环境程度 θ_1' 不同时，可根据发热量等效的原则，作如下修正，修正后允许载流量 I'_{al} 为

$$I'_{al}=K_\theta I_{al}$$

式中系数 K_θ 为

$$K_\theta=\sqrt{\frac{\theta_{al}-\theta'_1}{\theta_{al}-\theta_1}}$$

② 当有多根导线并列敷设时，导线的散热将会受到影响，此时导线的实际截流量 I'_{al} 应为

$$I'_{al}=K_1 I'_{al}$$

式中，K_1 为修正系数。

9.7.3 按电压损失选择导线截面积

电压损失是指线路首、末端电压的代数差。电压降是指线路首、末端电压的几何差。电压偏差是指当供配电系统改变运行方式或负荷缓慢变化，使系统各点的电压也随之变化时，各点的实际电压与系统标称电压的差值。

电压偏差是衡量电能质量好坏的一个指标。电气设备运行时一般要求电压偏差在±5%以内。电压偏差除可以采用改变变压器分接头的方式来加以改善外，还可通过加大导线截面积的措施来加以限制。

在线路首端电压一定的情况下，要限制线路中负荷侧某点的电压偏差，实际上就是限制首端到该点的电压变化的大小。在常见的供配电系统中，负载一般是感性的，线路负荷侧某点的电压与该线路首端相比总是呈下降的趋势。对用电设备来说，主要目的是保证电压偏差大小不超过允许值，而不考虑相位的变化，因此，只需要考虑电压损失而不必考虑电压降。

9.7.3.1 电压损失计算

在三相交流电路中，当各相负荷平衡时，三相电流、电压对称，电流与电压间的相位差也相等，故可按单相计算其电压损失后，再换算到线电压。

（1）末端带一个集中三相对称负荷线路的电压损失计算

如图 9-17(a) 所示，设线路上流过的电流为 I，线路的电阻为 r、电抗为 x，线路首、末端的相电压为 $U_{\varphi1}$、$U_{\varphi2}$，负荷的功率因数为 $\cos\varphi$，则可以末端相电压为基准，作出单相的电压相量图，如图 9-17(b) 所示。线路首、末端间电压降（几何差）为

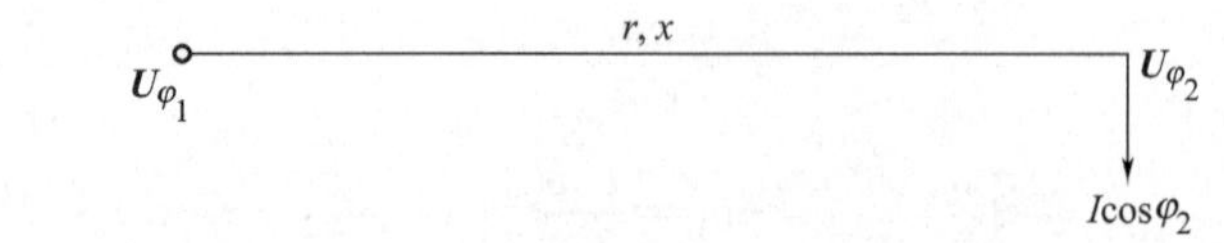

(a) 线路示意图

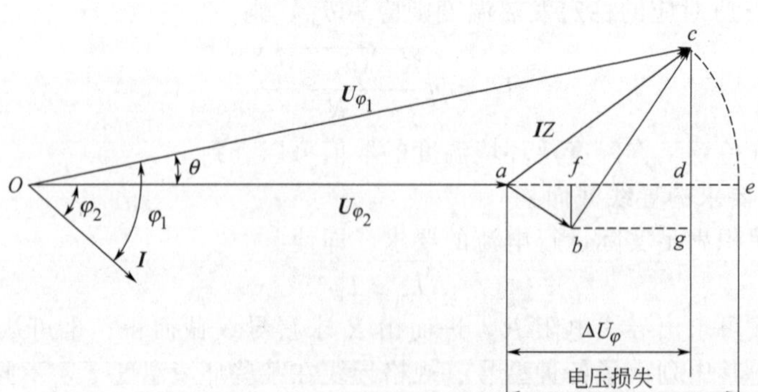

(b) 相量图

图 9-17 末端带一个集中三相对称负荷的线路及其相量

$$ac = U_{\varphi 1} - U_{\varphi 2} = IZ$$

因为 $ae = ac$，因此始、末端电压损失（即代数差）为

$$ae = U_{\varphi 1} - U_{\varphi 2}$$

线路的电压损失 ae 线段的计算比较复杂。在工程计算中，往往以 ad 线段来代替 ae 线段，由此引起的误差不超过实际电压损失的 5%。故每相电压损失为

$$\Delta U_{\varphi} = af + fd = Ir\cos\varphi + Ix\sin\varphi$$

用线电压表示的电压损失为

$$\Delta U = \sqrt{3} I (r\cos\varphi + x\sin\varphi)$$

若负荷以功率表示

$$P = \sqrt{3} U_{\mathrm{N}} I \cos\varphi$$

则

$$\Delta U = \frac{P}{U_{\mathrm{N}}\cos\varphi}(r\cos\varphi + x\sin\varphi) = \frac{1}{U_{\mathrm{N}}}(Pr + Qx)$$

电压损失用占电网标称电压的百分数表示时，则有

$$\Delta U\% = \frac{P}{U_{\mathrm{N}}^2\cos\varphi}(r\cos\varphi + x\sin\varphi) = \frac{Pr + Qx}{U_{\mathrm{N}}^2}$$

（2）沿线带有多个三相对称集中负荷线路的电压损失

当三相线路如图 9-18 所示时，电压损失的求法如下。

用电设备接于线路的 1～3 点，每个用电设备的功率已知，各线路段电阻及电抗也已知，则可求出各段线路的电压损失。从相量图中显而易见，线路首、末端间总的电压损失等于线路段电压损失的代数和。

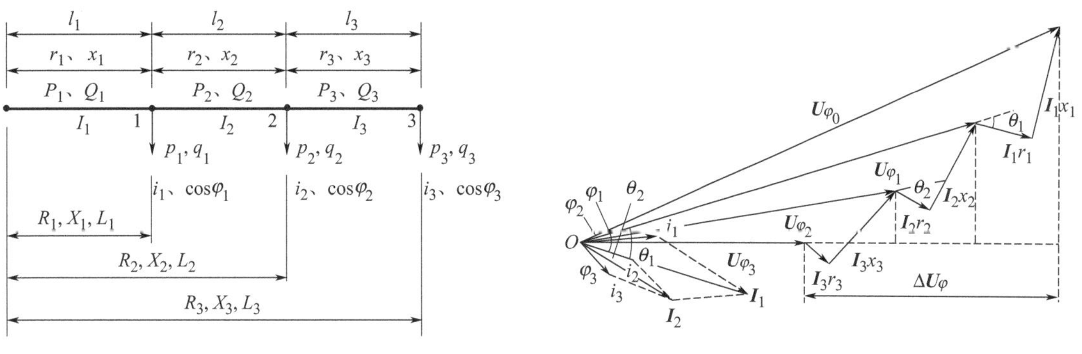

图 9-18 带集中三相对称负荷的线路及其相量图

在图 9-18 中，P_1、Q_1；P_2、Q_2；P_3、Q_3、…分别为各线路段 l_1、l_2、l_3、…上的有功负荷和无功负荷。I_1、$\cos\varphi_1$、I_2、$\cos\varphi_2$；I_3、$\cos\varphi_3$、…分别为各个线路段上的电流和功率因数。r_1、x_1；r_2、x_2；r_3、x_3、…分别为各线路段的阻抗。

p_1、q_1；p_2、q_2；p_3、q_3、…为各负荷点负荷的有功功率和无功功率。I_1、$\cos\varphi_1$；I_2、$\cos\varphi_2$；I_3、$\cos\varphi_3$、…分别为各负荷点负荷的电流和功率因数。R_1、X_1；R_2、X_2；R_3、X_3、…分别为线路首端到各负荷点的线路 L_1、L_2、L_3、…上的阻抗。

① 假设线路上的功率损耗可略去不计，以终端电压为参考，并令其等于电网标称电压，则有

线路段 l_1 中

$$P_1 = p_1 + p_2 + p_3$$
$$Q_1 = q_1 + q_2 + q_3$$

线路段 l_2 中

$$P_2=p_2+p_3$$
$$Q_2=q_2+q_3$$

线路段 l_3 中

$$P_3=p_3$$

各线路段上的电压损失线电压，按末端带一个集中三相对称负荷线路的电压损失计算求得

$$\Delta U_1=\frac{P_1}{U_N}r_1+\frac{Q_1}{U_N}x_1$$
$$\Delta U_2=\frac{P_2}{U_N}r_2+\frac{Q_2}{U_N}x_2$$
$$\Delta U_3=\frac{P_3}{U_N}r_3+\frac{Q_3}{U_N}x_3$$

因此，若有 n 段线路段，也可得出其总的电压损失计算公式为

$$\Delta U=\sum_{i=1}^{n}\Delta U_i=\frac{1}{U_N}\sum_{i=1}^{n}(P_ir_i+Q_ix_i)$$

如果将上式中的功率转换为电流来表达，则有

$$\Delta U=\frac{1}{U_N}\sum_{i=1}^{n}(P_ir_i+Q_ix_i)=\sqrt{3}\sum_{i=1}^{n}(I_ir_i\cos\varphi_i+I_ix_i\sin\varphi_i)$$

若以电压损失百分数来表示，可写成下式

$$\Delta U\%=\frac{\Delta U}{U_N}\times 100\%=\frac{\sqrt{3}}{U_N}\sum_{i=1}^{n}(I_ir_i\cos\varphi_i+I_ix_i\sin\varphi_i)=\frac{\sum_{i=1}^{n}(P_ir_i+Q_ix_i)}{U_N^2}$$

② 当用各负荷点的负荷电流或功率来计算电压损失时，应用叠加定理，将每一个单独负荷作用时的电压损失相叠加，即为

$$\Delta U=\frac{1}{U_N}\sum_{i=1}^{n}(p_iR_i+q_iX_i)=\sqrt{3}\sum_{i=1}^{n}(i_iR_i\cos\varphi_i+i_iX_i\sin\varphi_i)$$

同理，若以电压损失百分数来表示，可写成下式

$$\Delta U\%=\frac{\Delta U}{U_N}\times 100\%=\frac{\sqrt{3}}{U_N}\sum_{i=1}^{n}(I_iR_i\cos\varphi_i+I_iX_i\sin\varphi_i)=\frac{\sum_{i=1}^{n}(p_iR_i+q_iX_i)}{U_N^2}$$

③ 当各线路段的导线型号、规格不变时，则有

$$\Delta U\%=\frac{\sum_{i=1}^{n}(p_ir_0+q_ix_0)L_i}{U_N^2}=\frac{\sum_{i=1}^{n}(P_ir_0+Q_ix_0)l_i}{U_N^2}$$

式中，r_0、x_0 为线路单位长度的电阻及电抗。

9.7.3.2 满足电压损失条件的导线截面积

① 当已知导线截面积时可以电压损失来校验其是否满足电压要求。

② 当电压损失已知，欲求满足电压损失的导线截面积时，有两个未知数，即导线的电阻和电抗。由于导线电抗变化幅度不大，可先假定是一个电抗值 x_0 以求得 r_0，进而求出导线截面积 A；再将截面积为 A 的导线的实际参数代入电压损失计算公式中计算出电压损失，然后与要求的允许电压损失比较。若计算电压损失小于线路允许电压损失时，即该导线截面积符合要求，否则应进行重新试选及校验。

9.7.4 按短路条件选择导线截面积

9.7.4.1 线缆的动稳定

除硬母线外，其余导线、电缆等均为可挠的，力效应不明显。一般不进行动稳定校验。下面分析硬母线的动稳定核验方法。

（1）短路电流通过硬母线产生的应力

材料横截面积上单位面积的受力称为应力。当短路电流通过硬母线时，其应力为

$$\sigma_c=\frac{M}{W}$$

式中 M——短路电流产生的力矩，N·m；当跨数大于 2 时，$M=\frac{F_{k3}l}{10}$；当跨数等于 2 时，$M=\frac{F_{k3}l}{8}$（l 为母线支撑绝缘子的跨距，单位为 m）；

W——母线截面积系数，m^3；W 值与母线布置方式有关：对于水平布置的三相母线，当母线平放时，W 值为 $0.167hb^2$；当母线立放时，W 值为 $0.167hb^2$（b 为母线厚度，单位为 m；h 为母线宽度，单位为 m）；

F_{k3}——三相短路时母线的最大电动力，N。

考虑到机械共振条件的影响，实际的母线应力应乘以振动系数 β，即

① 当跨数大于 2 时，母线应力 σ_c（Pa）为

$$\sigma_c=1.73K_x i_{p3}^2\frac{l^2}{DW}\beta\times10^{-2}$$

② 当跨数等于 2 时，母线应力 σ_c（Pa）为

$$\sigma_c=2.16K_x i_{p3}^2\frac{l^2}{DW}\beta\times10^{-2}$$

式中 K_x——矩形截面导体的形状系数；

i_{p3}——三相短路峰值电流，kA；

β 的取值参见下文的叙述。

（2）按机械强度确定的最大跨距

某种结构件在受到机械力作用时，有一个最大应力，若外界作用于其上的应力超过这个应力，则结构件会受到破坏。结构件的最大允许应力一般与材料有关。母线的动稳定也符合这一规律，即

$$\sigma_c\leqslant\sigma_y$$

式中 σ_c——短路时母线可能承受的最大应力，Pa；

σ_y——母线最大允许应力，Pa；硬铝为 120MPa，硬铜为 170MPa。

因此，计算出母线满足动稳定条件时的最大跨距，即

$$l_{max}=\sqrt{\frac{\sigma_c DW}{0.0173K_x i_{p3}^2\beta}}\quad（当跨数>2 时）$$

或

$$l_{max}=\sqrt{\frac{\sigma_c DW}{0.0216K_x i_{p3}^2\beta}}\quad（当跨数=2 时）$$

（3）机械共振问题

为了避免短路电动力的工频和二倍工频周期分量与母线的自振频率相近而引起共振，应将母线的自振频率 f_m 限制在以下范围之外：对于单条的母线应避开 31～135Hz；对于多条

母线及带有引下线的母线应避开 35～155Hz。

三相母线在同一平面内的母线自振频率为

$$f_m=112\frac{r_i}{l^2}\varepsilon$$

式中 f_m——母线自振频率，Hz；

r_i——母线惯性半径，可查阅相关资料获得；

ε——材料系数，铜为 1.14×10^2，铝为 1.55×10^2；

l——支撑绝缘子跨距，m。

当母线自振频率处于上述共振频率范围之外时，振动系数 $\beta=1$。否则，应按图 9-19 取值。

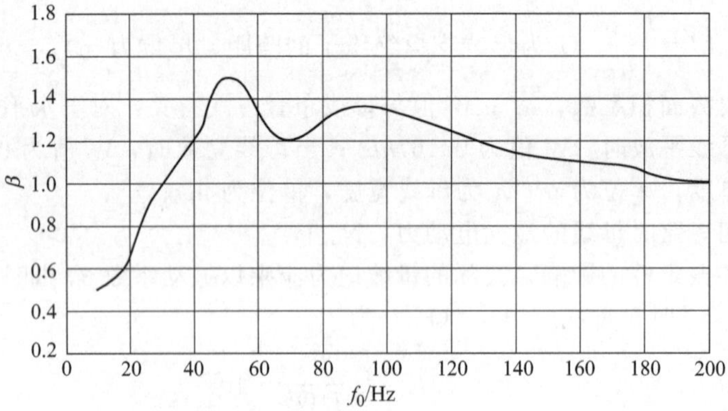

图 9-19 振动系数 β 与 f_0 的关系曲线

在图 9-19 中，f_0 为母线的固有频率，可由下式求得：

$$f_0=\frac{a^2}{2\pi l_c^2}=\sqrt{\frac{EJ}{m}}$$

式中 E——母线材料的弹性模量，N/m^2；

J——垂直于弯曲方向的惯性矩，m^4；

m——单位长度母线质量，kg/m；

l_c——支撑绝缘子间距，m；

a——振型常数，对于两端固定的母线，$a=4.73$；对于单端固定的母线，$a=3.927$。

9.7.4.2 线缆的热稳定

架空导线因散热性很好，可不进行热稳定校验。绝缘电线、电缆则应进行热稳定校验。对于短路点的确定，应遵循如下原则：

① 不超过制造长度的单根线缆，短路点取在线缆的末端；

② 有中间接头的多段线缆组成的一条线路，短路点取在本段线缆的末端，以免后面线路故障时损坏本段线缆；

③ 无中间接头的并联连接的线缆，短路点取在末端并联点处。

9.7.5 按经济电流密度选择截面积

从线缆选择的经济性角度出发，既要考虑初始投资的节约，也要考虑运行费用的低廉，即减少线路损耗。综合两方面因素，线缆截面积在满足基本运行要求的情况下，截面积选择过大不利于初始投资的节约，选择截面积过小则会增加线路损耗。为了使线路的平均年费用支出最小，所选择的截面积称为经济截面积 A_{cc}。

对应于经济截面积的电流密度为经济电流密度 J_{cc}。

$$J_{cc}=\frac{I_c}{A_{cc}}$$

J_{cc} 与线路种类、年最大负荷利用小时数 T_{max} 有关，如表 9-5 所示。

表 9-5 中国规定的经济电流密度J_{cc}　　单位：A/mm^2

导线材料	年最大负荷利用小时数		
	3000h 以下	3000～5000h	5000h 以上
铝线、钢芯铝线	1.65	1.15	0.90
铜线	3.00	2.25	1.75
铝芯电缆	1.92	1.73	1.54
铜芯电缆	2.50	2.25	2.00

9.7.6 线路选择条件分析

（1）高压线路

由于靠近电源端（如变电站），短路电流大且故障切除时间相对较长，但该处的负荷电流较小，此时线缆选择的主要问题是能否承受短时短路电流的热效应，即热稳定问题。因此，一般用热稳定条件来确定线缆截面积，再根据其他条件进行校验。

（2）低压线路

由于低压线路负荷电流相对较大，短路电流较小且故障切除时间较短，线缆选择的主要问题是能否长期承受工作电流的热效应，故一般以载流量条件选择导线截面积，再用其他条件进行校验。当线路上负荷电流较小，且传输距离很长时，则应充分考虑电压损失的影响，以电压损失条件作为确定线缆截面积的首选条件。

（3）关于经济电流密度条件

经济电流密度与线路运行、维护、管理以及电价水平等因素都有密切关系，且不同国家、地区及不同时期的经济电流密度都有差异。目前我国经济电流密度一般只适用于 35kV 以上高压系统的线缆选择。

（4）关于中性线的选择

在我国电力系统中，目前大多数高压电网都是中性点不接地系统，没有中性线。而低压系统则是中性点接地系统，且一般均配中性线。该中性线也是一种载流导体。

① 一般三相基本对称的动力负载，中性线截面积应不小于相线截面积的一半。

② 在单相回路中，由于流过中性线上的电流与相线相同，因此中性线截面积应与相线截面积相同。

③ 在三相四线或二相三线系统中，当用电负荷大部分为单相负荷或为气体放电灯等有三次谐波产生的负荷时，中性线截面积也不应小于相线截面积。

④ 对于采用晶闸管调光的三相四线或二相三线系统，由于谐波分量较大，其中性线截面积不应小于相线截面积的 2 倍。

9.7.7 保护线的选择

上述线路的选择原则都是针对载流导体而言的。而保护线在系统正常工作的情况下，通常不承载电流。保护线的选择应确保使保护线有效完成保护功能。

① 防止电击伤害　在系统故障时，应确保在接触电压对人体造成危险的时间内，保护装置能可靠地将故障点切除。表 9-6 为干燥人体在交流接触电压作用下，最长允许切断时间。

这就要求保护线截面积应足够大，以便发生接地故障时，促使故障回路有足够的故障电流，使保护装置迅速动作来切断故障回路。

表 9-6 交流预期接触电压U_{tou}与最长允许切断时间t 的关系

交流预期接触电压/V	50	75	100	150	230	300	400	500
最长允许切断时间/s	5	0.60	0.40	0.28	0.17	0.12	0.08	0.04

② 保证保护线自身完好　保护线应能承受故障电流在故障持续时间内的发热作用，保证热稳定。即保护线截面不应小于

$$A=\frac{I_k\sqrt{t_{im}}}{C}$$

或满足表 9-7 所列数据。

表 9-7 保护导线最小截面积

线路相线截面积 A/mm²	保护线与线路相线材料相同时的保护线截面积 A/mm²
≤16	A
16<A≤35	16
>35	$A/2$

③ 当保护线不属于电缆的一部分，或不与线路导体处于同一外护物之内时，其截面积不应小于下列数值。

a. 有防机械损伤保护时，铜保护线为 2.5mm²，铝保护线为 16mm²。

b. 无防机械损伤保护时，铜保护线为 4mm²，铝保护线为 16mm²。

④ 当保护线作为多个配电回路的公共保护线时，应按最严重的情况确定其截面积的大小。

第 10 章

分布式光伏发电与智能微电网

10.1 分布式能源

10.1.1 引论

能量是物质运动的量度。根据不同的运动形式，存在不同类型的能量，如机械能、电磁能、热能、化学能、核能等。能量在转换时，其总量遵循能量守恒定律，但在各种能量相互转换时，转换效率不同，这体现了不同能量品质的差异。电能是高品质、洁净的能量形式，比其他类型的动力更为通用，并能高效地转换为其他形式，例如能以近乎 100% 的效率转换为机械能或者热能。然而，热能、机械能却不能以如此高的效率转换为电能。

能源是指人类获得能量的来源，尚未开采出的能量资源不应列入"能源"范畴。其实"能源"这一术语，在第二次石油危机后才成为人们热议的焦点。确切地表述，能源是自然界中能为人类提供某种形式能量的物质资源。能源是全球发展和经济增长的基本动力，也是人类赖以生存的物质基础。

能源有多种分类：按是否可再生，分为可再生能源与非可再生能源；按人类开发利用技术成熟程度来分，分为常规能源与新能源。能源还可以按照其利用的方式来分，这就有所谓集中式能源与非集中式能源，即分布式能源之说。

分布式能源系统（distributed energy system，DES）是随着城市化与人类对更高生活质量的追求而出现的一种能源利用方式。它的特点是通过对能源的梯级管理和综合利用，通过以更少的能源投入，满足更多样需求的同时，实现保护环境、安全供给和更廉价能源的目标。

分布式能源从 20 世纪 70 年代末开始发展起来，已在很多国家，如美国、日本、丹麦、荷兰等国家得到大力发展和推广。与此同时，其在节能减排上发挥的作用也让这些国家切实地享受到了实惠，继而推动其进一步发展。国外几十年来取得的经验值得我国借鉴。图 10-1 为分布式能源终端利用的新格局。由此可见，分布式能源不仅是某种能源的利用方式，而且应该是未来能源供给的一种主要模式。

可再生能源是地球上取之不尽、洁净的一次能源。但是，其大规模开发利用遇到了间歇性和波动性的挑战。随着分布式能源系统的兴起，人们找到了解决这一难题的新途径。例如，美国的能源战略就是依靠页岩气革命增加了天然气供应，通过发展分布式能源和天然气交通，直接替代煤炭和石油；以天然气分布式能源为核心组成微电网，能够更好地容纳各种间断和不稳定的可再生能源。将这些微电网彼此连接形成智能电网，并将智能技术进一步延展到天然气、供热、供冷、供水、排水系统等，通过技术优势降低能耗和成本，保持美国在先进制造业中的竞争力，并通过智能化维护信息技术领域的优势。这种模式可以为我国城镇化规划建设中解决能源供给问题提供借鉴。

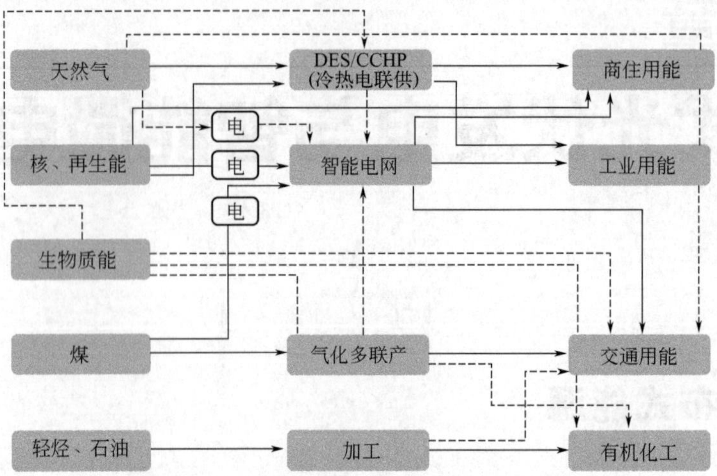

图 10-1 分布式能源终端利用的新格局

10.1.2 分布式发电

10.1.2.1 分布式发电的基本概念

所谓分布式发电（distributed generation，DG），是指发电功率为数千瓦至数十兆瓦的小型模块化、分散式、设置在用户附近的、就地消纳、非外输型的发电单元。其主要包括以液体或气体作为燃料的内燃机、微型燃气轮机、热电联产机组、燃料电池发电系统，以及可再生能源发电，如太阳能光伏发电、风力发电、生物质能发电等。

世界各国关于分布式发电并无统一叫法，有的称为非集中式发电，也有的称为嵌入式发电或分散式发电。中国国家能源局在“分布式发电管理办法”一文中给出了分布式发电概念：是指位于用户附近、装机规模小、电能由用户自用和就地利用的可再生能源、资源综合利用发电设施，或有电力输出的能量梯级利用多联供系统，并网电压等级在 110kV 及以下。与之类似，国家电网公司于 2013 年发布的《关于做好分布式电源并网服务工作的意见》中定义：“所称分布式电源是指位于用户附近，所发电能就地利用，在 10kV 及以下电压等接入电网，且单个并网点总装机容量不超过 6MW 的发电项目，包括太阳能、天然气、生物质能、风能、地热能、海洋能、资源综合利用发电等类型。”显然，这一定义更加明确、具体。

10.1.2.2 分布式发电的特征和作用

分布式发电的特点是电力就地产生，就地消纳；可以独立运行，也可与大电网并网运行；具有节省输变电投资、易于实现电网安全经济高效优质运行等优点，可以用来满足电力系统和用户的特定要求，如调峰及为偏远地区、海岛或商业区和居民区供电等。

解决分布式可再生能源发电的随机性、波动性问题，可通过三条技术途径：一是并网；二是设置储能装置；三是因地制宜，多能互补。发电并网，无论对分布式发电电源自身还是对电网都很重要，因为二者可以互补，可进一步提高供电安全可靠性。但发展分布式发电，并非以必须向电网供电为目的，否则就失去了分布式发电的重要意义。在分布式发电项目的规划和设计上应以负荷自我平衡为首要出发点，这是一条基本原则。分布式发电系统与电力系统之间的关系，依实际情况可选如下 4 种方式之一。不同的运行方式具有不同的特点。

方式 1：分布式发电系统独立运行并向附近用户供电。

方式 2：分布式发电系统独立运行，但与当地电网之间有自动切换。

方式 3：分布式发电系统与电网并联运行，但对电网无电能输出。

方式 4：分布式发电系统与电网并联运行，且向电网输出电能。

与传统电源相比，分布式发电是清洁、高效的能源利用方式。

以德国为代表的欧盟国家及日本，特别是美国，以多元化的能源为特点的分布式能源系统在总能源消费中占相当份额。推进分布式发电是世界各国优化能源结构，促进节能减排，应对气候变化的重要措施之一。分布式发电作为电力系统的有益和重要补充，与大电源、大电网有机统一，缺一不可。

10.1.3 未来能源系统

在信息化时代，人类的能源系统形态将从传统的大型金字塔式能源系统，逐渐走向扁平化的互联网式的能源网络。

10.1.3.1 大停电引发的深思

电力生产集中还是分散之争已经持续了十多年。随着对电力的需求越来越大，电力规模朝着高效率、低单位投资的大型化方向发展。超临界煤电和核电，单机机组容量已达1GW，电站规模达到几个吉瓦，输电线路远达数千公里，大电网覆盖上百万平方公里的范围。但是，在2012年前后发生的印度和美国大停电等事故之后，引起了越来越多的对这种系统安全性的怀疑和争论。

为了保障供电的可靠性，发达国家纷纷在用电负荷中心建设几十到上百兆瓦规模的“分散式电源”（decentralized power source，DPS）。这种规模的DPS单位造价比大机组高。但是它发出的电可以在10kV配电网内或接到附近10kV电网就地直供，不用升压到高压电网远程输送、再降压使用。因而总体上的经济效益并不低于前者。因此，DPS就地直供电大幅减少了电网的投资、损耗和运行费用，不仅保障安全供电，而且经济性较好。

10.1.3.2 未来能源系统

目前全世界从事能源战略的研究者更加明确了一个方向，未来的能源系统应该是扁平化的互联网系统，而不是传统规模经济结构的金字塔系统。随着互联网革命的成功以及天然气分布式能源的普遍发展，人们不必再固执于“规模效益”这一金科玉律。信息技术的突破完全有可能根据经济、资源、环境和需求的实际效益因地制宜确定规模，建立像互联网一样的由各种能源共同组成的，相互补充，以满足用户需求为核心的新型能源系统，也就是信息化时代的能源系统。从高碳的煤炭、石油转向清洁的天然气、核能和可再生能源，是中国能源转型必然且急迫的选择。在中国互联网飞速发展和能源大转型这一时代大背景下，分布式光伏发电可谓前景无限。

10.2 分布式光伏发电

分布式发电是分布式能源系统中重要的一环。对于分布式光伏发电，为保证电网安全运行，国家电网公司规定光伏发电站接入电力系统时，只限于配电网。在接入电网电压上放宽至35kV及以下时，并不再对光伏装机容量加以限制。

10.2.1 分布式光伏发电分类及其应用

由于光伏发电系统具有模块化结构的特点，它是一种更为典型的分布式发电方式。在中国广袤的西部兴建的集中式大型、超大型光伏电站，其实都是由若干发电单元“积木”般构建而成的。例如，1GW_P的超大型光伏电站实际上由10个100MW_P子站构成，而100MW_P则由10个10MW_P的光伏模块并联而成，而10MW_P通常由10个1MW_P发电单元或若干MW_P级发电单元构成。由于是并网，甚至光电场不一定连片，也可以采用多点接入的电网，其本质上类似于分布式发电。区别在于相对集中地接入高压的输电网，而分布式则接入中低压的配电网。

分布式光伏发电包括并网型、离网型（独立型）及多能互补微电网等应用形式。并网型多设置在用户周边附近，一般与中、低压配电网并网运行，着眼于自发自用。当不能发电或发电不足时从网上购电，而电力多余时，则向网上售电；离网型分布式发电多应用于偏远、海岛等地区，不与公共电网连接或无电网可接，利用自身的发电系统直接向负荷供电，通常系统要配置储能装置以保证供电不间断以及电能质量。分布式光伏发电还可以与其他发电方式组成多能互补的微电网发电系统，如光电/柴油机/蓄电池、风电/光电/蓄电池以及水/风/光/储能互补发电系统等。图 10-2 为分布式光伏发电系统分类。时下，国内外所谓分布式光伏发电，通常是指分布式并网光伏发电系统，不包括离网系统。图 10-3 表示分布式光伏发电接入公共配电网的三种情况。凡是“自发自用”的系统自然属于“分布式发电”，而分布式光伏发电系统并不一定采用“自发自用，余电上网”的商业模式。

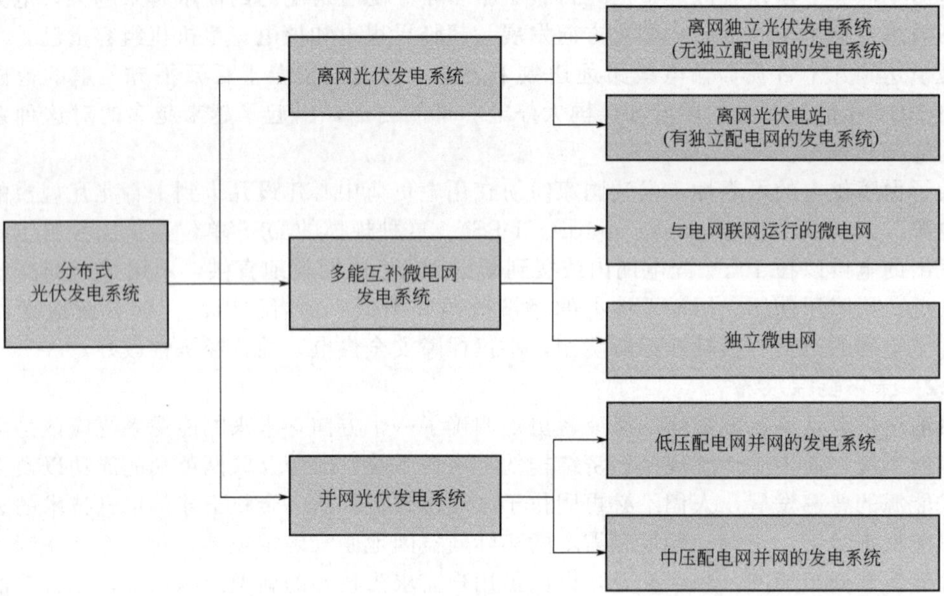

图 10-2　分布式光伏发电系统分类

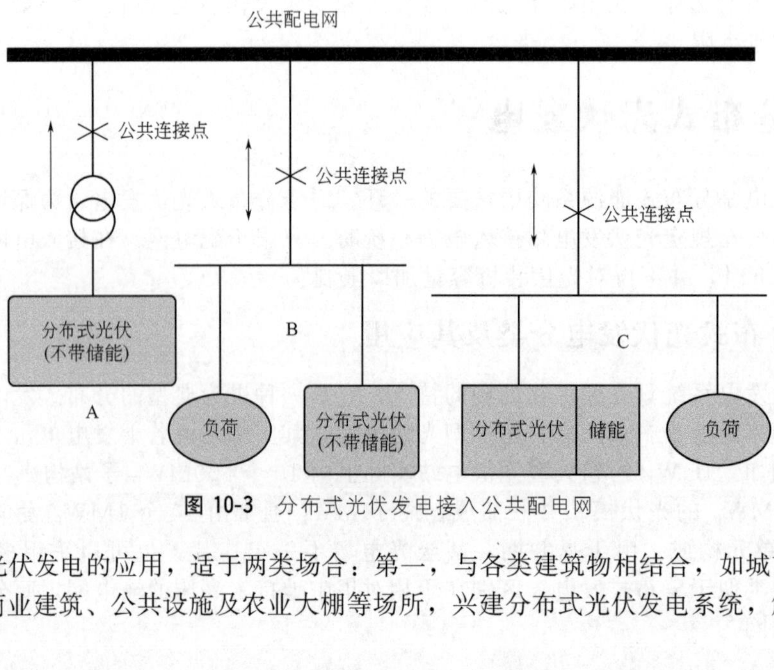

图 10-3　分布式光伏发电接入公共配电网

分布式光伏发电的应用，适于两类场合：第一，与各类建筑物相结合，如城市与农村的住宅屋顶、工商业建筑、公共设施及农业大棚等场所，兴建分布式光伏发电系统，解决电力用户部分用电需求；第二，可在偏远农牧区、海岛等缺电、无电地区推广，建设独立型光伏电站或带储能设施的微电网，解决当地居民生活用电和部分生产用电（如光伏水泵等）。在具体应用方面，由于光伏系统造价大幅度降低，以及国内政策的激励，如下几种应用正在迅速扩展。

① 工业厂房　特别是用电负荷大，网购电价较高的工厂，通常厂房屋顶面积大，屋顶开阔，适于安装光伏阵列；同时，因其用电量大，分布式光伏发电可就地消纳、抵消部分购电量，从而节省了电费，如图 10-4～图 10-7 所示。

② 商业建筑　与工业园区的情况类似，尤其商业建筑屋顶多为水泥屋面，更便于安装光伏阵列，并且用电负荷特性上与光伏发电特性通常一致。不过，往往对建筑美观方面也有所要求，如图 10-8～图 10-11 所示。

③ 市政等公共建筑物　由于这类建筑管理规范，社会公益意识强，因此安装积极性较高。其屋顶也适合分布式光伏系统的集中连片建设，如图 10-12～图 10-15 所示。

图 10-4　开发区某工业园项目

图 10-5　常州某 $5MW_p$ 分布式光伏发电项目

图 10-6　20MW 分布式屋顶并网光伏电站

屋顶光伏电站

图 10-7　常州 2MW 金屋顶工程

④ 农业设施　农村有大量可安装分布式光伏系统的利用空间，如种植大棚、鱼塘等，同时还有分布式负荷需求，如提水泵、滴灌、喷灌装置等。建设分布式光伏发电系统还可提升农业用电保障和改善电网末梢的电能质量，如图 10-16～图 10-19 所示。

图 10-8　某服装市场项目

图 10-9　某 2MW$_P$ 工商业建筑屋顶光伏电站

图 10-10　浙江义乌某市场屋顶光伏系统

图 10-11　彩钢瓦商业屋面光伏系统

图 10-12　常州科教城屋顶并网光伏系统

图 10-13　常州国家粮库 2.55MW$_P$ 光伏电站

图 10-14 常州奔牛机场 $300kW_P$ 电站项目

图 10-15 柏林火车站 $200kW_P$ BIPV 项目

图 10-16 湖北某光伏农业大棚项目

图 10-17 太阳能农庄项目

图 10-18 青岛大沽河流域国家农业科技园区

图 10-19 光伏有机茶棚项目

⑤ 住房屋顶　无论是乡间别墅，还是村落居民集中居民区，每户屋顶都能安装分布式光伏系统，通常 3～5kW 的光伏组件就可满足一户自家生活用电，如图 10-20～图 10-23 所示。

图 10-20　荷兰 $1MW_P$ BIPV 项目

图 10-21　荷兰零能源、零排放建筑

图 10-22　某太阳能小镇

图 10-23　某乡间太阳能别墅

⑥ 边远农牧区和海岛　在中国西藏、新疆、青海、甘肃、四川、内蒙古等农牧区以及沿海岛屿，这些地区远离大电网，还有数百万无电人口。建设离网型光伏电站或多能互补的微电网系统，解决这些地区供电问题是再恰当不过的选择，如图 10-24～图 10-25 所示。

图 10-24　青海玉树水-光互补微电网工程示范

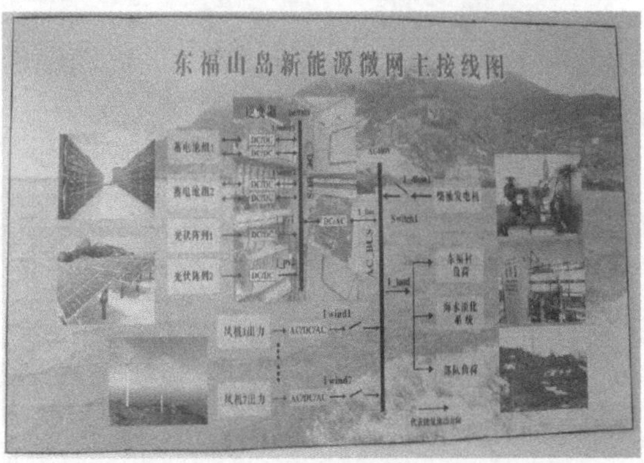

图 10-25　浙江东福山岛风-光-柴-蓄微电网示范

在欧洲，德国的光照资源条件并不算好，平均年有效利用小时数仅为800h左右，同时受到土地利用、电网结构等方面的限制，光伏发电以分布式开发为主。1991年该国确定的《电力入网法》，从法律制度层面正式启动了可再生能源发电市场。经过20多年的发展，直到2012年底德国光伏发电总装机容量已超过10GW，其中分布式光伏发电系统占比近80%，单个发电系统平均装机容量仅为20kW。

从国内实际情况看，中国自2013年起开始强调发展分布式光伏发电，在政策上由“金太阳（工程）初期投资补助”转变为电价补贴，分布式光伏项目纷纷上马，得以快速发展。

10.2.2 分布式光伏发电的技术提要

对于有关分布式光伏发电系统的设计，读者可参阅本书第3、4章相关内容，其设计流程及施工流程通常如图10-26、图10-27所示。这里强调一下几项技术要点。

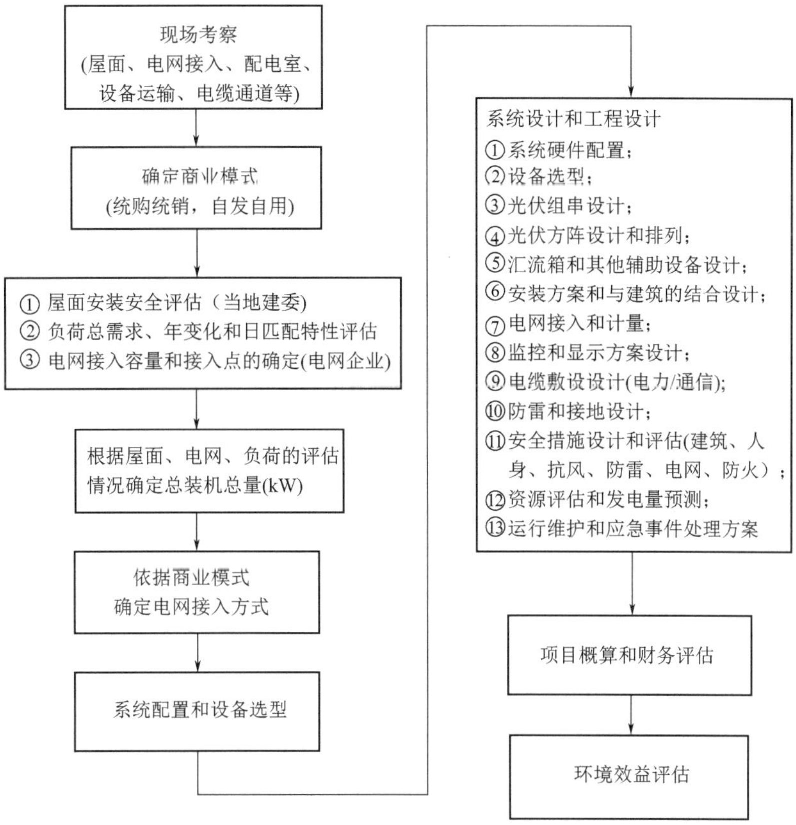

图10-26 分布式光伏系统的设计流程

(1) 性能比与综合系统效率

在评价光伏系统的性能时，性能比（performance ratio，PR）是主要指标之一，定义为实际交流发电量与理论最大直流发电量之比。人们追求最佳的性能比，旨在实现各种环境条件下最优的发电效果。从本书第2章计算发电量式(2-1)可知，所定义的性能比等同于综合系统效率（K）。K值越大，性能比越高，发电量也就越大。显然，K值越大越好，但其值应小于或等于1。它包括直流系统效率（K_1）、直流转换为交流的效率（K_2），即逆变效率，以及交流系统效率（K_3），即

$$K=K_1 \cdot K_2 \cdot K_3 \tag{10-1}$$

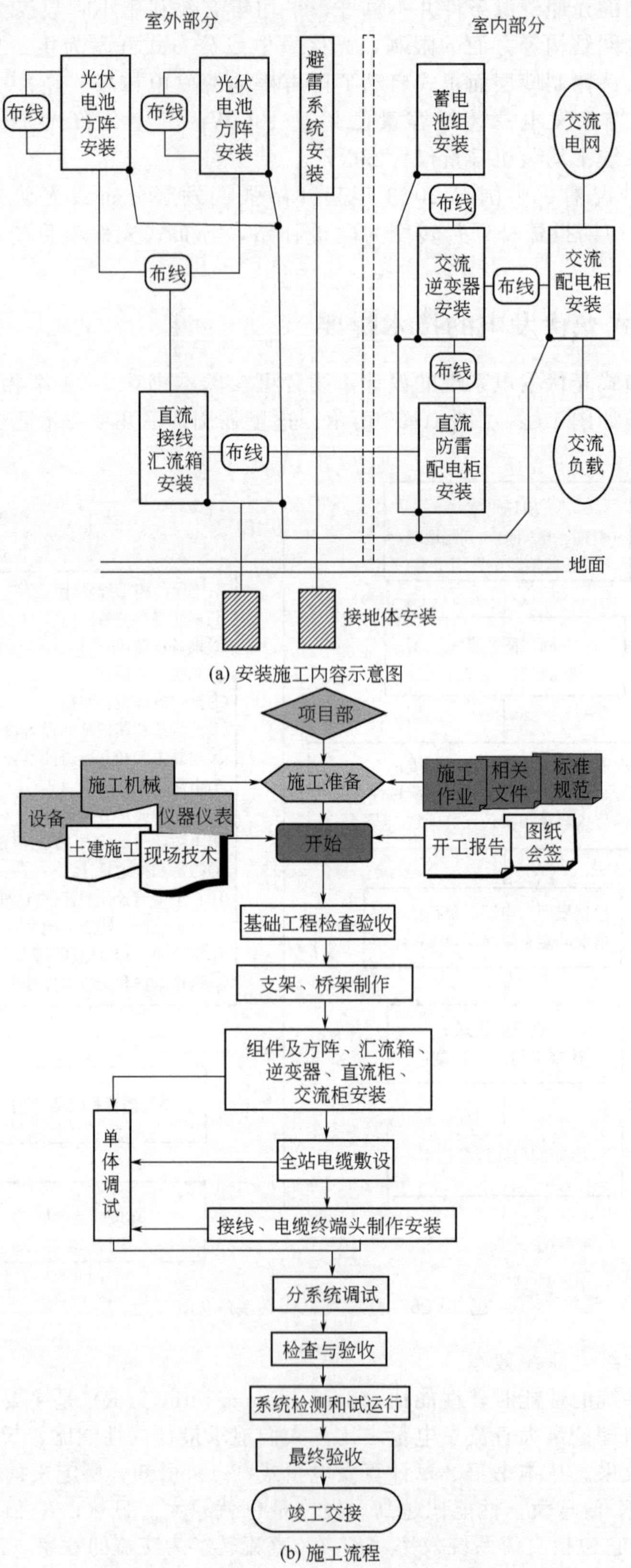

图 10-27 分布式光伏发电系统安装施工内容及流程

要增大 K_1，应采取以下措施：太阳电池板倾角设置与方阵排布间距合理、组件串并联组合匹配损失等尽可能小；降低各种直流损耗，包括接线距离长短、缆线直径、二极管选定、接线电阻、汇流箱与直流柜等自耗电，以及加强后期运行维护、及时清洁电池板污垢等。

增大 K_2 的话，自然直接关系到直交逆变器的效率，但追求逆变器高效率应在高可靠性，能够长期稳定安全运行的前提下进行。逆变器效率还有最大效率与加权效率之别，通常注重后者。加权效率，即欧洲效率，其概念是按在不同功率点根据加权公式测试计算得出：

$$\eta=0.03\eta5\%+0.06\eta10\%+0.13\eta20\%+0.10\eta30\%+0.48\eta50\%+0.20\eta100\% \quad (10\text{-}2)$$

一般逆变器厂商都会对其产品标出最大效率与欧洲效率，两者通常相差1%左右。

至于 K_3，主要决定于变压器的效率及交流输送电的损耗。在追求变压器高效时，通常会在效率与价格之间进行权衡。

(2) 并网运行与电能质量

国内光伏并网问题，曾一度是行业的痼疾。电网公司、项目实施单位与用电客户多方一直纠结不下的是光伏发电干扰电网运行问题。目前随着两项国家标准《光伏发电站接入电力系统技术规定》(GB/T 19964—2024)和《光伏发电系统接入配电网技术规定》(GB/T 29319—2024)的颁布，这一问题得以解决。事实上，除了电网公司向用户端提供的服务之外，还在国家层面上对光伏并网的标准进行了升级。

主要指标是：对于接入 380V 电压等级的小型光伏电站，要求总容量原则上不超过上一级变压器供电区域内最大负荷的 25%，但未对光伏安装容量约束提出要求；对于大型光伏电站，主要是增加了短期和超短期功率预测的要求。另外，就是要求并网逆变器不仅能够实现低电压穿越，还能实现零电压穿越。

相对于规模较大的光伏电站，分布式光伏发电系统对逆变器的性能和适用性要求更高。具体来说，分布式光伏发电对逆变器提出了三个非常关键的要求：

① 是否能真正提高同等规模光伏电站的发电量；

② 能否真正实现与电网的有效配合，这种能力主要包括发电管理能力、抗干扰能力及其他对电网友好的能力；

③ 能否对整个分布式光伏电站中若干台逆变器，乃至多个电站、更多台逆变器，进行有效智能监控的能力。

作为光伏发电系统的核心部件，逆变器效率高低、品质优劣，直接影响整个光伏发电系统的性能发挥，对能否稳定安全地运行，提高系统的发电效率及延长寿命，降低度电成本都至关重要。

分布式光伏系统并网必须保证输入电网的电能质量。电能质量问题，主要包括谐波、直流分量、电压波动、闪变及三相不平衡等。这里，首先强调一下谐波问题。

光伏发电会对电网谐波造成“污染”。并网逆变器将直流电能转换为与电网同频、同相位的正弦波电流，过程之中会产生高次谐波。特别是逆变器低出力时，谐波会明显产生变化。在10%额定出力以下时，电流总谐波畸变率甚至达到20%以上。因此，在光伏系统并网时需对谐波电压、电流进行检测，判断是否满足相关标准或规定。如不满足，则须采取相应措施。

总电流谐波畸变率越大，畸变越厉害，电能质量越差。按照国际规范和要求，THDi(电流谐波畸变率)不能超过5%，否则电网可以拒绝接入。业内企业标准多为2%~3%。因为按照动态变化的观点，如果目前光伏电站的谐波畸变率为2%~3%，5年之后可能衰减到3%~4%，10年之后可能突破5%。这样光伏电站可能被禁止接入电网。事实上，随着分布式系统发电量在电网的占比增加，电网很可能会提高 THDi 的标准。表 10-1 为 IEC 61727 推荐的逆变器畸变率限制值。

表 10-1　IEC 61727 推荐的逆变器畸变率限制值

奇次谐波	畸变限制值
3～9	＜4.0%
11～15	＜2.0%
17～21	＜1.5%
23～33	＜0.6%
偶次谐波	畸变限制值
2～8	＜1.0%
10～32	＜0.5%

其次，关于电压波动问题。引起电压波动的原因有两种：①光伏电站出力变化；②光伏电站电气系统所致。

大量光伏电站接入在配电网的终端或馈线末端，由于存在反向的潮流，光伏电站电流通过馈线阻抗产生的压降将使沿馈线的各负荷节点处的电压被抬高，可能导致一些负荷节点的电压越限。另外，光伏电站输出电流的变化也会引起电压波动。当光伏电站容量较大时，这将加剧电压的波动，可能引起电压/无功调节装置的频繁动作，加大配电网电压的调整难度。

再有，关于无功补偿问题。光伏电站所消耗的无功负荷需要其自身提供的无功出力来平衡，并且当系统需要时，大型和中型光伏电站须向电网中注入所需的无功，以维持并网点的电压水平。当光伏电站所发无功能力不足时，则需要设动态无功补偿装置来连续调节无功。小型光伏电站要求其无功补偿能够实现自平衡，尽量减少对电网的依赖。

由图 10-28 可见，调节无功功率可以有效抑制电压升高。通过提供无功稳定电网电压的方法比固定功率因数的方法更为有效，而由于提供无功造成的光伏有功功率损失不大，可忽略不计。因此，依据电网电压适当调整光伏的有功输出是比调整无功功率更为经济的方法。

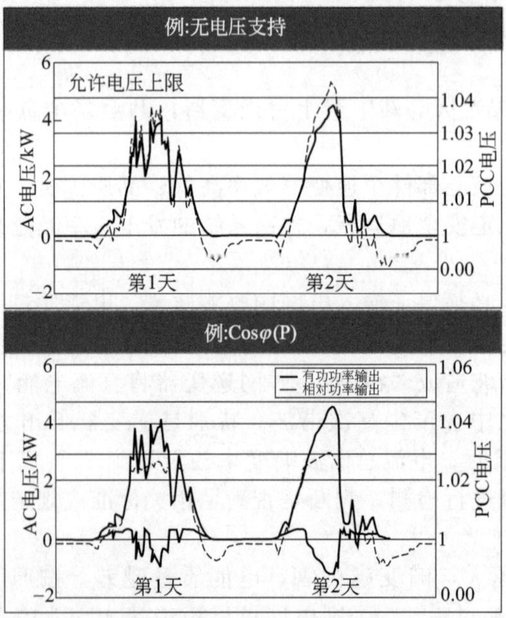

图 10-28　调节无功功率有效抑制电压升高

图 10-29 是电能质量构成要素示意。合格的电能质量包括以下三要素，即电压、频率、连续供电能力。

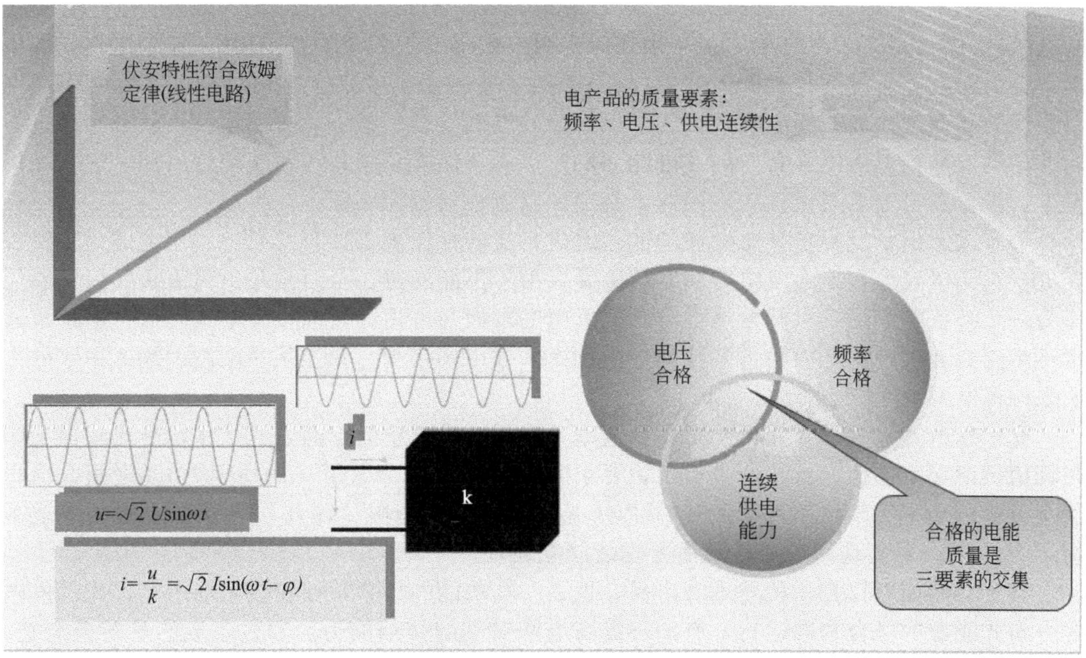

图 10-29 电能质量构成要素示意

分布式光伏发电系统需要安装电能质量分析仪表，以提供电力运行中的谐波分析及功率品质，并能对大型用电设备启动或停止过程中对电网的冲击进行全程监控，以及对电网运行进行长期的数据采集监控。图 10-30 是表征电能质量的图例。

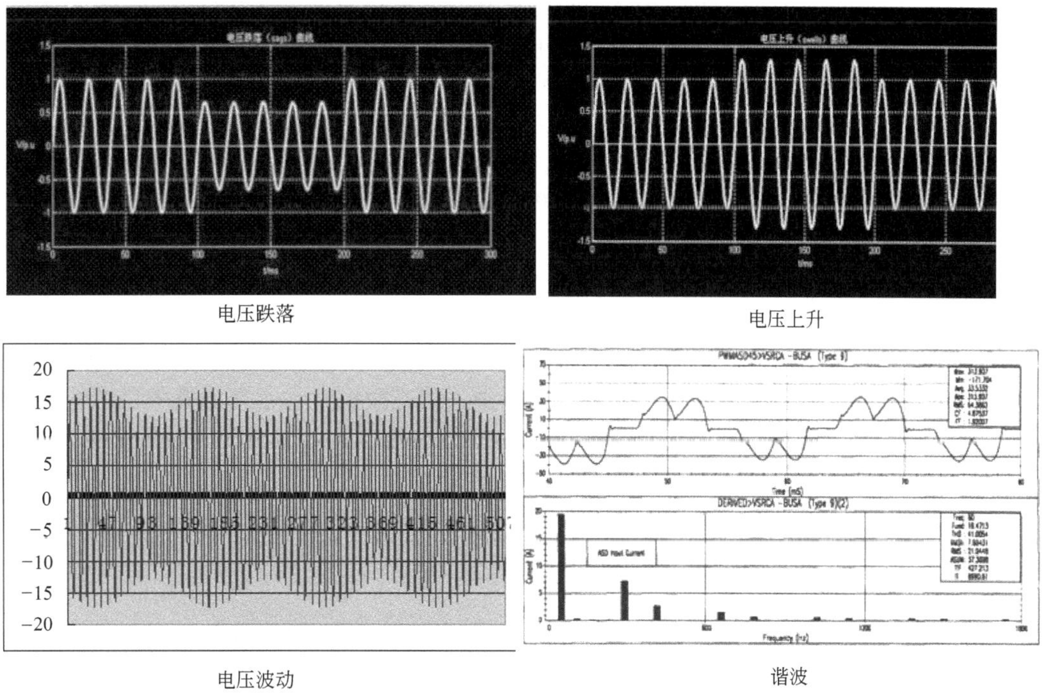

图 10-30 表征电能质量的图例

(3) 分布式光伏发电与储能装置

近些年来，由于光伏发电设备制造成本大幅度降低，将它们大规模接入电网成为一种发展潮流，给电力系统原本就薄弱的“电力存取”环节带来新的挑战。众所周知，电能在“发、输、供、用”运行过程中，必须在时空两方面都要达到“瞬态平衡”，如果出现局部失衡就会引起电能质量问题，即闪变；“瞬态激烈”失衡还会带来灾难性事故，并可能引起电力系统的解列和大面积停电事故。为了保障公共电网安全、经济和可靠运行，就必须在电力系统的关键节点上建立强有力的“电能存取”单元（储能系统）对系统进行支撑。这是光伏发电、风力发电等大规模接入电网时，必须加以重视的研究课题。

分布式发电系统要求具备存储功能，通过自身的存储来平抑自身发电、用电的错峰错谷现象。对光伏发电和风力发电等间歇性电源，由于不能随时、全时满足负荷需求，因此储能作为一个必备的特征可以配合这类分布式发电的发展与应用。目前，分布式光伏发电系统通常不带储能装置，这是因为蓄电池的性价比尚未被市场接受，只能采用限制“渗透率”的方法来确保电网的稳定运行。

光伏发电接入电网，其影响可用渗透率来表征。渗透率的定义是光伏系统交流输出功率与峰值负荷功率之比。有关研究指出，要求网压控制在正常电压－10%～＋6%之间，当光伏交流输出功率等于峰值负荷约25%的情况下，电压会超限。因此，国家规定限制渗透率在25%以下。要实现高渗透，就需要安装储能装置。

其实，储能不仅是一种技术和产品，也是一类功能的集合，储能装置与风电、光伏发电等分布式能源的联合并网运行，有助于提高电网对其的接纳能力。通过集成能量转换装置，可实现电力系统各种平滑快速控制，给智能电网（或智能微电网）提供“智能”的基础，并进一步改进电网运行的安全性、经济型和灵活性，实现对电能质与量的监控。关于储能技术与装置已在本书第6章专门阐述。

目前市场看好的三种储能技术是铅碳电池、锂电池和液流电池。其中，锂电池成本相对较高，一致性问题也仍然存在；液流电池成本更高；而铅碳电池目前看来还是有可能实现的储能技术路线，预计在未来或将是主流，再往后就看其他技术是否也有突破。

铅碳电池成本约是锂电池的三分之一，毛利率远高于传统产品，未来具有较强的盈利空间。但是，由于这种电池使用的碳材料很特殊，门槛较高。

铅碳电池是将铅酸电池和超级电容两者合一，既发挥了超级电容瞬间大容量充电的优点，也发挥了铅酸电池的比能量优势，且拥有非常好的充放电性能——1.5h就能充满电，而且由于添加了碳材料，阻止了负极硫酸盐化现象，改善了过去电池失效的一个因素，延长了电池寿命。

锂离子电池的技术也在不断进步，如美国加利福尼亚大学的研究人员利用化学气相沉积法和电感耦合等离子处理法，研发出一种由覆盖硅涂层的锥形碳纳米管聚合而成的三维簇结构的硅正极，以代替常用的石墨正极。

基于这种新结构制造出的锂离子电池展现出很强的充放电性和卓越的循环稳定性，即使在高强度充放电情况下也是如此。与常用的石墨基正电极相比，其充电速度要快上将近16倍。能让移动电子设备在10min内充满电，而不是目前的几个小时。

在欧美等发达国家，电网电价较高，分布式光伏发电已经实现平价上网。在中国，也已接近平价上网。在这种情况下，增加储能系统还可以使自发、自用获得更大的经济效益。

（4）分布式光伏监控系统与运维管理

要使光伏发电系统项目成为精品工程，除了优化设计、合理配置及精心施工之外，还必须做到运行与维护（简称运维）管理到位，这就要求在光伏发电监控系统的基础上建立完善的运行管理平台。

对于分布式光伏发电而言，无论地面光伏电站，还是建筑屋顶等光伏系统，其监控管理均普遍面临以下挑战：面积分布广且分散、设备数量多、巡检费时费力，还往往面对自然与生活环境恶劣、运维管理人手短缺等麻烦。因此，为了保证长期稳定的收益，确属不易，根本的出路在于采取智能化信息管理手段以固化经验、分析指标、规范管理。

光伏发电监控系统，在本书第 7 章 7.5 节中已有详述，其系统结构如图 10-31 所示。图 10-32 是光伏电站运行管理系统的功能结构与网络部署方案。光伏电站运维管理的主要工作内容如下。

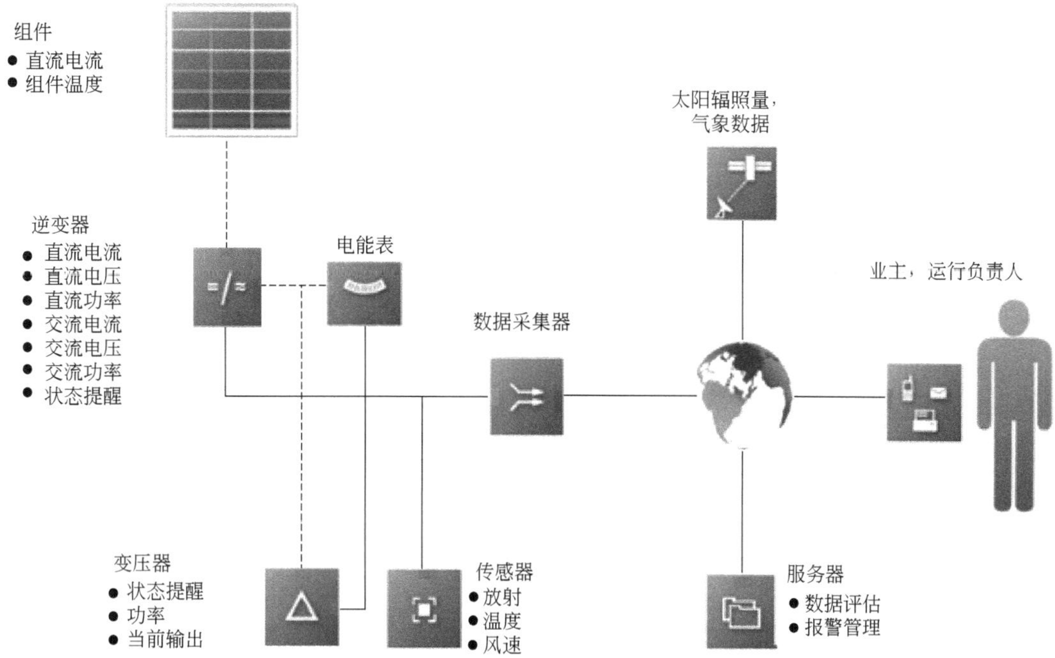

图 10-31 光伏电站监控系统结构

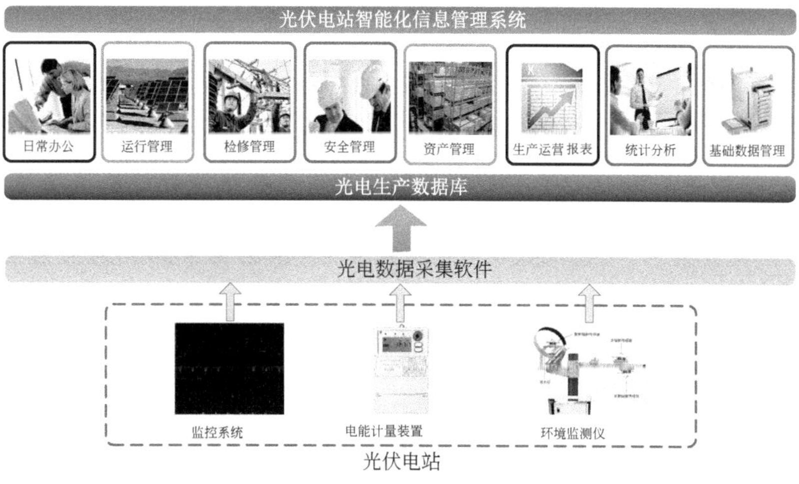

图 10-32 光伏电站运行管理系统的功能结构与网络部署方案

• 监视电站设备的主要运行参数，统计电站发电量，接受电网调度指令。

• 巡视检查电站设备的状态，检查电池组件、支架的完好程度和污染情况，检查电气设备的运行情况。

• 根据电网调度指令和检修工作要求进行电气设备停送电倒闸操作。日常维护主要包括：①汇流箱、组件与支架，这部分设备数量大，故障发生概率较高且不易发现，同时也是提升发电量的关键部分；②直流配电柜、逆变器、交流配电柜、变压器及电缆，这些部分如发生故障，则导致发电量损失较大。因此，要确保其正常稳定运行。

做好运行维护，首先要能发现故障并进行损耗分析，排除故障后才能有效提高发电量。光伏电站具备了智能化信息管理平台，无论现场监控还是远程监控都能及时进行处理。如图 10-33 所示，可以监控成百上千台逆变器运行情况，通过数据分析比较就能及时发现故障，找到发电量低的逆变器，以及分析汇流箱支路电流分布情况，进而找到并排除故障。

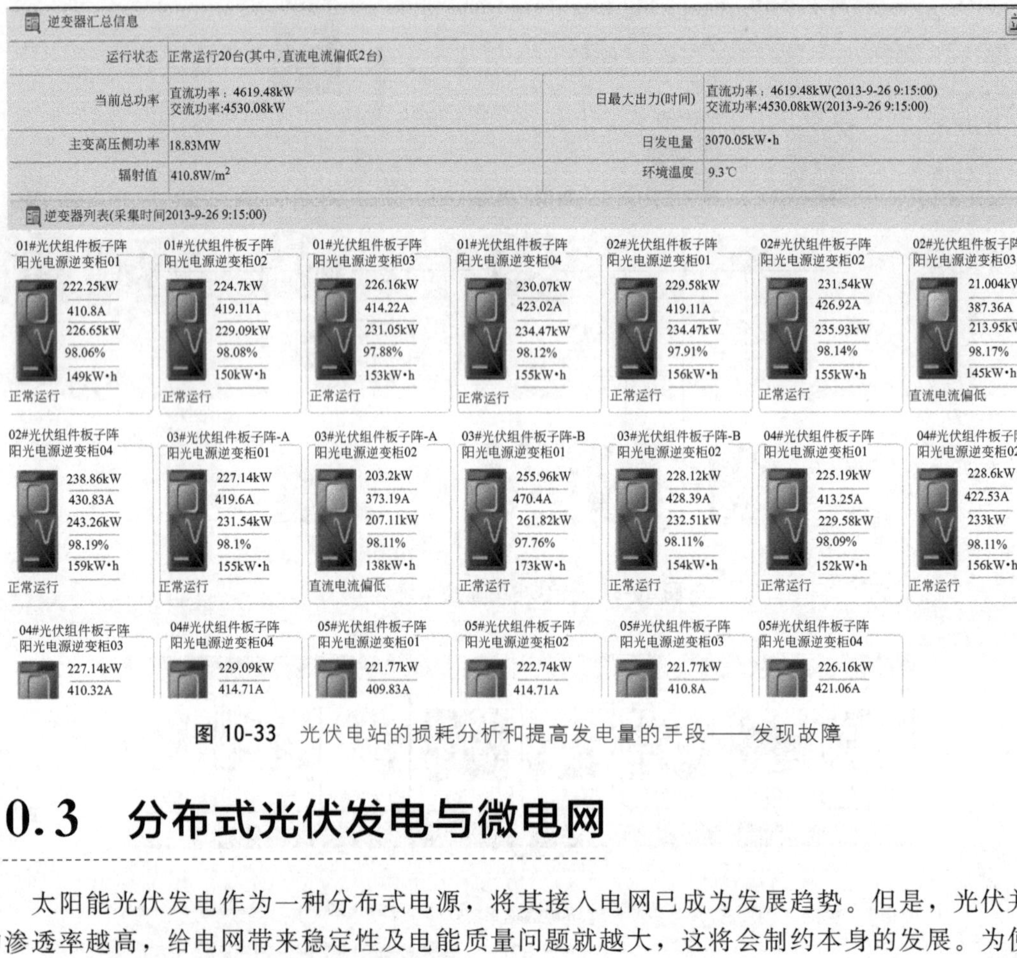

图 10-33 光伏电站的损耗分析和提高发电量的手段——发现故障

10.3 分布式光伏发电与微电网

太阳能光伏发电作为一种分布式电源，将其接入电网已成为发展趋势。但是，光伏并网的渗透率越高，给电网带来稳定性及电能质量问题就越大，这将会制约本身的发展。为使分布式发电得以充分发展，微电网应运而生。

10.3.1 智能电网与智能微电网

智能电网（smart grid）的提出，其源于电力市场的多样化及大量新能源，特别是间歇性可再生能源的开发与利用所带来的挑战。

• 发电单元的机组特性出现重大变化　光伏发电作为电流源输出，不具备常规发电机组的机械惯性；风力发电机组的单机容量小，与汽轮机和水轮机组的发电特性差异较大。这使得电力系统稳定性问题更加突出。

• 除了大型集中发电以外，将会出现许多靠近用户的分布式发电系统，用户有可能成为电力供应方；电力系统中配备了大量储能设备（如电动汽车充电站），参与了系统功率调节过程。随着移动式负载的数量显著增加，这就使得负载特性发生了很大变化。

世界各国的输配电系统因国情、地域、发展历程、电力需求及电网现状的不同，所提供智能电网的内涵不尽相同。但大体上主要内容包括：①以大幅度节能与减排二氧化碳为目标，大规模开发和利用可再生能源；②确保各种电力需求，做好各需求点及区域的能源管理；③构建区域能源与大电网之间的网络互补关系；④建立电动汽车、轨道交通等供电体系；⑤为城市智能化建立智能基础设施。

我国对智能电网的定义简洁明确：智能电网是建立在集成高速双向通信网络的基础上，通过先进的传感和测量技术、先进的控制方法及决策支持系统技术的应用，实现电网的可靠、安全、经济、高效、环境友好及使用安全的现代化电力系统。它包括自愈、激励及用户抵御攻击能力，提供合格的电能质量，容许多种分布式电源接入，促进电力市场健康发展及资产的优化高效运行。国家电网有关智能电网的表现特征如图 10-34 所示。

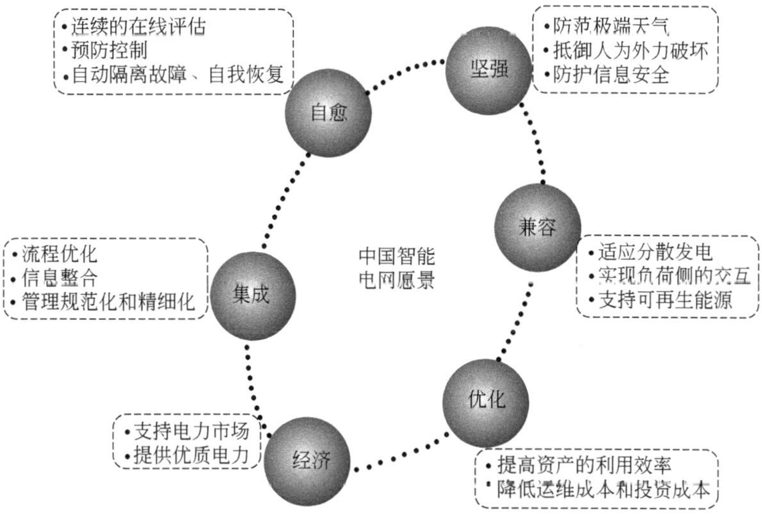

图 10-34 智能电网的表现特征

微电网（或简称微网）是指由分布式电源、储能装置、能量转换装置、相关负荷和监控保护装置汇集而成的小型发配电系统，是一个能够实现自我协调运行的智能控制系统，能够实现能量互补、经济调度及优化管理。可以说，微电网是分布式发电的高级构成形态，它将发电单元与负荷通过智能控制系统有效地整合，既可以独立运行，也可以与公共电网并网运行。

微网分为联网型与独立型两类。联网型微网又具有并网和独立两种运行模式。在并网工作模式下，一般与中低压配电网并网运行，互为支撑，实现电能的双向交换。在外部电网发生故障情况下，可转换为独立运行模式，从而提高了供电可靠性。通过采取先进的控制策略和控制手段，可保证微网高电能质量供电，也可以实现两种运行模式的无缝切割；独立型微网，就是不与常规电网连接，而是利用自身分布式电源来满足微网内部负荷需求的电力系统。当微网内存在分布式可再生能源时，应配置储能系统以抑制这类电源的功率波动。这类微网更加适合在边远地区、海岛等地为用户供电。

分布式发电以及在此基础上发展起来的微网系统，集多种环境友好、灵活高效的分布式电源和负荷于一体，是一种新型的供电方式，也是智能电网的重要组成部分。微（电）网必须实现智能化，因此往往称之为智能微电网（smart micro-grid）。

10.3.2 智能微电网的研究发展

可再生能源分布式发电由于受到光照、风速等自然因素的影响，其随机性、间歇性特点明显，输出功率波动范围大，特别是分布式发电设备中电力电子装置的广泛应用、用户与传统电网的双向互动对电网的安全经济运行和电能品质均产生显著影响。传统电网，尤其是配电网的确定性规划和运行理论已难以满足多类型分布式能源的大规模接入。研究基于分层储能技术的主动配电网，对国家能源战略的实施、可再生能源的合理利用及环境的改善具有重要的经济与社会意义。

现行电网结构示意如图 10-35 所示。传统配电网是基于单相电流流动的辐射型电网，急需升级。

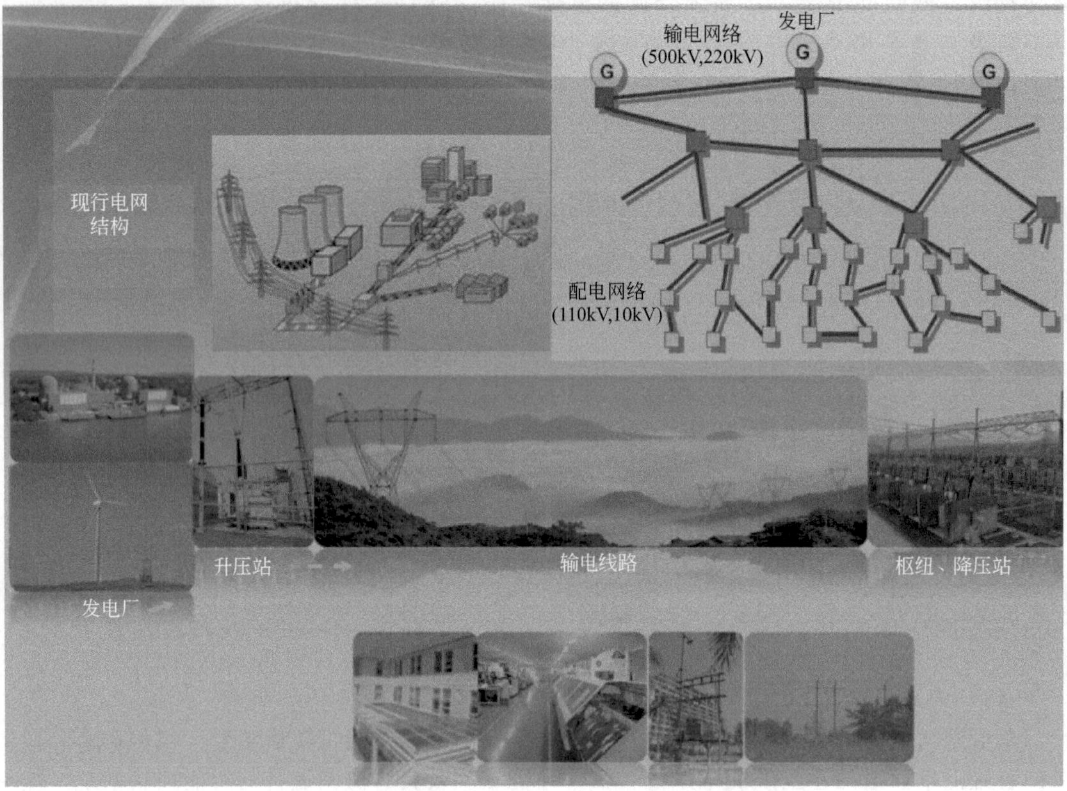

图 10-35 现行电网结构示意

主动配电网与传统配电网有很大不同。这是因为各种分布式电源的接入，使得网络不仅包含电源与负荷的混合元素，还实现了潮流的双向流动。图 10-36 是主动配电网系统结构示意。

中国的智能配电网建设需要兼顾智能化和配电网扩容发展的问题。国内配电网自动化程度较低，配电信息化系统也还处于部署阶段，配电网络部分处于不可观、不可测和不可控的状态，其控制方式和管理模式到目前为止主要采用的是被动模式。此外，国内现有的配电网资产平均年限较短（如 10～20 年），不宜进行大规模更新改造，而负荷仍以每年约 7%的速度增长，配电网络还以相应规模在扩大。当前建设的配电网络可能未来 50 年有可能仍在使用。因此，不仅要研究通过主动控制和主动管理以达到平衡负荷需求与提高可再生能源渗透率（可再生能源发电量占总用电量的比例）的问题，还要研究现有配电网的充分利用和扩展问题，相关的主要研究课题如下。

(1) 在基于分层储能的主动配电网工程建设中，主动配电网的拓扑结构、控制算法、能量管理平台、分层分级平台保护装置的仿真验证是一个重要环节。在基于分层储能的主动配电网示范工程搭建之前，能够对主动配电网的运行、控制、调度、管理、保护等方面进行深入的理论和实验研究，对于缩短主动配电网的建设周期和节省建设成本是必要的。

若采用主动配电网系统实物实验平台验证控制算法及能量管理平台、分层分级保护装置，不仅耗资巨大，而且接入实际电网后可能会对大电网造成严重危害，影响大电网的正常运行，给企业造成巨大损失；同时，主动配电网接入大电网后难以进行一些相关试验来检验配电网管理平台与大电网之间的相互影响，而控制任务的多样性会导致主动配电网控制策略和管理平台较为复杂，因此建立基于分层储能的主动微电网系统仿真平台尤为重要。

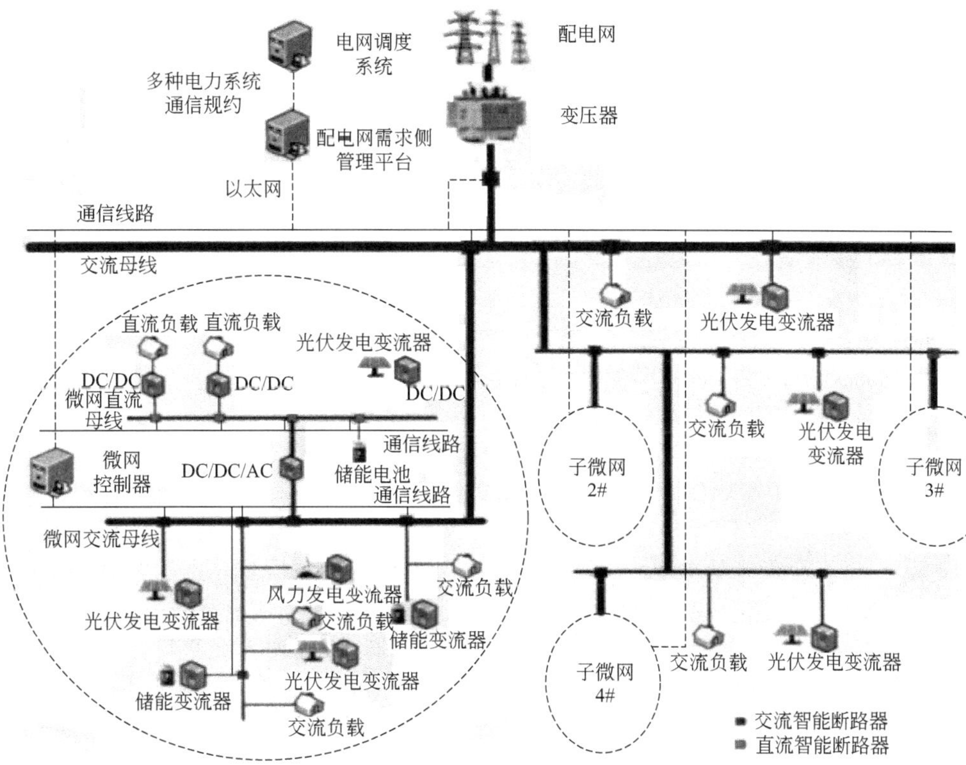

图 10-36 主动配电网系统结构示意

（2）随着电网分布式发电装置的大量接入、可再生能源的充分利用、新能源汽车的推广、配电网侧运行效率的提高，给配电网提出了更高要求。基于分层储能的主动配电网能够改善分布式发电和充电设施的可控性，实现与大电网的友好协调，较好地解决了新能源汽车以高渗透率接入电网的问题。为提升基于分层储能的主动配电网关键技术与装备的研制能力，需要进一步研制含有分布式储能装置的交直流混合微网节点装备，这种装备的基础就是储能装置。

研究和开发一种储能装置，从单体电池的选择、最小模组的串并联设计、模块的设计，到电池系统的整体设计，以及与其相应的 BMS（电池管理系统）设计，都必须考虑到其即插即用的灵活适用性，从而使该储能装置适用于基于分层储能的主动配电网。

在储能装置的研发过程中，应充分考虑电网负载的不一致性、区域需求不平衡性等，以及储能电池组存在的故障问题。此外，应使该储能装置具有一定的冗余功能，以确保供电网络的输出具备一定的系统容错能力，保证电网输出在一定程度上满足供电的持续性，同时可以降低系统的维护成本。

人们看好锂离子电池作为储能装置。然而，由于锂离子电池材料的不稳定性以及制造工艺条件的影响，每个电池均存在差异性。因此，电池在充放电过程中表现出的性能有所差异。这种差异在现实中普遍存在，会大幅降低电池性能，影响电池的使用寿命。就目前而言，如果要从电池本身去解决这个单体电池的差异问题，将会增加更多的成本和需要更先进的技术。为了解决这个问题，我们可以在电池的充放电过程中使用均衡技术，来解决电池间的差异性，从而提高储能电池装置的有效容量和使用寿命。

储能装置中若具备智能化BMS设计，通过配合相对应的电池组设计方案，可实现快速充放电转换。

(3) 储能装置和高效直/直变换器是保证大量随机间歇性分布式发电装置能够接入微电网系统，以实现智能化、稳定可靠运行的关键部分，交直流微网系统通常需要配备由蓄电池、飞轮储能、超级电容等组成的储能系统。根据交直流微网系统的容量需求，通过储能系统来保证微电网系统能量的动态平衡。电池组均衡管理电路和电池组荷电状态检测算法、高效率双模式三电平直/直变换器、多端口高效三电平直/直变换器拓扑与控制策略等，已成为交直流微电网系统的重要研究内容。因此，研究基于可灵活配置的电池成组技术的储能装置、高效率双模式直流/直流变换器，对于研发交直流混合微网节点和集中储能装置的典型装备具有重要的理论意义及工程应用价值。

(4) 相比两电平拓扑，三电平逆变拓扑开关频率更高，输出滤波参数更小，因此可以减小系统体积、重量和占地面积。针对交流380V输出的逆变/整流系统，两电平逆变拓扑需要使用1200V的IGBT器件，而二极管钳位三电平逆变拓扑可以采用600V的IGBT器件。由于电力电子器件特性决定了低压IGBT具有更低的开关损耗和导通损耗，因此三电平逆变拓扑具有更低的系统损耗。变流器的交流滤波器则采用了LCL结构。由于变流器具有电流源的工作模式，理论和实践已证明在电流源模式下，LCL滤波器结构更利于系统的稳定性和输出性能。

双向直流/交流变流器是主动配电网建设中必不可少的关键设备，主动配电网中大量的储能设备均需要通过此类变换器接入。另外，在包含直流母线和交流母线的混合配电网中，交流母线和直流母线之间也需要双向直流/交流变换器的连接，便于交直流母线之间的功率调度控制和直流母线的并网控制。主动配电网中的双向直流/交流变换器需要具备完善的保护功能、并网运行功能、离网运行功能、并离网平滑切换功能、多机并联功率均分功能等多种功能，目前也是微电网领域的研究热点，但市场上还缺少成熟的产品。三电平结构的变换器具有耐压等级高、电压变化率低、输出波形谐波含量小、滤波器体积小等优点，是高压大功率场合应用的发展趋势。结合主动配电网的应用场合，研制了一种双向三电平直流/交流变换器，具有重要的理论研究意义和工程应用价值。

(5) 主动配电网的保护是微电网系统智能化的重要内容，也是保证微电网安全、稳定运行不可或缺的部分。主动配电网与传统配电网有很大区别，传统配电网是潮流单相流动的辐射型配电网；主动配电网因为各种分布式电源的接入，变为电源和负荷混合的、潮流双向流动的负载网络。这一变化对配电网系统的电流保护、系统的自动重合闸等都有很大影响，导致传统的电力系统保护方法在主动配电网中无法正常工作，所以有必要针对主动配电网的特点，研究适合主动配电网的保护策略。在交直流混合配电网系统中，除了需要兼顾直流部分的保护之外，还应注意直流保护设备与交流保护设备的不同。主动配电网是一种智能配电网，可以利用主动配电网系统中高速的通信设备以及强大的数据处理分析能力等优势，研究更快速、准确有效的保护方案。主动配电网故障保护研究对于交直流混合配电网的安全、可靠、智能运行，具有重大的工程意义。

(6) 主动配电网是实现大规模分布式发电并网运行控制、电网与储能设备互动、智能配用电等电网分析与运行关键技术的有效解决方法。其中，主动配电网需求侧管理平台作为分层控制系统中的最上层控制器，通过协调各个子微网中央控制器，实现了经济运行、子微网的投切、联络线功率控制、需求侧控制、集中式储能装置协调控制以及系统的并离网切换，对于实现系统的多微网节点优化运行起到至关重要的作用。因此，建设主动配电网需求侧管理平台，研究相应的能量管理与协调控制算法，对于可再生能源的有效利用具有重要的理论意义及工程应用价值。

多年来，国家研究机构、高等院校及相关产业部门，都对分布式发电与智能微电网技术进行了深入研究，并不断取得切实的进展，其成果多见于所建立的实验研究平台、示范工程项目和智能化产品，以及所发表的论文、报告等，如国内合肥工业大学较早开展了风-光-柴-蓄复合发电智能微电网的研究。图 10-37 是该校分布式发电与微电网实验平台，图 10-38 是该校多能源微电网运行控制与能量管理系统。图 10-39 是深圳某企业建立的多微电网数字仿真平台。杭州电子科技大学的国际合作项目“先进稳定的并网光伏发电微电网系统实证研究项目”，是首次在国内建立的以光伏发电为基础的微网技术综合实验平台（图 10-40）。图 10-41 是由中国科学院电工研究所和科诺伟业公司完成的青海省玉树藏族自治州水-光互补微电网工程示范项目。

图 10-37 分布式发电与微电网实验平台

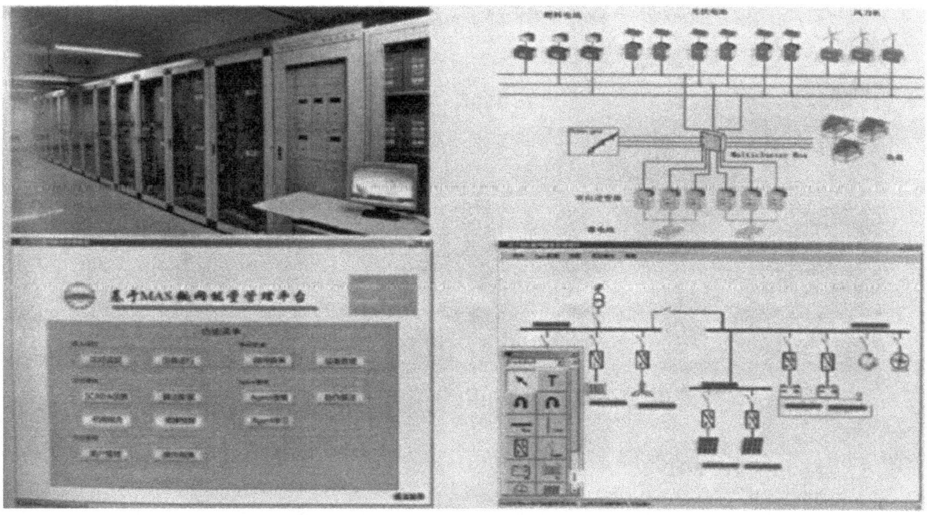

图 10-38 多能源微电网运行控制与能量管理系统

图 10-39　多微电网数字仿真平台

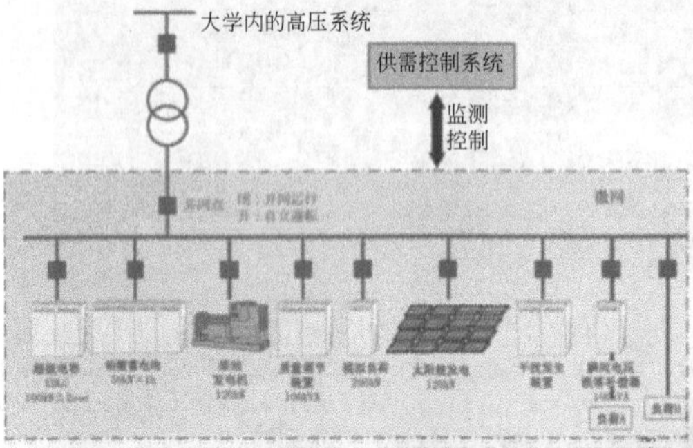

日本赠送：
- 光伏系统120kW，柴油发电机组120kW，50kW·h铅酸蓄电池组；
- 联网运行模式；
- 输入/输出控制,可以恒功率输出；
- 可以实现计划性孤岛运行。

图 10-40　杭州电子科技大学微电网工程示范项目

项目地点：青海省玉树州，完工时间为2011年12月。

系统配置：
- 小水电系统: 12MW;
- 光伏系统: 2.0MW;
- 蓄电池组: 15.2MW·h。

图 10-41　青海玉树水-光互补微电网工程示范项目

下篇 应用篇

第 11 章 大型集中式地面并网光伏电站

11.1 甘肃省张掖南滩 $20MW_P$ 并网光伏电站

11.1.1 项目概况

该项目位于甘肃省张掖市甘州区南滩 150 万千瓦光电产业园区一号场地，距离张掖市区约 31km。厂址中心地理位置为东经 100°24′19″、北纬 38°41′19″，海拔约为 1840m（图 11-1）。

图 11-1 张掖地理位置

张掖地区属于荒漠草原气候，夏季炎热，冬季寒冷；气候干燥，降水较少，蒸发强烈；日照时间长，温差大。风沙频繁是该地区的主要气候特征。

项目设计装机容量 $20MW_P$，电站占地面积 $0.457km^2$。太阳能年利用峰值小时数为

1404.5h，运行期25年内年平均发电量为2831.48万千瓦·时。

11.1.1.1 太阳能资源

张掖地区太阳能资源丰富。1982～2011年，年平均太阳总辐射量为6195.57MJ/m^2。其中，太阳总辐射值最大为6467.4MJ/m^2（1997年），最小值为5930.57MJ/m^2（2010年），最大值与最小值的差值为536.83MJ/m^2，年际变化相对稳定。月均总辐射从2月开始急剧增加，5月达到最大值（536.83MJ/m^2），6～8月略有下降，9月以后开始急剧下降，冬季12月达到最小值（267.19MJ/m^2）。1982～2011年，年平均日照时数为3071.8h，日照百分比高。对比全国统一辐射资源分布情况，张掖地区属于辐射资源丰富地区。

项目采用张掖气象站经推算得到的2002～2011年近十年的统一辐射资料作为计算依据，选择工程代表年的年总辐射量为6210.81MJ/m^2，日照时数为3093.9h。

11.1.1.2 工程地质

a. 站址区内发育有数条季节性洪水冲沟，呈南北走向，深度一般约1m，后经过平整。该区第四系卵砾石层厚度达700m，不存在压矿问题。

b. 站址区位于荒漠戈壁，地势相对平坦，地层自上而下分为两层：第四系全新统冲洪积（Q4a1+p1）粉细砂层（第一层）、卵石层（第二层）。粉细砂层位于季节性冻土带内，卵石层承载力较好。太阳能电池板构架基础埋深大于1.3m。

c. 根据《中国地震动参数区划图》（GB 18306—2015），厂区范围内没有全新世活动断层通过，属于抗震有利地段。

d. 场地土对混凝土结构具有弱腐蚀。

e. 根据区域地质资料和现场调查，站区范围内的地下水埋深大于30m，不考虑地下水对地基及基础的影响。

f. 根据《建筑地基基础设计规范》（GB 50007—2011），标准冻深为140cm。

11.1.1.3 总体方案设计

本工程选用240W$_P$多晶硅光伏组件84000块，实际装机容量20.16MW$_P$，选用500kW逆变器40台，见表11-1。

表11-1 所选多晶硅光伏组件的技术参数及性能

型号	单位	TSM-240PC05
峰值功率(W_p)	W	240
开路电压(V_{oc})	V	37.2
短路电流(I_{sc})	A	8.37
工作电压(V_m)	V	30.4
工作电流(I_m)	A	7.89
峰值功率温度系数	%/K	−0.43
开路电压温度系数	%/K	−0.32
短路电流温度系数	%/K	0.047
10年功率衰降	%	<10
20年功率衰降	%	<20
安装尺寸	mm	1650×992×40
质量	kg	19.5

20MW$_P$太阳电池阵列由20个1MW$_P$多晶硅组件子方阵组成。每个子方阵由2个500kW$_P$方阵与逆变器组构成。每个方阵逆变器组由210路太阳电池组串单元并联而成，每

个组串由 20 块光伏组件串联而成。电池组件方阵如图 11-2 所示。

各太阳电池组串按划分的汇流区并联接线，输入防雷汇流箱经电缆接入直流配电柜，然后经光伏并网逆变器逆变后的三相交流电经电缆引至 35kV/0.27kV 升压变压器（箱式升压变电站）配电装置后送至 35kV 配电室。

经计算，组件倾角为 35°，方阵南北间最小间距为 5.6m。电站总占地面积 45.7km^2，总体矩形布置南北长约 500m，东西长约 1400m。管理区位于厂址西南角，占地面积 6650m^2。管理区主要布置有综合楼、综合配电室和综合水泵房等建筑物。综合配电室设有 35kV 综合配电室、继电器室、低压及厂用变电室。该项目所选逆变器的技术参数及性能见表 11-2。

图 11-2 电池组件方阵

表 11-2 所选逆变器的技术参数及性能

指　　标	规格参数	指　　标	规格参数
输出额定功率	500kW	自动投运条件	直流输入及电网满足要求
最大交流功率	550kW	断电后自动重启时间	5min(时间可调)
最大交流输出电流	1176A	隔离变压器	无
最高转换效率	98.70%	接地点故障检测	有
欧洲效率	98.50%	过载保护	有
最大功率跟踪范围(直流电压)	450～820V	反极性保护	有
最大直流电压	900V	过电压保护	有
最大交流输入电流	1200A	其他保护	短路保护、孤岛保护、过热保护等
交流输出电压	270V	工作环境温度范围	25～55℃
交流输出电压范围	210～310V	相对湿度	0～95%,不结露
输出频率范围	47～52Hz	允许最高海拔	<6000m(超过 3100m 需要降容使用)
电网接地形式	IT 系统	防护类型	IP20(室内)
待机功率	<100W	散热方式	强制风冷
输出电流总谐波畸变率	3%(额定功率时)	质量	2288kg
功率因数	>0.99	其他	低电压穿越功能、远程数据通信接口

11.1.1.4 电气设计

（1）电气一次

本项目采用 1 回 35kV 出线，接入场址附近张掖电力局规划建设的南滩 110kV 变电站 35kV 侧。送电线路长约 2km。电站共设有 20 个 $1MW_P$ 光伏发电单元，每个发电单元设置 1 台 1000kV·A、35kV 双分裂绕组箱式变压器，5 台 35kV 双绕组箱式变压器在高压侧并联为 1 个联合进线单元；4 个联合进线单元分别接入 35kV 母线侧，汇流为 1 回 35kV 出线接入地方电网。电站采用单母线接线，4 回进线，1 回出线。35kV 母线装设一套 500kV·A 接地变压器，接地电阻为 54Ω。

站用电采用双电源供电。一路电源由 35kV 施工电源（施工变）改造而成。该电源规划引自附近 35kV 变电站，经过 35kV 施工变降压接入 0.4kV 母线。另一路引自本站 35kV 母线，经过站用干式降压变接入 0.4kV 母线。低压配电室设置站用双电源自动切换和低压配电柜。站用变容量为 400kV·A，站用电电压等级采用 380V/220V 三线四线制。

（2）电气二次

电站安装一套综合自动化系统，具有保护、控制、通信、测量等功能，可以实现光伏发电系统及 35kV 开关站的全功能综合自动化管理；实现光伏电站与低调端的遥测、遥信功能，即发电公司的监测管理。

设置一套连续可调的 5MVar 无功补偿装置以满足接入系统要求。

（3）通信

电站通信由当地电信网引入电话网络，在办公楼设置一套数字式程控交换机为站内生产和管理以及生活提供服务。电力调度由集控室引光纤电缆至网络交换机，提供电力调度及远动服务。

11.1.1.5 甘肃及张掖电力系统现状（建设期间）

甘肃电网处于西北电网的中心位置，是西北电网的主要组成部分，最高电压等级为 750kV，主网电压等级为 750kV/330kV。它东与陕西电网通过 330kV 西桃、天宝、秦宝、眉宝四回线、平凉至乾县两回 750kV 线路联网；往西通过兰州东至官亭 750kV 线路及 330kV 杨海一回、海阿双回、海桃一回、官兰西线一回、桃兰西一回与青海电网联网；往北通过 2 回 750kV 线路及 5 回 330kV 线路与宁夏电网联网。

张掖电网位于甘肃电网的西北部，向东南通过 2 回 330kV 张掖至山丹至金昌至河西线路与金昌电网相连，向西北通过 2 回 330kV 张掖至酒泉线路与酒泉电网相连。

11.1.2 张掖南滩光伏电站的技术览要

11.1.2.1 完善的数字化监控系统

南滩 $20MW_P$ 光伏电站建有完善的监控系统，具有开放、性能可靠、自动化程度高、采集的数据资料准确齐全等优点，为电站长期运行维护及管理提供了良好条件。

（1）监控内容

采用了一套集成了电站运行数据采集、显示、数据传输等多项功能为一体的综合监控系统。系统以智能化电气设备为基础，以串行通信总线（现场总线）为通信载体，将太阳能电池组件、并网逆变器、站内 0.27kV/35kV/110kV 电气系统和辅助系统在线智能监测和监控设备等组成实时的监控物联网。

该项目建立了实时数据库、历史数据库，可以完成报表制作、指标管理、保护分析和管理、设备故障预测及检测、设备状态检修等电站电气运行优化、控制及专业管理功能。主控室可实现对 110kV 断路器、110kV 隔离开关闸刀、35kV 断路器的远方操作，同时提供就地操作功能。

（2）监控系统架构

监控系统架构如图 11-3 所示。电站现场配置站控层、网络层及间隔层设备、远期扩展间隔层设备。系统为开放式分层、分布式结构，分为站控层、网络层和间隔层。

① 站控层　全站设置监视、测量、控制、管理中心。主要设备有主机、操作员站、远动工作站、网络交换机、通信管理机、打印机、GPS 时钟、UPS 电源等。

② 网络层　主要设备有网络设备及规约转换接口等。

③ 间隔层　按照不同的电气设备，分别布置在对应的开关柜或箱变内，在站控层及网络失效的情况下，间隔层仍能独立完成间隔层设备的监视和断路器控制功能。主要设备有智能汇流箱数据采集处理装置、并网逆变器监控单元、环境参数采集器，以及用于电站一次设备的保护、测量、计量等功能的二次设备。

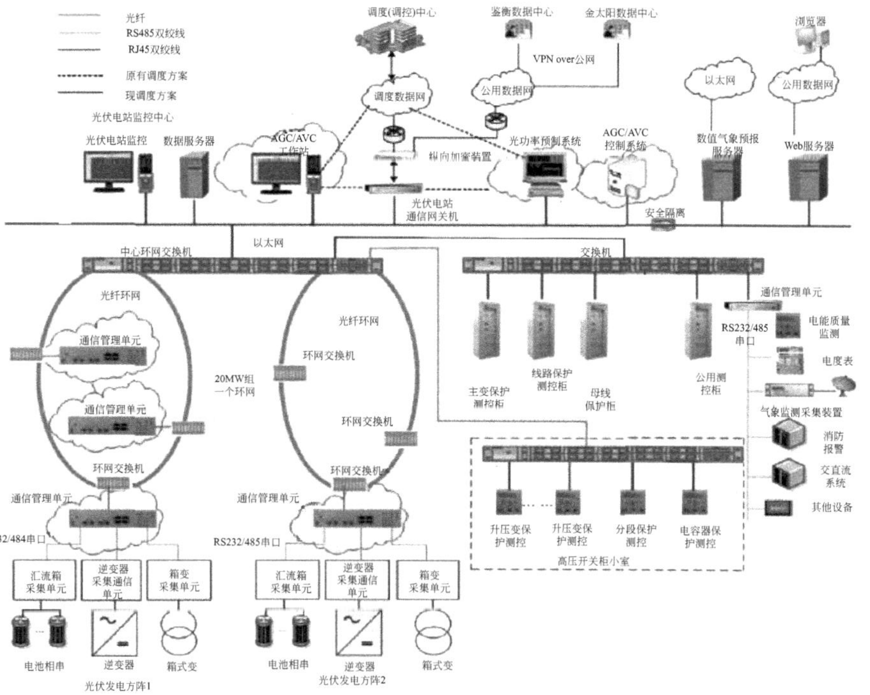

图 11-3　监控系统架构

(3) 监控系统主要功能

① 数据采集与处理功能；

② 安全检测与人机接口功能；

③ 运行设备控制、断路器及隔离开关的分合闸操作、厂用系统的控制功能；

④ 数据通信功能；

⑤ 系统自诊断功能；

⑥ 可修改性，方便增减软件功能；

⑦ 时钟系统；

⑧ 自动报表与打印功能。

(4) 监控系统主要设备监测参数

① 逆变器　遥测信息主要如下：直流电压；直流电流；直流功率；交流电压；交流电流；逆变器机内温度；时钟；频率；功率因数；实时功率；日发电量；总发电量。

故障信息包括如下：电网电压过高；电网电压过低；电网频率过高；电网频率过低；直流电压过高；直流电压过低；逆变器过载；逆变器过热；逆变器短路；散热器过热；逆变器孤岛；DSP 故障；通信失败。

② 气象站　监测信息包括：太阳辐照度；环境温度；组件背板温度；直接辐射；散射辐射；反射辐射；环境湿度；降雨量；风速；风向；日太阳辐射累计；露点温度；气压；海

拔；光照度；日照时。

③ 智能汇流箱　监测信息包括：支路电流；电压；箱内空气温度；箱内电路温度分布；积灰；水浸。

该项目现场远动传输设备室见图 11-4，每日逆变器发电量比较见图 11-5。

11.1.2.2　其他技术特点

（1）箱式变电站

该电站使用一体式箱变，有如下性能特点。

图 11-4　现场远动传输设备室

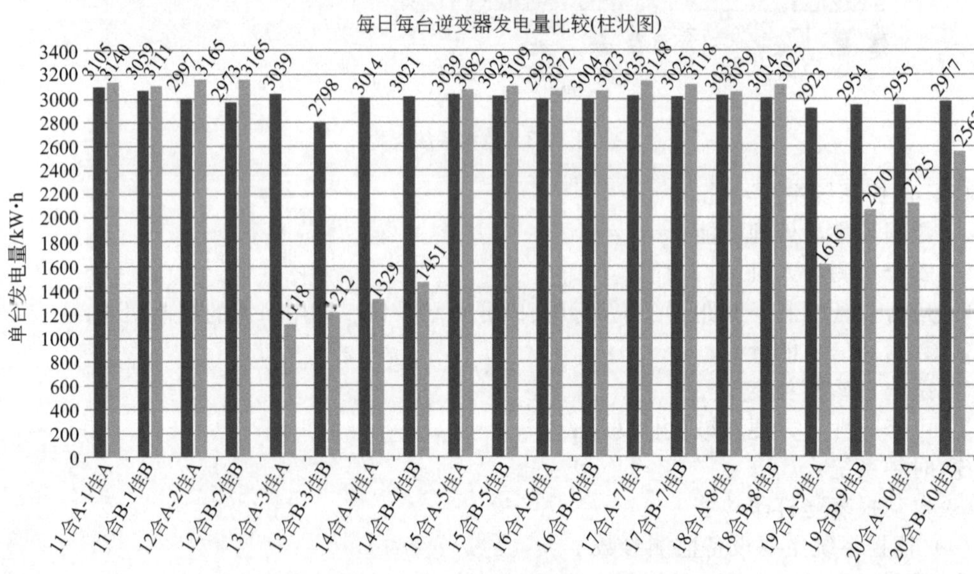

图 11-5　每日逆变器发电量比较（柱状图）

① 光伏箱式变电站系集成了光伏发电交直流系统、逆变装置、低损耗变压器及其他控制系统的新型产品。它使交直流控制系统、逆变装置、升压系统、控制系统等更有机地结合起来，配置形式简化、可靠性与灵活性高、运行检修安全方便，同时具有环保节能、结构紧凑等优点。

② 提高了系统的安全性与可靠性，也方便系统运输和安装。两台逆变器共用一台高效

变压器，提高了系统的效率和发电量。

③ 无功功率可调。

④ 多语种触摸屏监控界面，完善的保护功能，友好的监控界面。

⑤ 外壳采用优质钢板材料或绿色无污染环保材料。

⑥ 配有环境检测设备。

⑦ 辅助电加热（可选）。

⑧ 适应高海拔应用。

（2）升压方式优化

本光伏电站交流并网电压为35kV，逆变器出口电压为270V，升压方式可以选择270V—10kV—35kV两级升压并网和270V—35kV直接升压并网方式。

① 方案一　270V—10kV—35kV两级升压方式：每个1MW$_P$逆变器室的2台500kW逆变器出口电压（270V）经一台容量为1000kV·A的升压变电站升压至10kV后，用10kV电缆汇流至10kV配电母线，再通过1台容量为20000kV·A、10kV/35kV主变压器升压至35kV后接入电网。

② 方案二　270V—35kV直接升压方式：每个1MW$_P$逆变器室的2台500kW逆变器出口电压（270V）经一台容量为1000kV·A的升压变电站升压至35kV后，用35kV电缆汇流至35kV配电母线后接入电网。

两种方式对比分析如下。

① 工程投资对比分析　方案一比方案二多1台20000kV·A升压变压器，其升压变压器采用户外油浸式变压器。方案二比方案一少30万元左右。

② 技术对比分析　方案二采用一级升压，系统简单，运行管理方便，故障率较方案一低，维护量及维护费用较方案一少。

③ 损耗对比分析　方案一整体平均效率为98.3%，方案二整体平均效率为98.4%，两者基本相当。在工程设计中均考虑了电缆截面对于传输电能电压降的影响。

④ 变压器损耗对比分析　方案一变压器额定负载损耗为1.397%，方案二变压器额定负载损耗为1.18%。根据年发电量预测，运行期25年内的年平均发电量为2831.48万千瓦·时，按每千瓦·时1.25元计算，方案一较方案二多损失238.91万元。

通过比较，该项目采用了方案二。

（3）35kV箱式升压变电站的组合与进线回路

① 方案一　20台35kV升压变压器并联为1回联合单元进线。特点：系统简单，设备投资少，但可靠性较差，35kV侧集电线路故障时需要切除全部输出容量。

② 方案二　20台35kV升压变压器分为4组联合单元进线。特点：可靠性较方案一高，1组联合单元进线集电线路故障只影响25%输出容量，电气设备初期投资较方案一高50万元。

③ 方案三　20台35kV升压变压器各自单独形成20回进线。特点：可靠性高，可将故障影响降至最低，但电气初期投资较方案一高400万元。

综合以上信息，该工程选用了方案二。

（4）新型汇流箱

全站使用智能汇流箱。除了常规的支路电流、电压等物理量之外，该光伏电站所使用的新研发的汇流箱具有监测功能，为电站的安全、稳定运行提供了支撑。

① 直流母排接线端子温度分布　对直流母排接线端子进行了热分析，建立一维温度场分析直流母排接线端子的温度变化。

② 雷电流信号采集　采用无铁芯线圈对雷电流进行转化，采用外置延时电路来对雷电流进行整形使其能满足采样频率范围。

③ 箱体锈蚀程度　将机械信号转变成电信号以供采集。对采集的信息进行频谱分析，运用模态分析理论实现对锈蚀状态的辨识。

④ 积灰、水浸等状况的信号采集。

(5) 灰尘清洗

西部地区风沙较大，灰尘较多，故组件表面的清洁维护是我国西部光伏电站必须面对的重要问题。从张掖地区空中污染物的情况来看，主要污染物是可吸入颗粒物。组件表面污染物主要以浮尘为主，也有雨后灰浆黏结物。由于昼夜温差大，组件表面经常出现结露后产生的灰尘黏结物。

太阳能电池板维护采用日常巡检、定期维护、经常除尘方式。一般采用气力吹吸与水车定期清洗，以水车清洗为主，气力吹吸为辅。考虑到项目所在地区为干旱地区，水资源比较宝贵，组件清洗采用节水型组件清洗方案。电池板面清洁状况见图 11-6。由于项目地区冬季寒冷，所以冬季不考虑水洗，冬季、春季的沙尘和雪采用人工清扫。

图 11-6　电池板面清洁状况

气力吹吸是由维护人员采用便携式吹风机对组件进行风力吹扫。吹风机的出风量一般在 600～1200m^3/h，出口风速一般都在 90m/s 以上。通过更换风管出口喷头，又可以改造为吸尘机。吹风机功率一般为 1.5kW 左右，油耗为 500g/(kW·h)。以每天实际吹扫 6h 计，每 20 天为一个吹扫周期。对于 20MW_P 的光伏电站，需要便携式吹风机 14 台，吹扫工作人员 14 名，每年消耗的汽油量约为 11200L。

清洗水车操作人员和维护人员配合，利用车载水箱、水泵及水管对组件表面进行清洗。车载水箱的容积为 5m^3，1MW_P 组件清洗需要 3 箱。自来水管网已接至场址所在地附近，清洗水车可直接由自来水管网中抽取。每天实际清洗时间以 6h 计，每 20d 为一个清洗周期，需要水车 4 辆，工作人员 8 名，20MW_P 组件每年耗水 1900m^3。应避免在方阵中间大量修建车辆道路，可为每辆水车配备较长的冲水软管，移动清洗水车每年消耗柴油量约为 3400L。

(6) 防雷设计

① 综合楼、逆变器室等建筑物设避雷带。

② 35kV 线路架设避雷线，35kV 电缆与架空线连接处通过线路避雷线进行直击雷

保护。

③ 光伏方阵中组件作为接闪器，光伏阵列金属边框多点可靠接地，保护组件不受直击雷的侵害。

④ 35kV 线路出线端及配电装置均设有无间隙金属氧化物避雷器。直流汇流箱设过电压保护器。

(7) 智能运维

在实时监控系统的基础上，建立数学分析模型以实施智能化运维。

① 智能化监控系统采用分层、分布式结构，提高了系统稳定性和可扩展性。

② 根据设备运行状态及天气情况进行智能化控制，构建能够实现设备远程故障判断、处理及反馈的闭环系统。

③ 将监控系统、电站信息管理系统、光功率预测系统和视频监视系统统一在“光伏电站智能一体化平台”，实现了光伏电站科学化管理。

④ 组串诊断模型　建立数学模型，采集数据，得出的故障信息以弹出窗口方式报警，将故障信息同时发至相关人员电子邮箱和手机上（图 11-7）。

报警名称	数据	图标
逆变器1	60	
逆变器2	60	
逆变器3	60	
逆变器4	60	
逆变器5	-100	
逆变器6	-100	
逆变器7	-100	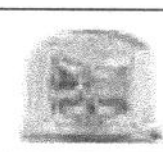
逆变器8	60	

图 11-7　逆变器报警图示

⑤ 热斑诊断　主要依据物体红外辐射的 Planck 公式（见下式）：

$$M_{\lambda}(T)=\frac{2\pi hc^{2}}{\lambda^{5}(e^{hc/\lambda k_{B}T}-1)}$$

式中，$M_{\lambda}(T)$ 为辐出度；λ 为波长；T 为绝对温度；h 为 Planck（普朗克）常量；k_B 为 Boltzmann 常数；c 为真空中的光速。选择合适的红外摄像头，处理红外图像，确定危险接近等级，判定状态（图 11-8）。

⑥ 灰尘损失模型　通过建立灰尘清洗模型，准确评估因灰尘遮挡带来的损失，为光伏电站的灰尘诊断和清洗安排提供强有力保障。

11.1.3 张掖南滩 20MW$_P$ 光伏电站运行分析

11.1.3.1 年发电量统计

按照 RETScreen 软件计算甘肃张掖地区日均辐射量最大为 5.589kW·h/m^2（图 11-9），对应的组件倾角为 41°，全年辐射量为 7344.5MJ/m^2。

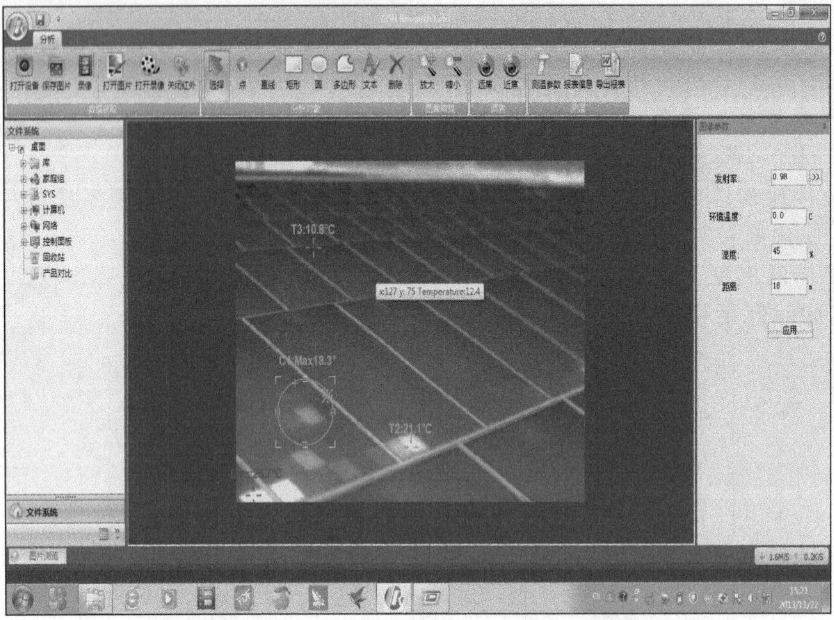

图 11-8 组件的红外诊断

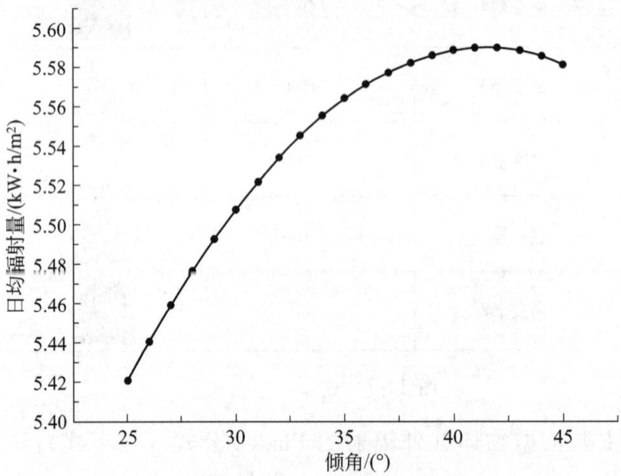

图 11-9 张掖地区组件不同倾角对应的日均辐射量

现场设计按 PVSYST 软件计算，先根据张掖气象站标准月的辐射量数据（图 11-10），再根据标准月所组成的工程年辐射量总量确定为 6125MJ/m^2。

结合 PVSYST 软件计算，组件倾角在 34°、35°、36°、37°时，全年日平均太阳总辐射量均较大，而且差异较小，考虑组串间距和抗风强度等要求，最后选择按 35°进行设计。图 11-11 示出倾角为 35°时电站的理论发电量（未计入电站的系统效率）。

该工程年理论发电量为 3989.58 万千瓦·时。此外，理论上网时数为 1978.96h，平均日峰值日照时数为 5.42h，系统效率假设为 79.57%。

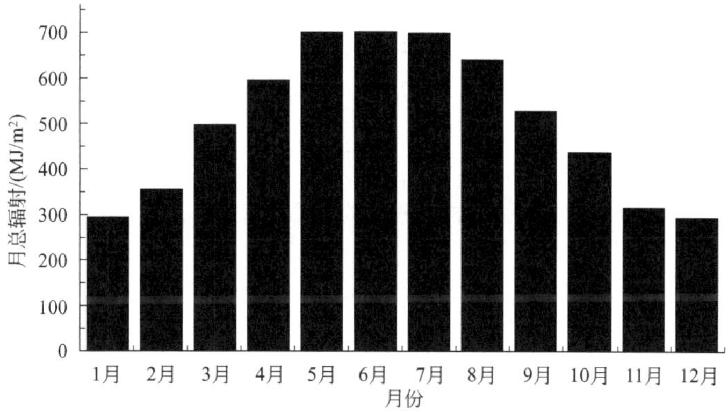

图 11-10 张掖地区月总辐射量

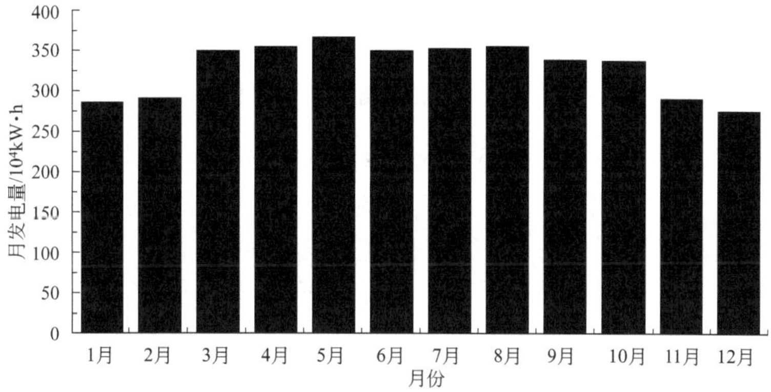

图 11-11 倾角为 35°时电站的理论发电量

由于甘肃光伏电站实施限发措施，故总发电量大幅减少。当年的总发电量为 1520.41 万千瓦·时（图 11-12），实际发电量约占理论发电量的 48%。

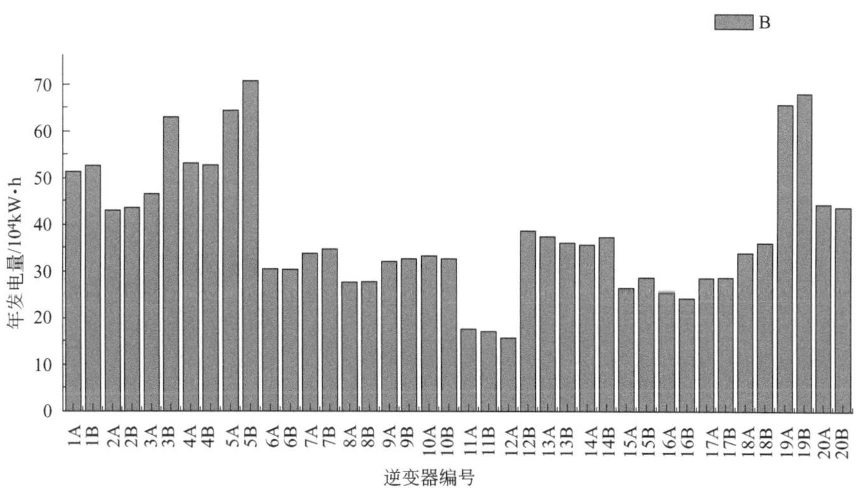

图 11-12 电站首年各方阵实际总发电量（限发）

11.1.3.2 运行性能稳定性比较

图 11-13 中日期的数据是在不同月份中的，从图中可以看出，两台逆变器的运行性能相对稳定。整个方阵的效率相对较高。

11.1.3.3 启动性能比较

图 11-14 为启动性能比较。从图中可以看出，逆变器 1 的启动时间稍早于逆变器 2，但整体一致性比逆变器 2 略差。

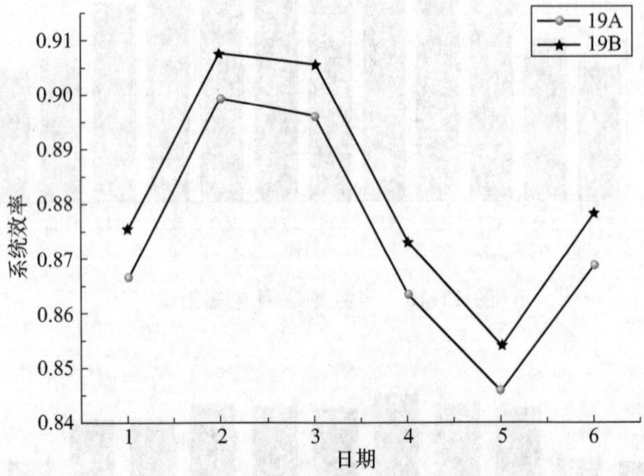

图 11-13 运行性能稳定性比较

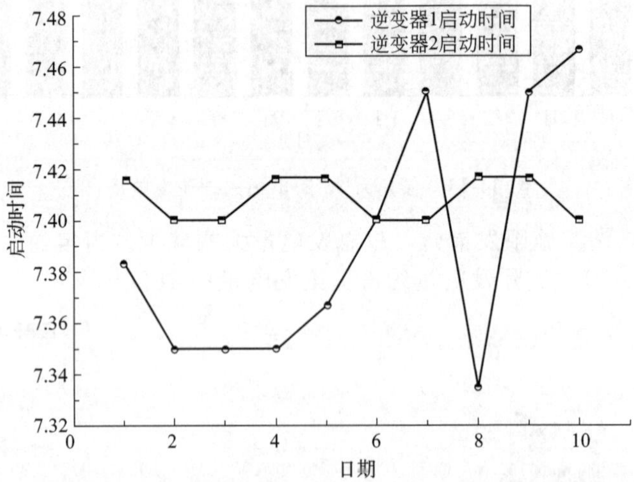

图 11-14 启动性能比较

从图 11-15 中可以看出，逆变器 1 的关机时间稍晚于逆变器 2，整体一致性比逆变器 2 略好。综合以上信息，逆变器 1 启动较早，关机较晚，有利于提升发电量。在选择逆变器时，不宜以启动和关机时间作为唯一标准，应从逆变器的长期稳定性和发电量等方面进行综合考量。

11.1.3.4 有效利用时间

由图 11-16 中可以看出，7 月可利用小时数超过 14h，此后逐渐减少，到 12 月份达到最小值，最小利用小时数约为 8h，随后开始逐渐增大。这与一年中太阳运行的轨迹相对应，由此也可以看出此种逆变器运行性能相对稳定。

11.1.3.5 效率比较

图 11-17 中，日期 1、2、3 分别代表了晴天、多云、雨天时的系统效率。5 号方阵与 19 号方阵各属于同一种逆变器。从图 11-17 中可以看出，5 号方阵在晴天时的方阵效率一

般大于 19 号方阵。在阴天时，5B 方阵略高于其他方阵，但 19B 方阵的效率已超过 5A 方阵。因此，不同方阵在晴天、多云、雨天时系统效率的相对高低基本上保持一致，但也存在变化的情况。

11.1.3.6 汇流箱电流相对偏差

从图 11-18 可以看出，11 号方阵 A 汇流箱的电流相对偏差除了两支大于 5%以外，其他各支偏差较小。11 号方阵 B 汇流箱的电流偏差较大，每一支相对偏差均超过 5%，最大达到 25%。当电流的相对偏差超过 5%时，应分析具体原因。原因主要有以下几个方面：阴影遮挡、热斑效应、局部热阻、电池片隐裂、电池片老化等。

11.1.3.7 方阵效率分析

从图 11-19 可知，在西部地区，光伏电站发电效率损失中占较大比例的是灰尘等损失，约为 10%。这里的组件效率，实为组件串并联后的方阵效率（包括失配损失等），约为 12%。线损基本在合理范围内，综合系统效率约为 78%。

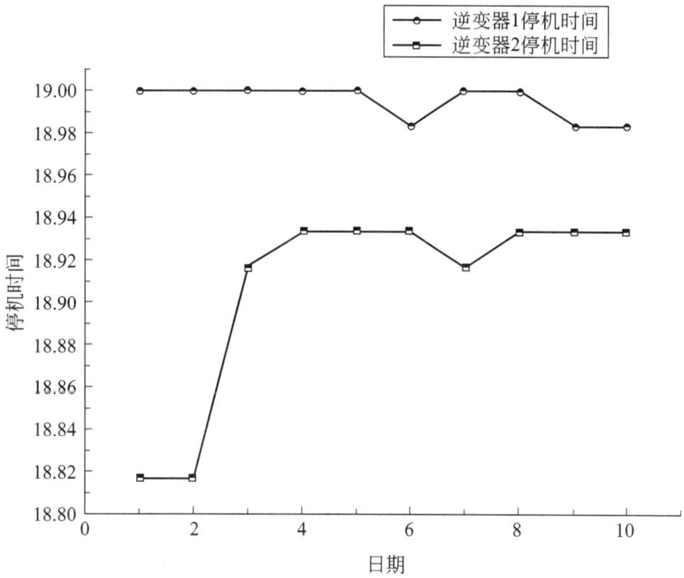

图 11-15 逆变器比较

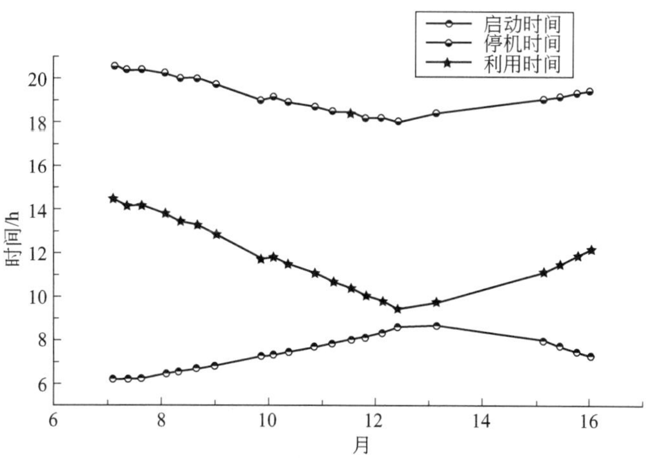

图 11-16 日利用小时数（超过 12 月的数据归属于第二年相应月份数据；直线部分表示数据较少）

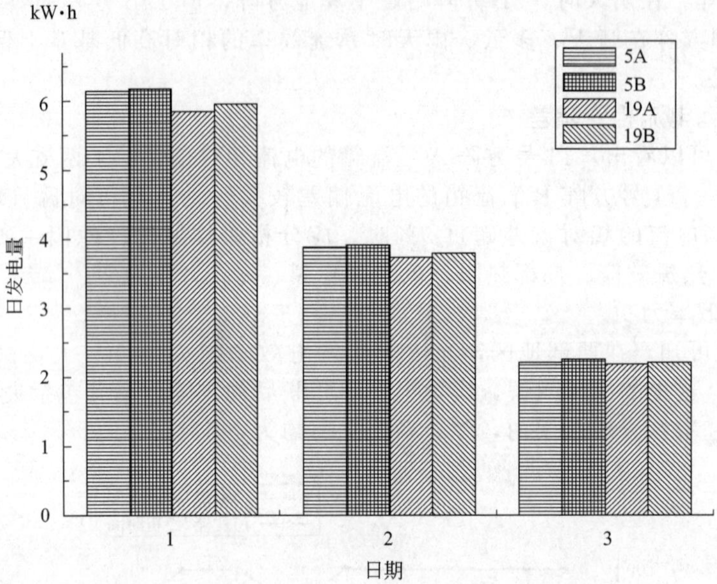

图 11-17　方阵效率比较

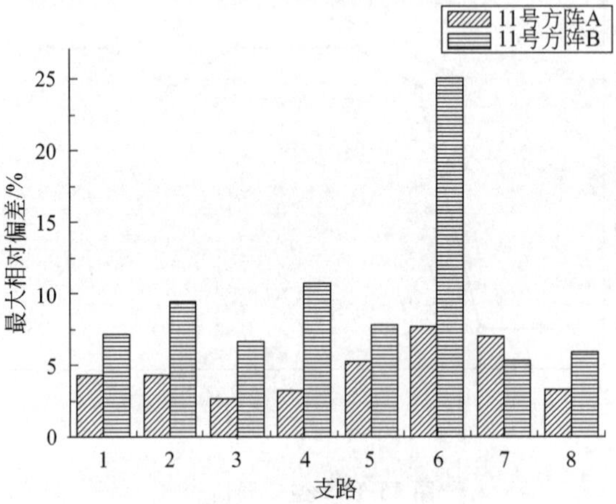

图 11-18　汇流箱电流相对偏差

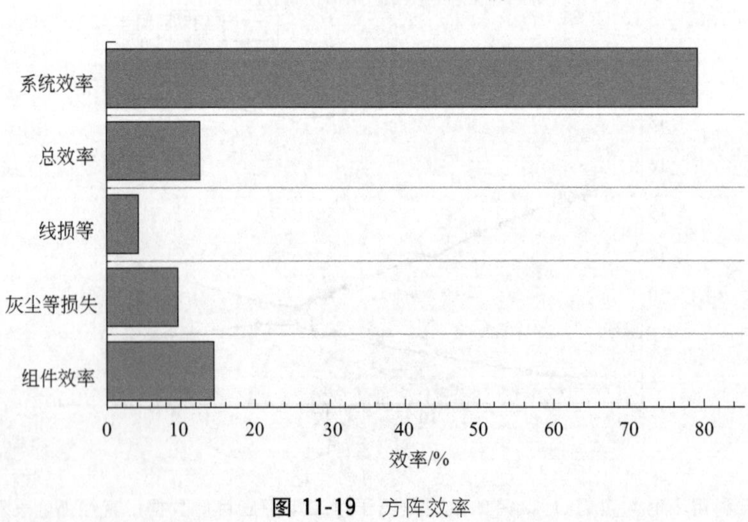

图 11-19　方阵效率

11.2 蚌埠曹山 $2MW_P$ 非晶硅薄膜并网光伏示范电站

11.2.1 项目概况

蚌埠曹山 $2MW_P$ 非晶硅太阳能示范电站位于曹山东侧原曹山垃圾填埋场内，被京沪铁路三角线所围合，总占地面积约 9 万平方米（图 11-20）。

图 11-20 蚌埠曹山 $2MW_P$ 非晶硅薄膜并网光伏示范电站

本工程总体设计采用固定安装、分块发电、集中并网方案，将系统分成 8 个发电子系统、2 个分系统，经 0.4kV/10kV 变压器升压，并入 10kV 交流电网。

光伏组件采用 44W 非晶硅薄膜组件共 45480 块，装机总容量为 $2.001MW_P$。

设计包括 191 个光伏发电单元、8 个直流配电柜、8 台 250kW 并网逆变器、2 台 0.4kV/10kV 升压变压器，以及配套的高、低压交流设备和继电保护装置。

11.2.2 项目总图

项目总图如图 11-21 所示。

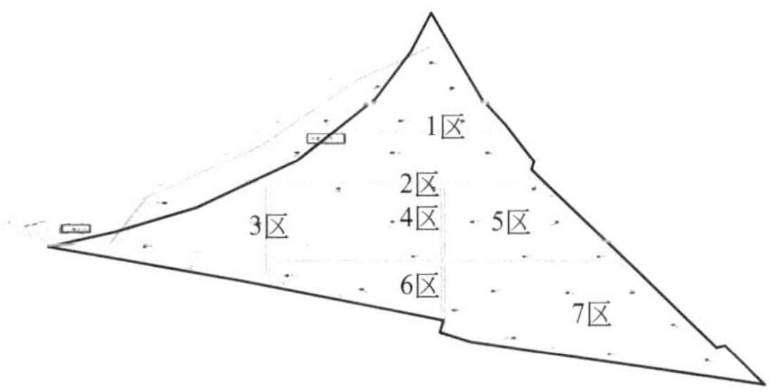

(a) 项目分区

(b) 蚌埠曹山 $2MW_P$ 非晶薄膜并网光伏示范电站

图 11-21

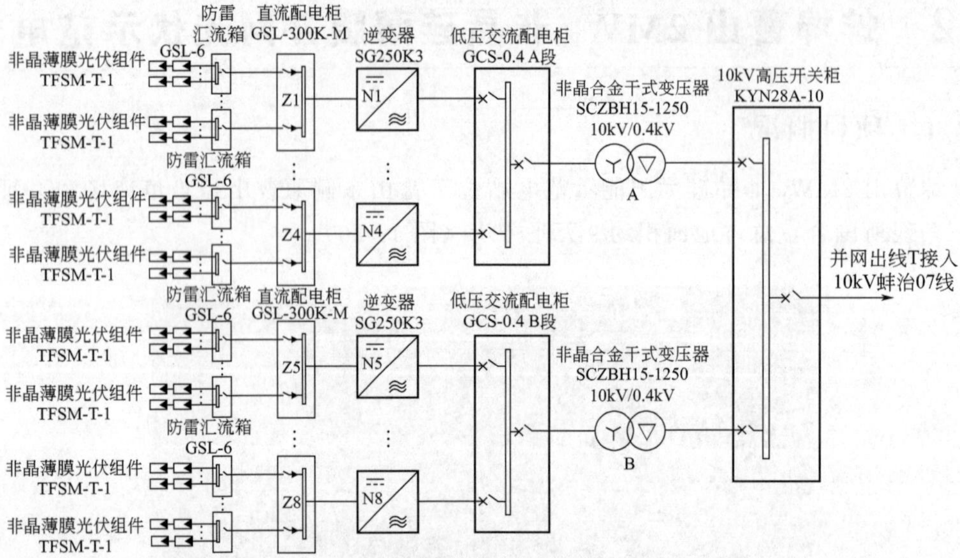

(c) 一次系统图

图 11-21 项目总图

11.2.3 关键设备和技术

11.2.3.1 组件

总计安装 45480 块，每块标称功率 $44W_P$。

某新能源有限公司的标准产品：采用双结非晶硅太阳能薄膜组件（型号为 TFSM-T-1，见表 11-3）。

上述组件特点如下：

① 最佳输出功率的温度系数约为－0.2%；

② 有良好的弱光性，散射光接受率高；

③ 热斑效应不明显。

表 11-3 双结非晶硅太阳能薄膜组件技术参数

技术参数	TFSM-T-1	技术参数	TFSM-T-1
标准条件下稳定功率	P_m＝44W±5%	最大系统电压	1000V
额定工作电压	V_m＝60V±5%	稳定转换效率	6.30%
额定工作电流	I_m＝0.74A±5%	横向结构	激光式样
开路电压	V_{oc}＝79V±5%	安装装置	无框
短路电流	I_{sc}＝0.93A±5%	尺寸(宽×长×厚)	635mm×1245mm×7mm
温度系数(电流)	0.09%/℃	工作温度	－40～＋85℃
温度系数(电压)	－0.26%/℃	质量	13.7kg
温度系数(功率)	－0.2%/℃	包装	1650 片
旁路二极管	10A·1000V		

注：标准条件下测试的稳定值，辐射度为 $1000W/m^2$，光谱为 AM1.5；温度为 25℃。产品已通过 TUV、IEC、UL 认证。

11.2.3.2 防雷汇流箱

总计实际安装 192 个，如图 11-22 所示。

11.2.3.3 直流配电柜

总计安装 8 台，如图 11-23、图 11-24 所示。

(a) (b)

图 11-22 防雷汇流箱照片

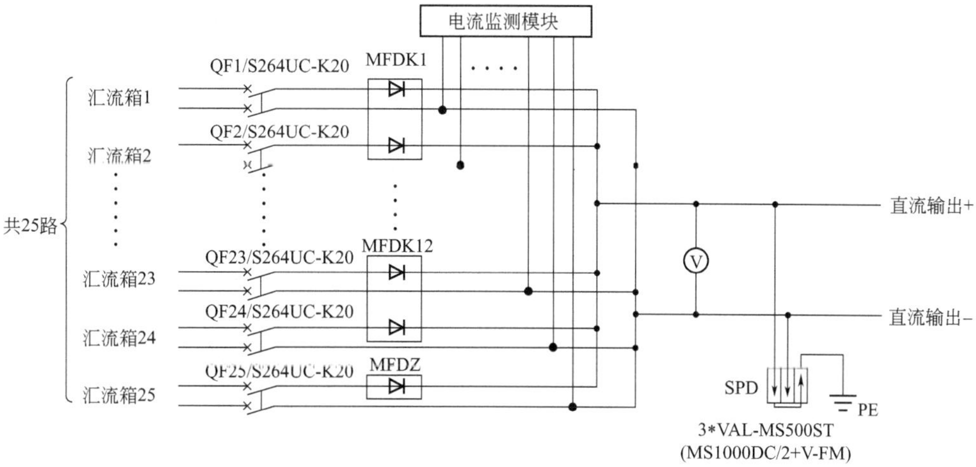

图 11-23 直流配电柜原理

图 11-24 直流配电柜

直流配电柜技术特点如下：

- 每台容量为 300kW 的直流防雷配电柜接入对应的 250kW 逆变器；
- 配电柜的输入为 24 台防雷汇流箱（户外），额定组串数为 576 串；
- 检测模块显示直流电压及各路工作电流，并将数据传输到显示器；
- 常规的电压表指示直流电压；避雷器可靠接地。

11.2.3.4 逆变器

合肥某公司的 SG250k3 并网逆变器（图 11-25、图 11-26），采用专用 DSP 控制芯片，主电路采用进口 IGBT 模块，运用三相桥式变换原理，将光伏阵列的直流电变换为 50Hz、三相正弦波交流电，经滤波及隔离变压器，并入 10kV 电网。其技术参数见表 11-4。逆变器采用了先进的 MPPT 技术，使光伏阵列以最大功率发电。

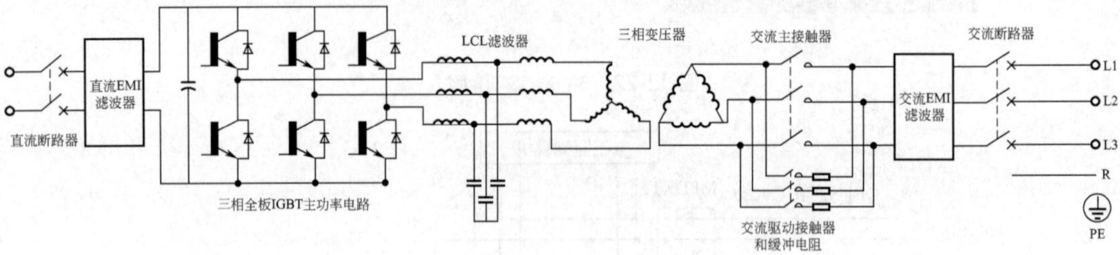

图 11-25 SG250k3 并网逆变器电路拓扑结构

图 11-26 SG250k3 并网逆变器

表 11-4 SG250k3 并网逆变器技术参数

项目	SG250k3
隔离方式	工频隔离变压器
最大太阳电池阵列功率	$275kW_P$
最大阵列开路电压(直流电压)	880V
太阳电池最大功率点跟踪范围(直流电压)	450～820V
直流输入路数	8 路
最大阵列输入电流	600A
额定交流输出功率	250kW

续表

项目	SG250k3
总电流波形畸变率	<3%(额定功率)
功率因数	>0.99%(额定功率)
最大效率	97.1%
欧洲效率	96.5%
额定电网电压范围(三相,交流电压)	310～450V
额定电网频率	47～51.5Hz 及 57～61.5Hz
夜间自耗电	<100W
保护功能	极性反接保护、短路保护、过载保护、孤岛效应保护、电网过欠压保护、电网过欠频保护、过热保护、接地故障保护等
通信接口	RS485
显示方式	触摸屏
使用环境温度	−25～+55℃
使用环境湿度	0～95%,不结露
冷却方式	风冷
防护等级	IP20(室内)
尺寸(深×宽×高)	850mm×2400mm×2180mm
质量	1700kg

11.2.3.5 变压器特点

- 采用上海某电气公司制造的非晶合金干式变压器，见图 11-27。
- 干式变压器无油，没有燃烧的危险。
- 空载损耗降低 75%，负载损耗降低 15%。

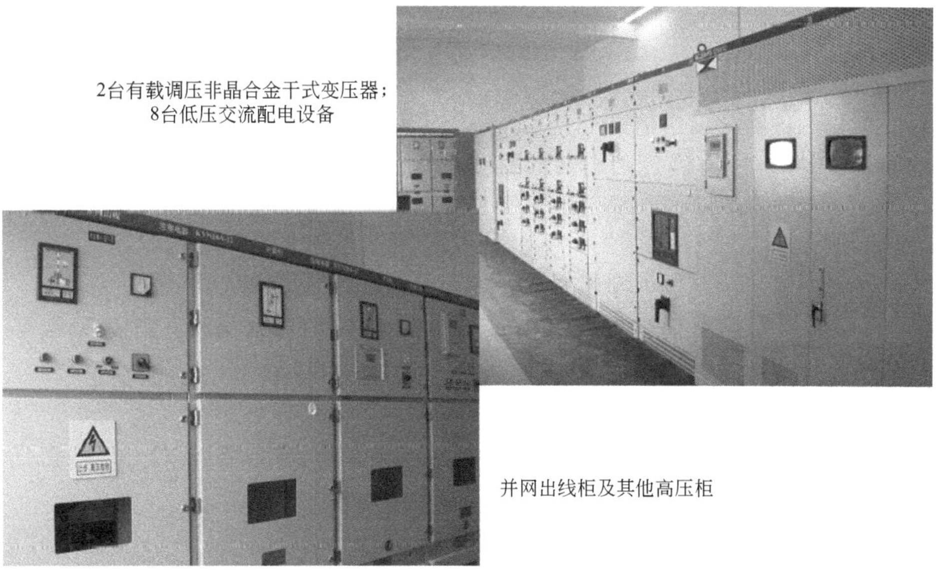

图 11-27 非晶合金干式变压器及其辅助设备

11.2.4 安装过程中的技术问题

11.2.4.1 安装过程中的技术问题

- 支架基础存在较大偏差——重新焊接立柱。
- 支架的刚度和强度问题——加装用抱箍固定的斜撑。

• 场地东北角的组件移装到南面——增加一个汇流箱，即由原设计的 191 个增加为 192 个。

• 保证组件质量——现场验收，及时更换破损组件。

• 因地面沉降造成部分组件支架扭曲——设计加工不同长度的可调连接角钢，替换沉降部分的连接件（图 11-28）。

图 11-28　支架连接

11.2.4.2　调试过程中的技术问题

① 并网出线柜 07# 初次合闸不成功。原因是操作人员紧张，PT（电压互感器）柜手车未摇到位。

② 初调时，两台主变压器不能同时投运的问题。原因是“低电压保护定值”过低（未及时调高供电局测试时的设定值）。

③ 低压柜（A1）断路器合闸按钮的易损问题。原因为工作电压过高。其额定电压为 220V±10%，但实际达到了 248V 以上。将直流电压稳定在 220V，可避免烧坏问题。

④ 高压出线柜（07#）跳闸原因为过流Ⅰ段电流定值过低。

发生高压跳闸时，线路保护测控柜显示“过流保护”及“低压保护”。当时 1# 主变压器在正常运行，在 2# 主变压器合闸时的冲击电流导致 07# 柜过流跳闸，紧接着 101#、102# 柜低压保护跳闸。过流Ⅰ段电流定值是 7.5A，时间 0s 跳闸时电流是 7.38A，应属于正常保护动作范围（95%～105%）。

11.2.5　电站性能参数测试及分析

11.2.5.1　光伏电站的发电效率及发电量分析

（1）理论分析与计算

光伏发电系统从直流到并网交流的系统综合效率包括：直流侧损耗 K_1、逆变器效率 K_2、交流侧损耗 K_3。其中，直流侧损耗又可分为光伏阵列效率和线路损耗两部分，交流侧损耗可分为变压器效率和线路损耗两部分。

系统总效率：　$K=(1-K_1)\times K_2\times(1-K_3)$

蚌埠曹山光伏电站由于加大了直流电缆的截面积，使直流线损由设计的 2.81%降低到 2%，并通过采用高效率的逆变器和非晶合金干式变压器，使系统总效率比设计值提高了 3.4%（表 11-5）。

表 11-5 系统总效率比较

项目	K_1	K_2	K_3	K
设计参数	16.7%	94%	2%	76.7%
实际参数	15.89%	97%	1.8%	80.1%

(2) 系统效率实测数据分析

① 交流线路传输效率（N_{ac}） 需要考虑的是从逆变器到高压电网的交流侧损耗，即

$$N_{ac}=(1-K_3)\times100\%$$

蚌埠曹山光伏电站 2010 年 11 月 19 日合闸，从 11 月 20 日开始电能计测。截至 2010 年 12 月 5 日 17：00，电能计量显示的上网总电量为 71232kW·h，此时逆变器显示的总发电量为 73260kW·h。考虑到发电期间的厂用电并未送上高压电网，以 5kW 功率、每天 10h 计算，15 天用电量为 750kW·h，则交流线路效率

$$N_{ac}=(71232+750)\div73260\times100\%=98.26\%$$

比设计值 98%略有提高。

② 太阳辐射能到逆变器交流电输出的转换效率 这部分转换效率包括光伏阵列把太阳辐射能转换为直流电的效率、直流线损和逆变器效率。对 2010 年 11 月 22 日的测试数据进行分析处理后可以得出结论：蚌埠曹山光伏电站从太阳辐射能到逆变器交流电输出的转换效率约为 72.3%。具体数据及处理结果列于表 11-6 及表 11-7。

表 11-6 辐照度及太阳辐射-交流电转换效率

测试时间（2010 年 11 月 22 日）	水平面光照强度 /(W/m²)	组件斜面光照强度 /(W/m²)	太阳辐射-逆变器交流电输出平均效率/%
9:50	559.3	701.7	70
10:30	627.1	811.9	69
11:50	694.9	847.5	76
12:34	661.0	839.8	74

表 11-7 各逆变器的太阳辐射能及太阳辐射-交流电转换效率

逆变器编号	组件标称功率 /kW_P	组件实际功率 /kW_P	组件表面太阳辐射总功率 /kW				逆变器输出功率 /kW				太阳辐射-逆变器交流电输出效率/%			
			9:50	10:30	11:50	12:34	9:50	10:30	11:50	12:34	9:50	10:30	11:50	12:34
N1	249.0	280.2	196.7	227.5	237.6	235.3	135	155	177	169	69	68	74	72
N2	253.9	285.6	200.5	231.9	242.2	239.9	138	161	181	175	69	69	75	73
N3	248.6	297.7	196.3	227.1	237.2	234.9	136	153	174	169	69	67	73	72
N4	252.1	283.6	199.1	230.3	240.5	238.3	143	163	185	177	72	71	77	74
N5	249.9	281.2	197.4	228.3	238.4	236.2	—	—	180	174	—	—	75	74
N6	245.5	276.2	193.9	224.3	234.2	232.0	—	—	180	174	—	—	77	75
N7	252.6	284.1	199.5	230.7	240.9	238.7	—	—	185	180	—	—	77	75
N8	249.5	280.7	197.0	227.9	238.0	235.8	—	—	—	—	—	—	—	—
合计平均	2001.12	2251.26	—	—	—	—	—	—	—	—	70	69	76	74

考虑造成系统损失的以下其他因素。

• 持续 12 天的表面积尘损失：12%（平均每天 1%）。

• 组件温度损失影响：1%（环境温度 9～13℃，组件温度 30℃）

则从太阳辐射能到逆变器输出的转换效率约为 85.3%。

因此，光伏电站系统（从太阳辐射能到高压电网）的总效率计算如下：

$$N=85.3\%\times98.26\%(\text{交流线路效率})=83.8\%$$

高于上述理论分析计算值及设计值。

(3) 光伏组件的实际安装效率

设计安装使用某新能源有限公司非晶薄膜光伏组件，标称功率为 $44W_P$。实际安装的组

件标称功率为 44W_P+5%，即每块组件的实际标称功率为 46.2W_P。而根据组件性能测试报告的部分数据统计分析结果，实际安装的单块组件平均功率为 49.5W_P，增加了 3.3W_P。因此，蚌埠曹山光伏电站实际安装的光伏组件初期总功率为 2251.26kW_P。详见表 11-8。

表 11-8 组件功率数据（测试报告节选）

序号	1	2	3	4	5	6	7	8	9	10	平均
测试功率/W_P	49.58	49.45	50.20	49.05	49.25	49.67	49.85	49.15	49.14	49.63	49.5

（4）发电量计算

根据上述系统总效率 83.8%、电站实际安装光伏组件 2251.26kW_P 计算，在蚌埠 21°倾斜面平均日照峰值时间为 3.91h/d 的情况下，蚌埠曹山光伏电站初期年发电量计算如下：

$$年发电量=2251.26\times3.91\times365\times83.8\%=2692400(kW\cdot h)$$

11.2.5.2 电能质量测试分析

相关技术标准要求如下。

- 电压侧（逆变器）电压偏差：±7%。
- 频率偏差（系统频率的实际值和标准值之差）：±0.5Hz。
- 谐波分量：总谐波电流应小于逆变器额定输出的 5%。
- 功率因数（PF）：应不小于 0.9（逆变器输出大于额定值 50%）。
- 电压三相不平衡度：允许值为 2%，短时不得超过 4%。

现场测试结果表明，功率因数、谐波分量、电压不平衡度等电能质量完全符合要求。

11.2.5.3 组件表面积尘的影响

① 组件表面积尘会减少组件接收到的太阳辐射量，从而降低发电功率及总发电量。其影响与表面积尘厚度有直接关系，即与空气中的含尘量、降尘速率、时间长短、空气流动等因素都有直接关系。

蚌埠曹山 2MW_P 光伏电站的测试结果表明：组件表面 20 天（11 月 9 日～11 月 29 日）的积尘使发电功率降低 20%以上。

前次清洗：2010 年 11 月 9 日（编号#2-10-1-1）。

对比清洗：2010 年 11 月 29 日（编号#2-10-2-1）。

组件清洗效果对比如图 11-29 所示。

图 11-29 组件清洗效果对比

② 工作电流对比测试结果，见表 11-9。

表 11-9 工作电流对比测试结果

测试时间	2010年11月29日 10:20					2010年11月29日 13:20				2010年12月5日 14:20				
序次	1	2	3	4	平均	1	2	3	平均	1	2	3	4	平均
编号#2-10-2-1（已清洗）电流/A	0.54	0.52	0.56	0.56	0.545	0.44	0.44	0.45	0.443	0.41	0.47	0.51	0.43	0.455
编号#2-10-1-1（未清洗）电流/A	0.41	0.41	0.43	0.41	0.415	0.33	0.33	0.34	0.333	0.29	0.41	0.33	0.41	0.36
积尘影响降低/%	24.1	21.2	23.2	26.8	23.9	25.0	25.0	24.4	24.8	29.3	12.8	35.3	4.7	20.9
清洗积尘增加/%	31.7	26.8	30.2	36.5	31.3	33.3	33.3	32.3	33.0	41.3	14.6	54.5	4.9	26.4

③ 持续20天的表面积尘使工作电流减小约24%，即发电功率减少24%。

表11-9中第3组数据是在清洗后的第6天测试（2010年12月5日14：30），使得总体差距减小。

按每天降低1%推算，则第10天减少10%。每10天清洗一次，假设全年积尘严重总天数为100天，年均发电量为206万千瓦·时计算，则每年因积尘而减少的发电量约为：

$$(206/365)\times10\%\times100=5.64\text{ 万千瓦·时}$$

据此推算的清洗间隔天数与发电量损失列于表11-10。

表 11-10 清洗间隔天数与发电量损失

多少天清洗 次/天	每天减少发电量/%	100天减少发电量总数/万千瓦·时	年均发电量减少/%
5	2.5	1.41	0.68
10	5	2.82	1.37
15	7.5	4.23	2.05
20	10	5.64	2.74
25	12.5	7.05	3.42
30	15	8.46	4.10

11.2.5.4 遮阴遮挡的影响

光伏电站中竖立的杆、塔等建筑物阴影会影响组件所接收到的太阳辐射量，从而降低光伏电站的发电功率及总发电量。在蚌埠曹山2MW$_P$光伏电站综合联调期间进行的测试结果表明：在离冬至尚有20天左右的12月初，避雷针杆阴影使得杆北侧第1排的组件串发电功率降低了17%以上；即使距离杆第7排的组件串，其发电功率也降低了12%左右。

① 蚌埠曹山光伏电站场内共有49根各种杆、塔分散矗立，一般高度在10m左右，其中最高的110kV高压线铁塔高达45m（表11-11）。这些杆、塔周边的光伏组件在不同时间、不同程度上都会受到阴影的影响（表11-12）。

② 杆塔阴影的长度和位置随太阳照射的高度角和方位角变化而不断改变，其所遮挡的光伏组件及所造成的影响也不尽相同。蚌埠曹山2MW$_P$光伏电站场内各种杆、塔阴影即使在阴影最短的夏至日正午时分，全部杆、塔也会对约47个排位的组件串造成遮挡影响；春分、秋分的正午将会遮挡121个。而在冬至（一般在12月22日）的正午，阴影遮挡的组件串排位数将超过400个。详细的统计分析结果见表11-13。

表 11-11 蚌埠曹山2MW$_P$光伏电站场内杆塔统计（目测估算高度及直径）

杆塔类别	场内竖立总数/根	高度/m	杆底部直径/mm	杆顶部直径/mm	备注
避雷针(无照明灯)	22	12	200	100	
避雷针(装照明灯)	11	12	200	100	照明灯高约10m
监控装置立杆	6	6	150	100	4个杆顶有1.5m横臂

续表

杆塔类别	场内竖立总数/根	高度/m	杆底部直径/mm	杆顶部直径/mm	备　注
10kV 高压线水泥电杆	7	8	350	200	
10kV 高压线铁架	2	12	边长 1000	边长 300	方形铁架
110kV 高压线铁塔	1	45	1100	400	八边形
合计	49				

表 11-12　避雷针杆阴影与光伏组件串工作电流测试

组件串位置	测试组号	有无阴影	工作电流/A			阴影影响/%
			1	2	平均	
避雷杆北第 1 排	1	无阴影组件串(编号＃2-19-6-1)	0.41	0.43	0.42	—
		有避雷针杆阴影组件串(编号＃2-12-4-4)	0.35	0.33	0.34	−19.0
	2	无阴影组件串(编号＃2-17-1-3)	0.26	0.15	0.205	—
		有避雷针杆阴影组件串(编号＃2-17-1-2)	0.21	0.13	0.17	−17.1
	3	无阴影组件串(编号＃2-17-1-1)	0.19	0.16	0.175	—
		有避雷针杆阴影组件串(编号＃2-17-1-2)	0.16	0.13	0.145	−17.1
避雷杆北第 7 排	1	无阴影组件串(编号＃2-20-6-2)	0.39	0.41	0.4	—
		有避雷针杆阴影组件串(编号＃2-10-1-4)	0.32	0.38	0.35	−12.5

表 11-13　蚌埠曹山 $2MW_P$ 光伏电站塔杆阴影遮挡统计分析

杆塔类别	高度/m	场内总数/根	正午阴影长度/m			单杆遮挡组件/排			遮挡组件总排数/排		
			夏至	春分秋分	冬至	夏至	春分秋分	冬至	夏至	春分秋分	冬至
避雷针(无照明灯)	12	22	2.0	5.2	18.1	1	3	9	22	57	199
避雷针(装照明灯)	12	11	2.0	5.2	18.1	1	3	9	11	29	100
监控装置立杆	6	6	1.0	2.6	9.1	1	1	5	3	8	27
10kV 水泥电杆	8	7	1.3	3.5	12.1	1	2	6	5	12	42
10kV 铁架	12	2	2.0	5.2	18.1	1	3	9	2	5	18
110kV 铁塔	45	1	7.5	19.6	68.0	4	10	34	4	10	34
合计		49				9	22	72	47	121	420

③ 以表 11-12 和表 11-13 为依据，可测算分析杆塔阴影对发电量的影响。

假定被阴影遮挡的组件串数等于表 11-13 中遮挡组件总排位数的 90%。以总功率 $2MW_P$、总计 4580 个组件串为基数，分析计算的杆塔阴影各季节遮挡影响列于表 11-14。可以看出，在冬季总功率的降低达到了 1.36%。以表 11-14 中总功率降低的数据，分别进行为期 3 个月的计算（即 11 月至次年 1 月使用冬至数据，其余类推），全年将少发电 1.1 万千瓦·时。

表 11-14　蚌埠 $2MW_P$ 光伏电站塔杆阴各季节影遮挡影响

项目	夏至	春分、秋分	冬至
遮挡组件总排数/排	47	121	421
影响组件串数/串	42	109	379
占总组件串数比例/%	0.92	2.38	8.27
降低总功率/%	0.15	0.39	1.36

④ 表 11-12 中的数据仅为直径约 20cm 的避雷针基杆情况。其他直径更大的杆、塔，其阴影影响更大。因此，蚌埠曹山 $2MW_P$ 光伏电站建筑物阴影的实际影响，要比上述分析计算大得多。

各种遮阴遮挡情况如图 11-30 所示。

(a) 10kV高压电杆(2010年11月29日　14:00)

(b) 110kV高压电塔(2010年11月29日　15:00)

(c) 场内建筑物阴影(2010年11月29日　15:15)

(d) 场外建筑物的阴影(2010年11月29日　14:30)

(e) 有照明灯的避雷针及监控摄像杆
(2010年11月29日　14:10)

(f) 避雷针杆的阴影(2010年11月30日　11:30)

图 11-30　各种遮阴遮挡情况

11.2.5.5 光伏电站运行维护

① 建议每隔10～15天清洗一次光伏组件，使其表面保持清洁。

清洗光伏组件时应注意：

a. 使用柔软洁净的布料擦拭，严禁使用腐蚀性溶剂或用硬物擦拭；

b. 应在辐照度低于200W/m^2 的情况下清洁；

c. 不宜使用与组件温差较大的液体清洗组件；

d. 严禁在风力大于4级、大雨或大雪的气象条件下清洗组件。

② 经常检查光伏组件，及时更换破损及有质量问题的组件。例如：

a. 玻璃破碎、背板灼焦或出现明显颜色变化；

b. 组件边缘或电路之间形成连通通道的气泡；

c. 接线盒变形、扭曲、开裂或烧毁。

③ 定期巡视光伏阵列，注意查看组件、支架的安装情况，以及导线的连接状态。

④ 经常检查直流配电柜中各路输入电流，确保相同情况下其偏差应不超过5%。

⑤ 定期进行机房设备巡检，注意查看各设备的显示、指示及散热风扇的运行情况，填写值班记录表。

⑥ 关于变压器高压柜的操作：

a. 不得在一台变压器带负荷运行时切入另一台变压器，以免引起过流跳闸；

b. 投运时应先断开所有负荷及逆变器，分别合闸切入两台变压器后，再逐台合闸接入各逆变器及负载；

c. 当发生变压器跳闸时，应立即手动操作断开各负荷及逆变器开关，检查线路并查明原因后再进行处理。

第 12 章 分布式屋顶并网光伏发电系统

12.1 江苏省常州科教城 1.0994MW_P 并网光伏发电系统

12.1.1 项目概况

作为 BIPV 设计及安装范例之一，现介绍一下常州科教城建筑屋顶 1.0994MW_P 光伏电站的概况。本项目为国家金太阳工程常州科教城 1099.4kW_P 并网型光伏电站，安装在 4 个主题楼群的 12 栋建筑上。该系统分为 10 个发电单元，汇集到同一升压站，升压至 10kV 后接入电网。

整个系统配置一套一次升压站，配置一台 1250kV·A 升压变压器。所有发电单元输出 50Hz、400V 交流电，接入升压变压器低压侧母线排；升压变压器 10kV 侧采用 10kV 单母线，以一个回路 10kV 接入电网。光伏系统使用统一的监控设备，具备防雷接地保护。系统设计及安装全部按相关标准与规范，具体排布如下。

① 光伏阵列场分为 1～4 个分区。分区 1 配置阳光电源的 2 台 SG100k3 逆变器，机房设在惠研北楼地下配电室；分区 2 配置阳光电源的 3 台 SG100k3 逆变器，机房设在惠弘东楼一楼配电室；分区 3 配置佳讯光电产业的 3 台 GS-Central-100 逆变器，机房设在实训 4# 厂房一楼；分区 4 分别配置 1 台 SG100k3 和 1 台 XP-100H 逆变器，机房设在实训 3# 厂房二楼。各分区使用不同型号的逆变器组串组件数量相同。各分区内光伏组件方阵与逆变器单独配置，各分区内各发电单元独立运行。

② 光伏组件选用 TSM-230PC05 型多晶硅铝边框组件。

③ 逆变器选用 SG100k3、GS-Central-100、XP-100HV 逆变器。所有逆变器都带隔离变压器。

④ 防雷汇流箱型号为 PVS-8，8 进一出。每路允许组串最大电流 8.5A，最高电压 1000V。采用 IP65 防护等级。

⑤ 直流配电柜室内安装。三进一出（根据实际电路设计，部分柜为四进一出）。有输入输出电压显示。主要开关为 ABB 产品，选用魏德米勒防雷器。

⑥ 光伏组件安装支架为轻钢支架，热浸镀锌防腐处理，膜厚＞60μm。

⑦ 分界点　太阳能光伏发电系统与并网接入系统（升压站）的分界点处于升压变压器低压侧低压开关柜的出线端。

⑧ 电缆敷设　光伏组件之间串联电缆，组串到汇流箱之间的连接电缆，分别使用光伏组件自带的耐紫外线电缆和 6mm^2 电缆；这部分的电缆直接捆绑固定在方阵后部，跨方阵排电缆则使用 50mm×50mm 热镀锌桥架敷设。

⑨ 防雷接地保护　前后排方阵之间采用 40mm×4mm 热镀锌扁钢焊接连接，横向每隔 20m 一档；方阵整体每隔 20m 使用 40mm×4mm 热镀锌扁钢与屋面防雷网焊接连接。所有焊接点应及时除渣，刷两遍红丹防锈涂料后再刷银粉防锈。在光伏发电站的直流输入端防雷汇流箱和交流配电箱（并网接入系统）分别安装直流和交流浪涌模块保护系统。

图 12-1 为常州科教城 1.099MW 并网光伏发电系统部分实景。

图 12-1　常州科教城 1.099MW 并网光伏发电系统部分实景

12.1.2　总体方案设计及所依据标准

总体方案按照设计优化、配置合理、施工精细、运维完善的原则要求进行。具体按照业主要求做到如下“五性”。

① 可靠性　在工程设计过程中，充分考虑了系统的冗余备份，核心设备采用成熟、主流的技术与产品，从系统设计和设备本身两个层面保证系统的高可靠性。

② 先进性　采用当前先进的技术和产品，并考虑到系统未来性能与功能扩展。

③ 安全性　在系统的各个层次提出有针对性的安全建设建议，保证系统的整体安全。

④ 实用性　系统建设不求大而全，而是切合用户的实际需求，在满足需要的条件下，尽可能压缩建设资金，达到最佳性能价格比。

⑤ 建设性　除针对业主的要求，还针对系统建设过程中可能遇到的问题和需要特别关注的问题，提出建设性设计方案。

经过实地考察和调研，为了充分利用科教城建筑物屋顶资源和尽量减少走线线损等，总体方案确定为：光伏组件设置在区内 4 个主题楼群、12 栋建筑屋顶上。系统分为 10 个发电单元，各发电单元互不相连，独立发电。每个发电配置 1 台 100kW 容量的三相逆变器，输出 50Hz、400V 交流电，再汇流到同一升压站，升压至 10kV 接入电网。

该项目光伏发电额定容量为 1099.4kW_P。共使用 240W_P 大功率高效组件 4582 块，使用 10 台 100kW 的集中式并网逆变器。其中，GSL7-1 汇流箱 15 个，GSL8-1 汇流箱 16 个，350kW 和 250kW 直流配电柜各 2 台。图 12-2 为该光伏电站站区总平面图。

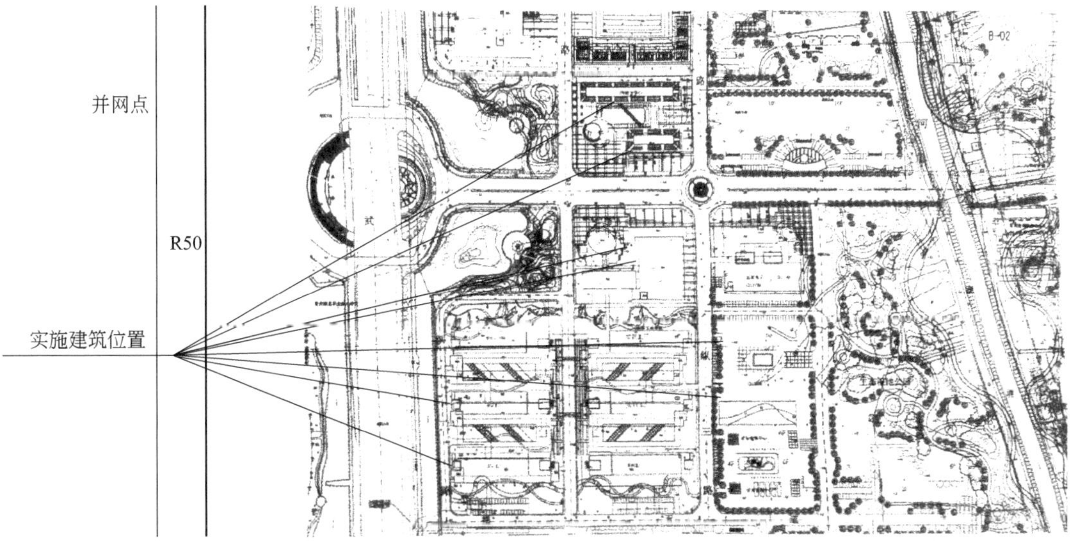

图 12-2　光伏电站站区总平面图

项目技术设计，主要依据如下标准。

(1) 国际标准

IEC 61215

(2) 国家及行业标准

GB/T 20046—2006《光伏（PV）系统电网接口特性》；

GB/T 19964—2012《光伏发电站接入电力系统技术规定》；

GB/T 19939—2005《光伏系统并网技术要求》；

GB/T 12325—2008《电能质量　供电电压允许偏差》；

GB/T 14549—1993《电能质量　公网电网谐波》；

GB/T 15543—2008《电能质量　三相电压允许不平衡度》；

GB/T 15945—2008《电能质量　电力系统频率偏差》；

GB 2297—1989《太阳光伏能源系统术语》；

GB 6497—1986《地面用太阳能电池标定的一般规定》；

IEEE 1262—1995《光伏组件的测试认证规范》；

GB/T 9535—1998《地面用晶体硅光伏组件　设计鉴定和定型》；

GB/T 6495.1—1996《光伏器件第 1 部分：光伏电流-电压特性的测量》；

GB/T 6495.3—1996《光伏器件第 3 部分：地面用光伏器件的测量原理及标准光谱辐照度数据》；

GB/T 6495.4—1996《晶体硅光伏器件的 *I-V* 实测特性的温度和辐照度修正方法》；

GB/T 17626.8—2006《电磁兼容　试验和测量技术　工频磁场抗扰度试验》；

GB/T 14598.3—2006《电气继电器　第5部分：量度继电器和保护装置的绝缘配合要求和试验》；

GB 50205—2020《钢结构工程施工质量验收标准》；

JGJ 81—2002《建筑钢结构焊接技术规程》；

JGJ 82—2011《钢结构高强度螺栓连接技术规程》；

GB 50018—2002《冷弯薄壁型钢结构技术规范》；

YBJ 216—1988《压型金属板设计施工规程》；

GB 50016—2014《建筑设计防火规范》。

项目建设地位于江苏省南部的常州市武进区，地理坐标为北纬31°09′～32°04′、东经119°08′～120°12′，属于美丽富饶的长江金三角地区。与上海、南京两大都市较近，与苏州、无锡相邻，共同构成了苏锡常都市圈。江苏省平均年日照数为1400～3000h，太阳能资源年理论储量每平方米为1130～1530kW·h，每年每平方米地表吸收的太阳能相当于140～190kg标准煤热量，太阳能资源比较丰富。常州地区气象及气候特征如下。

(1) 气温

历年最高气温：39.4℃（1978年7月10日）

历年最低气温：－15.5℃（1955年1月27日）

多年平均气温：15.4℃

多年最热月（7月）平均气温：28.1℃

多年最冷月（1月）平均气温：2.7℃

(2) 降水

多年平均年降水量：1074.0mm

最大年降水量：1815.6mm（1991年）

最小年降水量：535.7mm（1978年）

月最大降水量：505.4mm（1991年7月）

日最大降水量：196.2mm（1991年8月19日）

降水次数：日降水量≥5mm（52.2天）

日降水量≥10mm（32.1天）

日降水量≥25mm（11.2天）

日降水量≥50mm（3.0天）

最大积雪深度：22cm（1984年1月19日）

最大冻土深度：12cm（1982年1月19日）

(3) 风况

全年主导风向及频率：ESE向14%

夏季主导风向及频率：ESE向19%

冬季主导风向及频率：NNE向9%

多年平均风速：2.9m/s

实测最大风速：20.3m/s

大风日数（风力≥7级）：平均6天/年、年最多19天

(4) 雾况

多年平均雾日数：29.9天

历年最多雾日数：56.0天（1980年）

历年最少雾日数：17.0天（1967年）

(5) 雷暴

多年平均雷暴日数：33.5 天

历年最多雷暴日数：59.0 天（1963 年）

(6) 相对湿度

多年平均相对湿度：77%

七月份平均相对湿度：82%

一月份平均相对湿度：74%

(7) 年平均日照时间　1940.2h

12.1.3 光伏阵列布局及支架设计

12.1.3.1 光伏方阵的布局

在经过优化确定太阳能电池板最佳倾角与排布间距之后，就可以进行方阵布局的设计。这里，作为代表，以图 12-3～图 12-6 展示惠研楼和惠弘楼 2 幢楼顶的光伏组件排布情况。

12.1.3.2 支架的设计

(1) 支架的强度校核

设计对象：安装倾斜角为 26°。

组件参数：多晶硅组件，尺寸为 1650mm×990mm×50mm，质量为 19.5kg。2 块组件质量为 39kg。

基本参数如下。

① 所在地区　常州；多年平均气温：15.4℃；历年最高气温：39.4℃（1978 年 7 月 10 日）；历年最低气温：−15.5℃（1955 年 1 月 27 日）。年平均日照时间 1940.2h。多年平均相对湿度：77%；多年平均风速：2.9m/s；实测最大风速：20.3m/s。

② 地面粗糙度分类等级

A 类：指近海海面和海岛、海岸、湖岸及沙漠地区；

B 类：指田野、乡村、丛林、丘陵以及房屋比较稀疏的乡镇和城市郊区；

C 类：指有密集建筑群的城市市区；

D 类：指有密集建筑群且房屋较高的城市市区。

依照上面分类标准，本工程按 B 类地区考虑。

③ 抗震烈度：按照国家规范《建筑抗震设计规范》《中国地震动参数区划图》规定，常州地震基本烈度为 7 度，地震动峰值加速度为 0.2g，水平地震影响系数最大值为：$\alpha_{max}=0.08$。

④ 承受荷载计算

风荷载标准值计算：按《建筑结构荷载规范》计算。

$$w_k=\beta_{gz}\mu_z\mu_s w_o$$

式中　w_k——风荷载标准值，kN/m^2；

β_{gz}　高度 Z 处的阵风系数，1.69；

μ_s——风荷载体型系数，1.4；

μ_z——风压高度变化系数，1.42；

w_o——基本风压，kN/m^2。

对于 B 类地区，25m 高度处风压高度变化系数：$\mu_z=1.69$；

μ_s（风荷载体型系数）根据计算点位置为 1.4；

w_o（基本风压值）根据《建筑结构荷载规范》中的全国基本风压分布图里的数据，按重现期 50 年，常州地区取 $0.4kN/m^2=400N/m^2$；

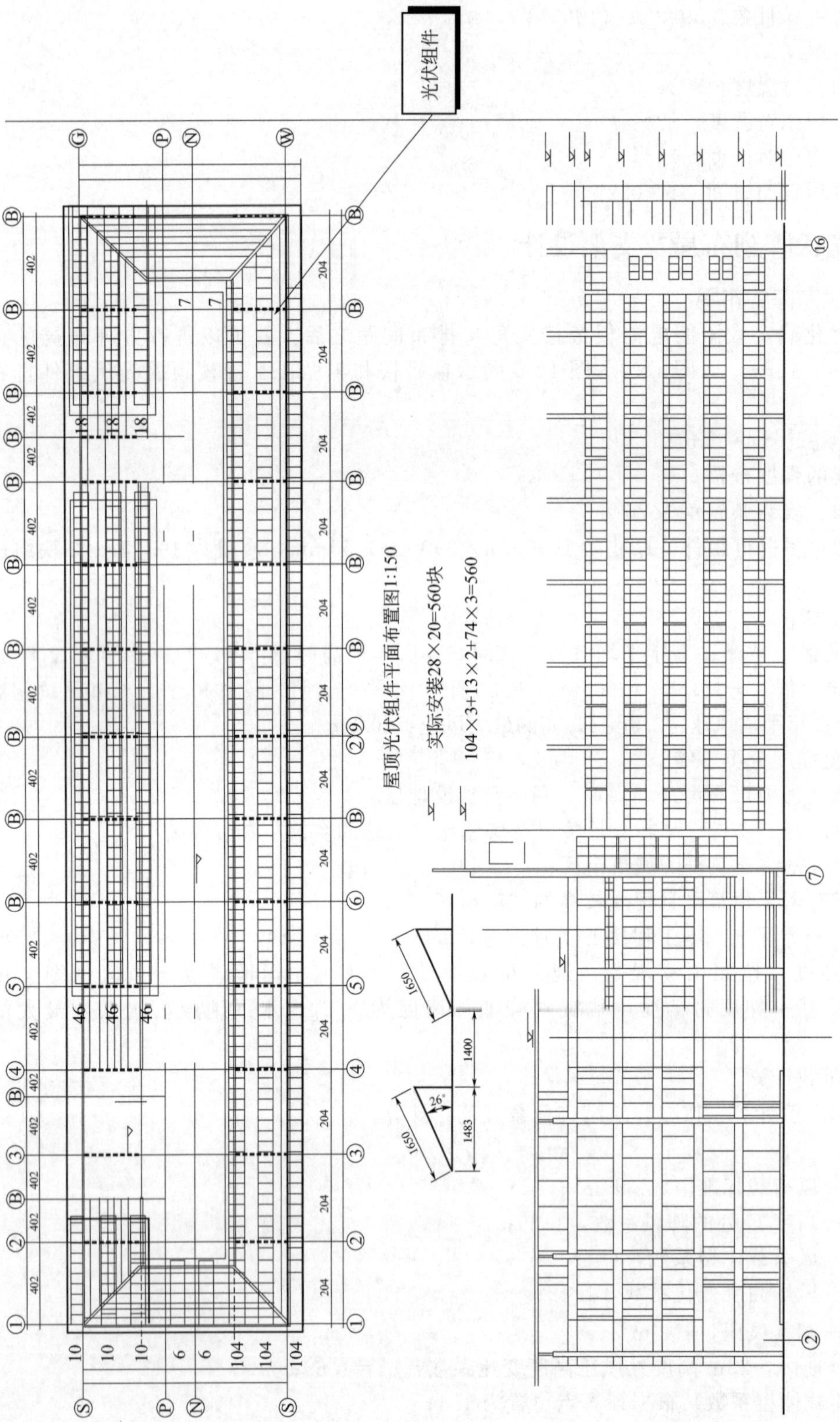

图 12-3 惠研楼北侧组件排布图（单位：mm）

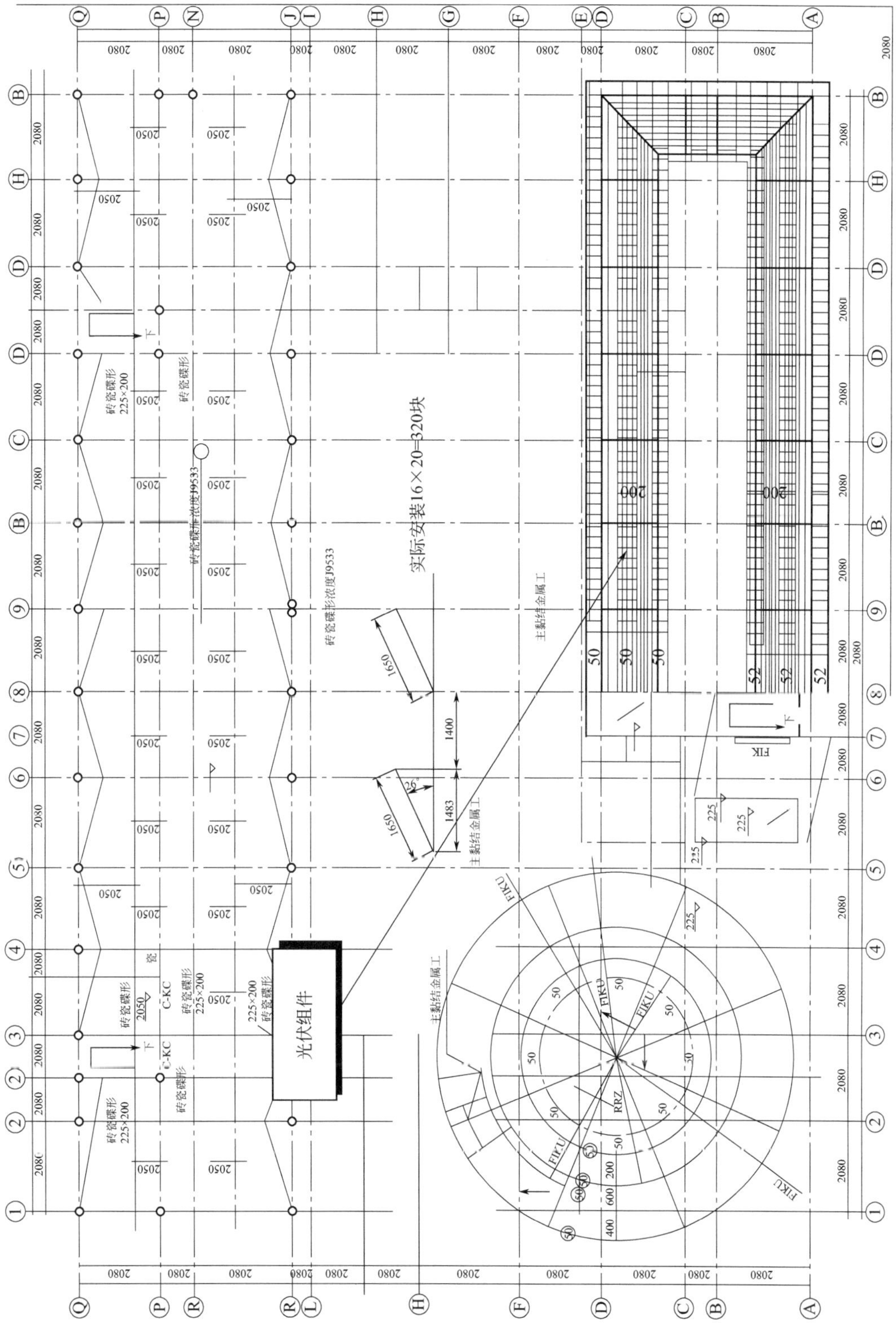

图 12-4 惠研楼南侧组件排布图（单位：mm）

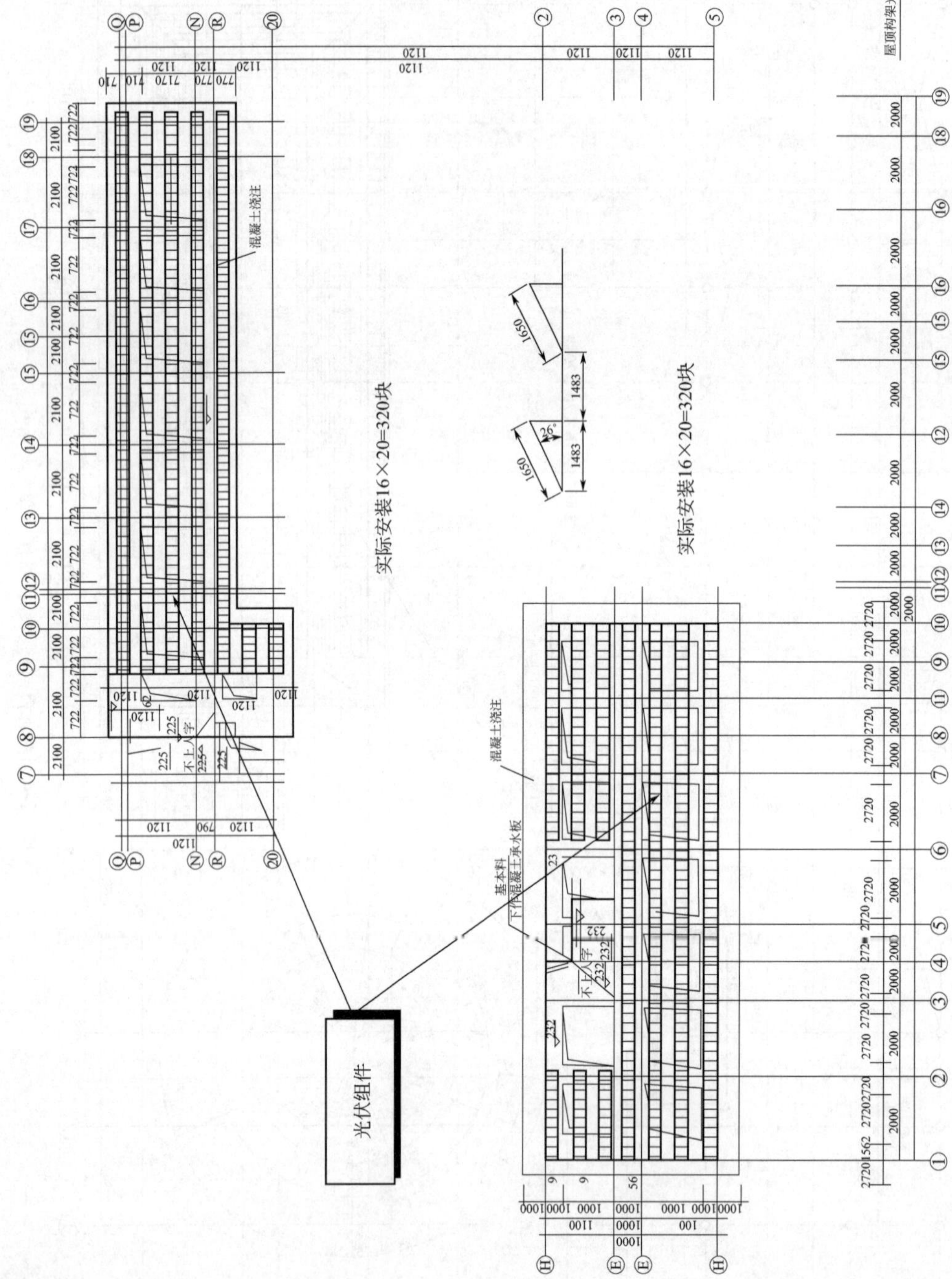

图 12-5　惠弘楼南北侧组件排布图（单位：mm）

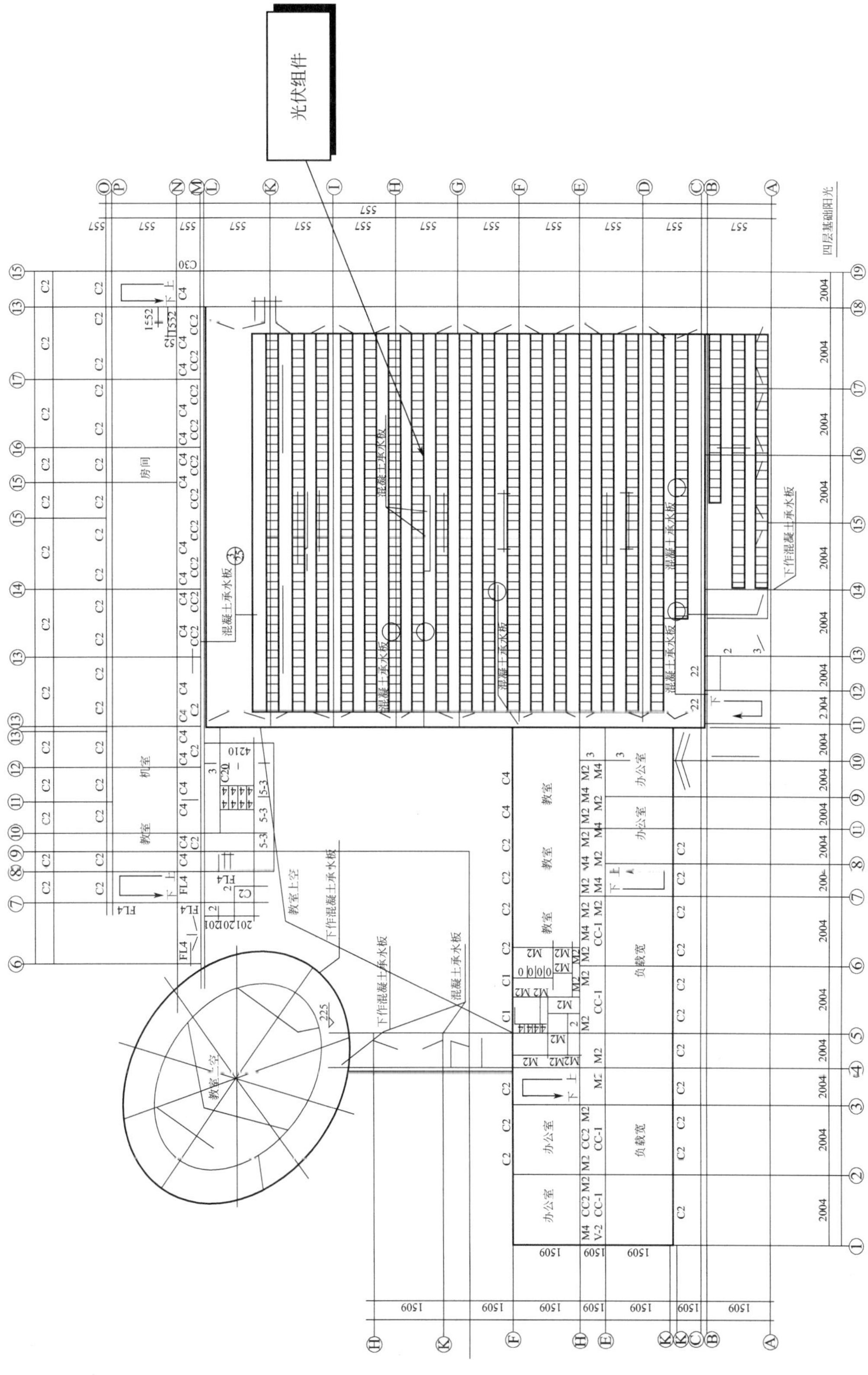

图 12-6 惠弘楼中间侧组件排布图（单位：mm）

因此，风荷载标准值 w_k 计算结果如下：

$$w_k = \beta_{gz}\mu_z\mu_s w_o$$
$$= 1.69\times1.42\times1.4\times400$$
$$= 1343\text{N/m}^2$$

荷载组合设计值：

$$W = \Psi_w \gamma_w S_{wk}$$

式中，W 为作用效应组合的设计值；S_{wk} 为风荷载，1343N/m^2；Ψ_w 为组合系数 1；γ_w 为分项系数 1.4。计算结果如下：

$$W = 1\times1.4\times1343$$
$$= 1880\text{N/m}^2$$

横梁计算如下。

力学模型：简支梁；

材质：Q235；

型号：40×40×2；

数量：2 根；

组件所受荷载设计值 $W_s = 1343\text{N/m}^2$；

组件所受荷载标准值 $W_b = 1880\text{N/m}^2$；

组件面积：1650mm×990mm。

横梁截面特性如下。

抗弯强度设计值：$f_a = 215\text{MPa}$；

抗剪强度设计值：$T_a = 125\text{MPa}$；

弹性模量：$20.6\times10^6\text{N/cm}^2$；

绕 x 轴惯性矩：$I_x = 31.88\text{cm}^4$；

绕 y 轴惯性矩：$I_y = 33.9\text{cm}^4$；

绕 x 轴净截面抵抗矩：$W_{nx} = 9.33\text{cm}^3$；

绕 y 轴净截面抵抗矩：$W_{ny} = 11.59\text{cm}^3$；

组件受力：$N = 1880\times1.65\times0.99\times2 = 6141\text{N}$。

横梁受力：$W = 6141 + 390 = 6531\text{N}$。

因为横梁有 2 根，所以单个横梁受力 6531/2＝3265N。

抗弯强度校核：

$$M = WL^2/8$$

式中，W 为总荷重＝3265N，则有

$$M = (3265\times1.9^2)/8 = 1473\text{N}\cdot\text{m}$$

应力 $\rho = M/W_{nx} = 1473/9.33 = 157\text{MPa} < 215\text{MPa}$，抗弯强度满足要求。

横梁刚度计算如下。

实际挠度计算值为：

$$f = \frac{5P^TL^3}{384EI_M} = 5\times3265\times190^3/(384\times20.6\times10^6\times31.88)$$
$$\approx 0.4\text{cm}$$

对于跨距长 190cm 的最大形变为 0.4cm，它的比值是 0.526/250，这与钢结构简支梁的弯曲允许界限值 1/250 相比较小，所以没问题。

斜梁计算如下。

力学模型：简支梁；

材质：Q235；

型号：40×40×2；

数量：2 根；

组件所受荷载设计值 W_s＝1343N/m^2；

组件所受荷载标准值 W_b＝1880N/m^2；

组件面积：1650mm×990mm；

斜梁截面特性如下。

抗弯强度设计值：f_a＝215MPa；

抗剪强度设计值：T_a＝125MPa；

弹性模量：20.6×10^{6}N/cm^2；

绕 x 轴惯性矩：I_x＝31.88cm^4；

绕 y 轴惯性矩：I_y＝33.9cm^4；

绕 x 轴净截面抵抗矩：W_{nx}＝9.33cm^3；

绕 y 轴净截面抵抗矩：W_{ny}＝11.59cm^3；

组件受力：N＝1880×1.65×0.99×2＝6141N。

斜梁受力：W－6141＋390＋160－6691N。

因为斜梁有 2 根，所以单个斜梁受力 6691/2＝3345N。

抗弯强度校核：

$$M=WL^2/8$$

式中，W 为总荷重＝3345N，则有 M＝(3345×1.1^2)/8＝505N·m。

应力计算：$\rho=M/W_{nx}$－505/9.33－54.1MPa＜215MPa，抗弯强度满足要求。

斜梁刚度计算如下。

实际挠度计算值为：

$$f=\frac{5PL^3}{384EI_M}=5\times3345\times150^3/(384\times20.6\times10^6\times31.88)$$
$$\approx0.23\text{cm}$$

对于跨距长 150cm 的最大形变为 0.23cm，它的比值是 0.23/250，这与钢结构简支梁的弯曲允许界限值 1/250（即 0.004）相比较小，所以没问题。

立杆计算如下。

力学模型：悬臂梁；

材质：Q235；

型号：40×40×2；

数量：4 根；

组件所受荷载设计值 W_s＝1343N/m^2；

组件所受荷载标准值 W_b＝1880N/m^2；

组件面积：1650mm×990mm。

立杆截面特性如下。

抗弯强度设计值：f_a＝215MPa；

抗剪强度设计值：T_a＝125MPa；

弹性模量：206GPa。

绕 x 轴惯性矩：I_x＝31.88cm^4；

绕 y 轴惯性矩：$I_y=33.9\text{cm}^4$；

绕 x 轴净截面抵抗矩：$W_{nx}=9.33\text{cm}^3$；

绕 y 轴净截面抵抗矩：$W_{ny}=11.59\text{cm}^3$；

组件受力：$N=1880\times1.65\times0.99\times2=6141\text{N}$。

立杆受力：$W=6141+390+160+68=6759\text{N}$。

因为立杆有 4 根，所以单个立杆受力 $6759/4=1690\text{N}$。

当长度较长的支柱受到压缩时，其弯曲破坏的概率高于压缩破坏，这称为柱的压曲。此时的荷重称为临界屈曲荷载。

临界屈曲荷载由下式（欧拉公式）求出：

$$P_K=n\pi^2\frac{EI}{L^2}$$

式中 P_K——临界屈曲荷载，N；

I——绕双向轴的惯性矩，4.6cm^4；

n——由两端支撑条件决定的系数，两铰绞接的场合为 1；

E——材料纵向弹性系数，206GPa；

L——轴长，80cm。

$$P_K=1\times\pi^2\times(20.6\times10^6\times4.6/80^2)\approx129314\text{N}$$

立杆有 4 根，每根承担的临界屈曲荷载为 1690N，则有 $(1690/129314)<1$，即远低于其临界屈曲荷载所以没有问题。

（2）支架结构图

项目所用支架如图 12-7 所示。支架结构设计如图 12-8 所示。请注意上述结构设计图仅部分呈现了设计图纸。

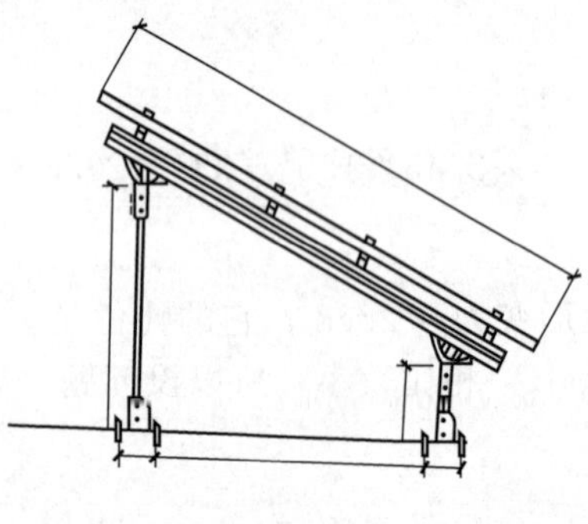

双排支架

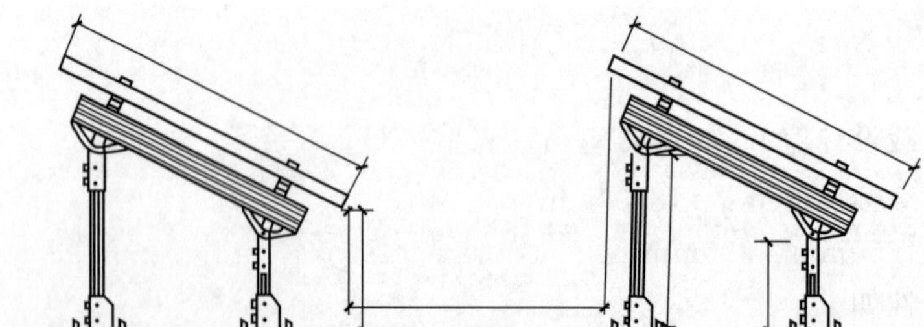

横排支架

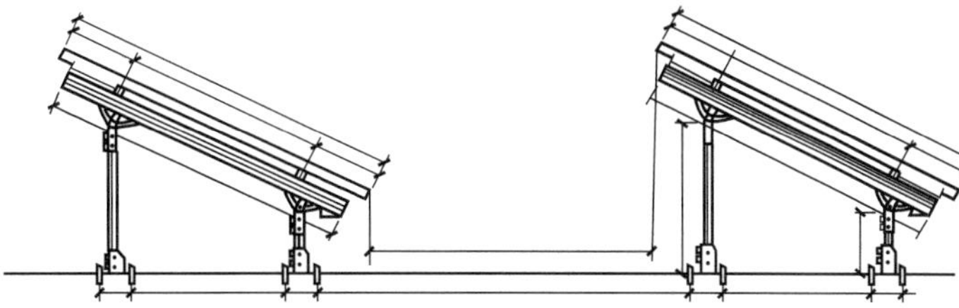

竖排支架

图 12-7 项目所用支架

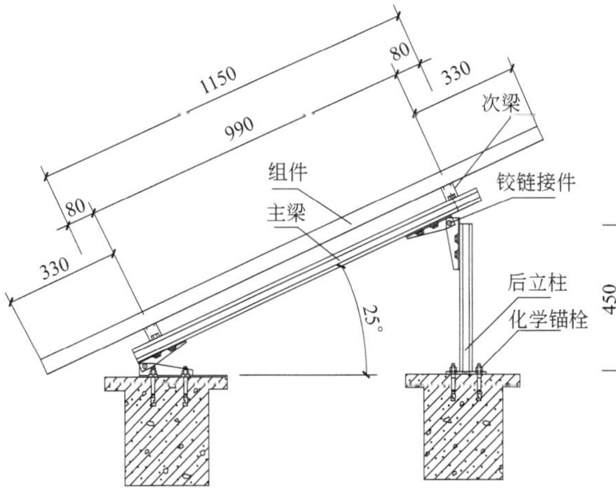

光伏方阵安装节点1

说明：
1.图中尺寸未标注单位时单元默认为mm。
2.节点1主要用在工业中心二期和惠弘东楼辅楼。
3.结构型钢全部使用高强度C型槽钢，表面浸镀锌处理。
4.固定地脚锚栓采用高强度化学锚栓。
5.如由于主梁和铰链接件之间连接孔错位的原因影响安装，主梁可适当上下移动，允许移动距离为±20mm。

5	化学锚栓	M12*110-28	4	
4	铰链接件	MSP-MQ-HC-F	2	
3	后立柱	MQK-41/450HDG	1	
2	次梁	MQ-41 HDG 6m		数量根据方阵总长度确定
1	主梁	MQ-41 HDG 1.15m	1	
序号	名称	型号规格	数量	说明

(a)

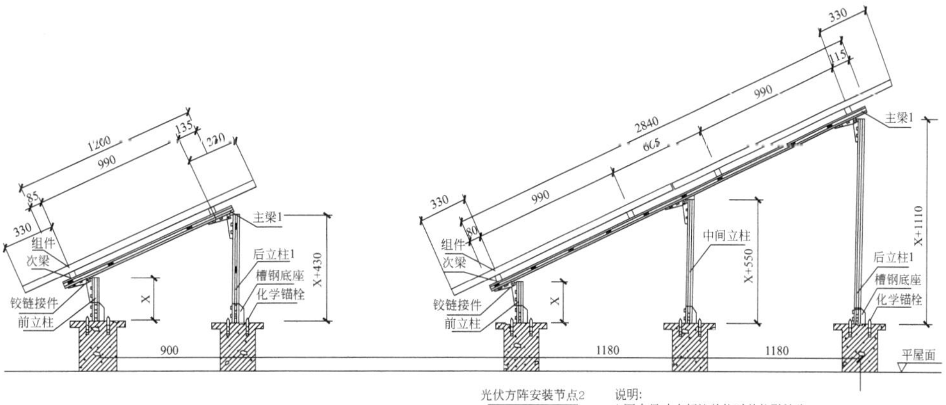

光伏方阵安装节点2

10	槽钢底座	MQP-21-72 HDG	5	
9	化学锚栓	M12*110-28	10	
8	铰链接件	MSP-MQ-HC-F	5	
7	后立柱2	MQ-41 HDG(x+1.1)m	1	
6	后立柱1	MQ-41 HDG(x+0.42)m	1	
5	中间立柱	MQ-41 HDG(x+0.55)m	1	
4	前立柱	MQ-41 HDG xm	1	一样支架中随着屋面坡度变化，x值逐渐变化，总共四个取值。
3	次梁	MQ-41 HDG 6m		数量根据方阵总长度确定
2	主梁2	MQ-41 HDG 2.84m	1	
1	主梁1	MQ-41 HDG 1.2m	1	
序号	名称	型号规格	数量	说明

说明：
1.图中尺寸未标注单位时单位默认为mm。
2.节点2主要使用在惠弘东楼。
3.结构中型钢全部采用高强度C型槽钢，表面热浸镀锌处理。
4.由于屋面带有坡度，结构中前后立杆长度随位置不同而不同，即X尺寸大小随位置不同而不同，具体尺寸见图纸GS-科教城-Z-008/009。
5.固定地脚锚栓采用高强度化学锚栓。
6.如由于主梁和铰链接件之间连接孔错位的原因影响安装，主梁可适当上下移动，允许移动距离为±20mm。

(b)

图 12-8

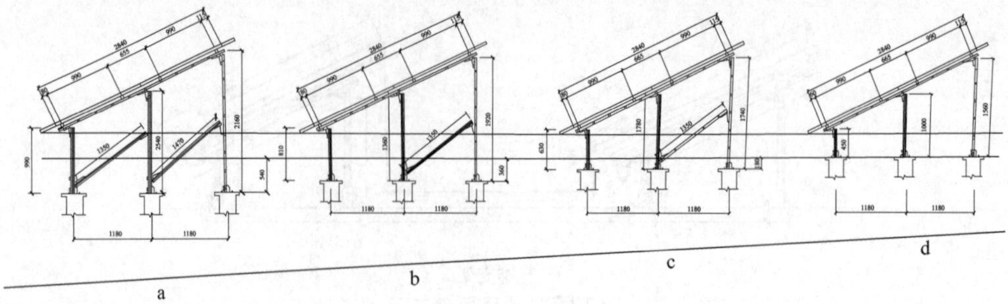

说明:
1.图中尺寸未标注单位时单位默认为mm。
2.图中a、b、c、d表示最后一排中立柱高度不同的节点的侧视图。

(c)

图 12-8 支架结构图

12.1.4 项目技术亮点

12.1.4.1 设备精选，配置合理

主要设备皆选用国内外一流品牌产品，12.1.1 节中已经介绍了其配置合理。

光伏组件选自天合光能有限公司（TSL）产品 TSM-240PC05，其相关参数如表 12-1 所示。该公司的质量体系由三部分构成：保证第三方的原材料质量的进厂检验；生产流程实施过程中的质量控制；通过检验，多种性能和可靠性测试对成品实施的出货质量控制。组件寿命的前 10 年提供 90%的输出功率担保，可为接下来的 15 年提供 80%的输出功率保证，总共提供长达 25 年的有效担保。除性能担保以外，还为客户提供最长 5 年的材料和工艺保证。图 12-9 为所选用组件的尺寸及 *I-V* 特性曲线。图 12-10 给出其外观、性能特点及电路框图等。

表 12-1 TSM-240PC05 组件相关参数

电气参数(标准测试条件)	TSM-220PC05	TSM-225PC05	TSM-230PC05	TSM-235PC05	TSM-240PC05
最大功率 P_{MAX}/W_P	220	225	230	235	240
功率公差 P_{MAX}/%	0/+3	0/+3	0/+3	0/+3	0/+3
最大功率点的工作电压 V_{MAX}/V	29.00	29.4	29.8	31.10	30.40
最大功率点的工作电流 I_{MPP}/A	7.6	7.66	7.72	7.81	7.89
开路电压 V_{oc}/V	36.80	36.90	37.00	37.10	37.20
短路电流 I_{sc}/A	8.15	8.20	8.26	8.31	8.37
封装电池片效率 η_c/%	15.10	15.40	15.80	16.10	16.40
组件效率 η_m/%	13.40	13.70	14.10	14.40	14.70

标准测试条件(大气质量 AM1.5,辐照度 1000W/m³,电池温度 25℃)下的测量值

物理参数		温度额定值		
电池片类型	156×156mm 多晶硅,一组 60 片	额定电池工作温度(NOCT)	47℃(±2℃)	
玻璃	高透光性,低铁,3.2mm 钢化玻璃	P_{MPP} 温度系数	−0.45%/℃	
框架	阳极氧化铝,边框上有 8 个漏水孔	V_{oc} 温度系数	−0.35%/℃	
接线盒	TUV 认证,MC_4 连接器	I_{sc} 温度系数	0.05%/℃	
机械特性与包装方式		极限参数		质量保证
尺寸(*A*×*B*×*C*)	1650mm×992mm×46mm	工作温度	−40～+85℃	5 年工艺保证
安装孔尺寸(*E*×*F*)	990mm×941mm	储存温度	−40～+85℃	10 年质保,90%输出功率
电缆长度(*G*)	1000mm	最大系统电压(直流)	1000V	25 年质保,80%输出功率
质量	19.5kg	旁路二极管数量	6 件	
包装方式	20 件/箱	最大串联保险丝	14A	
数量/托盘	1 盒/托盘			
装载容量	520 件/40 英尺(ft),240 件/20 英尺			

注：1. 标准测试条件（大气质量 AM1.5，辐照度 1000W/m³，电池温度 25℃）下的测量值。

2. 1ft=0.3048m。

百千瓦级光伏并网逆变器是工作在高压、大电流条件下的，具有较高的噪声环境，且庞大的光伏阵列 *I-V* 特性可能存在多峰现象，影响 MPPT 的跟踪精度和速度。佳讯光伏逆变器采用基于模糊控制理论的先进控制策略，克服了这些复杂影响，使系统的 MPPT 具有良好的动态特性和控制精度，最大跟踪效率可以达到 99%以上。

在光伏并网发电系统中，当孤岛效应发生时，一方面要求逆变器在最短时间内完成对孤岛效应准确、及时的响应；另一方面，在电力系统中光伏发电装机容量比例较大时，电力系统故障导致电压跌落后，光伏发电的快速切除会严重影响系统运行的稳定性。应要求光伏并网逆变器具有低电压穿越能力，保证系统发生故障后光伏并网逆变器不间断并网运行。

12.1.4.2 减少各种损失，综合系统效率高

（1）光伏阵列效率η_1

• 组件串联不匹配产生的效率低　组件串联因为电流不一致产生的效率低，根据电池组件出厂的标称偏差值，一般取 3%～4%，在本项目中取≤3%；

• 太阳辐射损失　包括组件表面尘埃遮挡及辐射损失等，一般取 2%～3%，在本项目中取 3%。

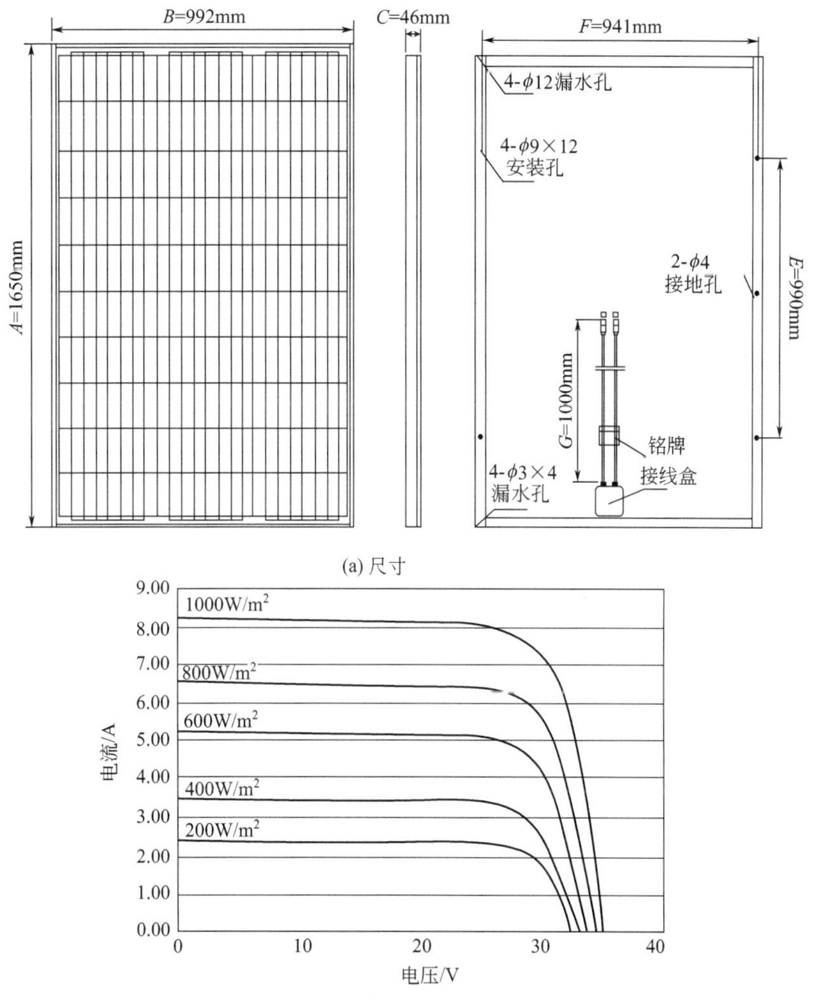

图 12-9　光伏组件 TSM-240PC05 的尺寸及 *I-V* 特性曲线

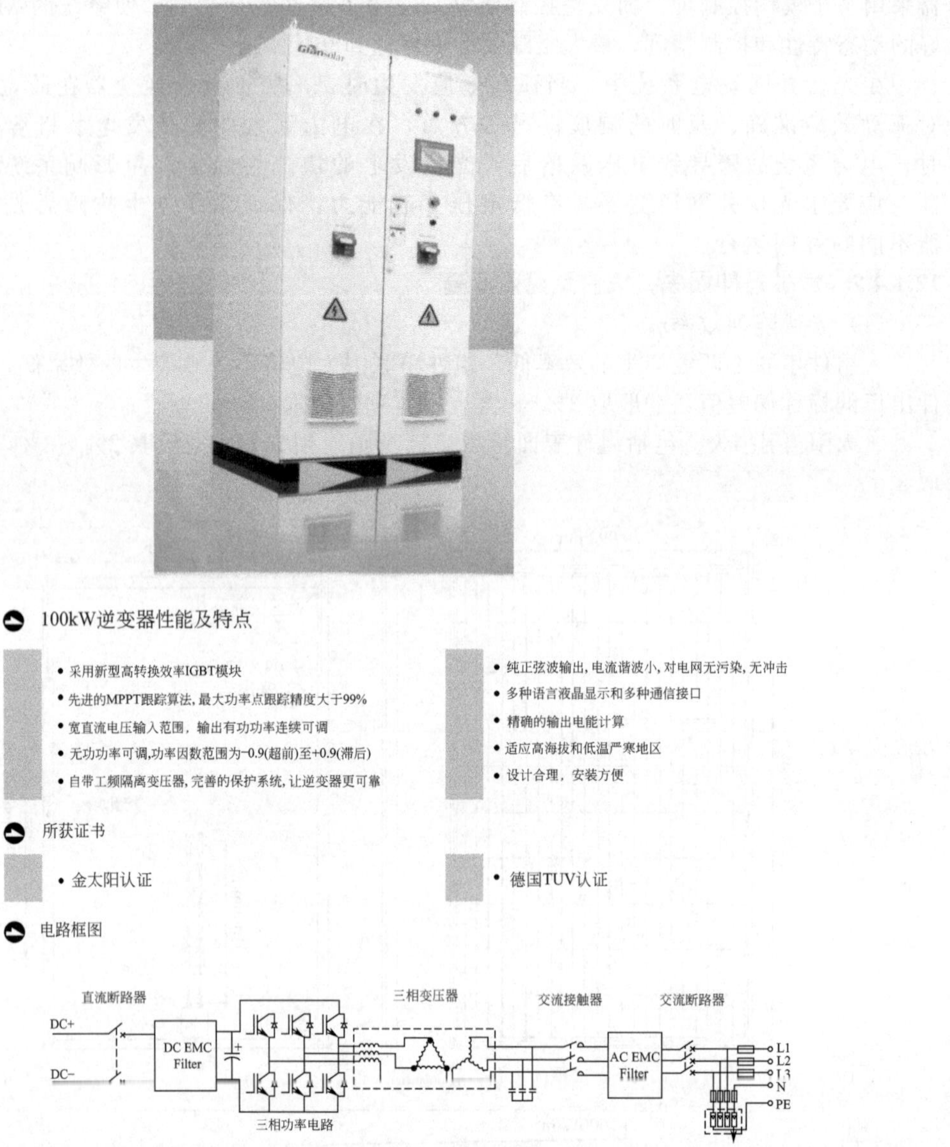

图 12-10　GS-CENTRAL100k3 逆变器

（2）逆变器的转换效率η_2

η_2 表示逆变器输出的交流电功率与直流输入功率之比。本项目使用的逆变器逆变效率≥96%。

（3）温度对输出功率的影响η_3

光伏电池组件的参数是在标准测试条件，即电池组件温度25℃、垂直入射日照强度1000W/m^2、太阳光谱等同于大气质量1.5的情况下的值。单晶硅和多晶硅电池组件随温度的升高而功率下降。峰值功率温度系数介于（−0.35%）/℃至（−0.55%）/℃之间，在NOCT（标准运行条件下的电池温度）为47℃下考核，功率会下降8%～12%。

（4）直流和交流线路损失η_4

直流和交流线缆的功率损耗一般取2%～4%，本项目取3%。

（5）系统总效率η

$$\eta=(1-\eta_1)\eta_2(1-\eta_3)(1-\eta_4)$$

因此，系统总效率为：94%×96%×90%×97%=78.78%，此值对分布式发电而言还是处于较高水平。

12.1.4.3 系统监控到位，运行维护简便

本系统采用高性能工业控制PC机作为系统的监控主机，配置光伏并网系统的多机版监控软件，采用RS485通信方式，连续每天24h不间断对所有并网逆变器的运行状态和数据进行监测。项目所用的监控系统SPS-PVNET是针对太阳能风力发电系统开发的软件平台，配合常州佳讯光电产业发展有限公司的多功能并网逆变器，对系统进行监视和控制的效果较好。

系统的并网逆变监控装置主要包括工业PC机、监控软件和液晶显示屏，通过RS485通信方式，配置多机版监控软件，获取并网逆变器的运行数据和工作参数，以及直流防雷配电柜的电流监控数据。此外，可以与环境监测仪通信，实时获取现场的风速、风向、日照强度、温度等参数，并在本地的液晶显示屏上显示。

（1）工控PC机的主要性能特点如下：嵌入式低功耗处理器；CRT/LVDS接口；以太网接口；RS232/485接口。

（2）并网系统的网络版监控软件（SPS-PVNET）功能

① 实时显示电站当前的发电总功率、日总发电量、累计总发电量、累计CO_2总减排量以及每天的发电功率曲线图。

② 可查看每台逆变器的运行参数，主要包括：直流电压、直流电流、交流电压、交流电流、逆变器机内温度、时钟、频率、当前发电功率、日发电量、累计发电量、累计CO_2减排量及每天的发电功率曲线图。

③ 监控所有逆变器的运行状态，采用声光报警方式提示设备出现故障，可查看故障原因及故障时间，监控的故障信息至少包括以下内容：电网电压过高；电网电压过低；电网频率过高；电网频率过低；直流电压过高；逆变器过载；逆变器过热；逆变器短路；逆变器孤岛；DSP故障；通信失败。

④ 监控软件具有集成环境监测功能，能够实现环境监测功能，主要包括日照强度、风速、风向和温度等参数。

⑤ 可每隔5min存储一次电站所有运行数据，包括环境数据。故障数据需要实时存储。

⑥ 能够分别以日、月、年为单位记录和存储数据、运行事件、警告、故障信息等。

⑦ 可以连续存储20年以上电站的所有运行数据和所有故障记录。

⑧ 可通过监控软件对逆变器进行控制，可以以电子表格的形式存储运行数据，并可以图表的形式显示电站的运行情况。

⑨ 可提供多种远端故障报警方式，至少包括：SMS（短信）方式和E-MAIL（电子邮件）方式。

⑩ 就地监控设备在电网需要停电的时候可接收来自电站监控系统的远方指令。

（3）环境监测装置

系统配置一套环境监测仪，用来监测现场的环境温度、风速、风向和辐射强度等，其RS485通信接口可接入并网监控装置的监测系统，实时记录环境数据。环境监测装置，如图12-11所示。

图 12-11 环境监测装置

风速、风向传感器技术参数见表 12-2。日照辐射表技术参数见表 12-3。

表 12-2 风速、风向传感器技术参数

项目	风速	风向
启动风速	≤0.5m/s	≤0.5m/s
测量范围	0～75m/s	0°～360°
分辨率	0.1m/s	2.8125°
距离常数	≤3m	≤1.5m
阻尼比		≥0.4
输出信号形式	脉冲(频率)	7位格雷码(或电位器)
工作电压	DC 5V	DC 5V
工作电流	5mA	70mA
抗风强度	＞80m/s	＞80m/s
最大高度	270mm	252mm
最大回转半径	113mm	440mm
质量	0.69kg	0.92kg
环境温度	－40～＋55℃	－40～＋55℃
环境湿度	100%RH	100%RH

表 12-3 日照辐射表技术参数

光谱灵敏度	7～14μA/W	余弦响应	≤＋10%
时间响应	≤30s	光谱范围	0.3～3.0
内阻	350Ω	温度特性	±2%(－20～＋40℃)
稳定性	±2%	质量	2.5kg

12.1.4.4 防雷接地周全，安全措施到位

为了保证本工程光伏并网发电系统安全可靠，防止因雷击、浪涌等外在因素导致系统器件的损坏等情况发生，系统的防雷接地装置必不可少。

(1) 防雷

① 为使建筑在受到直击雷和感应雷的雷击时能有可靠的保护，应在屋顶上设置避雷带，

在电池板支架上方利用设备支架挂避雷线。

② 直流侧防雷措施　电池支架应保证良好的接地，太阳能电池阵列连接电缆接入光伏阵列防雷汇流箱，汇流箱内含高压防雷器保护装置；电池阵列汇流后再接入直流防雷配电柜，经过多级防雷装置可有效地避免雷击导致的设备损坏。

③ 交流侧防雷措施　每台逆变器的交流输出经交流防雷柜（内含防雷保护装置）接入电网，可有效地避免雷击和电网浪涌导致的设备损坏。所有机柜要有良好的接地。

（2）接地

在进行配电室基础建设和太阳电池方阵基础建设的同时，选择电场附近土层较厚、潮湿的地点，挖 1～2m 深地线坑，采用扁钢，添加降阻剂并引出地线，接地电阻应小于 4Ω。为保证人身安全，所有电气设备都应装设接地装置，并将电气设备外壳也都接地。

12.2　深圳国际园林花卉博览园 1MW$_P$ 并网光伏发电系统

12.2.1　工程简述

该电站共安装光伏电池组件 1MW，年发电能力 100 万千瓦·时，是当时我国乃至整个亚洲光伏组件装机容量最大的一座并网型太阳能光伏电站。该项目自投运以来，运行良好，发电正常，安全可靠，起到了良好的示范作用。

12.2.2　系统设计与安装

分为 5 个子系统，分别安装在综合展览馆、花卉展览馆、游客服务管理中心、南区游客服务中心 4 个场馆及北区东山坡。电站安装的晶体硅光伏电池组件，总面积为 7660m^2，总功率为 1000.32kW$_P$。5 个安装地点的光伏子系统，均采取就地并入电网的方案。

① 综合展览馆　该子系统共安装光伏组件 168.64kW$_P$，992 块光伏组件布置于展馆屋顶。这些组件以每 16 块为一组，串联组成 62 个 SMU 光伏组件（按 10、10、11、11、11、9 进行组合）通过直流输出，分别汇集到 6 个装于屋顶的直流接线箱。其中，2 台 SC90 逆变器的三相交流输出汇集到控制室的交流配电柜，3 个 SMU 接线箱的直流输出汇集到 1 台 Sunny Central 逆变器，通过首层的 KTAP 配电柜并入安装于半地下车库的配电室内 1250kV·A 变压器的 380V 低压母线。

② 花卉展览馆　该子系统共安装光伏组件 276.28kW$_P$。1536 块 BP3160S 光伏组件布置在展馆屋顶不受阴影遮蔽的区域，每 16 块串联组成 96 个 SMU 光伏组件串，与布置在受阴影遮蔽区域的 76 块 BP4170S 和 110 块 BP3160S 光伏组件（每 8、9 或 10 块串联成一串）组成的 20 个 SPB 组件串的直流输出分别汇集到直流接线箱。6 个 SMU 接线箱安装在展馆屋顶，每 3 个接线箱的直流输出汇集到 1 台 Sunny Central 逆变器。其交流输出通过交流配电柜并入安装在本展馆配电室内 800kV·A 变压器的 380V 低压母线。

③ 游客服务管理中心　该子系统共安装光伏组件 144.16kW$_P$。688 块组件布置在屋顶不受阴影遮蔽的区域。每 16 块组件串联成一串，组成 43 个 SMU 组件串，其直流输出（按 15、14、14 进行组合）分别汇集到直流接线箱。将布置在受阴影遮蔽区域的 160 块组件（按每 8 块或 9 块串联成一串）组成 18 个 SPB 组件串。将每两个串联组件（类型和数量相同的 SPB 组件）串接入 1 台 Sunny Central 逆变器。3 个 SMU 接线箱安装在该中心的屋顶，其直流输出汇集到安装在首层的配电室。其交流输出通过交流配电柜并入配电室 500kV·A 变压器的 380V 低压母线。

④ 南区游客服务中心　该子系统共安装光伏组件 89.6kW$_P$。560 块组件布置在中心的

屋顶上。每16块组件串联成一串，组成35个SMU光伏组件串，其直接输出（按12、12、11进行组合）分别汇集到中心屋顶的直流接线箱。3个SMU接线箱安装在首层控制室。接线箱将直流输出汇集后，接入1台SC90逆变器，其交流输出通过交流配电柜并入配电室500kV·A变压器的380V低压母线。

⑤ 北区东山坡　该子系统共在地面安装光伏组件321.642kW_P。1620块组件布置在山坡不受阴影遮蔽的区域。每18块组件串联成一串，共组成90个SMU光伏组件串，分别汇集后接入一台直流接线箱。另外，有306块组件布置在受阴影遮蔽的区域。按每17块组件串联成一串，共组成18个SPB光伏组件串；12个SMU接线箱安装在东山坡地面上，其中6个直流输出汇集后接入一台Sunny Central逆变器。其交流输出通过交流配电柜并入配电室1250kV·A变压器的380V低压母线。

12.2.3　工程关键器件与设备的选型

① 光伏组件的选型遵循技术成熟、稳定可靠、转换效率高、寿命不低于25年的原则。工程用的光伏组件全部选用晶体硅光伏电池组件。依照工程设计要求，选用如下光伏组件：BP4170S型170W_P单晶硅电池光伏组件和3160S型160W_P多晶硅电池光伏组件；KC167G型167W_P多晶硅电池光伏组件。该工程共计安装使用了6048块晶体硅电池光伏组件。

② 并网逆变器的选型按照性能先进、技术成熟、安全可靠、逆变效率高、保护功能全等原则，依照工程设计要求，选用SMA公司生产的SC125LV型125kW_P、SC90型90kW_P和SB2500型2.5kW_P三种型号的并网逆变器。该工程共计安装、使用了45台并网逆变器。

12.2.4　工程设计建设中的几个技术亮点

① 安装于建筑物上的器件与设备，不但要美观大方和安全可靠，而且应与建筑物牢固结合并符合国家有关施工技术装备条件和标准规范的要求。为此，工程采用螺栓和型钢将光伏组件固定在建筑物屋面上的方案，同时在设计上按照深圳市历史上遇到过的严重台风情况加以考虑。

② 确保上网电能符合国家电能质量标准的规定，这是并网光伏发电系统在技术上合格的基本要求。工程选用SMA公司生产的集中型逆变器和串式逆变器，均配置有高性能的滤波电路，从而保证了逆变器高质量的交流输出，符合国家电能质量标准的规定，对电网不会造成污染。

③ 并网逆变器采用了被动式和主动式的两种孤岛效应检测方法。前者，可实时测出电网电压的幅值、频率和相位，如果发生失电，上述参数会产生跳变信号，据此判断是否产生孤岛效应；后者，是指对电网注入小干扰信号，通过其反馈，判断电网是否失电。

④ 三种规格型号的逆变器均带有隔离变压器，在直流输入和交流输出之间进行电气隔离。直流侧光伏方阵为“浮地”设计，即正负极与地之间无直接电气连接，并且逆变器在运行过程中可实时检测直流正负极的对地电阻。

⑤ 设置了完善的监测显示手段。一种是通过安装在集中型逆变器和SBC+（Sunny Boy Control Plus）面板上的LCD液晶显示屏，可分别观察集中式和串式逆变器的运行参数（包括直流输出电压和电流、交流输出电压和电流、功率和电网频率等）、故障代码和信息。SBC具有测量环境参数（辐照度、环境温度等）、收集串式逆变器运行信息和与PC进行通信等功能。另一种是通过安装在5个子系统太阳能控制室的PC机观察电站的运行数据。其中，综合展览馆还设置了中央监测计算机，实时采集其他各点的运行状况，并在展馆入口处的LED室内屏上集中显示电站全貌，可将电站运行参数发

送到互联网上并实时刷新。

12.2.5 工程的节能减排效果

该电站不消耗化石能源、运行成本低、维护管理费用少、操作使用简单、无污染物排放，是有利于生态环境保护和可持续发展的“绿色”电站。按照年发电 100 万千瓦·时计算，每年可节约标准煤 384t，减少二氧化碳（CO_2）排放 170t、二氧化硫（SO_2）7.68t、灰渣 101t。该工程实景照片如图 12-12 所示。

(a) 北区东山坡

(b) 南区游客服务中心

(c) 光伏屋顶正面

(d) 光伏屋顶侧面

(e) 游客服务管理中心

图 12-12 深圳国际园林花卉博览园 $1MW_p$ 并网光伏发电系统

第13章 光伏发电在乡村振兴中的应用

我国在全面完成脱贫攻坚后，将继续推进乡村振兴，这是实现中华民族伟大复兴的重要任务，其核心在于加速实现农村现代化。快速发展的太阳能光伏技术不仅有助于改善乡村生态环境，同时也促进了绿色发展理念的普及与实践。在此背景下，"千家万户沐光行动"的启动，作为乡村振兴战略的一部分，具有深远的意义。

13.1 乡村太阳能光伏电站

所谓乡村太阳能光伏电站（或简称乡村光伏电站），是指在乡镇或村落辖区内，利用闲置的土地、鱼塘、滩涂、荒坡或公共建筑屋顶，通过多种方式投资建设的中小型光伏电站。其装机容量一般在几十千瓦至兆瓦级之间，旨在推进乡村振兴，创造农村就业机会，提供电力服务和改善乡村基础设施，促进农业高质量发展。由于乡村太阳能光伏电站位于用户附近，所发电能就近消纳，属于分布式光伏发电系统的一种。该系统通常包括离网独立型、地面并网型、屋顶并网型及多能互补微网型，具体分类可参见本书第10章中的图10-2。

13.1.1 乡村光伏电站类别

（1）离网独立型

自20世纪80年代以来，在技术进步和规模化生产得以实现后，太阳电池开始广泛应用于道路交通照明及通信电源等领域，并在偏远无电网乡村建设独立型光伏电站，以解决当地居民的用电问题。值得一提的是，在1991年至1995年间，中国科学院电工研究所、电子部第六研究所先后在西藏自治区承建了7个无水力资源的光伏电站项目，项目所在地当时均处于缺电甚至无电状态。其中，双湖光伏电站和安多县光伏电站项目曾荣获中国科学院科技进步二等奖，许多媒体也进行了相关报道，实景见图13-1和图13-2。

图13-1 西藏双湖25kW光伏电站

图13-2 西藏安多县100kW光伏电站

双湖位于藏北那曲地区的西北部羌塘高原，平均海拔超过5000m。基于双湖的独特环境条件及当地的电力需求预测，建设了一座独立运行的光伏电站，并配备适量的柴油发电机组作为备用电源，以便在紧急情况下启用。该电站包含以下组件：太阳电池阵列、储能蓄电池组、直流控制系统、逆变器、整流充电系统、柴油发电机组、供电线路以及相关的土建设施。遵循电站设计的基本原则，并经过优化设计和计算，确定了电站各部分的以下主要性能参数：

- 太阳电池标称功率：$25kW_P$；
- 储能蓄电池组：300V/1600A·h；
- 逆变器：30kV·A，380V，50Hz 三相正弦波输出；
- 直流控制系统：容量 60kW，300V 分路输入控制；
- 交流配电系统：180kV·A，220V/380V 三相四线两路输出；
- 整流充电系统：75kW，直流 300～500V 可调；
- 柴油发电机组：50kW（或 120kW）。

此外，在上述 7 个光伏电站项目竣工之前，我国科研团队经过不懈努力和紧密协作，于 1990 年 6 月成功完成了国内首个 10kW 级独立运行的光伏电站项目的建设工作。该项目位于西藏阿里地区的革吉县，是一座 10kW 光伏电站。图 13-3 展示了该电站的总体框图。

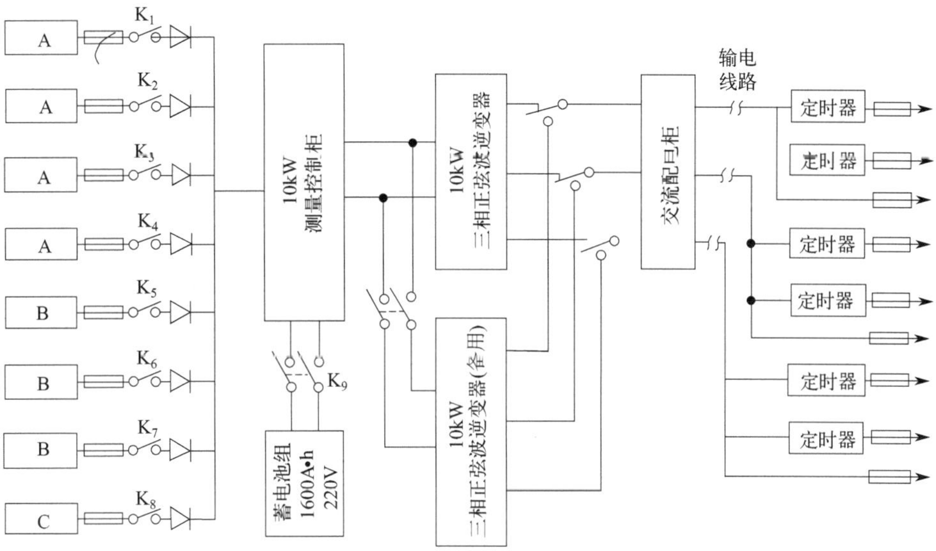

图 13-3 革吉县 10kW 独立型太阳能光伏电站总体框图

该光伏电站的基本工作原理是：在晴好天气条件下，太阳光照射到太阳电池阵列上，这些半导体器件（即太阳电池）将太阳能转换为电能，并通过直流控制系统对蓄电池组进行充电。需要用电时，蓄电池组通过直流控制系统向逆变器送电。逆变器将直流电转换为标准频率和电压的交流电，然后通过交流配电系统和输电线路输送至用户端，为负载提供电力。一旦蓄电池组由于过度放电或其他因素导致电压过低，可以启动备用柴油发电机组。通过整流充电设备为蓄电池组补充电力，确保系统能够继续通过逆变器稳定供电。如果系统不能依靠逆变器供电，例如逆变器发生故障、线路或设备出现问题，或者正在进行维护和检修时，柴油发电机组作为紧急电源，可以直接通过交流配电系统和输电线路向用户提供电力。

（2）地面、屋顶并网型

在公共电网几乎覆盖全国的背景下，乡村建设的太阳能光伏电站通常采用并网模式运行，不论其安装位置是在地面还是建筑物屋顶。安装在屋顶的光伏电站，可以进一步细分为 BAPV（建筑附着光伏）和 BIPV（光伏建筑一体化），其中的 BIPV 通过使用光伏组件替代传统建筑材料。图 13-4～图 13-7 分别展示了乡村地面光伏电站、鱼塘光伏电站、公共建筑屋顶上的 BAPV 以及光伏农业种植温室中的 BIPV。这类分布式光伏发电系统可以有“全额上网”和“全部自用”以及“自发自用，余电上网”三种运行模式，以及“净电网计量”和“双向计量，双向结算”两种收费方式。根据现有规定，目前接入低压配电网的光伏电站只能采用“全额上网”方式。这一规定同样适用于集中式大型光伏电站，它们也仅能采用“全额上网”模式。

图 13-4　乡村地面光伏电站

图 13-5　利用鱼塘的光伏电站

图 13-6　利用公共建筑屋顶的 BAPV

图 13-7　光伏农业种植温室的 BIPV

乡村太阳能光伏电站通常建在电网较弱或电网末端的位置，用电负荷较低，装机容量也不大。根据安装容量及周边配电网的具体情况，可以选择相应的接入低压电网的方式。对于安装容量较大的项目，主要通过公共电网的 10kV 线路接入。鉴于乡村光伏电站建设的特殊性，允许采用低压侧计量方案，这不仅降低了对 10kV 侧设备的需求，还显著减少了项目的建设成本，提升了电站的经济效益。

乡村太阳能并网光伏电站主要由光伏方阵、逆变器、并网接入箱、变压器以及运维控制系统和监控系统等部分构成，如图 13-8 所示。

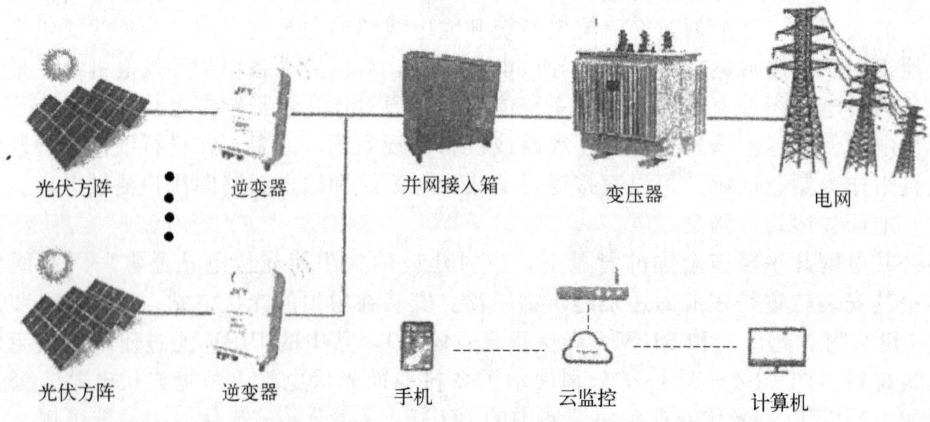

图 13-8　乡村分布式并网光伏系统构成

由于太阳能光伏发电系统具有模块化结构的特点，位于地理位置上毗邻区域的多个乡村光伏电站，当接入 10kV 及以下电压等级电网时，可以通过配电线路汇集到同一个 35kV 或 110（66）kV 变电站。这种集成方式有助于实现光伏电站的一体化集成和集中协调控制，从而满足便捷管理和维护的需求。有关这方面具体的技术要求，请参阅《村镇光伏发电站集群控制系统功能要求》（GB/T 36116—2018）。图 13-9 展示了村镇光伏电站集群运行控制体系的架构。

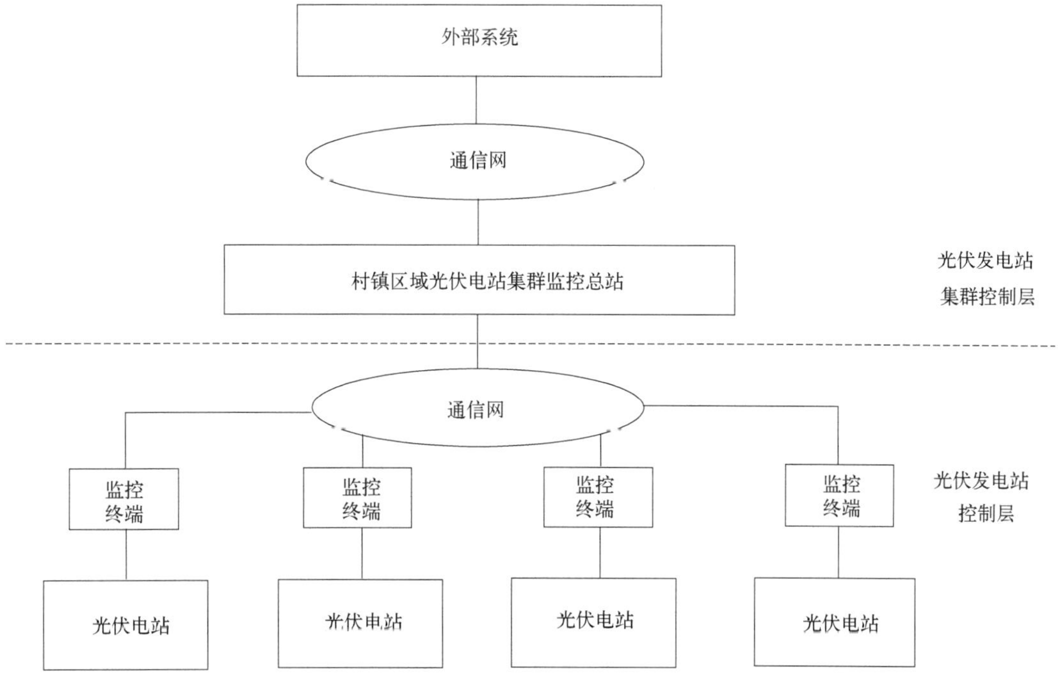

图 13-9 村镇光伏电站集群运行控制体系的架构

（3）多功能互补微网型

当乡村所建分布式光伏电站接入电网时，为保证公共电网的安全运行，电力部门往往要求限制渗透率或安装储能装置。在地理环境和自然资源合适的地区，建设多能互补微网型的光伏电站，或许是一种不错的选择。图 13-10 展示了一个具有代表性的风-光-水互补发电系统。

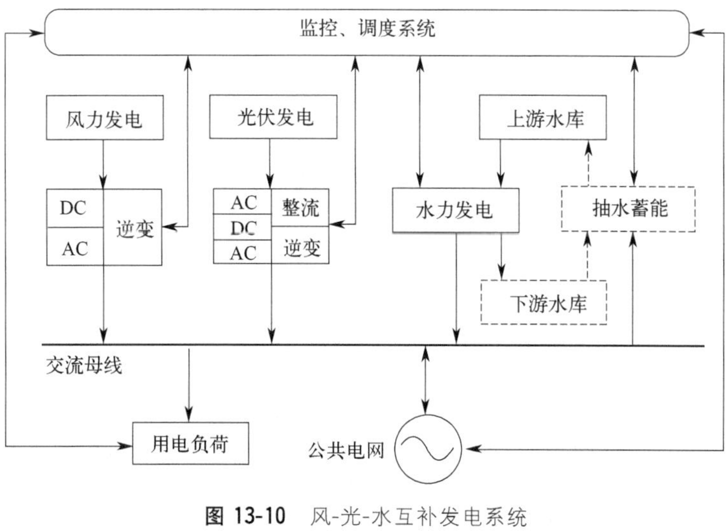

图 13-10 风-光-水互补发电系统

图 13-11 展示了位于青海省玉树州的水-光互补微电网示范工程。该项目于 2011 年 12 月完工。微电网系统的配置包括：小水电 12MW，光伏 2.0MW，以及蓄电池组容量为 15.2MW·h。

图 13-11 青海省玉树州的水-光互补微电网示范工程

在为偏远地区提供电力供应方面，独立的风电系统或光伏发电系统都存在不稳定性。风电系统受到风速的影响，表现出随机性和低可控性；而光伏发电则受太阳辐射度和温度的影响，具有不稳定性。因此，独立的风电、光伏发电对储能设备提出了很高的要求。鉴于此，加上高昂的蓄电池成本问题，考虑到我国一些山区不仅风能和太阳能资源丰富，而且同时拥有河流和水库的特点，在开发这些绿色能源的同时，也可以考虑将风能、太阳能与小型水电进行优势互补。利用风能和太阳能的时间互补特性，结合小水电的灵活调节能力，不仅能提高电力输出的平稳性和可靠性，还能减少风光互补电站中蓄电池设备的成本，从而大幅节省资金投入。

这类系统以分散建设的小水电为核心，根据系统稳定性指标配套建设适当规模的风力发电和光伏发电，形成微网型风光水互补发电系统。这种系统既可以与电网连接并网运行，也能脱离电网独立运行，确保电力输出的稳定性。关于光伏电站系统设计原理、方法以及系统配置等内容，这里不再重复，可参见本书上篇有关章节，以下仅就其安装施工及注意事项阐述如下。

13.1.2 乡村太阳能光伏发电系统的安装施工

乡村太阳能光伏发电系统的安装施工，与本书前面提到的一般太阳能光伏发电系统的安装施工大致相同，但也具有自身的特点。这些特点主要包括适应农村地区的特定需求和技术条件，主要内容如下。

(1) 太阳电池组件及方阵的安装施工

在光伏发电系统设计时，应事先在建设地点进行现场勘测，确定安装方式和位置，以及安装场地的尺寸、组件方阵的方位角和倾斜角。光伏电池方阵的安装场地不应有建筑物或树木等遮挡物，如果无法完全避免遮挡，应确保方阵在 9:00 至 16:00 期间不受阴影遮挡。方阵之间的间距等细节都应严格按照设计要求进行施工。

光伏电池方阵的支架基础施工首先需要平整场地并挖坑，然后按照设计要求的位置浇筑支架基础，确保预埋件平整且牢固。当前常用的支架结构包括混凝土条形基础式和管桩基础式，其中管桩基础式因其施工速度快、养护周期短、人工需求少等优点而被广泛应用。

光伏支架系统是为固定和支撑太阳能组件而设计的结构系统。根据使用环境的不同，光伏电池方阵的支架材料可以分为碳钢、铝合金、不锈钢以及非金属材料等。碳钢和铝合金是更常见的选择，其中铝合金材质由于其重量轻，特别适合承重能力较弱的建筑屋顶光伏应用。在屋顶型村落太阳能光伏电站中，常见的支架结构包括瓦屋面挂钩固定式、彩钢瓦屋面夹具固定式、平屋面混凝土基础配重式和屋面结构层锚栓植入式等。应根据项目的具体屋顶样式和承重能力选择适合的形式。

支架的焊接制作质量应符合现行钢结构工程施工质量验收规范的国家标准。对于普通钢材支架的所有部位及热镀锌钢材支架的焊接部位，均应进行防锈涂料处理或采取其他防腐措施。光伏组件边框及其支架必须与保护接地系统可靠连接。

当光伏方阵安装在空旷地面或建筑屋顶时，由于光伏组件的边框和支架系统均为金属结构，它们容易遭受直击雷和感应雷侵袭。严重的雷电袭击会对整个光伏系统造成极大破坏，因此，设置完善的防雷接地系统对于保障光伏系统的安全稳定运行至关重要。针对直击雷，通常采取架设避雷针、避雷带，以及将光伏组件边框和支架系统进行等电位连接并可靠接地等措施来预防；对于屋顶型村落太阳能光伏电站，首先应考虑利用建筑物原有的防雷系统。如果光伏方阵位于原有防雷系统的保护范围内，则不必另行增设防雷系统；否则，必须额外加装防雷系统，并优先考虑利用原建筑的接地系统，而非新建。

对于地面型村落太阳能光伏电站，则应在整个光伏方阵区域内设置完善的水平接地网和垂直接地体。针对感应雷，一般通过在各级配电装置内加装浪涌保护器，并确保设备机壳充分接地来进行防范。良好的接地措施能够降低接地电阻，从而有效地将雷电流导入大地，降低地电位。根据标准要求，光伏方阵的接地应当连续且可靠，接地电阻应小于4Ω。在安装太阳电池组件时，应注意以下几点。

① 太阳能光伏电池组件在存放、搬运和安装过程中应小心处理，避免任何碰撞或损伤。尤其要保护组件的玻璃表面和背面的背板材料免受硬物直接撞击的影响。

② 组件安装前应根据组件生产厂家提供的出厂实测技术参数和曲线，对电池组件进行分级；将峰值工作电流相近的组件串联在一起，同时将峰值工作电压相近的组件并联在一起，以免产生“木桶效应”，以充分发挥电池方阵的整体效能。

③ 将已经分好的组件依次放置于预先准备好的支架上，并使用螺丝穿过支架和组件边框上的固定孔，确保每个组件都牢固地固定在支架上。

④ 按照方阵组件串并联的设计要求，用电缆将组件的正、负极进行连接。对于接线盒直接带有连接线和连接器的组件，在连接器上都标注有正、负极性，只要将连接器接插件直接插接即可。电缆连接完毕后，要用绑带、钢丝卡等将电缆固定在支架上，以免长期风吹摇动造成电缆磨损或接触不良

⑤ 安装过程中应注意方阵的正、负极输出端，严禁短路，以防发生人身伤害或引发火灾。在阳光直射条件下安装时，应用不透光材料（如黑塑料薄膜）覆盖太阳电池组件，以避免高电压风险和潜在的触电危险。

⑥ 在安装斜坡屋顶的一体化太阳能电池组件时，必须严格依据设计方案来构建防水连接结构，确保无漏雨漏水现象；同时，保证外观整洁美观，避免光伏组件因不当受力而变形。当屋顶倾斜角度超过10°时，应设置安全脚踏板，以防止工人或工具意外滑落。严禁在降雨天气进行屋顶作业。

⑦ 完成太阳电池组件的安装后，首先测量整个系统的总电流和总电压。如果测量结果不符合设计标准，则应对各支路分别进行测试。为了避免不同支路之间的干扰，在测试单个支路的电流和电压时，应确保其他支路处于断开状态。

（2）电气设备的安装施工

① 逆变器的安装　逆变器是将光伏组件产生的直流电转换为交流电的核心设备。根据不同的机型，逆变器可分为集中型逆变器、组串式逆变器和微型逆变器。对于装机容量通常在几十千瓦到几百千瓦之间的乡村太阳能光伏电站而言，组串式逆变器是一个理想的选择，因为它们体积小巧、可以直接接入直流组串、便于维护，并且能够在户外环境下稳定运行。这类逆变器的交流侧输出电压通常是三相380V，可以直接接入380V电网或连接到10kV升压变压器的低压侧。

在安装逆变器之前，必须对其外观和内部线路进行全面检查。确认无误后，首先关闭逆变器的输入开关，然后将其与控制器的输出端相连。连接过程中应确保正、负极性的准确对接，并保证所有连接牢固可靠。完成接线后，重新开启逆变器的输入开关，等待自检完成后，若没有发现短路问题，则可以启动输出开关，进一步监测温度上升和运行状态，以确保逆变器进入试运行阶段。

逆变器的安装位置应根据其尺寸和重量选择合适的地方，如工作台面或地面上。如果是在户外安装，则必须满足密封和防潮的要求。

② 并网接入装置的安装　乡村太阳能光伏电站的并网接入装置是为了确保光伏系统能够规范化地接入公共电网所必需配备的一系列设备，如并网接入箱、变压器及其高低压组件等，这些设备必须符合供电部门的相关技术规范。当需要接入 10kV 公共电网时，才会配置变压器。在乡村太阳能光伏电站中，可以通过采用台架变压器的形式来简化 10kV 侧设备的配置。通常情况下，并网接入箱与变压器低压侧设备会合并设置，同时作为光伏逆变器输出的汇流点。

如果是在低压侧（例如 380V）接入现有公共配电变压器，则只需通过并网接入箱连接至该变压器低压配电箱内的出线开关。并网接入箱内部集成了光伏并网控制开关、隔离电器、测量装置、计量装置、通信装置及浪涌保护装置等多种功能模块，使其可以实现户用太阳能光伏系统的并网控制与保护；同时，也负责光伏发电量的计量、数据采集和远程传输。

并网接入装置是光伏发电系统中的交流配电组件。在安装之前，应仔细检查其外壳是否有腐蚀、生锈或变形现象，内部接线是否正确无误，接线端子是否紧固无松动，以及外部接线是否存在任何损伤等问题，

运维监控系统的设置过程如下。

完善的运维管理是确保光伏电站长期稳定运行的关键。因此，乡村太阳能光伏电站通常需要配备专业的运维管理人员。光伏监控系统使运维人员能够便捷地对太阳能光伏系统的设备进行实时监控，迅速掌握电站的运行状况，并在出现异常或故障时及时处理。小型光伏发电监控系统的配置如图 7-24 所示，详细内容请参阅本书第 7 章 7.5.2 节中关于监控系统构成的描述。

由于乡村太阳能光伏电站的单体容量有限，在考虑经济性和便捷性的基础上，通常不会配置本地光伏监控系统。相反，会采用“云平台＋无线传输”的方案来部署云端光伏监控系统。光伏云平台监控是一种基于云计算和云存储技术的远程实时监控系统，具有高度的扩展性、可靠性和灵活性。它通过部署在本地的通信终端实时收集电站设备的运行数据，并将这些数据上传至云平台。随后，云平台会对数据进行处理，生成相应的报表并进行存储。用户可以通过手机 APP 或个人电脑终端实时查看电站的运行数据和状态，同时也能查阅历史数据。

(3) 防雷接地系统的安装施工

防雷器的安装相对简单，其模块（如防雷器模块、火花放电间隙模块和报警模块）可以直接组合并安装在配电箱内的 35mm 导轨上。通常，防雷器应安装在依据分区防雷理论确定的区域边界。B 级（Ⅱ级）防雷装置通常位于电缆进入建筑物的位置，比如主配电柜内。C 级（Ⅲ级）防雷器则常设于分配电柜中，提供额外的基本防护。D 级（Ⅰ级）防雷器用于精密保护，应当尽可能接近受保护设备并安装。

防雷器的连接导线应尽可能缩短，以减少导线阻抗和感抗引起的额外残余电压降。当现场条件不允许连接线长度低于 0.5m 时，应采用 V 字形连接方式（参见图 13-12)。此外，在布线时，防雷器的输入线和输出线应尽量保持较大的间距。

另外，在布线过程中，应确保已保护线路与未保护线路（包括接地线）之间有足够的间隔，避免近距离平行布置。可以通过设置适当的空间距离或使用屏蔽装置来隔离这些线路，

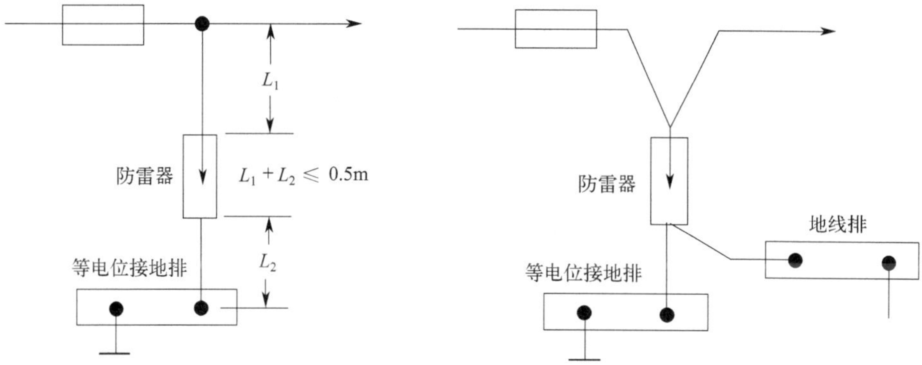

图 13-12 防雷器连接方式示

以防雷电浪涌电流从未保护线路感应至已保护线路。

防雷器连接线的截面积应和配电系统的相线（L1、L2、L3）以及零线（N）的截面积相同，或按照表 13-1 选取。

表 13-1 防雷器连接线截面积选取　　单位：mm^2

项目	导线(材质为铜)截面积		
主电路导线截面积	≤35	50	≥70
防雷器接地线截面积	≥16	25	≥35
防雷器连接线截面积	10	16	25

零线的连接能够有效分流相当可观的雷电流。在主配电柜中，零线的连接线截面积应不小于 $16mm^2$；而在一些用电量较小的系统中，零线的截面积可以选择得更小一些。防雷器接地线的截面积通常为主电路截面积的一半，或者根据表 13-1 的规定选取。

防雷器的接地线必须与设备的接地线或系统保护接地可靠连接。如果系统中有雷击保护等电位连接系统，则防雷器的接地线也必须与等电位连接系统可靠连接。系统中每个局部的等电位排都必须与主等电位连接排可靠连接，且连接线的截面积应满足接地线的最小截面积要求。

出于电气安全考虑，所有并联安装在市电电源相对于零线或地线之间的电气元件，为了防止故障短路，应在这些元件之前安装短路保护装置，如空气开关或保险丝。防雷器同样需要这种保护措施。在防雷器的输入端，必须加装空气开关或保险丝，以便在防雷器因雷击或其他电源故障损坏时，能迅速切断防雷器与电源之间的连接。一旦防雷器修复或替换完成，应重新设置保护空气开关或将已熔断的保险丝替换，使防雷器恢复到待命状态。

对于短路保护装置的选择，通常在 C 级防雷器前端安装额定电流为 32A（C 类脱扣曲线）的空气开关，而在 B 级防雷器前端则可选择额定电流约为 63A 的空气开关。

在进行配电室基础建设以及太阳能电池方阵基础建设的同时，可以在配电机房附近选择一个地下无管道、无阴沟、土层较厚且湿润的开阔区域。在此区域内，按一字排列挖掘 2 至 3 个直径为 1m、深度为 2m 的坑（其中 1 至 2 个坑用于埋设电气设备保护地线的接地体，另外一个坑用于单独埋设避雷针的地线接地体），各坑之间的距离不应小于 3m。在每个坑中放置设计制作的专用接地体，并确保接地体垂直置于坑中央，其顶部距离地面的高度至少为 0.7m。在放置接地体之前，应首先确保引下线与接地体之间的可靠连接。

将接地体放入坑中后，在其周围填充接地专用降阻剂，直至基本将接地体掩埋。在填充过程中，应同时向坑内注入适量的清水，以确保降阻剂充分起效。最后，用原土将坑填满并夯实。设备保护接地线的引下线最好采用截面积为 $35mm^2$ 的接地专用多股铜芯电缆连接；避雷针的引下线则可使用直径为 8mm 的圆钢进行连接。

避雷针的安装最好依附于配电室等建筑物旁，以便于固定，并尽可能靠近接地体的埋设点。避雷针的高度应根据需要保护的范围确定，在条件允许的情况下，应尽量实现单独接地。

(4) 线缆的敷设与连接

电线电缆作为光伏系统内各设备间传输电能的关键部件，依据其在系统内的不同位置，可以分为光伏电缆、交流电缆（电线）和接地电缆（电线）。光伏电缆主要用于光伏组件间的连接以及光伏组串到组串式逆变器之间的电气连接，通常采用 $4mm^2$ 或 $6mm^2$ 的双绝缘光伏专用电缆。这类电缆采用聚烯烃绝缘材料，具备出色的耐热、耐寒、耐油及抗紫外线性能，适用于户外恶劣环境下的长期使用。交流电缆（电线）主要用于组串式逆变器之后的交流侧，一般采用阻燃交联聚乙烯绝缘聚氯乙烯护套（YJV）电力电缆，该类电缆具有卓越的耐热性能、力学性能、优良的电气性能以及耐化学腐蚀性能。在地面型乡村太阳能光伏电站中，交流电缆多采用直埋敷设方式，推荐使用带有钢带铠装护套层的阻燃交联聚乙烯绝缘聚氯乙烯护套（YJV22）电力电缆，以增强电缆对机械损伤的抵抗力。接地电缆（电线）主要用于组件之间的连接以及设备机壳与接地网之间的等电位连接，通常选择黄绿相间的接地线。

太阳能光伏发电系统的线缆敷设与连接工作主要集中在直流布线方面，且涉及大量的串联和并联接线场景。因此，在施工过程中必须格外留意正负极性的正确性，并关注以下要点。

① 在进行光伏电池方阵与直流接线箱之间的线路连接时，所使用的导线截面积应足以承受预期的最大短路电流。每个组件方阵串的输出引线都应进行编号，并标明正、负极性，然后接入直流接线箱。当线缆进入接线箱或穿过建筑物墙体时，应按照图 13-13 所示的方式制作防水弯头，以防止水分沿电缆流入室内或设备箱内部。

② 当太阳电池方阵安装于地面时，推荐采用地下布线的方法。对于地下布线，应确保导线被适当的管道保护，且埋设深度不得少于 0.5m。

③ 交流逆变器输出的电气配置包括单相两线制、单相三线制（含地线）、三相三线制以及三相四线制等不同模式，在连接过程中必须确保相线和零线的正确连接。

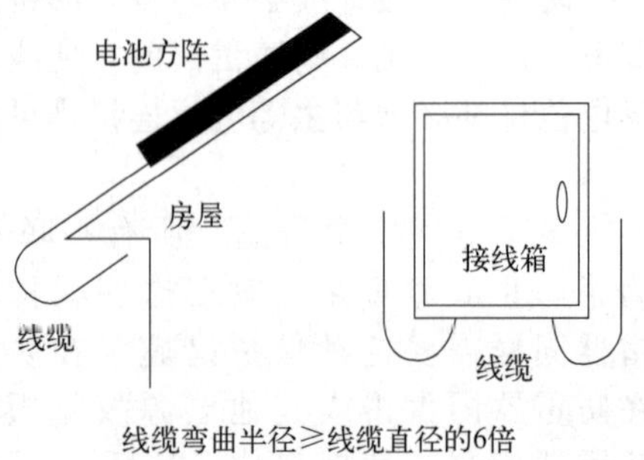

图 13-13 线缆防水弯头示意

(5) 系统检查和必要测试

太阳能光伏发电系统安装完毕后，需要对整个系统进行检查和必要的测试，以确保系统能够长期稳定地正常运行。

光伏发电系统的检查主要是对各个电气设备、部件等进行外观检查，包括电池组件方阵、基础支架、接线箱、控制器、逆变器、系统并网装置以及接地系统等。然后，进行如下必要测试。

① 电池方阵的测试　在一般情况下，方阵组件串中的太阳电池组件的规格和型号都是相同的。根据电池组件生产厂商提供的技术参数，查出单块光伏组件的开路电压，将其乘以串联的数量后，应基本等于组件串两端的开路电压。通常由 36 片或 72 片电池片制造的电池组件，其开路电压约为 21～22V 或 44～46V。如果有若干块太阳电池组件串联，则其组件串两端的开路电压应为上述电压值的整数倍。

测量太阳电池组件串两端的开路电压是否符合设计要求。如果存在显著差异，则可能存在组件性能问题，应逐一检查并替换有问题的组件。同样，测量太阳电池组件串两端的短路电流也应符合设计要求；如果不符合，也需要进行相应的调整或更换。

当太阳电池组件串联数量较多时，可能会产生较高的开路电压，在这种情况下进行测量时要特别注意安全。所有太阳电池组件串经过检查合格后，再进行组件串的并联检查。确认所有太阳电池组件串的开路电压大致相同时，才能进行各组件串的并联。并联后电压基本不变，总的短路电流应大致等于各组件串的短路电流之和。在测量短路电流时，也要注意安全，因为大电流可能导致火花，从而造成设备损坏或人身伤害。

如果存在多个子方阵，均按照上述方法检查合格后，方可将各子方阵输出的正负极接入汇流箱或控制器，并测量方阵总的工作电流和电压等参数。

② 绝缘电阻的测试　为了评估太阳能光伏发电系统的各个部分的绝缘状态并决定是否可以安全通电，必须进行绝缘电阻测试。通常情况下，这种测试会在以下阶段执行：系统施工安装完成后、准备启动之前、运行期间的定期检查以及发现故障时。绝缘电阻测试主要针对太阳电池方阵及逆变器系统电路进行。

鉴于白天太阳电池方阵会维持较高的电压水平，因此在测试该电路的绝缘电阻时，应配备一个能承受方阵短路电流的开关。首先利用此开关将太阳电池阵列的输出端短路，接着选择合适的500V或1000V绝缘电阻计（也称兆欧表）来测量太阳电池阵列各输出端子相对于地面的绝缘电阻值。这些绝缘电阻的标准依据不同的对地电压而定，具体数值请参见表13-2。

太阳电池方阵绝缘电阻的测试步骤如图13-14所示。如果方阵输出端配置了防雷器，则在测试之前应断开防雷器的接地线，完成测试后再将其复位。

表 13-2　绝缘电阻值测定标准

对地电压/V	绝缘电阻值/MΩ
≤150	≥0.1
150～300	≥0.2
大于 300	≥0.4

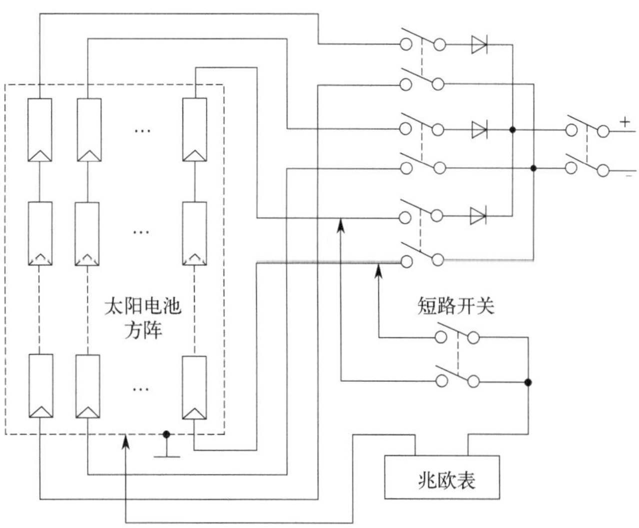

图 13-14　太阳电池方阵绝缘电阻的测试方法示意

逆变器的绝缘电阻测试方法示意如图13-15所示。根据逆变器额定工作电压的不同，选择500V或1000V的绝缘电阻进行测试。

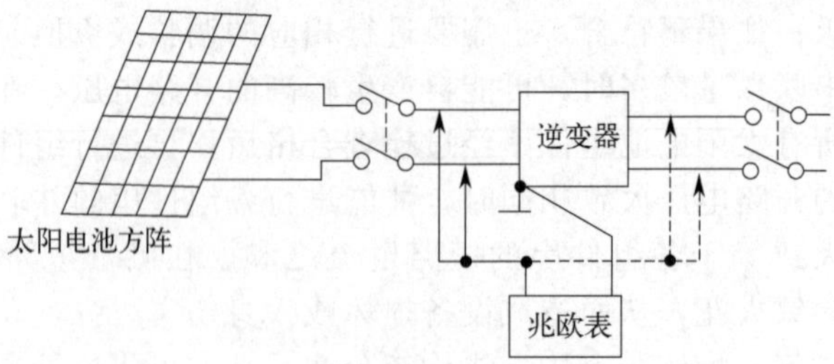

图 13-15 逆变器的绝缘电阻测试方法示意

逆变器绝缘电阻测试主要包括输入电路的绝缘电阻测试和输出电路的绝缘电阻测试。在执行输入电路的绝缘电阻测试时，首先断开太阳能电池板与接线箱之间的连接。接下来，短接直流输入电路的所有输入端子，同时确保交流输出电路处于断开状态。随后，分别测量输入电路与地线之间的绝缘电阻以及输出电路与地线之间的绝缘电阻。对于逆变器的输入和输出绝缘电阻值的测定标准，请参考表 13-2。

（6）绝缘耐压的测试

对于太阳电池方阵和逆变器，根据特定要求，有时需要进行绝缘耐压测试，以测量方阵电路和逆变器电路的绝缘耐压值。测量方法和条件与上述绝缘电阻测试相似。

在执行太阳电池方阵电路的绝缘耐压测试时，应参照标准太阳电池方阵的开路电压确定最大使用电压。然后，对该电路施加最大使用电压的 1.5 倍直流电压或等同于最大使用电压的交流电压，测试时间约为 10min，以此来检测是否存在绝缘破坏。在进行绝缘耐压测试之前，通常需要移除防雷器等避雷装置，以避免干扰测试结果。

当对逆变器电路进行绝缘耐压测试时，也应遵循类似的步骤，确保电路没有发生绝缘破坏。请注意，具体的测试电压和持续时间应当根据相关的行业标准或设备制造商的技术规范来进行确定。

（7）接地电阻的测试

接地电阻通常通过接地电阻计进行测量。该设备包含一根接地电极引线和两根辅助电极引线。接地电阻测试方法示意见图 13-16。测试时，需要将接地电极与两个辅助电极分别间隔约 20m，并呈直线排列。然后，将接地电极连接至接地电阻计的 E 端子，而两个辅助电极则分别连接到电阻计的 P 端子和 C 端子，从而测量出接地电阻值。接地电阻计有手摇式、数字式及钳形式等多种类型，具体的使用方法请参照相应型号的用户手册。

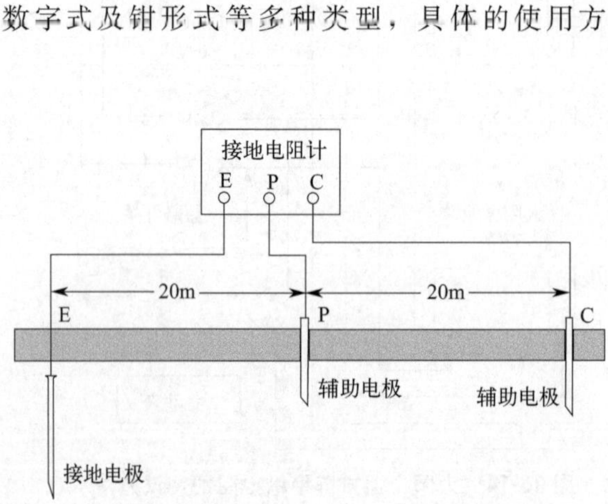

图 13-16 接地电阻测试方法示意

13.2 太阳能光伏设施农业

利用太阳能光伏发电的优势，可以将其应用于现代农业种植、养殖以及高效设施农业等领域，促进乡村经济发展。所谓的太阳能光伏设施农业主要包含两个方面的含义：一方面，是在农业设施建筑的有效空间内安装光伏组件用于发电；另一方面，则是利用光伏系统产生的电力满足农业生产中的电力需求，从而实现光伏发电与设施农业的融合，即“光伏＋农业”的模式。以下是一些实例说明。

13.2.1 太阳能光伏温室大棚

这是将太阳能光伏发电与农业温室大棚结合的一种光伏现代设施农业形式。这种光伏温室大棚，又被称为工厂化光伏现代农业种植温室（参见图 13-17），其发电主要用于支持温室内的种植设施，例如植物补光系统、灌溉施肥系统、通风降温系统及增温保温系统，并能实现全面的智能光照调控。

图 13-17 工厂化光伏现代农业种植温室

根据太阳能光伏温室大棚墙体和棚顶的材质不同，可以将其分为薄膜温室大棚、玻璃温室大棚和阳光板温室大棚。

薄膜温室大棚是最早被使用的类型，它具有成本低廉和重量轻的优点，但也有寿命短、易老化的缺点，需要经常更换。在我国北方地区，通常采用双层膜温室大棚以增强保温效果；而在南方地区，则更多选择单层膜温室大棚。

玻璃温室大棚通常采用钢化玻璃作为覆盖材料，这种材料使用寿命长，在没有外力破坏的情况下，其使用寿命可达 30 年以上；透光性能优异，最高可达 90%以上；坚固耐用，能够承受较大的风雪荷载。然而，由于其重量较大，建造时需要使用更高规格的钢材，这使得成本相对较高。

阳光板温室大棚则使用中空 PC（聚碳酸酯）阳光板作为覆盖材料，其透光率接近玻璃，高质量的阳光板透光率可达 85%以上。它们的使用寿命较长，通常为 10 年，优质产品甚至可以达到20年，远远超过薄膜材料。此外，阳光板重量轻，便于搬运和现场二次加工，施工便捷性和可替换性优于玻璃材料。板材底部还覆盖了一层防雾滴层，增强了防结露功能，有助于保护温室内植物不受冷凝水滴的影响。

太阳能光伏温室大棚对结构强度有较高要求，通常采用钢结构或砌体结构。依据外观结构的不同，这类温室大棚主要分为连栋和单栋两大类。连栋太阳能光伏温室大棚（图13-18）具有较高的土地利用率，能够节省建筑材料，提供宽敞的内部空间，从而促进农业生产的规模化和自动化。相比之下，单栋太阳能光伏温室大棚（图13-19）更适合个性化种植，允许针对每个大棚独立调节作物生长环境，提高了农业生产安排的灵活性。

图 13-18 连栋太阳能光伏温室大棚

图 13-19 单栋太阳能光伏温室大棚

当在太阳能光伏温室大棚顶部安装光伏组件时，会不同程度地影响到内部植物的光照条件。因此，根据植物对光照的需求，应采用不同的安装比例和光伏组件形式。这样，光伏太阳能温室可分为全遮光型和部分遮光型两种类型。全遮光型温室多为日光温室结构，几乎无光照进入，温度变化较为平稳，适宜种植喜阴的食用菌类，如图13-20所示。而部分遮光型温室则通过晶硅组件间隔布置或使用部分透光的薄膜组件来调整遮光比例，如图13-21所示。

图 13-20 全遮光型太阳能光伏温室大棚

图 13-21 薄膜组件部分遮光型太阳能光伏温室大棚

太阳能光伏温室大棚的光伏组件安装方式通常可分为两类：BIPV（光伏建筑一体化）方式和BAPV（建筑附着光伏）方式。BIPV通过使用光伏组件直接替换温室大棚的部分覆盖材料，这种方式不仅节省了材料，还提高了美观性和抗风能力。然而，它对光伏组件的安装密封性有较高的要求，因为光伏组件的背面通常暴露在高温高湿的环境中，这对组件的环境适应性和抗PID（电势诱导衰减）性能提出了更高的要求。因此，在BIPV系统中，通常选择双玻组件。

BAPV则是将光伏组件安装在温室大棚的表面上，其安装结构与温室大棚结构相对独立，只有主要的承力支撑结构是共用的。如图13-22、图13-23所示，分别是单栋和连栋温室大棚结合BAPV安装方式的示意图。相较于BIPV，BAPV降低了对光伏组件选型和安装密封性的要求，并改善了光伏组件的散热条件，有助于提升发电效率。不过，这也意味着对光伏安装结构的抗风雪荷载能力要求更高，从而增加了建设成本。在实际应用中，应根据具体的安装环境和大棚种植需求来决定采用哪种安装方式。

图 13-22　单栋温室大棚与光伏组件的 BAPV 安装方式

图 13-23　连栋温室大棚与光伏组件的 BAPV 安装方式

太阳能光伏温室大棚并网的形式主要包括以下几种。太阳能光伏温室大棚的光伏系统一般采用并网形式运行，光伏发电与市电结合为农业生产设备供电，确保供电可靠性；同时，光伏多余电量可直接馈入电网售电，提高项目的经济性。并网电压可采用 400V 低压并网或 10kV、35kV 升压并网。前者适用于光伏容量较小的太阳能光伏温室大棚项目，且需要附近有配电变压器，接入容量根据变压器容量确定；后者适用于光伏容量较大的太阳能光伏温室大棚项目，需要用户自建升压变压器以及送出线路。

13.2.2　太阳能光伏水泵系统及光伏灌溉装置

利用太阳能光伏发电技术，通过电机驱动水泵，可以将太阳能转化为抽水所需的动能和位能，进而利用灌溉设备对农作物进行浇水，这是一种高效的应用方式。

在水资源匮乏地区，我国农业生产通常依赖人工堰塘、自然河流蓄存的地表水以及浅层地下水进行灌溉。然而，在这一过程中，提水设备不可或缺，但由于能源供应条件的限制，这些设备的广泛应用受到了阻碍。因此，如何在缺乏电力供应的山区、干旱地带、草原牧场及沙漠化区域解决提水灌溉的问题，一直是制约我国农业发展的关键难题。

自 20 世纪 90 年代起，我国开始探索利用太阳能光伏发电技术应对西部无电地区的提水灌溉挑战。进入 21 世纪后，基于太阳能光伏水泵的提水灌溉系统逐渐成熟，并与先进的灌溉技术相结合，形成了日益完善的太阳能光伏灌溉解决方案。由于太阳能光伏发电不受资源分布或地理位置的限制，可以在用电地点直接发电，具有较短的建设周期和快速的能源获取能力，这使其成为解决上述地区提水灌溉能源供给问题的理想选择。

（1）光伏水泵系统的构成

光伏水泵系统至少应包括三个主要组件：太阳电池方阵、电机和水泵。通常还需要一个控制器，当使用交流电机时，还需要配备逆变器。图 13-24 展示了光伏水泵系统。

绝大多数光伏水泵系统不包含蓄电池，这类系统常被称为直接耦合系统。然而，在特定条件下，例如需要控制水源流量、满足特定的用水时间需求而不想建造储水池，或者出于其他考虑时，就需要配置一定容量的蓄电池。根据所使用的电机类型，光伏水泵系统可以大致分为直流系统和交流系统。

图 13-25 提供了光伏水泵系统的构成简图，而图 13-26 则详细列出了各主要部件及设备类型。由于不同类型的设备具有各自独特的工作特性，并且它们之间的工作状态相互影响，这使得光伏水泵系统成为各类水泵系统中较为复杂的一种系统。

太阳电池组件和方阵的特性概述如下。组件由多个单体太阳电池组成，每个单体太阳电池都具有相似的关键电气特性，如开路电压、短路电流及在标准测试条件下的最大输出功率。当用户从制造商处购买组件时，会得到一系列详细的电性能参数，包括但不限于开路电压、短路电流、工作电压、工作电流以及最大输出功率。此外，组件的转换效率通常定义为

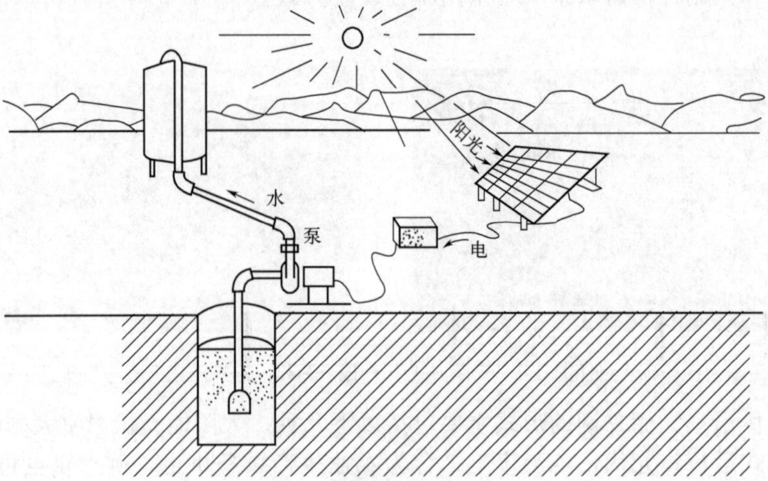

图 13-24　光伏水泵系统示意

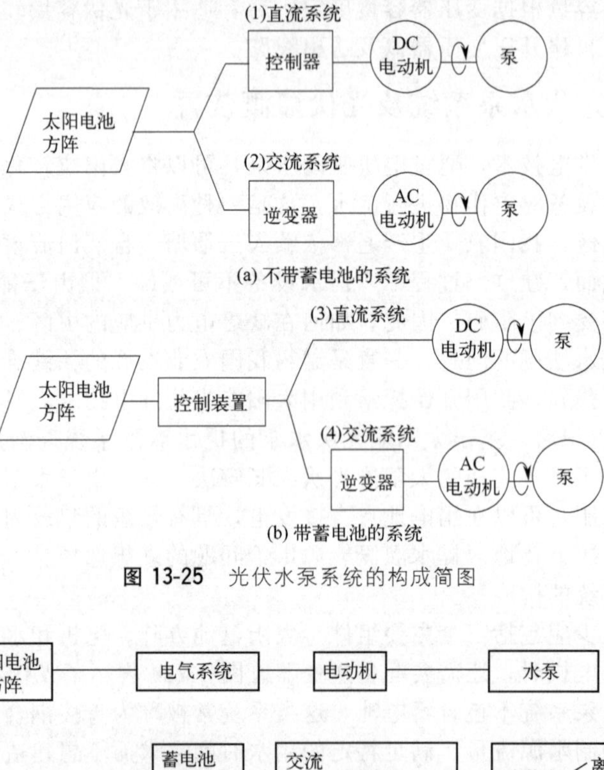

图 13-25　光伏水泵系统的构成简图

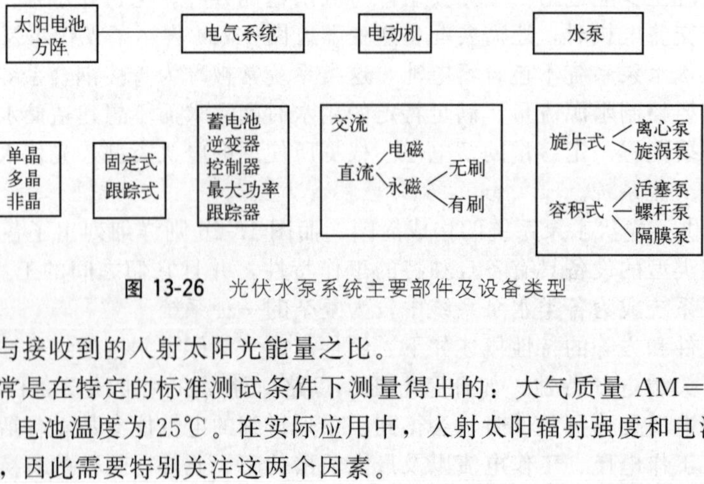

图 13-26　光伏水泵系统主要部件及设备类型

其最大输出功率与接收到的入射太阳光能量之比。

上述参数通常是在特定的标准测试条件下测量得出的：大气质量 AM＝1.5；辐射强度为 $100mW/cm^2$；电池温度为 25℃。在实际应用中，入射太阳辐射强度和电池温度对组件性能有着显著影响，因此需要特别关注这两个因素。

(2) 光伏水泵分类与配置方案

光伏水泵可以分为直流水泵和交流水泵。与直流水泵相比，交流水泵产品可选择空间更大，成本更低，其与光伏水泵逆变器配合应用是当前更成熟的方案。交流水泵形式多样，其中一种是离心泵（包括各种自吸泵、管道泵和潜水泵等）。这种泵具有效率高、价格便宜、运行维护成本低的特点，在满足扬程及流量要求的情况下，通常是首选的水泵类型，非常适合用于光伏水泵系统。

另一种是容积泵（包括活塞泵、往复泵等），这类泵具有极高的效率和扬程，特别适用于高扬程、小流量的场景。然而，由于其价格较高、体积较大且重量较重，更换费用也相对较高，因此在光伏水泵中的应用较少。

扬程和流量是光伏水泵的核心指标。根据现场的实际需求，可以选择有针对性的设计方案：对于高扬程需求的项目，可以采用多级提水方案；对于大流量需求的项目，则可以考虑双泵或多泵系统。此外，还可以建设蓄水塔（图 13-27），当需要用水时，可以从蓄水塔取水。

(3) 光伏水泵用逆变器

图 13-27 光伏水泵的蓄水塔

光伏水泵逆变器的功能是将太阳电池阵列产生的直流电逆变为交流电，以驱动光伏水泵工作。它在系统中主要承担最大功率跟踪（MPPT）和调速的任务。在启动阶段，光伏水泵逆变器通过降低频率来满足重载启动的需求；而在正常运行期间，根据日照强度的变化实时调整输出频率，使输出功率尽可能接近太阳电池阵列的最大功率。当光照充足时，它确保水泵机组的转速不超过额定值；而当光照不足，无法达到设定的最低运行频率时，则自动停止运行。

光伏水泵逆变器还提供多种保护功能，如取水点缺水保护、蓄水点水位溢出保护以及水泵堵转空转保护，确保系统的稳定运行和设备安全。在高原地区使用时，需要考虑到因海拔升高而导致的容量下降问题，从而保证系统的长期可靠性。选择光伏水泵逆变器时，其功率等级通常要比水泵电机的功率高出一级。

光伏水泵逆变器是一种离网型逆变器，不依赖于电网，能够独立工作。然而，常规的独立光伏发电系统往往需要配备储能蓄电池，这会增加系统成本并影响投资回报率。相比之下，光伏水泵系统不必配置储能蓄电池，只要有阳光就能运作。此外，逆变器通常配备有控制水位的开关，便于操作和维护。

电动机是离网系统中最难带动的负载之一，因为启动时需要大量的能量。一般情况下，启动功率大约是额定功率的三倍；对于需要将水抽到高处的水泵电机而言，启动功率则可能高达额定功率的五倍。因此，如果使用传统的离网逆变器来驱动 2kW 的水泵电机，就需要一个至少 10kW 的逆变器才能完成启动任务，并且在正常运行时也需要超过 2kW 的直流输入才能保持电机持续运转，这无疑增加了系统成本。然而，光伏水泵逆变器集成了变频调速功能，只需要比额定功率高出约 20%的能力即可启动电机。例如，4kW 的水泵电机只需要 5kW 的扬水逆变器便能启动，并且在运行过程中，即使光伏输入功率仅为 1kW 左右，也能维持水泵的正常运行。

(4) 光伏灌溉装置

光伏灌溉装置是一种利用太阳能光伏发电作为能源，用于农业提水灌溉农作物的系统。它不依赖电网，也不需要蓄电池储能，而是直接将太阳能转化为电能，用于提水以进行农作物灌溉，并可将水储存在蓄水设施内，从而实现以蓄水替代蓄电的目的。

光伏灌溉装置主要由光伏方阵、光伏水泵逆变器、光伏水泵、蓄水设施以及灌溉器具等组成，其系统结构如图 13-28 所示。从图中可以看出，太阳能光伏灌溉装置实际上是由光伏水泵系统与用于农作物灌溉的各种灌具组合而成的。

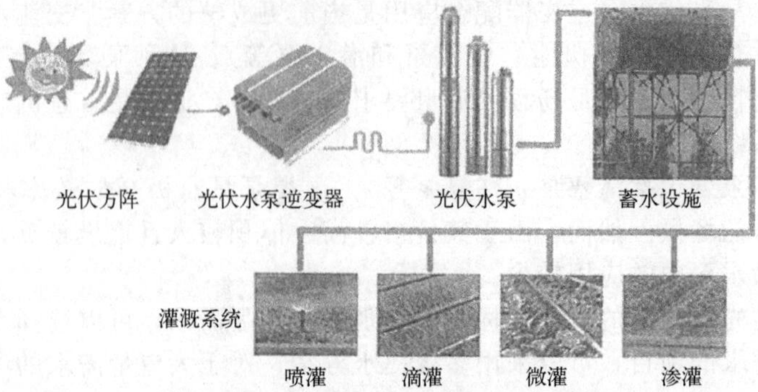

图 13-28 太阳能光伏灌溉装置系统结构

总之，光伏组件作为将太阳能转化为电能的核心发电设备，在整个光伏灌溉系统中起着至关重要的作用。光伏组件的选用规格和数量直接决定了系统的最大输出功率，并应与光伏水泵的功率相匹配，以便最大限度地发挥光伏水泵的提水能力，确保能够满足预设的提水指标，从而保障农业灌溉的需求。

我国的灌溉技术有着悠久的发展历史，从早期的漫灌、浇灌逐步演变为现代的喷灌、滴灌、微灌和渗灌等节水型灌溉方式。这些进步不仅提高了水资源的利用效率，还有效保护了土壤结构。太阳能光伏灌溉装置通常配备新型节水灌溉系统，旨在实现最佳灌溉效果的同时降低整体系统成本，进一步促进了农业的可持续发展。

13.2.3 太阳能杀虫灯

太阳能杀虫灯，有时也被称为太阳能高压杀虫灯（特别是在采用高压电网技术的情况下），是利用昆虫对特定波长光线的趋光性来吸引并消灭农田害虫的一种环保设备。这种设备不仅减少了化学农药的使用，还保护了生态环境，特别适用于有机农业和绿色食品生产领域。

（1）太阳能杀虫灯工作原理

趋光性昆虫的视网膜含有一种特殊色素，能吸收特定波长的光并引发光反应，进而刺激视觉神经使其趋向光源。研究表明，许多昆虫特别偏好波长约为 365nm 的紫外光。基于这一特性，科学家们开发了能够发出这种波长光的黑光灯，用于害虫监测和诱捕。这类灯具在夜间使用时，其光谱中丰富的 365nm 光波比日光灯更能有效地吸引害虫。

白天，太阳能杀虫灯将太阳能转换为电能，储存在免维护蓄电池内。夜晚，系统自动检测光照强度，一旦亮度降至设定值以下即启动高压电网和紫外灯。该设备利用害虫对特定波长光波的趋向性特征，在近距离通过强光吸引害虫，在远距离则依靠光波传播来扩大诱捕范围。当害虫被灯光吸引靠近时，会被周围的频振式高压电网击落，并最终落入底部的集虫箱中，从而实现对害虫的有效控制。

（2）太阳能杀虫灯系统组成

杀虫灯种类繁多，包括但不限于白炽灯、黑光灯、高压汞灯、频振式杀虫灯、纳米灯和双波诱虫灯等。太阳能杀虫灯是一种结合了太阳能发电技术和物理高压杀虫技术的技术产品。其外形设计多样，常见的有竖挂式、一体化式和手推车式等，每种设计都针对不同的应用场景进行了优化。

太阳能杀虫灯主要依赖于直流电源运行，尽管某些特殊型号可能兼容交流电源。太阳能直流 LED 杀虫灯的工作原理如下：白天，太阳电池板将太阳能转化为电能，并通过充放电控制器储存于蓄电池中；当傍晚光照降至约 10lx（勒克斯）以下时，且太阳电池板的开路电压接近 4V（在低光照条件下），充放电控制器会在延时 1h 后启动。此时，蓄电池通过控制器向 LED 灯及捕杀器的高压电网供电，或者仅向 LED 灯供电，并配合其他诱捕装置共同作用以消灭害虫。一般情况下，蓄电池连续放电 4～6h 后会自动停止供电。图 13-29 展示了太阳能直流 LED 杀虫灯系统工作原理。

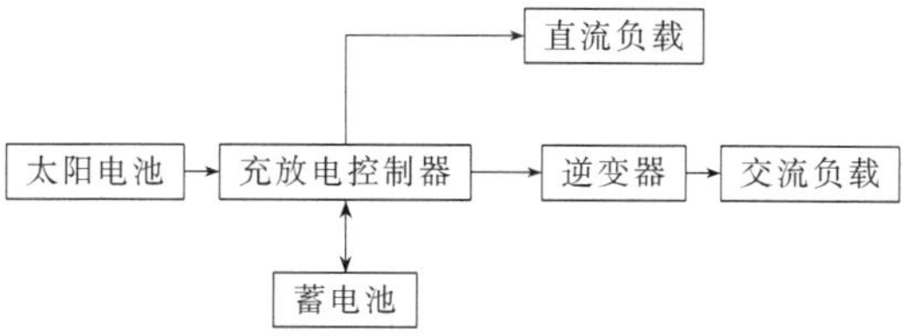

图 13-29 太阳能直流 LED 杀虫灯系统工作原理

太阳能杀虫灯种类繁多，包括太阳能频振式杀虫灯（图 13-30）、太阳能水淹式杀虫灯（图 13-31）、太阳能多用体杀虫灯、立杆式太阳能杀虫灯等。从原理上，可分为电击式、水淹式、撞击式等。

图 13-30 太阳能频振式杀虫灯

图 13-31 太阳能水淹式杀虫灯

某种类型太阳能杀虫灯各部分说明如下。

① 太阳电池组件　采用单晶硅太阳电池，表面覆盖光伏钢化玻璃，能够抵御 10 级大风、冰雹以及小石子的撞击，适应野外各种恶劣气候条件，使用寿命可达 25 年以上。

② 电池　采用地埋式胶体蓄电池，具备防盗功能，使用寿命可达 6 年以上。

③ 控制器　智能型太阳能杀虫灯的控制器集成了光控、雨控、时控、过充保护、过放保护和反接保护等多种功能。当相对湿度超过 98%时，杀虫灯会自动停止工作；而当相对湿度降至 90%以下时，它将自动恢复工作，防止不必要的工作。此外，控制器还对蓄电池实施有效的过充保护和过放保护，延长蓄电池寿命，并优化电能使用效率。

④ 以下是某种型号直流频振式杀虫灯的各项参数。

a. 灯管。配备 20W/12V 荧光灯管，发出波长为 360nm±10nm 的光线。

b. 电击网。由直径 2mm 的不锈钢丝制成，以竖直条形方式布置，具有很高的机械强度，并便于清理死虫。电网间的电压为 3000V，足以瞬间击毙害虫。此外，在某些配置中，会在光源下方设置一个含有药物液体和引诱剂（如甜蜜素）的水盆，以此进一步诱捕害虫。

⑤ 灯杆。选用不锈钢管制作，并进行了整体热镀锌处理，在表面喷涂耐候性氟碳涂料，确保 20 年内不会锈蚀。同时，杀虫灯可在灯杆上自由调整高度，以适应不同作物及其生长阶段的最佳安装位置。

(3) 太阳能杀虫灯的特点

① 适用范围广，杀灭害虫种类多。太阳能杀虫灯能够针对多种害虫，在稻田中诱杀害

虫的成功率可达到90%以上；对于蔬菜上的常见害虫同样具有良好的防治效果。

② 诱杀害虫数量大。一般来说，单盏太阳能杀虫灯的有效控制面积为30～50亩（每亩约等于666.67m^2）。若将太阳能杀虫灯集中放置，则能显著提高害虫控制效率，其有效控制半径通常在几十米范围内。

③ 可以根据不同时间段和害虫活动规律，调整诱捕策略。例如，夜晚是许多害虫活跃的时间段，因此可以通过设置适当的开启时间来优化害虫捕捉效果。

④ 节约能源，易于维护。利用太阳能作为能源，避免了传统电力的安装需求，减少了安全隐患；自动化的开关设计确保了能源的有效利用，不必支付电费，降低了管理成本。此外，这些灯具的设计使得它们几乎不需要维护，实现了真正的免维护操作，并有助于实现农业生产的无公害化，减少了农药的使用量，保护了人畜健康。

尽管如此，目前市场上的太阳能杀虫灯产品仍有改进的空间。例如，部分设备提供的光波波长较为单一，无法全面覆盖所有害虫的趋光特性，定时开关功能不够灵活，且缺少动态色彩变化或多种波长组合的光源等高级功能。这些问题表明，尽管现有的太阳能杀虫灯已经取得了显著的技术进步，但为了更好地满足农业生产的需求，仍需要在多个方面进行持续的技术革新和完善。

参 考 文 献

[1] 李安定，王志峰．中国电气工程大典：第7卷第3篇［M］．太阳热发电．北京：中国电力出版社，2010.

[2] 孔力，陈哲良，王斯成．中国电气工程大典：第7卷第2篇［M］．太阳能光伏发电技术．北京：中国电力出版社，2010.

[3] 李安定，吕全亚．江苏响水县滩涂100MW_p光伏并网电站可行性研究报告［R］．常州：常州佳讯光电研究院，2010.

[4] 李安定．太阳能光伏发电系统工程［M］．北京：北京工业大学出版社，2001.

[5] 王斯成．中国科学院电工研究所光伏发电培训班讲义［R］．北京：中国科学院电工研究所，2009.

[6] Gaiddon B，Jedliczka M，Villeurbanne H. Compared Assessment of Selected Environmental Indicators of Photovoltaic Electricity in OECD Cities［R］．IEA PVPSTask10，Activity4.4 Report IEA-PVPST10-01：2006，(5)．

[7] Energy Information Administration Office of Integrated Analysis and Forecasting U.S. Department of Energy. International Energy Outlook 2007［R］．DOE/EIA-0484 (2007)，2007，(5)．

[8] Energy Information Administration Office of Integrated Analysis and Forecasting U.S. Department of Energy. International Energy Outlook 2007［R］．DOE/EIA-0484 (2007)，2007，(5)．

[9] 李瑞生，周逢权，李燕斌．地面光伏发电系统及应用［M］．北京：中国电力出版社，2011.

[10] 王立乔，孙孝峰．分布式发电系统中的光伏发电技术［M］．北京：机械工业出版社，2010.

[11] 茆美琴，金鹏，张榴晨，等．工业用光伏微网运行策略优化与经济性［J］．电工技术学报，2014，29 (2)．

[12] 施小忠，王海波，等．张掖南滩20MW_p光伏电站［R］．常州：佳讯光电产业发展有限公司，2013.

[13] 陈东兵，等．蚌埠曹山2MW_p非晶硅薄膜光伏示范电站验收报告［R］．常州：佳讯光电产业发展有限公司，2011.

[14] 李安定，陈东兵，等．常州市科教城建筑屋顶建设1.9997MW_p光伏与建筑一体化并网发电项目技术方案［R］．常州：佳讯光电产业发展有限公司，2010.

[15] 许洪华，等．深圳国际园林花卉博览园1兆瓦并网光伏发电系统［R］．北京：北京科诺伟业科技有限公司，2006.

[16] 李晓，等．《中国农业百科全书》文稿．常州：佳讯光电产业发展有限公司，2020.